TEXTBOOK SERIES FOR THE CU... TE INNOVATIVE TALENTS

研究生创新人才培养系列教材

高等钢筋混凝土结构

ADVANCED REINFORCED CONCRETE STRUCTURES

严加宝 张晋元 赵海龙 罗云标 谢剑 朱海涛 编著

内容提要

本书是天津大学研究生创新人才培养系列教材之一。本书汇总了钢筋混凝土结构领域的教学及研究成果，共分 11 章，包括混凝土结构设计方法，材料的物理力学性能，钢筋与混凝土的黏结，混凝土构件受弯压性能，钢筋混凝土结构斜截面受剪性能，钢筋混凝土构件的裂缝、刚度与变形，混凝土结构的耐久性，预应力混凝土结构，钢筋混凝土结构的抗震性能与延性等内容。

本书可作为高等学校土木工程专业本科生与研究生的教材，也可供专业技术人员参考。

图书在版编目（CIP）数据

高等钢筋混凝土结构 / 严加宝等编著. -- 天津 : 天津大学出版社, 2023.7

研究生创新人才培养系列教材

ISBN 978-7-5618-7542-1

Ⅰ. ①高… Ⅱ. ①严… Ⅲ. ①钢筋混凝土结构－研究生－教材 Ⅳ. ①TU375

中国国家版本馆CIP数据核字(2023)第125872号

GAODENG GANGJIN HUNNINGTU JIEGOU

出版发行 天津大学出版社
地　　址 天津市卫津路92号天津大学内（邮编:300072）
电　　话 发行部:022-27403647
网　　址 www.tjupress.com.cn
印　　刷 天津泰宇印务有限公司
经　　销 全国各地新华书店
开　　本 787 mm×1092 mm　1/16
印　　张 28.75
字　　数 682千
版　　次 2023年7月第1版
印　　次 2023年7月第1次
定　　价 160.00元

前言

钢筋混凝土结构充分利用钢筋抗拉、混凝土抗压的优势，在建筑结构、桥梁、隧道、地下工程、水利工程、近海工程及核电工程等基础设施中得到了广泛应用。钢筋混凝土结构具有整体性好、耐久性及抗火性优异、工程造价低等优势，在土木工程结构中具有不可替代的作用，目前仍然是主流工程结构之一。但同时，钢筋混凝土结构也具有自重大、抗裂性差、开裂过早、施工较复杂、补强修复有一定难度、隔热隔声性能较差等缺点。改革开放以来，我国在基础设施领域快速发展，对钢筋混凝土结构的需求日益增长，这为钢筋混凝土结构工程应用提供了广阔舞台。钢筋混凝土结构在我国经济发展、基础设施建设及城镇化过程中发挥了不可替代的作用。

本书基于作者在钢筋混凝土结构领域的教学及研究成果，汇总了国内外钢筋混凝土结构领域的研究成果，遵循钢筋混凝土结构的学习规律和教学规律，强调基本概念和基本原理的应用，力求概念清晰，突出重点，内容翔实。本书主要涵盖混凝土结构设计方法，材料的物理力学性能，钢筋与混凝土的黏结，混凝土构件受弯压性能，钢筋混凝土结构斜截面受剪性能，钢筋混凝土构件的裂缝、刚度与变形，混凝土结构的耐久性，预应力混凝土结构，钢筋混凝土结构的抗震性能与延性等内容。

本书共 11 章，其中第 1、2 章由张晋元教授编写，第 3、10 章由谢剑教授编写，第 4、11 章由朱海涛教授编写，第 5、9 章由严加宝教授编写，第 6 章由赵海龙副教授编写，第 7、8 章由罗云标副教授编写。全书由严加宝、张晋元统稿。

由于编者水平有限，不足之处在所难免，敬请读者批评指正。

作者
2023 年 5 月
于天津大学北洋园

目　录

第 1 章　绪论

混凝土是以水泥为主要胶结材料，拌合一定比例的砂、石子和水，有时还加入少量的各种添加剂，经过搅拌、注模、振捣、养护等工序，逐渐凝固硬化而成的人工混合材料，简称砼(tóng)，各组成材料的成分、性质和比例，以及制备和硬化过程中的各种条件和环境因素，都对混凝土的力学性能有不同程度的影响。

以混凝土为主要材料建造的工程结构称为混凝土结构。按组成，混凝土结构可分为素混凝土结构、钢筋混凝土结构、预应力混凝土结构等。

(1)素混凝土结构：具有较高的抗压强度，而抗拉强度却很低(一般仅为抗压强度的 1/10 左右)，一般应用在以受压为主的结构构件中，如柱墩、基础墙等，或用于路面等。

(2)钢筋混凝土结构：由钢筋和混凝土共同组成，利用钢筋抗拉、混凝土抗压的优势，两种材料各司其职、相得益彰，钢筋混凝土结构在建筑结构、桥梁及其他土木工程中得到了广泛应用。

(3)预应力混凝土结构：配置了预应力钢筋的混凝土结构，适用于大跨度结构、水工结构等。近 20 年来，发展出配纤维筋(FRP 筋)的混凝土结构。

1.1　混凝土结构的特点

混凝土结构的优点：

(1)整体性好，可灌注成一个整体，对抗震、抗爆有利；

(2)可模性好，可灌注成各种形状和尺寸的结构；

(3)耐久性好，钢筋受混凝土保护不易锈蚀，混凝土强度随时间增长会有所增长；

(4)耐火性好，混凝土是热的不良导体，钢筋因有混凝土包裹耐火性增强；

(5)工程造价低，混凝土原材料易于就地取材，用钢量小。

混凝土结构的缺点：

(1)自重大，对建造大跨度结构和抗震结构不利；

(2)抗裂性差，开裂过早，在防渗、防漏结构中的应用有一定限制；

(3)施工较复杂，室外施工受气候和季节的限制，工序多，工期长；

(4)补强修复有一定难度，新旧混凝土不易连接；

(5)隔热隔声性能较差。

在混凝土结构中配置普通钢筋或预应力钢筋，可改善混凝土结构的性能。钢筋与混凝土这两种性质不同的材料共同工作的基础如下。

(1)混凝土与钢筋之间具有良好的黏结性能，二者在荷载作用下能协调变形，共同承担外加荷载与作用。

（2）混凝土和钢筋的温度线膨胀系数接近，混凝土为（1.0~1.5）$\times 10^{-5}$/℃，钢筋为 1.2×10^{-5}/℃，能够避免温度变化时产生过大的相对变形而破坏二者间的黏结力。

（3）混凝土对钢筋的保护：混凝土包裹在钢筋外部，使钢筋免于过早腐蚀或高温软化。

1.2 混凝土结构的发展简况

迄今为止，混凝土结构的应用大约有 170 年的历史。

1824 年，英国人约瑟夫·阿斯谱丁（Joseph Aspdin）发明了波特兰水泥。

1854 年，法国人约瑟夫·路易斯·兰姆波特（Joseph Louis Lambot）将铁丝网放入混凝土中制成了小船，并于第二年在巴黎博览会上将其展出，这标志着混凝土结构的诞生。

1867 年，法国人约瑟夫·莫尼尔（Joseph Monier）取得了用格子状配筋制作桥面板的专利，钢筋混凝土工艺迅速地向前发展，这一年是全世界公认的最早的钢筋混凝土桥梁建设的一年。

1872 年，在美国纽约建成第一幢钢筋混凝土结构房屋。

1.2.1 混凝土结构在世界范围内的发展

混凝土结构在世界范围内的发展可分为三个阶段。

第一阶段：19 世纪 50 年代至 19 世纪末。这一时期，所采用的钢筋和混凝土的强度都比较低，它们主要用来建造中小跨度的楼板、梁、拱和基础等构件；计算理论则采用弹性理论，并采用容许应力法进行结构设计；设计和计算理论都比较粗略，所以发展比较缓慢。

第二阶段：20 世纪初到第二次世界大战前。这一时期的工程结构已经广泛使用混凝土结构替代钢结构，随着各国学者对材料性能的研究不断深入，混凝土和钢筋材料强度有所提高，被用来建造大跨度空间结构。1928 年法国工程师弗莱西奈（E. Freyssinet）发明了预应力混凝土，促进了混凝土结构应用和理论研究的进一步发展。在计算理论上，已开始考虑材料的塑性，如板的塑性铰线理论，设计采用破损内力设计理论。随着生产的发展、试验工作的开展、计算理论的研究、材料及施工技术的改进，混凝土结构得到了较快发展。

第三阶段：第二次世界大战后至现在。混凝土和钢筋材料强度逐步提高，混凝土由 20 世纪 50 年代初的 C20 提高至目前普遍应用的 C30~C50；钢筋屈服强度也已提高至 500 MPa。现行欧洲规范和中国规范均已列入 C80 以上的混凝土和强度 500 MPa 以上的钢筋。

随着建筑工业化的发展，预制混凝土构件、装配式及装配整体式结构出现，开始采用工具式模板、泵送商品混凝土生产混凝土结构，从而使建设速度加快、建筑造价降低、施工质量提高，更能满足环保和可持续发展的要求。

计算理论已经过渡到充分考虑混凝土和钢筋塑性的极限状态设计理论，设计方法已经过渡到以近似概率理论为基础的多系数表达的设计公式。

轻质高强混凝土材料的发展以及结构设计理论水平的提高，使得混凝土结构的应用跨度和高度都不断增大。

1.2.2　混凝土结构在国内的发展

19 世纪末,混凝土传入中国，1890 年,上海第一次在铺设马路时采用混凝土,上海第一家混凝土制品厂建成投产。

19 世纪末至 20 世纪初,我国开始有了钢筋混凝土建筑物,如上海市的外滩建筑群、广州市的沙面建筑群等,但工程规模小,建筑数量也少。

中华人民共和国成立以后,我国进行了大规模的工程建设,混凝土结构在我国各项工程建设中得到迅速发展和广泛应用,20 世纪 50 年代开始应用预应力混凝土结构。

改革开放后,混凝土高层建筑在我国有了较大的发展。20 世纪 80 年代,高层建筑的发展加快了步伐,结构体系更为多样化,层数增多,高度加大,相关技术水平已逐步在世界上处于领先地位。

反映我国混凝土结构学科水平的混凝土结构设计规范,也随着工程建设经验的积累、科研工作成果的丰富和世界范围内技术的进步而不断改进。

1955 年制定了《钢砼结构设计暂行规范》(规结—6—55),采用了苏联规范中的破损阶段设计法。

1966 年颁布了我国第一部《钢筋混凝土结构设计规范》(BJG 21—66),采用了当时较为先进的以多系数表达的极限状态设计法。

1974 年颁布了《钢筋混凝土结构设计规范》(TJ 10—74,也称 74 规范),采用了单一安全系数表达的极限状态设计法。

1989 年颁布了《混凝土结构设计规范》(GBJ 10—89,也称 89 规范),采用了以近似概率理论为基础的极限状态设计法。

2002 年颁布了《混凝土结构设计规范》(GB 50010—2002)。

2010 年颁布了《混凝土结构设计规范》(GB 50010—2010)。

2015 年颁布了《混凝土结构设计规范(2015 年版)》(GB 50010—2010)。

1.3　混凝土结构的发展展望

1.3.1　材料方面

混凝土结构在材料方面的主要发展方向是高强、轻质、耐久(抗磨损、抗冻融、抗渗)、抗灾(地震、风、火)、抗爆、易于成型等。

高性能混凝土(high performance concrete，HPC)具有高强度、高耐久性、高流动性等多方面的优越性能。

1. 高强混凝土

高强混凝土是用水泥、砂、石子等原材料外加减水剂或同时外加粉煤灰、矿粉、矿渣、硅粉等混合料,经常规工艺生产而获得的高强度混凝土。

混凝土强度高可减小断面,减轻自重,提高空间利用率。目前国内常用的混凝土强度为30~50 MPa,国外常用的强度等级在C60以上。

对高强混凝土,不同的国家定义不同,美国将混凝土抗压强度等级为C100及以上的混凝土定义为高强混凝土,日本定义为C80及以上的混凝土,俄罗斯定义为C90及以上的混凝土,挪威定义为C70及以上的混凝土。

结合我国当前的混凝土材料研究和应用水平,行业内的专家一般认为抗压强度等级为C60及以上的混凝土为高强混凝土。

在实验室内,我国已经制成C100以上的混凝土,国外在实验室高温、高压的条件下,已制成抗压强度达到662 MPa的混凝土。在实际工程中,美国西雅图双联广场泵送混凝土56 d抗压强度达133.5 MPa。在不远的将来,常用的混凝土强度可达100 MPa以上。

高强混凝土的塑性不如普通强度的混凝土,如何研制出塑性好的高强混凝土仍然是当今要研究的问题。

2. 轻质混凝土

轻质混凝土主要采用轻骨料,其密度小于1 800 kg/m³。轻骨料主要有天然轻骨料(如浮石、凝灰岩等)、人造轻骨料(页岩陶粒、黏土陶粒、膨胀珍珠岩等)和工业废料(如炉渣、矿渣、粉煤灰等)。

泡沫混凝土是通过发泡机的发泡系统将发泡剂用机械方式充分发泡,并将泡沫与水泥浆均匀混合,然后经过发泡机的泵送系统进行现浇施工或模具成型,经自然养护而形成的一种含有大量封闭气孔的新型轻质材料。常用泡沫混凝土的密度为300~1 200 kg/m³。

轻质混凝土强度等级一般为LC15~LC20,目前在建筑物的内外墙体、屋面、楼面、立柱等构件中采用该种材料。轻质高强混凝土已在实验室中配制成功,今后会进一步得到应用。

轻质混凝土的优点:

(1)自重小,有利于结构抗震;

(2)弹性模量低,对冲击荷载具有良好的吸收和分散作用;

(3)保温隔热性能好;

(4)隔音性能好;

(5)对于利用工业废料制作的轻质混凝土,可以变废为用,少占用农田,减轻环境污染。

3. 纤维(增强)混凝土

纤维(增强)混凝土是在混凝土中掺加纤维的混凝土,纤维可改善混凝土的抗裂性、耐磨性和延性。目前研究较多的有钢纤维、耐碱玻璃纤维、碳纤维、芳纶纤维、聚丙烯纤维和尼龙合成纤维混凝土等。

目前发展较快、应用较广的是钢纤维混凝土,钢纤维主要有用于土木工程的碳素钢纤维和耐火材料工业中的不锈钢纤维。

当纤维长度及长径比在常用范围,纤维掺量在1%~2%(体积分数)时,与基体混凝土相比,钢纤维混凝土的抗拉强度可提高40%~80%,抗弯强度可提高50%~120%,抗剪强度可提高50%~100%,抗压强度可提高0~25%,韧性大幅度提高。

国内外正在研究一种钢纤维掺量达 5%~27% 的简称为 SIFCON 的砂浆渗浇钢纤维混凝土,其抗压强度有大幅度提高,可达 100~200 MPa,其抗拉、抗弯、抗剪强度以及延性、韧性等也比普通掺量的钢纤维混凝土有更大的提高。

4. 自密实混凝土

自密实混凝土不需机械振捣,而是依靠自重使混凝土密实,混凝土的流动度虽然高,但仍可以防止离析,并具有以下优点:

(1)在施工现场无振动噪声;

(2)可夜间施工,不扰民;

(3)混凝土质量均匀、耐久性好;

(4)钢筋布置较密或构件体形复杂时易于浇筑;

(5)施工速度快,现场劳动量小。

在高层建筑的泵送混凝土中,有很大一部分是自密实混凝土。

5. 碾压混凝土

碾压混凝土近年来发展较快,可用于大体积混凝土结构(如水工大坝、大型基础)、工业厂房地面、公路路面及机场道面等。

用于大体积碾压混凝土的浇筑机具与普通混凝土不同,其平整使用推土机,振实用碾压机,层间处理用刷毛机,切缝用切缝机。整个施工过程的机械化程度高,施工效率高,劳动条件好,可大量掺用粉煤灰,与普通混凝土相比,浇筑工期可缩短 1/3~1/2,用水量可减少 20%,水泥用量可减少 30%~60%。

碾压混凝土中加入钢纤维,即成为钢纤维碾压混凝土,其力学性能及耐久性得到进一步改善。

6. 聚合物混凝土

聚合物混凝土在近 30 年来有显著的发展,按其组成和制作工艺可分为:聚合物浸渍混凝土(polymer impregnated concrete,PIC);聚合物水泥混凝土(polymer cement concrete,PCC),也称聚合物改性混凝土(polymer modified concrete,PMC);聚合物胶结混凝土(polymer concrete,PC),又称树脂混凝土(resin concrete,RC)。

与普通水泥混凝土相比,聚合物混凝土具有高强、耐蚀、耐磨、黏结力强等优点;可作为高效能结构材料应用于特种工程,例如腐蚀介质中的管、桩、柱、地面砖,海洋构筑物和路面、桥面板,以及水利工程中对抗冲、耐磨、抗冻要求高的部位;也可应用于现场修补构筑物的表面和缺陷,以提高其使用性能。

7. 其他混凝土

(1)活性微粉混凝土(reactive powder concrete, RPC),一种超高强混凝土,其立方体抗压强度可达 200~800 MPa,抗拉强度可达 25~150 MPa;通过使用微粉及极微粉材料、增放钢纤维等,可减少混凝土用水量,水灰比可低到 0.15;其骨料粒径很小,接近水泥颗粒的尺寸;也可加入大量的超塑化剂,以改善其工作度。

(2)智能混凝土(intelligent concrete),在混凝土原有组分基础上复合智能型组分,使混凝土具有自感知和记忆、自适应、自修复特性。

(3)光纤机敏混凝土。将光纤材料及光纤传感器直接埋入混凝土结构中可制作光纤机敏混凝土结构。当结构因受力和温度变化产生变形或裂缝时,就会引起埋入其中的光纤产生变形,导致光纤内的光在光强、相位、波长或偏振方面发生变化。根据这些变化就可以确定结构的应力、变形和裂缝,实现结构应力、变形和裂缝的自监测和自诊断。

(4)碳纤维混凝土,在普通混凝土中分散均匀地加入碳纤维而成。由于碳纤维是导电的,随着压应力的变化,碳纤维混凝土的电阻率也会变化,根据电阻率的变化就可以知道碳纤维混凝土的应力水平和损伤状态。由于碳纤维对温度变化比较敏感,利用这一特性可以实现混凝土结构温度分布自诊断。碳纤维混凝土已应用于大坝、桥梁和重要的建筑结构。

(5)裂缝自愈合碳纤维机敏混凝土。根据人体伤口"破裂 - 流血 - 凝结 - 愈合"的全过程可知,如果在混凝土中沿受拉方向分层布置一些注入缩聚高分子溶液的玻璃纤维管,当混凝土受拉开裂时,这些玻璃纤维管就会破裂,其中的溶液就会流至裂缝处结硬,实现混凝土裂缝的自愈合。在恶劣环境下工作的混凝土一旦开裂,有害的环境就会使钢筋锈蚀,影响结构安全。因此,使用裂缝自愈合碳纤维机敏混凝土是十分必要的。

1.3.2 结构方面

1. 钢 - 混凝土组合结构

钢 - 混凝土组合结构是值得注意的发展方向。它是由钢部件和混凝土或钢筋混凝土部件组合成为整体而共同工作的结构,兼具钢结构和钢筋混凝土结构的一些特性,目前的主要应用形式如下。

(1)组合构件,如组合梁、组合柱(钢管混凝土柱、型钢混凝土柱)、组合剪力墙(型钢混凝土剪力墙、钢板混凝土剪力墙)、组合桁架、组合楼板等。

(2)钢 - 混凝土组合结构,由钢构件、钢 - 混凝土组合构件和混凝土构件组成的结构称为钢 - 混凝土组合结构。其雏形最早于 1894 年出现于北美,当时出于防火的需要,匹兹堡的一栋建筑采用了外包混凝土的钢梁。

具有现代意义的钢 - 混凝土组合结构出现在 20 世纪 20 年代,从 20 世纪 50 年代开始,钢 - 混凝土组合结构在许多实际工程中得到了应用,尤其是最近 20 年来已在高层和超高层结构、工业厂房、构筑物、大跨度桥梁等工程中得到了广泛应用,取得了良好的经济效益和社会效益。

20 世纪 60 年代初,国内将钢 - 混凝土组合梁应用于工业与民用建筑及桥梁中;20 世纪 80 年代以来,我国各地相继建成了一批钢 - 混凝土组合结构高层建筑。

这种结构体系适合我国的国情,已成为结构体系的重要发展方向之一,被住房和城乡建设部列为要大力推广的建筑新技术。

钢 - 混凝土组合结构的优点:

(1)与钢筋混凝土结构相比,具有结构构件尺寸小、占用建筑面积和净高小、结构自重轻、基础造价低、施工速度快和抗震性能好等优势;

(2)相对于钢结构,用钢量相对较少,整体刚度好,结构防火、防腐性能好。

典型的钢 - 混凝土组合结构有钢框架(框筒)、型钢混凝土框架(框筒)、钢管混凝土框架(框筒)与钢筋混凝土核心筒组成的结构。

2. 预应力技术

通过张拉钢筋(索),使钢筋混凝土结构在承受外荷载之前,受拉区预先受到一定压应力的混凝土称为预应力混凝土。预压应力用来减小或抵消荷载引起的混凝土拉应力,从而将结构构件的拉应力控制在较小范围,甚至使其处于受压状态,以推迟混凝土裂缝的出现和发展,从而提高结构构件的抗裂性能和刚度。

预应力技术在桥梁结构中的应用更广泛。未来的发展方向是无黏结预应力技术、体外张拉预应力索技术,锚夹具的改进,预应力材料的进一步发展(例如高强纤维筋等)。

未来,预应力技术在张拉方法、形式等方面还会有进一步发展。

1.3.3 计算理论

目前,钢筋混凝土有限元分析中有以下几个问题需要进行深入研究。

(1)混凝土的破坏准则:在不同比例三向应力作用下、三轴应力作用下破坏曲线的走向尚未形成统一观点。

(2)混凝土的本构关系:在不同应力比下加载时各应力之间的相互作用;非比例加载下不同应力路径的本构关系。

(3)钢筋的本构关系:屈服后如何表述或简化。

(4)钢筋与混凝土间的黏结关系:试验精确测试困难;三维有限元建模困难。

(5)裂缝处理:裂缝出现有随机性;裂缝分布不规则。

(6)时效处理:收缩和徐变。

在钢筋混凝土基本构件的计算方面,有以下几个问题需要进行深入研究。

(1)复合受力或反复荷载下的变形计算理论。

(2)设计、施工和使用维护全过程(全寿命周期)的可靠度。

(3)影响结构可靠度的不确定因素:随机性、模糊性和信息不完全性。

(4)动力可靠度、疲劳可靠度。

1.3.4 施工技术

(1)模板:目前模板的作用仅限于混凝土成型,今后会向多功能发展。

(2)浇筑混凝土工艺:不同的搅拌法;施工缝的处理。

(3)钢筋绑扎和成型:各种钢筋成型机械及绑扎机具;钢筋的加工成型自动化。

(4)混凝土养护:远红外热养护;养护液。

1.3.5 耐久性

耐久性设计涉及建筑周围环境以及结构设计、施工、用料、维护和管理等多方面因素,是一个很复杂的问题。

已建结构的耐久性评估还有不少问题有待进一步探讨：残余强度和剩余寿命的计算、加固后结构的耐久性估计等。

结构的耐久性问题可以分为两大类型：新建结构的耐久性设计；已建结构的耐久性评估鉴定。

1989 年欧洲混凝土委员会（CEB）建议使用《CEB 耐久性混凝土设计指南》，我国于 2008 年颁布了《混凝土结构耐久性设计规范》。

1.3.6 试验技术

混凝土结构理论建立的基础是构件和结构试验，试验技术对理论的发展起着不可估量的作用。

受力复杂的构件和结构往往通过模型试验来验证设计理论、改进设计方法。试验技术未来的发展方向是：

（1）试验设备不断改进；

（2）数据采集系统不断完善；

（3）加载方式不断改进；

（4）模型试验理论不断完备。

参考文献

[1] 过镇海，时旭东. 钢筋混凝土原理和分析[M]. 北京：清华大学出版社，2003.

[2] 赵国藩. 高等钢筋混凝土结构学[M]. 北京：机械工业出版社，2005.

[3] 宋玉普. 高等钢筋混凝土结构学[M]. 北京：中国水利水电出版社，2013.

[4] 顾祥林. 混凝土结构基本原理[M]. 上海：同济大学出版社，2004.

[5] 东南大学，同济大学，天津大学. 混凝土结构设计原理[M]. 北京：中国建筑工业出版社，2008.

[6] 周志祥. 高等钢筋混凝土结构[M]. 北京：人民交通出版社，2002.

第 2 章　混凝土结构设计方法

2.1　工程结构设计理论

2.1.1　工程结构设计理论的发展

早期的工程结构中，保证结构安全主要依赖经验。19 世纪 20 年代，法国学者纳维（Claude Louis Marie Henri Navier）提出了容许应力设计法，即以结构构件的计算应力不大于有关规范给定的材料容许应力 $[\sigma]$ 为原则进行设计。

20 世纪 30 年代，苏联学者格沃兹捷夫（A. A. Гвоздев）提出了考虑材料塑性的破损阶段设计法，即以构件破坏时的承载力为基础，要求按材料平均强度计算得到的承载力必须大于外荷载效应（构件内力），同时采用了单一的经验安全系数。

20 世纪 50 年代，在对荷载和材料强度的变异性进行系统研究的基础上，有学者提出了极限状态设计法，将单一的经验安全系数改进为分项系数，即荷载系数、材料系数和工作条件系数，因而称之为多系数极限状态设计法。采用分项系数的形式，使不同的构件具有比较一致的安全可靠性。部分荷载系数和材料系数基本上是根据统计资料用概率统计理论得到的，不能用统计方法确定的因素，则根据经验在分项系数中加以考虑。因而多系数极限状态设计法属于半概率、半经验的方法。

20 世纪 70 年代以来，国际上趋向于采用以概率理论为基础的极限状态设计法，即概率极限状态设计法。

至此，工程结构设计理论经历了从弹性理论到极限状态理论的转变，设计方法经历了从定值法到概率法的发展。目前，这些方法在实际工程中均有使用。

1. 容许应力设计法

容许应力设计法（allowable stress design method）以线性弹性理论为基础，以构件危险截面某一点或某一局部的计算应力小于或等于材料的容许应力为准则。即要求在规定的标准荷载作用下，用材料力学或弹性力学方法，计算得到的构件截面任一点处的应力不大于结构设计规范规定的材料容许应力。其表达式为

$$\sigma \leqslant [\sigma] = \frac{f}{k} \tag{2-1}$$

式中：σ——构件在使用阶段（使用荷载作用下）截面上的最大应力；

$[\sigma]$——材料的容许应力；

f——材料的极限强度（如混凝土）或屈服强度（如钢材）；

k——经验安全系数。

容许应力设计法计算简单,但也有许多问题。

(1)工程中常用的材料(如混凝土、钢材(钢筋)以及木材等)均为弹塑性材料,但容许应力设计法没有考虑材料的塑性性质。

(2)没有对使用阶段给出明确的定义,也就是使用期间荷载的取值原则规定得不明确。实际上,使用荷载是由传统经验或个人判断确定的,缺乏科学根据。

(3)把影响结构可靠性的各种因素(荷载的变异、施工的缺陷、计算公式的误差等)统统归结在反映材料性质的容许应力 $[\sigma]$ 上,显然不够合理。

(4)容许应力 $[\sigma]$(或经验安全系数 k)的取值无科学根据,纯凭经验,历史上曾多次提高材料的容许应力值。

(5)按容许应力法设计的构件是否安全可靠,无法用试验来验证。

实践证明,这种设计方法与结构的实际情况有很大出入,并不能如实反映构件截面的应力状态,也不能正确揭示结构或构件受力性能的内在规律,在应力分布不均匀的情况下,如受弯构件、受扭构件或超静定结构,用这种设计方法比较保守。

但对于以正常使用阶段应力控制为主的工程结构,如铁路桥梁、核电站安全壳、空间薄壳等复杂结构,为保证其正常使用阶段的可靠性,仍采用弹性力学方法分析结构中的应力,按容许应力法进行设计。

2. 破损阶段设计法

破损阶段设计法(damage phase design method)假定材料均已达到塑性状态,依据构件破坏时截面所能抵抗的破坏内力建立计算公式,其设计表达式为

$$M \leqslant \frac{M_u}{K} \tag{2-2}$$

式中:M——构件的内力;

M_u——构件最终破坏时的承载能力;

K——安全系数,用来考虑影响结构安全的所有因素。

破损阶段设计法的优点:

(1)反映了材料的塑性性质,结束了长期以来假定混凝土为弹性体的局面;

(2)采用一个安全系数,使构件有了总的安全度的概念;

(3)它以承载能力(M_u)为依据,其计算值是否正确可由试验检验。

苏联将该设计法用下式来表达:

$$KM\left(\sum q_i\right) \leqslant M_u(\mu_{f_1},\ \mu_{f_2},\cdots,a,\cdots) \tag{2-3}$$

式中:M——正常使用时,由各种荷载 q_i 所产生的截面内力;

a——反映截面尺寸等的尺寸函数;

μ_{f_1}, μ_{f_2}——材料强度的平均值。

破损阶段设计法仍存在一些重大缺点:

(1)破坏阶段计算,仅构件的承载力得到保证,无法了解构件在正常使用时能否满足正常

使用要求（如变形和裂缝等）；

（2）安全系数 K 的取值仍需通过经验确定，并无严格的科学依据；

（3）采用笼统的单一安全系数 K，无法就不同荷载、不同材料结构构件对安全的影响加以区别对待，不能正确地度量结构的安全度；

（4）荷载 q_i 的取值仍然是经验值；

（5）表达式中采用的材料强度是平均值，它不能正确反映材料强度的变异程度，显然也是不够合理的。

3. 多系数极限状态设计法

结构或构件进入某种状态后就丧失其原有功能，这种状态称为极限状态。20 世纪 50 年代，苏联设计规范中首先采用了多系数极限状态设计法（multiple factor limit state design method）。60 年代以后，我国的结构设计规范中开始采用极限状态设计法。这种方法将结构的极限状态分为两类：承载能力极限状态和正常使用极限状态。正常使用极限状态包括挠度极限状态和裂缝开展宽度极限状态。其表达式分别如下。

1）承载能力极限状态

$$M\left(\sum n_i q_{ik}\right) \leqslant M_u(m,\ k_c f_{ck},\ k_s f_{sk},\ a,\cdots) \tag{2-4}$$

式中：n_i——荷载系数；

q_{ik}——荷载标准值；

m——结构的工作条件系数；

k_s, k_c——钢筋和混凝土的匀质系数；

f_{sk}, f_{ck}——钢筋和混凝土的强度标准值；

a——反映截面尺寸等的尺寸函数。

我国在 20 世纪 70 年代颁布的规范（74 规范）中，采用多系数分析、单系数表达的方式，将上述 3 个系数（荷载系数、工作条件系数和材料匀质系数）统一为单一的安全系数 K。因而，不同构件、不同受力状态下，安全系数 K 是不同的。

2）正常使用极限状态

进行挠度验算时，要求

$$f_{max} \leqslant [f_{max}] \tag{2-5}$$

式中：f_{max}——构件在荷载标准值作用下考虑长期荷载影响后的最大挠度值；

$[f_{max}]$——规范允许的最大挠度值。

进行裂缝验算时，对使用阶段不允许出现裂缝的钢筋混凝土构件，应进行抗裂度验算；对使用阶段允许出现裂缝的钢筋混凝土构件，则进行裂缝开展宽度验算，要求

$$w_{max} \leqslant [w_{max}] \tag{2-6}$$

式中：w_{max}——构件在荷载标准值作用下的最大裂缝宽度；

$[w_{max}]$——规范允许的最大裂缝宽度。

极限状态设计法是结构设计的重大发展，这一方法明确提出了结构极限状态的概念，不仅

考虑了构件的承载力问题,而且考虑了构件在正常使用阶段的变形和裂缝问题,因此比较全面地考虑了结构的不同工作状态。极限状态设计法在确定荷载和材料强度取值时,引入了数理统计的方法,但保证率的确定、系数的取值等仍凭工程经验确定,因此属于半概率、半经验方法。

上述方法均属于定值设计法,它们将各类设计参数看作固定值,用以经验为主的安全系数来度量结构的可靠性。

4. 概率极限状态设计法

概率极限状态设计法(probabilistic limit state design method)是以概率理论为基础,将作用效应(也称荷载效应)和影响结构抗力的主要因素作为随机变量,通过与结构可靠度有直接关系的极限状态方程来描述结构的极限状态,根据统计分析确定结构失效概率或可靠指标来度量结构可靠性的结构设计方法。其特点是有明确的、用概率尺度表达的结构可靠度,通过预先规定的可靠指标值,使结构各构件之间、由不同材料组成的结构之间有较为一致的可靠度水平。

可靠度的研究早在20世纪30年代就已开始,当时主要围绕飞机失效进行研究。可靠度在结构设计中的应用大概从20世纪40年代开始。

1946年,美国学者弗赖登塔尔(A. M. Freudenthal)发表题为《结构的安全度》的论文,首先提出了结构可靠性理论,将概率分析和概率设计的思想引入实际工程。1954年,苏联学者尔然尼钦提出了一次二阶矩理论的基本概念和计算结构失效概率的方法对应的可靠指标公式。1969年,美国的康奈尔(C. A. Cornell)在尔然尼钦工作的基础上,提出了与结构失效概率相关的可靠指标,将其作为衡量结构安全度的一种统一数量指标,并建立了结构安全度的二阶矩模式。1971年,加拿大学者林德(N. C. Lind)对这种模式采用分离函数方式,将可靠指标表达成设计人员习惯采用的分项系数形式。美国伊利诺伊大学的洪华生(A. H-S. Ang)对各种结构不定性做了分析,提出了广义可靠度概率法,并采用可靠度方法设计了波音飞机的起落架系统。20世纪70年代后期,丹麦的迪特莱弗森(Ditlevsen)提出了一般可靠度指标的定义,克服了简单可靠度指标的局限性。

1976年,国际结构安全度联合委员会(JCSS)采用了拉克维茨(Rackwize)和菲斯莱(Fiessler)等人提出的通过“当量正态”的方法以考虑随机变量实际分布的二阶矩模式。这对提高二阶矩模式的精度意义极大。进入20世纪80年代之后,丹麦的克伦克(Krenk)和美国的温(Wen)等建立了荷载概率模型。至此,二阶矩模式的结构可靠度表达式与设计方法开始进入实用阶段。

国际上,将以概率理论为基础的极限状态设计法按发展阶段和精确程度分为3个水准。

1)水准Ⅰ——半概率方法

该方法对荷载效应和结构抗力的基本变量部分地进行数理统计分析,并与工程经验结合引入某些经验系数,所以尚不能定量地估计结构的可靠性。

2)水准Ⅱ——近似概率法

该方法对结构可靠性赋予概率定义,以结构的失效概率或可靠指标来度量结构的可靠性,并建立了结构可靠度与结构极限状态方程之间的数学关系，在计算可靠指标时考虑了基本变量的概率分布类型并采用了线性化的近似手段，在设计截面时一般采用分项系数的实用设计表达式。

1990 年后，近似概率法逐渐成为许多国家制定标准规范的基础。国际结构安全度联合委员会提出的《结构统一标准规范的国际体系》的第一卷——《对各类结构和材料的共同统一规则》、国际标准化组织（ISO）编制的《结构可靠度总原则》（ISO 2394：1998）等，都是以近似概率法为基础的。

我国的《工程结构可靠度设计统一标准》（GB 50153—92）、《建筑结构可靠度设计统一标准》（GB 50068—2001）都采用了这种近似概率法，并在此基础上颁布了各种结构设计规范。

3）水准Ⅲ——全概率法

这是完全基于概率论的结构整体优化设计方法，要求对整个结构采用精确的概率分析，求得结构最优失效概率作为可靠度的直接度量指标，但这种方法无论在基础数据的统计方面还是在可靠度计算方面都不成熟，目前尚处于研究探索阶段。

2.1.2　我国工程结构设计理论的发展

20 世纪 50 年代初期，我国的工程结构设计主要采用容许应力设计法；50 年代中期，开始采用苏联提出的极限状态设计法；至 70 年代，在广泛开展结构安全度研究的基础上，将半经验、半概率的方法应用到相关结构设计的规范（74 规范）中。此后，经过大量科研人员对结构可靠度设计法的研究，于 1984 年正式颁布《建筑结构设计统一标准》（GBJ 68—84），该标准采用了当时国际上正在发展和推行的以概率统计理论为基础的极限状态设计法，统一了建筑结构设计的基本原则，规定了适用于各种材料结构的可靠度分析方法和设计表达式。此后颁布的建筑结构设计规范（89 规范）大部分以此为依据。

1992 年，《工程结构可靠度设计统一标准》（GB 50153—92）正式颁布，该标准采用了以概率统计理论为基础的极限状态设计法，统一了各类工程结构设计的基本原则，规定了适用于各种材料结构的可靠度分析方法和设计表达式，并对材料和构件的质量控制和验收提出了相应的要求，是编制和修订各类工程结构专业设计规范应遵循的准则依据。

此后，各工程技术部门陆续颁布了相应的可靠度设计统一标准，分别是《港口工程结构可靠度设计统一标准》（GB 50158—92）、《铁路工程结构可靠度设计统一标准》（GB 50216—94）、《水利水电工程结构可靠度设计统一标准》（GB 50199—94）、《公路工程结构可靠度设计统一标准》（GB/T 50283—1999）。

进入 21 世纪后，又对上述标准进行了修订和完善。2008 年颁布的《工程结构可靠性设计统一标准》（GB 50153—2008）总结了我国改革开放后近 30 年来大规模工程实践的经验，借鉴了国际标准化组织发布的国际标准《结构可靠度总原则》（ISO 2394：1998）和欧洲标准化委员会（CEN）批准通过的欧洲规范《结构设计基础》（EN 1990：2002），贯彻了可持续发展的原则，是 2010 年以后相关结构设计规范修订的依据。该标准是工程结构设计的基本标准（其地位相当于国家法律体系中的宪法），对建筑工程、铁路工程、公路工程、港口工程、水利水电工程等土木工程领域工程设计的共性问题,即工程结构设计的基本原则、基本要求和基本方法做出了统一规定,使我国土木工程各领域之间在处理结构可靠性问题上具有统一性和协调性,并与国际接轨。

该标准规定,工程结构设计宜采用以概率理论为基础、以分项系数表达的极限状态设计法。当缺乏统计资料时,工程结构设计可根据可靠的工程经验或必要的试验研究进行,也可采用容许应力设计法或单一安全系数法等经验方法进行。

2010—2020年,土木工程领域各工程技术部门的结构可靠性设计统一标准均已更新并颁布实施,如《港口工程结构可靠性设计统一标准》(GB 50158—2010)、《水利水电工程结构可靠性设计统一标准》(GB 50199—2013)、《建筑结构可靠性设计统一标准》(GB 50068—2018)、《公路工程结构可靠性设计统一标准》(JTG 2120—2020)、《铁路工程结构可靠性设计统一标准》(GB 50216—2019)。

2.1.3 我国各类工程结构设计规范的设计方法

1. 建筑结构设计规范

现行的建筑结构设计规范大部分采用近似概率极限状态设计法,并遵循《建筑结构可靠性设计统一标准》(GB 50068—2018)的基本设计原则。这些规范包括《混凝土结构设计规范(2015年版)》(GB 50010—2010)、《钢结构设计标准》(GB 50017—2017)、《砌体结构设计规范》(GB 50003—2011)、《木结构设计标准》(GB 50005—2017)、《建筑结构荷载规范》(GB 50009—2012)、《建筑地基基础设计规范》(GB 50007—2011)、《建筑抗震设计规范(2016年版)》(GB 50011—2010)、《高耸结构设计标准》(GB 50135—2019)等。但钢结构的疲劳计算仍采用容许应力设计法,即按弹性状态进行计算。

2. 公路桥涵结构设计规范

现行的公路桥涵结构设计规范中,《公路桥涵设计通用规范》(JTG D60—2015)、《公路圬工桥涵设计规范》(JTG D61—2005)、《公路钢筋混凝土及预应力混凝土桥涵设计规范》(JTG 3362—2018)、《公路钢结构桥梁设计规范》(JTG D64—2015)均按照《公路工程结构可靠度设计统一标准》(GB/T 50283—1999)的规定,采用以概率理论为基础的极限状态设计法。目前新版本《公路工程结构可靠性设计统一标准》(JTG 2120—2020)已颁布。

3. 铁路工程结构设计规范

现行的铁路工程结构设计规范包括《铁路桥涵设计规范》(TB 10002—2017)、《铁路桥梁钢结构设计规范》(TB 10091—2017)、《铁路桥涵混凝土结构设计规范》(TB 10092—2017)、《铁路桥涵地基和基础设计规范》(TB 10093—2017)等,各规范所规定的设计方法很不一致。

在现行规范中,钢结构和混凝土、钢筋混凝土结构均采用容许应力设计法;预应力混凝土结构按弹性理论分析,采用破损阶段设计法进行截面验算;在隧道设计规范中,衬砌按破损阶段设计法设计截面,洞门则采用容许应力设计法;在路基设计规范中,路基(土工结构)、重力式支挡结构和这些工程结构的地基基础都采用容许应力设计法。因此,总的来看,容许应力设计法仍然是现行铁路工程结构设计规范采用的主要方法。

4. 港口工程结构设计规范

现行的港口工程结构设计规范均以《港口工程结构可靠性设计统一标准》(GB 50158—2010)为依据进行修订和编制，采用了以分项系数表达的近似概率极限状态设计法。

5. 水利水电工程结构设计规范

《水工混凝土结构设计规范》(SL 191—2008)规定，对水利水电工程中的素混凝土、钢筋混凝土、预应力钢筋混凝土结构采用概率极限状态设计原则和分项系数设计方法。

目前已颁布的《水利水电工程结构可靠性设计统一标准》(GB 50199—2013)和《水工建筑物荷载标准》(GB/T 51394—2020)规定，水工结构设计宜采用以概率理论为基础、以分项系数表达的极限状态设计法。当缺乏统计资料时，结构设计可根据可靠的工程经验或必要的试验研究进行，也可采用容许应力设计法或单一安全系数法等经验方法进行。

由此可见，目前各类土木工程结构的设计方法还没有完全统一，实际上做到完全统一是有难度的，也没有必要。但《工程结构可靠性设计统一标准》(GB 50153—2008)规定，新修订的各种结构设计规范应使土木工程中的各种结构构件具有统一或相近的可靠度水平。

2.2　结构可靠度的基本概念

2.2.1　结构的功能要求

工程结构设计的基本目的：在一定的经济条件下，结构的设计、施工和维护应使结构在设计使用年限内以适当的可靠度且经济的方式满足各项规定的功能要求。

《工程结构可靠性设计统一标准》(GB 50153—2008)规定，结构在规定的设计使用年限内应满足下列功能要求。

(1)能承受在施工和使用期间可能出现的各种作用。

(2)保持良好的使用性能。

(3)具有足够的耐久性能。

(4)当发生火灾时，在规定的时间内可保持足够的承载力。

(5)当发生爆炸、撞击、人为错误等偶然事件时，结构能保持必需的整体稳固性，不出现与起因不相称的破坏后果，防止出现结构的连续倒塌。

上述(1)、(4)、(5)项为结构的安全性要求，第(2)项为结构的适用性要求，第(3)项为结构的耐久性要求。

这些功能要求概括起来称为结构的可靠性，即结构在规定的时间内(如设计基准期为 50 年)，在规定的条件下(正常设计、正常施工、正常使用维护)完成预定功能(安全性、适用性和耐久性)的能力。显然，增大结构设计的余量，如加大结构构件的截面尺寸或增加钢筋数量，或提高对材料性能的要求，总是能够增加或改善结构的可靠性，但这将使结构造价提高，不符合经济性的要求。因此，结构设计要根据实际情况，解决好结构可靠性与经济性之间的矛盾，既要保证结构具有适当的可靠性，又要尽可能降低造价，做到经济合理。

2.2.2 结构的极限状态

整个结构或结构的一部分超过某一特定状态就不能满足设计规定的某一功能要求,此特定状态称为该功能的极限状态。

极限状态是区分结构工作状态可靠或失效的标志。结构失效形式包括:功能失效、服务失效、几何组成失效、传递失效、稳定失效、材料过应力失效。

根据结构功能要求,《工程结构可靠性设计统一标准》(GB 50153—2008)将结构的极限状态分为两类:承载能力极限状态和正常使用极限状态。

1. 承载能力极限状态

承载能力极限状态(ultimate limit states):对应于结构或结构构件达到最大承载力或不适于继续承载的变形的状态。结构或结构构件出现下列状态之一时,应认为超过了承载能力极限状态。

(1)结构构件或连接因超过材料强度而破坏,或因过度变形而不适于继续承载。

(2)整个结构或结构的一部分作为刚体失去平衡。

(3)结构转变为机动体系。

(4)结构或结构构件丧失稳定。

(5)结构因局部破坏而发生连续倒塌。

(6)地基丧失承载力而破坏。

(7)结构或结构构件的疲劳破坏。

承载能力极限状态分为构件层次和结构层次,各种承载能力极限状态通过规定明确的标志进行计算。

此外,同一结构或构件可能存在对应上述不同状态的承载能力极限状态,此时应以承载能力最小的情况作为该结构或构件的承载能力极限状态。

2. 正常使用极限状态

正常使用极限状态(serviceability limit states):对应于结构或结构构件达到正常使用或耐久性能的某项规定限值的状态。结构或结构构件出现下列状态之一时,应认为超过了正常使用极限状态。

(1)影响正常使用或外观的变形,如过大的挠度。

(2)影响正常使用或耐久性能的局部损坏,如:不允许出现裂缝的结构开裂;允许出现裂缝的构件,其裂缝宽度超过了允许限值。

(3)影响正常使用的振动。

(4)影响正常使用的其他特定状态,例如水池渗漏、钢材腐蚀、混凝土冻害等。

虽然超过正常使用极限状态的后果一般不如超过承载能力极限状态那样严重,但是也不可忽视,例如过大的变形会造成房屋内粉刷层剥落、门窗变形、填充墙和隔断墙开裂及屋面积水等后果;在多层精密仪表车间中,过大的楼面变形还可能影响产品的质量;水池和油罐等结构开裂会引起渗漏;混凝土构件出现过大的裂缝会影响使用寿命。此外,结构或结构构件出现过大的变形和裂缝将引起用户心理上的不安全感。由于超过正常使用极限状态的后果比超过承载能力极限状态要轻一些,因此对其出现概率的控制可放宽一些。

对于结构的各种极限状态,均应规定明确的标志及限值。

正常使用极限状态分为可逆和不可逆两种，如图 2-1 所示。可逆的正常使用极限状态是指当产生超越正常使用要求的作用撤除后,超越作用产生的后果可以恢复的极限状态,如在弹性范围内结构受临时荷载作用变形增大,当荷载移走后,结构能够恢复到原来的变形;不可逆的正常使用极限状态是指当产生超越正常使用要求的作用撤除后,超越作用产生的后果不可恢复的极限状态,如普通混凝土结构的裂缝。对于可逆和不可逆的正常使用极限状态,设计中的控制是不同的。

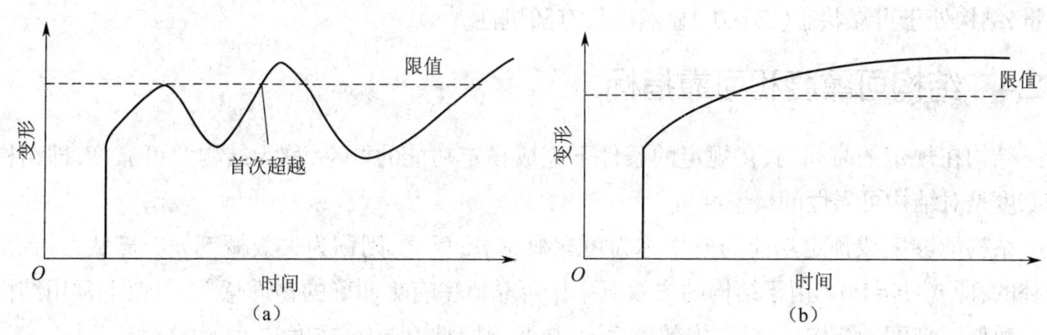

图 2-1　可逆与不可逆正常使用极限状态

(a)可逆　(b)不可逆

2.2.3　结构功能函数

按极限状态进行结构设计时,可以根据结构预定功能所要求的各种结构性能(如强度、刚度、应力、裂缝等),建立包括各种变量(如荷载、材料性能、几何参数等)的函数,该函数称为结构功能函数,用 Z 来表示:

$$Z = g(X_1, X_2, \cdots, X_n) \quad (i = 1, 2, \cdots, n) \tag{2-7}$$

式中:X_i——影响结构性能的基本变量,包括结构上的各种作用和环境影响,如荷载、材料性能、几何参数等。

在进行可靠度分析时,一般将上述各种基本变量 X_i 从性质上归纳为两类综合基本变量,即结构抗力 R 和作用效应 S,则结构功能函数 Z 可简化为

$$Z = g(R, S) = R - S \tag{2-8}$$

按式(2-8)所示结构功能函数,结构或构件完成预定功能的工作状态可分为以下三种情况(图 2-2):

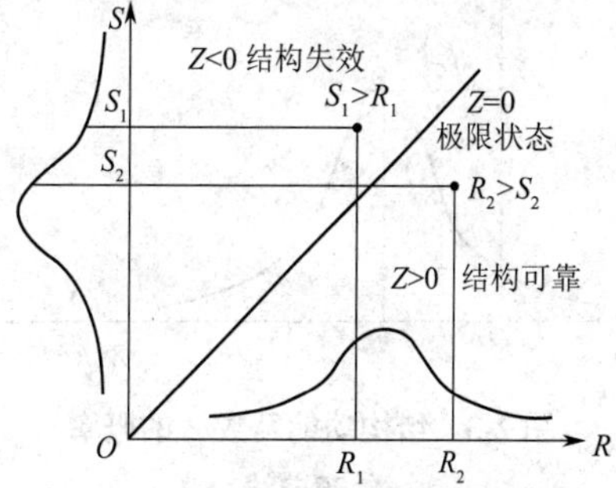

图 2-2　结构或构件完成预定功能的工作状态

(1)当 $Z>0$ 时,即 $R>S$,结构能够完成预定的功能,处于可靠状态;

(2)当 $Z<0$ 时,即 $R<S$,结构不能完成预定的功能,处于失效状态;

（3）当 $Z=0$ 时，即 $R=S$，结构处于临界的极限状态。

因此，结构的极限状态可采用下列方程描述：

$$Z=R-S=g(X_1,X_2,\cdots,X_n)=0 \quad (i=1,2,\cdots,n) \tag{2-9}$$

式（2-9）称为结构的极限状态方程，它是结构可靠与失效的临界点，要保证结构处于可靠状态，结构功能函数 Z 应符合下列要求：

$$Z=g(X_1,X_2,\cdots,X_n)\geqslant 0 \quad (i=1,2,\cdots,n) \tag{2-10a}$$

或

$$Z=R-S\geqslant 0 \tag{2-10b}$$

荷载（作用）、材料性能、几何参数等均为随机变量，故作用效应 S 和结构抗力 R 也是随机变量，结构处于可靠状态（$Z\geqslant 0$）显然也具有随机性。

2.2.4 结构可靠度和可靠指标

结构在规定的时间内，在规定的条件下完成预定功能的概率，称为结构的可靠度，即结构可靠度是对结构可靠性的概率度量。

结构能够完成预定功能的概率称为可靠概率 p_s；反之，则称为失效概率 p_f。显然，二者是互补的，即 $p_s+p_f=1.0$。由于结构的失效概率比可靠概率有更明确的物理意义，习惯上常用结构的失效概率来度量结构可靠性，失效概率 p_f 愈小，则表明结构可靠度愈大。

若已知结构抗力 R 和荷载效应 S 的概率密度函数分别为 $f_R(r)$ 和 $f_S(s)$，可得失效概率为

$$p_f=P(Z=R-S<0)=\iint_{r<s} f_R(r)f_S(s)\,\mathrm{d}r\mathrm{d}s \tag{2-11}$$

按上式求解失效概率 p_f 涉及复杂的概率运算，还需要做多重积分。而且在实际工程中，结构功能函数 Z 的基本自变量并不是两个，即使将这些变量归纳为结构抗力 R 和荷载效应 S，R 和 S 的分布也并不一定是简单函数；因此，除了特别重要的和新型的结构外，一般不采用直接计算 p_f 的设计方法。《工程结构可靠性设计统一标准》（GB 50153—2008）和一些国外标准均采用可靠指标 β 代替失效概率 p_f 来度量结构的可靠性。

下面以结构功能函数只包含两个综合基本变量（结构抗力 R 和荷载效应 S）的情况，说明如何建立可靠指标与失效概率之间的关系。

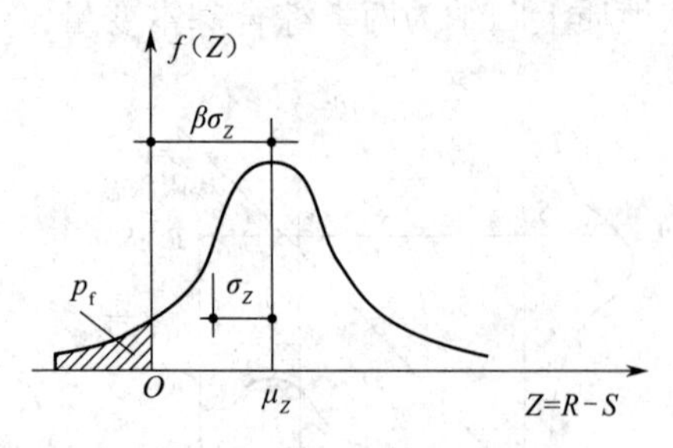

图 2-3 结构功能函数 Z 的概率分布曲线

1. 基本变量 R 和 S 均服从正态分布

假设结构抗力 R 和荷载效应 S 都是服从正态分布的随机变量，且 R 和 S 是相互独立的，则结构功能函数 $Z=R-S$ 也是服从正态分布的随机变量。Z 的概率分布曲线如图 2-3 所示。

结构处于失效状态时，$Z=R-S<0$，其出现的概率就是失效概率 p_f（图 2-3 中的阴影面积）：

$$p_f=P(Z=R-S<0)=\int_{-\infty}^{0} f(Z)\mathrm{d}Z \tag{2-12}$$

式中：$f(Z)$——结构功能函数 Z 的概率密度分布函数。

取结构抗力 R 的平均值为 μ_R，标准差为 σ_R；荷载效应 S 的平均值为 μ_S，标准差为 σ_S，则结构功能函数 Z 的平均值 μ_Z 及标准差 σ_Z 分别为

$$\mu_Z = \mu_R - \mu_S \tag{2-13}$$

$$\sigma_Z = \sqrt{\sigma_R^2 + \sigma_S^2} \tag{2-14}$$

根据正态分布的概率分布函数，式（2-12）可写为

$$p_{\mathrm{f}} = \int_{-\infty}^{0} f(Z)\mathrm{d}Z = \frac{1}{\sigma_Z\sqrt{2\pi}}\int_{-\infty}^{0}\exp\left[-\frac{(Z-\mu_Z)^2}{2\sigma_Z^2}\right]\mathrm{d}Z \tag{2-15}$$

取 $\mu_Z=\beta\sigma_Z$，并令 $X=(Z-\mu_Z)/\sigma_Z$，将式（2-15）化为标准正态分布函数，可得

$$p_{\mathrm{f}} = \frac{1}{\sqrt{2\pi}}\int_{-\infty}^{-\beta}\exp\left(-\frac{1}{2}X^2\right)\mathrm{d}X = 1-\frac{1}{\sqrt{2\pi}}\int_{\beta}^{\infty}\exp\left(-\frac{1}{2}X^2\right)\mathrm{d}X = 1-\Phi(\beta) \tag{2-16}$$

由图 2-3 可见，结构失效概率 p_{f} 与结构功能函数 Z 的平均值 μ_Z 到坐标原点的距离有关，$\mu_Z=\beta\sigma_Z$。β 值越大，失效概率 p_{f} 就越小；反之亦然。因此，β 与 p_{f} 一样，可作为度量结构可靠度的一个指标，故称 β 为结构的可靠指标。β 值可按下式计算：

$$\beta = \frac{\mu_Z}{\sigma_Z} = \frac{\mu_R - \mu_S}{\sqrt{\sigma_R^2 + \sigma_S^2}} \tag{2-17}$$

再由式（2-16）计算，可得对应的失效概率 p_{f}，见表 2-1。式（2-16）中的函数 $\Phi(\beta)$ 可由概率理论的相关计算得到。显然，β 与 p_{f} 之间存在着一一对应关系，分析表 2-1 中的计算结果可知，β 值相差 0.5，失效概率 p_{f} 大致相差一个数量级；而且不论 β 值多大，p_{f} 也不可能为零。

因此，失效概率 p_{f} 总是存在的，要使结构设计做到绝对可靠（$R>S$）是不可能的。从概率的角度，结构设计的目的就是使 $Z<0$ 的概率 p_{f} 足够小，以达到人们接受的程度。

表 2-1　可靠指标 β 与失效概率 p_{f} 的对应关系

可靠指标 β	1.0	1.5	2.0	2.5	2.7	3.0
失效概率 p_{f}	15.90×10^{-2}	6.68×10^{-2}	2.28×10^{-2}	6.21×10^{-3}	3.50×10^{-3}	1.35×10^{-3}
可靠指标 β	3.2	3.5	3.7	4.0	4.2	4.7
失效概率 p_{f}	6.90×10^{-4}	2.33×10^{-4}	1.10×10^{-4}	3.17×10^{-5}	1.30×10^{-5}	1.30×10^{-6}

2. 基本变量 R 和 S 均服从对数正态分布

上述计算过程中，可靠指标 β 的导出基于结构抗力 R 和荷载效应 S 都服从正态分布的假设。若结构抗力 R 和荷载效应 S 都服从对数正态分布且相互独立，则结构功能函数

$$Z = \ln(R/S) = \ln R - \ln S \tag{2-18}$$

也服从正态分布，可靠指标 β 为

$$\beta = \frac{\mu_Z}{\sigma_Z} = \frac{\mu_{\ln R} - \mu_{\ln S}}{\sqrt{\sigma_{\ln R}^2 + \sigma_{\ln S}^2}} \tag{2-19}$$

由对数正态分布函数及其数字特征，可得出 $\ln X$ 的统计参数（$\mu_{\ln X}$, $\sigma_{\ln X}$）与 X 的统计参数（μ_X,σ_X）之间有如下关系：

$$\mu_{\ln X}=\ln\mu_X-\ln\sqrt{1+\delta_X^2} \tag{2-20}$$

$$\sigma_{\ln X}=\sqrt{\ln\left(1+\delta_X^2\right)} \tag{2-21}$$

由此得到，可靠指标 β 的表达式为

$$\beta=\frac{\mu_Z}{\sigma_Z}=\frac{\ln\dfrac{\mu_R\sqrt{1+\delta_S^2}}{\mu_S\sqrt{1+\delta_R^2}}}{\sqrt{\ln\left(1+\delta_R^2\right)+\ln\left(1+\delta_S^2\right)}} \tag{2-22}$$

当变异系数 δ_R、δ_S 都很小（<0.3）时，利用 $\ln(1+x)\approx x$，式（2-22）可简化为

$$\beta=\frac{\mu_Z}{\sigma_Z}=\frac{\ln\mu_R-\ln\mu_S}{\sqrt{\delta_R^2+\delta_S^2}} \tag{2-23}$$

从式（2-17）和式（2-23）可见，采用结构的可靠指标 β 度量结构的可靠性，几何意义明确、直观，并且计算过程只涉及随机变量的统计参数，计算方便，因而在实际计算中得到广泛应用。

2.2.5 例题

【例 2-1】某热轧 H 型钢轴心受压短柱，截面面积 A=12 040 mm²，材质为 Q235B。设荷载服从正态分布，轴力 N 的平均值 μ_N=2 200 kN，变异系数 δ_N=0.10。钢材屈服强度 f 服从正态分布，其平均值 μ_f=280 MPa，变异系数 δ_f=0.08。不考虑构件截面尺寸的变异和计算模式的不精确性，试计算该短柱的可靠指标 β。

【解】（1）荷载效应 S 的统计参数

$$\mu_S=\mu_N=2\ 200\ \text{kN}$$

$$\sigma_S=\sigma_N=\delta_N\mu_N=0.10\times2\ 200=220\ \text{kN}$$

（2）构件抗力 R 的统计参数

短柱的抗力 $R=fA$，抗力的统计参数为

$$\mu_R=\mu_f A=280\times12\ 040\times10^{-3}=3\ 371.2\ \text{kN}$$

$$\sigma_R=\delta_R\mu_R=\delta_f\mu_f A=0.08\times3\ 371.2=269.696\ \text{kN}$$

（3）可靠指标 β

$$\beta=\frac{\mu_R-\mu_S}{\sqrt{\sigma_R^2+\sigma_S^2}}=\frac{3\ 371.2-2\ 200}{\sqrt{269.696^2+220^2}}=3.365$$

查标准正态分布表，可得 $\Phi(\beta)$=0.999 6，相应的失效概率 p_{f}=1−0.999 6= 4.0×10^{-4}。

2.3 结构可靠度计算

实际工程中，结构功能函数通常是由多个随机变量组成的非线性函数，而且这些随机变量并不都服从正态分布，因此不能简单地用上述方法计算其可靠指标。

当组成结构功能函数的多个随机变量相互独立时,可采用下面的方法计算。

2.3.1　中心点法

中心点法是在结构可靠度研究初期提出的一种方法。其基本思路为:利用随机变量的统计参数(平均值和标准差)的数学模型,分析结构的可靠度,并将极限状态功能函数在平均值处(即中心点处)进行泰勒级数展开,使之线性化,然后求解可靠指标 β。

设 $X_1,X_2,\cdots,X_n$ 是相互独立的随机变量,由这些随机变量表示的结构功能函数为

$$Z=g(X_1,X_2,\cdots,X_n)\quad (i=1,2,\cdots,n) \tag{2-24}$$

将 Z 在随机变量 X_i 的平均值(即中心点)处展开为泰勒级数,并仅保留至一次项,即

$$Z=g\left(\mu_{X_1},\ \mu_{X_2},\cdots,\ \mu_{X_n}\right)+\sum_{i=1}^{n}\left.\frac{\partial g}{\partial X_i}\right|_{\mu}\left(X_i-\mu_{X_i}\right) \tag{2-25}$$

式中:μ_{X_i}——随机变量 X_i 的平均值($i=1,2,\cdots,n$);

$\left.\frac{\partial g}{\partial X_i}\right|_{\mu}$——功能函数 Z 对 X_i 的偏导数在平均值 μ_{X_i} 处的赋值。

功能函数 Z 的平均值和标准差可分别近似表示为

$$\mu_Z=g\left(\mu_{X_1},\ \mu_{X_2},\cdots,\ \mu_{X_n}\right) \tag{2-26}$$

$$\sigma_Z=\sqrt{\sum_{i=1}^{n}\left[\left.\frac{\partial g}{\partial X_i}\right|_{\mu}\sigma_{X_i}\right]^2} \tag{2-27}$$

式中:σ_{X_i}——随机变量 X_i 的标准差($i=1,2,\cdots,n$)。

则结构可靠指标为

$$\beta=\frac{\mu_Z}{\sigma_Z}=\frac{g\left(\mu_{X_1},\ \mu_{X_2},\cdots,\ \mu_{X_n}\right)}{\sqrt{\sum_{i=1}^{n}\left[\left.\frac{\partial g}{\partial X_i}\right|_{\mu}\sigma_{X_i}\right]^2}} \tag{2-28}$$

当结构功能函数为结构中 n 个相互独立的随机变量 X_i 组成的线性函数时,则得式(2-24)的解析表达式为

$$Z=a_0+\sum_{i=1}^{n}a_iX_i \tag{2-29}$$

式中:a_i——常数($i=1,2,\cdots,n$)。

将 Z 在随机变量 X_i 的平均值处展开为泰勒级数,并仅保留至一次项,即

$$Z=a_0+\sum_{i=1}^{n}a_i\mu_{X_i}+\sum_{i=1}^{n}a_i\left(X_i-\mu_{X_i}\right) \tag{2-30}$$

Z 的平均值和标准差分别为

$$\mu_Z=a_0+\sum_{i=1}^{n}a_i\mu_{X_i} \tag{2-31}$$

$$\sigma_Z = \sqrt{\sum_{i=1}^{n} a_i^2 \sigma_{X_i}^2} \tag{2-32}$$

根据概率论的中心极限定理，当随机变量的数量 n 足够大时，可以认为 Z 近似服从正态分布，则可靠指标 β 可按下式计算：

$$\beta = \frac{\mu_Z}{\sigma_Z} = \frac{a_0 + \sum_{i=1}^{n} a_i \mu_{X_i}}{\sqrt{\sum_{i=1}^{n} a_i^2 \sigma_{X_i}^2}} \tag{2-33}$$

由上述计算可以看出，中心点法概念清楚，计算比较简单，可直接给出可靠指标 β 与随机变量统计参数之间的关系，分析问题方便灵活。但该方法存在以下缺点。

（1）未考虑随机变量的概率分布类型，而只采用其统计特征值进行运算。若基本变量的概率分布为非正态分布或非对数正态分布，则可靠指标 β 的计算结果与其标准值有较大差异，不能采用。

（2）将非线性功能函数在随机变量的平均值处展开不合理，由于随机变量的平均值不在极限状态曲面上，展开后的线性极限状态平面可能会较大程度地偏离原来的极限状态曲面。可靠指标 β 依赖展开点的选择。

（3）对有相同力学含义但不同数学表达式的非线性功能函数，应用中心点法不能求得相同的可靠指标 β 值，见【例 2-4】及【例 2-5】的分析。

【例 2-2】某悬臂梁，长度 $l = 3.0$ m，端部承受集中荷载 P，梁根部所承受的极限弯矩为 M_u。已知：集中力 P 的平均值 $\mu_P = 20$ kN，标准差 $\sigma_P = 2.4$ kN；极限弯矩 M_u 的平均值 $\mu_{M_u} = 80$ kN·m，标准差 $\sigma_{M_u} = 4.0$ kN·m。试用中心点法计算该梁的可靠指标。

【解】悬臂梁为静定结构，由集中荷载产生的根部弯矩 $M=Pl>M_u$ 时，梁即失效，故取其受弯承载力功能函数为

$$Z = g(M_u, P) = M_u - Pl$$

由式（2-26）和式（2-27），可得 Z 的平均值 μ_Z 和标准差 σ_Z 为

$$\mu_Z = \mu_{M_u} - \mu_P l = 80 - 20 \times 3.0 = 20 \text{ kN·m}$$

$$\sigma_Z = \sqrt{\sigma_{M_u}^2 + \sigma_P^2 l^2} = \sqrt{4.0^2 + 2.4^2 \times 3.0^2} = 8.24 \text{ kN·m}$$

可靠指标为

$$\beta = \frac{\mu_Z}{\sigma_Z} = \frac{20}{8.24} = 2.427$$

【例 2-3】某钢筋混凝土轴心受压短柱，截面尺寸 $b \times h$=400 mm × 400 mm，配筋为 HRB335 级，8 C20（A_s=2 512 mm²）。假定外荷载（轴力 N）服从正态分布，其平均值 μ_N=2 000 kN，变异系数 δ_N=0.10。钢筋屈服强度 f_y 服从正态分布，其平均值 μ_{f_y}=380 N/mm²，变异系数 δ_{f_y} =0.06。混凝土轴心抗压强度 f_c 也服从正态分布，其平均值 μ_{f_c}=24.8 N/mm²，变异系数 δ_{f_c} =0.20。不考虑结构尺寸的变异和计算模式的不准确性，试计算该短柱的可靠指标 β。

【解】取用抗力作为功能函数（单位：kN）

$$Z = f_c bh + f_y A_s - N = 160 f_c + 2.512 f_y - N$$

按式（2-31）和式（2-32）计算，Z 的平均值和标准差分别为

$$\mu_Z = a_0 + \sum_{i=1}^{n} a_i \mu_{X_i} = 160 \times 24.8 + 2.512 \times 380 - 2\ 000 = 2\ 922.56\ \text{kN}$$

$$\sigma_Z = \sqrt{\sum_{i=1}^{n} a_i^2 \sigma_{X_i}^2} = \sqrt{160^2 \times 0.20^2 \times 24.8^2 + 2.512^2 \times 0.06^2 \times 380^2 + 2\ 000^2 \times 0.10^2}$$

$$= 820.42\ \text{kN}$$

按式（2-33）计算，可靠指标为

$$\beta = \frac{\mu_Z}{\sigma_Z} = \frac{2\ 922.56}{820.42} = 3.56$$

【例 2-4】已知某钢梁截面的塑性抵抗矩 W 服从正态分布，μ_W=8.5 × 10^5 mm^3，δ_W=0.05；钢梁材料的屈服强度 f 服从正态分布，μ_f=270 MPa，δ_f=0.10。钢梁承受确定性的弯矩 M=140.0 kN·m。试用中心点法计算该梁的可靠指标 β。

【解】（1）取用抗力作为功能函数（单位：N·mm）

$$Z = fW - M = fW - 140.0 \times 10^6$$

由式（2-26）~ 式（2-28）得

$$\mu_Z = \mu_f \mu_W - M = 270 \times 8.5 \times 10^5 - 140.0 \times 10^6 = 8.95 \times 10^7\ \text{N·mm}$$

$$\sigma_Z = \sqrt{\sum_{i=1}^{n}\left[\left.\frac{\partial g}{\partial X_i}\right|_{\mu} \sigma_{X_i}\right]^2} = \sqrt{\mu_f^2 \sigma_W^2 + \mu_W^2 \sigma_f^2} = \sqrt{\mu_f^2 \mu_W^2 \left(\delta_W^2 + \delta_f^2\right)}$$

$$= \sqrt{270^2 \times 8.5^2 \times 10^{10} \times \left(0.05^2 + 0.10^2\right)} = 2.566 \times 10^7\ \text{N·mm}$$

$$\beta = \frac{\mu_Z}{\sigma_Z} = \frac{8.95 \times 10^7}{2.566 \times 10^7} = 3.49$$

（2）取用应力作为功能函数（单位：N/mm^2）

$$Z = f - M/W$$

由式（2-26）~ 式（2-28）得

$$\mu_Z = \mu_f - M/\mu_W = 270 - \frac{140.0 \times 10^6}{8.5 \times 10^5} = 105.29\ \text{N/mm}^2$$

$$\sigma_Z = \sqrt{\sum_{i=1}^{n}\left[\left.\frac{\partial g}{\partial X_i}\right|_{\mu} \sigma_{X_i}\right]^2} = \sqrt{\left(\frac{M}{\mu_W^2}\right)^2 \sigma_W^2 + \sigma_f^2} = \sqrt{\left(\frac{M}{\mu_W}\right)^2 \delta_W^2 + \mu_f^2 \delta_f^2}$$

$$= \sqrt{\left(\frac{140.0 \times 10^6}{8.5 \times 10^5}\right)^2 \times 0.05^2 + 270^2 \times 0.10^2} = 28.23\ \text{N/mm}^2$$

$$\beta = \frac{\mu_Z}{\sigma_Z} = \frac{105.29}{28.23} = 3.73$$

【例 2-5】某轴心受拉无缝钢管，材质为 Q235，规格为 D159 × 10，试用均值一次二阶矩法

计算其可靠指标 β。已知各变量的平均值和标准差分别为：材料屈服强度 f，μ_f= 280 MPa，δ_f =0.08；钢管截面直径 D，μ_D=159 mm，δ_D=0.05；钢管截面壁厚 t，μ_t=10 mm，δ_t=0.05；承受的拉力 P，μ_P=720 kN，δ_P=0.15。

【解】(1)采用以承载力形式表达的功能函数

$$Z = g(f,D,t,P) = Af - P = \pi t(D-t)f - P$$

$$\mu_Z = \pi\cdot\mu_t(\mu_D-\mu_t)\cdot\mu_f-\mu_P = \pi\times10\times(159-10)\times280-720\times10^3 = 590\ 672.5\ \text{N}$$

$$\left.\frac{\partial g}{\partial f}\right|_\mu \sigma_f = \pi\cdot\mu_t(\mu_D-\mu_t)\cdot\mu_f\cdot\delta_f = \pi\times10\times(159-10)\times280\times0.08 = 104\ 853.8\ \text{N}$$

$$\left.\frac{\partial g}{\partial D}\right|_\mu \sigma_D = \pi\cdot\mu_t\cdot\mu_f\cdot\mu_D\cdot\delta_D = \pi\times10\times280\times159\times0.05 = 69\ 931.9\ \text{N}$$

$$\left.\frac{\partial g}{\partial t}\right|_\mu \sigma_t = \pi(\mu_D-2\mu_t)\mu_f\cdot\mu_t\cdot\delta_t = \pi\times(159-2\times10)\times280\times10\times0.05 = 61\ 135.4\ \text{N}$$

$$\left.\frac{\partial g}{\partial P}\right|_\mu \sigma_P = -\mu_P\cdot\delta_P = -720\ 000\times0.15 = -108\ 000\ \text{N}$$

$$\sigma_Z = \sqrt{\sum_{i=1}^{n}\left[\left.\frac{\partial g}{\partial X_i}\right|_\mu \sigma_{X_i}\right]^2} = \sqrt{104\ 853.8^2+69\ 931.9^2+61\ 135.4^2+(-108\ 000)^2}$$

$$=176\ 879.4\ \text{N}$$

可靠指标 β 为

$$\beta = \frac{\mu_Z}{\sigma_Z} = \frac{590\ 672.5}{176\ 879.4} = 3.34$$

(2)采用以应力形式表达的功能函数

$$Z = g(f,D,t,P) = f-\frac{P}{A} = f-\frac{P}{\pi t(D-t)}$$

$$\mu_Z = \mu_f-\frac{-\mu_P}{\pi\cdot\mu_t(\mu_D-\mu_t)} = 280-\frac{-720\times10^3}{\pi\times10\times(159-10)} = -126.19\ \text{MPa}$$

$$\left.\frac{\partial g}{\partial f}\right|_\mu \sigma_f = \mu_f\cdot\delta_f = 280\times0.08 = 22.4\ \text{MPa}$$

$$\left.\frac{\partial g}{\partial P}\right|_\mu \sigma_P = \frac{-\mu_P\cdot\delta_P}{\pi\cdot\mu_t(\mu_D-\mu_t)} = \frac{-720\times10^3\times0.15}{\pi\times10\times(159-10)} = -23.07\ \text{MPa}$$

$$\left.\frac{\partial g}{\partial D}\right|_\mu \sigma_D = \frac{\mu_P\cdot\mu_D\cdot\delta_D}{\pi\cdot\mu_t(\mu_D-\mu_t)^2} = \frac{720\times10^3\times159\times0.05}{\pi\times10\times(159-10)^2} = 8.21\ \text{MPa}$$

$$\left.\frac{\partial g}{\partial t}\right|_\mu \sigma_t = \frac{\mu_P}{\pi}\cdot\frac{\mu_D-2\mu_t}{\mu_t^2(\mu_D-\mu_t)^2}\cdot\mu_t\cdot\delta_t = \frac{720\times10^3}{\pi}\times\frac{159-2\times10}{10^2\times(159-10)^2}\times10\times0.05 = 7.17\ \text{MPa}$$

$$\sigma_Z = \sqrt{\sum_{i=1}^{n}\left[\left.\frac{\partial g}{\partial X_i}\right|_\mu \sigma_{X_i}\right]^2} = \sqrt{22.4^2+(-23.07)^2+8.21^2+7.17^2} = 33.95\ \text{MPa}$$

可靠指标为

$$\beta = \frac{\mu_Z}{\sigma_Z} = \frac{126.19}{33.95} = 3.72$$

通过【例 2-4】和【例 2-5】两个例题可知，对于同一问题，所取的功能函数不同，计算出的可靠指标也不同。其主要原因是，尽管随机自变量服从正态分布，但功能函数不是线性函数，不服从正态分布。

2.3.2　验算点法

中心点法只能针对服从正态分布的随机变量且极限状态方程为线性方程的情况进行结构可靠指标的计算。

但通过对荷载与抗力的统计分析可知，永久荷载一般服从正态分布，截面抗力一般服从对数正态分布，而风荷载（风压）、雪荷载（雪压）、楼面活荷载等，一般服从极值Ⅰ型分布。因而，在工程结构可靠度分析中，需要一种方法能计算服从任意类型分布的随机变量且极限状态方程为非线性情况时的可靠指标 β 值。《工程结构可靠性设计统一标准》（GB 50153—2008）中采用了国际结构安全度联合委员会推荐的方法，该方法又称验算点法（JC 法）。

针对中心点法的主要缺点，验算点法进行了如下改进。

（1）对于非线性的功能函数，线性化近似不是选在中心点处，而是以通过极限状态方程 Z=0 上某一点 $P^*(X_1^*, X_2^*, \cdots, X_n^*)$ 的切平面作为线性近似，即把线性化近似选在失效边界上，以减小中心点法的误差。

（2）当基本变量 X_i 具有分布类型的信息时，将非正态分布的变量 X_i 在 X_i^* 处当量化为正态分布，使可靠指标能真实反映结构的可靠性。

这里特定的点 P^* 即称为设计验算点，其几何意义是标准化空间中极限状态曲面到原点的最近距离点。它与结构最大可能的失效概率相对应，并且根据该点可导出实用设计表达式中的各种分项系数，因而在近似概率法中有着重要的作用。

下面仍以两个正态基本变量 R、S 的情况说明验算点法的基本概念。

假设基本变量 R、S 都服从正态分布且相互独立，则结构的极限状态方程为

$$Z = g(R, S) = R - S = 0 \tag{2-34}$$

将基本变量 R、S 进行标准化，使其成为标准正态变量，即取

$$\hat{R} = \frac{R - \mu_R}{\sigma_R} \tag{2-35a}$$

$$\hat{S} = \frac{S - \mu_S}{\sigma_S} \tag{2-35b}$$

于是结构的极限状态方程式（2-34）变为

$$Z = \hat{R}\sigma_R - \hat{S}\sigma_S + \mu_R - \mu_S = 0 \tag{2-36}$$

将上式乘以法线化因子 $\dfrac{-1}{\sqrt{\sigma_R^2 + \sigma_S^2}}$，得其法线式方程

$$\hat{R}\frac{-\sigma_R}{\sqrt{\sigma_R^2+\sigma_S^2}}+\hat{S}\frac{\sigma_S}{\sqrt{\sigma_R^2+\sigma_S^2}}-\frac{\mu_R-\mu_S}{\sqrt{\sigma_R^2+\sigma_S^2}}=0 \tag{2-37}$$

式中，前两项的系数为直线的方向余弦，最后一项即为可靠指标，则极限状态方程简化为

$$\hat{R}\cos\theta_R+\hat{S}\cos\theta_S-\beta=0 \tag{2-38}$$

$$\begin{cases}\cos\theta_R=-\dfrac{\sigma_R}{\sqrt{\sigma_R^2+\sigma_S^2}}\\ \cos\theta_S=\dfrac{\sigma_S}{\sqrt{\sigma_R^2+\sigma_S^2}}\end{cases} \tag{2-39}$$

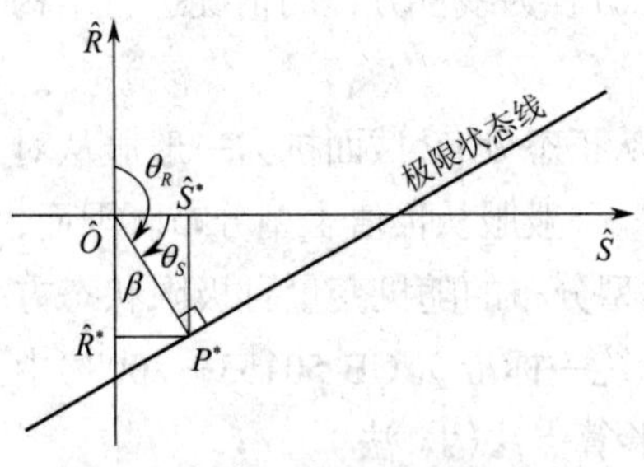

图 2-4 两个变量时可靠指标与极限状态方程

由解析几何（图 2-4）可知，法线式直线方程中的常数项等于原点 $\hat{O}$ 到极限状态线的距离 $\hat{O}P^*$。在标准化正态坐标系中，原点到极限状态直线的最短距离等于可靠指标（β 的几何意义）。

法线的垂足 P^* 即为设计验算点，它是满足极限状态方程的最可能使结构失效的一组变量值，其坐标值为

$$\begin{cases}\hat{S}^*=\beta\cos\theta_S\\ \hat{R}^*=\beta\cos\theta_R\end{cases} \tag{2-40}$$

将上式代入式（2-35），即还原到原坐标系中，得设计验算点 P^* 的坐标值为

$$\begin{cases}R^*=\mu_R+\hat{R}^*\sigma_R=\mu_R+\sigma_R\beta\cos\theta_R\\ S^*=\mu_S+\hat{S}^*\sigma_S=\mu_S+\sigma_S\beta\cos\theta_S\end{cases} \tag{2-41}$$

因点 P^* 在极限状态方程直线上，其坐标值必然满足式（2-34），即

$$Z=g\left(R^*,S^*\right)=R^*-S^*=0 \tag{2-42}$$

在已知随机变量 R、S 的统计参数后，由式（2-39）、式（2-41）和式（2-42）即可求得可靠指标 β 和设计验算点 P^* 的坐标 R^*、S^*。

在此基础上，把两个正态分布随机变量的情况推广到多个随机变量的情况。

1. 多个正态随机变量的情况

设结构功能函数中包含多个相互独立的正态分布随机变量，极限状态方程为

$$Z=g\left(X_1,X_2,\cdots,X_n\right)=0 \tag{2-43}$$

该方程可能是线性的，亦可能是非线性的，它代表以基本变量 X_i（$i=1,2,\cdots,n$）为坐标的 n 维欧氏空间上的一个曲面（当式（2-43）为线性方程时，则为平面）。

进行标准化变换，将线性化点选在设计验算点 $P^*(X_1^*,X_2^*,\cdots,X_n^*)$ 上，取

$$\hat{X}_i=\frac{X_i-\mu_{X_i}}{\sigma_{X_i}} \tag{2-44}$$

则在标准正态空间坐标系中，极限方程可表示为

$$Z=g(\mu_{X_1}+\hat{X}_1\sigma_{X_1},\ \mu_{X_2}+\hat{X}_2\sigma_{X_2},\cdots,\ \mu_{X_n}+\hat{X}_n\sigma_{X_n})=0 \tag{2-45}$$

此时,可靠指标 β 是坐标系中原点 $\hat{O}$ 到极限状态曲面在点 P^* 处切平面的最小距离,即法线长度 $\hat{O}P^*$。三个正态变量的情况如图 2-5 所示,设计验算点 P^* 的坐标为($\hat{X}_1^*$, $\hat{X}_2^*$, $\hat{X}_3^*$)。

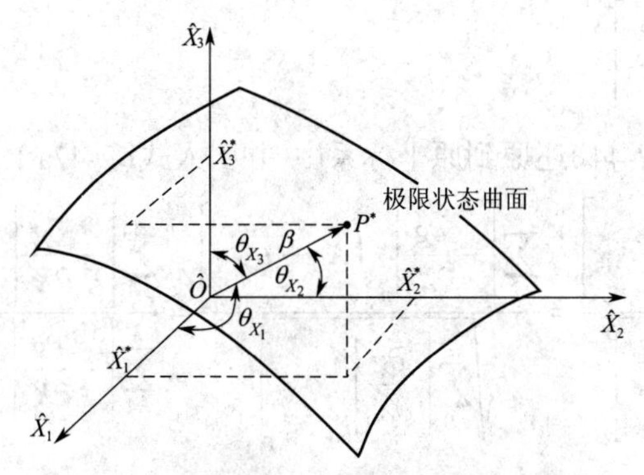

图 2-5　多个变量时可靠指标与极限状态方程

将式(2-45)在设计验算点 P^* 处按泰勒级数展开,并仅保留其一次项,得

$$g\left(\mu_{X_1}+\hat{X}_1^*\sigma_{X_1},\ \mu_{X_2}+\hat{X}_2^*\sigma_{X_2},\cdots,\ \mu_{X_n}+\hat{X}_n^*\sigma_{X_n}\right)+\sum_{i=1}^{n}\left(\hat{X}_i-\hat{X}_i^*\right)\left.\frac{\partial g}{\partial \hat{X}_i}\right|_{P^*}=0 \tag{2-46a}$$

设计验算点 P^* 为极限状态曲面上的一点,因此有

$$g\left(\mu_{X_1}+\hat{X}_1^*\sigma_{X_1},\ \mu_{X_2}+\hat{X}_2^*\sigma_{X_2},\cdots,\ \mu_{X_n}+\hat{X}_n^*\sigma_{X_n}\right)=0$$

再将式(2-46a)的第二项分离,并乘以法线化因子 $\dfrac{-1}{\sqrt{\sum_{i=1}^{n}\left[\left.\dfrac{\partial g}{\partial \hat{X}_i}\right|_{P^*}\right]^2}}$,得

$$\frac{\sum_{i=1}^{n}\left[-\left.\frac{\partial g}{\partial \hat{X}_i}\right|_{P^*}\hat{X}_i\right]}{\sqrt{\sum_{i=1}^{n}\left[\left.\frac{\partial g}{\partial \hat{X}_i}\right|_{P^*}\right]^2}}-\frac{\sum_{i=1}^{n}\left[-\left.\frac{\partial g}{\partial \hat{X}_i}\right|_{P^*}\hat{X}_i^*\right]}{\sqrt{\sum_{i=1}^{n}\left[\left.\frac{\partial g}{\partial \hat{X}_i}\right|_{P^*}\right]^2}}=0 \tag{2-46b}$$

同二维的情形一样,可以证明,式(2-46b)中 $\hat{X}_i$ 的系数就是极限状态曲面在点 P^* 处切平面的法线 $\hat{O}P^*$ 对各坐标向量 $\hat{X}_i$ 的方向余弦,即

$$\cos\theta_{X_i}=\frac{-\left.\frac{\partial g}{\partial \hat{X}_i}\right|_{P^*}}{\sqrt{\sum_{i=1}^{n}\left[\left.\frac{\partial g}{\partial \hat{X}_i}\right|_{P^*}\right]^2}}=\frac{-\left.\frac{\partial g}{\partial X_i}\right|_{P^*}\sigma_{X_i}}{\sqrt{\sum_{i=1}^{n}\left[\left.\frac{\partial g}{\partial X_i}\right|_{P^*}\sigma_{X_i}\right]^2}} \tag{2-47a}$$

式(2-46b)中第二项为常数项,就是法线 $\hat{O}P^*$ 的长度,即可靠指标 β。

$$\beta=\frac{\sum_{i=1}^{n}\left[-\left.\frac{\partial g}{\partial \hat{X}_i}\right|_{P^*}\hat{X}_i^*\right]}{\sqrt{\sum_{i=1}^{n}\left[\left.\frac{\partial g}{\partial \hat{X}_i}\right|_{P^*}\right]^2}} \tag{2-47b}$$

将上述关系通过式(2-44)还原到原坐标系中，并引入式(2-47a)，则可靠指标 β 表示为

$$\beta=\frac{\sum_{i=1}^{n}\left[-\left.\frac{\partial g}{\partial \hat{X}_i}\right|_{P^*}\hat{X}_i^*\right]}{\sqrt{\sum_{i=1}^{n}\left[\left.\frac{\partial g}{\partial \hat{X}_i}\right|_{P^*}\right]^2}}=\frac{\sum_{i=1}^{n}\left[-\left.\frac{\partial g}{\partial X_i}\right|_{P^*}\left(X_i^*-\mu_{X_i}\right)\right]}{\sqrt{\sum_{i=1}^{n}\left[\left.\frac{\partial g}{\partial X_i}\right|_{P^*}\sigma_{X_i}\right]^2}}=\frac{\sum_{i=1}^{n}\left[-\left.\frac{\partial g}{\partial X_i}\right|_{P^*}\left(X_i^*-\mu_{X_i}\right)\right]}{\sum_{i=1}^{n}\left[-\left.\frac{\partial g}{\partial X_i}\right|_{P^*}\sigma_{X_i}\cos\theta_{X_i}\right]}$$

将上式整理后，可得

$$\left.\frac{\partial g}{\partial X_i}\right|_{P^*}\left(X_i^*-\mu_{X_i}-\beta\cos\theta_{X_i}\sigma_{X_i}\right)=0$$

由于 $\left.\frac{\partial g}{\partial X_i}\right|_{P^*}\neq 0$，故必有

$$X_i^*-\mu_{X_i}-\beta\cos\theta_{X_i}\sigma_{X_i}=0$$

从而可得设计验算点 P^* 的坐标为

$$X_i^*=\mu_{X_i}+\beta\cos\theta_{X_i}\sigma_{X_i} \tag{2-48}$$

点 P^* 位于失效边界上，故其坐标必然满足式(2-43)，即

$$g\left(X_1^*,\ X_2^*,\cdots,X_n^*\right)=0 \tag{2-49}$$

求解由式(2-47)、式(2-48)和式(2-49)组成的方程组，可解得 $\cos\theta_{X_i}$、X_i^* 及 β 共($2n+1$)个未知数。但由于结构功能函数 $g(\cdot)$一般为非线性函数，而且在求得 β 以前点 P^* 是未知的，偏导数在点 P^* 的赋值当然也就无法确定，因此，通常采用迭代法解上述方程组。迭代步骤如图 2-6 所示。

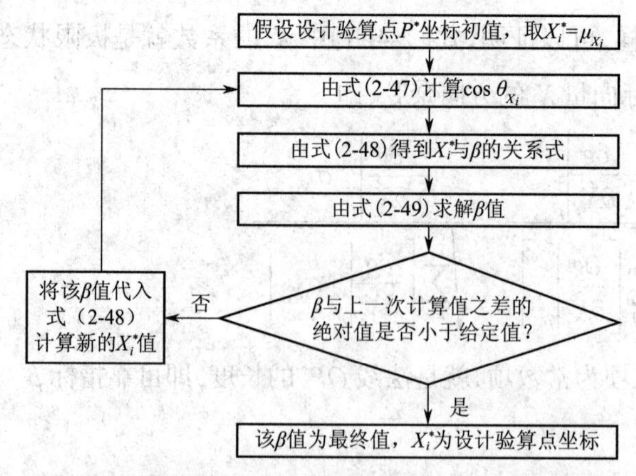

图 2-6 求解多个正态变量的可靠指标 β 的迭代框图

【**例 2-6**】已知条件同【例 2-4】,试用验算点法计算该梁的可靠指标 β。

【**解**】取用抗力作为功能函数(单位:N·m),极限状态方程为

$$Z = fW - M = fW - 140.0\times10^3 = 0$$

f 和 W 均服从正态分布,进行坐标变换,取

$$\hat{f} = \frac{f-\mu_f}{\sigma_f},\ \hat{W} = \frac{W-\mu_W}{\sigma_W}$$

在标准正态坐标系中,极限状态方程为

$$Z = \left(\sigma_f\hat{f}+\mu_f\right)\left(\sigma_W\hat{W}+\mu_W\right) - 140.0\times10^3 = 0$$

$$\alpha_1 = \cos\theta_f = -\frac{W^*\sigma_f}{\sqrt{\left(W^*\sigma_f\right)^2+\left(f^*\sigma_W\right)^2}},\ \alpha_2 = \cos\theta_W = -\frac{f^*\sigma_W}{\sqrt{\left(W^*\sigma_f\right)^2+\left(f^*\sigma_W\right)^2}}$$

第一次迭代,f^* 和 W^* 均赋平均值 μ_f、μ_W,按图 2-6 所示的迭代步骤进行计算,求出 β,计算过程如表 2-2 所示。迭代过程中的极限状态方程为

$$\left(\mu_f+\alpha_1\beta\sigma_f\right)\left(\mu_W+\alpha_2\beta\sigma_W\right) - M = 0$$

表 2-2　求解可靠指标 β 的迭代计算过程

迭代步数	X_i	β	X_i^*	α_i	β	$\Delta\beta$
1	f W	0	270×10^6 Pa 850×10^{-6} m^3	−0.894 4 −0.447 2	3.74 52.16(舍去)	3.740
2	f W	3.74	179.68×10^6 Pa 778.92×10^{-6} m^3	−0.940 0 −0.341 3	3.71 65.53(舍去)	−0.030
3	f W	3.71	175.84×10^6 Pa 796.19×10^{-6} m^3	−0.944 6 −0.328 4	3.71 67.78(舍去)	0.000

验算点为

$$f^* = \mu_f+\sigma_f\beta\cos\theta_f = 270\times10^6 - 270\times10^6\times0.1\times3.71\times0.944\,6 = 175.380\times10^6$$

$$W^* = \mu_W+\sigma_W\beta\cos\theta_W = 850\times10^{-6} - 850\times10^{-6}\times0.05\times3.71\times0.328\,4 = 798.220\times10^{-6}$$

f^* 和 W^* 满足:

$$Z = f^*W^* - M = f^*W^* - 140.0\times10^3 = 0$$

2. 多个非正态随机变量的情况

在实际工程中,并不是所有的变量都服从正态分布。计算结构可靠度时,需先将非正态分布的变量 X_i 当量化为正态分布的变量 X_i',并确定其平均值和标准差。当量正态化需满足以下两个条件(图 2-7)。

(1)在设计验算点 X_i^* 处有相同的分布函数,即

$$F_{X_i'}\left(X_i^*\right) = F_{X_i}\left(X_i^*\right) \tag{2-50}$$

式中:$F_{X_i'}\left(X_i^*\right)$, $F_{X_i}\left(X_i^*\right)$——当量正态变量 X_i' 和原非正态变量 X_i 的分布函数值。

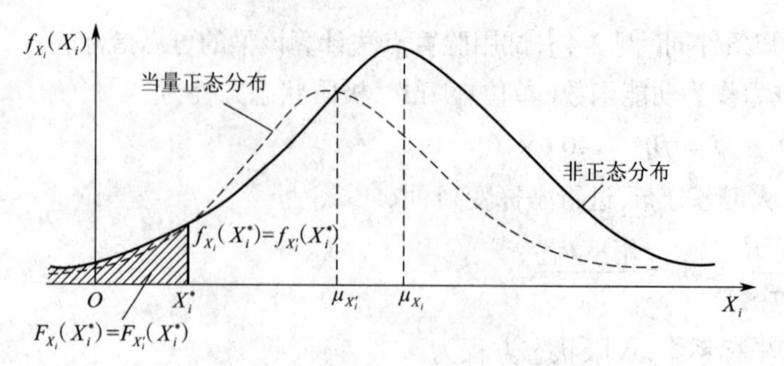

图 2-7 当量正态条件示意图

(2)在设计验算点 X_i^* 处有相同的概率密度,即

$$f_{X_i'}\left(X_i^*\right)=f_{X_i}\left(X_i^*\right) \tag{2-51}$$

式中:$f_{X_i'}\left(X_i^*\right)$,$f_{X_i}\left(X_i^*\right)$——当量正态变量 X_i' 和原非正态变量 X_i 的概率密度函数值。

由条件(1)可得

$$F_{X_i}\left(X_i^*\right)=\Phi\left(\frac{X_i^*-\mu_{X_i'}}{\sigma_{X_i'}}\right) \tag{2-52}$$

$$\mu_{X_i'}=X_i^*-\Phi^{-1}\left[F_{X_i}\left(X_i^*\right)\right]\cdot\sigma_{X_i'} \tag{2-53}$$

由条件(2)可得

$$f_{X_i}\left(X_i^*\right)=\frac{1}{\sigma_{X_i'}}\varphi\left(\frac{X_i^*-\mu_{X_i'}}{\sigma_{X_i'}}\right)=\frac{1}{\sigma_{X_i'}}\varphi\left\{\Phi^{-1}\left[F_{X_i}\left(X_i^*\right)\right]\right\} \tag{2-54}$$

$$\sigma_{X_i'}=\frac{\varphi\left\{\Phi^{-1}\left[F_{X_i}\left(X_i^*\right)\right]\right\}}{f_{X_i}\left(X_i^*\right)} \tag{2-55}$$

式中:$\Phi(\cdot)$,$\Phi^{-1}(\cdot)$——当量正态变量 X_i' 的概率分布函数及其反函数;

$\varphi(\cdot)$——当量正态变量 X_i' 的概率密度函数;

$\mu_{X_i'}$,$\sigma_{X_i'}$——当量正态变量 X_i' 的平均值、标准差。

至此,即可用验算点法计算结构的可靠指标。

若随机变量 X_i 服从对数正态分布,且已知其统计参数 μ_{X_i}、σ_{X_i} 时,可根据上述当量正态化条件以及式(2-20)和式(2-21),得

$$\mu_{X_i'}=X_i^*\left(1+\ln X_i^*-\ln\frac{\mu_{X_i}}{\sqrt{1+\delta_{X_i}^2}}\right) \tag{2-56a}$$

$$\sigma_{X_i'}=X_i^*\sqrt{\ln\left(1+\delta_{X_i}^2\right)} \tag{2-56b}$$

在极限状态方程中,求得非正态变量的当量正态化参数(平均值及标准差)后,即可根据多个正态随机变量的情况迭代求解可靠指标和设计验算点 P^* 的坐标 X_i'。但应注意,每次迭代时,由于验算点的坐标不同,故需重新构造新的当量正态分布。

在多个非正态随机变量的情况下，可靠指标 β 和设计验算点 P^* 的计算过程如图 2-8 所示。

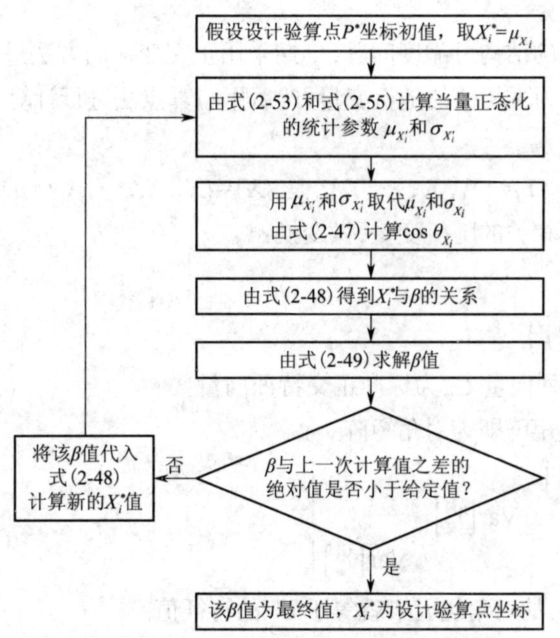

图 2-8　求解任意分布类型变量的可靠指标 β 的迭代框图

2.3.3　随机变量间的相关性

以上讨论的都是基本变量相互独立（即互不相关）条件下的可靠指标 β 的计算方法。在实际工程中，某些随机变量之间存在着一定的相关性。如：地震作用效应与重力荷载效应之间、雪荷载与风荷载之间、结构构件截面尺寸与构件材料强度之间等，均存在一定的相关性。结构重力荷载的增大会加大地震作用，这属于正相关；由于风对雪具有飘积作用，风荷载的增大会减小雪荷载（不考虑局部堆雪），这属于负相关。研究表明，随机变量间的相关性对结构的可靠度有着明显的影响。因此，若随机变量相关，则在结构可靠度分析中应予以考虑。

由概率论可知，对于两个相关的随机变量 X_1 和 X_2，相关性可用相关系数 ρ_{12} 表示，即

$$\rho_{12}=\frac{\mathrm{Cov}(X_1,X_2)}{\sigma_{X_1}\sigma_{X_2}} \tag{2-57}$$

式中：$\mathrm{Cov}(X_1,X_2)$——随机变量 X_1 和 X_2 的协方差；

σ_{X_1}，σ_{X_2}——随机变量 X_1 和 X_2 的标准差。

相关系数 ρ_{12} 的值域为 $[-1,\ 1]$。若 $\rho_{12}=0$，则 X_1 和 X_2 不相关；若 $\rho_{12}=1$，则 X_1 和 X_2 完全正相关；若 $\rho_{12}=-1$，则 X_1 和 X_2 完全负相关。

对于 n 个基本变量 $X_1,X_2,\cdots,X_n$，它们之间的相关性可用相关矩阵表示，即

$$[\boldsymbol{C}_X]=\begin{bmatrix}\mathrm{Var}[X_1] & \mathrm{Cov}[X_1,X_2] & \cdots & \mathrm{Cov}[X_1,X_n]\\ \mathrm{Cov}[X_2,X_1] & \mathrm{Var}[X_2] & \cdots & \mathrm{Cov}[X_2,X_n]\\ \vdots & \vdots & & \vdots\\ \mathrm{Cov}[X_n,X_1] & \mathrm{Cov}[X_n,X_2] & \cdots & \mathrm{Var}[X_n]\end{bmatrix} \tag{2-58}$$

2.3.4 相关随机变量结构可靠度计算——正交变换法

对于相关随机变量的结构可靠度问题,早期采用正交变换的方法进行计算。其原理是:首先将相关随机变量变换为不相关的随机变量,然后用验算点法进行计算。

1. 相关变量的变换

考虑一组新的变量 $\{\boldsymbol{Y}\}=\{Y_1, Y_2, \cdots, Y_n\}^{\mathrm{T}}$ 是 $\{\boldsymbol{X}\}=\{X_1, X_2, \cdots, X_n\}^{\mathrm{T}}$ 的线性函数,通过适当变换可使 $\{\boldsymbol{Y}\}$ 成为一组不相关的随机变量,做变换:

$$\{\boldsymbol{Y}\}=\boldsymbol{A}^{\mathrm{T}}\{\boldsymbol{X}\} \tag{2-59}$$

$$\{\boldsymbol{X}\}=\left(\boldsymbol{A}^{\mathrm{T}}\right)^{-1}\{\boldsymbol{Y}\} \tag{2-60}$$

其中,$\boldsymbol{A}$ 是正交矩阵,其列向量 $\boldsymbol{C}_X$ 为标准正交特征向量。

这时 $\{\boldsymbol{Y}\}$ 的协方差矩阵即为对角矩阵。

$$\left[\boldsymbol{C}_Y\right]=\begin{bmatrix} \mathrm{Var}\left[Y_1\right] & & \\ & \mathrm{Var}\left[Y_2\right] & \\ & & \mathrm{Var}\left[Y_n\right] \end{bmatrix} \tag{2-61}$$

并且有 $\boldsymbol{C}_Y=\boldsymbol{A}^{\mathrm{T}}\boldsymbol{C}_X\boldsymbol{A}$,$\boldsymbol{C}_Y$ 的对角线元素就等于 $\boldsymbol{C}_X$ 的特征值。

2. 相关变量可靠指标的计算

先将彼此相关的变量 $\{\boldsymbol{X}\}=\{X_1, X_2, \cdots, X_n\}^{\mathrm{T}}$ 转换为互不相关的变量 $\{\boldsymbol{Y}\}=\{Y_1, Y_2, \cdots, Y_n\}^{\mathrm{T}}$,然后将不相关的正态变量 $\{\boldsymbol{Y}\}=\{Y_1, Y_2, \cdots, Y_n\}^{\mathrm{T}}$ 标准化,得到标准正态化的不相关变量 $\{\boldsymbol{Z}\}=\{Z_1, Z_2, \cdots, Z_n\}^{\mathrm{T}}$,最后按变量独立且服从正态分布的方法计算可靠指标 β。

从原理上讲,这种方法是正确的,但计算过于烦琐,特别是需要求矩阵的特征值,不便于应用。下面介绍直接在广义空间(仿射坐标系)内建立求解可靠指标的迭代公式,这种方法应用简单。

2.3.5 相关随机变量结构可靠度计算——广义空间法

解析几何中研究量与量之间的关系时,通常建立直角坐标系,如果各坐标轴之间是正交的,则称为笛卡儿空间;如果坐标轴之间不正交,则称为广义空间。若广义空间中的量为随机变量,则称这种空间为广义随机空间。显然笛卡儿随机空间是广义随机空间的一种特例。

在广义随机空间和笛卡儿随机空间中,都可以用结构的可靠指标 β 表示失效概率。

假设 R 和 S 均为服从正态分布的随机变量,其平均值和标准差分别为 μ_R、μ_S 和 σ_R、σ_S,相关系数为 ρ_{RS},结构功能函数为 $Z=R-S$,则 Z 也服从正态分布,其平均值和标准差分别为 μ_Z、σ_Z。

$$\begin{gathered} \mu_Z=\mu_R-\mu_S \\ \sigma_Z=\sqrt{\sigma_R^2-2\rho_{RS}\sigma_R\sigma_S+\sigma_S^2} \end{gathered} \tag{2-62}$$

$$\beta=\frac{\mu_Z}{\sigma_Z}=\frac{\mu_R-\mu_S}{\sqrt{\sigma_R^2-2\rho_{RS}\sigma_R\sigma_S+\sigma_S^2}} \tag{2-63}$$

用式(2-63)计算的结构可靠指标与失效概率同样具有一一对应的关系。

同独立随机变量的可靠度分析情况类似,结构中的随机变量并不都服从正态分布,结构功能函数也不一定是线性的,因而不能直接求得结构的可靠指标。下面介绍广义随机空间内可靠指标的计算方法。

1. 相关变量可靠度计算的中心点法

设 $X_1, X_2, \cdots, X_n$ 为广义随机空间内的 n 个随机变量,其平均值和标准差分别为 μ_{X_i}、σ_{X_i} $(i=1,2,\cdots,n)$,X_i 与 $X_j(i \neq j)$的相关系数为 ρ_{ij}。结构功能函数为非线性函数,即

$$Z=g\left(X_1, X_2, \cdots, X_n\right)$$

在各个变量的平均值点(即中心点)处将 Z 展开为泰勒级数,并仅取线性项,即

$$Z=g\left(\mu_{X_1}, \mu_{X_2}, \cdots, \mu_{X_n}\right)+\sum_{i=1}^{n}\left.\frac{\partial g}{\partial X_i}\right|_{\mu}\left(X_i-\mu_{X_i}\right) \tag{2-64}$$

功能函数 Z 的平均值和标准差可分别近似表示为

$$\mu_Z=g\left(\mu_{X_1}, \mu_{X_2}, \cdots, \mu_{X_n}\right) \tag{2-65}$$

$$\sigma_Z=\sqrt{\sum_{i=1}^{n} \sum_{j=1}^{n}\left.\frac{\partial g}{\partial X_i}\right|_{\mu}\left.\frac{\partial g}{\partial X_j}\right|_{\mu} \rho_{ij} \sigma_{X_i} \sigma_{X_j}} \tag{2-66}$$

则结构可靠指标为

$$\beta=\frac{\mu_Z}{\sigma_Z}=\frac{g\left(\mu_{X_1}, \mu_{X_2}, \cdots, \mu_{X_n}\right)}{\sqrt{\sum_{i=1}^{n} \sum_{j=1}^{n}\left.\frac{\partial g}{\partial X_i}\right|_{\mu}\left.\frac{\partial g}{\partial X_j}\right|_{\mu} \rho_{ij} \sigma_{X_i} \sigma_{X_j}}} \tag{2-67}$$

可以证明,当 $g(\cdot)$为线性函数且各随机变量 X_j 均为正态变量时,式(2-67)表达的可靠度为精确式,否则只为近似计算公式。

广义随机空间中的中心点法具有与笛卡儿随机空间中的中心点法同样的缺点,因而,一般用于可靠度要求不高的情况($\beta \leqslant 2$)。

2. 相关变量可靠度计算的验算点法

相关变量可靠度计算的验算点法利用笛卡儿空间中的正态随机变量验算点法,引入灵敏系数 α_i 代替方向余弦,在广义随机空间内引入设计验算点 x^* 求解结构的可靠指标。

1)正态随机变量和线性结构功能函数

设 $X_1, X_2, \cdots, X_n$ 为广义随机空间内的 n 个随机变量,其平均值和标准差分别为 μ_{X_i}、σ_{X_i} $(i=1,2,\cdots,n)$,结构功能函数为 n 个正态随机变量的线性函数,表示为

$$Z=a_0+\sum_{i=1}^{n} a_i X_i \tag{2-68}$$

式中:a_i——常数($i=1,2,\cdots,n$)。

由正态随机变量的特性可知,Z 也服从正态分布,其平均值和标准差分别为

$$\mu_Z=a_0+\sum_{i=1}^{n} a_i \mu_{X_i} \tag{2-69}$$

$$\sigma_Z = \sqrt{\sum_{i=1}^{n}\sum_{j=1}^{n}\rho_{ij}a_i a_j \sigma_{X_i}\sigma_{X_j}} \tag{2-70}$$

相应的可靠指标为

$$\beta = \frac{\mu_Z}{\sigma_Z} = \frac{a_0 + \sum_{i=1}^{n} a_i \mu_{X_i}}{\sqrt{\sum_{i=1}^{n}\sum_{j=1}^{n}\rho_{ij}a_i a_j \sigma_{X_i}\sigma_{X_j}}} \tag{2-71}$$

为确定设计验算点，把 σ_Z 展开成 $a_i\sigma_{X_i}$ 的线性组合，即式(2-70)可改写成

$$\sigma_Z = \sum_{i=1}^{n}\alpha_i a_i \sigma_{X_i} \tag{2-72}$$

$$\alpha_i = -\frac{\sum_{j=1}^{n}\rho_{ij}a_j\sigma_{X_j}}{\sqrt{\sum_{j=1}^{n}\sum_{k=1}^{n}\rho_{jk}a_j a_k \sigma_{X_j}\sigma_{X_k}}} \tag{2-73}$$

式中：α_i——灵敏系数。

可以证明，由式(2-73)定义的灵敏系数反映了 Z 与 X_i 之间的线性相关性。

结合式(2-70)至式(2-73)，有

$$a_0 = \sum_{i=1}^{n} a_i X_i - \mu_Z - \beta\sigma_Z = 0 \tag{2-74}$$

即

$$\sum_{i=1}^{n} a_i\left(X_i - \mu_{X_i} - \beta\alpha_i\sigma_{X_i}\right) = 0 \tag{2-75}$$

根据式(2-75)，可在广义随机空间内引入设计验算点 $X^* = \left(X_1^*, X_2^*, \cdots, X_n^*\right)$，其中

$$X_i^* = \mu_{X_i} + \beta\alpha_i\sigma_{X_i} \tag{2-76}$$

由式(2-76)计算出的设计验算点为失效面上距标准化坐标原点最近的点，同时也是失效面上对失效概率贡献最大的点。

2)非正态随机变量和非线性结构功能函数

对于非线性结构功能函数以及非正态随机变量，常用方法是将非线性结构功能函数在设计验算点处线性展开并保留至一次项，通过当量正态化，将非正态随机变量的可靠度分析问题转化为正态随机变量的可靠度分析问题。非正态随机变量的当量正态化不改变随机变量间的线性相关性，即 $\rho'_{ij} = \rho_{ij}$，其中的方向余弦用灵敏系数代替，计算步骤与变量不相关时的迭代计算过程一样。

2.4 结构体系的可靠度计算

上节介绍的结构可靠度分析方法，计算的是结构在某种失效模式下一个构件或一个截面

的可靠度,其极限状态是唯一的。

结构体系的失效是结构整体行为,单个构件的失效并不一定能代表整个体系的失效。结构设计中最关心的是结构体系的可靠性。由于整体结构的失效总是由结构构件的失效引起的,因此,由结构各构件的失效概率估算整体结构的失效概率成为结构体系可靠度分析的主要研究内容。

实际工程中,结构的构成是复杂的。从构成材料来看,有脆性材料和延性材料;从力学图式来看,有静定结构和超静定结构;从结构构件组成的系统来看,有串联系统、并联系统和混联系统等。不论从何种角度来研究其构成,它总是由许多构件组成的一个体系,根据结构的力学图式、不同材料的破坏形式、不同系统等来研究结构体系的可靠度能较真实地反映实际情况。

2.4.1　结构系统的基本模型

组成结构体系的各个构件(包括连接),由于其材料和受力性质不同,可以分成脆性构件和延性构件两类。

脆性构件是指一旦失效立即完全丧失功能的构件。例如,钢筋混凝土受压柱一旦破坏,就完全丧失承载力。

延性构件是指失效后仍能维持原有功能的构件。例如,钢筋混凝土适筋梁(采用具有明显屈服点的钢筋)在达到受弯屈服承载力后,仍能保持该承载力而继续变形直至达到受弯极限承载力。

构件失效的性质不同,其对结构体系可靠度的影响也不同。按照结构体系失效和构件失效之间的逻辑关系,将结构体系的各种失效方式模型化,一般可归结为三种基本形式,即串联模型、并联模型、混联模型。

1. 串联模型

若结构中任一构件失效,则整个结构体系失效,具有这种逻辑关系的结构系统可用串联模型表示,如图 2-9(a)所示。所有静定结构的失效分析均可采用串联模型。例如,桁架结构是典型的静定结构,其中每个杆件均可看成串联系统的一个元件,只要其中一个元件失效,整个系统就失效。对于静定结构,其构件的脆性或延性性质对结构体系的可靠度没有影响。

2. 并联模型

若结构中有一个或一个以上的构件失效,剩余的构件(或与失效的延性构件)仍能维持整体结构的功能,具有这种逻辑关系的结构系统可用并联模型表示,如图 2-9(b)所示。

超静定结构的失效可用并联模型表示。例如,一个多跨的排架结构,每根柱子都可以看成并联系统的一个元件,当所有柱子均失效后,该结构体系失效;一个两端固定的刚梁,只有当梁两端和跨中形成了塑性铰(塑性铰截面当作一个元件)时,整个梁才失效。

对于并联模型,构件的脆性或延性性质将影响系统的可靠度及其计算模型。脆性构件在失效后将逐个从系统中退出工作,因此在计算系统的可靠度时,要考虑构件的失效顺序。而延性构件在失效后仍将在系统中维持原有的功能,因此只需考虑系统最终的失效形态。

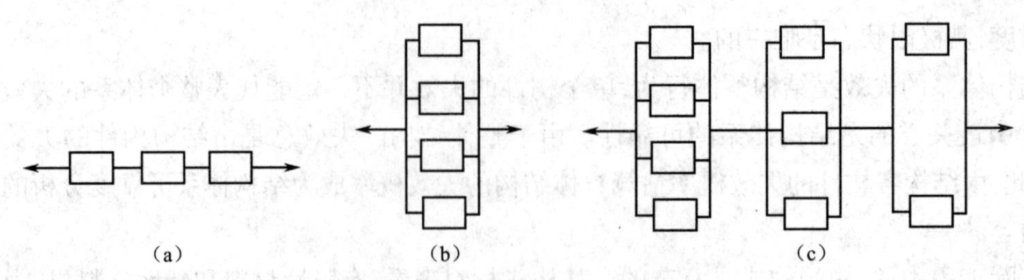

图 2-9 结构体系失效的基本模型

(a)串联模型 (b)并联模型 (c)混联模型

3. 混联模型(串-并联系统)

实际工程中,超静定结构通常有多个破坏模式,每一个破坏模式都可简化为一个并联体系,而多个破坏模式又可简化为串联体系,这就构成了混联模型,如图 2-9(c)所示。图 2-10 为单层单跨刚架的计算简图,在荷载作用下,最终形成机构而失效。失效的形态可能有三种,只要其中一种出现,就是结构体系失效。因此这一结构是一串并联子系统组成的串联系统,即串-并联系统。

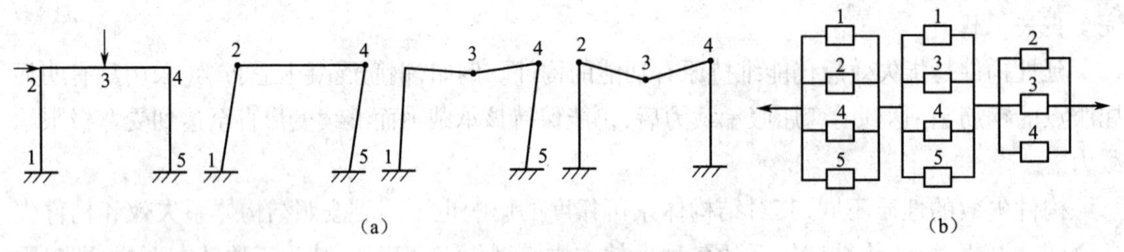

图 2-10 单层单跨刚架的结构系统

(a)单层单跨刚架塑性铰结构 (b)单层单跨刚架的串-并联模型

对于由脆性构件组成的超静定结构,若超静定程度不高,当其中一个构件失效而退出工作后,其他构件的失效概率就会大大提高,几乎不影响结构体系的可靠度,这类结构的并联子系统可简化为一个元件,因而可按串联模型处理。

2.4.2 结构系统中功能函数的相关性

构件的可靠度取决于构件的荷载效应和抗力。在同一结构中,各构件的荷载效应最大值可能来源于同一荷载工况,因而不同构件的荷载效应之间可能具有高度的相关性;另外,结构中的部分或全部构件可能由同一批材料制成,因而各构件抗力之间也有一定的相关性。

由图 2-10 可知,超静定结构的不同失效形式可能包含相同构件的失效,因此评价结构体系的可靠性,还要考虑各失效形式间的相关性。

相关性的存在,使结构体系可靠度的分析变得非常复杂,这也是结构体系可靠度计算理论的难点所在。

2.4.3　结构体系可靠度的计算

不同构件或不同构件集合的失效,将构成不同的体系失效模式。设结构体系有 k 个失效模式,不同的失效模式有不同的功能函数。各功能函数表示为

$$g_j(X)=g_j(X_1, X_2,\cdots, X_n)\quad(j=1,2,\cdots,k) \tag{2-77}$$

式中:$X_1,X_2,\cdots,X_n$——基本变量。

若用 E_j 表示第 j 个失效模式出现这一事件,则有

$$E_j=\left[g_j(X)<0\right] \tag{2-78}$$

E_j 的逆事件为与第 j 个失效模式相应的安全事件,则有

$$\bar{E}_j=\left[g_j(X)>0\right] \tag{2-79}$$

于是结构体系安全这一事件可表示为各失效模式均不出现的交集,即

$$\bar{E}=\bar{E}_1\cap\bar{E}_2\cap\cdots\cap\bar{E}_k \tag{2-80}$$

而结构体系失效事件可表示为各失效模式出现的并集,即

$$E=E_1\cup E_2\cup\cdots\cup E_k \tag{2-81}$$

结构体系的可靠概率 P_s 和失效概率 P_f 可表示为

$$P_\mathrm{s}=\int\limits_{\bar{E}_1\cap\bar{E}_2\cap\cdots\cap\bar{E}_k}\cdots\int_{X_1,X_2,\cdots,X_n} f(X_1,X_2,\cdots,X_n)\mathrm{d}X_1\cdots\mathrm{d}X_n \tag{2-82a}$$

$$P_\mathrm{f}=\int\limits_{E_1\cup E_2\cup\cdots\cup E_k}\cdots\int_{X_1,X_2,\cdots,X_n} f(X_1,X_2,\cdots,X_n)\mathrm{d}X_1\cdots\mathrm{d}X_n \tag{2-82b}$$

式中:$\int_{X_1,X_2,\cdots,X_n} f(X_1,X_2,\cdots,X_n)\mathrm{d}X_1\cdots\mathrm{d}X_n$——各基本变量的联合概率密度函数。

由上式可见,求解结构体系的可靠度需要计算多重积分。对于大多数工程实际问题而言,不但各随机变量的联合概率难以得到,而且计算这一多重积分也非易事。所以,对于一般结构体系,并不直接利用上述公式求其可靠度,而是采用近似方法计算。

2.4.4　结构体系可靠度的上下界

在特殊情况下,结构体系的可靠度可仅利用各构件的可靠度按概率论方法进行计算。以下假定各构件的可靠状态为 X_i,失效状态为 $\bar{X}_i$,各构件的失效概率为 $p_{\mathrm{f}i}$,结构系统的失效概率为 P_f。

1. 串联系统

对串联系统,设系统有 n 个元件,当各元件的工作状态完全独立时,则

$$P_\mathrm{f}=1-P\left(\prod_{i=1}^{n}X_i\right)=1-\prod_{i=1}^{n}(1-p_{\mathrm{f}i}) \tag{2-83}$$

当各元件的工作状态完全(正)相关时

$$P_\mathrm{f}=1-P\left(\min_{i\in(1,n)}X_i\right)=1-\min_{i\in(1,n)}(1-p_{\mathrm{f}i})=\max_{i\in(1,n)}p_{\mathrm{f}i} \tag{2-84}$$

一般情况下,实际结构的构件之间既不完全独立,也不完全相关,结构系统处于上述两种极端情况之间,因此,一般串联系统的失效概率也介于上述两种极端情况的计算结果之间,即

$$\max_{i\in(1,n)} p_{\mathrm{f}i} \leqslant P_{\mathrm{f}} \leqslant 1-\prod_{i=1}^{n}\left(1-p_{\mathrm{f}i}\right) \tag{2-85}$$

由此可见,对于静定结构,结构体系的可靠度总小于或等于构件的可靠度。

2. 并联系统

对并联系统,当各元件的工作状态完全独立时,有

$$P_{\mathrm{f}}=P\left(\prod_{i=1}^{n}\bar{X}_{i}\right)=\prod_{i=1}^{n}p_{\mathrm{f}i} \tag{2-86}$$

当各元件的工作状态完全(正)相关时

$$P_{\mathrm{f}}=P\left(\min_{i\in(1,n)}\bar{X}_{i}\right)=\min_{i\in(1,n)}p_{\mathrm{f}i} \tag{2-87}$$

因此,一般情况下

$$\prod_{i=1}^{n}p_{\mathrm{f}i} \leqslant P_{\mathrm{f}} \leqslant \min_{i\in(1,n)}p_{\mathrm{f}i} \tag{2-88}$$

显然,对于超静定结构,当结构的失效状态唯一时,结构体系的可靠度总大于或等于构件的可靠度;而当结构的失效状态不唯一(属于串 - 并联系统)时,结构每一失效状态对应的可靠度总大于或等于构件的可靠度,而结构体系的可靠度又总是小于或等于每一失效状态所对应的可靠度。

参考文献

[1] 中华人民共和国住房和城乡建设部. 工程结构可靠性设计统一标准: GB 50153—2008[S]. 北京:中国建筑工业出版社,2009.

[2] 中华人民共和国住房和城乡建设部. 建筑结构可靠性设计统一标准: GB 50068—2018[S]. 北京:中国建筑工业出版社,2019.

第3章　混凝土及钢材的物理力学性能

3.1　混凝土的物理力学性能

混凝土是以水泥为主要胶凝材料，与水、砂、石子，必要时掺入化学外加剂和矿物掺合料，按适当比例配合，经过均匀搅拌、密实成型及养护硬化而成的人造石材，其是钢筋混凝土结构的主要组成部分，容纳和围护各种构造的钢筋，成为合理的组合型结构材料，因此了解混凝土的物理力学性能是理解和掌握钢筋混凝土结构力学性能的基础。

混凝土组成材料成分、性质和相互比例的多样化以及制备和硬化过程中条件和环境因素的不确定性，使得混凝土的物理力学性能复杂多变，各项性能指标都有较大的离散度。

本节介绍了混凝土材料在单轴、多轴应力状态下的强度、本构关系以及变形和破坏机理，重复荷载和动荷载下的强度，混凝土的收缩和徐变，以及混凝土在高温和低温下的力学性能。本节提到的混凝土，一般指用硅酸盐水泥和天然粗细骨料配制的普通混凝土，其密度为 2 200~2 400 kg/m^3，强度等级为 C20~C50。

3.1.1　基本力学性能

3.1.1.1　单轴抗压性能

1. 单轴抗压强度

混凝土的单轴抗压强度包括立方体抗压强度和棱柱体抗压强度。立方体抗压强度是混凝土最基本的强度指标，它是用来确定混凝土强度等级、评定和比较混凝土强度和质量的最主要指标，也是推算其他物理力学性能指标的基础。棱柱体抗压强度是为了消除立方体试件两端局部应力和约束变形的影响，改用棱柱体试件进行抗压试验测得的。

1）立方体抗压强度

为了确定混凝土的立方体抗压强度，我国的国家标准《混凝土物理力学性能试验方法标准》（GB/T 50081—2019）规定：标准试件取边长为 150 mm 的立方体，用钢模成型，经浇筑、振捣密实后静置一夜，试件拆模后放入标准养护室（(20 ± 3)℃，相对湿度 >90%）；28 天龄期后取出试件，擦干表面水，置于试验机内，沿浇筑的垂直方向施加压力，以每秒 0.3~0.5 N/mm^2 的速度连续加载直至试件破坏。试件实测最大荷载 N_p 除以承压面积，即为混凝土的标注立方体抗压强度（f_{cu}，N/mm^2）：

$$f_{cu}=\frac{N_p}{A} \tag{3-1}$$

式中：N_p——试件受压破坏时的最大荷载，N；

A——试件承压面积，mm^2。

各国采用的立方体尺寸各不相同，有的是100 mm×100 mm×100 mm，有的是200 mm×200 mm×200 mm。有些国家（如美国、日本等）采用直径为6英寸（约150 mm）和高度为12英寸（约300 mm）的圆柱体作为标准试块，测定的强度称为圆柱体抗压强度，以f_c'表示。

当采用的试件形状和尺寸不同时，混凝土的破坏过程和形态虽然相同，但得到的抗压强度值因试件受力条件不同和尺寸效应而有所差别。试验结果表明，试件尺寸越小，实测抗压强度越大。对比试验给出的不同试件抗压强度的换算关系见表3-1。

表3-1 不同形状和尺寸试件的混凝土抗压强度相对值

混凝土试件	立方体			圆柱体（H=300 mm，D=150 mm）				
	边长 /mm			强度等级				
	100	150	200	C20~C40	C50	C60	C70	C80
抗压强度相对值	1.050	1.000	0.950	0.800	0.830	0.860	0.875	0.890

上述标准条件下的立方体或圆柱体试验，试件的养护和受力条件等都不能与实际工程中混凝土的真实情况完全相同。因此，标准试件强度不能代表实际结构中真实的受力情况。立方体抗压强度和圆柱体抗压强度只不过是衡量混凝土强度的一个指标。

2）棱柱体抗压强度

为消除立方体试件两端局部应力和约束变形的影响，改用棱柱体试件进行抗压试验。根据圣维南原理，两端局部应力和约束变形只影响试件端部的局部范围（高度约等于试件宽度），中间部分已经接近均匀的单轴受压应力状态。受压试验也证明，破坏发生在棱柱体试件的中部。试件的破坏荷载除以承压面积，即为混凝土的棱柱体抗压强度f_c，或称为轴心抗压强度。

试验结果表明，混凝土的棱柱体抗压强度随着试件高厚比（h/b）的增大而单调下降，但$h/b \geqslant 2$后，强度值变化不大。故标准试件的尺寸取为150 mm×150 mm×300 mm，试件的制作、养护、加载龄期和试验方法都与立方体试件的标准试验相同。

棱柱体抗压强度和立方体抗压强度都是混凝土在某一特定条件下的试验结果。因此棱柱体抗压强度和立方体抗压强度相似，同样只能成为衡量混凝土强度的一个指标。

3）主要抗压性能指标

（1）棱柱体抗压强度与立方体抗压强度的换算关系。混凝土的棱柱体抗压强度f_c比立方体抗压强度f_{cu}低，并随着立方体抗压强度的增加单调增长（图3-1），其比值的变化范围为

$$\frac{f_c}{f_{cu}}=0.70\sim0.92 \tag{3-2}$$

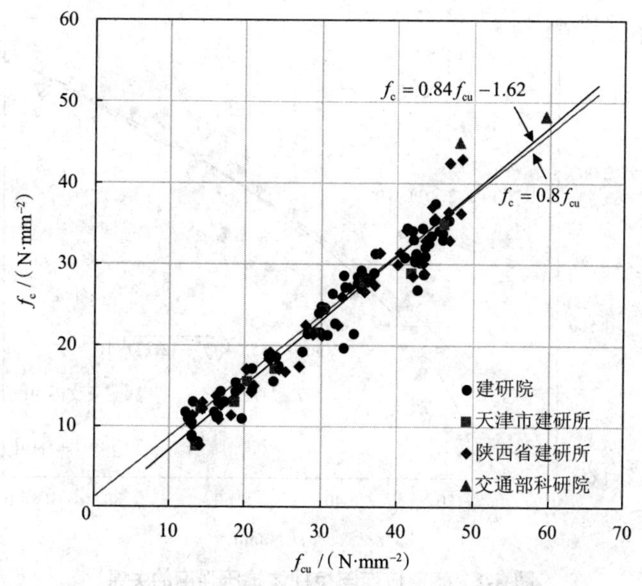

图 3-1　棱柱体抗压强度和立方体抗压强度的换算关系

表3-2给出了多种二者关系的经验公式或者定值。各国设计规范中,出于结构安全度的考虑,一般选取偏低的值。例如,我国的设计规范给出的设计强度为$f_c = 0.76f_{cu}$(适用于强度等级≤C50)。

表 3-2　棱柱体抗压强度与立方体抗压强度换算关系

建议者	计算式	文献
德国 Graf	$f_c = \left(0.85 - \frac{f_{cu}}{172}\right) f_{cu}$	[3-5]
苏联 Гвоздев	$f_c = \frac{130 + f_{cu}}{145 + 3f_{cu}} f_{cu}$	[3-5]
中国	$f_c = 0.84f_{cu} - 1.62$	[3-6]
	$f_c = 0.8f_{cu}$	

(2)峰值应变。棱柱体试件达到极限强度f_c时所对应的峰值应变ε_c,随着棱柱体抗压强度的增加单调增长(图3-2)。各国研究人员给出了多种经验公式,见表3-3。各国的设计规范中,对强度等级为C20~C50的混凝土常常规定单一的峰值应变值,例如$\varepsilon_c = 2\,000 \times 10^{-6}$。文献[7]分析了混凝土强度$f_c = 20 \sim 100$ N/mm^{2}的试验数据,给出了经验公式

$$\varepsilon_c = \left(700 + 172\sqrt{f_c}\right) \times 10^{-6} \tag{3-3}$$

式中:f_c——混凝土的棱柱体抗压强度,N/mm^2。

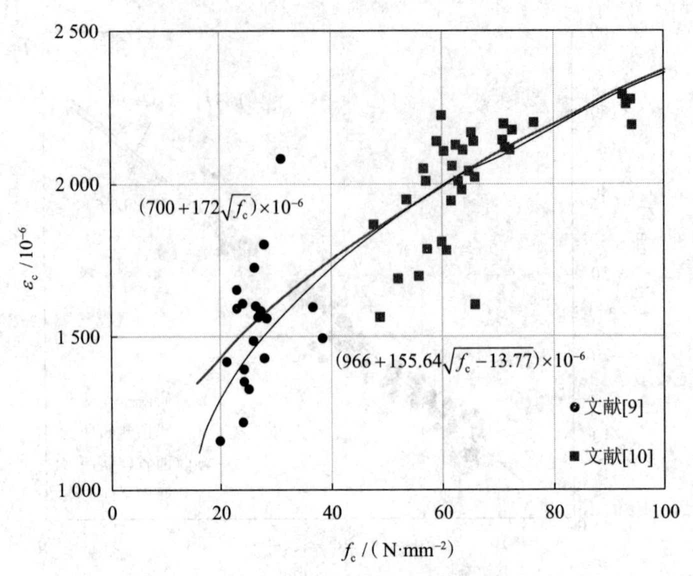

图 3-2 峰值应变与棱柱体抗压强度的关系

表 3-3 混凝土受压峰值应变经验公式

建议者	计算式	建议者	计算式
匈牙利	$\varepsilon_c=\dfrac{f_{cu}}{7.9+0.395f_{cu}}$	Ros	$\varepsilon_c=0.546+0.029\ 1f_{cu}$
Emperger	$\varepsilon_c=0.232\sqrt{f_{cu}}$	Saenz	$\varepsilon_c=\left(1.028-0.108\sqrt[4]{f_{cu}}\right)\sqrt[4]{f_{cu}}$
Brandtzaeg	$\varepsilon_c=\dfrac{f_{cu}}{5.97+0.26f_{cu}}$	林 - 王	$\varepsilon_c=0.833+0.121\sqrt{f_{cu}}$

（3）弹性模量。弹性模量是材料变形性能的主要指标。混凝土的受压应力 - 应变曲线为非线性的，弹性模量随应力或应变的变化而连续地变化。为了比较混凝土的变形性能，进行构件变形计算和引用弹性模量比做其他分析时，需要有一个标定的混凝土弹性模量（E_c）。E_c 一般取应力 $\sigma=(0.4\sim0.5)f_c$ 时的割线模量值。

混凝土的弹性模量随混凝土强度增加而单调增大，但离散性较大（图 3-3）。表 3-4 给出了弹性模量与混凝土强度的经验计算公式。

表 3-4 混凝土弹性模量的经验计算公式

建议者	计算式	建议者	计算式
CEB-FIP MC90	$E_c=\sqrt[3]{0.1f_{cu}+0.8}\times2.15\times10^4$	俄罗斯	$E_c=\dfrac{10^5}{1.7+36/f_{cu}}$
ACI 318-77	$E_c=4\ 789\sqrt{f_{cu}}$	中国	$E_c=\dfrac{10^5}{2.2+34.7/f_{cu}}$

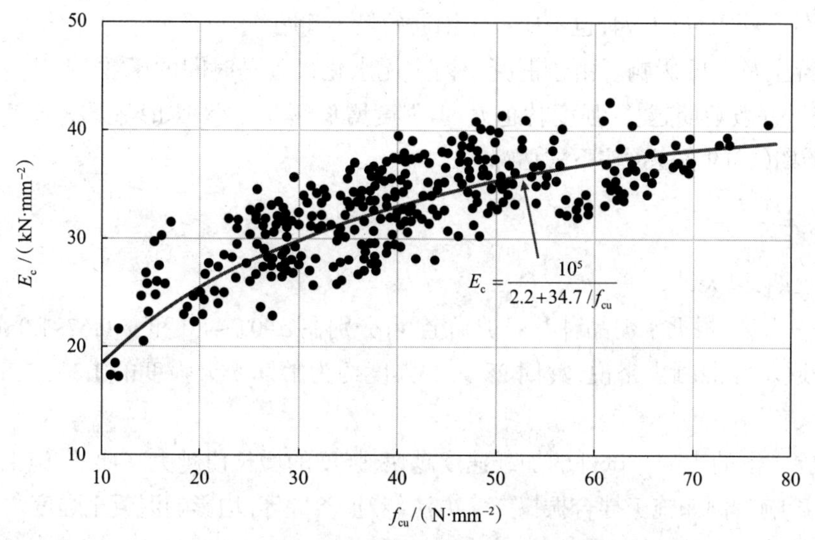

图 3-3　弹性模量与立方体抗压强度的关系

(4)泊松比。试验中测量的混凝土试件横向变形和泊松比,受纵向裂缝的出现、发展以及测量点位置的影响很大,尤其是进入应力 - 应变曲线的下降段后,离散性更大。在开始受力阶段,泊松比的数值为

$$\nu_s = 0.16 \sim 0.23 \tag{3-4}$$

一般取作 0.20。

4)影响混凝土抗压强度的因素

(1)组成材料品种性质的影响。水泥和骨料的品种性质是混凝土组成结构和强度的主要影响因素。水泥早期强度低者,后期强度增长较大。采用坚硬花岗岩做成的表面粗糙而带棱角的碎石骨料时,混凝土强度比采用普通人造轻骨料和普通质地较差的砂砾骨料高。

(2)组成材料配合比的影响。

①水灰比:水灰比是混凝土强度的一个重要影响因素。水灰比的影响与混凝土密实度有关:在一般密实度情况下,水灰比越大,混凝土抗压强度越小;但在最优水灰比下获得最大强度以后,如果继续降低水灰比,强度反而会降低。

②空气含量:空气含量对混凝土强度有着不利的影响,水灰比不变时,空气含量每增加 1%,抗压强度降低 4%~5%。

③水泥用量:虽然水泥用量多,混凝土强度一般较高,但是其对强度的影响规律并不是一成不变的,而是与水灰比及骨料尺寸等有关。在一定条件下,水泥用量增至一定量后,继续增加水泥用量,不但不能继续提高强度,反而会造成混凝土的徐变和收缩增加。因此,任何一种混凝土配合比,都有其最优的水灰比和水泥用量。

④骨料最大粒径尺寸:骨料最大粒径尺寸对强度的影响既和水灰比有关,也因水泥用量不同而异。在正常水泥用量下,骨料粒径增大,虽可以降低用水量,有利于强度提高,但会在水泥与骨料接触面处引起较大应力,同时由于较大骨料颗粒的存在,造成内部结构的非连续性,这些都可使混凝土强度降低。从混凝土强度考虑,骨料最大粒径尺寸一般不宜大于 2.5~4 cm,即

不宜大于构件最小尺寸的 1/4,也不应大于钢筋的最小间距。

(3)混凝土龄期的影响。由于混凝土内水泥水化过程是时间的函数,所以混凝土强度随着龄期而变。一般龄期越长,强度就越大,但强度增长幅度变小。如果以 28 天龄期为标准强度,则任意龄期(t)的强度可按下式估算:

$$f_{c(t)}=\frac{t}{a+bt}f_{c(28)} \tag{3-5}$$

式中:t——龄期,以天计;

a,b——系数,根据水泥品种及养护确定,可分别在 a=0.7~4.0 和 b=0.67~1.0 范围内变化。

对于普通水泥混凝土来说,龄期 28 天的强度约为龄期 7 天强度的 1.3~1.7 倍,平均约为 1.5 倍。

(4)试验方法的影响。试件的加载速度越快,强度的增长值越大。此外,施工条件也对混凝土强度有影响。例如施工拌合振捣夯实方法、养护条件等,均影响混凝土强度。

2. 受压应力 - 应变曲线

混凝土的受压应力 - 应变全曲线包括上升段和下降段,是其力学性能全面、宏观的反映。曲线峰点处的最大应力即棱柱体抗压强度,相应的应变为峰值应变;曲线的(割线或切线)斜率为其弹性模量,初始斜率即初始弹性模量;下降段表明其峰值应力后的残余强度;曲线的形状和曲线下的面积反映了其塑性变形的能力;等等。

混凝土的受压应力 - 应变曲线方程是其最基本的本构关系,又是多轴本构模型的基础。在钢筋混凝土结构的非线性分析中,例如构件的截面刚度、截面极限应力分布、承载力和延性分析,超静定结构的内力和全过程分析等,它是不可或缺的物理方程,对计算结果的准确性起决定性作用。

1)试验方法

在棱柱体抗压试验中,若应用普通液压式材料试验机加载,可毫无困难地获得应力 - 应变曲线的上升段。但是,试件在达到最大承载力(f_c)后急速破坏,量测不到有效的下降段曲线。

Whitney 很早就指出混凝土试件突然破坏的原因是试验机的刚度不足。试验机本身在加载过程中发生变形,储存了很大的弹性应变能。当试件承载力突然下降时,试验机因受力减小而恢复变形,即刻释放能量,将试件急速压坏。

要获得稳定的应力 - 应变全曲线,在曲线的下降段,必须控制混凝土试件缓慢地变形和破坏。现在有两类试验方法:

(1)应用电液伺服阀控制的刚性试验机直接进行试件等应变速度加载;

(2)在普通液压试验机上附加刚性元件(图 3-4(a)),使试验装置的总体刚度超过试件下降段的最大线刚度(理论分析详见文献 [7]),就可防止混凝土急速破坏。

后一类试验方法简易可行。各国学者采用了多种形式的刚性元件(图 3-4(b)),都在不同的范围内成功地测量到混凝土的受压应力 - 应变全曲线。

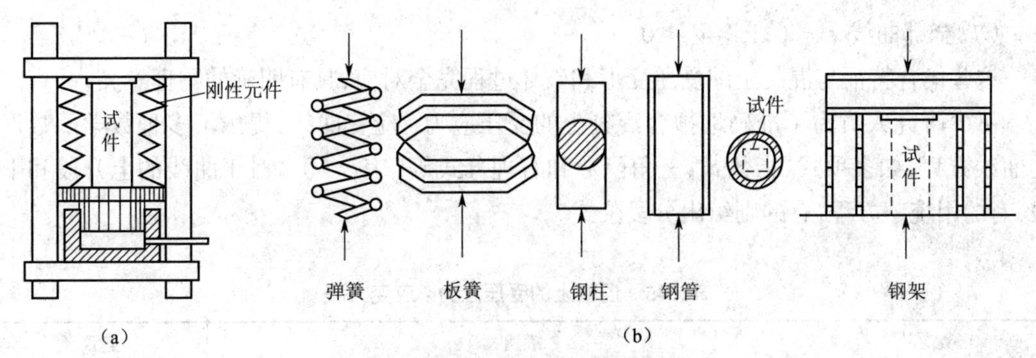

图 3-4　增设刚性元件的试验方法

(a)示意图　(b)刚性元件

2)全曲线方程

将混凝土的受压应力 - 应变全曲线用无量纲坐标表示,得到的典型曲线如图 3-5 所示,其全部几何特征的数学描述如下:

$$\begin{cases} x=\dfrac{\varepsilon}{\varepsilon_c} \\ y=\dfrac{\sigma}{f_c} \end{cases} \tag{3-6}$$

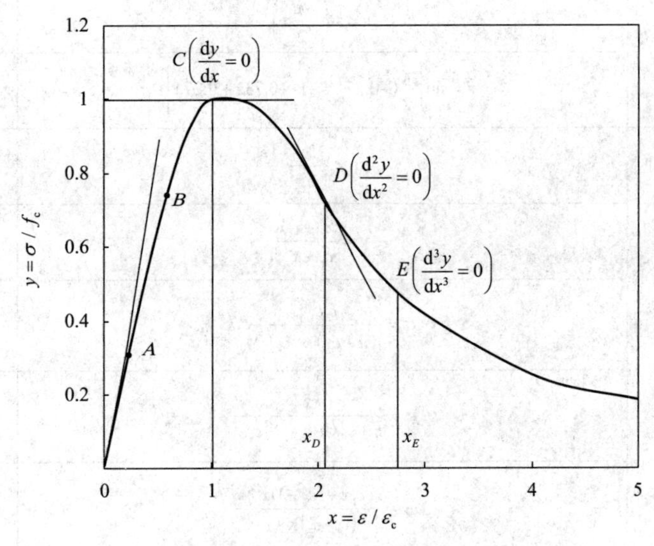

图 3-5　受压应力 - 应变全曲线

(1)$x=0$ 时,$y=0$。

(2)$0\leqslant x<1$,$d^2y/dx^2<0$,dy/dx 单调减小,无拐点。

(3)$x=1$ 时,$y=1$, $dy/dx=0$,即单峰值。

(4)当 $d^2y/dx^2=0$ 时,$x_D>1$,即下降段有一拐点(D)。

(5)当 $d^3y/dx^3=0$ 时,$x_E>1$,即下降段有一拐点(E)。

(6)当 $x\to\infty$,$y\to 0$ 时,$dy/dx\to 0$。

(7)全部曲线 $x \geqslant 0, 1 \geqslant y \geqslant 0$。

这些集合特征与混凝土的受压变形和破坏过程完全对应,具有明确的物理意义。

不少研究人员为了准确地拟合混凝土的受压应力 - 应变曲线,提出了多种数学函数形式的曲线方程,如多项式、指数式、三角函数和有理分式等(表 3-5)。对于曲线的上升段和下降段,有的用统一方程,有的则给出分段公式。

表 3-5 混凝土的受压应力 - 应变方程

<table>
<tr><th>函数类型</th><th colspan="2">表达式</th><th>建议者</th></tr>
<tr><td rowspan="6">多项式</td><td colspan="2">$\sigma = c_1\varepsilon^n$</td><td>Bach</td></tr>
<tr><td colspan="2">$y = 2x - x^2$</td><td>Hognestad</td></tr>
<tr><td colspan="2">$\sigma_1 = c_1\varepsilon + c_2\varepsilon^n$</td><td>Sturman</td></tr>
<tr><td colspan="2">$\varepsilon = \dfrac{\sigma}{E_0} + c_1\sigma^n$</td><td>Terzaghi</td></tr>
<tr><td colspan="2">$\varepsilon = \sigma E_0 + c_1\sigma c_2 - \sigma$</td><td>Ros</td></tr>
<tr><td colspan="2">$\sigma^2 + c_1\varepsilon^2 + c_2\sigma\varepsilon + c_3\sigma + c_4\varepsilon = 0$</td><td>Kriz-Lee</td></tr>
<tr><td rowspan="2">指数式</td><td colspan="2">$y = x\mathrm{e}^{1-x}$</td><td>Sahlin</td></tr>
<tr><td colspan="2">$y = 6.75\left(\mathrm{e}^{-0.812x} - \mathrm{e}^{-1.218x}\right)$</td><td>Umemura</td></tr>
<tr><td rowspan="2">三角函数</td><td colspan="2">$y = \sin\left(\dfrac{\pi}{2}x\right)$</td><td>Young</td></tr>
<tr><td colspan="2">$y = \sin\left[\dfrac{\pi}{2}\left(-0.27\,|x-1|+0.73x+0.27\right)\right]$</td><td>Okayama</td></tr>
<tr><td rowspan="5">有理分式</td><td colspan="2">$y = \dfrac{2x}{1+x^2}$</td><td>Desayi</td></tr>
<tr><td colspan="2">$y = \dfrac{(c_1+1)x}{c_1 + x^n}$</td><td>Tulin-Gerstle</td></tr>
<tr><td colspan="2">$\sigma = \dfrac{c_1\varepsilon}{[(\varepsilon + c_2)^2 + c_3]} - c_4\varepsilon$</td><td>Alexander</td></tr>
<tr><td colspan="2">$y = \dfrac{x}{c_1 + c_2x + c_3x^2 + c_4x^3}$</td><td>Saenz</td></tr>
<tr><td colspan="2">$y = \dfrac{c_1x + (c_2 - 1)x^2}{1 + (c_1 - 2)x + c_2x^2}$</td><td>Sargin</td></tr>
<tr><td rowspan="3">分段式</td><td>上升段($0 \leqslant x \leqslant 1$)</td><td>下降段($x > 1$)</td><td rowspan="2">Hognestad</td></tr>
<tr><td>$y = 2x - x^2$</td><td>$y = 1 - 0.15 \times \dfrac{x-1}{x_u - 1}$</td></tr>
<tr><td>$y = 2x - x^2$</td><td>$y = 1$</td><td>Rüsch</td></tr>
</table>

文献 [9] 与 [19] 建议的分段式曲线方程如下,我国设计规范中采用的计算式与此式大同小异:

$$\begin{cases} y=\alpha_a x+\left(3-2\alpha_a\right)x^2+\left(\alpha_a-2\right)x^3 & (x\leqslant 1) \\ y=\dfrac{x}{\alpha_d\left(x-1\right)^2+x} & (x>1) \end{cases} \tag{3-7}$$

上升段与下降段在曲线峰点连续,并符合上述全部几何特征的要求。每段各有一个参数,具有相应的物理意义。

上升段参数:

$$\begin{cases} \alpha_a=\left.\dfrac{\mathrm{d}y}{\mathrm{d}x}\right|_{x=0} \\ 1.5\leqslant \alpha_a\leqslant 3.0 \end{cases} \tag{3-8}$$

其值为混凝土初始弹性模量(E_0)与峰值割线模量($E_c=f_c/\varepsilon_c$)的比值, $\alpha_a=E_0/E_c=E_0\varepsilon_c/f_c$。

下降段参数:

$$0\leqslant \alpha_d\leqslant \infty \tag{3-9}$$

当 α_d=0 时, $y\equiv 1$,峰点后为水平线(全塑性);

当 $\alpha_d=\infty$ 时, $y\equiv 0$,峰点后为垂直线(脆性)。

对参数 α_a 和 α_d 赋予不等的数值,可得到变化的理论曲线(图 3-6)。对于不同原材料和强度等级的结构混凝土,甚至是约束混凝土,选用合适的参数值,都可以得到与试验结果相符的理论曲线。文献 [10] 建议的参数值见表 3-6,可供结构分析和设计应用。

表 3-6　全曲线方程参数的选用

强度等级	使用水泥标号	α_a	α_d	$\varepsilon_c/10^{-3}$
C20,C30	325	2.2	0.4	1.40
	425	1.7	0.8	1.60
C40	425	1.7	2.0	1.80

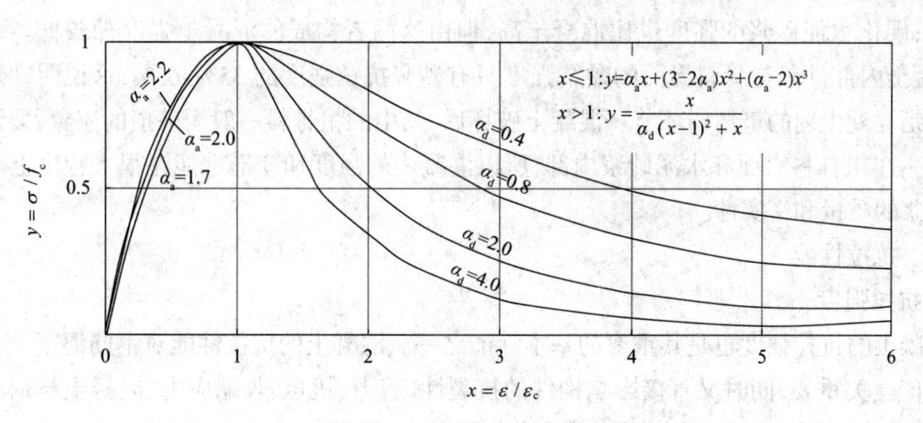

图 3-6　理论全曲线

3)变形及破坏机理

下面结合混凝土单轴受压时的典型应力 - 应变全曲线(图 3-5),分析混凝土的变形和破坏机理。

(1)应力 σ=0~0.3f_c 时。曲线近似为直线,如图中 OA 段。此时混凝土的变形主要是骨料和水泥结晶体的弹性变形。虽然有些微裂缝的尖端因应力集中而略有发展,也有些微裂缝和间隙因受压而闭合,但对混凝土的宏观变形性能无明显影响。即使荷载多次重复作用或者持续较长时间,微裂缝也不会有大发展,残余变形很小。此时微裂缝处于相对稳定期。

(2)应力 σ=(0.3~0.75)f_c 时。应力超过 A 点后,曲线明显偏离直线,应变增长比应力增长快,混凝土表现出明显的弹塑性。其原因是:一方面水泥凝胶体的滞性流动变形逐渐增加;另一方面,原有的微裂缝逐渐延伸和加宽,骨料界面和水泥砂浆内部还产生了少量新的微裂缝。但这时微裂缝尚处于稳定发展阶段,若停止加载,微裂缝扩展也就终止了。

(3)应力 σ=(0.75~1.0)f_c 时。超过 B 点后,曲线逐渐水平,表明混凝土的应力增量不大,而塑性变形却相当大。曲线上的峰值应力(C 点)即混凝土的抗压强度 f_c,相应的峰值应变为 ε_c。在高应力下,粗骨料的界面裂缝突然加宽和延伸,大量进入水泥砂浆;水泥砂浆中已有裂缝也加快发展,并和相邻裂缝相连。连通裂缝大致平行于压应力方向,将试件分割成数个小柱体。若混凝土中部分粗骨料的强度较低,或有节理和缺陷,也可能在高应力下发生骨料劈裂。此时裂缝已经进入不稳定发展阶段,即使应力维持常值,裂缝也将继续发展。

(4)超过峰值应力后。此时,曲线进入下降段。随着应力的下降,骨料弹性变形开始恢复,凝胶体的滞性流动减小,而裂缝继续迅速发展,使变形继续增大。由于坚硬骨料颗粒存在,在裂缝面上产生剪摩阻力,以及非连续接触面间的非弹性变化等,试件仍能承担一定荷载。进入收敛段后,曲线由凹向应变轴变为凸向应变轴(D 点为反弯点),试件破裂的许多细块逐渐挤密,导致应变进一步增加,曲线坡度逐渐平缓。

综上所述,混凝土受压破坏机理可概括为:随着应力的增大,沿粗骨料界面和砂浆内部的微裂缝逐渐延伸和扩展,导致砂浆的损伤不断积累;裂缝贯通后,混凝土的连续性遭到破坏,逐渐丧失承载能力,破坏的实质是由连续材料逐步变为不连续材料的过程。

从宏观来看,混凝土可看作粗骨料随机分散在连续的水泥砂浆中。粗骨料的强度远比混凝土高,硬化水泥砂浆的强度也比混凝土高,但由这两者构成的混凝土强度却较低。研究表明,混凝土内部砂浆与骨料界面的黏结强度只有砂浆抗拉强度的 35%~65%,这说明砂浆与骨料界面是混凝土内的最薄弱环节。混凝土破坏后,其中的粗骨料一般无破损的迹象,裂缝和破碎都发生在粗骨料表面和水泥砂浆内部,所以混凝土的强度和变形性能在很大程度上取决于水泥砂浆的质量和密实性。

3.1.1.2 抗拉性能

1. 抗拉强度

混凝土的抗拉强度也是其重要的基本性能之一。混凝土的抗拉性能对钢筋混凝土结构的受力性能至关重要,同时又直接影响构件的抗裂性、剪力、扭矩、收缩应力、混凝土与钢筋间的黏结强度等。因此,混凝土抗拉强度试验十分重要。

混凝土一直被认为是一种脆性材料,抗拉强度低,变形小,破坏突然。在 20 世纪 60 年代之前,对混凝土抗拉性能的研究和认识是不完整的,只限于抗拉极限强度和应力 - 应变曲线上升段。此后，随着试验技术的改进，实现了混凝土受拉应力 - 应变全曲线的测量，才更全面、深入地揭示了混凝土受拉变形和破坏过程的特点，为更准确地分析钢筋混凝土结构提供了条件。

混凝土的抗拉强度可由中心受拉试验、劈裂试验和抗折试验三种方法测得。这三种方法得到的抗拉强度值有所不同。

1）轴心抗拉强度

采用棱柱体试件做中心受拉试验，可得到混凝土的轴心抗拉强度 f_t（图 3-7（a））：

$$f_t=\frac{P}{A} \tag{3-10}$$

式中：P——试件的破坏荷载，N；

A——试件的拉断或劈裂面积，mm^2。

中心受拉试验的试验方法简单、直接，但是试件两端与试验机的连接较为复杂，难以保证试件中部为真正的中心受拉，以致可能出现偏拉破坏，影响试验结果。

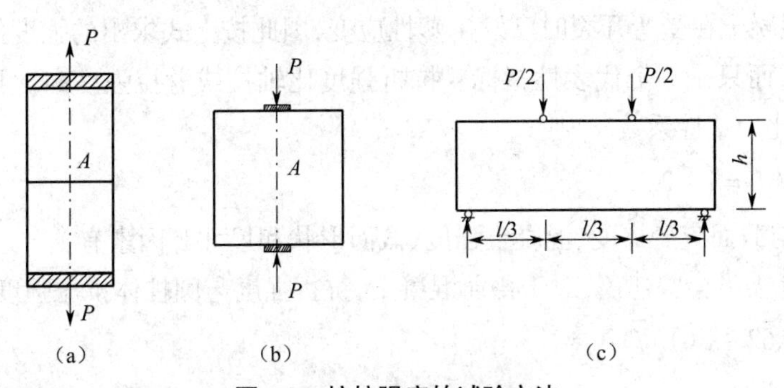

图 3-7　抗拉强度的试验方法

（a）中心受拉　（b）劈裂　（c）抗折

混凝土的轴心抗拉强度 f_t 随立方体抗压强度 f_{cu} 的增加单调增长，但增长幅度逐渐减小。通过实测数据回归分析，可得到二者的经验公式：

$$f_t=0.26f_{cu}^{2/3} \tag{3-11}$$

模式规范 CEB-FIP MC90 给出与此相近的计算式：

$$f_t=1.4(f_c'/10)^{2/3} \tag{3-12}$$

而我国设计规范中采用的计算式则为

$$f_t=0.395f_{cu}^{0.55} \tag{3-13}$$

式中：f_{cu}，f_c'——混凝土的立方体和圆柱体抗压强度，N/mm^2。

2）劈拉强度

劈裂试验结果离散度小，且可采用标准的立方体试件，试验方法比较简单，所以用得比较广泛。根据弹性力学公式，在图 3-7（b）中：

$$f_{t,s}=\frac{2P}{\pi A} \tag{3-14}$$

我国给出的劈拉强度 $f_{t,s}$ 随立方体强度变化的经验公式为

$$f_{t,s}=0.19f_{cu}^{3/4} \tag{3-15}$$

劈拉强度 $f_{t,s}$ 值与轴心抗拉强度 f_t 值比较接近：

$$f_t / f_{t,s} = 0.26 f_{cu}^{2/3} / 0.19 f_{cu}^{3/4} = 1.368 f_{cu}^{-0.083} = 1.0 \sim 1.09 \left(f_{cu} = 15 \sim 43\ \text{MPa} \right) \tag{3-16}$$

3）抗折强度

国外常采用矩形小梁抗折试验来间接测定混凝土的抗拉强度。该方法采用三分点加载（图 3-7（c）），同样以弹性理论为基础，即假定截面应力为线性分布，根据材料力学公式，抗折强度为

$$f_{t,f} = \frac{M}{bh^2/6} = \frac{Pl}{bh^2} \tag{3-17}$$

式中：M——极限弯矩；

b——截面宽度；

h——截面高度；

P——极限荷载；

l——梁的跨度。

显然，由于混凝土在受弯开裂时已发生塑性应变，因此按上式求出的强度值并不是混凝土的真实抗拉强度，而只是一个代表性指标。抗折强度比轴拉或劈拉强度高。我们定义抗折强度与轴拉强度之比为塑性系数 γ，则

$$\gamma = f_{t,f} / f_t = 1 \sim 2.2 \tag{3-18}$$

塑性系数 γ 与截面应变梯度、混凝土强度、截面形状和尺寸等因素有关。

美国 ACI209 委员会曾建议，对于普通混凝土，抗折强度与圆柱体抗压强度 f_c' 的关系采用

$$f_{t,f} = (0.62 \sim 1.0)\sqrt{f_c'} \tag{3-19}$$

CEB 也曾建议取

$$f_{t,f} = 0.79\sqrt{f_c'} \tag{3-20}$$

4）主要抗拉性能指标

Ⅰ. 峰值应变

混凝土试件达到轴心抗拉强度 f_t 时的应变，即为应力 - 应变全曲线上的峰值应变 ε_t。它随着抗拉强度增大而增大（图 3-8），文献 [7] 建议的回归计算式为

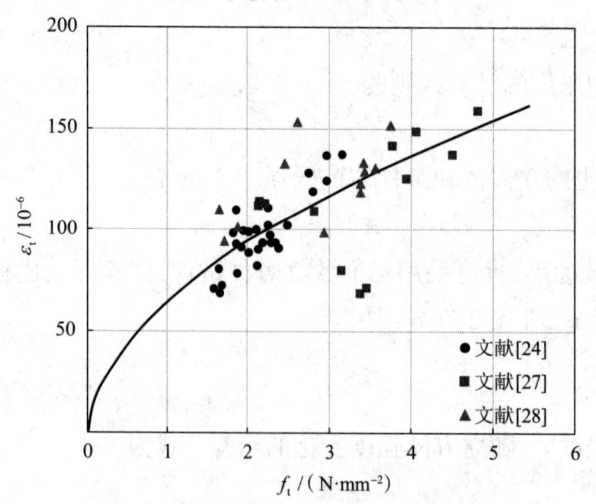

图 3-8　峰值应变与抗拉强度的关系

$$\varepsilon_t = 65\times10^{-6} f_t^{0.54} \tag{3-21}$$

将式（3-11）代入得混凝土受拉峰值应变与立方体抗压强度的关系为

$$\varepsilon_t = 3.14\times10^{-6} f_{cu}^{0.36} \tag{3-22}$$

Ⅱ. 弹性模量

混凝土受拉弹性模量（E_t）的标定值取应力 $\sigma = 0.5f_t$ 时的割线模量。其值约与相同混凝土的受压弹性模量相等。文献 [27] 总结的试验结果如图 3-9 所示，建议的计算式如下：

$$E_t = (1.45 + 0.628 f_t)\times10^4 \tag{3-23}$$

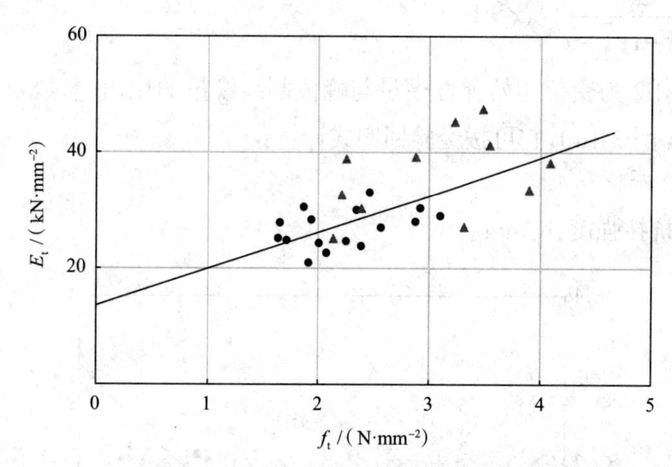

图 3-9　受拉弹性模量与抗拉强度的关系

Ⅲ. 泊松比

根据试验中测量的试件横向应变计算混凝土的受拉泊松比，其割线值与切线值在应力上升段近似相等，即

$$\nu_{t,s} = \nu_{t,t} = 0.17 \sim 0.23$$

式中：$\nu_{t,s}$——泊松比的割线值；

$\nu_{t,t}$——泊松比的切线值。（3-24）

受拉泊松比也可取为 0.20，即与应力较低时的受压泊松比相同。

但是，当拉应力接近抗拉强度时，试件的纵向拉应变加快增长，而横向压缩变形使材料更紧密，增长速度减慢，故泊松比值逐渐减小。这与混凝土受压泊松比随应力增长的趋势恰好相反。

2. 受拉应力 - 应变曲线

混凝土的受拉应力 - 应变全曲线和受压应力 - 应变全曲线是一样光滑的单峰曲线，只是曲线更陡峭，下降段与横坐标有交点。文献 [24] 的建议和设计规范所采用的分段式受拉应力 - 应变全曲线方程，上升段和下降段在峰值点连续，可得到较准确的理论曲线。应力、应变和下降段的变形以相对值表示为

$$\begin{cases} x = \dfrac{\varepsilon}{\varepsilon_t} = \dfrac{\delta}{\delta_t} \\ y = \dfrac{\sigma}{f_t} \end{cases} \tag{3-25}$$

式中：δ，δ_t——试件的伸长变形和峰值应力 f_t 时的变形，mm。

上升段和下降段的曲线方程如下式所示：

$$\begin{cases} y = 1.2x - 0.2x^6 \quad (x \leqslant 1) \\ y = \dfrac{x}{\alpha_t (x-1)^{1.7} + x} \quad (x > 1) \end{cases} \tag{3-26}$$

上式中的系数 1.2 为受拉初始弹性模量与峰值割线模量的比值；参数 α_t 随着混凝土抗拉强度的提高而增大（图 3-10），它可按经验回归式计算：

$$\alpha_t = 0.312 f_t^{\,2} \tag{3-27}$$

式中：f_t——混凝土抗拉强度，N/mm²。

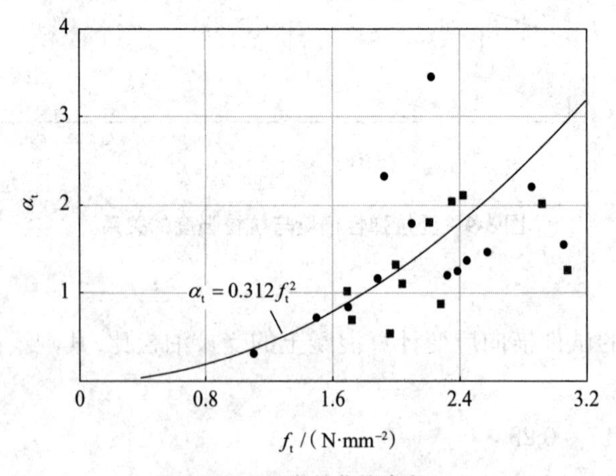

图 3-10　下降段曲线参数 α_t

按这些公式计算的理论曲线如图 3-11 所示。

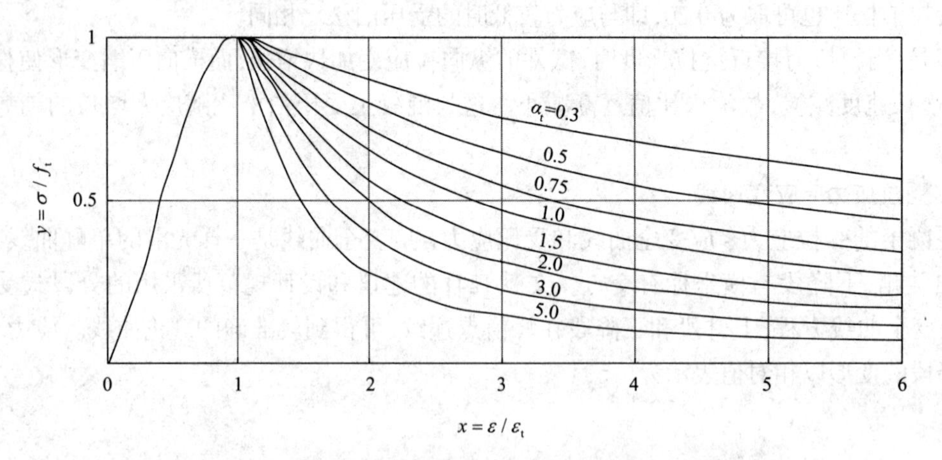

图 3-11　受拉应力 - 应变理论曲线

在钢筋混凝土结构的非线性分析中，考虑混凝土受拉作用对其影响的大小，可采用各种简化的应力 - 应变关系（图 3-12（a））。模式规范 CEB-FIP MC90 建议按混凝土开裂前后分别采用折线形的应力 - 应变和应力 - 裂缝宽度（w）关系，如图 3-12（b）所示。

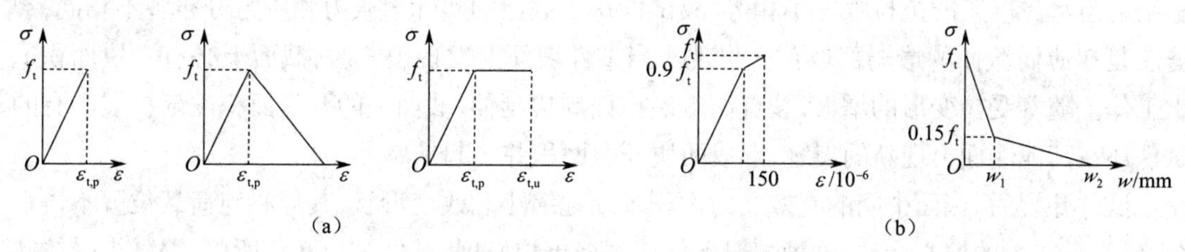

图 3-12　混凝土受拉本构模型

（a）简化模型　（b）取自文献 [3]

注：$\varepsilon_{t,p}$ 为达到峰值应力时的应变；$\varepsilon_{t,u}$ 为极限拉应变。

3. 变形及破坏机理

混凝土受拉应力 - 应变全曲线上的四个特征点 A、C、E 和 F 标志着受拉性能的不同阶段（图 3-13）。

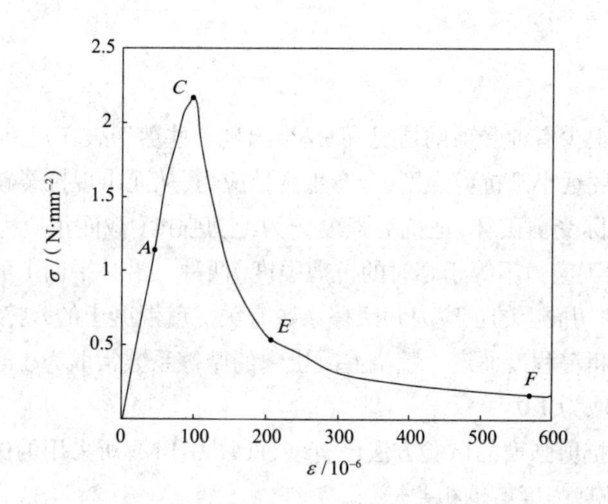

图 3-13　混凝土受拉应力 - 应变全曲线

试件开始加载后，当应力 $\sigma<(0.4\sim0.6)f_t$（A 点）时，混凝土的变形按比例增大。此后混凝土出现少量塑性变形，应变增长稍快，曲线微凸。当平均应变 $\varepsilon_{t,p}=(70\sim140)\times10^{-6}$ 时，曲线的切线水平，得抗拉强度 f_t。随后，试件的承载力很快下降，形成一个陡峭的尖峰（C 点）。

肉眼观察到试件表面的裂缝时，曲线已进入下降段（E 点），平均应变约 $\geqslant 2\varepsilon_{t,p}$。裂缝为横向，细而短，缝宽 0.04~0.08 mm。此时试件的残余应力为（0.2~0.3）f_t。此后裂缝迅速延伸和发展，荷载慢慢下降，曲线逐渐平缓。

当试件的表面裂缝沿截面周边贯通时，裂缝宽度为 0.1~0.2 mm。此时截面中央尚残留未开裂面积和裂缝面的骨料咬合作用，试件仍有少量残余承载力（0.1~0.15）f_t。最后，当试件的总变形或表面裂缝宽度约达 0.4 mm 后，裂缝贯穿全截面，试件拉断成两截（F 点）。

受拉试件的断裂面凹凸不平,但轮廓清楚。断面上大部分面积是粗骨料和水泥砂浆拉脱的截面,其余是骨料间的水泥砂浆被拉断,极少有粗骨料被拉断。

由于混凝土的组成不均匀,存在着随机分布的初始微裂缝和空隙,粗骨料和水泥砂浆间的黏结度与水泥砂浆的抗拉强度不相等,故试件每一截面的实际承载力和应力分布各不相同,裂缝总是在薄弱截面的最弱部位首先出现。当试件表面上发现裂缝时,截面上必有一块面积退出工作。随着受拉变形的增大,裂缝两端沿截面周边延伸,截面上的开裂面积逐渐扩展。有的试件还在其他侧面出现新的裂缝,形成两块开裂面积并一起扩展。

试件开裂后,截面中间的有效受力面积不断地缩小和改变形状,其形心与荷载位置不再重合,成为事实上的偏心受拉,这种情况下促使裂缝更快发展,试件被拉断。所以,混凝土受拉状态下的荷载(应力)下降段,主要是因为截面上有效受力面积的减小,在受力面积上的真实应力其实并未降低。

混凝土在单轴受拉和受压状态下的应力 - 应变全曲线都是不对称的单峰曲线,形状相像。而且,二者都是由内部微裂缝发展为宏观的表面裂缝,导致最终破坏。但是,混凝土受拉产生的拉断裂缝和受压产生的纵向劈裂裂缝在宏观表征上有巨大的差别,反映了不同的受力机理。

3.1.1.3 抗剪性能

1. 抗剪强度

实际结构中虽然很少有纯受剪的情况,但是会出现一些剪切破坏现象。当纯剪力作用时,由于混凝土的抗拉强度远小于抗剪强度,会产生主拉应力,从而出现拉裂破坏。

结合混凝土的实际受剪破坏,把抗剪强度分为纯剪强度(截面正应力等于零时的抗剪强度)和剪摩强度(截面正应力不等于零时的抗剪强度)两种。沿一平面上的剪摩强度除与纯剪强度有关外,还与该剪切面上的正应力和摩擦系数有关。就混凝土的摩擦系数来说,其值由骨料品种性质和平面的粗糙程度而定。整浇混凝土内的摩擦系数常取为 1.4,叠合层新旧混凝土界面处的摩擦系数常取为 1.0。

目前测定混凝土抗剪强度的试验方法已有多种(图 3-14),所采用的试件形状和加载方法差别很大,其测得的抗剪强度值也相差悬殊。

1)矩形短梁直接剪切

这是最早的试验方法,直观而简单。Morsch 等早就指出,由于试件的破坏面除受剪外,还因受弯等引起斜向受拉,以致沿截面 *AB* 会出现一些斜拉短裂缝,最后形成锯齿状的破坏面,因此并不是真正的纯剪破坏。锯齿的两个方向分别由混凝土的抗压强度 f_c 和抗拉强度 f_t 控制,平均抗剪强度的计算式为

$$\tau_p = k\sqrt{f_c f_t} \tag{3-28}$$

式中:k——修正系数,取为 0.75。

这类试验得到的混凝土抗剪强度值较高,可达

$$\tau_{p1} = (0.17 \sim 0.25) f_c = (1.5 \sim 2.5) f_t \tag{3-29}$$

2）单剪面 Z 形试件

试件沿两个缺口间的截面剪切破坏，混凝土抗剪强度的试验值约为

$$\tau_{p2}=0.12f_c' \tag{3-30}$$

式中：f_c'——圆柱体抗压强度，N/mm²。

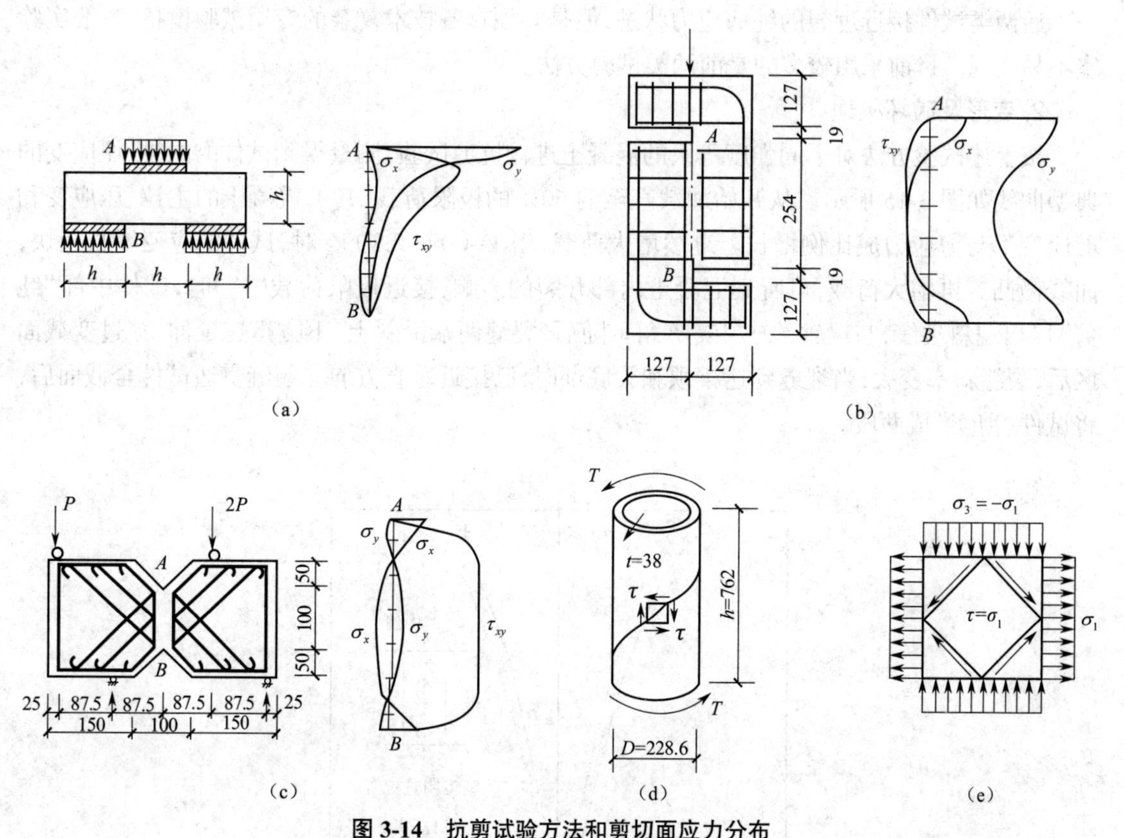

图 3-14　抗剪试验方法和剪切面应力分布

（a）矩形短梁　（b）Z 形试件　（c）缺口梁　（d）薄壁圆筒　（e）二轴拉 / 压

此类试验方法与矩形短梁直接剪切类似，剪切面上的剪应力分布不均匀，且存在的正应力数倍于平均剪应力，与纯剪应力状态相差甚远，故给出的抗剪强度值较高。

3）缺口梁四点受力

梁的中央截面弯矩为零，中间区段的剪力为常数。由于梁中间的缺口大，凹角处应力集中严重，裂缝从凹角开始，贯穿缺口截面而破坏，但不是从截面中部的最大剪应力处首先开裂。试验得到的混凝土抗剪强度值（τ_{p3}）约与其抗拉强度（f_t）相等。

4）薄壁圆筒受扭

当试件的筒壁很薄时，为理想的均匀、纯剪应力状态。试件沿 45° 的螺旋线破坏，混凝土抗剪强度按试件的破坏扭矩（T_p）计算：

$$\tau_{p4}=\frac{2T_p}{\pi t\left(D-t\right)^2}\approx 0.08f_c\approx f_t \tag{3-31}$$

式中：D,t——圆筒试件的外径和壁厚，mm。

5）二轴拉／压

对立方体或板式试件施加二轴应力，当 $\sigma_2=0$，$\sigma_3=-\sigma_1$ 时，与 45° 方向的纯剪应力状态等效。试验给出的混凝土抗剪强度为

$$\tau_{p5}=\sigma_1\approx f_t \tag{3-32}$$

后两类试件接近理想的纯剪应力状态，但是必须具备技术复杂的专用试验设备，一般实验室不易实现。目前采用较多的是前两类试验方法。

2. 变形及破坏机理

按上述试验方法对不同强度等级的混凝土进行抗剪试验，测量得到试件的主拉、压应变的典型曲线如图 3-15 所示。从开始加载直至约 60% 的极限荷载（V_p），混凝土的主拉、压应变和剪应变都与剪应力成比例增长。继续增大荷载，当 V=（0.6~0.8）V_p 时，试件的应变增长稍快，曲线微凸。再增大荷载，可听到混凝土内部开裂的声响，接近极限荷载（V_p）时，试件中部“纯剪”段出现斜裂缝，与梁轴约成 45° 夹角。随后，裂缝两端沿斜上、下方迅速延伸，穿过变截面区后，裂缝斜率变大，当裂缝到达梁顶和梁底部时，已接近垂直方向。裂缝贯通试件全截面后，将试件“剪切”成两段。

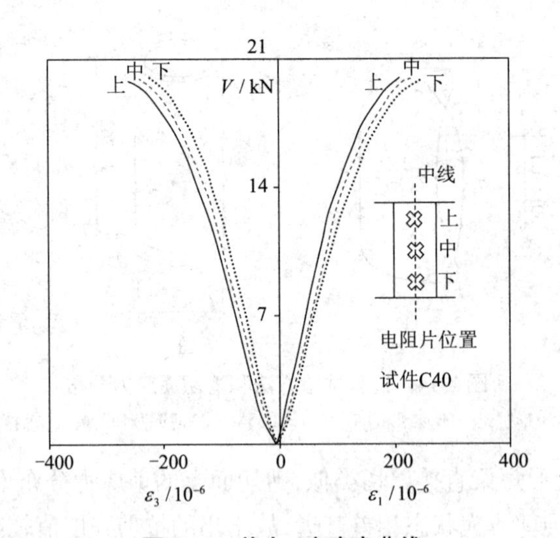

图 3-15 剪力 - 主应变曲线

不同强度等级（≤ C70）的混凝土试件，剪切破坏形态相同，通常只有一条斜裂缝。裂缝断口的界面清晰、整齐，两旁混凝土坚实、无破损。试件的破坏特征与斜向受拉（主拉应力方向）相同。

混凝土的抗剪强度（τ_p）随其立方体抗压强度（f_{cu}）的增加单调增长（图 3-16），经回归分析得计算式

$$\tau_p=0.39f_{cu}^{0.57} \tag{3-33}$$

这与混凝土的轴心抗拉强度（f_t）接近，试件的破坏形态和裂缝特征也相同，而且与薄壁圆筒受扭和二轴拉／压试验的结果一致。

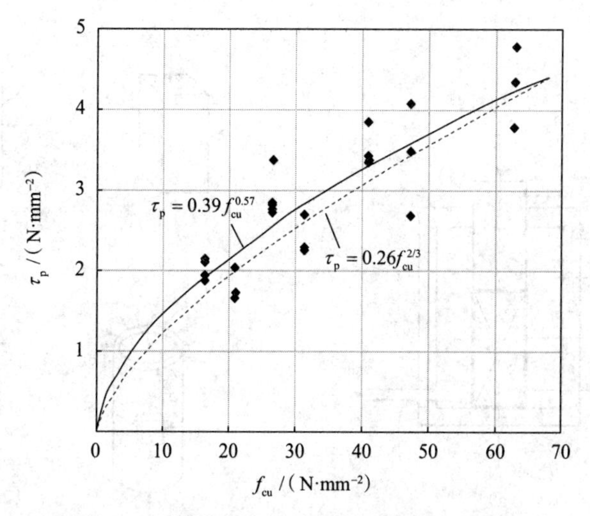

图 3-16　抗剪强度和立方体抗压强度的关系

3.1.2　复合受力性能

实际工程结构中,结构构件的受力多属于复杂受力情况。混凝土的受力情况比较复杂,虽然近年来在强度理论上进行了不少研究,也取得了一定成果,但在实际应用中,目前大多采用以试验结果为依据的经验公式。

混凝土或钢筋混凝土结构中任意一点具有三向主应力 σ_1、σ_2、σ_3 的受力状态,即称为空间应力状态;具有二向主应力的状态,即平面应力状态,以及在该平面上承受正应力(σ)和剪应力(τ_0)的作用,这些应力状态均称为复杂应力状态。

混凝土三轴试验的加载设备和测量技术存在不少难点。至今,各国研制成功并投入使用的多轴试验装置有数十台,其构造原理和试验方法各异。

混凝土多轴试验装置主要分为两大类。

1)常规三轴试验机

一般利用已有的大型材料试验机,配备一个带活塞的高压油缸和独立的油泵、油路系统(图 3-17(a))。试验时将试件置于油缸内的活塞之下,试件的横向由油泵施加液压,纵向由试验机通过活塞加压。试件在加载前外包橡胶薄膜,防止高压油进入试件的裂缝,胀裂试件,降低其强度。

试件采用圆柱体或棱柱体形状,当试件三轴受压(C/C/C)时,有两个方向的应力相等,即 $\sigma_1=\sigma_2>\sigma_3$ 或 $\sigma_1>\sigma_2=\sigma_3$(图 3-17(b)),称为常规三轴受压。这类设备如果采用空心薄壁圆筒试件,在筒外或筒内施加侧压,还可以进行二轴受压(C/C)或二轴拉 / 压(T/C)试验(图 3-17(c))。

常规三轴试验机的主要优点:设备有定型产品可购置,经济便捷;侧面液压均匀,无摩擦;试验能力强,侧压可高达 120 MPa,纵向应力不限(取决于试验机的最大压力和试件尺寸)。其致命缺点是无法进行真三轴($\sigma_1\neq\sigma_2\neq\sigma_3$)试验和二轴受拉(T/T)、三轴拉 / 压试验等。

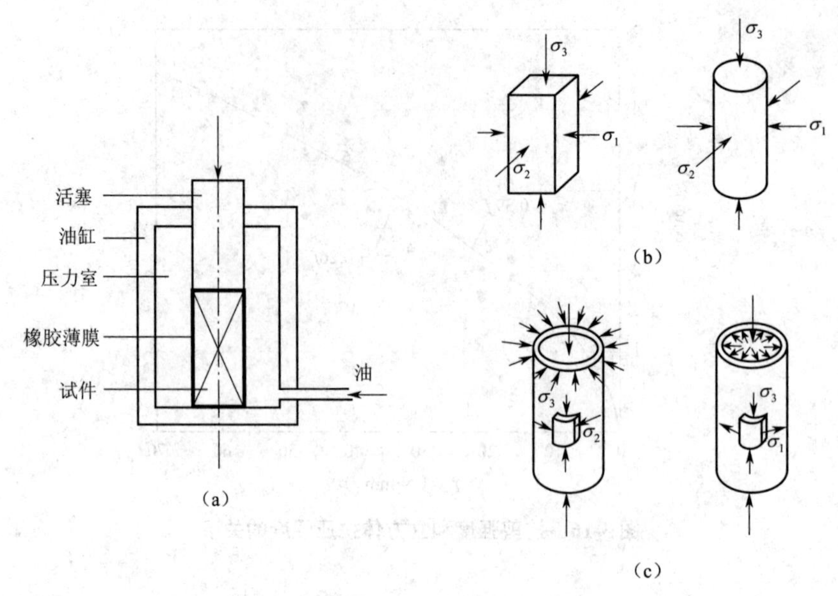

图 3-17 常规三轴试验机

(a)装置构造原理 (b)三轴受压 (c)二轴应力状态

2)真三轴试验装置

其特点是在三个相互垂直的方向都设有独立的活塞、液压油缸、供油管路和控制系统,能在三个方向施加任意的拉、压应力和采用不同的应力比例(σ_1:σ_2:σ_3)。

混凝土试件一般为边长 50~150 mm 的立方体。如采用板式试件,可进行各种双轴应力试验,试件最大尺寸为 200 mm × 200 mm × 50 mm。

本节对结构中一点的主应力和主应变,或者试件的三轴应力、应变使用的符号和规则为

$$\begin{cases}\sigma_1 \geqslant \sigma_2 \geqslant \sigma_3 \\ \varepsilon_1 \geqslant \varepsilon_2 \geqslant \varepsilon_3\end{cases} \tag{3-34}$$

且受拉为正,受压为负。

3.1.2.1 混凝土双轴受力性能

混凝土在不同二轴应力组合(第三轴应力 σ_3=0)下的强度试验结果如图 3-18 所示。

1. 二轴受压(C/C)

混凝土的二轴抗压强度均超过其单轴抗压强度 f_c,即

$$\begin{cases}\sigma_1 \geqslant f_c \\ \sigma_2 \geqslant f_c\end{cases} \tag{3-35}$$

原因是一方压应力作用下的横向变形受另一方压应力的约束,其内部微裂缝的开展受到了抑制,使得其抗压强度提高。

由图 3-18 中第三象限二轴受压的实测结果可知,二轴受压极限强度与应力比 σ_2/σ_1有关:

(1)σ_2/σ_1<0.2 时,σ_1 随应力比增大而提高较快;

(2)σ_2/σ_1=0.2~0.7 时,σ_1 变化平缓,最大抗压强度为(1.25~1.60)f_c,发生在 σ_2/σ_1=0.3~0.6 之间;

（3）σ_2/σ_1=0.7~1.0时，σ_1随应力比的增大而降低，σ_2/σ_1=1.0时，σ_1=（1.15~1.35）f_c。

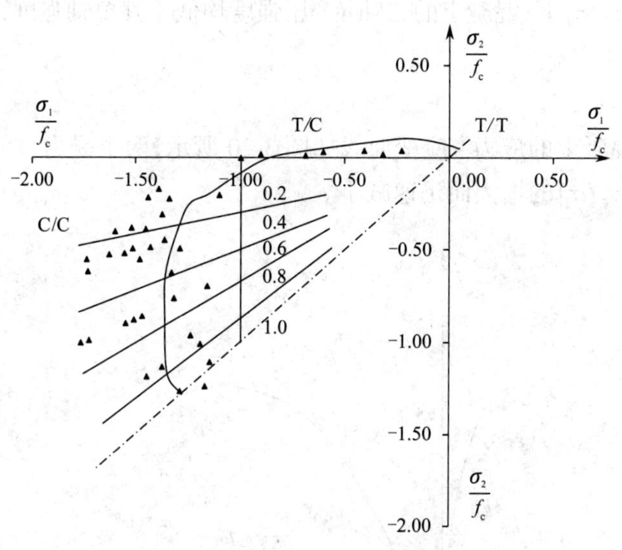

图 3-18 混凝土的二轴强度

二轴受压时混凝土的应力-应变曲线如图3-19（a）所示，图中应力比α=σ_2/σ_1。最大压应力方向的应变峰值ε_{1p}比单轴受压时大，在2×10^{-3}~3×10^{-3}之间变化（图3-19（b））。当α=0.25时，ε_{1p}最大。应变峰值ε_{2p}随应力比α变化而变化，由单轴受压（α=0）时的拉伸逐渐转为压缩变形，在二轴等压（α=1）时达到最大，ε_{2p}=ε_{1p}。而第三方向的受拉应变ε_{3p}在0.8×10^{-3}~3.1×10^{-3}间变化。

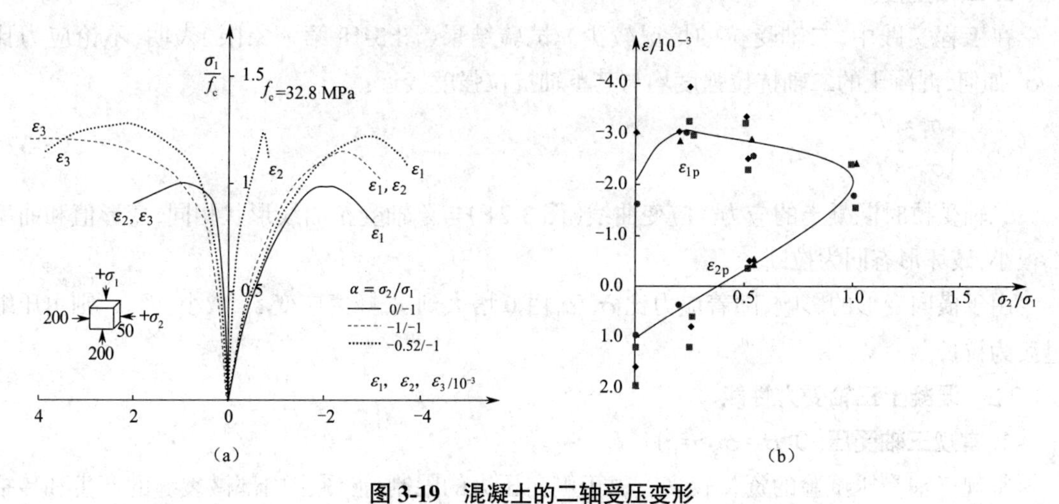

图 3-19 混凝土的二轴受压变形

（a）应力-应变曲线 （b）应变峰值

2. 二轴拉/压（T/C）

混凝土二轴拉/压（图3-18第二象限）时，抗压强度σ_1随另一方向拉应力的增大而降低。即使很小的拉应力，也可导致降低较大的抗压强度。另外，抗拉强度σ_2也随压应力的增大而降低。这一现象可以用混凝土的破坏机理来说明：一个方向应力作用下混凝土内部的微裂缝会逐渐延伸扩展，而另一方向的应力作用加剧了这种扩展，导致强度降低。

在任意应力比 σ_2/σ_1 下，混凝土的二轴拉 / 压强度均低于其单轴强度，即

$$\begin{cases}\sigma_1 \leqslant f_c \\ \sigma_2 \leqslant f_t\end{cases} \tag{3-36}$$

二轴拉 / 压时混凝土的应力 - 应变曲线如图 3-20 所示，两个受力方向的应变峰值 ε_{1p}、ε_{2p} 均随应力比绝对值 $|\sigma_2/\sigma_1|$ 的增大而迅速减小。

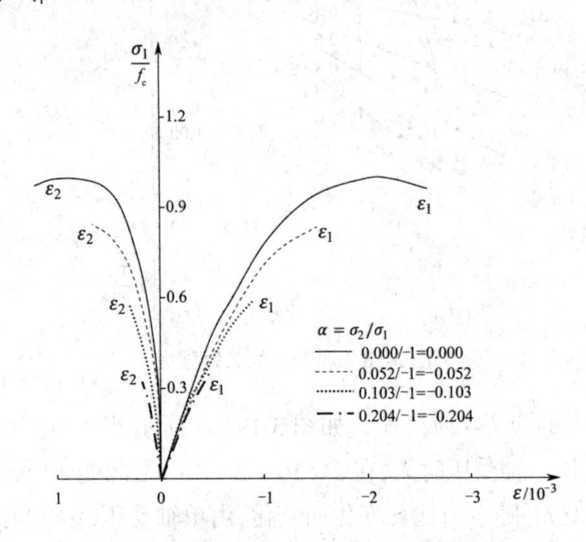

图 3-20　混凝土的二轴拉 / 压应力 - 应变曲线

3. 二轴受拉（T/T）

在工程实践中，二轴受拉的情况较少。试验结果（图 3-18 第一象限）表明，不论应力比 σ_2/σ_1 如何，混凝土的二轴抗拉强度均与其单轴抗拉强度接近：

$$\begin{cases}\sigma_1 \approx f_t \\ \sigma_2 \approx f_t\end{cases} \tag{3-37}$$

二轴受拉时混凝土的应力 - 应变曲线（图 3-21）与单轴受拉曲线形状相同，变形值和曲率都很小，破坏形态同为拉断。

由于横向变形的影响，随着应力比 σ_2/σ_1 由 0 增大到 1，峰值应变 ε_{1p} 减小，而 ε_{2p} 则由压缩过渡为拉长。

3.1.2.2　混凝土三轴受力性能

1. 常规三轴受压（$0>\sigma_2=\sigma_3>\sigma_1$）

常规三轴受压试验的资料较多。由于侧向压力的限制，混凝土内部微裂缝的产生和传播发展受到阻碍而被延缓或推迟。这种阻碍的程度取决于侧向压力的大小，侧向压力值越大，对裂缝传播发展所起的限制作用也越大。因此，当三轴受压的侧向压力增大时，纵轴向抗压强度 σ_1 和极限压应变 ε_1 也相应增大。工程实践中，密间距螺旋钢箍柱、钢管混凝土中的核心混凝土即处于这种应力状态下。

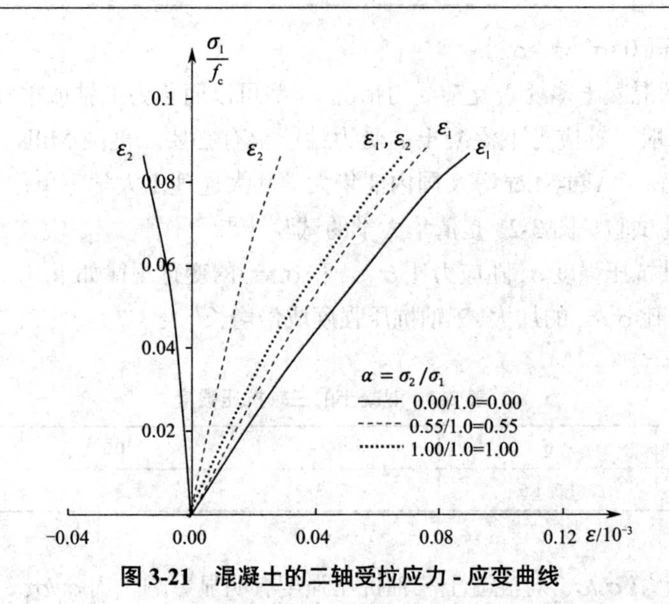

图 3-21　混凝土的二轴受拉应力 - 应变曲线

混凝土的常规三轴抗压强度 σ_1 随侧压力($\sigma_2=\sigma_3$)的加大而成倍地增长(图 3-22(a))。虽然不同试验结果有一些差异,但变化规律基本相同,可用下列强度关系式表示:

$$\sigma_1 = f_c + K\sigma_r \tag{3-38}$$

式中,$\sigma_r=\sigma_2=\sigma_3$。$K$ 值与 σ_r/f_c 的大小有关。当 $\sigma_r/f_c \leqslant 1$ 时,可取 K=4.0~5.0;当 σ_r/f_c 很小接近零时,K 值可达 6.0~8.0,说明加一点侧向约束,强度提高很显著;一般情况下,K 值在 3.0~4.0 之间变化。

常规三轴受压时的应力 - 应变曲线如图 3-22(b)所示。由于侧向压力约束了混凝土的横向膨胀,阻滞纵向裂缝的出现和开展,在提高极限强度的同时,塑性变形有很大发展。应力 - 应变曲线平缓地上升。侧向压力 $\sigma_2=\sigma_3$ 越大,曲线的峰部越高越丰满。过了强度峰点,试件在侧向压力的支撑下残余强度缓慢地降低,曲线下降段平缓,极限压应变 ε_u 远远大于单轴受压时的值。

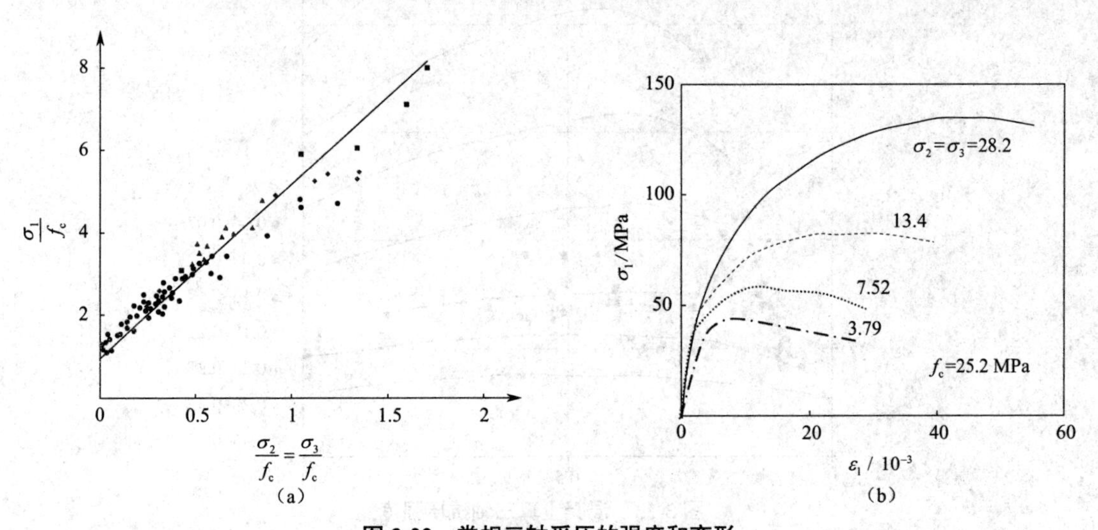

图 3-22　常规三轴受压的强度和变形

(a)强度　(b)应力 - 应变曲线

2. 真三轴受压（$0>\sigma_1>\sigma_2>\sigma_3$）

实际结构中的混凝土多处于复杂受力情况，有些可以简化为二轴或单轴受力工况，有些则不能，因而研究一般三轴应力下混凝土的受力性能很有必要。美国 Mills、Zimmerman，法国 Launay、Gachon，荷兰 Van-Mier 等及国内清华大学和大连理工大学等单位均进行过混凝土一般三轴受力性能的试验。图 3-23 是清华大学的试验结果。

混凝土的三轴抗压强度 σ_3 随应力比 σ_1/σ_3 和 σ_2/σ_3 的变化规律如下。

（1）随着应力比 σ_1/σ_3 的加大，三轴抗压强度成倍增长（表 3-7）。

表 3-7 混凝土的三轴抗压强度

σ_1/σ_3	0	0.1	0.2	0.3
σ_1/f_c	1.2~1.5	2~3	5~6	8~10

（2）第二主应力（σ_2/σ_3）对混凝土三轴抗压强度有明显影响。当 σ_1/σ_3 一定时，最高抗压强度发生在 σ_2/σ_3=0.3~0.6 之间，最高和最低强度相差 20%~25%。

（3）当 σ_1/σ_3 一定时，若 σ_1/σ_3<0.15，则 $\sigma_1=\sigma_2$ 时的抗压强度低于 $\sigma_3=\sigma_2$ 时的强度，即图 3-23 中 σ_1/σ_3 等值线的左端低于右端；反之，若 $\sigma_1/\sigma_3 \geqslant 0.15$，则等值线的左端高于右端。

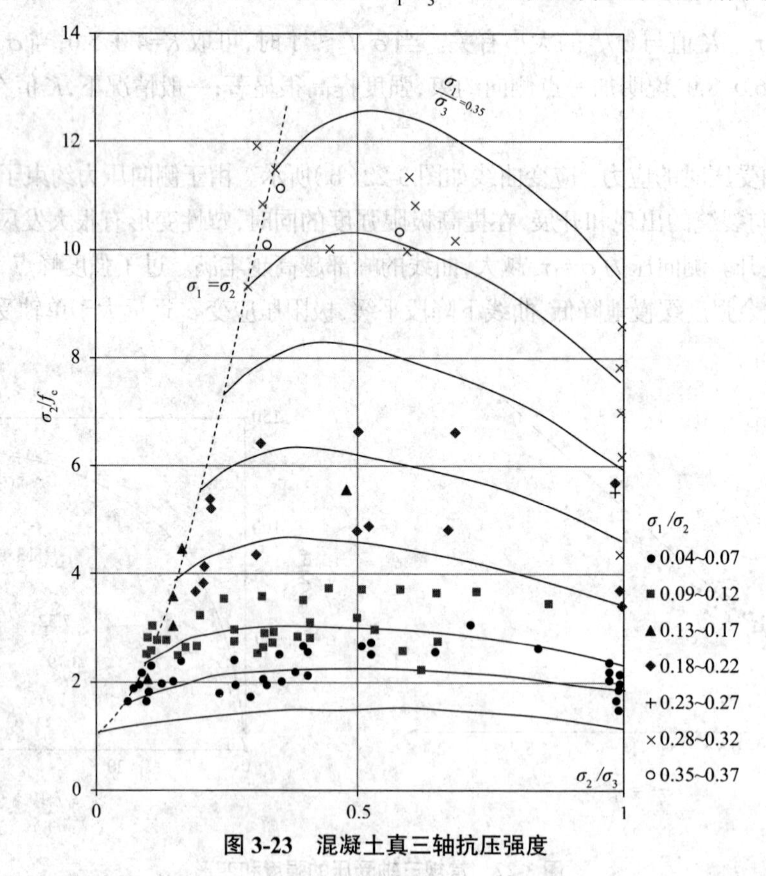

图 3-23 混凝土真三轴抗压强度

混凝土真三轴受压时，应变 $\varepsilon_1 \neq \varepsilon_2 \neq \varepsilon_3$，应力 - 应变曲线的形状（图 3-24）与常规三轴受

压的相同。应力较低时近似为直线，应力增大后曲线趋平缓，尖峰不突出，极限应变 ε_u 很大。

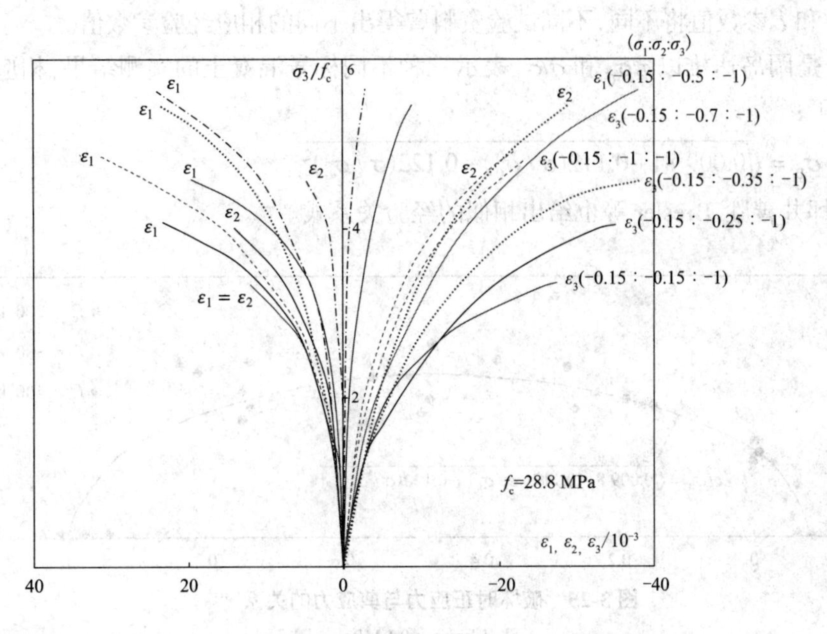

图 3-24　混凝土真三轴受压的应力 - 应变曲线

3. 三轴拉 / 压(T/C/C，T/T/C)

一轴或二轴受拉的混凝土三轴拉 / 压试验，技术难度大，已有试验数据少且离散度大。其一般规律为：混凝土三轴拉或压强度分别不超过其单轴强度；随着受拉轴主拉应力的增大，混凝土的第三轴抗压强度降低很快。

4. 三轴受拉(T/T/T)

实际工程中很少有这种受力情况，有关的试验数据极少。目前大都认为混凝土的三轴抗拉强度略小于或等于其单轴抗拉强度。

3.1.2.3　混凝土剪压或剪拉受力性能

截面同时承受扭矩或剪力引起的剪应力和压应力(或拉应力)的剪压(或剪拉)问题，在实际工程中是常见的平面应力状态。理论上，这类问题虽然可通过计算转化为用主应力表示，但考虑到混凝土本身组成结构的特点，特别是在临近破坏时的非弹性变形，实践中多采用混凝土试件，通过截面同时受压或受拉和受扭或受剪的直接试验，来研究其强度变化。

1. 截面同时受扭和受压或受拉

通常多采用空心薄壁圆柱体进行这种受力试验。由于具体试验方法不同，试验结果离散性很大，破坏时截面上的正应力(σ)和剪应力(τ)关系可用下列一般经验公式表示：

$$\tau/\sigma_0 = \sqrt{a + b\left(\frac{\sigma}{\sigma_0}\right)^n - c\left(\frac{\sigma}{\sigma_0}\right)^2} \tag{3-39}$$

式中：a,b,c——参数，取决于混凝土强度性质，参数 n 在 1.0~1.5 内变化，取 n=1.0 时，有

$$\tau/\sigma_0 = \sqrt{a + b\frac{\sigma}{\sigma_0} - c\left(\frac{\sigma}{\sigma_0}\right)^2} \tag{3-40}$$

式中：σ_0——试件单轴抗压强度，其值可用圆柱体或棱柱体抗压强度来代替，不过公式中的 a、b 和 c 参数值将不同，不同试验资料曾得出不同的相应经验参数值。

图 3-25 是岡岛达雄以 τ/σ_0 和 σ/σ_0 表示三种不同标号混凝土的实测结果，相应曲线的经验关系式如下：

$$\tau/\sigma_0=\sqrt{0.009\,81+0.112(\sigma/\sigma_0)-0.122(\sigma/\sigma_0)^2} \tag{3-41}$$

其他如坪井善胜、Bresler 等也给出相似的经验关系式。

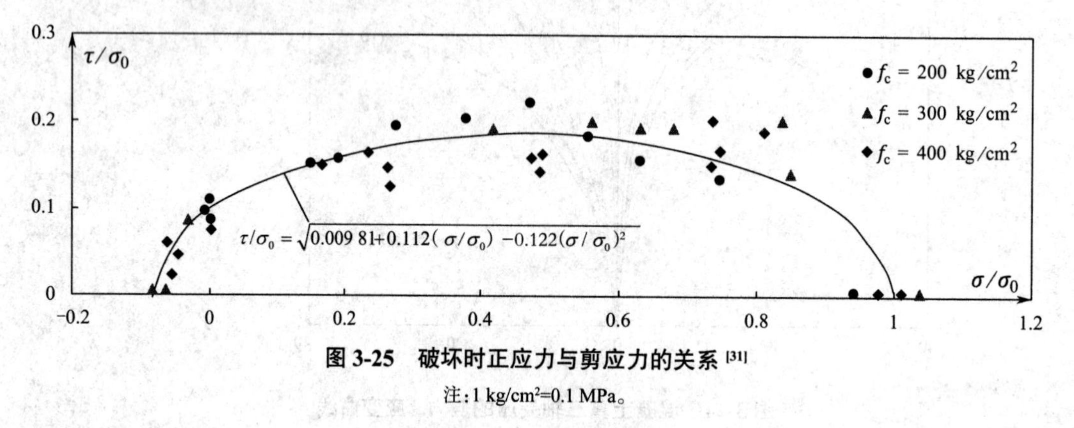

图 3-25 破坏时正应力与剪应力的关系 [31]

注：1 kg/cm²=0.1 MPa。

Скудра 通过空心薄壁圆柱同时受扭和受拉的试验结果，认为破坏应力关系可用下列经验公式表示：

$$\left(\tau/\tau_{0\mathrm{T}}\right)^2+\left(\sigma_1/f_{\mathrm{t}}\right)^2=1 \tag{3-42}$$

式中：σ_1——拉应力；

$\tau_{0\mathrm{T}}$——纯扭引起的剪应力；

f_{t}——抗拉强度。

Карапетян 等也曾得出与此相似的结果，图 3-26 为 Скудра 经验公式用剪应力 τ 与拉应力 σ_1 表示的曲线关系。

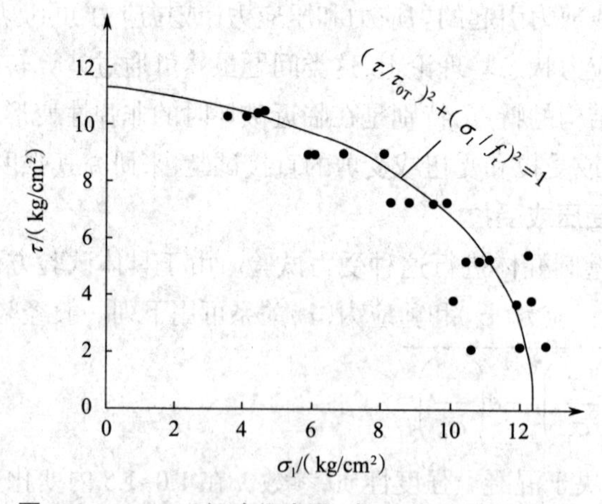

图 3-26 Скудра 经验公式用 τ 与 σ_1 表示的曲线关系

2. 截面同时直接受剪和受压

图 3-27 是 Петров 等用剪摩试验相似试件，在试件截面内直接加压和剪力所得的剪应力和正应力的变化。图内曲线Ⅰ是试件留孔利用弹簧加压的试验结果，曲线Ⅱ是试件不留孔，用油压千斤顶加压的试验结果，曲线Ⅲ是根据 Веригии 用纯剪试件加压的试验结果。这些曲线分别用下列经验关系式表示。

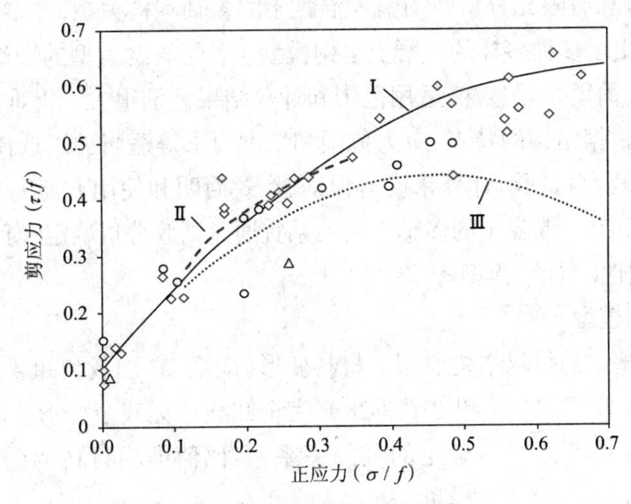

图 3-27　受压受剪试验结果

曲线Ⅰ:

$$\tau/f=0.106+1.513(\sigma/f)-1.036(\sigma/f)^2 \tag{3-43a}$$

适用于 $0\leqslant\sigma/f\leqslant0.70$ 的情况。

曲线Ⅱ:

$$\tau/f=0.106+1.881(\sigma/f)-2.305(\sigma/f)^2 \tag{3-43b}$$

适用于 $0\leqslant\sigma/f\leqslant0.35$ 的情况。

曲线Ⅲ:

$$\tau=\tau_0+13.9\tau_0(\sigma/f)-14.9\tau_0(\sigma/f)^2 \tag{3-43c}$$

式中：τ——剪应力，$\tau=Q/A$，其中 Q 为剪力，A 为受剪切的截面面积；

σ——截面正应力，$\sigma=N_p/A$；

τ_0——纯剪应力（当 $\sigma=0$ 或 $N_p=0$ 时）；

f——混凝土立方体（200 mm × 200 mm × 200 mm）抗压强度。

图 3-27 内曲线Ⅰ和Ⅱ所代表的试验情况和相应强度变化，和剪摩试验结果相似。

3.1.2.4　本构关系

混凝土在简单应力状态下的本构关系，即单轴受压和受拉时的应力 - 应变关系比较明确，可以相当准确地在相应的试验中测定，并用合理的经验回归式加以描述。即使如此，它仍然因为混凝土材性离散、变形成分多样和影响因素众多等而在一定范围内变动。

混凝土在多轴应力状态下的本构关系更为复杂。三个方向主应力的共同作用，使各方向的正应变和横向变形效应相互约束和牵制，影响内部微裂缝的出现和发展，而且，混凝土多轴抗压强度的成倍增长和多轴拉/压强度的降低，扩大了混凝土的应力值范围，改变了各部分变形成分的比例，出现了不同的破坏过程和形态。这些都使得混凝土多轴变形的变化范围大，形式复杂。另外，混凝土多轴试验方法的不统一和应变测量技术的困难又加大了应变测量数据的离散度，给研究本构关系造成更大困难。

在结构设计计算和有限元分析中须引入混凝土的多轴本构关系，许多学者进行了大量的试验和理论研究，提出了多种多样的混凝土本构模型。各类本构模型的理论基础、观点和方法迥异，表达形式多样，简繁相差悬殊，适用范围和计算结果差别很大。很难确认一个通用的混凝土本构模型，只能根据结构的特点、应力范围和精度要求等适当加以选择。至今，实际工程中应用最广泛的还是源自试验、计算精度有保证、形式简明和使用方便的非线弹性类本构模型。我国的设计规范指出，混凝土的多轴本构关系宜通过试验分析确定；对二轴应力状态也可采用损伤模型或弹塑性（增量）模型。

1. 线弹性类本构模型

这是最简单、最基本的材料本构模型。材料变形（应变）在加载和卸载时都沿同一直线变化（图 3-28），完全卸载后无残余变形。因而应力和应变有确定的唯一关系，其比值即为材料的弹性常数，称为弹性模量。

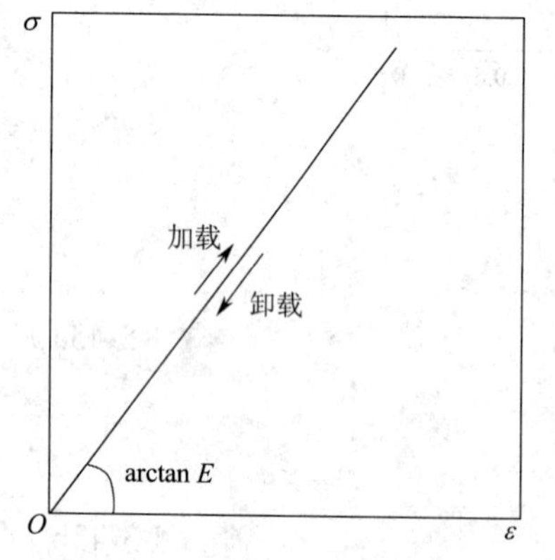

图 3-28 线弹性应力 - 应变关系

线弹性本构模型是弹性力学的物理基础。它是迄今发展最成熟的材料本构模型，也是其他类本构模型的基础和特例。基于线弹性本构关系的结构二维和三维有限元分析程序已有许多成功的范例，如 SAP、ADINA、ANSYS 等在工程中已使用多年。

当然，混凝土的变形特性，如单轴受压和受拉，以及多轴应力状态下的应力 - 应变曲线，都是非线性的，从原则上讲线弹性本构模型不能适用。但是，在一些特定情况下，采用线弹性模型进行分析仍不失为一种简捷、有效的手段。例如：①当混凝土的应力水平较低，内部微裂缝和塑性变形未有较大发展时；②预应力结构或受约束结构开裂之前；③体形复杂结构的初步分析或近似计算时；④有些结构选用不同的本构模型，对其计算结果不敏感，等等。所以，线弹性本构模型在钢筋混凝土结构分析中的应用仍有相当大的余地。事实上，至今国内外已建成的所有混凝土结构中，绝大部分都是按照线弹性本构模型进行内（应）力分析后，经过设计和配筋建造的。工程实践证明，这样做可使结构具有必要的甚至稍高的承载力安全度。设计规范如文献 [4]、[35] 中允许采用这类本构模型。

考虑了材料性能的方向性差异，尚可建立不同复杂程度的线弹性本构模型。

1）各向异性本构模型

结构中任何一点有 6 个应力分量，相应地有 6 个应变分量。如果各应力和应变分量间的弹性常数都不同，其一般的本构关系式为

$$\begin{bmatrix}\sigma_{11}\\ \sigma_{22}\\ \sigma_{33}\\ \tau_{12}\\ \tau_{23}\\ \tau_{31}\end{bmatrix}=\begin{bmatrix}c_{11} & c_{12} & c_{13} & c_{14} & c_{15} & c_{16}\\ c_{21} & c_{22} & c_{23} & c_{24} & c_{25} & c_{26}\\ c_{31} & c_{32} & c_{33} & c_{34} & c_{35} & c_{36}\\ c_{41} & c_{42} & c_{43} & c_{44} & c_{45} & c_{46}\\ c_{51} & c_{52} & c_{53} & c_{54} & c_{55} & c_{56}\\ c_{61} & c_{62} & c_{63} & c_{64} & c_{65} & c_{66}\end{bmatrix}\begin{bmatrix}\varepsilon_{11}\\ \varepsilon_{22}\\ \varepsilon_{33}\\ \gamma_{12}\\ \gamma_{23}\\ \gamma_{31}\end{bmatrix} \tag{3-44a}$$

这里已经取 $\tau_{12}=\tau_{21}, \tau_{23}=\tau_{32}, \tau_{31}=\tau_{13}$ 和 $\gamma_{12}=\gamma_{21}, \gamma_{23}=\gamma_{32}, \gamma_{31}=\gamma_{13}$。式(3-44a)简写成子矩阵的形式为

$$\begin{bmatrix}\sigma_{ii}\\ \tau_{ij}\end{bmatrix}=\begin{bmatrix}E_{ii,ii} & Y_{ii,ij}\\ H_{ij,ii} & G_{ij,ij}\end{bmatrix}\begin{bmatrix}\varepsilon_{ii}\\ \gamma_{ij}\end{bmatrix} \tag{3-44b}$$

式中：$E_{ii,ii}$——正应力 σ_{ii} 和正应变 ε_{ii} 之间的刚度系数，即弹性模量；

$G_{ij,ij}$——剪应力 τ_{ij} 和剪应变 γ_{ij} 之间的刚度系数，即剪切模量；

$Y_{ii,ij}$——正应力 σ_{ii} 和剪应变 γ_{ij} 之间的刚度系数；

$H_{ij,ii}$——剪应力 τ_{ij} 和正应变 ε_{ii} 之间的刚度系数，后两者都称为耦合变形模量。

2）正交异性本构模型

对于正交异性材料，正应力作用下不产生剪应变（$E_{ii,ii}=\infty$）；剪应力作用下不产生正应变（$H_{ij,ii}=\infty$），且不在其他平面产生剪应变。本构模型可以分解，简化为

$$\begin{bmatrix}\sigma_{11}\\ \sigma_{22}\\ \sigma_{33}\end{bmatrix}=\begin{bmatrix}c_{11} & c_{12} & c_{13}\\ c_{21} & c_{22} & c_{23}\\ c_{31} & c_{32} & c_{33}\end{bmatrix}\begin{bmatrix}\varepsilon_{11}\\ \varepsilon_{22}\\ \varepsilon_{33}\end{bmatrix} \tag{3-45a}$$

$$\begin{bmatrix}\tau_{12}\\ \tau_{23}\\ \tau_{31}\end{bmatrix}=\begin{bmatrix}c_{44} & 0 & 0\\ 0 & c_{55} & 0\\ 0 & 0 & c_{66}\end{bmatrix}\begin{bmatrix}\gamma_{12}\\ \gamma_{23}\\ \gamma_{31}\end{bmatrix} \tag{3-45b}$$

式（3-45a）中的刚度矩阵对称，只含 6 个独立常数，另加式（3-45b）中的 3 个常数，故正交异性本构模型中的弹性常数减少为 9 个。

若材料的弹性常数用熟知的工程量 E、ν 和 G 等表示，建立的本构关系即广义胡克定律：

$$\begin{bmatrix}\varepsilon_{11}\\ \varepsilon_{22}\\ \varepsilon_{33}\end{bmatrix}=\begin{bmatrix}\dfrac{1}{E_1} & -\dfrac{\nu_{12}}{E_2} & -\dfrac{\nu_{13}}{E_3}\\ -\dfrac{\nu_{21}}{E_1} & \dfrac{1}{E_2} & -\dfrac{\nu_{23}}{E_3}\\ -\dfrac{\nu_{31}}{E_1} & -\dfrac{\nu_{32}}{E_2} & \dfrac{1}{E_3}\end{bmatrix}\begin{bmatrix}\sigma_{11}\\ \sigma_{22}\\ \sigma_{33}\end{bmatrix} \tag{3-46a}$$

$$\begin{bmatrix}\gamma_{12}\\ \gamma_{23}\\ \gamma_{31}\end{bmatrix}=\begin{bmatrix}\dfrac{1}{G_{12}} & 0 & 0\\ 0 & \dfrac{1}{G_{23}} & 0\\ 0 & 0 & \dfrac{1}{G_{31}}\end{bmatrix}\begin{bmatrix}\tau_{12}\\ \tau_{23}\\ \tau_{31}\end{bmatrix} \tag{3-46b}$$

式中：E_1, E_2, E_3——3 个垂直方向的弹性模量；

G_{12}, G_{23}, G_{31}——3 个垂直方向的剪切模量；

ν_{12}——应力 σ_{22} 对 σ_{11} 方向的横向变形系数，即泊松比，ν_{23} 和 ν_{31} 等类推。

式(3-46a)中的柔度矩阵对称，故

$$\begin{cases} E_1\nu_{12} = E_2\nu_{21} \\ E_2\nu_{23} = E_3\nu_{32} \\ E_3\nu_{31} = E_1\nu_{13} \end{cases} \tag{3-47}$$

本构模型中的独立弹性常数也是 9 个。

3)各向同性本构模型

各向同性材料的 3 个方向弹性常数值相等，式(3-46)便简化为

$$\begin{bmatrix} \varepsilon_{11} \\ \varepsilon_{22} \\ \varepsilon_{33} \end{bmatrix} = \begin{bmatrix} \frac{1}{E} & -\frac{\nu}{E} & -\frac{\nu}{E} \\ -\frac{\nu}{E} & \frac{1}{E} & -\frac{\nu}{E} \\ -\frac{\nu}{E} & -\frac{\nu}{E} & \frac{1}{E} \end{bmatrix} \begin{bmatrix} \sigma_{11} \\ \sigma_{22} \\ \sigma_{33} \end{bmatrix} \tag{3-48a}$$

$$\begin{bmatrix} \gamma_{12} \\ \gamma_{23} \\ \gamma_{31} \end{bmatrix} = \frac{1}{G} \begin{bmatrix} \tau_{12} \\ \tau_{23} \\ \tau_{31} \end{bmatrix} \tag{3-48b}$$

式中只有 3 个弹性常数，即 E、ν 和 G。由于

$$G = \frac{E}{2(1+\nu)} \tag{3-49}$$

独立的弹性常数只有 2 个，工程中常取 E 和 ν。

对式(3-48)求逆，可得刚度矩阵表示的应力-应变关系：

$$\begin{Bmatrix} \sigma_{11} \\ \sigma_{22} \\ \sigma_{33} \\ \tau_{12} \\ \tau_{23} \\ \tau_{31} \end{Bmatrix} = \frac{E}{(1+\nu)(1-2\nu)} \begin{bmatrix} 1-\nu & \nu & \nu & & & \\ \nu & 1-\nu & \nu & & 0 & \\ \nu & \nu & 1-\nu & & & \\ & & & \frac{1-2\nu}{2} & 0 & 0 \\ & 0 & & 0 & \frac{1-2\nu}{2} & 0 \\ & & & 0 & 0 & \frac{1-2\nu}{2} \end{bmatrix} \begin{bmatrix} \varepsilon_{11} \\ \varepsilon_{22} \\ \varepsilon_{33} \\ \gamma_{12} \\ \gamma_{23} \\ \gamma_{31} \end{bmatrix} \tag{3-50}$$

这就是弹性力学中的一般本构关系。

将此线弹性本构模型用于混凝土，只需测定或给出弹性模量 E 和泊松比 ν 的数值，就可应用有限元方法分析各种混凝土结构。

由于线弹性本构模型总体上不适用于混凝土材料，使得其在分析钢筋混凝土结构的应用范围和计算精度时受到限制，因而发展和建立了混凝土的非线弹性类本构模型。它们反映了

混凝土的变形随应力增大而非线性增长的主要特点，采用逐渐退化（递减）的弹性常数进行分析，前述的基本计算式都可应用。

2. 非线（性）弹性类本构模型

非线（性）弹性本构关系的基本特征以单轴应力 - 应变关系为例，如图 3-29 所示。随着应力的加大，变形按一定规律非线性地增长，刚度逐渐减小；卸载时，应变沿原曲线返回，不留残余应变。

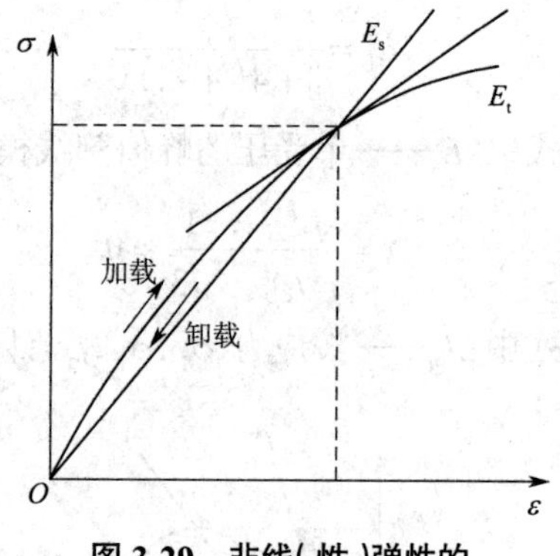

图 3-29 非线（性）弹性的应力 - 应变关系

这类本构模型的明显优点是，能够反映混凝土受力变形的主要特点；计算式和参数值都来自试验数据的回归分析，在单调比例加载情况下有较高的计算精度；模型表达式简明、直观，易于理解和应用，因而在工程中应用最广泛。这类模型的缺点是，不能反映卸载和加载的区别，卸载后无残余变形等，故不能应用于卸载、加卸载循环和非比例加载等情况。

1）Ottosen 的三维、各向同性全量模型

该模型引入非线性指数 β，表示当前应力（$\sigma_1, \sigma_2, \sigma_3$）距破坏面（包络面）的远近，以反映塑性变形的发展程度。假定主应力 σ_1 和 σ_2 保持不变，σ_3（压应力）增大至 f_3 时混凝土破坏，则

$$\beta = \frac{\sigma_3}{f_3} \tag{3-51}$$

混凝土的多轴应力 - 应变关系仍采用单轴受压的 Sargin 方程

$$-\frac{\sigma}{f_c} = \frac{A\dfrac{\varepsilon}{\varepsilon_c} + (D-1)\left(\dfrac{\varepsilon}{\varepsilon_c}\right)^2}{1+(A-2)\left(\dfrac{\varepsilon}{\varepsilon_c}\right)+D\left(\dfrac{\varepsilon}{\varepsilon_c}\right)^2} \tag{3-52}$$

但用多轴应力状态的相应值代替

$$\begin{cases} -\dfrac{\sigma}{f_c} = \dfrac{-\sigma}{f_3} = \beta \\ A = \dfrac{E_i}{E_p} = \dfrac{E_i}{E_f} \\ \dfrac{\varepsilon}{\varepsilon_c} = \dfrac{\varepsilon}{\varepsilon_f} = \dfrac{\sigma / E_s}{f_3 / E_f} = \beta\dfrac{E_f}{E_s} \end{cases} \tag{3-53}$$

式中各符号的意义如图 3-30 所示，将式（3-53）代入式（3-52）后，得一元二次方程，解之即得混凝土的多轴割线模量

$$E_s = \frac{E_i}{2} - \beta\left(\frac{E_i}{2} - E_f\right) \pm \sqrt{\left[\frac{E_i}{2} - \beta\left(\frac{E_i}{2} - E_f\right)\right]^2 + E_f^2\beta[D(1-\beta)-1]} \tag{3-54}$$

式中：E_i——混凝土的初始弹性模量；

E_f——多轴峰值割线模量；

A——无明确物理意义的参数；

D——主要影响下降段的参数。

$$E_{\mathrm{f}}=\frac{E_{\mathrm{p}}}{1+4(A-1)x} \tag{3-55}$$

式中：E_{p}——单受压的峰值割线模量。

$$x=\frac{\sqrt{J_{2\mathrm{f}}}}{f_{\mathrm{c}}}-\frac{1}{\sqrt{3}}\geqslant 0 \tag{3-56}$$

式中：$J_{2\mathrm{f}}$——按应力(σ_1,σ_2,f_3)计算的偏应力第二不变量。

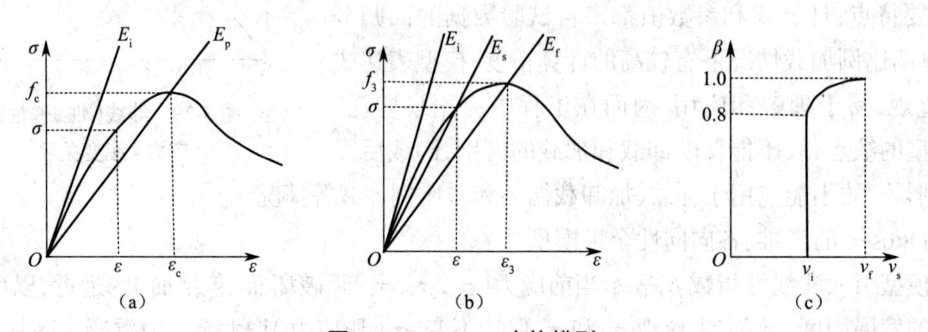

图 3-30 Ottosen 本构模型

(a)单轴受压 σ-ε 关系 (b)多轴 σ-ε 关系 (c)泊松比

割线泊松比 ν_{s} 随 β 的变化如图 3-30(c)所示。计算式为

$$\begin{cases}\nu_{\mathrm{s}}=\nu_{\mathrm{i}}=\mathrm{const} & (\beta\leqslant 0.8)\\ \nu_{\mathrm{s}}=\nu_{\mathrm{f}}-(\nu_{\mathrm{f}}-\nu_{\mathrm{i}})\sqrt{1-(5\beta-4)^2} & (0.8<\beta\leqslant 1.0)\end{cases} \tag{3-57}$$

其中泊松比的初始值和峰点可取 $\nu_{\mathrm{i}}=0.2$，$\nu_{\mathrm{f}}=0.36$。

将不同应力值或 β 值下的 E_{s} 和 ν_{s} 代入式(3-48)或式(3-50)，即为混凝土的各向同性本构模型。

2)Darwin-Pecknold 的二维、正交异性、增量模型

正交异性材料的二维应力 - 应变关系增量式，由式(3-46)简化为

$$\begin{cases}\begin{bmatrix}\mathrm{d}\varepsilon_{11}\\ \mathrm{d}\varepsilon_{22}\end{bmatrix}=\begin{bmatrix}\dfrac{1}{E_1} & -\dfrac{\nu_2}{E_2}\\ -\dfrac{\nu_1}{E_1} & \dfrac{1}{E_2}\end{bmatrix}\begin{bmatrix}\mathrm{d}\sigma_{11}\\ \mathrm{d}\sigma_{22}\end{bmatrix}\\ \mathrm{d}\gamma_{12}=\dfrac{1}{G}\mathrm{d}\tau_{12}\end{cases} \tag{3-58}$$

若取

$$\begin{cases}\nu_1E_2=\nu_2E_1\\ \nu=\sqrt{\nu_1\nu_2}\end{cases} \tag{3-59}$$

矩阵求逆后得

$$\begin{bmatrix} d\sigma_{11} \\ d\sigma_{22} \\ d\tau_{12} \end{bmatrix} = \frac{1}{1-\nu^2} \begin{bmatrix} E_1 & \nu\sqrt{E_1E_2} & 0 \\ \nu\sqrt{E_1E_2} & E_2 & 0 \\ 0 & 0 & \frac{1}{4}\left(E_1+E_2-2\nu\sqrt{E_1E_2}\right) \end{bmatrix} \begin{bmatrix} d\varepsilon_{11} \\ d\varepsilon_{22} \\ d\gamma_{12} \end{bmatrix} \tag{3-60}$$

对于主应力方向则为

$$\begin{bmatrix} d\sigma_1 \\ d\sigma_2 \end{bmatrix} = \frac{1}{1-\nu^2} \begin{bmatrix} E_1 & \nu\sqrt{E_1E_2} \\ \nu\sqrt{E_1E_2} & E_2 \end{bmatrix} \begin{bmatrix} d\varepsilon_1 \\ d\varepsilon_2 \end{bmatrix} \tag{3-61a}$$

以柔度矩阵表示即为

$$\begin{bmatrix} d\varepsilon_1 \\ d\varepsilon_2 \end{bmatrix} \begin{bmatrix} \frac{1}{E_1} & -\frac{\nu}{\sqrt{E_1E_2}} \\ -\frac{\nu}{\sqrt{E_1E_2}} & \frac{1}{E_2} \end{bmatrix} \begin{bmatrix} d\sigma_1 \\ d\sigma_2 \end{bmatrix} \tag{3-61b}$$

式中：ν——多轴状态的等效泊松比（式（3-59））；

E_1, E_2——各主方向的切线弹性模量，数值不等。

材料在多轴应力状态下的应变，除了本方向应力直接产生的应变外，还包括其他方向应力的横向变形影响，即泊松效应，试验中测量的结果也是如此。由于式（3-61）中已引入了泊松比（ν），故式中 E_i（i=1, 2）应该只反映多轴应力状态下的本方向应力 - 应变关系。这种关系既非试验测量所得的多轴应力 - 应变关系，又不同于材料的纯粹单轴（压或拉）应力 - 应变关系，其应力峰值为多轴强度（$f_i \neq f_c$ 或 f_t），相应应变也不等于单轴峰值应变（$\varepsilon_{if} \neq \varepsilon_p$ 或 $\varepsilon_{t,p}$），故称为等效单轴应力 - 应变关系。另外，当多轴应力状态退化为单轴应力状态时，等效单轴应力 - 应变关系显然就是单轴应力 - 应变关系。

Darwin-Pecknold 本构模型中，将混凝土的等效单轴应力 - 应变关系取为 Saenz 的单轴受压应力 - 应变关系（图 3-31），其曲线方程为

$$\sigma = \frac{\varepsilon E_0}{1+\left(\frac{E_0}{E_f}-2\right)\left(\frac{\varepsilon}{\varepsilon_p}\right)+\left(\frac{\varepsilon}{\varepsilon_p}\right)^2} \tag{3-62}$$

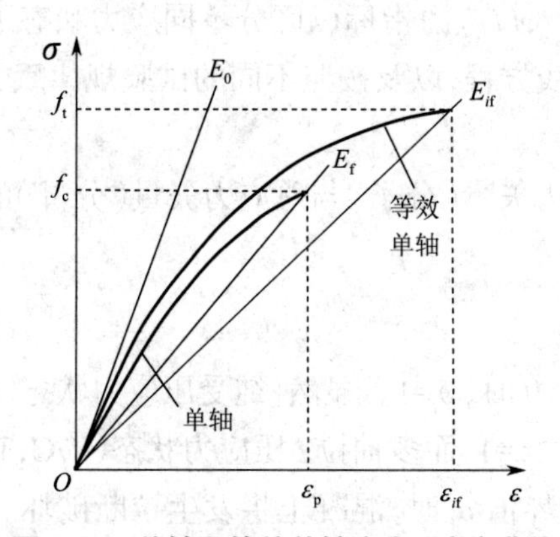

图 3-31　单轴和等效单轴应力 - 应变曲线

对于二轴应力状态，需将式中的应变 ε 改变为等效单轴应变 ε_{iu}，上式变为

$$\sigma_i = \frac{\varepsilon_{iu} E_0}{1+\left(\frac{E_0}{E_{if}}-2\right)\left(\frac{\varepsilon_{iu}}{\varepsilon_{if}}\right)+\left(\frac{\varepsilon_{iu}}{\varepsilon_{if}}\right)^2} \quad (i=1,2) \tag{3-63}$$

对此式求导数，得到切线模量

$$E_i = \frac{\mathrm{d}\sigma_i}{\mathrm{d}\varepsilon_{iu}} = \frac{\left[1-\left(\frac{\varepsilon_{iu}}{\varepsilon_{if}}\right)^2\right]E_0}{\left[1+\left(\frac{E_0}{E_{if}}-2\right)\left(\frac{\varepsilon_{iu}}{\varepsilon_{if}}\right)+\left(\frac{\varepsilon_{iu}}{\varepsilon_{if}}\right)^2\right]^2} \tag{3-64}$$

式中：E_0——混凝土的初始弹性模量；

E_{if}——i（i=1，2）方向的峰值割线模量，$E_{if}=f_i/\varepsilon_{if}$；

f_i——混凝土的二轴强度（f_1，f_2），按合理的破坏准则（比如 Kupfer 准则）计算；

ε_{if}——混凝土的二轴峰值应变（ε_{1f}，ε_{2f}），按经验式（表 3-8）计算。

泊松比（ν）按表 3-8 取值。

表 3-8 Darwin-Pecknold 本构模型中的 ε_{if} 和 ν 值

应力状态	ε_{if}	ν
C/C T/C（$\sigma_2<-0.96f_c$）	$\varepsilon_{if}=\varepsilon_p\left(3\frac{f_i}{f_c}-2\right)$	0.2
T/C （$\sigma_2>-0.96f_c$）	$\varepsilon_{2f}=\varepsilon_p\left[-1.6\left(\frac{f_i}{f_c}\right)^3+2.25\left(\frac{f_i}{f_c}\right)^2+0.35\left(\frac{f_i}{f_c}\right)\right]$ $\varepsilon_{if}=150\times10^{-6}$	$0.2+0.6\left(\frac{f_i}{f_c}\right)^4+0.4\left(\frac{f_i}{f_c}\right)^4$ (<0.99)
T/T	$\varepsilon_{if}=150\times10^{-6}$	0.2

3）过 - 徐的正交异性模型

该模型的主要特点是引入拉应力指标以区分不同应力状态下的混凝土破坏形态，给出相应的等效单轴应力 - 应变曲线方程，以及按照不同的试验规律赋予受压和受拉泊松比值，合理地反映混凝土多轴变形的特点。

拉应力指标定义为拉应力矢量（分子）与总应力矢量（分母）的比值

$$\alpha = \sqrt{\frac{\sum(\delta_i\sigma_i)^2}{\sum\sigma_i^2}} \tag{3-65}$$

当 $\sigma_i \leqslant 0$ 时，$\delta_i=0$；当 $\sigma_i>0$ 时，$\delta_i=1$。显然，纯受压应力状态（C，C/C，C/C/C）时 $\alpha=0$，纯受拉应力状态（T，T/T，T/T/T）时 $\alpha=1$，而多轴拉 / 压应力状态（T/C，T/C/C，T/T/C）时 $0<\alpha<1$。

当拉应力指标达到一临界值 α_t 时，混凝土将发生拉断破坏。统计试验数据后发现，此临界值的变化范围为 0.05~0.09。本构模型中建议采用

$$\alpha_t = 0.05 \tag{3-66}$$

即当 $\alpha \geqslant 0.05$ 时混凝土为拉断破坏，当 $\alpha<0.05$ 时为其他破坏形态。

Ⅰ. 应力水平指标

$$\beta = \frac{\tau_{0ct}}{\left(\tau_{0ct}\right)_f} \tag{3-67}$$

式中：τ_{0ct} 按当前应力（$\sigma_1,\sigma_2,\sigma_3$）计算，（$\tau_{0ct}$）$_f$ 为按比例加载（$\sigma_1:\sigma_2:\sigma_3$=const）途径计算得到的混凝土破坏（$f_1,f_2,f_3$）时的八面体剪应力。二者的比值可反映混凝土塑性变形的发展程度。

Ⅱ. 泊松比

泊松比在受压和受拉状态有不同的变化规律（图 3-32），割线和切线泊松比（ν_s，ν_t）的计算式取为

$$\begin{cases} \nu_s = \nu_t = \nu_0 \quad (\beta \leqslant 0.8) \\ \nu_s - \nu_{sf} - \left(\nu_{sf} - \nu_0\right)\sqrt{1-\left(5\beta-4\right)^2} \quad (0.8 < \beta < 1.0) \\ \nu_t = \nu_{tf} - \left(\nu_{tf} - \nu_0\right)\sqrt{1-\left(5\beta-4\right)^2} \quad (0.8 < \beta < 1.0) \end{cases} \tag{3-68a}$$

式中可取初始值 ν_0=0.2，β=1.0 时的峰值为

$$\begin{cases} \nu_{sf} = 0.36, \nu_{tf} = 1.08 \quad (\sigma < 0) \\ \nu_{sf} = \nu_{tf} = 0.15 \quad (\sigma > 0) \end{cases} \tag{3-68b}$$

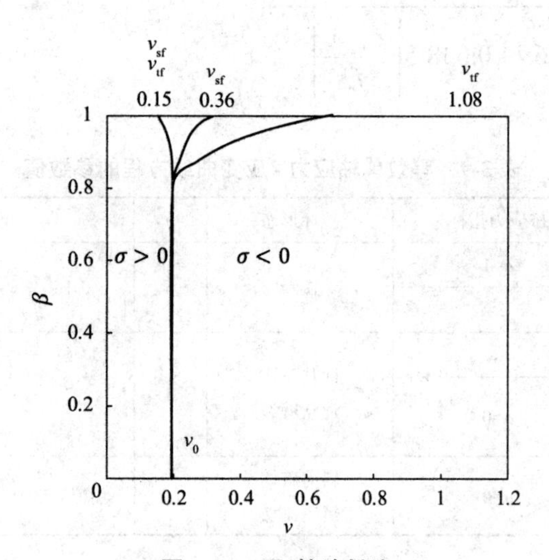

图 3-32　压、拉泊松比

Ⅲ. 等效单轴应力 - 应变方程

混凝土在单轴受压、受拉、三轴受压和多轴拉 / 压应力状态的应力 - 应变曲线的形状和数值，因破坏形态的不同而有很大差别。选用单一的曲线形状，不可能准确地模拟不同的试验曲线。本模型建议统一的应力 - 应变方程如下，但式中参数按照破坏形态分别赋值：

$$\beta = Ax + Bx^2 + Cx^n \tag{3-69}$$

$$x = \frac{\varepsilon_i}{\varepsilon_{if}} = \frac{\sigma_i / E_{is}}{f_i / E_{if}} = \beta \frac{E_{if}}{E_{is}} \tag{3-70}$$

式中：β——当前的应力水平指标，$\beta = \sigma_i / \sigma_{if} = \tau_{0ct} / (\tau_{0ct})_f$；

x——当前应变与等效单轴应力 - 应变曲线上峰值应变的比例；

E_{if}——i 方向等效单轴曲线的峰值割线模量，$E_{if}=f_i/\varepsilon_{if}$；

E_{is}——i 方向当前应力下的割线模量，$E_{is}=\sigma_i/\varepsilon_i$。

式（3-69）应满足边界（几何）条件：

$$\begin{cases} x = 0, \beta = 0, \dfrac{d\beta}{dx} = A = \dfrac{E_0}{E_f} \\ x = 1, \beta = 1, \dfrac{d\beta}{dx} = 0 \end{cases} \tag{3-71}$$

得式中系数为

$$\begin{cases} B = \dfrac{n-(n-1)A}{n-2} \\ C = \dfrac{A-2}{n-2} \end{cases} \tag{3-72}$$

独立参数只剩 A 和 n。

混凝土在三轴全应力范围的应力 - 应变曲线，可按破坏形态或拉应力指标分作三类，参数值在表 3-9 中查取。三轴受压状态（C/C/C）下的 A 值按下式计算：

$$A = \frac{1}{0.18 + 0.086\theta + 0.038\,5\left|\dfrac{(\sigma_{0ct})_f}{f_c}\right|^{-1.75}} \tag{3-73}$$

表 3-9　等效单轴应力 - 应变曲线方程的参数值

<table>
<tr><th>多轴应力状态</th><th>拉应力指标</th><th>破坏形态</th><th>n</th><th>A</th><th>B</th><th>C</th></tr>
<tr><td>T，T/T，T/T/T</td><td>α=1</td><td rowspan="2">拉断</td><td rowspan="2">6</td><td rowspan="2">1.2</td><td rowspan="2">0</td><td rowspan="2">-0.2</td></tr>
<tr><td rowspan="2">T/C，T/T/C，T/C/C</td><td>$\alpha \geqslant \alpha_t$</td></tr>
<tr><td>$\alpha<\alpha_t$</td><td rowspan="2">柱状压坏
片状劈裂</td><td rowspan="2">3</td><td rowspan="2">2.2</td><td rowspan="2">-1.4</td><td rowspan="2">0.2</td></tr>
<tr><td>C，C/C，
C/C/C（$\sigma_1/\sigma_3 \leqslant 0.1$）</td><td>$\alpha$=0</td></tr>
<tr><td>C/C/C（σ_1/σ_3>0.1）</td><td>α=0</td><td>斜剪破坏
挤压流动</td><td>1.2</td><td>式（3-73）</td><td>式（3-72）</td><td>式（3-72）</td></tr>
</table>

注：三类应力 - 应变曲线的理论曲线见图 3-33。

将式（3-70）代入式（3-69），经简单变换得

$$A\frac{E_{if}}{E_{is}} + B\beta\left(\frac{E_{if}}{E_{is}}\right)^2 + C\beta^{n-1}\left(\frac{E_{if}}{E_{is}}\right)^n - 1 = 0 \tag{3-74}$$

式中：$E_{if}=E_0/A$。用迭代法解此式即得混凝土的多轴割线模量（i 方向）E_{is}。

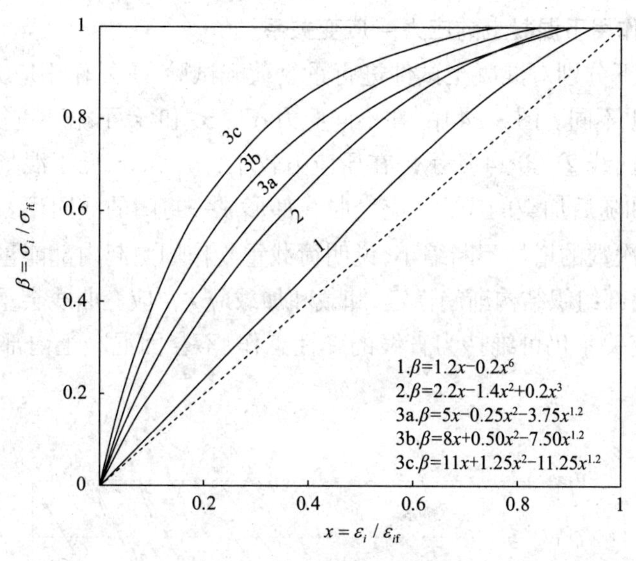

图 3-33　等效单轴 σ-ε 曲线

Ⅳ. 本构模型基本方程

正交异性材料的本构关系用主应力和主应变表示，其一般方程同式(3-46a)，式中柔度矩阵对称，即式(3-47)。

若取

$$\begin{cases} \mu_{12}=\sqrt{\nu_{12}\nu_{21}} \\ \mu_{23}=\sqrt{\nu_{23}\nu_{32}} \\ \mu_{31}=\sqrt{\nu_{31}\nu_{13}} \end{cases} \tag{3-75}$$

并对矩阵求逆，得基本方程

$$\begin{bmatrix}\sigma_1\\ \sigma_2\\ \sigma_3\end{bmatrix}=\frac{1}{\Phi}\begin{bmatrix} E_1\left(1-\mu_{23}^2\right) & \sqrt{E_1E_2}\left(\mu_{31}\mu_{23}+\mu_{12}\right) & \sqrt{E_1E_3}\left(\mu_{12}\mu_{23}+\mu_{13}\right) \\ & E_2\left(1-\mu_{31}^2\right) & \sqrt{E_2E_3}\left(\mu_{12}\mu_{31}+\mu_{23}\right) \\ (\text{对称}) & & E_3\left(1-\mu_{12}^2\right) \end{bmatrix}\begin{bmatrix}\varepsilon_1\\ \varepsilon_2\\ \varepsilon_3\end{bmatrix} \tag{3-76}$$

$$\Phi=1-\mu_{12}^2-\mu_{23}^2-\mu_{31}^2-2\mu_{12}\mu_{23}\mu_{31} \tag{3-77}$$

这是本构模型的全量式。用同样的方法可推导得本构模型的增量式。按此模型计算的多种应力状态下的混凝土应力 - 应变曲线，以及不同应力比例下的峰值应变的变化规律都与试验结果相符。

3.1.3　重复荷载受力性能

混凝土在低于静载强度的应力多次重复作用下，可能发生突然的脆性破坏，即疲劳破坏。混凝土产生疲劳破坏的原因是其内部存在微裂缝、孔隙、低强界面等缺陷，在荷载作用下缺陷附近产生应力集中现象，经过荷载的多次重复加卸，缺陷附近出现损伤，并不断地积累和扩展，最后导致材料突然破坏。

3.1.3.1 重复荷载作用下混凝土的应力－应变关系

在不同压应力下分别对混凝土试件进行重复荷载试验，重复作用应力值不同，实测的应力－应变关系表现也不同。图 3-34 中，在不同应力 σ_1、σ_2 和 σ_3 下循环重复加卸载的应力－应变曲线分别如图中曲线②、③、④所示。在压应力较小，σ_1 和 σ_2 低于混凝土疲劳破坏强度值 f_c^f 的情况下，卸载和随后加载的应力－应变曲线都形成一封闭的滞回环。这种滞回环所包含的面积随荷载重复次数的增加不断缩小，说明荷载重复作用引起内部能量消失。当重复次数增至某一定值后，内部组织结构渐趋稳定，卸载和加载应力－应变曲线会重复成直线。继续重复加载，应力－应变关系仍可维持为直线的弹性工作，不会因混凝土内部开裂或变形过大而破坏。

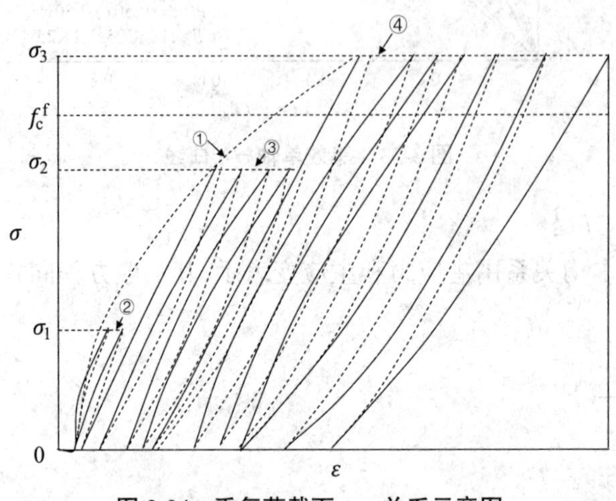

图 3-34 重复荷载下 σ-ε 关系示意图

当压应力较大，σ_3 高于疲劳破坏强度 f_c^f 时，循环重复加载、卸载的应力－应变曲线，开始的变化情况也和 σ_1、σ_2 相似，但只是暂时的稳定平衡现象。因为应力值较大，每次加载都会引起混凝土内微裂缝不断出现新的开裂和发展。所以荷载重复次数增加后，加载应力－应变曲线就会由凸向应力轴转变为凹向应力轴，以致加载、卸载不能再形成封闭的滞回环。随着重复荷载次数增加，混凝土内微裂缝会继续开裂发展，应力－应变曲线倾角不断降低，至荷载重复到一定次数时，混凝土试件会因严重开裂或变形过大而破坏。这种因荷载重复作用而引起的破坏现象称为混凝土的疲劳破坏。

图 3-35 是在不同荷载重复次数下，应力－应变曲线关系的变化情况。荷载重复次数为 20 次时，应力－应变关系已基本呈直线变化，到 24 000 次后应力－应变曲线已明显地凸向应变轴。

混凝土疲劳破坏现象主要取决于重复荷载作用的大小和重复作用次数，用混凝土疲劳强度来判断是否产生疲劳破坏现象。混凝土的疲劳强度可定义为：构件混凝土在给定的重复荷载次数 N 作用下，所能承受的最大应力值。

从微裂缝传播观点来说，"稳定断裂传播的开始（OSFP）"是疲劳强度的界限值。疲劳强度也是反复循环加载中的稳定点极限值。当应力值在 OSFP 值以下时，属于稳定裂缝产生阶段，重复荷载的作用不会使混凝土内局部稳定裂缝传播开裂而引起破坏。当应力高于 OSFP

值时，在重复加载时，已有微裂缝传播发展，还可出现新的局部断裂，随着重复荷载次数增多，内部开裂发展逐步加剧，导致疲劳破坏。当应力值在混凝土疲劳强度极限值以下时，重复荷载作用还能不同程度提高静载强度。在百万次以上重复作用后，静载强度提高幅度最高可达 15%，平均可提高 5%，这是混凝土被压密实所致的。

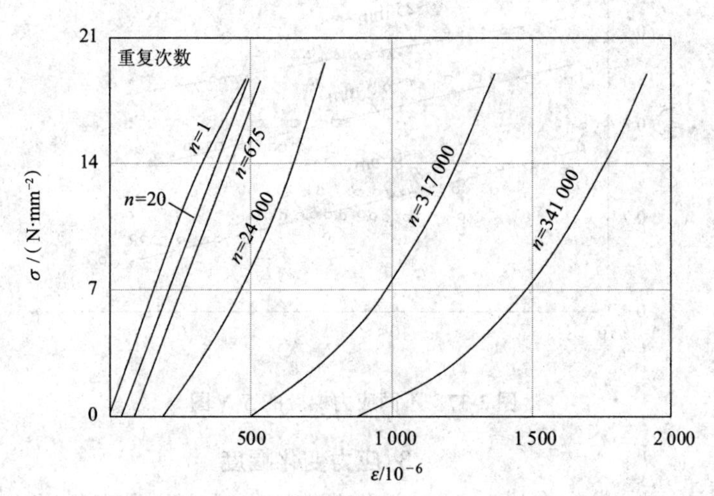

图 3-35　重复荷载下混凝土应力 - 应变关系

3.1.3.2　影响疲劳强度的主要因素

1. 疲劳寿命 N

根据试验结果，可得到表示材料疲劳强度的 S-N 图（Wohler 图，$S=f_c^f / f_c$），如图 3-36 所示。由于混凝土材性的不均匀等，疲劳试验结果的离散性较大，可按试件的疲劳破坏概率 P 作出等值线，即 S-N-P 图。由图可见，疲劳寿命 N 越大，疲劳强度（f_c^f / f_c）就越小。

Raju 提出疲劳强度与疲劳寿命的关系可用下式表达：

$$\lg N = A + B\frac{f_c^f}{f_c} \tag{3-78}$$

式中：A, B——经验系数，可由试验确定。

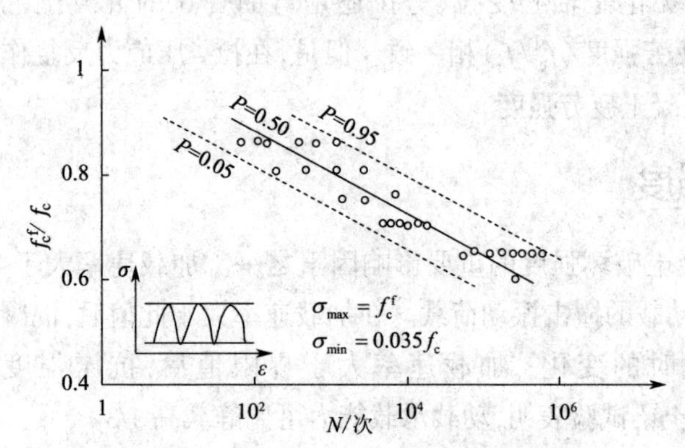

图 3-36　混凝土疲劳破坏的 S-N 图

2. 应力梯度

用不同偏心距 e 的棱柱体试件重复加卸载获得的 S-N 图如图 3-37 所示。它表明混凝土的疲劳强度随应力梯度的增大而提高。应力梯度为零即均匀受压试件,全截面都处于高应力状态,混凝土较早出现损伤的概率大,疲劳强度低。

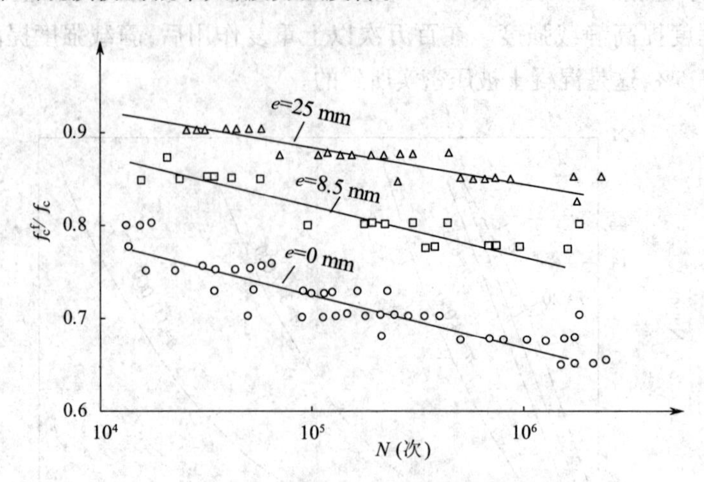

图 3-37　不同应力梯度的 *S-N* 图

3. 应力变化幅度

应力变化幅度对疲劳强度的影响如图 3-38 所示。由图可见,疲劳寿命 N 一定时,如应力变化幅度($\rho=\sigma_{max}/\sigma_{min}$)较大,疲劳强度就较小;缩小应力变化幅度,可相应地提高疲劳强度。

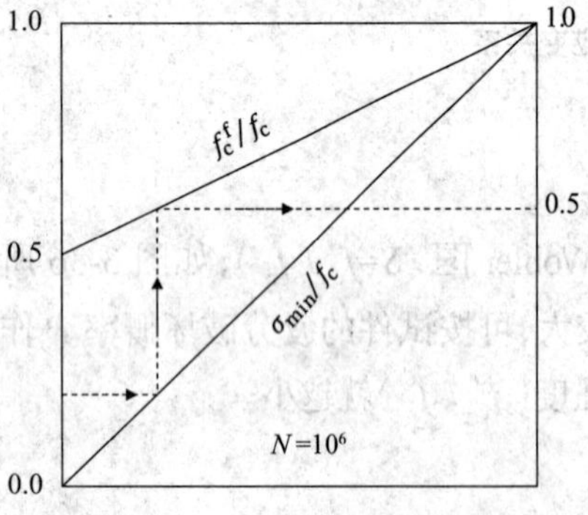

图 3-38　修正的 Goodman 图

4. 加载频率

试验时的加载频率为 100~900 次 /min,对混凝土疲劳强度无明显影响。加载速度很慢(≤ 100 次 /min)时,混凝土内部微裂缝有相对较充裕的时间发展,徐变作用大,则疲劳强度会降低。

5. 受拉疲劳强度

试验结果表明,无论是轴心受拉、劈拉还是弯曲受拉的混凝土,抗拉疲劳强度相对值(f_c^f/f_t)都与其抗压疲劳强度(f_c^f/f_c)相一致。但是,在拉 - 压应力反复作用下的混凝土疲劳强度低于重复受拉的混凝土疲劳强度。

3.1.4　动荷载强度

加载速率是混凝土破坏强度的重要影响因素之一。加载速率大于 700 kg/(cm² · s)的荷载,有人认为可看作动载的撞击振动荷载。在加载速率大于此值后,混凝土抗压强度的增长幅度远大于低速加载时的变化。加载速率大于界限值后,抗压强度可比静载强度提高 30%~80%,钢筋混凝土梁试验表明,动载承载能力可比静载高 1/3。

动载强度高于静载可能的解释是荷载作用时间短和混凝土具有较强的吸收应变能量的能力。这与水泥石中液相的黏滞性,以及伴随变形产生的内部微裂缝的惯性抵抗能力有关。因为黏滞性的抵抗能力与时间有关，而产生微裂缝时又需要新的能量，结果可使混凝土具有较强的吸收应变能量的能力。

动载下混凝土的强度虽可提高，但结构构件内部的相应应力，常较静力计算值大，因此，在有动载作用的结构计算中，应按照动力计算加以分析。

3.1.4.1　应变速率对混凝土强度的影响

1. 应变速率对混凝土抗压强度的影响

混凝土抗压强度随着应变速率的增大而提高。Watstein 在 1953 年利用落锤试验系统，在应变速率为 10^{-6}~10/s 的范围内，对强度分别为 17.2 MPa 和 44.82 MPa 的混凝土试件进行动态压缩试验，试验结果表明强度值分别提高了 84% 和 85%。Cowell 在 1960 年对混凝土进行动态试验。混凝土静态抗压强度为 33.3 MPa，当应变速率为 0.03/s 时，其抗压强度提高了 4.6 MPa；当应变速率为 0.3/s 时，其抗压强度提高了 9.3 MPa。而混凝土抗压强度为 60.41 MPa 时，其增长值分别为 6.59 MPa 和 12.09 MPa。2002 年肖诗云等人在大连理工大学利用电液伺服疲劳试验机研究混凝土材料的应变率效应。试验结果表明，试件的动态抗压强度在对应的应变速率上具有一定的离散性，而试件的均值随着应变速率的提高，其强度也提高。试验结果见表 3-10。

表 3-10　应变速率对抗压强度的影响

应变速率 /s^{-1}	10^{-5}	10^{-4}	10^{-3}	10^{-2}	10^{-1}
混凝土抗压强度试验结果 /MPa	21.2	22.1	24.6	24.0	26.2
	22.0	24.4	23.2	26.0	24.9
	20.7	21.7	22.6	22.7	26.7
	23.4	23.9	25.4	25.8	23.8
平均值 /MPa	21.8	23.0	24.0	24.6	25.4

2. 应变速率对混凝土抗拉强度的影响

随着应变速率的提高，混凝土的极限抗拉强度也随之提高，体现了混凝土的速率敏感性。Ross 等通过研究初始荷载下动态混凝土的抗弯拉性能，分别在三种条件（干燥条件、半干燥条件、潮湿条件）下，利用 SHPB 试验系统，发现在三种不同的条件下混凝土的抗弯拉强度随着应变速率的增加都有相应程度的增加。窦远明等通过对混凝土试件进行轴拉试验，得到的数据结果见表 3-11。

表 3-11　拉伸试验数据

应变速率 /s^{-1}	实测强度 /MPa					
	1	2	3	4	5	平均值
10^{-5}	3.13	3.28	3.10	—	—	3.17
10^{-4}	3.18	3.65	3.84	3.80	3.35	3.56
10^{-3}	3.43	4.20	3.63	3.57	—	3.71
10^{-2}	3.77	3.67	3.89	4.15	—	3.87

3.1.4.2 应变速率对混凝土变形特性的影响

1. 应变速率对混凝土弹性模量的影响

当前试验结果表明，随着应变速率的提高，割线模量（峰值应变处）存在一定程度的增幅，但对于增长幅值的统一性还没有达成一致的意见。通常认为割线模量的提高值要低于强度的提高值，CEB 认为割线模量与强度提高值存在比例关系，其建议公式为

$$\begin{cases}\dfrac{E_d}{E_s}=\left(\dfrac{\sigma_d}{\sigma_s}\right)^{0.025}\\ \dfrac{E_d}{E_s}=\left(\dfrac{\varepsilon_d}{\varepsilon_s}\right)^{0.026}\end{cases} \tag{3-79}$$

式中：σ_s=1 MPa，$\varepsilon_d=30\times10^{-6}$/s；

E_d/E_s——割线模量相对值；

σ_d/σ_s——强度相对值；

$\varepsilon_d/\varepsilon_s$——应变相对值。

2006 年，闫东明通过对两种强度等级的混凝土试块模拟地震作用进行压缩试验，研究了不同应变速率范围内的初始弹性模量的变化情况。采用峰值应力 30% 处对应的割线模量作为初始模量。研究发现，两种强度等级的混凝土的弹性模量均随应变速率的增大而提高，且提高趋势呈线性关系，如图 3-39 所示。

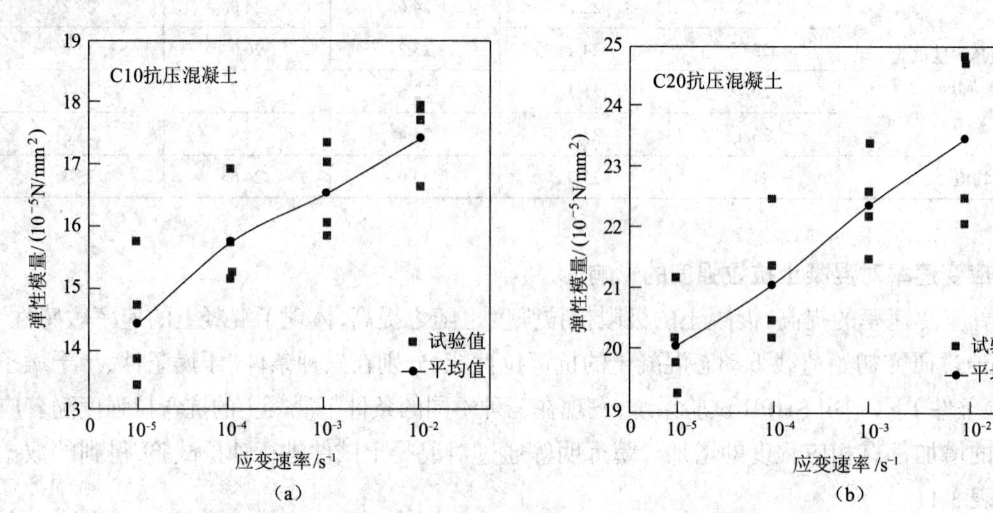

图 3-39 应变率效应对动态荷载作用下抗压弹性模量的影响

（a）C10 混凝土弹性模量 （b）C20 混凝土弹性模量

2. 应变速率对混凝土泊松比的影响

Bischoff 和 Dhir 在混凝土动态加载试验后，总结试验结果得出，动态情况下混凝土的泊松比在应变速率逐渐增加的情况下，呈增长的趋势。Horibe 等得出的试验结论却与之相反，他们认为混凝土的泊松比随着应变速率的增加有减小的趋势。1982 年，Paulmann 的研究结果表明泊松比对应变速率的敏感性很低，几乎可以用常数表达。肖诗云和闫东明也于相关试验中得

出了相同的结论。

3. 应变速率对混凝土峰值应变的影响

应变速率对混凝土峰值应变的影响规律如图 3-40 所示。从图中可以看出，C30、C40、C50 混凝土的峰值应变随应变速率的增大先减小后略有增加。

4. 应变速率对混凝土应力 - 应变曲线的影响

应变速率对混凝土单轴受压应力 - 应变曲线的影响如图 3-41 所示。随着应变速率的增加，曲线下降段更为陡峭，当应变值大于 5×10^{-3} 时，应变速率对曲线的影响不再明显。同时可以发现，应变速率对峰值应力的影响最为显著，随着应变速率的增大，峰值应力均值明显增加。

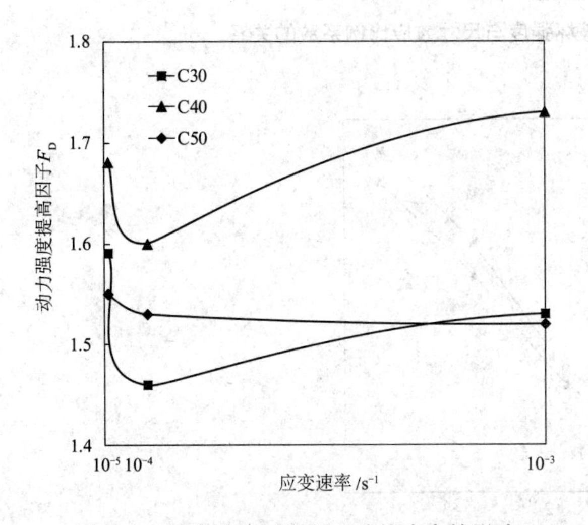

图 3-40　应变速率对混凝土峰值应变的影响

80
60
40
20
0
应力/MPa
应变速率 $1\times10^{-5}\ s^{-1}$
应变速率 $1\times10^{-3}\ s^{-1}$
应变速率 $1\times10^{-2}\ s^{-1}$
0　2　4　6　8
应变/10^{-3}

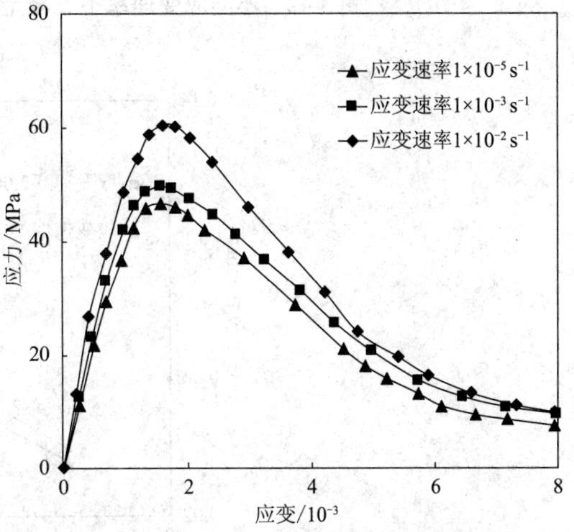

图 3-41　应变速率对应力 - 应变曲线的影响

3.1.4.3　动荷载作用下混凝土的尺寸效应

1. 不同应变速率下混凝土的尺寸效应

不同应变速率下，尺寸效应比例系数与试件强度的关系曲线如图 3-42 所示。在相同的应变速率下，随着尺寸效应比例系数（试件直径与骨料粒径比值）的增大，试件的强度也增大。这与静载作用下，混凝土强度随着试件尺寸的增长而减小恰恰相反。试件强度与试件尺寸并不成等比例增长，在尺寸较小时，试件强度随尺寸增大的幅度较小；在尺寸较大时，试件强度增加的幅度也逐渐增大。混凝土的动强度在试件尺寸增大时，随着应变速率的增大，增长幅度更为明显；而当应变速率降低时，其增大幅度却在减小，说明混凝土的尺寸效应受材料应变速率效应和惯性效应影响。

不同应变速率下，不同尺寸混凝土试件的破坏位移如图 3-43 所示。在相同的应变速率下，在一定的尺寸范围内，随着试件尺寸的增大，其破坏时的位移也在增加，两者呈线性增长。在一定的尺寸范围内，不同的应变速率下，混凝土的破坏位移随着应变速率的提高也在增大。

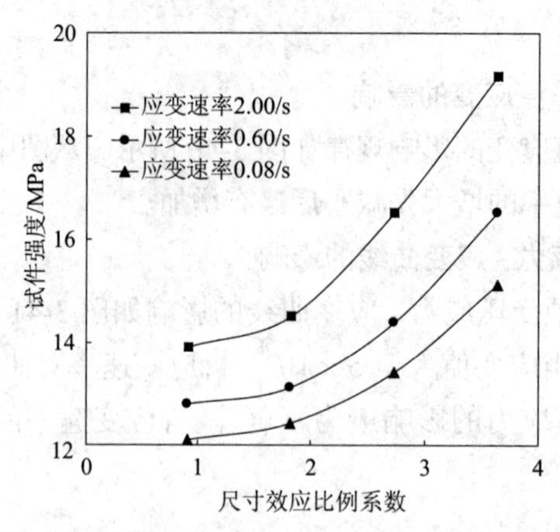

图 3-42 不同应变速率下混凝土破坏强度与尺寸效应比例系数的关系

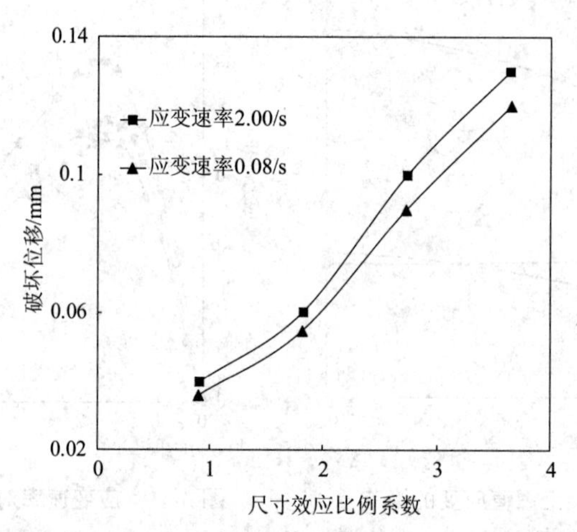

图 3-43 不同应变速率下混凝土破坏位移与尺寸效应比例系数的关系

2. 不同试件尺寸对混凝土动力特性的影响

混凝土试件的尺寸对其力学特性有很重要的影响。在静力荷载作用下,混凝土的强度随着试件几何尺寸的增大而减小,当几何尺寸增大到一定尺寸时,试件的强度趋于稳定。这主要是因为在静力荷载作用下,当骨料尺寸不变,试件的尺寸较小时,混凝土试件直径与骨料半径相比较小,此时,材料的非均匀性明显,材料中的骨料占主导作用,材料的强度就偏大,当试件尺寸变大后,材料的非均匀性降低,材料中的砂浆占主导地位,材料的强度就偏小,随着试件的尺寸不断增大,材料越接近均质体,所以强度趋于稳定。同时,作为非均质复合材料,黏结界面是混凝土的薄弱环节,缺陷往往发生在界面处,静力破坏时,损伤常常从界面处开始萌生、发展,最后,沿着界面发生破坏,当试件尺寸较小时,界面含量低,缺陷的概率就低,固不容易发生破坏,所以试件的强度大;当试件的尺寸增大后,界面含量高,缺陷的概率就大,固相对容易发生破坏,试件的强度就小。

而混凝土在动力荷载作用下的尺寸效应不同于静力作用下的尺寸效应,其产生机理和原因极其复杂,目前并没有完全研究清楚,但是可以确定的是,混凝土材料在动、静荷载作用下的尺寸效应变化规律不同,究其原因,主要是由材料的应变率效应和惯性效应两个方面引起的。动力荷载作用下,混凝土的强度受惯性力作用比较明显,惯性力大,试件强度大,而混凝土的试件尺寸大了,其惯性力也大,所以,在相同的应变速率下,试件大的,其强度提高也大;在试件尺寸相同时,应变速率大的,其惯性效应更明显,所以其破坏强度也大。混凝土试件尺寸对其动强度的影响随着应变速率的提高而增强,这与静载条件下的尺寸效应相反,所以推测可能存在一个临界的应变速率,低于该临界应变速率时,主要表现为静载的尺寸效应,高于该临界应变速率时,则主要表现为动载的尺寸效应。

同时,由于动力作用下,其破坏形态与静力时有所区别。静力作用下,破坏绕最薄弱部位发展,所以容易在界面发生;而动力作用下,破坏沿最短路径发展,所以容易穿过骨料,界面的多少对混凝土的动强度影响变小,而大试件的惯性力大于小试件的惯性力,所以,大试件的混凝土比小试件的混凝土强度大,即一定的试件尺寸范围内,随着混凝土试件尺寸的增大,在相同的应变速率下,随着试件尺寸的增大,材料的强度也在增大。

3.1.5　混凝土的收缩和徐变

3.1.5.1　混凝土的收缩

1. 产生收缩的原因

收缩是混凝土在非荷载因素下体积变化而产生的变形。混凝土失水时收缩,浸水时膨胀。混凝土在水中养护虽可以缓慢膨胀若干年,但膨胀的数值不大,线膨胀变形约为 150×10^{-6}。而混凝土在空气中硬化时的收缩值却要大得多,线收缩变形在 400×10^{-6}~800×10^{-6} 范围内,在不利的条件下甚至可达 $1\,000\times10^{-6}$。

混凝土的收缩应变值超过其轴心受拉峰值应变的 3~5 倍,成为其内部微裂缝和外表宏观裂缝发展的主要原因。一些结构在承受荷载之前就出现了裂缝,或者使用多年以后外表龟裂。此外,混凝土的收缩变形加大了预应力损失,降低了构件的抗裂性,增大了构件的变形,并使构件的截面应力和超静定结构的内力发生不同程度的重分布等。这些都可能对实际结构产生不利影响,在设计和分析时应给予必要的注意。

混凝土在空气中凝固和硬化,收缩变形是不可避免的。其主要原因有如下三方面。

(1)水泥水化生成物的体积小于原物料的体积(化学性收缩)。这是一种由水泥水化反应产生的固有收缩,其收缩变形值在一个月后约为 40×10^{-6}, 5 年后约为 100×10^{-6}。与干燥收缩相比,其值是很小的,一般都并在干燥收缩中计算。

(2)干燥收缩(物理性收缩)。混凝土在开始干燥时所损失的自由水并不引起收缩。干燥收缩的主要原因是毛细孔水和凝胶体吸附水的蒸发。

(3)碳化收缩。碳化作用是指大气中的 CO_2 在有水分的条件下与水泥水化物($Ca(OH)_2$ 等)发生化学反应,生成 $CaCO_3$、硅胶、铝胶等。收缩的原因在于 $Ca(OH)_2$ 结晶体的溶解和 $CaCO_3$ 的沉积。混凝土的碳化作用引起少量的局部收缩。

上述原因决定了混凝土的收缩是个长期的过程。现有的混凝土收缩试验记录曾持续到 28 年。考察 20 年的收缩量随时间的发展见表 3-12。试验表明,收缩变形在混凝土开始干燥时发展较快，以后逐渐减慢，大部分收缩在龄期3个月内出现，但龄期超过20年后收缩变形仍未终止。

表 3-12 混凝土收缩变形的发展

龄期	2周	3个月	1年	20年
比值	0.14~0.30	0.40~0.80	0.60~0.85	1

图3-44为中国铁道部科学研究院所做的混凝土自由收缩试验的结果。

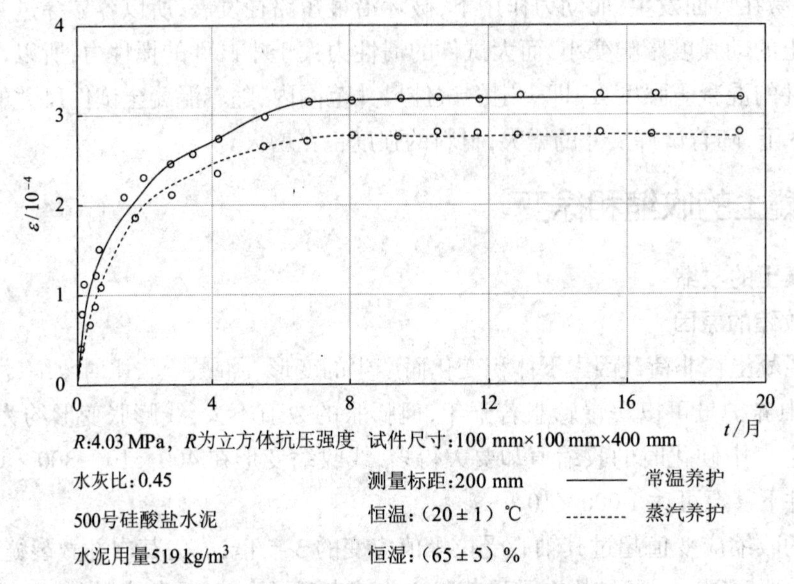

图 3-44 混凝土收缩变形与时间的关系

2. 影响收缩的主要因素

1)水泥的品种和用量

混凝土中发生收缩的主要组分是水泥石，减少水泥石相对含量可以减小混凝土的收缩。故水泥用量和水灰比越大，收缩量越大。因此一般要求水泥用量不宜大于500 kg/m³，水灰比不大于0.6。另外，不同品种和质量的水泥，收缩变形值不等，如早强水泥比普通水泥的收缩约大10%。

2)骨料的性质、粒径和含量

骨料对水泥石的收缩起着约束作用，其数量和弹性模量都对混凝土的收缩有很大影响。骨料含量大、弹性模量高，收缩量小；骨料粒径大，对水泥浆体收缩的约束大，且达到相同稠度所需的用水量少，收缩量也小。

3)养护条件

完善和及时的养护、高温湿养护、蒸汽养护等工艺可加速水泥的水化作用，减小收缩量。养护不完善以及存放期的环境干燥会加大收缩量。

4)使用期的环境条件

构件所处的环境温度高、湿度低,会加速水分的蒸发,使收缩量增大。

5)构件的形状和尺寸

混凝土中水分的蒸发必须经由构件的表面。故构件的体积和表面积之比越大,水分蒸发量越小,表面碳化面积也小,收缩量减小。

3. 收缩值的估算

混凝土收缩变形的影响因素多,变化幅度大,一般难以准确测量。对于普通的中小型构件,收缩变形能促生表面裂缝,但由此引起的结构反应一般不至于造成安全度的明显降低。所以,构件计算中不考虑收缩的影响,只是采取一些附加构造措施,如增设钢筋或钢筋网做补偿。

对于一些重要的大型结构,需要对混凝土收缩变形进行定量分析时,有条件的应进行混凝土试件的短期收缩试验,用测定值推算其极限收缩值,否则可按有关设计规范提供的公式和参数值进行计算。

下面简要介绍模式规范 CEB-FIP MC90 和美国《AASHTO LRFD 桥梁设计规范》的收缩值估算方法。

1)CEB-FIP MC90 的收缩值估算方法

该方法的适用范围是:普通混凝土在正常温度下湿养护不超过 14 天,暴露在平均温度为 5~30 ℃和平均相对湿度 RH =40%~50% 的环境中。素混凝土构件在未加载情况下的平均收缩(或膨胀)应变的计算式为

$$\varepsilon_{cs}(t,t_0)=\varepsilon_{cs0}\beta_s(t-t_0) \tag{3-80}$$

$$\varepsilon_{cs0}=\beta_{RH}\left[160+\beta_{sc}(90-f_c)\right]\times10^{-6} \tag{3-81}$$

式中:ε_{cs0}——名义收缩应变,即极限收缩应变。

其中,β_{RH} 取决于环境的相对湿度 RH(%):

$$\beta_{RH}=-1.55\left[1-\left(\frac{RH}{100}\right)^3\right]\quad(40\%\leqslant RH\leqslant99\%) \tag{3-82a}$$

$$\beta_{RH}=0.25\quad(RH>99\%) \tag{3-82b}$$

β_{sc} 取决于水泥种类:普通水泥和快硬水泥取 5,快硬高强水泥取 8。

$\beta_s(t-t_0)$为收缩应变随时间变化的系数:

$$\beta_s(t-t_0)=\sqrt{\frac{t-t_0}{0.035\left(\frac{2A_c}{u}\right)^2+(t-t_0)}} \tag{3-83}$$

式中:t,t_0——计算所考虑时刻混凝土的龄期和开始发生收缩(或膨胀)时的龄期,d;

f_c——混凝土的抗压强度,MPa;

A_c——构件的横截面面积,mm^2;

u——构件与大气接触的截面周边长度,mm。

这一计算模型中考虑了 5 个主要因素对混凝土收缩变形的影响(图 3-45)。除了水泥品

种(β_{sc})、环境相对湿度(RH)、构件尺寸($2A_c/u$)和时间($t-t_0$)外，就是混凝土的抗压强度(f_c)。试验证明，混凝土强度本身并不影响其收缩变形值，考虑到混凝土中水泥用量、水灰比、骨料状况、养护条件等影响收缩的因素，在结构分析时无法预先确定，但它们都不同程度与混凝土强度有联系，因此在计算公式中引入混凝土的抗压强度，以此来间接地综合反映上述因素的影响。

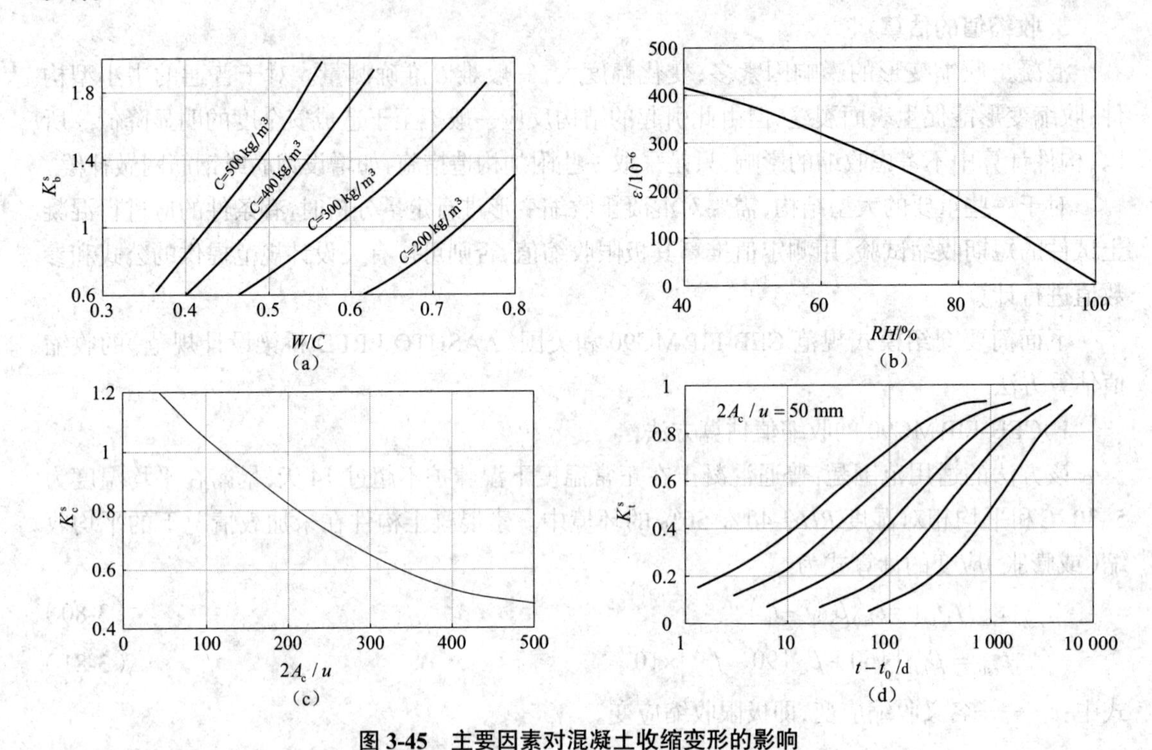

图 3-45 主要因素对混凝土收缩变形的影响

(a)水泥用量和水灰比 (b)环境相对湿度 (c)截面的形状和尺寸 (d)收缩的时间

注：K_b^s取决于混凝土水灰比；ε取决于结构或构件所在环境的相对湿度；K_c^s取决于混凝土理论厚度(尺寸)；K_t^s是考虑收缩期间影响的系数。

2)AASHTO LRFD 的收缩值估算方法

该估算方法考虑收缩受以下因素影响：集料的特征和比例；桥址的平均湿度；水灰比；养护类型；构件的体表比；风干期的持续时间。

对于湿养护且无收缩倾向集料的混凝土，在时刻 t 由于收缩产生的应变 ε_{sh} 可取作：

$$\varepsilon_{sh} = -k_s k_h \left(\frac{t}{35+t}\right) \times 0.51 \times 10^{-3} \tag{3-84}$$

式中：t——风干的时间，d；

k_s——图 3-46 中规定的校正系数；

k_h——表 3-13 中规定的相对湿度系数。

如果湿养护的混凝土在开始养护的前 5 d 之内便暴露于风干环境，用公式(3-84)确定的收缩应增加 20%。

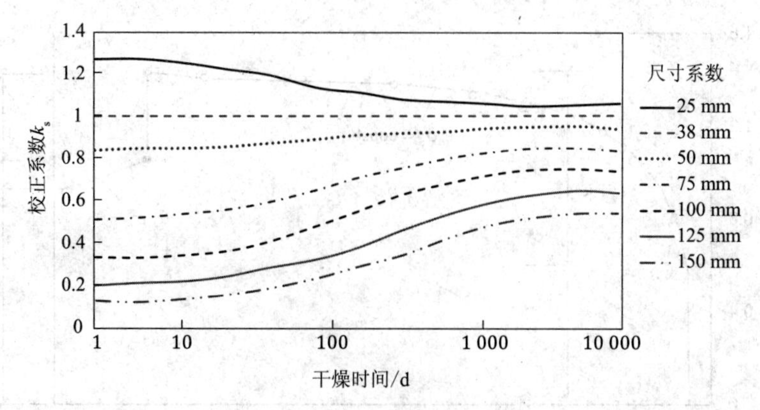

图 3-46　体积和表面积之比 k_s

表 3-13　相对湿度系数 k_h

平均环境相对湿度 /%	k_h
40	1.43
50	1.29
60	1.14
70	1.00
80	0.86
90	0.43
100	0.00

对于无收缩倾向集料的蒸汽养护混凝土，收缩应变为

$$\varepsilon_{sh}=-k_s k_h\left(\frac{t}{55+t}\right)\times 0.56\times 10^{-3} \tag{3-85}$$

3.1.5.2　混凝土的徐变

1. 基本概念

混凝土在应力 σ_c 作用下产生的变形，除了在龄期 t_0 时施加应力后产生的即时的起始应变 $\varepsilon_{ci}(t_0)$外，还在应力的持续作用下产生应变 $\varepsilon_{cc}(t,\ t_0)$。后者称为徐变(图 3-47)。混凝土的徐变随时间而增大，但增长率逐渐减小，2~3 年后变化已不大，最终的收敛值称为极限徐变 $\varepsilon_{cc}(\infty, t_0)$。

试件在应力持续作用多时后卸载至零(σ_c=0)，混凝土有一即时的恢复变形 ε_{ce}，或称弹性恢复。随时间的延长，仍有少量滞后的恢复变形缓缓出现，称为弹性后效 ε_{cr}，或称徐变恢复。但是，还保留一定数量的残余变形 ε_{re}。

徐变对结构具有双重作用，既有利于结构的内力重分布，又不利于结构的变形和预应力的损失，在高应力下，甚至会导致构件出现徐变破坏现象。所以，混凝土徐变在实际工程中具有重要意义，特别是采用大体积混凝土和预应力混凝土等结构以来，徐变的试验和理论研究已为各国所重视。

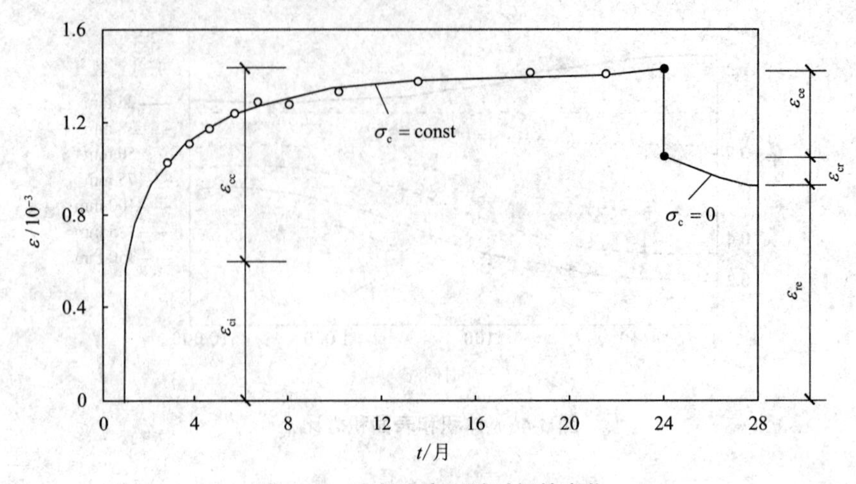

图 3-47 混凝土变形随时间的变化

2. 徐变机理

混凝土的徐变机理解释有多种理论观点,但它们都不能圆满地说明所有的徐变现象。一般认为,混凝土在应力施加后的起始变形,主要由骨料和水泥砂浆的弹性变形以及微裂缝少量发展所构成。徐变则主要是水泥凝胶体的塑性流(滑)动,以及骨料界面和砂浆内部微裂缝发展的结果。内部水分的蒸发也产生附加的干缩徐变。与此类似,混凝土卸载后的即时和滞后的恢复变形,有着相应而相反的作用。

与徐变相平行的现象是松弛。当混凝土在龄期 t_0 时,施加荷载后产生应变 $\varepsilon_0(t_0)$。此后,若保持此应变值不变,则混凝土的应力将随时间的增长而逐渐减小(图 3-48),这就是应力松弛。徐变和松弛实际上是材料同一性质的不同表现形式。两者的变化规律和影响因素相同,并可互相转换或折算。

结构混凝土在应力 $\sigma(t_0)$ 作用下,至龄期 t 时的总应变为 $\varepsilon_{c\sigma}(t,t_0)$,由起始应变 $\varepsilon_{ci}(t_0)$ 和徐变 $\varepsilon_{cc}(t,t_0)$ 两部分组成:

$$\varepsilon_{c\sigma}(t,t_0)=\varepsilon_{ci}(t_0)+\varepsilon_{cc}(t,t_0) \tag{3-86}$$

式中:t_0——施加应力时的混凝土龄期;

t——计算所需应变的龄期。

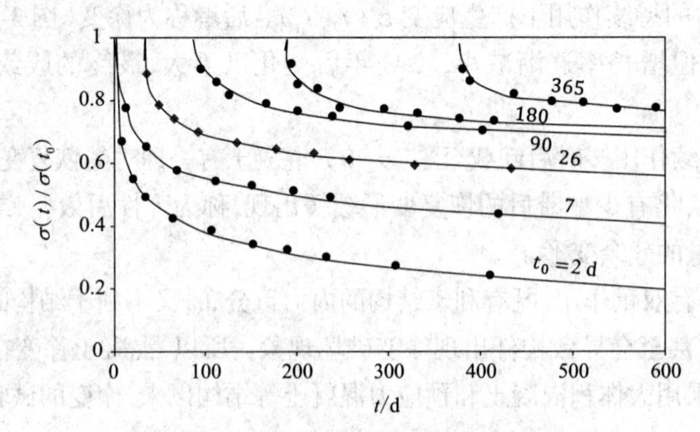

图 3-48 某大坝混凝土的应力松弛曲线

其中：

$$\varepsilon_{ci}(t_0)=\frac{\sigma(t_0)}{E_c(t_0)} \tag{3-87}$$

式中：$E_c(t_0)$——龄期 t_0 时的混凝土弹性模量。

单位应力（1 N/mm²）作用下的徐变值称为徐变度或单位徐变：

$$C(t,t_0)=\frac{\varepsilon_{cc}(t,t_0)}{\sigma(t_0)} \tag{3-88}$$

单位应力作用下的极限徐变值受到各种因素的影响而在很大范围内变化：

$$C(\infty,t_0)=\frac{\varepsilon_{cc}(\infty,t_0)}{\sigma(t_0)}=(10\sim140)\times10^{-6} \tag{3-89}$$

平均值可取为 $70\times10^{-6}(\mathrm{N/mm^2})^{-1}$。

混凝土的徐变和起始应变的比值称为徐变系数：

$$f(t,t_0)=\frac{\varepsilon_{cc}(t,t_0)}{\varepsilon_{ci}(t_0)} \tag{3-90}$$

徐变收敛（$t=\infty$）后的相应比值称为名义徐变系数，即徐变系数极限值：

$$f(\infty,t_0)=\frac{\varepsilon_{cc}(\infty,t_0)}{\varepsilon_{ci}(t_0)} \tag{3-91}$$

当 t_0=28 d 时，此比值为 2~4。

将式（3-87）和式（3-88）代入式（3-90），得徐变系数与单位徐变的关系式：

$$f(t,t_0)=C(t,t_0)E_c(t_0) \tag{3-92}$$

$$f(\infty,t_0)=C(\infty,t_0)E_c(t_0) \tag{3-93}$$

混凝土经长期受力后卸载时的即时恢复变形小于加载时的起始变形（$\varepsilon_{ce}<\varepsilon_{ci}$），滞后恢复变形（$\varepsilon_{cr}$）为徐变的 5%~30%。两者之和为总恢复变形，约与起始变形相等：

$$\varepsilon_{ce}+\varepsilon_{cr}\approx\varepsilon_{ci}(t_0) \tag{3-94}$$

混凝土的徐变增长可延续数十年，但大部分在 1~2 年内出现，前 3~6 个月发展最快（表 3-14）。

表 3-14　混凝土徐变随时间的变化

应力持续时间（$t-t_0$）	1 个月	3 个月	6 个月	1 年	2 年	5 年	10 年	20 年	30 年
比值	0.45	0.74	0.87	1	1.14	1.25	1.26	1.30	1.36

注：比值是指以一年徐变量为基准，随着时间变化，各个时间点徐变量与基准值的比值。

3. 影响混凝土徐变的主要因素

影响混凝土徐变的因素很多，归纳起来可分为内部因素和外部因素两类。

1）原材料和配合比

原材料和配合比是影响混凝土徐变的内部因素，有如下几方面。

（1）混凝土中水泥用量越大或水泥浆含量越大，则水泥凝胶体在混凝土组分中所占比例越大，徐变也就越大。

（2）不同品种的水泥在同一龄期加荷时，水泥的水化程度（即成熟度）越大，水泥石的结构越密实，徐变就越小。所以早强水泥的徐变比普通水泥小。

（3）骨料对水泥石的变形起约束作用，约束程度取决于骨料的硬度（即弹性模量）和含量。骨料的弹性模量越小或骨料含量越小，则徐变越大。

（4）混凝土水灰比是影响徐变的主要因素。水灰比大的混凝土，水泥颗粒间距大、孔隙多、毛细管孔径大、质松、强度低，徐变就较大。

2）应力水平

混凝土的徐变与应力水平 σ_c/f_c 有关（图 3-49）。

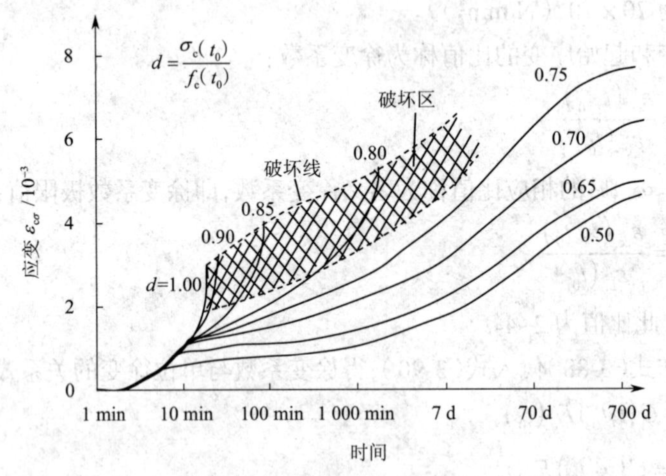

图 3-49　不同应力水平的徐变

（1）$\sigma_c/f_c \leqslant (0.4\sim0.5)$ 时为线性徐变，即徐变与应力成正比，且应力长期作用下徐变收敛，此时徐变主要由水泥凝胶体的滞性流动引起。

（2）$(0.4\sim0.5)<\sigma_c/f_c<(0.75\sim0.8)$ 时为非线性徐变，即徐变较应力增大得快，此时除了凝胶体的滞性流动外，还有微裂缝的发生和发展，致使变形不断增大，但微裂缝基本处于稳定扩展阶段，徐变有极限值。

（3）$\sigma_c/f_c \geqslant (0.75\sim0.8)$ 时，混凝土在高应力持续作用下，一段时间后会因徐变发散而发生破坏，因为此时徐变的主因是微裂缝的扩展和逐步贯通，故混凝土的长期抗压强度为 $(0.75\sim0.8)f_c$。

3）加荷时的龄期

混凝土徐变随加荷龄期的增长而减小。在早龄期，由于水泥水化正在进行，强度很低，故徐变较大。随着龄期的增长，水泥不断水化，水泥凝胶体所占比例越来越小，强度也不断提高，故加载时混凝土的龄期较大，徐变就较小（图 3-50）。

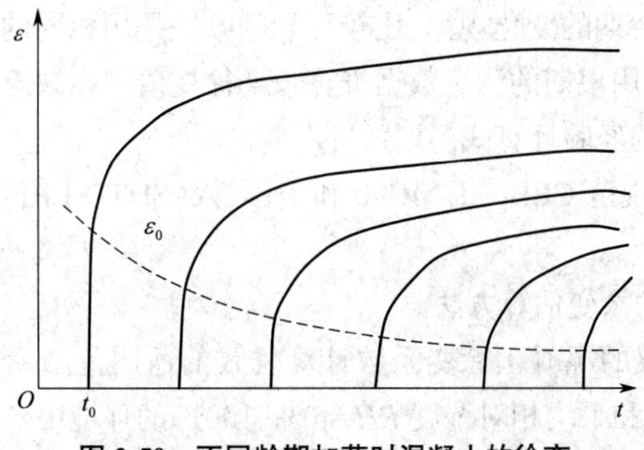

图 3-50　不同龄期加荷时混凝土的徐变

4）制作和养护条件

养护环境的温度和相对湿度会影响混凝土的成熟度以及混凝土与空气之间水分的转移，进而影响到徐变。混凝土振捣密实，养护条件好，特别是蒸汽养护后成熟快，则徐变减小。

5）使用期的环境条件

图 3-51（a）表示环境相对湿度对徐变的影响。可以看出，构件周围环境的相对湿度越低，因水分蒸发的干缩徐变就越大。

图 3-51（b）是 A. M. Nevilles 试验实测温度对徐变的影响，表明当温度在 70 ℃以下时，混凝土的徐变随温度的升高而增大；当温度在 71~96 ℃时，徐变却随温度的增高而减小。然而有的试验结果与此相反，即认为温度越高，徐变越大，这可能与具体试验方法有关。在温度很高的情况下徐变会猛增，这个结论是公认的。

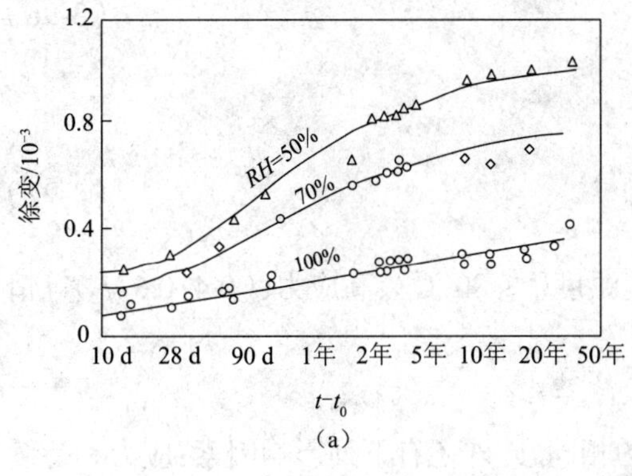

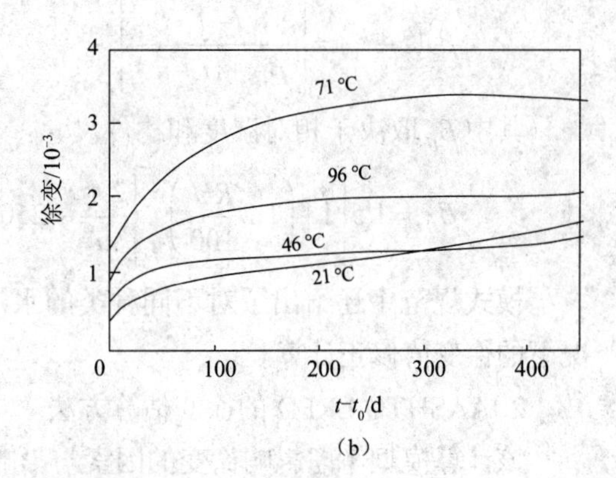

图 3-51　环境温湿度对徐变的影响

（a）环境湿度　（b）环境温度

6）构件的尺寸

构件的尺寸越小或体表比越小，混凝土水分蒸发越快，徐变就越大。处于密封状态的混凝土，水分不会蒸发，构件尺寸不影响徐变值。

4. 徐变值的估算

混凝土的徐变，因为影响因素多，变化幅度大，试验数据离散，不易准确地计算，一般情况下可根据设计规范推荐的近似计算方法考虑。对于一些重要和复杂的结构，要求有比较准确的混凝土徐变值及其随龄期的变化规律，比较可靠的办法是用相同的混凝土制作试件，直接进行徐变试验和测量，或者用短期的测量数据推算长期徐变值。在缺乏试验条件的情况下，一般采用拟合已有试验数据的经验计算式。

下面简要介绍模式规范 CEB-FIP MC90 和美国《AASHTO LRFD 桥梁设计规范》的徐变值估算方法。

1）CEB-FIP MC90 的徐变估算方法

CEB-FIP MC90 建议的混凝土徐变系数计算公式的适用范围为：应力水平 $\sigma_c/f_c(t_0)<0.4$，暴露在平均温度 5~30 ℃和平均相对湿度 RH=40%~100% 的环境中。

该计算模型主要考虑了加载时混凝土的龄期 t_0、应力持续时间（$t-t_0$）、环境湿度 RH 和构件尺寸 A_c/u 等对徐变的影响。混凝土的抗压强度本身对徐变的影响并不大，计算式中引入此量是间接反映水灰比、水泥用量及骨料等的影响。

混凝土的徐变系数为

$$\varphi(t,t_0)=\varphi(\infty,t_0)\beta_c(t-t_0) \tag{3-95}$$

式中：$\varphi(\infty,t_0)$——混凝土的名义徐变系数，$\varphi(\infty,t_0)=\beta(f_c)\beta(t_0)\varphi_{RH}$。

其中：$\beta(f_c)=\dfrac{16.67}{\sqrt{f_c}}$；$\beta(t_0)$ 取决于加载时的龄期 t_0，$\beta(t_0)=\dfrac{1}{0.1+{t_0}^{0.2}}$；$\varphi_{RH}$ 取决于环境相对湿度 RH（%），$\varphi_{RH}=1+\dfrac{1-RH/100}{0.1\times(2A_c/u)^{1/3}}$，式中最后一项为附加的干燥徐变，当 RH=100% 时，此项为零，试件尺寸也无影响；$\beta_c(t-t_0)$ 为徐变随应力持续时间的变化系数：

$$\beta_c(t-t_0)=\left[\frac{t-t_0}{\beta_H+(t-t_0)}\right]^{0.3} \tag{3-96}$$

其中 β_H 取决于相对湿度和构件尺寸：

$$\beta_H=1.5\left[1+\left(1.2\frac{RH}{100}\right)^{18}\right]\frac{2A_c}{u}+250\leqslant 1\,500 \tag{3-97}$$

模式规范中还给出了对不同种类的水泥、环境温度（≤ 80 ℃）、高应力（（0.4~0.6）f_c）等情况下的徐变值修正计算。

2）AASHTO LRFD 的徐变估算方法

该计算模型考虑影响徐变的因素与影响收缩的相同，此外还有下列影响因素：应力和持续时间；加载时混凝土的成熟度；混凝土的湿度。

混凝土的徐变系数可估计为

$$\Psi(t,t_i)=3.5k_c k_f\left(1.58-\frac{H}{120}\right)t_i^{-0.118}\frac{(t-t_i)^{0.6}}{10+(t-t_i)^{0.6}} \tag{3-98}$$

式中：H——相对湿度，%；

t——混凝土的成熟度，d；

t_i——初始加载时混凝土的龄期，d（采用蒸汽或辐射热加速养护的 1 d 可等于普通养护的 7 d）；

k_c——图 3-52 规定的计入体积和表面积比影响的系数，其中表面积仅包括暴露于大气中干燥的面积，对于通风很差的密封小室，在计算表面积时仅使用内部周长的 50%；

k_f——计入混凝土强度影响的系数，$k_f = 62/(42+f_c)$；

f_c'——混凝土 28 d 抗压强度，MPa。

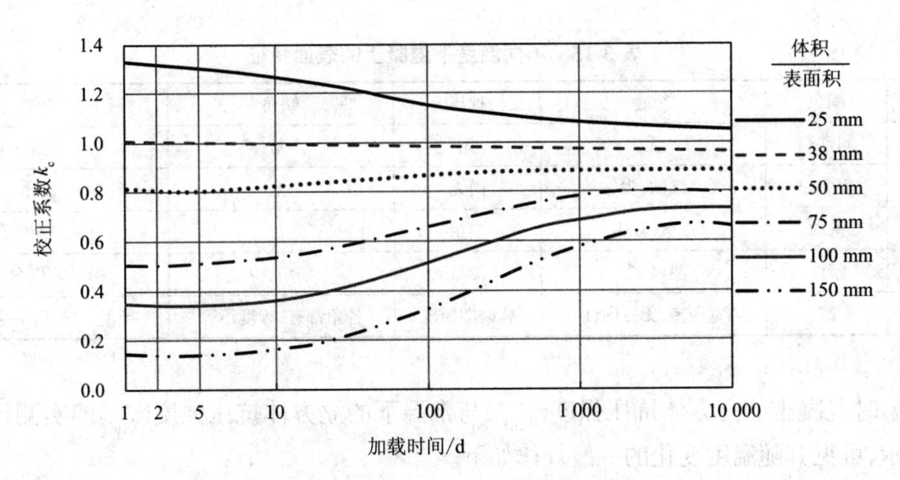

图 3-52 考虑体积和表面积比的系数 k_c

3.1.6 混凝土的高温性能

实际工程中，钢筋混凝土结构的高温工作状态有两类。

(1)经常性的、处于正常使用条件高温下，如冶金和化工车间受高温辐射的结构(200~300 ℃)、核电站的压力容器和安全壳(60~120 ℃)、烟囱内衬(500~600 ℃)和外壳(100~300 ℃)等。

(2)事故性的、遭受高温冲击，如建筑物遭受火灾，核电站事故，建筑物或工事受武器袭击等。结构表面温度可在 1 h 内上升到 900 ℃或更高。

一般钢筋混凝土结构所处环境温度大都低于 60 ℃，为确保结构在设计高温下正常使用、在事故高温下具有必要的安全储备，必须对混凝土材料在高温下的强度和变形规律进行系统的试验研究。

混凝土的高温性能主要取决于其组成材料的矿物化学成分、配合比和含水量等，还因为研究人员所用试验设备、试验方法、试件的尺寸和形状，以及加热速度和恒温时间等不同而有较大差别。试验条件相同的同组试件，测定的数据也有一定离散性。

3.1.6.1 抗压和抗拉强度

1. 高温时的抗压强度

混凝土的抗压强度是其力学性能中最重要、最基本的一项，常作为基本参量确定混凝土的等级和质量，并决定着其他力学性能，如抗拉强度、弹性模量和峰值应变等的数值。在高温状态下，这一结论依然成立。

混凝土立方体试件在预热炉内加热至预定温度并恒温 6 h 后，用夹具逐个取出，置于强度试验炉内，经温度调整（一般约需 20 分钟）即可进行抗压试验。加载速率同常温下的标准试验，即 0.25 MPa/s。

混凝土试件由室温加热至 900 ℃，物理状态逐渐发生变化，不同温度下的表面特征见表 3-15。

表 3-15 不同温度下混凝土的表面特征

温度 /℃	颜色	裂缝	掉皮	缺角	疏松
100	同常温	无	无	无	无
300	稍变白	细微，少	尚无	无	无
500	灰白	细微，较多	少量	无	轻度
700	暗红	明显，多	少量	个别角，少量	轻明显
900	红	宽而多，无方向性	磕碰即掉皮	各角都有，程度不等	严重，冷却后手指可碾碎

高温时混凝土的立方体抗压强度（f_{cuT}）与常温下的立方体抗压强度（f_{cu}）的实测比值如图 3-53 所示，可见其随温度变化的一般规律如下。

T=100 ℃，f_{cuT}/f_{cu}=0.88~0.94，混凝土内的自由水逐渐蒸发，试件内部形成毛细裂缝和孔隙。加载后缝隙尖端应力集中，促使裂缝扩展，抗压强度下降。

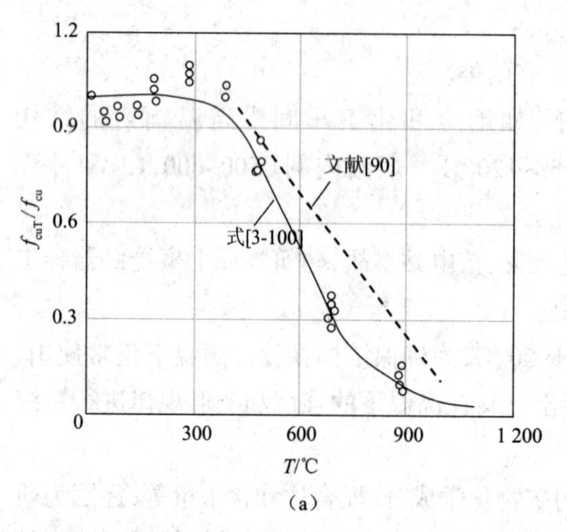

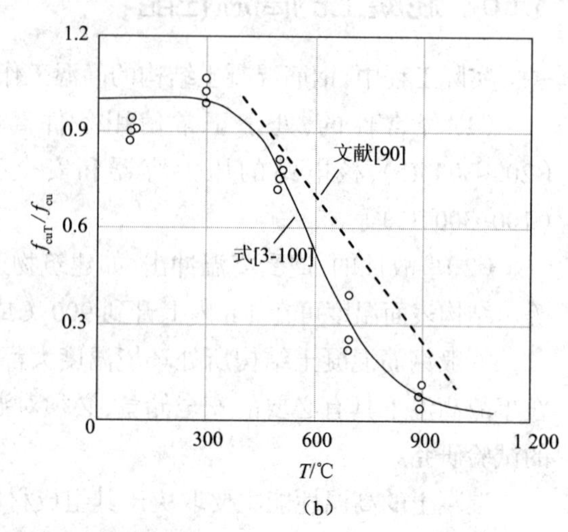

图 3-53 高温时混凝土的立方体抗压强度

（a）C20 （b）C40

T=200~300 ℃，f_{cuT}/f_{cu}=0.98~1.08，一方面，试件内的自由水已全部蒸发，水泥凝胶体中的结合水开始脱出，胶合作用的加强缓和了缝端的应力集中，有利于强度的提高。另一方面，粗细骨料和水泥浆体的温度膨胀系数值不等，应变差的增大使骨料界面形成裂纹，削弱了混凝土的强度。这些矛盾的因素同时作用，使这一温度区段的抗压强度变化复杂。

T=500 ℃，f_{cuT}/f_{cu}=0.75~0.84，骨料和水泥浆体的温度变形差继续加大，界面裂缝不断开展和延伸。而且 T>400 ℃后水泥水化生成的氢氧化钙等脱水，体积膨胀，促使裂缝扩展，抗压强度显著下降。

T>600 ℃,未水化的水泥颗粒和骨料中的石英成分形成晶体,伴随着巨大的膨胀,一些骨料内部开始形成裂缝,抗压强度急剧下降。

$$\begin{cases} f_{cuT} / f_{cu} = 0.28 \sim 0.40 \quad (T = 700\ ℃) \\ f_{cuT} / f_{cu} = 0.05 \sim 0.12 \quad (T = 900\ ℃) \end{cases} \tag{3-99}$$

混凝土在高温时的抗压强度随温度的变化,可由统一的经验公式表达,参数由最小二乘法原则确定:

$$f_{cuT} = \frac{f_{cu}}{1 + 2.4(T - 20)^6 \times 10^{-17}} \tag{3-100}$$

式中:T——混凝土的温度,℃。

2. 升降温后的残余抗压强度

混凝土在事故(包括火灾)高温后的残余强度,对于评估受损结构的安全度和制定加固方案有重要意义。

试验时将试件放入预热炉,加热至设定温度并恒温 6 h 后,在 24 h 内缓慢地降至室温。试件取出后在常温下测定其残余抗压强度(f_{rT})。

混凝土残余抗压强度与常温下立方体抗压强度的比值(f_{rT}/f_{cu})如图 3-54 所示。与图 3-53 比较得知,残余抗压强度(f_{rT})与高温时的抗压强度(f_{cu})值接近。这表明混凝土内部结构和抗压强度在缓慢降温过程中及回到室温后无大的变化。

升降温后的残余抗压强度的计算式同式(3-100)。理论曲线与试验结果符合良好(图 3-54)。

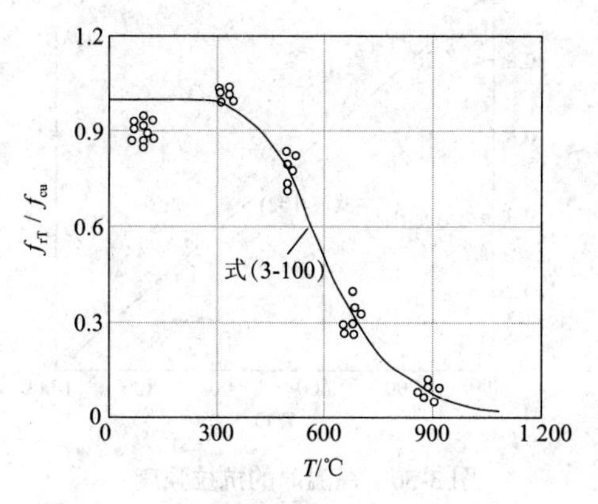

图 3-54　升降温后的残余抗压强度

1)持续高温下的抗压强度(f_{cuTL})

工程中遇到的结构处于长期持续高温的情况,延续时间可以年计,但温度一般不超过 300 ℃。

试验时将一批试件放入预热炉,加热至设定温度(100 ℃和 300 ℃)后保持长期恒温。满足规定的持续时间后取出试件,进行高温强度试验。所得持续高温抗压强度和常温下抗压强度的比值(f_{cuTL}/f_{cu})见图 3-55。

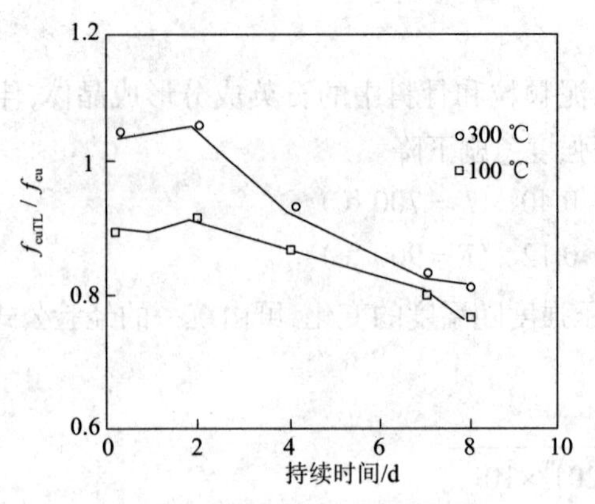

图 3-55 持续高温下的抗压强度

试验结果表明,短期(≤2 d)持续高温的抗压强度可能有所增加。但持续时间超过 4 d 后,抗压强度下降,7 d 后渐趋稳定。根据本试验并参考其他资料,持续高温下混凝土抗压强度极限值的计算式建议如下:

$$f_{cuTL}=\frac{0.8f_{cu}}{1+2.4(T-20)^{6}\times10^{-17}} \tag{3-101}$$

2)高温时的抗拉强度(f_{tT})

抗拉强度由立方体试件的劈裂试验测定。试件在预热炉加热和恒温,取出后在强度试验炉内加载。试件和压头间放置截面为 5 mm×5 mm 的不锈钢垫条。根据劈裂破坏荷载计算混凝土的抗(劈)拉强度 f_{tT},与常温下抗拉强度的比值见图 3-56。

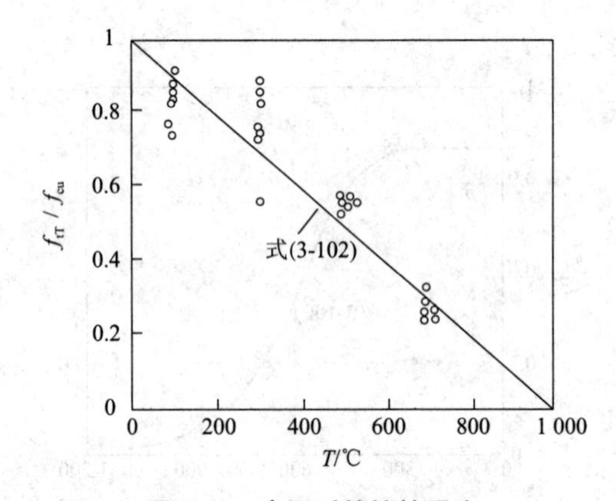

图 3-56 高温时的抗拉强度

混凝土的抗拉强度随试验温度的提高而单调下降。计算式建议为

$$f_{tT}=(1-0.001T)f_{t} \tag{3-102}$$

需注意的是,随试验温度的提高,混凝土抗拉强度和抗压强度降低的规律不同。故拉压强度比值 f_{tT}/f_{cuT} 不是常数,在 T=300~500 ℃间达到最小值。

3.1.6.2　受压变形性能

1. 高温下应力 - 应变全曲线

混凝土的应力 - 应变全曲线随着试验温度的提高而渐趋扁平，峰点明显下降和右移，表明混凝土棱柱体抗压强度（f_{cT}）降低，峰值应变（ε_{pT}）成倍地增大，变形模量显著减小。

从实测应力 - 应变全曲线的形状（图 3-57）可知，混凝土在高温时和常温下一样，经历三个变形阶段。

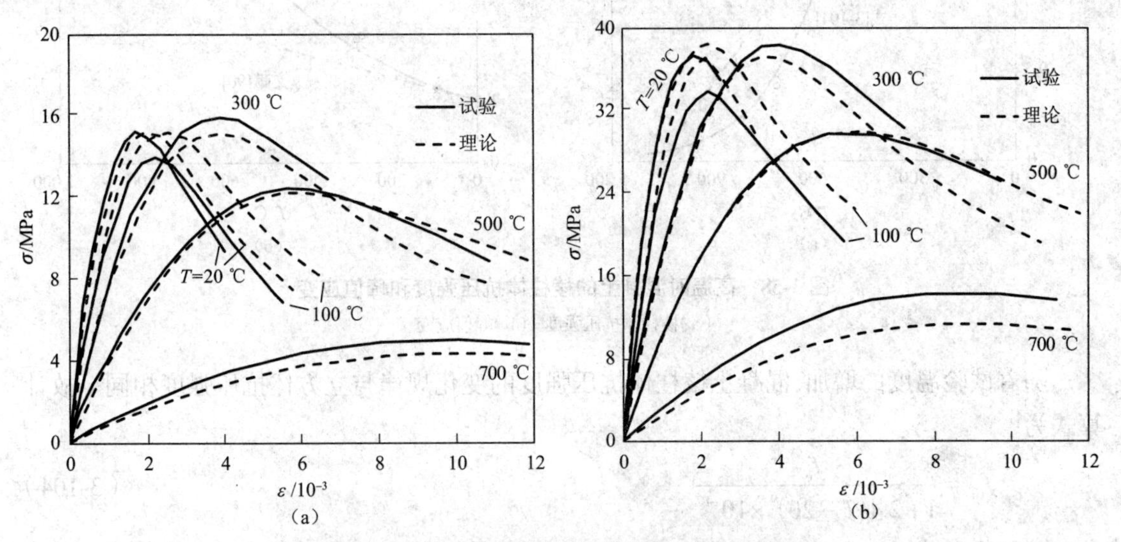

图 3-57　高温时混凝土的受压应力 - 应变全曲线

（a）C20　（b）C40

（1）$\sigma/f_{cT} \leqslant 0.5$：变形随应力近似直线增长。但试验温度较高（$T \geqslant 500$ ℃）的试件，在加载前已有较多裂缝，初始直线段应力偏低。

（2）$\sigma/f_{cT}>0.5$：塑性变形加快发展，曲线斜率渐减。由于高温试件的表面和内部遍布裂缝，且有较大开展，曲线峰值应力降低，而峰值应变大大增加。

（3）应力峰值后：随应变的加大，裂缝不断扩展，但无突发性破碎，下降段平稳，最后形成宏观的斜裂缝而破坏。

按文献 [19] 的建议，曲线的上升段和下降段分别采用三次多项式和有理分式，但在峰值点连续，可得到较满意的结果。根据试验数据拟合曲线方程的参数后得到

$$\frac{\sigma}{f_{cT}}=2.2x-1.4x^2+0.2x^3\quad\left(x=\frac{\varepsilon}{\varepsilon_{pT}}\leqslant 1\right)\tag{3-103a}$$

$$\frac{\sigma}{f_{cT}}=\frac{x}{0.8(x-1)^2+x}\quad\left(x=\frac{\varepsilon}{\varepsilon_{pT}}\leqslant 1\right)\tag{3-103b}$$

计算所得理论曲线与试验结果相符（图 3-57）。

2. 棱柱体抗压强度和峰值应变

受压应力 - 应变全曲线的峰值应力，即为高温时混凝土的棱柱体抗压强度（f_{cT}），相应的应

变为峰值应变（ε_{pT}）。二者的试验值与常温下相应值之比 f_{cT}/f_c 和 $\varepsilon_{pT}/\varepsilon_p$ 如图 3-58 所示。

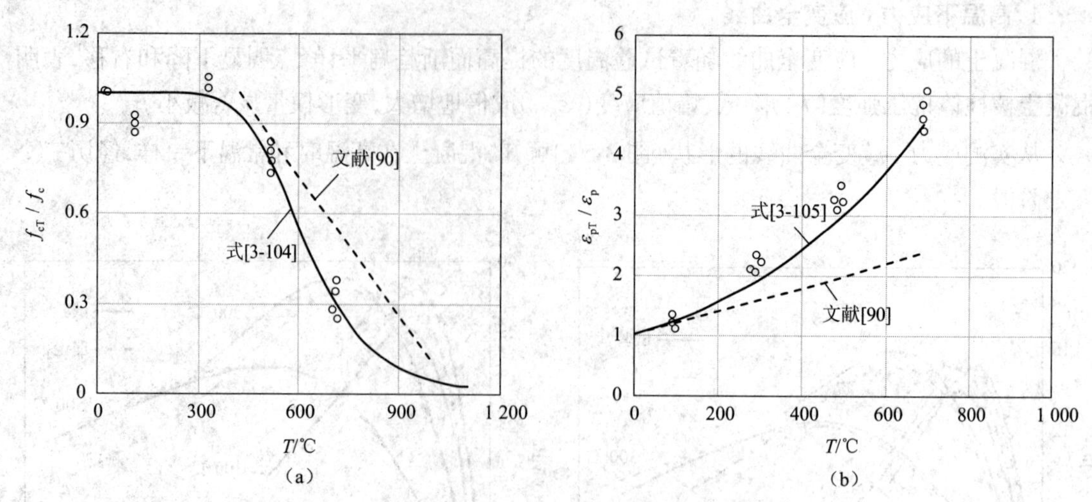

图 3-58 高温时混凝土的棱柱体抗压强度和峰值应变

（a）棱柱体抗压强度 （b）峰值应变

随着试验温度的增加，混凝土棱柱体抗压强度的变化规律与立方体抗压强度相同。故计算式为

$$f_{cT}=\frac{f_c}{1+2.4(T-20)^6\times10^{-17}} \tag{3-104}$$

式中：f_c——常温下的混凝土棱柱体抗压强度。

峰值应变随试验温度的提高而加快增长。计算式建议为

$$\frac{\varepsilon_{pT}}{\varepsilon_p}=1+\left(1\,500T+5T^2\right)\times10^{-6} \tag{3-105}$$

式中：ε_p——常温下混凝土受压的峰值应变。

3. 初始弹性模量和峰值变形模量

从实测的应力 - 应变曲线上取 $\sigma=0.4f_{cT}$ 时的割线模量作为初始弹性模量 E_{0T}；由实测棱柱体抗压强度和相应应变可计算峰值变形模量 $E_{pT}=f_{cT}/\varepsilon_{pT}$。混凝土的这两个模量在高温时和常温时的比值 E_{0T}/E_0 和 E_{pT}/E_p 随温度的变化如图 3-59 所示。

相同温度下的初始弹性模量和峰值变形模量的比值应为一常数，与试验温度的水平无关。其理论值可由式（3-103a）确定。当 $\sigma/f_{cT}=0.4$ 时，$x=\varepsilon/\varepsilon_{pT}=0.209$，故

$$\frac{E_{0T}}{E_{pT}}=\frac{E_0}{E_p}=\frac{0.4}{0.209}=1.914 \tag{3-106}$$

初始弹性模量和峰值变形模量随温度的变化为

$$\frac{E_{0T}}{E_0}=\frac{E_{pT}}{E_p}=\frac{f_{cT}/\varepsilon_{pT}}{f_c/\varepsilon_p}=\frac{f_{cT}}{f_c}\times\frac{1}{\varepsilon_{pT}/\varepsilon_p} \tag{3-107}$$

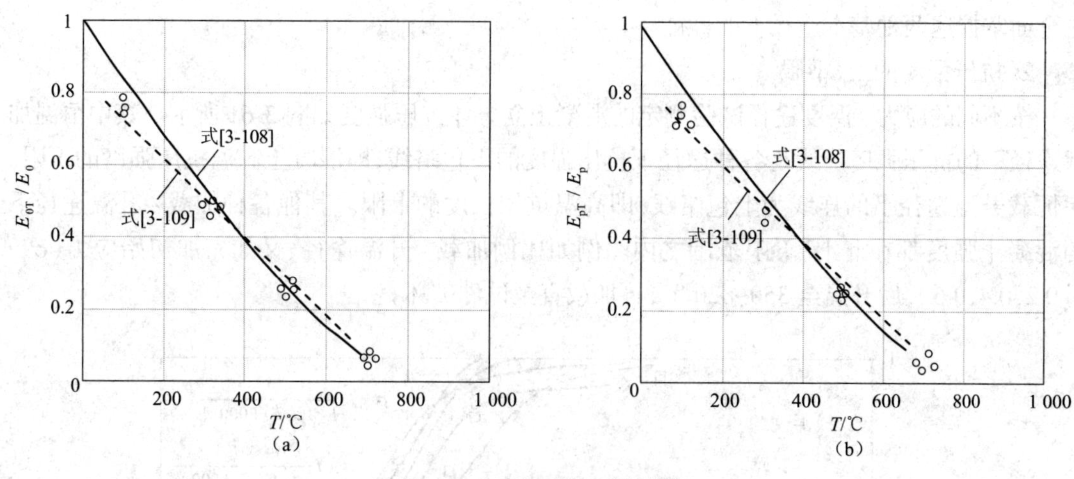

图 3-59　高温时的变形模量

(a)初始弹性模量　(b)峰值变形模量

将式(3-104)、式(3-105)代入可得

$$\frac{E_{0T}}{E_0}=\frac{E_{pT}}{E_p}=\frac{1}{1+2.4(T-20)^6\times10^{-17}}\times\frac{1}{1+\left(1\,500T+5T^2\right)\times10^{-6}} \tag{3-108}$$

式(3-108)的理论曲线在图 3-59 中用实线绘出。为简化计算,两个变形模量随温度的变化可用直线式表示

$$\frac{E_{0T}}{E_0}=\frac{E_{pT}}{E_p}=0.83-0.001\,1T\ (60\ ℃\leqslant T\leqslant 700\ ℃) \tag{3-109}$$

直线式理论曲线如图 3-59 中的虚线所示。

3.1.6.3　混凝土的耦合本构关系

1. 不同应力 - 温度途径下变形的比较

结构中一点的混凝土,其应力和温度的变化复杂,经常是交替或同时变化(增大或减小),且各点的应力 - 温度途径各有不同。

混凝土从起始条件到达应力和温度的一个确定值,可有许多种不同的途径(图 3-60),一般为任意途径(如图中 OCP)。比例增长途径(OP)为一特例,还有两种极端的也是基本的途径:

(1)OAP——先升温后加载,或称恒温下加载途径;

(2)OBP——先加载后升温,或称恒载下升温途径。

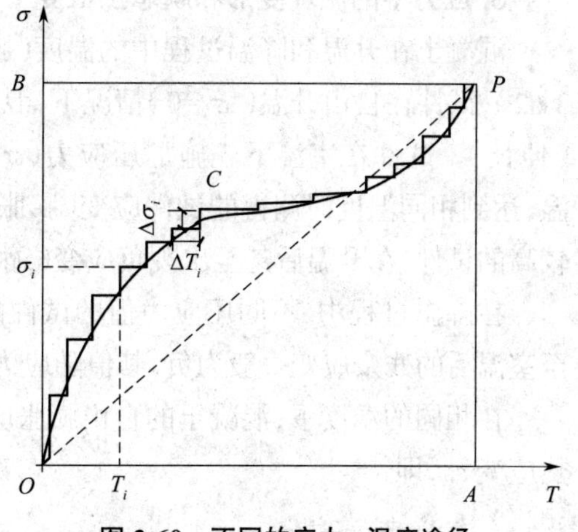

图 3-60　不同的应力 - 温度途径

任意一个应力 - 温度途径都可用若干应力和温度增量的台阶线逼近。其中纵向增量属恒温(T_i)加载($\Delta\sigma_i$)途径,而横向增量即为恒载(应力 σ_i)升温(ΔT_i)途径。所以,在确定任意应力 - 温度途径下混凝土的强度和变形性能之前,必须

先全面掌握这两种基本途径下的性能。

2. 抗压强度的上、下限

按不同的应力 - 温度途径试验测定的混凝土立方体抗压强度如图 3-61 所示。其中恒温加载途径下的抗压强度连线是各种途径下抗压强度的下包络线，即混凝土高温抗压强度的下限。而恒载升温途径下的连线为上包络线，即高温抗压强度的上限。其他各种加载 - 升温途径下的混凝土强度都在此上、下限范围之内。例如比例加载 - 升温途径，又如先加初始应力（σ_0 / f_c=0.2，0.4，0.6），后升温至 350~820 ℃，再加载直至试件破坏。

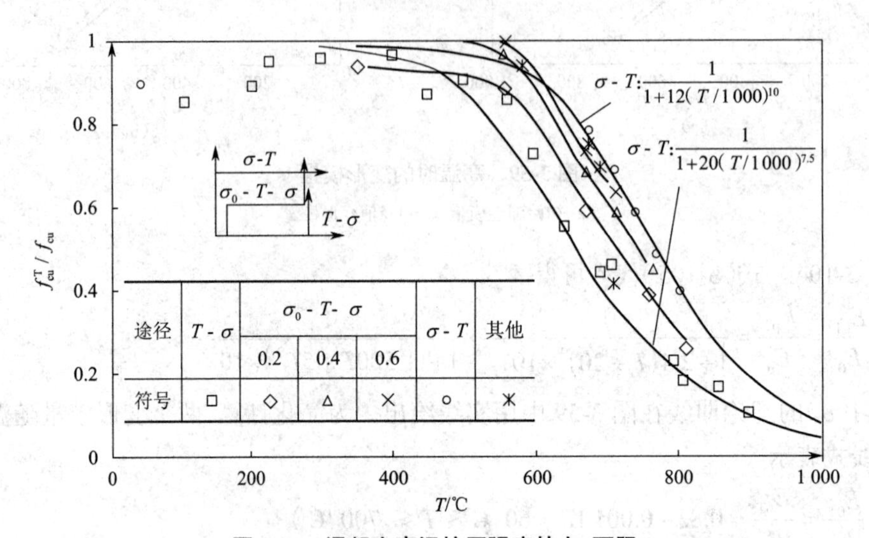

图 3-61　混凝土高温抗压强度的上、下限

混凝土高温抗压强度的上限和下限，在温度 T= 600~800 ℃时差别最大，绝对值相差（0.20~0.35）f_{cu}，上下限强度的比值达 1.4~2.5。文献 [56] 中给出了上、下限强度的计算式。

恒载升温途径下混凝土抗压强度偏高的原因是，先期压应力的作用限制了混凝土在高温下的自由膨胀变形，缓解了高温对骨料和水泥砂浆间黏结的破坏作用。

3. 应力下的温度变形和瞬态热应变

混凝土在升温和降温过程中的温度（膨胀）变形值受其应力状态的影响而有很大变化（图 3-62），试件在自由升温（σ =0）情况下，混凝土的自由膨胀应变为 ε_{Th}，降至室温后有残余变形（伸长）。试件在室温下先施加压应力（σ），应变为负值（缩短）。在此恒定压应力作用下升温，达到相同温度时测得的试件应变（膨胀）增长量（ε_T）与自由试件的相应值相差悬殊。应力较高的试件，在升温后甚至出现负应变（缩短），与自由试件的应变异号。

在降温过程中，不同压应力值的试件的应变值都减小（缩短），且变形曲线近似平行。回至室温后的残余应变一般为负，其值随应力水平变化而有很大差别。

在相同的温度下，混凝土的自由膨胀应变（ε_{Th}）和应力下的温度应变（ε_T）的差值称为瞬态热应变 ε_{Tr}，即

$$\varepsilon_{Tr} = \varepsilon_{Th} - \varepsilon_T \tag{3-110}$$

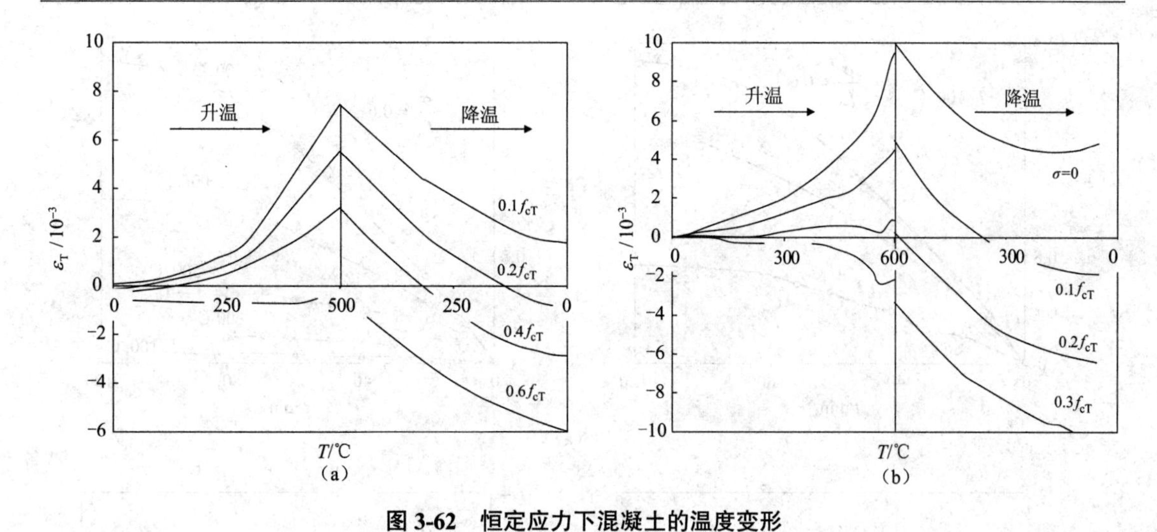

图 3-62　恒定应力下混凝土的温度变形

(a)C20L　(b)C40L

将 ε_{Th} 和 ε_T 的试验值代入式(3-110)后得图 3-63。瞬态热应变(ε_{Tr})在升温阶段随温度而加速增长,且约与应力水平(σ/f_{cT})成正比,在降温阶段则近似为常数。

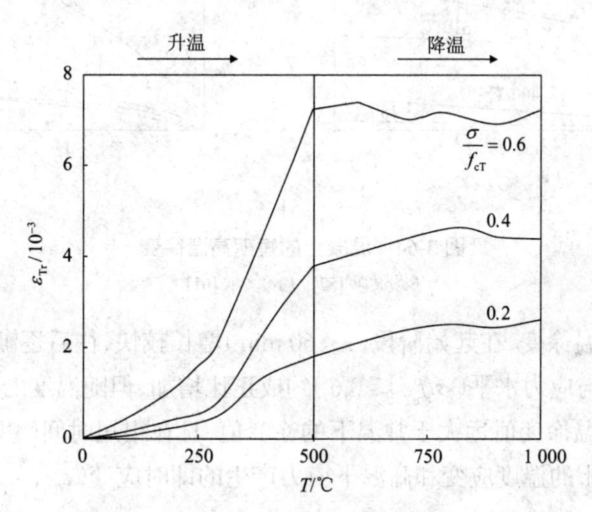

图 3-63　瞬态热应变

结构内承受压应力的混凝土,其瞬态热应变(ε_{Tr})的数值很大,且在升温时即时出现,成为混凝土高温变形的主要部分,对结构的应力重分布或应力松弛的影响很大,在结构的高温分析中必须加以考虑。瞬态热应变的数值远大于常温下混凝土的受压峰值应变,也大于高温时的短期徐变(图 3-64),但其机理至今尚不清楚,一般认为是混凝土内水泥生成物的化学变化和空隙的体积改变等原因所引起。

4. 短期高温徐变

混凝土的另一类与应力有关的温度变形是短期高温徐变(ε_{cr}),即在恒定的应力和温度情况下,随时间而增长的变形(图 3-64)。

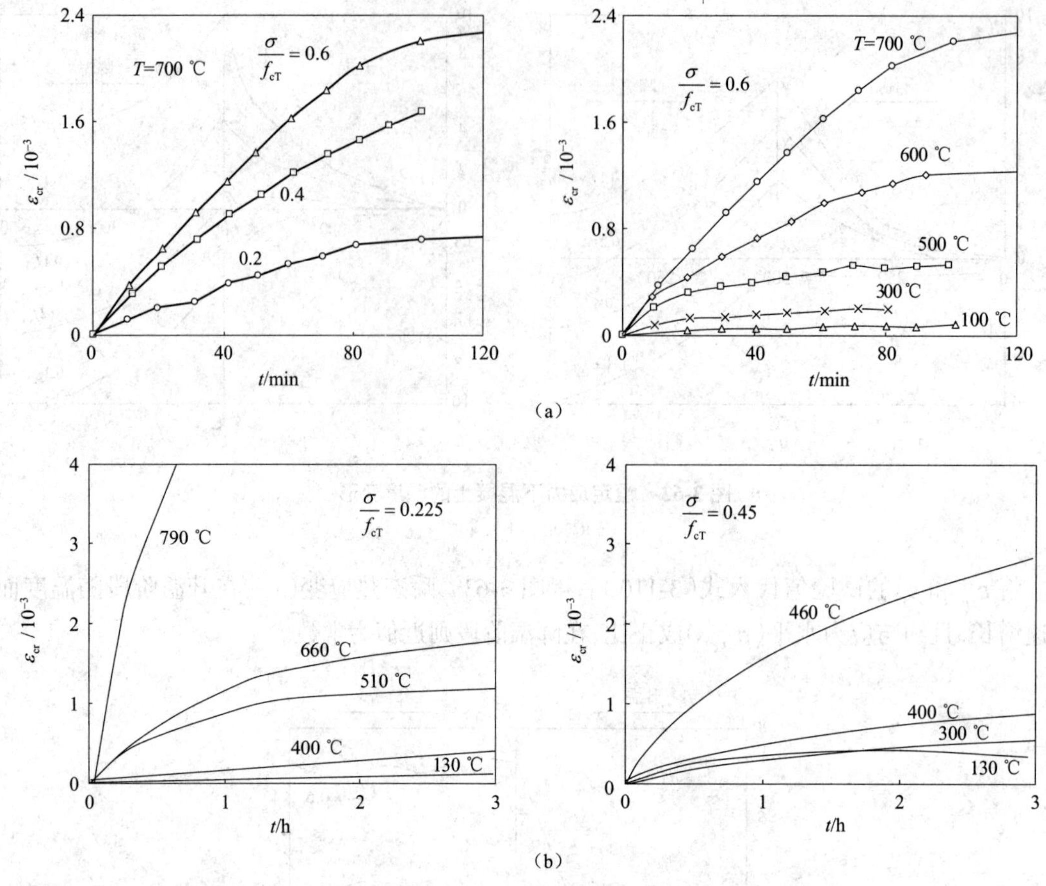

图 3-64 混凝土的短期高温徐变

(a)文献 [57] (b)文献 [61]

混凝土的短期高温徐变,在起始阶段($t<60$ min)增长较快,往后逐渐减慢,持续数日仍有少量增加。高温徐变与应力水平($\sigma/f_{cT}\leqslant 0.6$)约成正比增加,但随温度的升高而加速增长。

混凝土的短期高温徐变值远大于常温下的徐变值,且在很短时间(以分钟计)内就可测量到。但是与上述混凝土的温度应变和高温下应力产生的即时应变(ε_{Th}, ε_{T}, ε_{Tr})等相比,其绝对值却小得多。

5. 耦合本构关系

混凝土在应力和温度的共同作用下所产生的应变值,按照应力 - 温度途径的分解(图 3-60),可看作由 3 部分组成,即恒温下应力产生的应变(ε_{σ})、恒载(应力)下的温度应变(ε_{T})和短期高温徐变(ε_{cr}),故总应变为

$$\varepsilon=-\varepsilon_{\sigma}(\sigma,\ T)+\varepsilon_{T}(\sigma/f_{c},\ T)-\varepsilon_{cr}(\sigma/f_{cT},\ T,\ t) \tag{3-111}$$

将式(3-110)代入得

$$\varepsilon=-\varepsilon_{\sigma}(\sigma,\ T)+\varepsilon_{Th}(T)-\varepsilon_{Tr}(\sigma/f_{c},\ T)-\varepsilon_{cr}(\sigma/f_{cT},\ T,\ t) \tag{3-112}$$

式中,各高温应变分量可分别从试验中测定,或者采用文献 [56] 和 [62] 中建议的经验计算式。文献 [58] 将 4 个应变分量合并为 2 个或 3 个分量,计算可以简化。

混凝土的高温本构关系需要解决应力(σ)、应变(ε)、温度(T)和时间(t)等 4 个因素的相互耦合关系,比起常温下的应力 - 应变关系复杂得多。况且混凝土的高温应变值很大,而应力(强度)值很低,材料的热工和力学性能变异大,结构中混凝土的应力 - 温度途径变化极多。因此,准确地建立混凝土高温本构关系的难度大,现有的一些建议仍不够完善,还需进行更多的研究和改进。

3.1.7　混凝土的低温性能

近些年,许多科研人员对北极地区产生了浓厚的兴趣,因为其储存了世界上约 13% 未被发现的石油和 30% 未被发现的天然气。石油和天然气开采平台中的混凝土结构将会暴露在恶劣的低温环境中(约 −70 ℃)。此外,随着我国能源工业的发展,大型油气储罐的建造逐渐增多。混凝土结构因其造价低、便于施工且超低温下具有良好的力学性能被广泛应用于液化天然气储罐等特种结构中,此种结构长期处于超低温环境中(最低可达 −162 ℃)。低温环境通过改变混凝土等材料的力学性能,进而影响整体结构的安全与使用,因此对混凝土等材料的低温力学性能进行研究十分必要。

3.1.7.1　抗压和抗拉强度

1. 抗压强度

在 −196~20 ℃范围内,混凝土抗压强度随温度降低而提高,其主要取决于含水率。含水率越高,提高程度越大。超低温条件下,对混凝土的强度发展规律一般有两种看法:一是随温度降低,强度不断增大;二是在某一温度点强度会出现极大值,此后逐渐降低。温度、水灰比和含水率不同,混凝土的强度增长率也不同。Xie 等研究发现,混凝土的水灰比(w/c)为 0.41 时,当含水率从 0% 分别增长到 1%、3% 和 5% 时,混凝土的抗压强度平均增长率从 0.12 MPa/℃分别增长到 0.14 MPa/℃、0.24 MPa/℃和 0.28 MPa/℃。

由文献 [63] 可得,混凝土在低温下的抗压强度提高系数($I_{f_{cu}}$)可表示为

$$I_{f_{cu}}=\frac{f_{cu}^{T}}{f_{cu}^{a}}=9.58T^{-0.53}e^{(W_c/30)}\left(w/c\right)^{-0.82} \tag{3-113}$$

式中:f_{cu}^{a}——混凝土常温下的抗压强度(水灰比为 0.41,含水量为 0%);

f_{cu}^{T}——混凝土在温度 T 时的抗压强度;

T——混凝土温度,K,108 K<T<293 K;

W_c——含水量,%;

w/c——水灰比。

由试验获得的抗压强度提高系数与上式所得对比如图 3-65 所示。

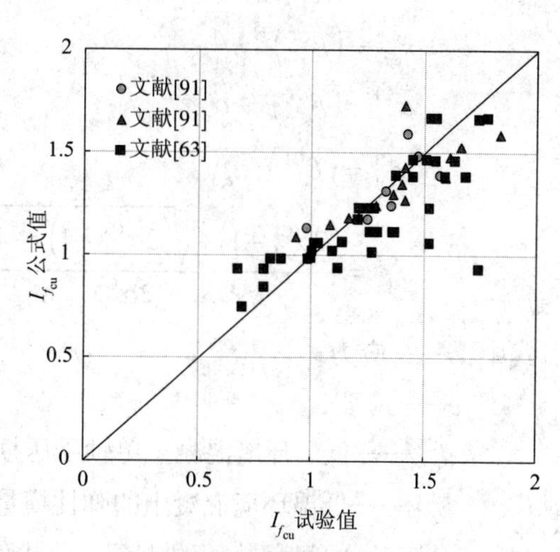

图 3-65　抗压强度提高系数对比

2. 抗拉强度

通过给定配合比混凝土的低温劈拉试验,考察混凝土不同低温作用工况下的受拉性能变化规

律。不同低温下混凝土立方体试件的劈拉破坏形态相似；抗拉强度离散性较大，基本经历损伤阶段、快速增长阶段和平稳波动阶段。时旭东等研究发现，混凝土低温抗拉强度f_t^T随温度的降低大致经历以下三个阶段：

（1）损伤阶段，其温度作用区间为 -10 ℃≤ T ≤ 20 ℃，f_t^T在这一区间变化不是很明显，但略有降低；

（2）快速增长阶段，其温度作用区间为 -120 ℃≤ T<-10 ℃，随温度的降低，f_t^T基本呈线性增长的趋势；

（3）平稳波动阶段，其温度作用区间为 -196 ℃≤ T<-120 ℃，f_t^T在这一区间基本处于平稳波动阶段。

混凝土在低温下的抗拉强度可由下式估算：

$$f_t^{\mathrm{T}} = 0.38\left(f_{cu}^{\mathrm{T}}\right)^{0.75} \tag{3-114}$$

式中：f_t^T——混凝土在温度 T 时的抗拉强度。

3.1.7.2 受压变形性能

1. 低温下应力 - 应变全曲线

1）单轴受压应力 - 应变曲线

低温环境混凝土单轴受压的应力 - 应变关系曲线宜按下列公式确定：

$$\sigma = \left(1 - d_c^{\mathrm{CT}}\right) E_c^{\mathrm{CT}} \varepsilon \tag{3-115}$$

$$d_c^{\mathrm{CT}} = \begin{cases} 1 - \rho_c^{\mathrm{CT}}\left[\alpha_{c,a}^{\mathrm{CT}} + \left(3 - 2\alpha_{c,a}^{\mathrm{CT}}\right)x + \left(\alpha_{c,a}^{\mathrm{CT}} - 2\right)x^2\right] & (x \leqslant 1) \\ 1 - \dfrac{\rho_c^{\mathrm{CT}}}{\alpha_{c,a}^{\mathrm{CT}}\left(x-1\right)^2 + x} & (x > 1) \end{cases} \tag{3-116}$$

$$x = \frac{\varepsilon}{\varepsilon_{c,r}^{\mathrm{CT}}} \tag{3-117}$$

$$\rho_c^{\mathrm{CT}} = \frac{f_{c,r}^{\mathrm{CT}}}{E_c^{\mathrm{CT}} \varepsilon_{c,r}^{\mathrm{CT}}} \tag{3-118}$$

$$\varepsilon_{c,r}^{\mathrm{CT}} = \left(\beta_c^{\mathrm{CT}}\right)^{1.5} \varepsilon_{c,r} \tag{3-119}$$

$$\alpha_{c,a}^{\mathrm{CT}} = \left(\beta_c^{\mathrm{CT}}\right)^{-1.2} \alpha_{c,a} \tag{3-120}$$

$$\alpha_{c,d}^{\mathrm{CT}} = \left(\beta_c^{\mathrm{CT}}\right)^{7} \alpha_{c,d} \tag{3-121}$$

$$\varepsilon_{cu}^{\mathrm{CT}} = \frac{\left(2\alpha_{c,d}^{\mathrm{CT}} + 1\right) + \sqrt{\left(2\alpha_{c,d}^{\mathrm{CT}} + 1\right)^2 - 4\left(\alpha_{c,d}^{\mathrm{CT}}\right)^2}}{2\alpha_{c,d}^{\mathrm{CT}}} \varepsilon_{c,r}^{\mathrm{CT}} \tag{3-122}$$

式中：σ——应力；

ε——应变；

d_c^{CT}——低温环境混凝土单轴受压损伤演化参数；

E_c^{CT}——低温环境混凝土的弹性模量；

ρ_c^{CT}——中间变量，仅供计算，无明确物理意义；

$f_{c,r}^{CT}$——低温环境混凝土单轴抗压强度代表值，其值可根据设计分析计算的需要分别取 f_c^{CT}、f_{ck}^{CT} 或 f_{cm}^{CT}（其中 f_{cm}^{CT} 为低温环境混凝土抗压强度平均值，f_c^{CT} 为低温环境混凝土轴心抗压强度设计值；f_{ck}^{CT} 为低温环境混凝土轴心抗压强度标准值）；

$\varepsilon_{c,r}^{CT}$——与低温环境混凝土单轴抗压强度代表值相对应的压应变；

β_c^{CT}——低温环境混凝土的低温硬化指标；

$\alpha_{c,a}^{CT}$——低温环境混凝土单轴受压应力 - 应变曲线上升段的参数值；

$\alpha_{c,d}^{CT}$——低温环境混凝土单轴受压应力 - 应变曲线下降段的参数值；

$\varepsilon_{c,r}$——与常温环境混凝土单轴抗压强度代表值相对应的压应变，应按表 3-16 取用；

$\alpha_{c,a}$——常温环境混凝土单轴受压应力 - 应变曲线上升段的参数值，应按表 3-16 取用；

$\alpha_{c,d}$——常温环境混凝土单轴受压应力 - 应变曲线下降段的参数值，应按表 3-16 取用；

ε_{cu}^{CT}——低温环境混凝土应力 - 应变关系曲线下降段应力等于 0.5 $f_{c,r}^{CT}$ 时的压应变。

表 3-16　常温环境混凝土单轴受压应力 - 应变关系曲线的参数值

$f_{c,r}$/(N/mm²)	20	25	30	35	40	45	50	55	60	65	70
$\varepsilon_{c,r}$/10^{-6}	1 470	1 560	1 640	1 720	1 790	1 850	1 920	1 980	2 030	2 080	2 130
$\alpha_{c,r}$	2.15	2.09	2.03	1.96	1.90	1.84	1.78	1.71	1.65	1.59	1.53
$\alpha_{c,d}$	0.74	1.06	1.36	1.65	1.94	2.21	2.48	2.74	3.00	3.25	3.50

注：$f_{c,r}$ 为常温环境混凝土单轴抗压强度代表值。

2）单轴受拉应力 - 应变曲线

低温环境混凝土单轴受拉的应力 - 应变曲线宜按下列公式确定：

$$\sigma=\left(1-d_t^{CT}\right)E_c^{CT}\varepsilon \tag{3-123}$$

$$d_t^{CT}=\begin{cases}1-\rho_t^{CT}\left(1.2-0.2x^6\right) & (x\leqslant 1)\\ 1-\dfrac{\rho_t^{CT}}{\alpha_{t,d}^{CT}\left(x-1\right)^{1.7}+x} & (x>1)\end{cases} \tag{3-124}$$

$$x=\frac{\varepsilon}{\varepsilon_{t,r}^{CT}} \tag{3-125}$$

$$\rho_t^{CT}=\frac{f_{t,r}^{CT}}{E_c^{CT}\varepsilon_{t,r}^{CT}} \tag{3-126}$$

$$\varepsilon_{t,r}^{CT}=\left(\beta_c^{CT}\right)^{0.8}\varepsilon_{t,r} \tag{3-127}$$

$$\alpha_{t,d}^{CT}=\left(\beta_c^{CT}\right)^{16}\alpha_{t,d} \tag{3-128}$$

式中：σ——应力；

ε——应变；

d_t^{CT}——低温环境混凝土单轴受拉损伤演化参数；

$f_{t,r}^{CT}$——低温环境混凝土单轴抗拉强度代表值，其值可根据设计分析计算的需要分别取

f_{t}^{CT}、f_{tk}^{CT}或f_{tm}^{CT}；

$\varepsilon_{t,r}^{CT}$——与低温环境混凝土单轴抗拉强度代表值相对应的拉应变；

$\alpha_{t,d}^{CT}$——低温环境混凝土单轴受拉应力 - 应变曲线下降段的参数值；

$\varepsilon_{t,r}$——与常温环境混凝土单轴抗拉强度代表值相对应的拉应变，应按表 3-17 取用；

$\alpha_{t,d}$——常温环境混凝土单轴受拉应力 - 应变曲线下降段的参数值，应按表 3-17 取用。

表 3-17 常温环境混凝土单轴受拉应力 - 应变关系曲线的参数值

$f_{t,r}$/(N/mm²)	1.5	2	2.5	3.0	3.5	4.0
$\varepsilon_{t,r}$ /10^{-6}	81	95	107	118	128	137
$\alpha_{t,d}$	0.70	1.25	1.95	2.81	3.82	5.00

2. 弹性模量和泊松比

低温下混凝土的弹性模量与强度一样有显著的提高，其原因也与混凝土中的水有关。低温环境混凝土的弹性模量宜按下列公式计算：

$$E_{c}^{CT}=\beta_{c}^{CT}E_{c} \tag{3-129}$$

$$\beta_{c}^{CT}=1+\left(\frac{f_{ck}^{CT}-f_{ck}}{f_{ck}}\right)^{1.2} \tag{3-130}$$

式中：E_c——常温环境混凝土的弹性模量；

f_{ck}^{CT}——低温环境混凝土轴心抗压强度标准值；

f_{ck}——常温环境混凝土轴心抗压强度标准值。

低温环境混凝土遭受非多次升降温循环作用时，其泊松比宜按下式计算：

$$\nu_{c}^{CT}=0.2\alpha_{v}\left(\beta_{c}^{CT}\right)^{0.2} \tag{3-131}$$

式中：ν_{c}^{CT}——低温环境混凝土的泊松比；

α_v——低温环境混凝土泊松比的应力水平$\left(\sigma/f_{ck}^{CT}\right)$影响系数。

当 $\sigma/f_{ck}^{CT}\leqslant 0.55$ 时，$\alpha_v=1$；当 $\sigma/f_{ck}^{CT}>0.55$ 时，宜考虑应力水平对低温环境混凝土泊松比的影响。

3. 冻融循环

冻融循环对混凝土的性能有重大的影响。低温下混凝土强度和弹性模量都会提高，从而使得结构更偏于安全，但在冻融循环下，混凝土性能将急剧下降，对结构极为不利。尤其第一次冻融循环下，混凝土强度降低最大，而此时结构往往不会被引起足够重视，因此对其应该予以研究。

文献 [69] 的研究表明，试件经过低温冻融循环后，表面出现不光滑、微裂纹，损害严重的试件出现表皮砂浆露出、棱角处砂浆脱落的现象，混凝土试件受到了很大程度的破坏。其峰值应力比随冻融循环次数的增加而降低，随冻融温度的降低而降低，如图 3-66（a）所示；峰值应变比与冻融循环次数和冻融温度有较为复杂的关系，如图 3-66（b）所示。在其他条件相同的情

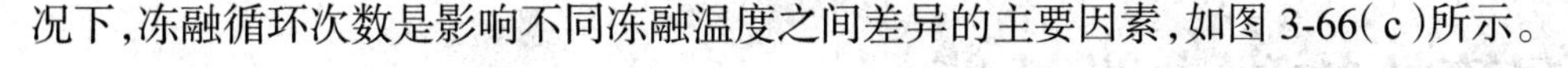
况下，冻融循环次数是影响不同冻融温度之间差异的主要因素，如图 3-66（c）所示。

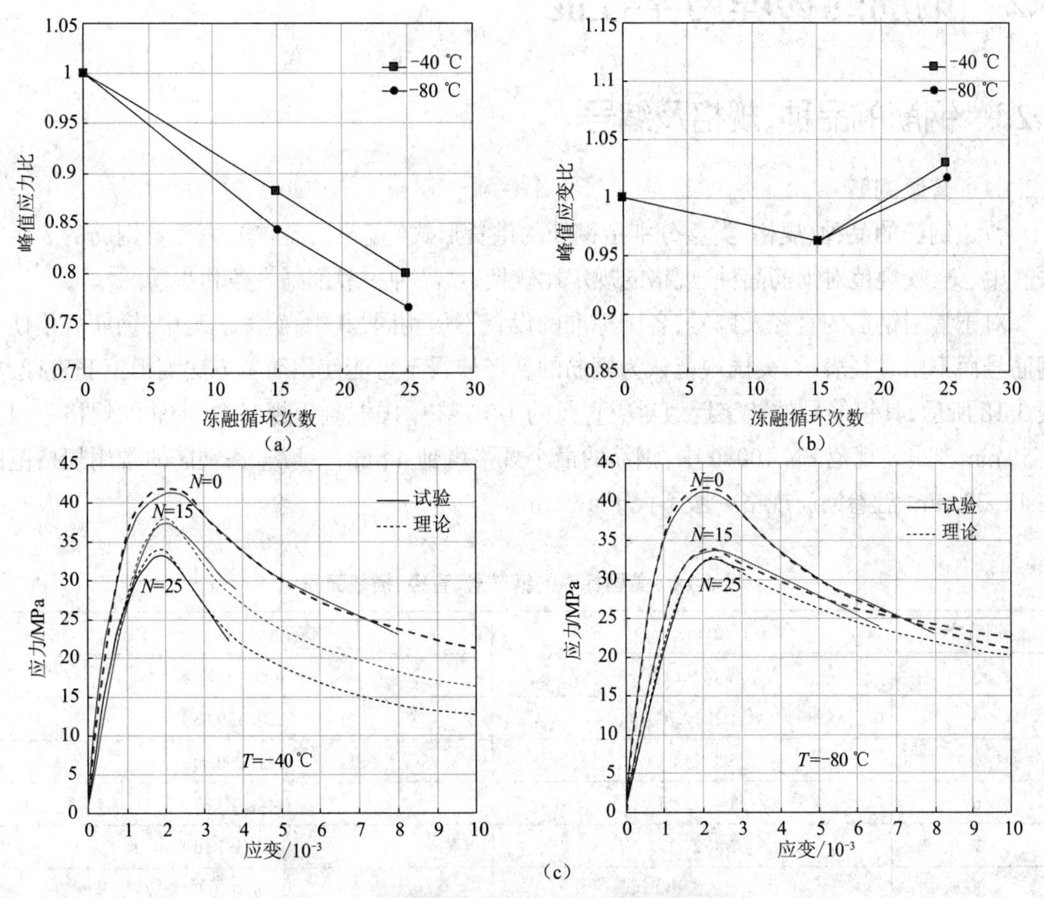

图 3-66　冻融循环对混凝土性能的影响

（a）峰值应力比与冻融循环次数的关系　（b）峰值应变比与冻融循环次数的关系　（c）冻融循环应力 - 应变全曲线比较

4. 增强机理

在低温环境下，孔隙水是影响混凝土强度的主要因素，因而研究孔及其所对应的孔隙水相变是探究混凝土在低温条件下性能必不可少的环节。混凝土作为一种多孔材料，其内部孔隙水分为 α-H_2O 和 β-H_2O。通过核磁共振试验发现，β-H_2O 在温度降低到 -53 ℃或升高到 120 ℃时其对应峰会消失，表明 β-H_2O 为易蒸发水，化学结合水（α-H_2O）在一定低温下则保持相对稳定。Dahmani 等认为 β-H_2O 的存在几乎是唯一对热应变滞后性能和开裂等起作用的因素。当 β-H_2O 消失后，低温下混凝土具有重复性的强度、渗透性和抗裂等性能。而混凝土的孔径主要取决于水灰比和养护条件。养护时间越长，水灰比所带来的影响越小。而孔径差异也导致混凝土中的孔隙水在低温下的性能与常规水不同。孔越小，则凝结温度越低，凝结的冰强度越高。而冰又是一种高强材料，且与混凝土这种多孔亲水材料的黏结强度非常高，所以混凝土与冰的结合强度在同一条件下远远大于冰的强度。因此，混凝土在超低温下的力学性能增强主要是由于低温下混凝土强度自身增强和混凝土中孔隙水结冰与混凝土黏结成整体并不断密实。

3.2 钢筋的物理力学性能

3.2.1 钢筋的品种、规格及编号

3.2.1.1 普通钢筋

普通钢筋的品种、规格、类型分别指钢筋的供货形式（直条或盘卷）、直径及钢筋的表示方法。中、美、欧规范对钢筋品种、规格的规定比较接近，品种一般都是直条和盘卷。

对于常用钢筋的直径及牌号，各国标准的设置不尽相同，其中，美国规范中，钢筋规格使用钢筋号而不用直径表示，美国规范认为钢筋的变形使得不可能使用简单方法测得钢筋直径，如表 3-18 所示，其钢筋号的数字近似对应直径的 1/8。在中国混凝土规范中，钢筋的规格一般为 6~50 mm。欧洲规范 EN 10080 中，钢筋的最小规格可到 4 mm，一般直条钢筋的常用规格范围在 12~32 mm，盘卷钢筋规格一般不大于 10 mm。

表 3-18 美国标准的钢筋号、直径、横截面积

钢筋号	直径 /in（mm）	横截面积 /in²（mm²）
3	3/8（9.53）	0.11（70.97）
4	1/2（12.70）	0.20（129.03）
5	5/8（15.88）	0.31（200.00）
6	3/4（19.05）	0.44（283.87）
7	7/8（22.23）	0.60（387.10）
8	1（25.40）	0.79（509.68）
9	9/8（28.58）	1.00（645.16）
10	5/4（31.75）	1.27（819.35）
11	11/8（34.93）	1.56（1 006.45）
14	7/4（44.45）	2.25（1 451.61）
18	9/4（57.15）	4.00（2 580.64）

从表 3-19 可以看出，对于钢筋的强度级别，各国标准整体思路上一般考虑低、中、高几种强度级别，在此基础上，再考虑其他特殊要求，如抗震要求。我国规范 GB 50010—2010 规定了五种级别，HPB300 级、HRB335 级、HRB400 级、RRB400 级和 HRB500 级，无特殊要求时均为普通用途，有特殊要求时可执行协议条款，即强屈比和反弯试验的规定。其中 HPB 表示热轧钢筋，HRB 表示热轧带肋钢筋，RRB 表示余热处理带肋钢筋。欧洲标准 EN 1992 规定了 B500A、B500B 和 B500C 三种级别。美国规范 ASTM A615 对变形和光圆碳钢做出了规定，其规定了三种级别，即 40 级（280 MPa）、60 级（420 MPa）、75 级（520 MPa）；规范 ASTM A706 对低合金变形和光圆钢筋做出规定，其仅仅规定了一种级别，60 级（420 MPa）。从整体上看，中、美规范兼顾了高、中、低三种强度级别，而欧洲规范没有设置低级别强度钢筋，其钢筋强度

从 400 MPa 起步，更偏向于中、高级别。

表 3-19　中、美、欧常用钢筋品种、规格、牌号

标准	牌号	直径规格 d/mm
GB 50010—2010	HPB300	6~22
	HRB335	6~50
	HRB400、RRB400	6~50
	HRB500	6~50
EN 1992	B500A	4~16
	B500B	6~40
	B500C	
ASTM A706	60 级（420 MPa）	3（10），4（13），5（16），6（19），7（22），8（25），9（29），10（32），11（36），14（43），18（57）
ASTM A615	40 级（280 MPa）	3（10），4（13），5（16），6（19）
	60 级（420 MPa）	6（19），7（22），8（25），9（29），10（32），11（36），14（43），18（57）
	75 级（520 MPa）	3（10），4（13），5（16），6（19），7（22），8（25），9（29），10（32），11（36），14（43），18（57）

注：3（10）表示钢筋直径 3/8 英寸（9.53 mm）符合第 10 号牌号要求，牌号不同钢筋物理性质不同，其他类推。

3.2.1.2　预应力钢筋

结构中预应力钢筋的使用能够缩小混凝土与普通钢筋拉应变之间的差距，充分利用材料的高强性能，提高结构的承载能力。在结构受到拉力时，能够首先抵消混凝土中预应力钢筋产生的预压力，并且延迟结构裂缝的出现与开展。因此，预应力钢筋的存在对提高结构的承载力作用十分明显。

GB 50010—2010 对预应力钢筋进行了分类与定义，见表 3-20。

表 3-20　GB 50010—2010 预应力钢筋分类及强度标准值

预应力钢材种类		符号	直径 /mm	屈服强度 /MPa	极限强度 /MPa	弹性模量 /MPa
中强度预应力钢丝	光面	APM	5，7，9	620	800	2.00
				780	970	
	螺旋肋	AHM		980	1 270	
预应力螺纹钢筋	螺纹	BT	18，25，32，40，50	785	980	2.05
				930	1 080	
				1 080	1 230	
消除应力钢丝	光面	CP	5	—	1 570	2.05
				—	1 860	
			7	—	1 570	
	螺纹肋	CH	9	—	1 470	
				—	1 570	

续表

预应力钢材种类		符号	直径 /mm	屈服强度 /MPa	极限强度 /MPa	弹性模量 /MPa
钢绞线	1×3(三股)	DS	8.6,10.8,12.9	—	1 570	1.95
				—	1 860	
				—	1 960	
	1×7(七股)		9.5,12.7,15.2,17.8	—	1 720	
				—	1 860	
				—	1 960	
			21.6	—	1 860	

欧洲标准 prEN 10080 对预应力钢筋进行了更为详细的分类与定义,见表 3-21。

表 3-21 prEN 10080 预应力钢筋分类及强度标准值

类型	牌号		公称直径 /mm	屈服强度 /MPa
钢丝	Y1860C		3.0,4.0,5.0	1 860
	Y1770C		3.2,5.0,6.0	1 770
	Y1670C		6.9,7.0,7.5,8.0	1 670
	Y1570C		9.4,9.5,10.0	1 570
钢绞线	A	Y1960S3	5.2	1 960
		Y1860S3	6.5,6.8,7.5	1 860
		Y1860S7	7.0,9.0,11.0,12.5,13.0,15.2,16.0	1 860
		Y1770S7	15.2,16.0,18.0	1 770
		Y1860S7G	12.7	1 860
		Y1820S7G	15.2	1 820
		Y1700S7G	18.0	1 700
	B	Y2160S3	5.2	2 160
		Y2060S3	5.2	2 060
		Y1960S3	6.5	1 960
		Y2160S7	6.85	2 160
		Y2060S7	7.0	2 060
		Y1960S7	9.0	1 960
热轧及热处理钢筋	光面	Y1100H	15.20,26.5,32,36,40	1 100
	螺纹	Y1030H	25.5,26,27,32,36,40,50	1 030
	螺纹	Y1230H	26.32,36,40	1 230
	光面	Y1230H	26.5,32,36,40	1 230

注:钢筋名称由以下几项组成:1. 欧洲标准号;2. 钢材名称(Y—预应力筋;名义抗拉强度;C—冷拔钢丝;S3/7—钢绞线中的钢丝数量;G—压缩钢绞线;H—热轧钢筋);3. 钢筋名义直径;4. 等级(A/B 级);5. 钢筋外形(光面 / 螺纹)。

美国标准 ASTM A416、ASTM A886 分别规定了无涂层 7 股钢绞线、刻痕 7 股应力松弛钢绞线的性能和要求，用于先张预应力混凝土结构，见表 3-22。

表 3-22　美国标准预应力钢筋等级及直径

规范	等级	直径 /mm
ASTM A416	1725(250)	6.4,7.9,9.5,11.1,12.7,15.2
	1860(270)	9.5,11.1,12.7,13.2,14.3,15.2,17.8
ASTM A886	1725(250)	6.4,7.9,9.5,11.1,12.7,15.2
	1860(270)	7.9,9.5,11.1,12.7,15.2

3.2.2　钢筋的强度及变形性能

3.2.2.1　应力 - 应变曲线

钢筋的强度和变形性能可以用拉伸试验得到的应力 - 应变曲线说明，热轧钢筋和普通低合金钢筋屈服后具有明显的流幅，如图 3-67(a)*BC* 段所示，在 *C* 点之后，钢筋进入强化阶段，过 *C* 点后，钢筋发生颈缩，变形集中在该处，到 *D* 点时，钢筋断裂。高碳钢筋的应力 - 应变曲线如图 3-67(b)所示，其没有明显的流幅，当应力达到最大值后不久，钢筋就拉断，延性较差。

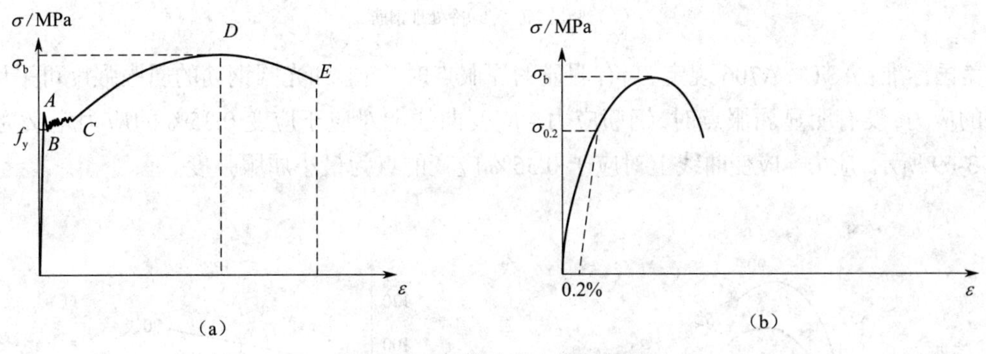

图 3-67　钢筋应力 - 应变曲线

(a)有明显流幅的钢筋　(b)没有明显流幅的钢筋

中国标准：对于有明显流幅的钢筋，GB 50010—2010 将屈服点对应的强度定义为钢筋的屈服强度，用 f_y 表示，曲线上的最大强度为极限抗拉强度，用 σ_b 表示。对于没有明显流幅的钢筋，取应力 - 应变曲线上残余应变为 0.2% 点对应的应力为屈服应力，称为条件屈服强度，同样，曲线上的最大强度为极限抗拉强度。

欧洲标准：规范 EN1993-1-1(2004)对钢筋强度的定义与我国相似，屈服强度表示为 f_y，极限抗拉强度表示为 $f_t = kf_y$，如图 3-68 所示，欧洲规范中对 k 的要求见表 3-23。

表 3-23 欧洲规范规定的钢筋特性

产品形式	直条和盘卷			要求值或分位值 /%
等级	A	B	C	—
特征屈服强度 f_{yk} 或 $f_{0.2k}$/MPa	400~600			5.0
$k=f_t/f_k$	≥ 1.05	≥ 1.08	≥ 1.15 <1.35	10.0
最大拉力时的特征应变 ε_{uk}	≥ 2.50	≥ 5.00	≥ 7.50	10.0

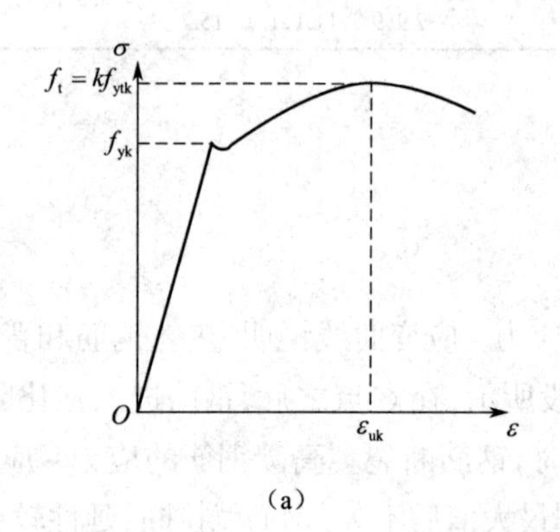

（a）

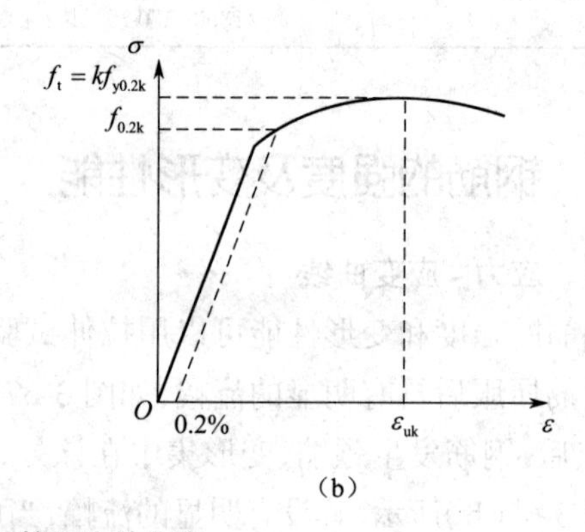

（b）

图 3-68 欧洲规范对钢筋强度的定义

（a）热轧钢筋 （b）冷处理钢筋

美国标准：ASTM A706 规定，当有明显的屈服点时，变形和光圆钢筋的屈服强度可采用屈服点的应力，没有明显屈服点时，钢筋应力 - 应变曲线上对应于应变 0.35% 的应力定义为 f_y，如图 3-69 所示，应力 - 应变曲线上对应于 0.35% 应变的点为最小屈服强度。

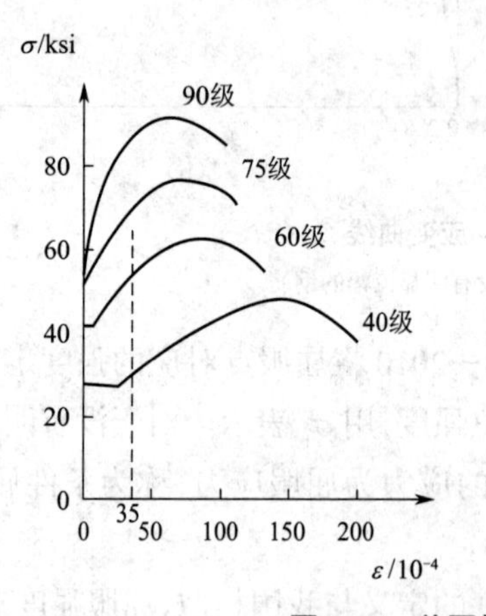

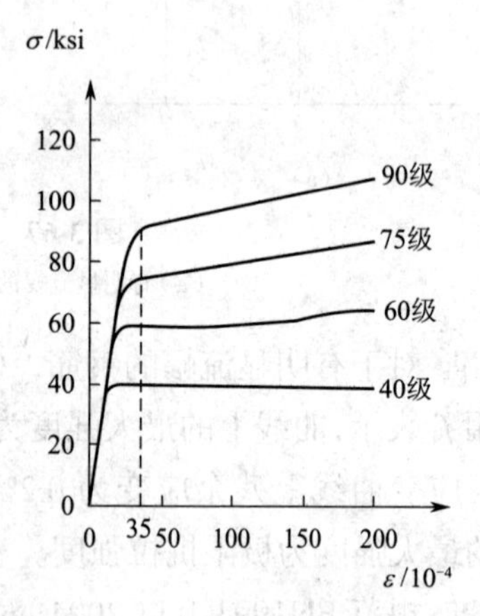

图 3-69 美国标准对钢筋强度的定义

注：1 ksi=1 000psi；1psi=1 千磅力 / 平方英寸。

美国标准：ASTM A615 规定，当有明显的屈服点时，变形和光圆碳钢的屈服强度按照屈服应力确定，没有明显屈服点时，按照规定的应变对应的应力确定，40 级和 60 级钢筋对应的应变取 0.5%，75 级钢筋对应的应变取 0.35%。

美国长期以来在钢筋混凝土中趋向于使用高强度钢筋，目前大部分采用屈服强度为 60 000psi（420 MPa）的钢筋，ACI 规范允许使用强度达 80 000psi（550 MPa）的钢筋，此类高强钢筋一般是逐渐屈服而没有屈服台阶，规范 ACI 318-05 规定，除预应力钢材外，钢筋的屈服应力不得超过 80 000psi（550 MPa），抗剪和抗扭钢筋在设计中取用的最大屈服强度为 60 000psi（420 MPa）。若屈服强度超过 60 000psi（420 MPa），f_y 取 0.35% 对应的应力值。

3.2.2.2　强度及变形性能

除了从物理上对钢筋强度进行定义外，由于钢筋材料性能的不确定性，还要从统计学的角度规定钢筋强度的标准值或特征值。统计表明，钢筋屈服强度服从正态分布，因此，可以从正态分布的角度定义钢筋的屈服强度。

中国规范：GB 50010—2010 取值具有 95% 以上保证率的屈服强度作为钢筋强度的标准值 f_{yk}，钢筋强度标准值是规定钢筋等级的代表值，如 HRB400 钢筋的标准屈服强度为 400 MPa。

在承载能力状态计算中，采用钢筋的强度设计值 f_y 和 f_y'。钢筋强度设计值根据钢筋材料分项系数及钢筋强度标准值确定：

$$f_y = \frac{f_{yk}}{\gamma_s} \tag{3-132}$$

式中：γ_s——钢筋材料分项系数，我国规范取 1.1。

欧洲规范：EN 1992-1-1（2004）也取 95% 保证率下的屈服强度作为钢筋屈服强度标准值 f_{yk}，欧洲规范设计和构造中使用的钢筋强度特征值上限值为 f_{yk}=600 MPa。与中国规范类似，欧洲规范在承载能力状态计算中，也引入了钢筋材料分项系数：

$$f_{yd} = \frac{f_{yk}}{\gamma_s} \tag{3-133}$$

欧洲规范对于持久和短暂状况，γ_s 建议取 1.15；偶然状况取 1.0；对于使用极限状态，建议取 1.0。

美国规范：在结构设计规范 ACI 318-05 将钢筋强度取为规定的强度，如取 60 级钢筋 f_y=60 000 psi（420 MPa）。

表 3-24 列出了中、美、欧规范中的普通钢筋强度标准值、设计值、弹性模量等基本力学指标。

表 3-24　普通钢筋基本力学性能

标准	牌号	f_{yk}/MPa	f_y/MPa	f_y'/MPa	E_s/GPa
GB 50010—2010	HPB300	300	270	270	210
	HRB335	335	300	300	200
	HRB400 RRB400	400	360	360	205
	HRB500	500	435	435	195

续表

标准	牌号	f_{yk}/MPa	f_y/MPa	f_y'/MPa	E_s/GPa
EN 1992	A、B、C	400	350	—	200
		500	435	—	
		600	520	—	
ASTM A706	60 级（420 MPa）	420	—	—	200
ASTM A615	40 级（280 MPa）	280	—	—	
	60 级（420 MPa）	420	—	—	
	75 级（520 MPa）	520	—	—	

延性是钢筋变形、耗能的能力，与破坏形态相关。工程事故调查表明，许多恶性事故并非强度不足，而是延性不足造成钢筋脆断导致的。

我国规范对延性的定义是以断口伸长率（δ_5、δ_{10} 和 δ_{100}）表示的，具有很大的局限性，因为它只反映钢筋拉断以后颈缩局部区域的残余变形而并不反映拉断前的平均总变形。我国规范规定的高强钢丝、钢绞线的延性较高，热轧钢筋的延性极好，均匀伸长率在 10%~20%，超过国外标准的要求。但钢筋冷加工后均匀伸长率却大幅下降，呈明显的脆性。我国规范规定的强屈比为 1.25，是根据需方要求保证的协议条款。

欧洲规范中，强屈比根据不同的用途，其指标也不相同，如对塑性要求较低的强屈比一般在 1.05 左右。对塑性仅有一般要求的，强屈比一般在 1.10 左右，而对塑性有较高要求的一般在 1.25 左右。强屈比还跟地震有关，地震少的地区或国家，对强屈比的要求低些，而地震多的地区或国家，对强屈比的要求要高些，所以我国对强屈比的要求要高于欧洲各国。

美国标准对伸长率的要求大都高于中国，一般伸长率随强度提高而降低，随直径增大而降低，采用 203 mm 标距，具体指标见表 3-25。

表 3-25 中、美、欧规范伸长率规定

标准		牌号	直径 /mm	伸长率 /%
GB/T 1499.1—2017		HPB235	8~20	≥ 25
GB/T 1499.2—2018		HRB335	6~25，28~50	≥ 16[a]
		HRB400		≥ 14[b]
		HRB500		≥ 12[b]
GB/T 13014—2013		RRB400	8~25，28~40	≥ 14[b]
ASTM A615	光圆碳钢	40 级	10~19	≥ 11~12[b]
	带肋碳钢	60 级	10~57	≥ 7~9[b]
		75 级		≥ 6~7[b]
ASTM A705	合金	60 级	10~57	≥ 10~14[b]
		80 级		

续表

标准		牌号	直径 /mm	伸长率 /%
prEN 10080—1999	Part 2	B500A	4~16	≥ 2.5
	Part 3	B500B	6~40	≥ 5.0
	Part 4	B450C		≥ 7.5

注：① a 表示按照试件 5*d* 段内伸长量计算；

② b 表示按照试件规定区段（203.2 mm）内伸长量计算。

3.2.3　钢筋的徐变和松弛

3.2.3.1　钢筋的徐变

钢筋的徐变又称蠕变，是指钢筋在应力不变的情况下，变形随时间增长的现象。

钢筋的徐变是金属晶粒在高应力作用下随时间发生塑性变形和滑移的结果，在工程中，钢筋的徐变使结构的变形增大，降低结构的延性及抗裂性。徐变和温度的关系很大，当温度较低时，徐变的影响不是很明显，随着温度的增加，徐变会越来越大。因此，在某些特殊环境下，特别是预应力混凝土结构中，钢筋徐变造成的影响不可小视。

钢筋徐变（蠕变）试验可在专门的蠕变试验机上进行，试验期间的温度和所受应力保持恒定。随着试验时间的延长，试样逐渐伸长。试样标距内的伸长量通过引伸计测出后，输入记录仪中，自动记录试样的伸长和时间的关系曲线，如图 3-70 所示，此即为徐变曲线。图中 ε_0 表示使用加载后立即产生的瞬间应变，这部分变形不算作徐变。

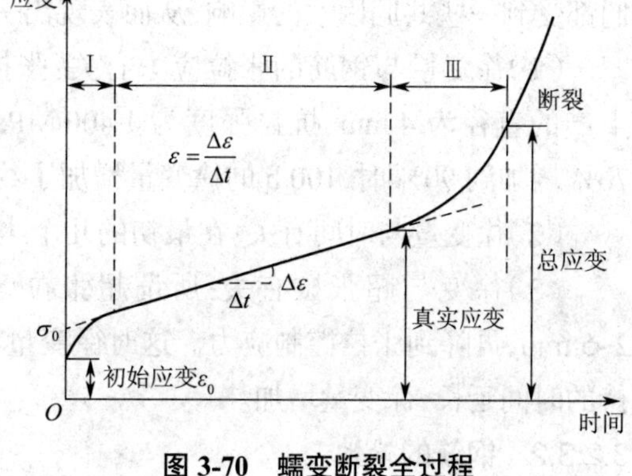

图 3-70　蠕变断裂全过程

徐变可大致分为三个阶段。

第Ⅰ阶段是指瞬间应变 ε_0 以后的形变阶段，这个阶段的徐变速率（$\varepsilon=\mathrm{d}\varepsilon/\mathrm{d}t$）随时间的增长不断下降，该阶段通常被称作减速变形阶段。

第Ⅱ阶段的徐变速率 ε 保持不变，说明徐变硬化与软化过程相平衡。这一阶段的徐变量最小，通常称之为稳态徐变或恒速徐变阶段。

第Ⅲ阶段徐变速率随时间增长又开始增加，最后导致断裂。这一阶段称为加速徐变阶段。

当然，并非在所有情况下徐变曲线均由三个阶段组成，在钢筋混凝土中，钢筋受力变形相对较小，几乎没有第Ⅲ阶段。

对于整个徐变曲线，可用如下公式来描述：

$$\varepsilon=\varepsilon_0+\beta t^n+\alpha t \tag{3-134}$$

式中：β、α 和 n 均为常数，且 $0<n<1$；第二项反映减速徐变应变；第三项反映恒速徐变应变。

上式对 t 求导，得

$$\dot{\varepsilon}=\beta n t^{n-1}+\alpha \tag{3-135}$$

当 t 很小时,也就是开始徐变试验时,第一项起主要作用,它表示应变速率随时间的增加而逐渐减小,亦即表示第Ⅰ阶段的徐变。当 t 增大时,第二项逐渐起主导作用,应变速率接近恒定值,亦即第Ⅱ阶段徐变。ε_0、β、α 等常数随温度、应力和材料而改变。其中 α 的物理意义是第Ⅱ阶段的徐变速率。

有些文献为了反映温度和应力对徐变应变的影响,采用了下面的经验关系式:

$$\varepsilon = A'\sigma^n \left[t\exp\left(-Q_c/kT\right)\right]^{m'} \tag{3-136}$$

式中:A',n,m'——常数;

Q_c——徐变激活能;

k——玻尔兹曼常数;

T——绝对温度。

由式(3-136)可知,徐变应力和应变与温度均成指数关系。温度 T 为常量时,式(3-136)对 t 求导得

$$\dot{\varepsilon} = k\sigma^n t^m \tag{3-137}$$

式中:$k = m'A'\left[\exp\left(-Q_c/kT\right)\right]^m$,$m = m'-1$。

根据对钢筋徐变试验结果的分析,虽然不同类型和性质的钢筋具有不同的徐变量,但是它们都受到一些共同因素的影响,从而表现出一些共同的徐变特性。钢筋徐变的影响因素如下。

(1)徐变量与钢筋的张拉应力有关:张拉应力越大,徐变量越大,反之越小。如天津钢厂生产的直径为 4 mm、抗拉强度为 1 400 MPa 的高强钢丝,当钢丝的张拉应力从抗拉强度的 70% 增加到 90% 时,100 h 的徐变量增加了约 4 倍,1 000 h 的徐变量增加了约 5 倍。

(2)徐变量与时间有关:在最初的几个小时,徐变增长特别快,100 h 后增长很少。

(3)徐变与超张拉有关:所谓超张拉,是指张拉钢筋的应力超过张拉控制应力,维持 2~5 min,再降到张拉控制应力。这时徐变量与正常张拉的不一样,随着超张拉应力的增加,维持的时间延长,徐变量增加。

3.2.3.2 钢筋的松弛

1. 钢筋松弛的概念

钢筋的松弛是指钢筋在应变不变的情况下,其内部应力随时间减小的现象。

松弛和徐变可以说是同一物理现象的不同表达形式,也可以把松弛现象看作应力不断降低的"多级"徐变,徐变抗力高的材料,其应力松弛抗力一般也高。

在数值上,松弛和徐变可以进行互换,如图 3-71 所示。图中曲线Ⅰ为钢筋瞬时应力 - 应变曲线,曲线 t 为经过任意时间 t 后的应力 - 应变曲线,而曲线Ⅱ为假定经过无限长的时间后的钢筋应力 - 应变曲线。ε_{ft} 为钢筋经过 t 时长后的徐变值,$\varepsilon_{f\infty}$ 为最终徐变值,而 $\Delta\sigma_\infty$ 为最终松弛值。那么,徐变和松弛的关系可近似地表达为

$$\varepsilon_{f\infty} = \Delta\sigma_\infty / E_\sigma \tag{3-138}$$

式中:E_σ——应力 - 应变曲线在 σ 处的斜率。

把材料总应变 ε 写作弹性应变 ε_e 和塑性应变 ε_p 之和,由于发生应力松弛时总应力不变,因而有

$$\varepsilon=\varepsilon_e+\varepsilon_p=常数 \tag{3-139}$$

在松弛过程中，随着时间的增长，一部分弹性变形转变为塑性变形，即弹性变形 ε_e 不断变小，所有钢筋中的应力相应变小。钢筋中弹性变形的减小和塑性变形的增加是同时等量的。

应力松弛曲线是在给定温度和总应变条件下，测定的应力随时间变化的曲线，如图 3-72 所示。由于试件上的初始应力为 σ_0，在开始阶段应力下降得很快，称为松弛第 Ⅰ 阶段，之后，曲线下降较慢，称为松弛第 Ⅱ 阶段。最后，曲线趋向与时间轴平行，此时的应力称为松弛极限 σ_r。它表示在一定的初应力和温度下，不再继续发生松弛的剩余应力。

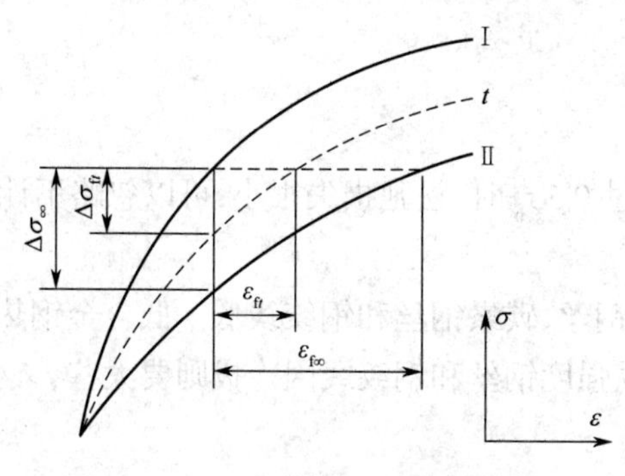

图 3-71　钢筋徐变和松弛的关系

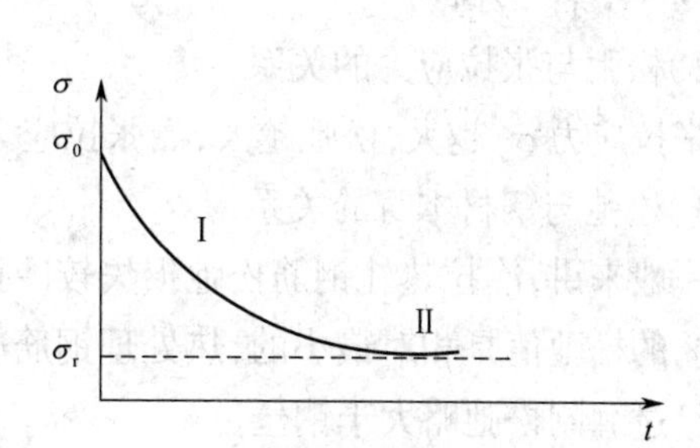

图 3-72　典型的应力松弛曲线

2. 钢筋松弛的影响因素

松弛随着时间而增长，且与初始应力、温度和钢材种类等因素相关，下面针对这些影响因素加以分析。

1）松弛与时间的关系

试验表明，在第一个小时中应力松弛非常显著，可以完成 100 h 松弛的 50%~60%，习惯上，把 1 000 h 发生的松弛作为推断长期松弛的依据。国际预应力混凝土协会（FIP）给出的 100 h 的松弛约占 1 000 h 松弛的 55%。表 3-26 为常温 20 ℃下 1 000 h 内松弛随时间的大概变化规律。

表 3-26　常温下松弛与时间的关系

时间 /h	1	5	20	100	200	500	1 000
与 1 000 h 松弛之比 /%	15	25	35	55	65	85	100

实际上，钢筋松弛在 1 000 h 后依然继续，法国 Guyon 曾给出表 3-27 的数据。

表 3-27　Guyon 试验值

时间 /h	1	100	1 000	10 000（14 个月）	100 000（10 年后）
占松弛比 /%	21	51	72	90	98

松弛和时间的关系一般采用指数曲线。FIB 给出的松弛和时间的关系式为

$$\lg \frac{\Delta\sigma_{pt}}{\sigma_{pi}} = \lg \frac{\Delta\sigma_{pT}}{\sigma_{pi}} + K(\lg t - \lg T) \tag{3-140}$$

式中:σ_{pi}——初始应力;

$\Delta\sigma_{pt}$,$\Delta\sigma_{pT}$——在时间 t 和 T 时的应力损失;

K——系数,与预应力钢材类型有关,表示在 T 时间后实线的斜率。

在没有试验资料时,可用经验公式表示钢筋 h 小时后的松弛损失值 $\Delta T(h)$:

$$\Delta T(h) = \Delta T_{\infty}(10^{\sqrt[4]{h/10\,000}}) \tag{3-141}$$

式中:ΔT_{∞}——钢筋的总松弛损失值;

h——若干小时。

2)松弛与张拉应力的关系

张拉应力 σ_k 越大,松弛越大;当张拉应力不超过 $0.5\sigma_b$ 时,松弛损失很小,可以忽略不计。

3)松弛与钢材本身的关系

一般来讲,冷拉热轧钢筋松弛损失较冷拔低碳钢丝、碳素钢丝和钢绞线低。低合金钢热轧粗钢筋的松弛值是相对最小的,热处理钢筋次之,高强度钢丝和钢绞线因冷拔则要大些。钢绞线因经过缠制松弛略大于钢丝。

4)松弛与温度的关系

应力松弛随着温度的升高而增加,同时这种影响还会长期存在。初始应力为 $0.75\sigma_b$ 时,相对于 20 ℃,1 000 h 后由于松弛引起的应力损失的比例见表 3-28。

表 3-28　松弛与温度的关系

时间	20 ℃	40 ℃	60 ℃	100 ℃
初始 1 000 h	1	1.9	3.3	7.8
30 年后 1 000 h	1	1.9	2.7	6.2

因此,采用蒸汽养护或者处于高温状态下的混凝土构件,应该考虑温度对预应力松弛的影响。

3. 减小钢筋松弛的措施

减小松弛损失的方法主要可以归结为两类:一类是采用超张拉的办法;另一类是采用低松弛高强度的钢筋、钢丝和钢绞线。

1)超张拉

既然松弛是徐变的另一种表达形式,超张拉当然可以减小松弛,超张拉越大,松弛就越小。

2)采用低松弛高强度的钢筋、钢丝和钢绞线

这种低松弛高强钢材有两种,一类是应力消除的高强钢丝和钢绞线,另一类是经过专门"稳定"处理得到的低松弛高强钢丝、钢绞线和某些粗钢筋。后者的所谓专门"稳定"处理(如形变热处理),即在一定温度下(如 350 ℃)和拉应力作用下对钢丝进行预先张拉处理。

这两类钢材在不同控制应力下 1 000 h 的松弛情况见表 3-29。从表 3-29 可知,专门处理

后应力松弛仅仅为前者的 1/3~1/4。

表 3-29　两类钢材的松弛情况对比

σ_k/σ_b	0.6	0.7	0.8
应力消除	4.5%	8%	12%
专门处理	1%	2%	4.5%

3.2.4　钢筋的锈蚀

3.2.4.1　钢筋的锈蚀机理

钢筋的锈蚀使受力截面面积减小，锈蚀层膨胀使混凝土保护层沿钢筋方向开裂，而后脱落，不仅影响了钢筋混凝土结构的正常工作，而且大大影响了耐久性。

在日本，大约有 21.4% 的钢筋混凝土结构损坏实例是因为钢筋锈蚀引起的，如果再加上混凝土碳化引起的损坏则所占的比例更高。苏联有关资料统计，仅仅厂房受腐蚀损坏的总额就占其固定资产的 16%，有些厂房的钢筋混凝土结构使用 10 年左右即严重损坏，需要经常维修，有些建筑物的维修费用已超过其原价。另外，钢筋锈蚀还常引起一些建筑物的倒塌事故。

因此，钢筋锈蚀已越来越引起人们的注意，许多国家都十分重视研究混凝土结构中钢筋的锈蚀和防护问题，不断推出新的检测评价方法与监控防护措施。

钢筋的锈蚀过程是一个电化学反应过程。混凝土孔隙中的水分通常以饱和的氢氧化钙溶液形式存在，其中还含有一些氢氧化钠和氢氧化钾，pH 值约为 12.5。在这样的强碱性环境中，钢筋表面形成钝化膜，阻止钢筋进一步腐蚀。因此，施工质量好、没有裂缝的钢筋混凝土结构，即使处在海洋环境中，钢筋基本上也不会发生锈蚀。但是，一旦由于某些原因使钢筋表面的钝化膜受到破坏，成为活化态时，钢筋就容易发生锈蚀。

呈活化态的钢筋表面所进行的锈蚀反应的电化学机理是：当钢筋表面有水分子存在时，就发生铁电离的阳离子反应和溶解态氧还原的阴极反应，互相以等速度进行，其反应式如下。

阳极反应

$$2Fe - 4e^- \rightarrow 2Fe^{2+} \tag{3-142a}$$

阴极反应

$$2H_2O + O_2 + 4e^- \rightarrow 4OH^- \tag{3-142b}$$

锈蚀过程的全反应是阳极反应和阴极反应的组合，在钢筋的表面析出氢氧化亚铁（图 3-73），其反应式为

$$2H_2O + O_2 + 2Fe \rightarrow 4OH^- + 2Fe^{2+} \rightarrow 2Fe(OH)_2 \tag{3-143}$$

该化合物被溶解氧化后生成氢氧化铁（$Fe(OH)_3$），并进一步生成 $nFe_2O_3 \cdot mH_2O$（红锈），部分氧化不完全生成 Fe_3O_4（黑锈），在钢筋表面形成锈层，红锈体积可膨胀至原体积的 4 倍，黑锈体积可膨胀为原来的 2 倍。铁锈体积膨胀使得周围混凝土产生压力，使得混凝土沿钢筋方向开裂，进而使保护层成片脱落，而裂缝及保护层的剥落又进一步导致更剧烈的腐蚀。

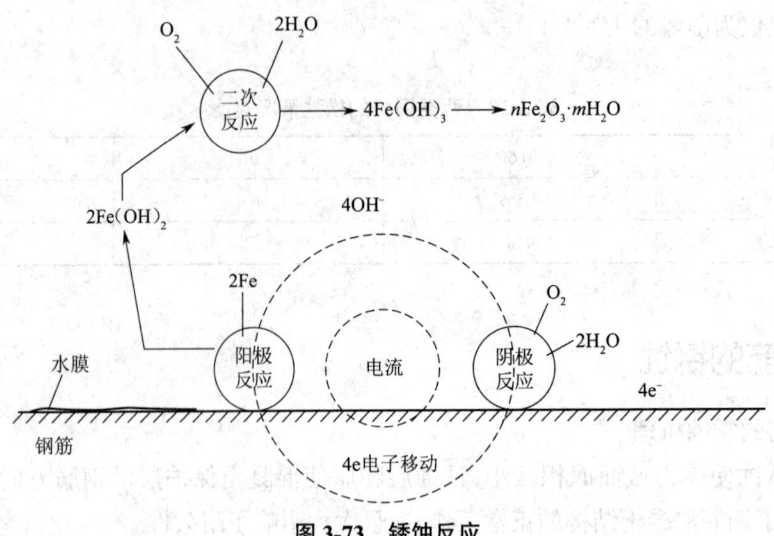

图 3-73 锈蚀反应

3.2.4.2 混凝土中钢筋锈蚀的主要因素

1. 普通钢筋混凝土中的钢筋

普通钢筋混凝土中钢筋锈蚀的因素是多方面的,它们之间的相互关系很复杂,其中主要因素有以下几个方面。

1)碱度和氯化物浓度

混凝土中碱性成分在钢筋表面形成钝化膜,其可靠性和保护能力取决于混凝土的碱度。碱度越高(pH值越大),钝化膜的保护作用越强。但当碱性成分被溶化和碳化作用产生影响,使混凝土的碱度降低或存在有害成分时,则钝化膜被破坏而引起钢筋锈蚀。破坏钢筋钝化膜的有害成分有卤素离子、硫酸根离子、硫离子等,其中氯离子的破坏能力最强,对钝化膜产生局部性的破坏,使钢筋表面形成点状腐蚀,因此,对混凝土中的氯化物含量要加以控制。

2)氧

钢筋锈蚀的最基本因素是,存在氧化物、pH值低以及钢筋表面有氧和水存在等。例如:当海水浸入钢筋表面时,即使氯化物中的氯离子破坏了钝化膜,但只要氧达不到钢筋表面,钢筋锈蚀就不会发生。氧是以溶解态存在于海水中的,但扩散速度很慢。因此,浸没在海水中的钢筋混凝土结构,钢筋不易锈蚀。而处于海面上的钢筋混凝土结构,则因为有充足的氧,其钢筋特别容易锈蚀。但若钢筋密实度好,渗透率低,则可以有效限制氧的进入,防止钢筋的锈蚀。混凝土中氧的扩散性能因其质量和保护膜厚度而异,一般认为,钢筋表面的钝化膜要比混凝土本身阻止扩散的能力大。

3)透水性

存在水分是钢筋锈蚀的基本条件。因此,混凝土的透水性越强,水分越容易进入混凝土,钢筋越容易锈蚀。水灰比对混凝土的透水性影响很大,降低水灰比,可提高钢筋的抗蚀性。此外,保护层厚度对透水性有影响,从而对钢筋抗腐蚀性能也有影响。

4)碳化

混凝土中的氢氧化钙和二氧化碳反应生成碳酸钙,所以,处于空气或含有二氧化碳环境中的混凝土,其表面将逐渐失去碱性。当混凝土与水接触时,其中的氢氧化钙会析出。混凝土在这些化学反应作用下,由于高碱性而在钢筋表面形成的保护膜遭到破坏,从而加速了钢筋的锈蚀。通常,混凝土的碳化速度很慢,碳化层厚度往往在 2~3 mm 以下。

5)电池效应

混凝土中钢筋的锈蚀不仅仅是由于钝化膜破坏导致的,有时,也因为混凝土内部或外部环境的不均匀电池效应而产生。这类电池效应有以下三种情况。

(1)异种金属接触作用。若在混凝土中存在相互接触的异种金属,则在两种金属之间形成“电池”,低电位一方的金属成为阳极而引起锈蚀。在潮汐环境或有氯化物存在时,必须避免使用异种金属。由于异种金属接触引起的电池效应的强弱和影响范围,由两种金属间的电位差、形状、面积比、混凝土含水量、孔隙率等因素决定,所以,即使是同一种金属,有时也会形成类似的电池作用。例如:混凝土中钢筋的一部分未使用混凝土覆盖而裸露在外面,则在由混凝土覆盖的钢筋和裸露部分的钢筋之间便形成了活化 - 碳化电池。这种电池可产生数百毫伏的电位差,使裸露部分的钢筋剧烈腐蚀。

(2)浓差电位差。当混凝土中各部分的氧化物、氯化物浓度或碱浓度不同时,则在低浓度处的钢筋成为阳极,高浓度处的钢筋成为阴极,形成浓差电池,从而促进阳极部分钢筋锈蚀。其中,氧浓差电池对钢筋锈蚀的影响尤其显著。

(3)泄漏电流引起的电锈蚀。一般交流电在混凝土结构中危害不大,但有直流电经过时,若有泄漏的电流产生,就会使钢筋剧烈腐蚀。在优质混凝土中,即使有少量的泄漏电流,也不会破坏钢筋的钝化膜,不致引起电锈蚀。但是,已经碳化部分的钢筋容易引起电锈蚀。

2. 预应力混凝土中的钢筋

预应力混凝土中的高强钢筋(钢丝、钢绞线等),因其工作应力比普通混凝土中的钢筋工作应力高,而截面却小很多,所以预应力钢筋受锈蚀的影响比普通钢筋混凝土严重很多。国外文献中介绍过不少因为预应力钢筋锈蚀造成预应力混凝土结构损坏的实例,其主要有下面三种形式。

1)锈坑腐蚀

锈坑腐蚀的原因和普通混凝土的电化学腐蚀相同,但就预应力钢筋而言,锈坑腐蚀比均匀腐蚀严重得多。因为锈坑产生的槽口效应会引起应力集中,严重降低钢筋的延性和疲劳强度,将严重影响结构的安全。

预应力混凝土构件在短期活载作用下出现的裂缝,在活载移去后,即会闭合或者宽度减至很小,所以水分和氯化物侵入混凝土的机会很小。因此对于预应力混凝土而言,采用密实的渗透性低的混凝土材料以及具有一定厚度的保护层是防止钢筋锈蚀的关键措施。此外,对后张法预应力混凝土构件的管道灌浆要求密实均匀,锚具要采取防腐蚀措施。

2)应力腐蚀

应力腐蚀是一种在腐蚀介质和拉应力共同作用下钢筋产生晶间或穿晶断裂的现象,其可以看作电化学腐蚀和力学的复合作用下导致断裂的过程。应力腐蚀的发生要满足三个条件。

Ⅰ.使用易于腐蚀的钢材

热处理过的钢材和油里淬火回火钢丝比冷拔钢丝易于锈蚀,螺纹钢筋比光圆钢筋易于锈蚀,冷拉钢筋比未经冷拉的钢筋易于锈蚀。

Ⅱ.钢筋承受高拉应力

在预应力钢筋截面曲率突变处,预应力钢筋可能同时承受高拉应力和弯曲应力的共同作用。

Ⅲ.存在轻微氧化作用的腐蚀剂

存在硝酸盐、氯化盐、氢氧离子、水分和电位差等导致锈蚀的因素。

3)氢脆腐蚀

这是由硫化氢与钢筋的化学反应引起的。例如:使用含有硫化氢的高铝水泥时,由于氢原子半径小,所以具有渗透金属的能力。氢原子进入钢筋中,改变了预应力钢筋的力学性能,特别是改变了钢筋的延性和疲劳强度,就发生了氢脆腐蚀。

混凝土中的钢筋锈蚀是多种因素综合作用的结果,因此防止钢筋锈蚀也必须从多方面入手采取综合措施,如合理选材、提高混凝土的密实度、增加保护层厚度、采用耐腐蚀钢筋、对钢筋混凝土结构喷刷防腐涂层、采用特种混凝土以及采用钢筋阻锈剂等。

3.2.5 钢筋的疲劳

疲劳破坏是指钢筋在承受重复周期动荷载下,经过一定次数后,钢材从塑性破坏变成脆性破坏突然断裂,此时钢筋的最大应力低于在静荷载下钢筋的极限强度,有时也低于屈服强度。在某一规定应力幅度内经受一定次数循环荷载后才发生的疲劳破坏的最大应力称为疲劳强度。

3.2.5.1 钢筋的疲劳及其机理

1.循环加载的特征参数

循环应力是指随时间呈周期性变化的应力,变化波通常采用正弦波,如图 3-74 所示。应力循环特征可用下列参数表示。

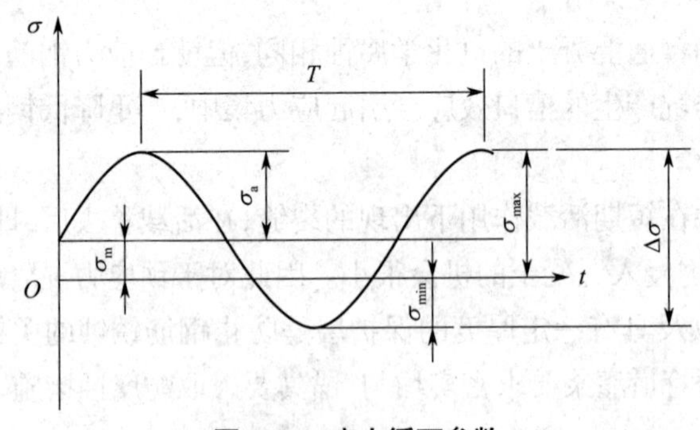

图 3-74 应力循环参数

(1)应力幅 σ_a 或应力范围 $\Delta\sigma$。$\sigma_a=\dfrac{\Delta\sigma}{2}=\dfrac{\sigma_{max}-\sigma_{min}}{2}$,其中,$\sigma_{max}$ 和 σ_{min} 分别为循环最大应力和循环最小应力。

(2)平均应力 σ_m 或应力比 R。$\sigma_m=\dfrac{\sigma_{max}+\sigma_{min}}{2}$,$R=\sigma_{min}/\sigma_{max}$。

(3)加载频率 f,单位为 Hz。

钢筋在弹性范围循环加载,应力与应变呈线性关系。当循环加载超出弹性范围时,材料的应力 - 应变不再保持简单的线性关系,可以用循环滞后来表示,如图 3-75,从原点 O 加载到 A 点的 1/4 循环中,除了产生弹性应变外,还产生塑性应变。则总应变为

$$\varepsilon_t=\varepsilon_e+\varepsilon_p \tag{3-144}$$

式中:ε_e——弹性应变;

ε_p——塑性应变。

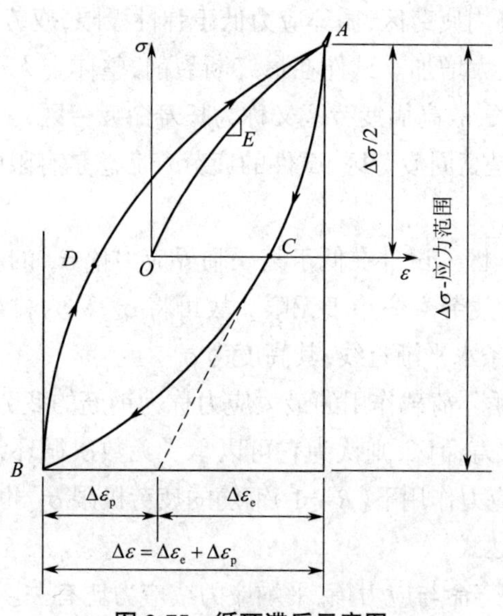

图 3-75 循环滞后示意图

如果从 A 点卸载至 C 点,然后反向加载到 B 点,之后卸载至 D 点,重新加拉伸荷载到 A 点,则形成一个完整的滞后环。在一个循环中,应力变化为 $\Delta\sigma$,应变变化则为

$$\Delta\varepsilon=\Delta\varepsilon_e+\Delta\varepsilon_p \tag{3-145}$$

式中:$\Delta\varepsilon_e$,$\Delta\varepsilon_p$——弹性应变范围和塑性应变范围,其中 $\Delta\varepsilon_e=\Delta\sigma/E$,$\Delta\varepsilon_p$ 由环中部宽度 CD 给出。

2. 循环疲劳寿命和疲劳曲线

疲劳寿命 N_f 定义为从循环加载开始到试件疲劳断裂所经历的应力循环次数。

当应力比 R 为一定值时,在不同的应力幅 σ_a 下试验一组试件,每个试件的试验结果对应 σ_a-N_f 平面上的一个点,这样就得到了一组点,连接这些点所得的曲线称为疲劳寿命曲线(S-N 曲线),图 3-76 为当应力比为 -1 的时候,得到的一条典型的疲劳寿命曲线。

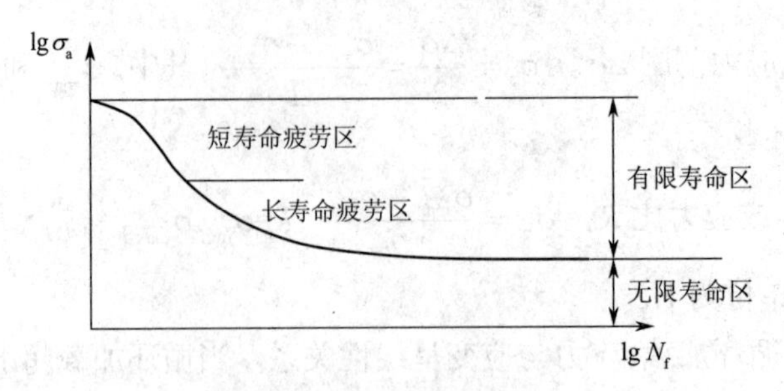

图 3-76 典型疲劳寿命曲线

疲劳寿命曲线可以分为三个区。

（1）低周疲劳区。在很高的应力下，在很少次的循环后，试件即发生断裂，并带有明显的塑性变形。一般认为，低周疲劳发生在循环应力超出弹性极限后，疲劳寿命 N_f=1~10^4，因此，低周疲劳区又称为短寿命疲劳区。

（2）高周疲劳区。在高周疲劳区，循环应力低于弹性极限，疲劳寿命长，$N_f>10^4$，且随着循环应力的降低，循环寿命大大增加。试件在最终断裂前，整体上无可测的塑性变形，呈现脆性断裂，在此区内，试件寿命长，故高周疲劳区又称为长寿命疲劳区。

无论是低周疲劳区还是高周疲劳区，试件的疲劳寿命总是有限的，故将上述两个区合称为有限寿命区。

（3）无限寿命区或安全区。试件在低于某一临界应力幅 σ_{ac} 的应力作用下，可以经受无数次应力循环而不发生断裂，疲劳寿命趋于无限。故可将 σ_{ac} 称为材料的理论疲劳极限，在大多数情况下，S-N 曲线存在一条水平渐近线，其高度为 σ_{ac}。

钢筋能无限期地抵抗循环荷载作用的最大应力称为钢筋的疲劳强度 R_f。由以上的 S-N 曲线可知，一旦钢筋进入无限寿命区，则认为它可以承受无数次循环，此时的最大应力则为钢筋的疲劳强度。故在此循环应力作用下（$R=-1$）钢筋的疲劳极限 σ_{ac} 也就是它的疲劳强度 R_f。

3. 疲劳寿命的通用表达式

上述表明，钢筋的疲劳寿命与应力幅、平均应力或应力比有关。通用的疲劳寿命表达式为

$$N_f = A'\left[\sigma_{eqv} - \left(\sigma_{eqv}\right)_c\right]^{-2} \tag{3-146}$$

$$\sigma_{eqv} = \sqrt{\frac{1}{2(1-R)}}\Delta\sigma = 2\sigma_a\sqrt{\frac{1}{2(1-R)}} \tag{3-147}$$

式中：σ_{eqv}——当量应力幅；

$(\sigma_{eqv})_c$——当量应力幅表示的理论疲劳极限；

当 $R=-1$ 时，$\sigma_{eqv}=\sigma_a$，因此，对称循环应力下的疲劳是非对称循环应力下疲劳的一个特例。

4. 疲劳极限及其试验测定

疲劳极限即试件经受无限次的应力循环而不发生断裂所能承受的上限循环值。直接用试验测定试件的理论疲劳极限是不可能的，因此，在工程实践中，将疲劳极限定义为：在指定的疲劳寿命下，试件所能承受的上限应力幅值。这里的指定疲劳寿命，对于公路桥梁结构来说，通

常取 N_f=200 万次，铁路桥梁结构通常取 300 万次。试验中通常通过单点试验法及升降法测定疲劳极限。

测定疲劳强度最简单的方法是单点试验法，这里以应力比 R=−1 示意，此时的疲劳极限为 σ_{-1}。

假定在应力幅 $\sigma_{a,i}$ 作用下，试件的疲劳寿命 N_f<200 万次；降低应力幅至 $\sigma_{a,i+1}$，若疲劳寿命 N_f 大于 200 万次，且

$$\Delta\sigma_{a,i} = \sigma_{a,i} - \sigma_{a,i+1} \leqslant 5\%\sigma_{a,i} \tag{3-148}$$

则疲劳极限 σ_{-1} 为

$$\sigma_{-1} = (\sigma_{a,i} + \sigma_{a,i+1})/2 \tag{3-149}$$

如果 $R \neq -1$，即非对称循环应力下，分别以最大应力 σ_{max}、寿命 N_f 为纵坐标和横坐标，可以得到类似图 3-76 的曲线。此时的疲劳极限 σ_{ac} 相应为

$$\sigma_{ac} = (\sigma_{max,i} + \sigma_{max,i+1})/2 \tag{3-150}$$

上述单点试验法测得的疲劳极限，精度不高，因而常采用升降法测得疲劳强度。升降法实质上是单点法的多次重复，具体细节可查阅相关资料。

3.2.5.2　影响疲劳的主要因素

影响钢筋疲劳的因素很多，例如循环应力的幅度、最小应力值、钢筋的外表几何特性、钢筋直径、钢筋等级及轧制工艺等，下面对一些主要的影响因素进行讨论。

（1）应力幅：应力幅是影响钢筋疲劳强度的主要影响因素。应力幅越大，则钢筋的疲劳强度越低。钢筋的疲劳强度与应力幅之间的关系常用应力幅和循环次数的 S-N 曲线描述。

（2）最小应力值：最小应力值对疲劳强度的影响仅次于应力幅，最小应力值的增加在长寿命疲劳区和无限寿命区都使得钢筋的疲劳强度降低。

（3）外表几何特性：变形钢筋能增强钢筋和混凝土之间的黏结力，但在循环作用下，鼓出的肋与钢筋表面连接处产生应力集中现象，这是产生钢筋疲劳裂缝的主要原因。图 3-77 为变形钢筋横肋底部的半径和肋高之比（r/h），其影响肋底部应力集中系数（增大 1.5~2.0 倍），增大 r/h 值，有利于疲劳强度的提高。

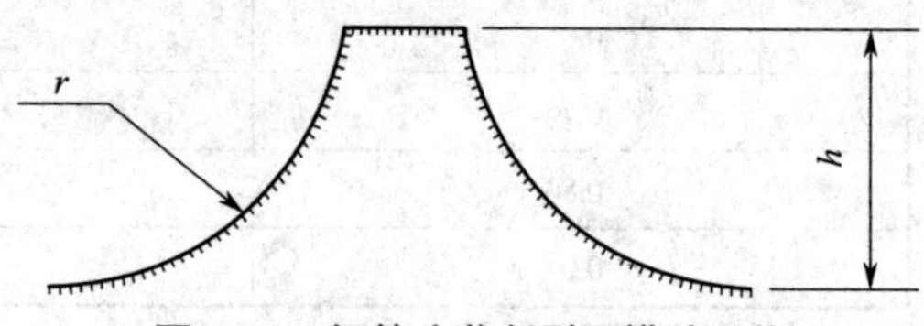

图 3-77　钢筋疲劳断裂面横肋形状

（4）强度等级：提高钢筋的强度等级，其疲劳强度的绝对值增大。

（5）加工和环境：钢筋经过弯折、焊接、机械拼接等加工，或者在空气和海水中遭受腐蚀，受影响的局部造成损伤，钢筋受力后加剧了应力集中现象，不利于其疲劳性能。

3.2.5.3　钢筋疲劳强度的计算方法

为了建立疲劳强度或疲劳应力幅限值的计算方法，需要开展大量钢筋疲劳试验。首先，确定影响钢筋疲劳强度或疲劳应力幅限值的各种影响因素；在此基础上，对钢筋疲劳强度或疲劳应力幅影响因素的试验数据进行统计和处理，通过概率方法及相关分析，找出各因素与 S-N 曲线的关系；为了使问题简单明了，同时给出出于工程计算的考虑，对于钢筋疲劳的长寿命疲劳

区和无限寿命区，通常只考虑各主要因素，而忽略次要因素的影响（通常只考虑最小应力值和钢筋几何外形（r/h）对应力幅的影响）。这样，通过回归拟合并对 S-N 曲线进行适当简化，得出钢筋疲劳强度或疲劳应力幅限值的简化计算公式如下。

当在无限寿命区时：

$$\Delta\sigma = 145 - 0.33\sigma_{\min} + 55(r/h) \tag{3-151}$$

当在长寿命疲劳区时：

$$\lg N = 6.1044 - 0.00591\Delta\sigma_{\min} + 0.103R^{\mathrm{b}} - 0.0000877A_{\mathrm{g}} + 0.0127d(r/h) \tag{3-152}$$

式中：R^{b}——钢筋的极限强度，MPa；

A_{g}——钢筋的截面面积，mm^2；

d——钢筋直径，mm；

r，h——变形钢筋横肋底部的半径和肋高。

如表 3-30 和表 3-31 所示，《低温环境混凝土应用技术规范》（GB/T 51081—2015）规定了普通钢筋和预应力钢筋的应力幅限值。其中，R_{s}、R_{p} 分别为普通钢筋、预应力钢筋的疲劳应力比。

表 3-30 普通钢筋疲劳应力幅限值

疲劳应力比 R_{s}	疲劳应力幅限值 /MPa	
	HRB335	HRB400
0	175	175
0.1	162	162
0.2	154	156
0.3	144	149
0.4	131	137
0.5	115	123
0.6	97	106
0.7	77	85
0.8	54	60
0.9	28	31

注：当纵向受拉钢筋采用闪光接触对焊连接时，其接头处的钢筋疲劳应力幅限值应按表中数值乘以 0.8 取用。

表 3-31 预应力钢筋疲劳应力幅限值

疲劳应力比 R_{p}	疲劳应力幅限值 /MPa	
	钢绞线 f_{ptk}=1 570 MPa	消除应力钢丝 f_{ptk}=1 570 MPa
0.7	144	240
0.8	118	168
0.9	70	88

注：①疲劳应力比 R_{p} 不小于 0.9 时，可不进行预应力筋疲劳验算；

②当有充分依据时，可对表中规定的疲劳应力幅限值做适当调整。

3.2.6　钢筋的高温性能

火灾高温下钢筋的性能特别是力学性能具有显著的变化，掌握高温下钢筋的性能是进行结构抗火设计和火灾后结构评估与加固修复的基础。钢筋高温下的性能变化主要包括两个方面：高温下钢筋的物理特性，包括热膨胀系数、热传导系数、比热、密度等；高温下钢筋的力学性能，包括强度、弹性模量、应力 - 应变本构关系等。

3.2.6.1　高温下钢筋的强度性能

1. 热膨胀系数

钢材的热膨胀几乎与其所受到的应力无关。钢材温度在 0~700 ℃时，钢材的热膨胀变形随温度的升高而增大；但在 800 ℃左右时，钢材在原有伸长的基础上出现颈缩现象；当温度达到 900 ℃左右时，又开始膨胀。

有学者给出了结构钢热膨胀变形系数计算公式：

$$\frac{\Delta L}{L}=0.4\times10^{-8}T^2+1.2\times10^{-5}T-2.416\times10^{-4}\quad(20\ ℃\leqslant T\leqslant 750\ ℃)\tag{3-153}$$

$$\Delta L/L=11\times10^{-3}\quad(750\ ℃<T\leqslant 860\ ℃)\tag{3-154}$$

$$\Delta L/L=2.0\times10^{-5}T-6.2\times10^{-3}\quad(860\ ℃<T\leqslant 1\,200\ ℃)\tag{3-155}$$

式中：T——钢材的温度，℃；

ΔL——由温度升高引起的构件伸长量，m；

L——构件原长，m。

2. 屈服强度

国内外大量试验结果表明，各种钢筋在高温下均表现出强度随温度升高而逐渐降低的趋势，国内清华大学过镇海、时旭东等综合Ⅰ、Ⅱ、Ⅲ、Ⅳ级钢筋的试验结果，总结出钢筋屈服强度的变化特点：

$$f_{yT}/f_y=\frac{1}{1+24\,(T/1\,000)^{4.5}}\tag{3-156}$$

Ⅰ~Ⅳ级钢筋的屈服强度随温度的升高而单调下降。钢筋的屈服强度在温度 200 ℃时已经下降 10%~15%，在 200~500 ℃的相对强度（f_{yT}/f_y）较低。

欧洲规范 Eurocode 3 以表格形式给出了高温下结构钢的比例极限 f_{pT}、屈服强度 f_{yT} 与常温下屈服强度 f_y 的比值，见表 3-32。

表 3-32　高温下比例极限、屈服极限变化

温度 /℃	比例极限折减系数（f_{pT}/f_y）	屈服强度折减系数（f_{yT}/f_y）
20	1.000	1.000
100	1.000	1.000
200	0.807	1.000
300	0.613	1.000
400	0.420	1.000

续表

温度 /℃	比例极限折减系数(f_{pT}/f_y)	屈服强度折减系数(f_{yT}/f_y)
500	0.360	0.780
600	0.180	0.470
700	0.075	0.230
800	0.050	0.110

3.2.6.2 高温下钢筋的塑性性能

1. 弹性模量

钢筋的弹性模量随温度的升高而降低，其变化趋势与屈服强度、极限强度相似，但减小的幅度更大。清华大学团队通过对高温下钢筋的力学性能试验数据进行拟合，得出初始弹性模量公式为

$$\frac{E_T}{E}=\frac{1}{1.03+7\times10^{-17}\times(T-20)^6}\quad(20\ ℃\leqslant T\leqslant 800\ ℃)\tag{3-157}$$

式中：E_T——温度为 T 时的初始弹性模量。

欧洲规范 Eurocode 3 采用的高温下钢筋初始弹性模量的折减系数见表 3-33。

表 3-33 高温下钢筋初始弹性模量折减系数

温度 /℃	20	100	200	300	400	500	600	700	800
折减系数(E_T/E)	1.00	1.00	0.90	0.80	0.70	0.60	0.31	0.13	0.09

2. 极限应变

清华大学通过试验，得到了一些关于钢筋高温受拉变形的特点。清华大学主要介绍Ⅰ~Ⅳ级钢筋的应力 - 应变关系，其高温下不同等级钢筋的极限应变试验结果见表 3-34。

表 3-34 高温下各等级钢筋极限应变

温度 /℃	钢筋级别			
	Ⅰ	Ⅱ	Ⅲ	Ⅳ
200	—	—	0.150	0.130
300	0.015	0.100	—	—
400	0.080	0.085	0.099	0.060
500	0.068	0.067	—	—
600	0.026	0.021	0.026	0.021
700	0.027	0.022	—	—
800	0.022	0.021	0.026	0.024

3.2.7 钢筋的低温性能

目前,越来越多的土木工程建设已经延伸到低温和超低温领域,主要包括我国寒冷地区(包括东北、西北、华北和青藏高原地区)的工程建设,极地(南极和北极)科学考察站和低温冷藏仓库、超低温储罐等混凝土构筑物的建设。随着温度的降低,钢筋的屈服强度和抗拉强度都有不同程度的提高,钢筋的屈强比随着温度的降低而发生变化,但是不同钢筋的变化规律不一样。随着温度的降低,钢筋的断后伸长率和断后收缩率都有不同程度的减小,说明钢筋的塑性随着温度降低而降低。温度对钢筋弹性模量的影响不是很明显,弹性模量基本围绕着某一定值上下波动,与温度的相关性不是很大。钢筋对温度的变化很敏感,温度的波动能立即引起钢筋力学性能的变化,而且这种变化不能被忽略,应引起足够重视;随着温度降低,钢筋逐渐由韧性断裂向脆性断裂转变。

3.2.7.1 钢筋的低温强度性能

一般来说,结构钢材的主要力学性能指标,如屈服强度 f_y、极限强度 f_u,随着温度降低而提高。图 3-78 和图 3-79 是几种钢筋——HRB335、HRB400、特种低温钢筋(液化天然气储罐的配套钢筋)在不同温度下的强度性能。

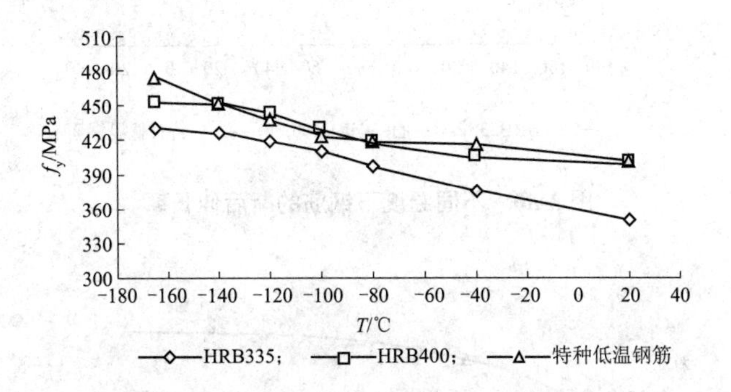

图 3-78　不同温度下钢筋的屈服强度

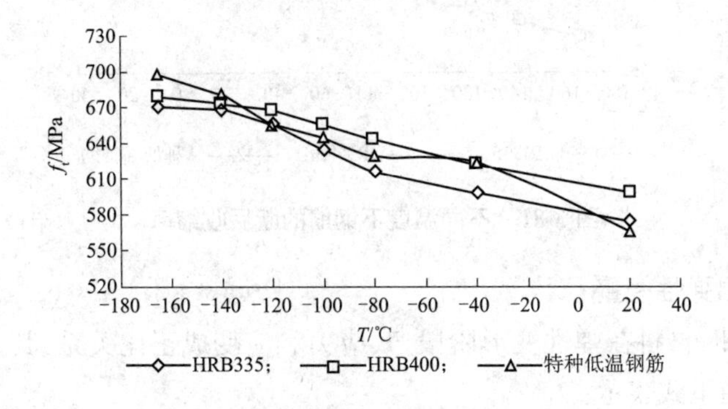

图 3-79　不同温度下钢筋的抗拉强度

由图 3-78 可知,三种钢筋的屈服强度随着温度的降低均呈不断提高的趋势。例如对于 HRB335 钢筋试件,与 20 ℃下的屈服强度相比,在温度为 −40 ℃、−80 ℃、−100 ℃、−120 ℃、

-140 ℃、-165 ℃时屈服强度分别平均提高了 7.2%、13.4%、17.1%、19.6%、21.6%、22.8%。

由图 3-79 可知，三种钢筋的抗拉强度也随着温度的降低而提高，其中，与 20 ℃相比，对于 HRB335 试件，抗拉强度在 -40 ℃、-80 ℃、-100 ℃、-120 ℃、-140 ℃、-165 ℃ 六个温度点的提高幅度分别为 4.1%、7.2%、10.6%、14.1%、16.3%、16.6%。

3.2.7.2 钢筋的低温塑性性能

钢筋的断后伸长率 δ、断后收缩率 ψ 表征钢筋的塑性性能，断后伸长率与断后收缩率越大，则说明钢筋的塑性性能越好。

图 3-80 和图 3-81 是 HRB335、HRB400、特种低温钢筋在不同温度下的塑性性能。结果表明，随着温度的降低，钢筋的断后伸长率 δ、断后收缩率 ψ 都有不同程度的减小，说明钢筋的塑性随着温度降低而降低。

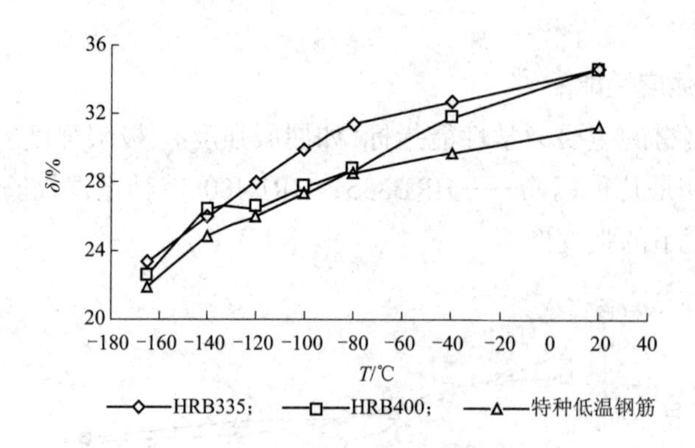

图 3-80 不同温度下钢筋的断后伸长率

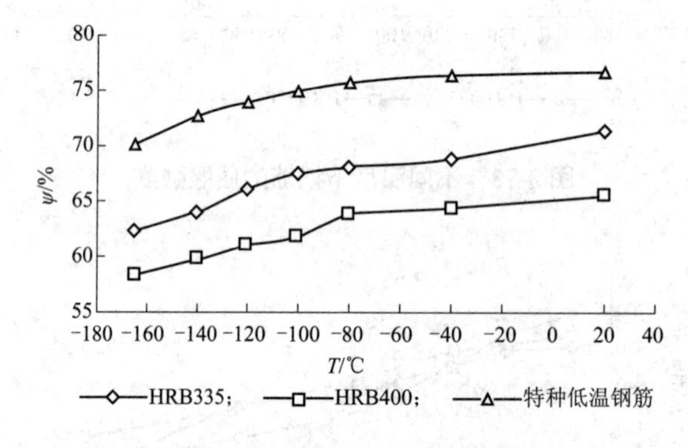

图 3-81 不同温度下钢筋的断后收缩率

3.2.7.3 钢筋的低温弹性模量

由胡克定律可知，材料在弹性变形阶段，其应力和应变成正比关系，其比例系数称为弹性模量。弹性模量可由下式表示：

$$E_s=\sigma/\varepsilon \tag{3-158}$$

图 3-82、图 3-83、图 3-84 分别是 HRB335、HRB400、特种低温钢筋在不同温度下的弹性模量。结果表明，温度对钢筋弹性模量的影响不是很明显，弹性模量基本围绕着某一定值上下波

动,与温度的相关性不是很大。

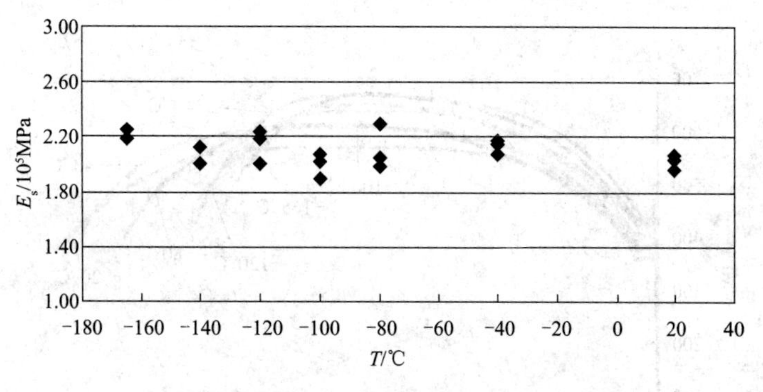

图3-82　不同温度下HRB335钢筋的弹性模量

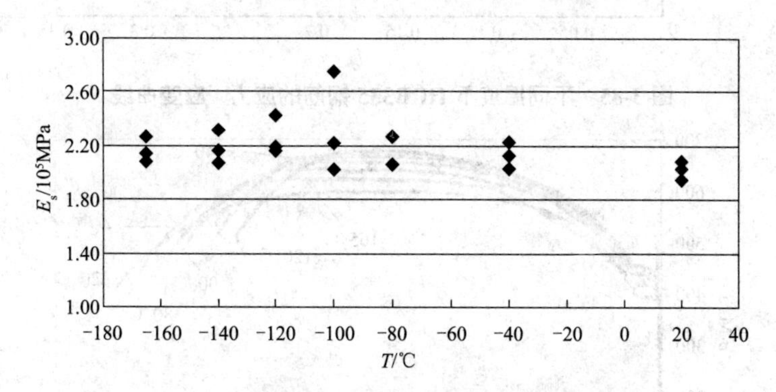

图3-83　不同温度下HRB400钢筋的弹性模量

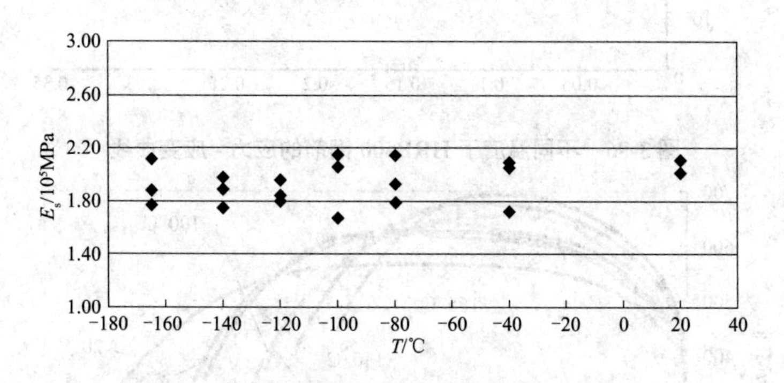

图3-84　不同温度下特种低温钢筋的弹性模量

3.2.7.4　钢筋在低温下的应力－应变曲线

图3-85、图3-86、图3-87分别为HRB335、HRB400、特种低温钢筋在不同温度下的应力-应变曲线。三种钢筋的屈服强度和抗拉强度随着温度的降低而提高,并且在不同温度下的应力-应变曲线的形状类似。在不同温度环境下,HRB335、HRB400钢筋的应力-应变曲线分为弹性变形阶段、屈服阶段、强化阶段、颈缩破坏阶段;特种低温钢筋的应力-应变曲线分为弹性变形阶段、强化阶段、颈缩破坏阶段。随着温度的降低三种钢筋的极限应变不断减小,说明三组试件在超低温环境下塑性降低,脆性增大。

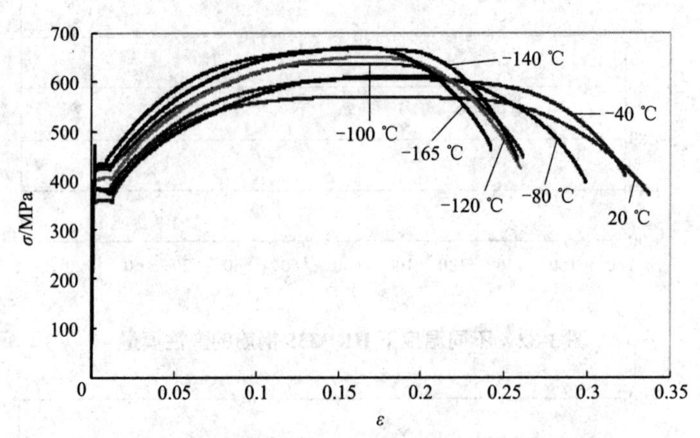

图 3-85　不同温度下 HRB335 钢筋的应力 - 应变曲线

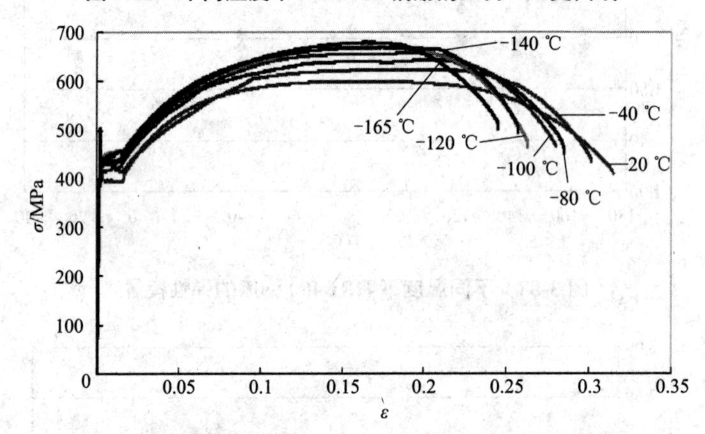

图 3-86　不同温度下 HRB400 钢筋的应力 - 应变曲线

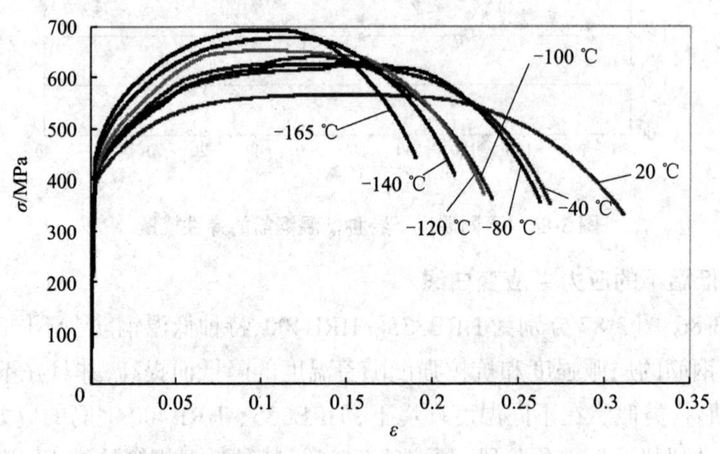

图 3-87　不同温度下特种低温钢筋的应力 - 应变曲线

3.3　混凝土强度理论

3.3.1　混凝土的强度准则

建立混凝土的强度准则，确定混凝土在复杂应力状态下的破坏条件，是钢筋混凝土结构和构件分析计算中的一个关键问题。混凝土的强度准则就是建立混凝土破坏时各应力之间的关系，也即建立混凝土空间坐标破坏曲面的规律。而在建立混凝土破坏时各应力之间的关系之前，首先要对混凝土的破坏下一个定义。混凝土的破坏是指混凝土开裂、混凝土屈服或混凝土达到极限强度。对于建立混凝土强度准则来说，混凝土的破坏系指混凝土达到其极限强度。

混凝土在复杂应力状态下达到极限强度时，混凝土内各应力之间是符合一定关系的，而对这种关系的描述，在空间坐标中即为一空间曲面。描述该空间曲面的函数关系式，即为我们常说的强度准则。混凝土在受力状态下，某一点的应力状态满足该空间曲面的方程，即认为混凝土达到了极限强度，混凝土即告破坏。

我们知道，混凝土结构或构件的受力状态各种各样，有轴心受力（如拱、桁架受压杆、受拉杆），有复合受力（如混凝土梁的斜截面受弯、偏心受压，偏心受拉柱等）。而为了能较为全面、精确地描述混凝土在复杂应力状态下的性能，国内外大批的学者做了大量的研究工作，建立了一参数至五参数的混凝土强度准则。

3.3.2　混凝土空间破坏曲面的表述方法

通常情况下，混凝土的破坏曲面可用三个正应力坐标轴 σ_1、σ_2、σ_3 表示，在此坐标系中，混凝土破坏曲面的方程为

$$f(\sigma_1,\sigma_2,\sigma_3)=0 \tag{3-159}$$

为了数学上表达和计算的方便，也用应力不变量 I_1、J_2、J_3 表示，或用圆柱坐标系统表示，即

$$f(I_1,J_2,J_3)=0 \tag{3-160}$$

$$f(\xi,\rho,\theta)=0 \tag{3-161}$$

$$f(\sigma_{oct},\tau_{oct},\theta)=0 \tag{3-162}$$

有时，在表达混凝土空间破坏曲面时，空间曲面的函数关系较为繁复，且某些量之间的关系不是特别明确，所以在使用强度准则时，往往用四个将空间曲面纵向和横向切割的平面来表示，以四个平面与空间曲面相交所得的曲线来表述混凝土的强度准则。

第一个平面是与静水压力轴 $(\sigma_1=\sigma_2=\sigma_3)$ 相垂直且过原点的平面，该平面称为偏平面或 π 平面，主要描述混凝土空间破坏曲面横切面的形状（图 3-88（a））。

第二个平面是 $\theta=0°$ 时的平面，即含有静水压力轴与 σ_1 轴的平面，该平面与混凝土空间破坏曲面相交所得的曲线称为拉子午线。当静水压力与轴向拉应力组合，单向轴拉、二轴受压

时，混凝土的应力状态均位于该子午线上（图 3-88（b））。

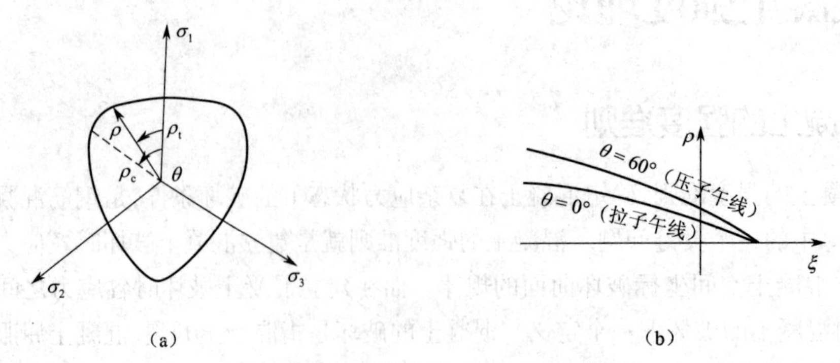

图 3-88　破坏曲面的偏平面与子午线

（a）偏平面　（b）子午线

第三个平面为 $\theta=60°$ 时的平面，该平面与混凝土空间破坏曲面相交所得的曲线称为压子午线，在此曲线上有 $\sigma_p=\sigma_1=\sigma_2>\sigma_3=\sigma_z'$；当混凝土处在三轴受压、单轴受压和两向受拉状态时，混凝土的应力状态均位于压子午线上（图 3-88（b））。

第四个平面为 $\theta=30°$ 的平面，该平面与混凝土空间破坏曲面相交所得的曲线称为剪力子午线。当混凝土的应力状态为 σ_1、$\frac{\sigma_1+\sigma_3}{2}$、$\sigma_3$ 的纯剪状态时，或当应力平面 $\left(\frac{\sigma_1-\sigma_3}{2},0,\frac{\sigma_3-\sigma_1}{2}\right)$ 与静水压力线 $\frac{\sigma_1+\sigma_3}{2}$ 组合时，其应力状态均位于剪力子午线上。

在了解混凝土空间破坏曲面的表述方法后，下面分别叙述混凝土强度理论的研究情况。

3.3.3　一参数至五参数强度准则

3.3.3.1　一参数混凝土强度准则

1. 最大主拉应力准则（Rankine）

该准则认为混凝土在受力时，其内部某点的最大主拉应力达到材料实验所得的抗拉强度时，混凝土就发生脆性断裂，而不考虑过该点其他平面上的正应力和剪应力。其断裂面的方程（图 3-89）为

$$\begin{cases}\sigma_1=f_t'\\ \sigma_2=f_t'\\ \sigma_3=f_t'\end{cases} \tag{3-163}$$

由式（3-163）得

$$\begin{bmatrix}\sigma_1\\ \sigma_2\\ \sigma_3\end{bmatrix}-\sigma_m\begin{bmatrix}1\\ 1\\ 1\end{bmatrix}=\frac{2}{\sqrt{3}}\sqrt{J_2}\begin{bmatrix}\cos\theta\\ \cos\left(\theta-\frac{2}{3}\pi\right)\\ \cos\left(\theta+\frac{2}{3}\pi\right)\end{bmatrix} \tag{3-164}$$

可得

$$\sigma_1 - \sigma_m = \frac{2}{\sqrt{3}}\sqrt{J_2}\cos\theta \quad (0 \leqslant \theta \leqslant 60^\circ) \tag{3-165a}$$

则有

$$\sigma_1 = \frac{2}{\sqrt{3}}\sqrt{J_2}\cos\theta + \sigma_m = f_t' \tag{3-165b}$$

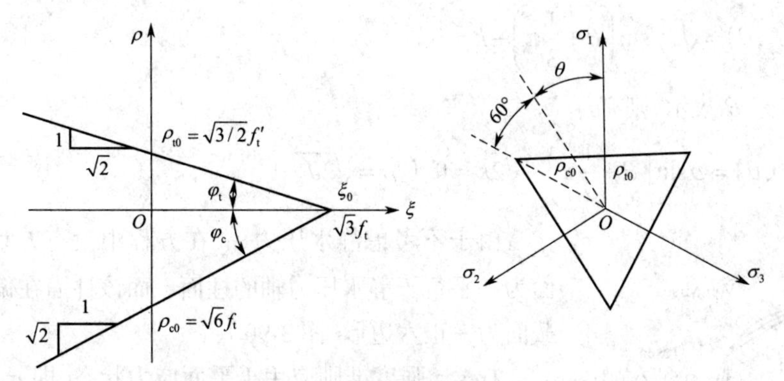

图 3-89　Rankine 强度准则的压、拉子午线及 π 平面

由此可得破坏曲面的方程为

$$f(I_1, J_2, \theta) = 2\sqrt{3}\sqrt{J_2}\cos\theta + I_1 - 3f_t' = 0 \tag{3-165c}$$

或者将 $\xi = \frac{\sqrt{3}}{3}I_1$，$\rho = \sqrt{2J_2}$ 代入，则有

$$f(\rho, \xi, \theta) = \sqrt{2}\rho\cos\theta + \xi - \sqrt{3}f_t' = 0 \tag{3-165d}$$

由此方程可得破坏面在 π 平面上。

$\xi = 0$ 时，

$$\rho = \frac{\sqrt{3}}{\sqrt{2}\cos\theta}f_t' \tag{3-165e}$$

$\theta = 0$ 时，

$$\rho = \sqrt{\frac{3}{2}}f_t' \tag{3-165f}$$

$\theta = 60^\circ$ 时，

$$\rho = \sqrt{6}f_t' \text{（压子午线）} \tag{3-165g}$$

2. Tresca 和 Von Mises 强度准则（最大剪应力准则）

在较高的静水压力下，Tresca 认为金属和混凝土的破坏是由剪应力控制的。他认为最大剪应力是关键的变量，即最大剪应力达到极限值 k 时，材料开始屈服。而 k 值的确定原则是：对延性材料由单向拉伸确定；对脆性材料由单向压缩确定。

其数学表达式为

$$\max\left\{\frac{1}{2}|\sigma_1-\sigma_2|,\frac{1}{2}|\sigma_2-\sigma_3|,\frac{1}{2}|\sigma_3-\sigma_1|\right\}=k \tag{3-166}$$

k是纯剪屈服应力，在$0\leqslant\theta\leqslant 60°$时，由式(3-164)可得

$$\frac{\sigma_1-\sigma_3}{2}=\sqrt{\frac{J_2}{3}}\left[\cos\theta-\cos\left(\theta+\frac{2}{3\pi}\right)\right]=k \tag{3-167a}$$

该条件用应力不变量表示，则有

$$f(J_2,\theta)=\sqrt{J_2}\sin\left(\theta+\frac{1}{3}\pi\right)-k=0 \tag{3-167b}$$

若用ξ、ρ、θ表示，则有

$$f(\rho,\theta)=\rho\sin\left(\theta+\frac{1}{2}\pi\right)-\sqrt{2}k=0\quad(\rho=\sqrt{2J_2}) \tag{3-167c}$$

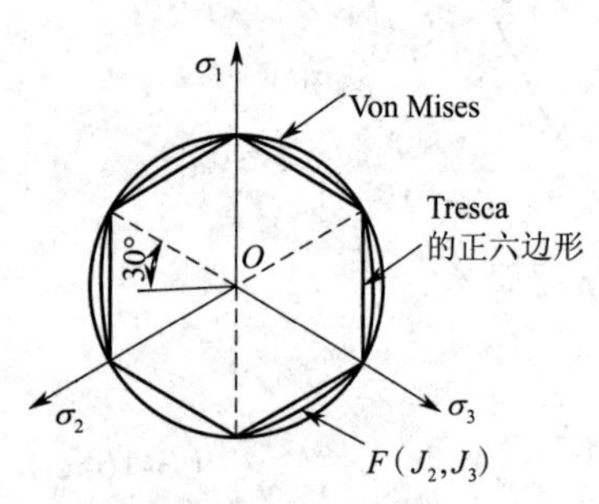

图 3-90 Tresca 强度准则在偏平面上的图形

由于不考虑静水压力，故在方程中没有I_1和ξ。该破坏面为一平行于静水压力轴的柱面。而该柱面在偏平面上的横截面为一正六边形(图 3-90)。

Tresca 强度准则应用于平面应力状态，即$\sigma_3=0$的情况，由在σ_1和σ_2坐标的图形可看出，混凝土在双轴受压和双轴受拉时的强度相等，并且双轴受力时的混凝土强度与单轴受力时的强度相等，这与混凝土双轴受力试验结果不相符。

Von Mises 强度准则认为：混凝土的八面体剪应力达到某一临界值时，材料屈服，也即达到了混凝土的极限强度。其数学表达式为

$$\tau_{oct}=\sqrt{\frac{2}{3}J_2}=\sqrt{\frac{2}{3}}k \tag{3-168a}$$

即

$$f(J_2)=J_2-k^2=0 \tag{3-168b}$$

式中：τ_{oct}——混凝土八面体剪应力。

Von Mises 强度准则的破坏面为一与静水压力轴平行的圆柱面，其子午线为一条与静水压力轴平行的线。k值同 Tresca 强度准则，为纯剪条件下的屈服应力。Von Mises 强度准则也称为J_2准则。该准则克服了在偏平面上 Tresca 准则为六边形所带来的角部数学上较难处理的缺点，在数学处理上较为方便。

但 Von Mises 强度准则同样存在与 Tresca 强度准则相同的缺点，即其破坏准则方程式中与ξ无关，即与静水压力无关，且材料在拉 - 拉受力情况下的强度与压 - 压受力情况下的强度相等。这与各向匀质材料在拉 - 拉或压 - 压受力情况下的强度条件较相符，但对于混凝土来说，与试验结果不相符。

延性材料的屈服面的特点：像金属一类的延性材料在以剪切破坏为主的情况下，其抗拉屈服强度和抗压屈服强度是相等的，并且屈服面是六面对称的。各向同性，和静水压力无关，拉、

压屈服强度相等,曲线外凸四个基本假定下,延性材料的屈服面方程可表示为

$$f\left(J_2,J_3\right)=J_2^3-2.25J_3^2-k^6=0 \tag{3-168c}$$

式中:k 仍为纯剪屈服应力。在单向拉伸试验中同 σ_y 相联系。

$$k=\sqrt{\frac{2}{81}}\sigma_y \tag{3-168d}$$

三种强度准则在偏平面和 σ_1-σ_2 平面上的图形如图 3-90 所示。

3.3.3.2　两参数混凝土强度准则

两参数混凝土强度准则考虑了混凝土的强度破坏曲面是与静水压力(I_1 和 ξ)相关的,在此理论中,混凝土破坏曲面的横截面是几何相似的,压力的影响只是调整曲面在平行于偏平面上截面的大小。在此分析模型中较为典型的是 Mohr-Coulomb 强度准则和 Drucker-Prager 强度准则。下面分别叙述这两个准则。

1. Mohr-Coulomb 强度准则

Mohr-Coulomb 强度准则假定:Mohr 应力圆中所有的应力状态,在最大应力正好与包络线相切时,材料发生破坏。并且平面上的极限剪应力只依赖于同一平面内的正应力。其数学表达式为

$$|\tau|=f(\sigma) \tag{3-169a}$$

在 Mohr-Coulomb 强度准则中,由于其最大应力正好与包络线相切时,材料破坏,故材料的破坏与中间应力过程无关。

在 Mohr-Coulomb 强度准则中,最简单的情况是 Mohr 包络线为直切线的情况(图 3-91),切线的方程称为 Coulomb 方程,为

$$|\tau|=c-\sigma\tan\varphi=c-\sigma\mu \tag{3-169b}$$

式中:c——材料的黏滞系数;

φ——材料的内摩擦角;

$\mu=\tan\varphi$。

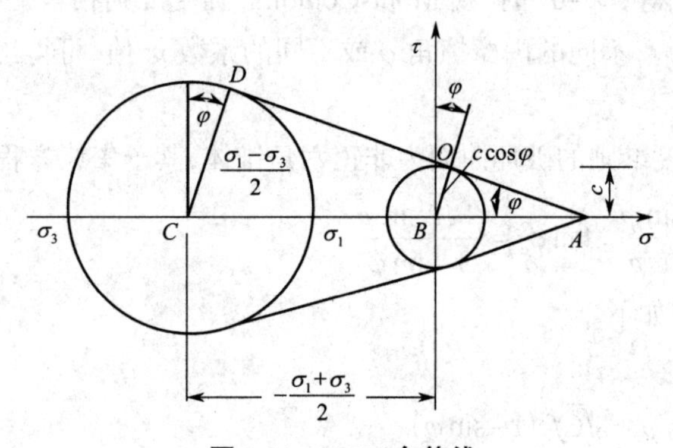

图 3-91　Mohr 包络线

由图 3-91 的几何关系,有 $\triangle ABO \backsim \triangle ACD$,所以 $\frac{\overline{CD}}{\overline{OB}}=\frac{\overline{AD}}{\overline{AO}}$。

$$\overline{CD}=\frac{\sigma_1-\sigma_3}{2}\,,\ \overline{OB}=c\cos\varphi\,,\ \overline{AO}=c\cot\varphi$$

$$\overline{AD}=\overline{AO}+\overline{OD}=c\cot\varphi-\frac{\sigma_1-\sigma_3}{2}$$

故有

$$\frac{\sigma_1-\sigma_3}{2c\cos\varphi}+\frac{\sigma_1+\sigma_3}{2c\cos\varphi}\sin\varphi=1 \tag{3-169c}$$

经整理可得

$$\frac{1+\sin\varphi}{2c\cos\varphi}\sigma_1-\frac{1-\sin\varphi}{2c\cos\varphi}\sigma_3=1\quad(\sigma_1\geqslant\sigma_2\geqslant\sigma_3)$$

或

$$\frac{\sigma_1}{f_t'}-\frac{\sigma_3}{f_c'}=1\,,\ f_t'=\frac{2c\cos\varphi}{1+\sin\varphi}\,,\ f_c'=\frac{2c\cos\varphi}{1-\sin\varphi}$$

或令

$$m=\frac{1+\sin\varphi}{1-\sin\varphi}=\frac{f_c'}{f_t'}$$

则有

$$m\sigma_1-\sigma_3=f_c' \tag{3-169d}$$

由 Richart 的试验,可得出系数 m=4.1。由此可计算得出混凝土的内摩擦角 φ=37.43°。此外,Mohr-Coulomb 强度准则还可表示为

$$f(I_1,J_2,\theta)=\frac{1}{3}I_1\sin\varphi+\sqrt{J_2}\sin\left(\theta+\frac{1}{3}\pi\right)+\sqrt{\frac{J_2}{3}}\cos\left(\theta+\frac{\pi}{3}\right)\sin\varphi-c\cos\varphi=0 \tag{3-169e}$$

$$\begin{aligned}f(\xi,\rho,\theta)&=\sqrt{2}\xi\sin\varphi+\sqrt{3}\rho\sin\left(\theta+\frac{\pi}{3}\right)+\rho\cos\left(\theta+\frac{\pi}{3}\right)-\sqrt{6}c\cos\varphi\\&=0\left(0\leqslant\theta\leqslant\frac{\pi}{3}\right)\end{aligned} \tag{3-169f}$$

当假定拉压应力相等, φ=0° 时,则 Mohr-Coulomb 强度准则相当于 Tresca 强度准则,在平面上为一不规则六边形。不同的内摩擦角 φ 或不同的系数 m 值,可得出不同拉压应力的二轴强度包络线。

Mohr-Coulomb 强度准则的破坏曲面为非正六角锥体,其子午线方程(图 3-92)为

$$\tan\varphi_t=\frac{2\sqrt{2}\sin\varphi}{3+\sin\varphi}\,,\ \tan\varphi_c=\frac{2\sqrt{2}\sin\varphi}{3-\sin\varphi} \tag{3-169g}$$

在 π 平面上的方程如下。

$\xi=0$ 时, θ =0°

$$\rho_{t0}=\frac{2\sqrt{6}c\cos\varphi}{3+\sin\varphi}=\frac{\sqrt{6}f_c'(1-\sin\varphi)}{3+\sin\varphi} \tag{3-169h}$$

$\xi=0$ 时, θ =60°

$$\rho_{c0}=\frac{2\sqrt{6}c\cos\varphi}{3-\sin\varphi}=\frac{\sqrt{6}f_c'(1-\sin\varphi)}{3-\sin\varphi} \tag{3-169i}$$

两者的比值为

$$\frac{\rho_{t0}}{\rho_{c0}}=\frac{3-\sin\varphi}{3+\sin\varphi} \tag{3-169j}$$

Mohr-Coulomb 强度准则仍认为剪应力是材料达到危险状态的主要决定因素。但由于剪应力的产生是材料发生塑性变形或在剪切面上发生面与面的相对滑动,其值由该面上的正应力和滑动摩擦系数的乘积而定。对于一定的材料,内摩擦角 φ 一定时,压应力越大,材料越不易沿该面滑动;反之为拉应力时,拉应力越大,越容易沿该面滑动。

该模型的主要缺点如下。

(1)未考虑中间应力的影响。因而可得出在双轴受压情况下,混凝土的强度同单轴抗压强度相等的与试验结果不相符的结论。

(2)子午线为直线。这种近似随静水压力的增大而出现较大的误差。

(3)在偏平面上的破坏面,在 $\frac{r_t}{r_c}=0.663$ 为恒定时,各曲线为一组相似曲线。这与前述不符。

(4)破坏面不是光滑面,在角部数学处理较为困难。

其优点如下。

(1)考虑到准则的简捷性,其与试验结果的偏差不大。

(2)能部分解释拉和压的破坏模式。

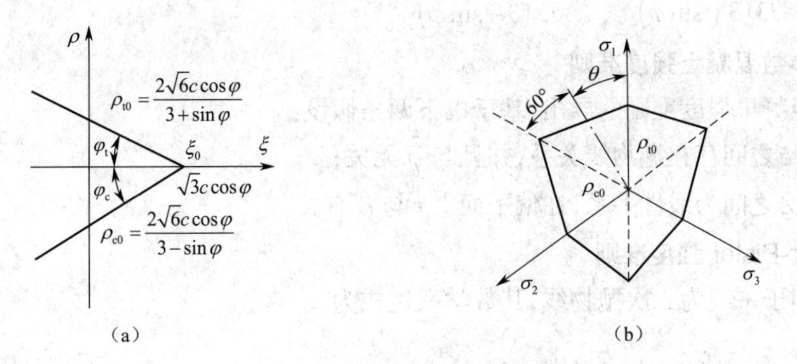

图 3-92　Mohr-Coulomb 破坏曲面子午线及 π 平面

(a)子午面 $\theta=0°$　(b)π 平面

2. Drucker-Prager 强度准则

Drucker-Prager 强度准则模型将 Mohr-Coulomb 的不规则六角形改进为圆形,其强度准则的破坏面为一圆锥面(图 3-93),数学表达式为

$$f(I_1,J_2)=\alpha I_1+\sqrt{J_2}-k=0 \tag{3-170a}$$

或

$$f(\xi,\rho)=\sqrt{6}\alpha\xi+\rho-\sqrt{2}k=0 \tag{3-170b}$$

当 α=0 时，该模型即为 Von Mises 强度准则。

该准则的缺点是如公式 3-170（a）所示，I_1 与 $\sqrt{J_2}$ 和 φ 无关，r_t 与 r_c 相等；优点是比较简便，便于手算。

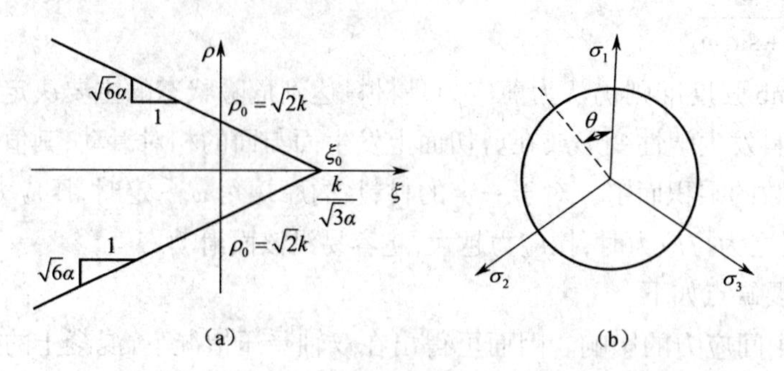

图 3-93 Drucker-Prager 强度准则拉、压子午线及 π 平面

（a）子午面 θ=0°（b）π 平面

通过调整 α 和 k，可修正 Mohr-Coulomb 强度准则中六角形角部不光滑的缺点，比如：

在拉子午线时，$\varphi = 0°$

$$\alpha = \frac{2\sin\varphi}{\sqrt{3}(3+\sin\varphi)},\ k = \frac{6c\cos\varphi}{\sqrt{3}(3+\sin\varphi)} \tag{3-170c}$$

在压子午线时，$\varphi = 60°$

$$\alpha = \frac{2\sin\varphi}{\sqrt{3}(3-\sin\varphi)},\ k = \frac{6c\cos\varphi}{\sqrt{3}(3-\sin\varphi)} \tag{3-170d}$$

3.3.3.3 三参数混凝土强度准则

三参数混凝土强度准则的导出，基于以下两条假设：

（1）r 和 ξ 之间存在抛物线关系，并且与 φ 无关；

（2）r 和 ξ 之间为线性关系，在偏平面上 r 与 φ 有关。

1.Bresler-Pister 强度准则

该模型的子午线为二次抛物线，其数学表达式为

$$\frac{\tau_{oct}}{f'_c} = a - b\frac{\sigma_{oct}}{f'_c} + c\left(\frac{\sigma_{oct}}{f'_c}\right)^2 \tag{3-171}$$

σ_{oct} 在受拉时取正值，而 f'_c 均为正值，用强度系数表示为

$$\overline{f'_c} = \frac{f'_t}{f'_c},\ \overline{f'_{bc}} = \frac{f'_{bc}}{f'_c} \tag{3-172}$$

则三个试验的八面体应力分量见表 3-35。

表 3-35 Bresler-Pister 强度准则采用的试验点

试 验	σ_{oct}/f'_c	τ_{oct}/f'_c
$\sigma_1 = f'_t$	$\frac{1}{3}\overline{f'_c}$	$\frac{\sqrt{2}}{3}\overline{f_t}$
$\sigma_3 = -f'_c$	$-\frac{1}{3}$	$\frac{\sqrt{2}}{3}$
$\sigma_1 = \sigma_3 = -f'_{bc}$	$-\frac{2}{3}\overline{f'_{bc}}$	$\frac{\sqrt{2}}{3}\overline{f'_{bc}}$

表中第 1 行的第 2 列与第 3 列的表达式分别为

$$\frac{1}{3}\overline{f'_c} = \frac{\sigma_{oct}}{f'_c} = \frac{1}{3f'_c}(\sigma_1 + \sigma_2 + \sigma_3)$$

$$\frac{\sqrt{2}}{3}\overline{f_t} = \frac{\tau_{oct}}{f'_c} = \frac{1}{3f'_c}\sqrt{(\sigma_1 - \sigma_2)^2 + (\sigma_2 - \sigma_3)^2 + (\sigma_3 - \sigma_1)^2}$$

无论八面体剪应力还是八面体正应力之间关系如何,在偏平面上总是一个圆,这与混凝土的试验结果不符。而在应力较小时,近似为一个三角形。该强度准则的子午线为一向静水压力轴闭口的抛物线,且在高静水压力下,拉压子午线可与静水压力轴相交,这也是与实验不相符的。

2.William-Warnke 强度准则

William-Warnke 强度准则是混凝土在拉伸和压缩破坏下的三参数强度准则。该模型的子午线为直线,在偏平面上为一光滑的凸面三角形(图 3-94)。其在偏平面上的曲线因为是对称的,所以只讨论 $0 \leqslant \theta \leqslant 30°$ 部分。在该部分曲线为一椭圆(图 3-95)。该椭圆不仅满足对称、光滑和外凸的要求,而且当 $r_t=r_c$ 时可退化为一圆。所以 Von Mises 模型和 Drucker-Prager 模型均为其特例。

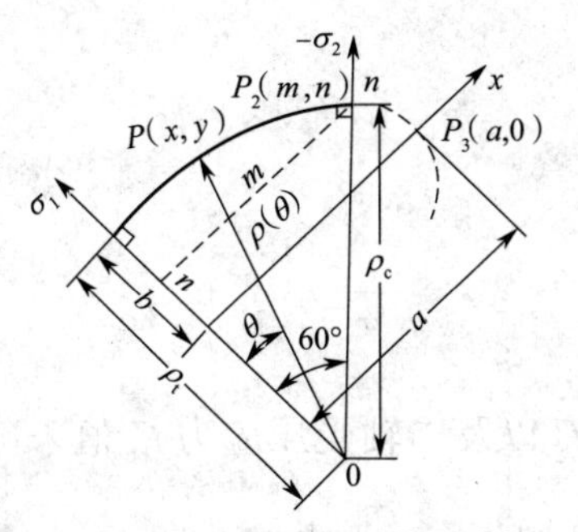

图 3-94 William-Warnke 强度准则模型在偏平面上的图形

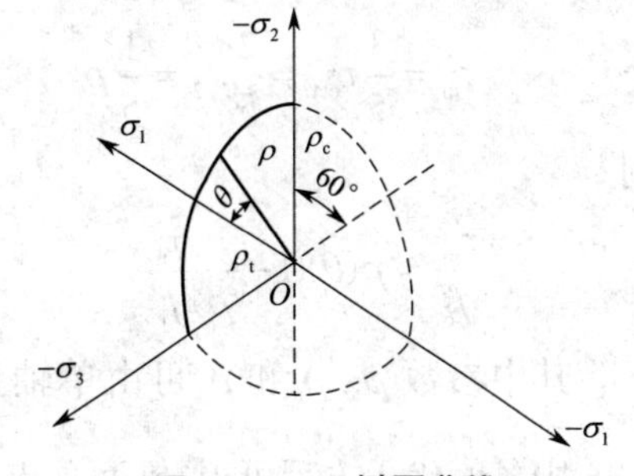

图 3-95 1/4 椭圆曲线

椭圆半轴为 a、b 的标准形式为

$$f(x,y) = \frac{x^2}{a^2} + \frac{y^2}{b^2} - 1 = 0 \tag{3-173a}$$

经推导(图 3-95),在偏平面上三分之一的椭圆的两个半轴分别为

$$a=\frac{\rho_c(\rho_t-2\rho_c)^2}{5\rho_c-4\rho_t}$$

$$b=\frac{2\rho_t^2-5\rho_t\rho_c+2\rho_c^2}{4\rho_t-5\rho_c}$$

若换算为极坐标有

$$\frac{\rho^2\sin\theta}{a^2}+\frac{\rho\cos\theta-(\rho_t-b)^2}{b^2}-1=0 \tag{3-173b}$$

当 $0\leqslant\theta\leqslant30°$ 时

$$\rho(\theta)=\frac{a(\rho_t-b)\cos\theta+ab(2b\rho_t\sin^2\theta-\rho_t^2\sin^2\theta+a^2\cos\theta)^{\frac{1}{2}}}{a^2\cos^2\theta+b^2\sin^2\theta} \tag{3-173c}$$

将 a 和 b 代入，经整理有

$$\rho(\theta)=\frac{\rho_c(\rho_c^2-\rho_t^2)\cos\theta+\rho_c(2\rho_t-\rho_c)[4(\rho_c^2-\rho_t^2)\cos^2\theta+5\rho_t^2-4\rho_t\rho_c]^{\frac{1}{2}}}{4(\rho_c^2-\rho_t^2)} \tag{3-173d}$$

当 $a=b$，$\rho_t=\rho_c$ 时，椭圆化为圆，此时 $5/2\leqslant\rho_t/\rho_c\leqslant5$。

相似角公式为

$$\cos\theta=\frac{2\sigma_1-\sigma_2-\sigma_3}{\sqrt{2}\left[(\sigma_1-\sigma_2)^2+(\sigma_2-\sigma_3)^2+(\sigma_3-\sigma_1)^2\right]^{\frac{1}{2}}} \tag{3-173e}$$

在子午线上，当 θ=0° 时，$\rho(\theta)$ 变为 ρ_t；当 θ=30° 时，$\rho(\theta)$ 变为 ρ_c。

若用平均应力 σ_m、τ_m 及相似角 θ 表示破坏面方程，则有

$$f(\sigma_m,\tau_m,\theta)=\frac{1}{\rho}\frac{\sigma_m}{f_c'}+\frac{1}{\rho(\theta)}\frac{\tau_m}{f_c'}-1=0 \tag{3-173f}$$

其中

$$\sigma_m=\sigma_{oct}=\frac{1}{3}I_1=\frac{1}{\sqrt{3}}\xi$$

$$\tau_m^2=\frac{3}{5}\tau_{oct}^2=\frac{2}{5}J_2=\frac{1}{5}\rho^2$$

则

$$\frac{\tau_m}{f_c'}=\rho(\theta)(1-\frac{1}{\rho}\frac{\sigma_m}{f_c'}) \tag{3-173f}$$

其中参数 ρ、ρ_t 和 ρ_c 可由单轴拉、压应力 f_t'、f_c' 以及二轴受压应力 f_{bc}' 值来确定。将表 3-36 中各值代入方程可得：锥面顶点位于静水压力轴上的 $\rho=\frac{\sigma_m}{f_c'}$ 点。

仍然引入强度比 $\overline{f_t'}=\frac{f_t'}{f_c'}$，$\overline{f_{bc}'}=\frac{f_{bc}'}{f_c'}$，则由试验可得各参数值（表 3-36）。

表 3-36　各参数值

试验值	σ_m / f_c'	τ_m / f_c'	θ	$r(\theta)$
$\sigma_1 = f_t'$	$\frac{1}{3}\overline{f_t'}$	$\sqrt{\frac{2}{15}}\overline{f_t'}$	0°	r_t
$\sigma_3 = f_c'$	$-\frac{1}{3}$	$\sqrt{\frac{2}{15}}$	30°	r_c
$\sigma_2 = \sigma_3 = -f_{bc}'$	$-\frac{2}{3}\overline{f_{bc}'}$	$\sqrt{\frac{2}{15}}\overline{f_{bc}'}$	0°	r_t

如图 3-96 所示，子午线与水平轴夹角如下。

当 θ=0° 时，$\tan\varphi_t = \frac{r_{t0}}{\rho}$；当 θ=30° 时，$\tan\varphi_t = \frac{r_{c0}}{\rho}$。

其取值：

$$\overline{f_{bc}'} = \frac{f_{bc}'}{f_c} = 1.3, \quad \overline{f_t'} = \frac{f_t'}{f_c'} = 0.1$$

当 ρ_c=ρ_t=ρ_0 或 $f_t' = \frac{f_{bc}'}{3f_{bc}' - 2}$ 时，William-Warnke 模型就退化成 Drucker-Prager 模型：

$$\frac{1}{\rho}\frac{\sigma_m}{f_c'} + \frac{1}{r_0}\frac{\tau_m}{f_c'} = 1$$

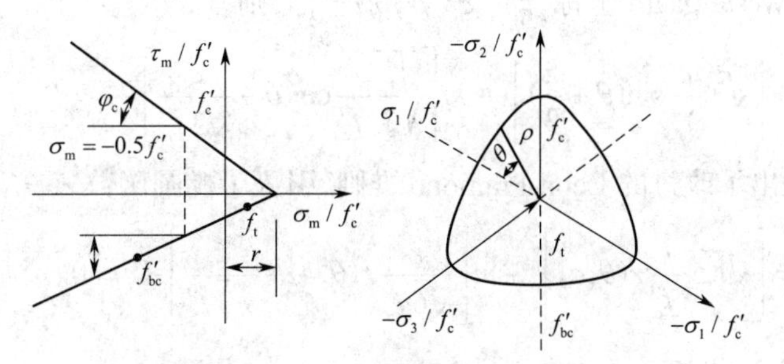

图 3-96　William-Warnke 模型子午线与偏平面

进一步，若令 $\rho \to \infty$ 或 $\overline{f_{bc}'} = \frac{f_{bc}'}{f_c} = 1$，则该模型又可退化为 Von Mises 准则：

$$\frac{1}{\rho_0}\frac{\tau_m}{f_c'} = 1$$

该模型在低侧压区时，模型与试验点较吻合，但在高侧压区时，有一定差别，这可能是由于 ρ、ξ 采用直线模型造成的误差。

除上面所讨论的三参数强度模型外，Argyris 于 1974 年提出的三参数模型为

$$f(I_1, J_2, \theta) = a\frac{I_1}{f_c'} + (b - c\cos 3\theta)\frac{\sqrt{J_2}}{f_c'} - 1 = 0 \tag{3-174}$$

该模型与应力不变量 I_1、J_2 和 θ 有关。该模型子午线仍为直线且在所有的偏平面上均具有相同的破坏曲线。但该曲线在 ρ_t / ρ_c >0.777 时方为凸曲线，这与实际的试验结果不相符，实

际应用中很少有 ρ_t/ρ_c >0.777,大部分为 ρ_t/ρ_c <0.777。

此外,Launay 于 1970 年提出了如下关系的准则:

$$\rho^2\left(\frac{\cos^2\frac{3}{2}\theta}{\rho_c^2}+\frac{\sin^2\frac{3}{2}\theta}{\rho_t^2}\right)=1 \tag{3-175a}$$

或

$$\rho=\frac{\sqrt{2}\rho_c\rho_t}{\left[(\rho_t^2+\rho_c^2)+(\rho_t^2-\rho_c^2)\cos 3\theta\right]^{\frac{1}{2}}} \tag{3-175b}$$

在此,ρ_t 和 ρ_c 均为 ρ 的函数,但该准则仅在 ρ_t/ρ_c >0.745 时,偏平面上的曲线才为外凸的,这已经超过了使用范围。

除上面所述的三参数强度模型外,Hoek 和 Brown 在研究岩面强度实验资料的基础上得出

$$f(\sigma_1,\sigma_3)=\left[\frac{\sigma_1-\sigma_3}{f_c'}\right]^2+m\frac{\sigma_1}{f_c'}-c=0 \tag{3-176}$$

的三参数强度准则。式中,c 和 m 为黏滞强度和摩擦强度,f_c' 为单轴抗压强度。

该强度准则后被 William、Hurlbut 和 Sture 应用于中等强度的混凝土,并由 Pramono 引申至混凝土在受三轴荷载时软化和硬化的弹 - 塑性本构关系。但该理论未考虑中间主应力的影响。后引入 Haigh-Westergaard 坐标,即(ξ,ρ,θ)坐标,则有

$$f(\xi,\rho,\theta)=\left[\sqrt{2}\frac{\rho}{f_c'}\sin(\theta+\frac{\pi}{3})\right]^2+m\left[\sqrt{\frac{2}{3}}\frac{\rho}{f_c'}\cos\theta+\frac{\xi}{\sqrt{3}f_c'}\right]-c=0 \tag{3-177}$$

此后,Weihe 提出了改进的 Leon-Pramono 准则,引入了椭圆函数 $r(\theta,e)$为偏心值,则

$$f(\xi,r,\theta)=\left[\sqrt{1.5}\frac{r}{f_c'}r(\theta,e)\right]^2+m\left[\frac{r}{\sqrt{6}f_c'}r(\theta,e)+\frac{\xi}{\sqrt{3}f_c'}\right]-c=0 \tag{3-178}$$

$$\sqrt{2}\sin(\theta+\frac{\pi}{3})=\sqrt{1.5}r(\theta,e)$$

同前式相比

$$\sqrt{\frac{2}{3}}\cos\theta=\frac{1}{\sqrt{6}}r(\theta,e)$$

偏心值 e 可取不同的值,但对于 William 和 Menetrey 提出的

$$f(\xi,r,\theta)=\left[\sqrt{\frac{3}{2}}\frac{r}{f_c'}\right]^2+m\left[\frac{r}{f_c'}r(\theta,e)+\frac{\xi}{\sqrt{3}f_c'}\right]-c=0 \tag{3-179}$$

来说, $0.5<e<5.0$, $r(\theta, e)$称为椭圆函数,是由 Kinsinski 根据 William-Warnke 三参数准则提出的,即

$$r(\theta,e)=\frac{4(1-e^2)\cos^2\theta+(2e-1)^2}{2(1-e)^2\cos\theta+(2e-1)[4(1-e^2)\cos^2\theta+5e^2-4e]^{\frac{1}{2}}} \tag{3-180}$$

在拉子午线上时，$r(0,e)=\dfrac{1}{e}$；在压子午线上时，$r(\dfrac{\pi}{3},e)=1$。

在 William 和 Menetrey 提出的准则中，考虑了中间应力 σ_2 的影响，其子午线为抛物线，在三轴受拉时与静水压力轴相交，在偏平面上的形状随着静水压力的增加由三角形变为圆形。

将 William-Menetrey 强度准则一般化为下列形式：

$$f(\xi,r,\theta)=(A_f r)^2+m[B_f r r(\theta,e)+C_f\xi]-c=0 \tag{3-181}$$

该方程除了在沿静水压力轴顶点在三轴等拉点处，偏心值在 $0.5<e\ll 5$ 范围时，其空间破坏面是光滑的和外凸的。

由该方程可以导出其他几种强度准则。

（1）令 $A_f=0, B_f=\sqrt{\dfrac{3}{2}\overline{f_c'}}, C_f=0, m=1$ 和 $e=1$，则

$$f(r)=r-\sqrt{\frac{3}{2}f_c'}=0$$

此时为 Mises 强度准则。此处 e=5，则有 $r(\theta,5)$=5。

（2）若令 $A_f=0, B_f=\dfrac{1}{\sqrt{2}k}, C_f=\sqrt{3}\dfrac{\alpha q}{k}, m=1, e=1$，则可得 Drucker-Prager 强度准则

$$f(r,\xi)=r+\sqrt{6}\alpha\xi-\sqrt{2}k=0$$

（3）若令 $A_f=0, B_f=\dfrac{1}{\sqrt{6}f_c'}, C_f=\dfrac{1}{\sqrt{3}f_c'}, m=1, e=0.5$（此时 $r(\theta,0.5)=2\cos\theta$），则可得 Rankine 强度准则：

$$f(r,\xi,\theta)=\sqrt{2}r\cos\theta+\xi-\sqrt{3}f_c'=0$$

（4）若令 $A_f=0, B_f=\dfrac{3-\sin\varphi}{\sqrt{24}C_{mc}\cos\varphi}, C_f=\dfrac{1}{\sqrt{3}C_{mc}}\tan\varphi, m=1, e=\dfrac{3-\sin\varphi}{3+\sin\varphi}$，则可得 Mohr-Coulomb 准则

$$f(r,\xi,\theta)=\sqrt{2}\xi\sin\varphi+\sqrt{3}\sin\left(\theta+\frac{\pi}{3}\right)+r\cos\left(\theta+\frac{\pi}{3}\right)\sin\varphi-\sqrt{6}C_{mc}\cos\phi=0$$

William-Menetrey 准则的子午线图形如图 3-97 所示。

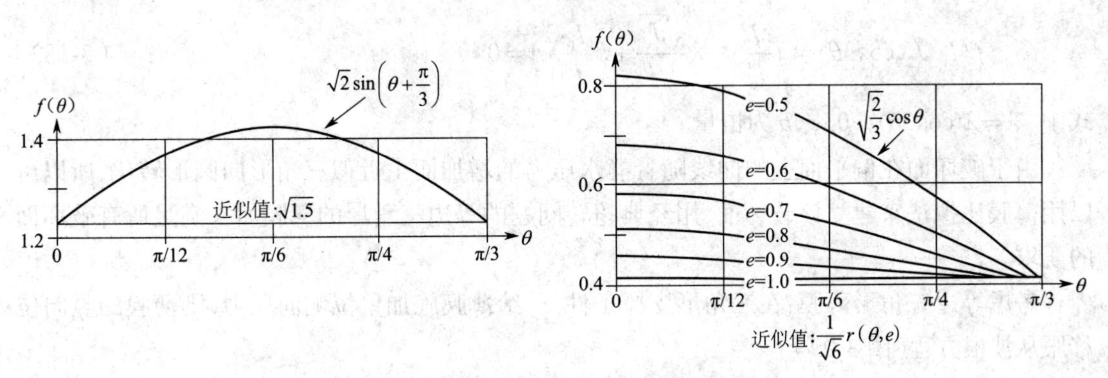

图 3-97　William-Menetrey 强度准则的子午线

式中：A_f、B_f、C_f 均可表示为 f_c' 和 f_t' 的函数，所以只需已知 f_t'、f_c'，即可求得 A_f、B_f、C_f。但偏心值 e 的计算，却同 f_c' 和 f_t' 之间的关系以及 f_{bc}' 与 f_t' 的关系有关。从 σ_5 和 σ_2 平面（σ_3=0）即可说明 e 的影响，图 3-98 中 $f_c'=50.35f_t'$，$0.5\leqslant e\leqslant 5.0$。$e$=0.5，对应 $f_{bc}'=f_c'$；e=5，对应 $f_{bc}'=5.31f_c'$。由图中可看出，在 σ_5、σ_2>0 和 σ_2>0 但 σ_5<0 以及 σ_5<0，σ_2<0 时，即双轴受拉或双轴拉压时，偏心值 e 对破坏几乎不起作用，但在压 - 压受力状态时，e 对破坏起很大作用。

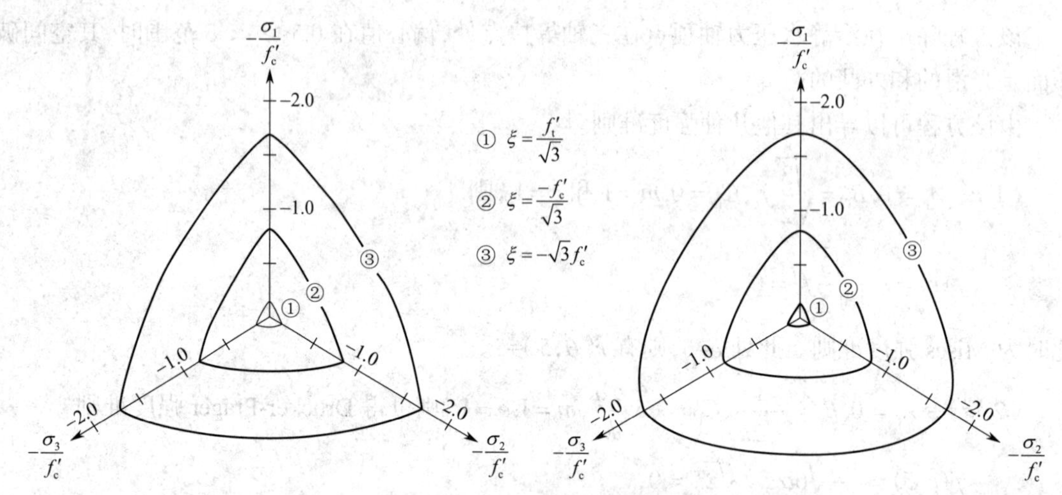

图 3-98 William-Menetrey 强度准则在偏平面上的图形

该三参数强度准则同 Kupfer、Hilsdorf 和 Rusch 的平面应力试验进行了对比，其参数为 $f_c'=32.5\ \text{N/mm}^2$，$f_t'=3.1\ \text{N/mm}^2$，$f_c'=50.35f_t'$，$f_{bc}'=5.54f_c'$，e=0.52，计算结果与试验结果非常接近。此外，同 Chinn-Zimmerman 和 Mills-Zimmerman 的三轴试验数据进行了校核，其参数为 $f_c'=50f_t'$，e=0.3，在拉子午线（θ=0°）和压子午线（θ=30°）上理论曲线与试验值吻合较好。

但该三参数模型也有其缺点，在 e=0.5 时，其在偏平面上的三角形角部不是很光滑，因而在数学处理上有一定困难。此外，e 的确定没有明确的函数关系。

3.3.3.4 四参数混凝土强度准则

1. Ottosen 强度准则

1977 年 Ottosen 提出了一个包含四个参数的强度准则，其数学表达式为

$$f(I_1,J_2,\cos3\theta)=a\frac{J_2}{f_c'^2}+\lambda\frac{\sqrt{J_2}}{f_c'}+b\frac{I_1}{f_c'}-1=0 \tag{3-182}$$

式中，$\lambda=\lambda(\cos3\theta)>0$，$a,b$ 为恒量。

由于破坏面在偏平面上的曲线随着静水压力的增加而由近似三角形向圆形转化，所以可以用薄膜比拟法来建立该破坏面，用经典扭转问题的等边三角形的薄膜面来满足所有破坏面的要求。

考虑等边三角形薄膜，在三角形支撑条件下，给薄膜施加单位侧向压力，则薄膜的竖向位移服从波根方程（图 3-99）

$$\frac{\partial^2Z}{\partial x^2}+\frac{\partial^2Z}{\partial y^2}=-k \tag{3-183}$$

式中，k 为恒定量,并且在角点处竖向位移 Z=0。薄膜的外轮廓线应该是对称、光滑和外凸的，并且在等边三角形和圆之间变化。

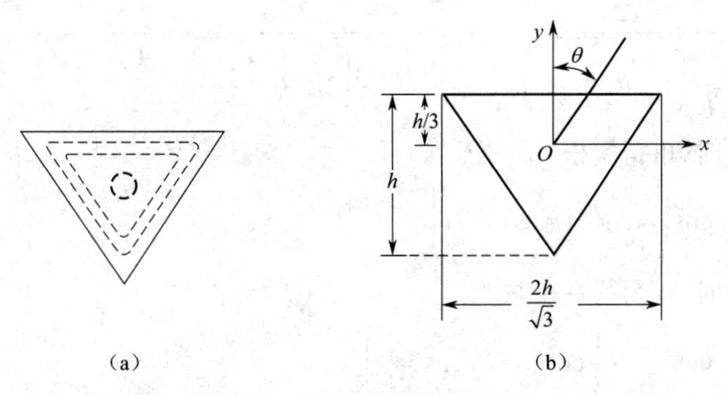

图 3-99　Ottosen 模型偏平面的薄膜比拟法

在此情况下,位移函数 Z 是三角形三条边的方程的乘积,其表达式为

$$Z = m\left(\sqrt{3}x + y + \frac{2}{3}h\right)\left(\sqrt{3}x - y - \frac{2}{3}h\right)\left(y - \frac{1}{3}h\right) \tag{3-184}$$

将其代入微分方程有

$$m = \frac{k}{4h} \tag{3-185}$$

若令 $m = \dfrac{1}{2h}$,则有

$$Z = \frac{1}{2h}\left(\frac{h}{3} - y\right)\left[\left(y + \frac{2}{3h}\right)^2 - 3x^2\right] \tag{3-186}$$

用 $\lambda = \dfrac{1}{r}$ 作为 $\cos 3\theta$ 的函数表示薄膜面,将直角坐标变换为极坐标,则有

$$Z = \frac{1}{2h}\left(\frac{4}{27}h^3 - hr^2 - r^3\cos 3\theta\right)$$

或

$$r^3\cos 3\theta + hr^2 - \frac{4}{27}h^3 - 2hZ = 0 \tag{3-187}$$

因为 $r \neq 0$,则 $2hZ - \dfrac{4}{27}h^3 \neq 0$

所以有

$$\frac{1}{r^3} + \frac{h}{2hZ - \frac{4}{27}\cdot h^3}\cdot\frac{1}{r} + \frac{\cos 3\theta}{2hZ - \frac{4}{27}h^3} = 0 \tag{3-188}$$

该方程在 $0 \leqslant Z \leqslant \dfrac{2}{27}h^2$ 时,描述了薄膜的外轮廓。

定义 $\lambda = \dfrac{1}{r}, p = \dfrac{1}{3}\dfrac{1}{2Z - \frac{4}{27}h^2}, q = \dfrac{1}{2}\dfrac{\cos 3\theta}{h\left(2Z - \frac{4}{27}h^2\right)}$,则有

$$\lambda^3+3p\lambda+2q=0$$

此处 $p<0$，并且 $\cos 3\theta \leqslant 0$ 时，$q \geqslant 0$；$\cos 3\theta \geqslant 0$ 时，$q \leqslant 0$。

同时定义 $k_1=\dfrac{2}{\sqrt{3\left(\dfrac{4}{27}h^2-2Z\right)}}$，$k_2=\dfrac{3}{2h\sqrt{3\left(\dfrac{4}{27}h^2-2Z\right)}}=\dfrac{3}{4}\dfrac{k_1}{h}$。

当 $\cos 3\theta \geqslant 0$ 时，可得实根

$$\lambda=\frac{1}{r}=k_1\cos\left[\frac{1}{3}\cos^{-1}(k_2\cos 3\theta)\right] \tag{3-189}$$

当 $\cos 3\theta \leqslant 0$ 时，可得另一个根为

$$\lambda=\frac{1}{r}=k_1\cos\left[\frac{\pi}{3}-\frac{1}{3}\cos^{-1}(-k_2\cos 3\theta)\right] \tag{3-190}$$

当 θ=30° 时，压子午线方程为

$$\lambda_c=\lambda(\cos 3\theta)=\lambda(-1)=\frac{1}{r_c} \tag{3-191}$$

当 θ=0° 时，拉子午线方程为

$$\lambda_t=\lambda(\cos 3\theta)=\frac{1}{r_t} \tag{3-192}$$

强度准则中的参数可由下列试验值确定：单轴抗压强度 f_c'（θ=30°）；单轴抗拉强度 f_t'（θ=0°）；双轴抗压强度 θ=0° 时 $f_{bc}'=5.53f_c'$；三轴应力状态，（ξ/f_c'，r/f_c'）=（-5，4）（θ=30°）。

2. Reimann 强度准则

Reimann 准则的数学表达式为

$$\frac{\xi}{f_c'}=a\left(\frac{r_c}{f_c'}\right)^2+b\left(\frac{r_c}{f_c'}\right)+c \tag{3-193}$$

该方程是一抛物线，其余的子午线均同压子午线（θ=30°）有关：

$$r=\varphi(\theta)r_c$$

在 -30° ≤ θ_0 ≤ 30° 时

$$\varphi(\theta_0)=\begin{cases}\dfrac{r_t}{r_c} & \left(\cos\theta_0\leqslant\dfrac{r_t}{r_c}\right)\\[2ex] \dfrac{1}{\cos\theta_0+\sqrt{\left(\dfrac{r_c^2}{r_t^2}-1\right)(1-\cos^2\theta_0)}} & \left(\cos\theta_0>\dfrac{r_t}{r_c}\right)\end{cases} \tag{3-194}$$

Reimann 强度准则取 $\dfrac{r_t}{r_c}=0.635$，相当于相似角 θ_0=50°，Reimann 强度准则在偏平面上的曲线如图 3-100 所示。

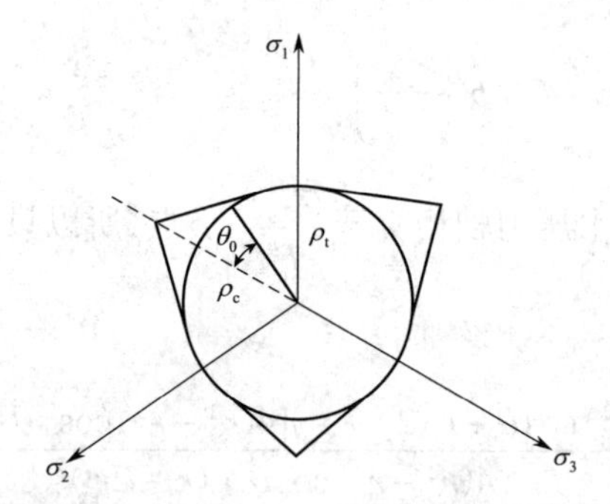

图 3-100　Reimann 强度准则偏平面图

3.Hsieh-Ting-Chen 强度准则

该强度准则含有 I_1、σ_1,数学表达式为

$$f(I_1,J_2,\sigma_1)=a\frac{J_2}{f_c'}+b\frac{\sqrt{J_2}}{f_c'}+c\frac{\sigma_1}{f_c'}+d\frac{I_1}{f_c'}-1=0 \tag{3-195}$$

由单轴受压强度 f_c',单轴受拉强度 $f_t'=0.5f_c'$ 和等双轴受压强度 $f_{bc}'=1.15f_c'$,应力状态 $\left(\frac{\sigma_{oct}}{f_c'},\frac{\tau_{oct}}{f_c'}\right)$ =(−5.95,5.3)(θ=30°),可得

$$a=2.050\,8, b=0.975\,4, c=9.545\,2, d=0.235\,2$$

该模型的子午线和偏平面如图 3-101 所示。

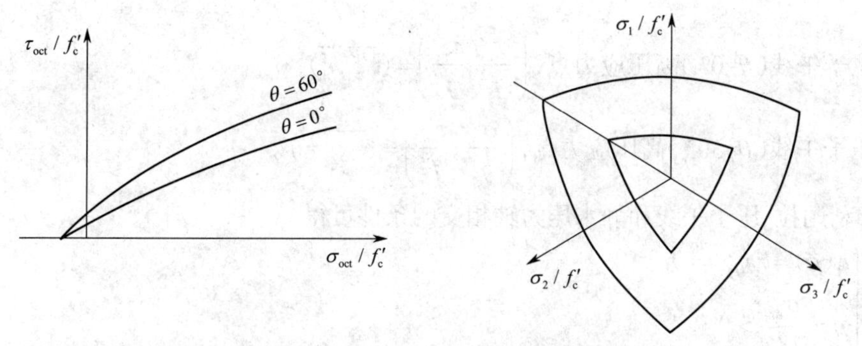

图 3-101　Hsieh-Ting-Chen 模型子午线和偏平面

3.3.3.5　五参数混凝土强度准则

William-Warnke 为了克服三参数强度准则中拉、压子午线为直线的缺点,在其三参数强度准则的基础上,提出了子午线为抛物线的混凝土五参数强度准则模型,其拉、压子午线方程如下。

拉子午线 θ=0°

$$\frac{\tau_{mt}}{f_t'}=\frac{1}{\sqrt{5}},\frac{r_t}{f_t'}=a_0+a_1\frac{\sigma_m}{f_t'}+a_2\left(\frac{\sigma_m}{f_t'}\right)^2 \tag{3-196a}$$

压子午线 θ=30°

$$\frac{\tau_{mc}}{f_c'}=\frac{1}{\sqrt{5}},\frac{r_c}{f_c'}=b_0+b_1\frac{\sigma_m}{f_c'}+b_2\left(\frac{\sigma_m}{f_c'}\right)^2 \tag{3-196b}$$

由于拉、压子午线均与静水压力轴相交于$\dfrac{\sigma_{m_0}}{f_c'}=\rho$点，所以只有五个参数，其在偏平面上为一椭圆，方程为

$$r(\sigma_m,\theta)=\frac{2r_c(r_c^2-r_t^2)\cos\theta+r_c(2r_t-r_c)[4(r_c^2-r_t^2)\cos^2\theta+5r_t^2-4r_tr_c]^{\frac{1}{2}}}{4(r_c^2-r_t^2)\cos\theta+(r_t-2r_c)^2} \tag{3-196c}$$

$\tau_m=\dfrac{r}{\sqrt{5}}$只是$\sigma_m$、$\theta$的单值函数，而非$\sigma_m$、$\theta$的积，当满足下列条件时，子午线和偏平面上的图形均为外凸的，即

$$a_0>0,\ a_1\leqslant 0,a_2\leqslant 0,b_0>0,\ b_1\leqslant 0,b_2\leqslant 0,\frac{r_t(\sigma_m)}{r_c(\sigma_m)}>\frac{1}{2}$$

该方程包括 Von Mises、Drucker-Prager 准则和 William-Warnke 三参数强度准则以及四参数强度准则。其中的五参数可用下列方法确定。

（1）单轴抗压强度f_c'（θ=30°，$f_c'>0$）。

（2）单轴抗拉强度f_t'（θ=0°），$\overline{f_t'}=\dfrac{f_t'}{f_c'}$。

（3）等轴抗压强度f_{bc}'（θ=0°，$f_{bc}'>0$），$\overline{f_{bc}'}=\dfrac{f_{bc}'}{f_c'}$。

（4）拉子午线（θ=0°）高压应力点，$\left(\dfrac{\sigma_m}{f_t'},\dfrac{\tau_m}{f_t'}\right)=(\overline{-\xi_1},\overline{r_1})$。

（5）压子午线（θ=30°）高压应力点，$\left(\dfrac{\sigma_m}{f_c'},\dfrac{\tau_m}{f_c'}\right)=(\overline{-\xi_2},\overline{r_2})$。

此外，利用拉、压子午线和静水压力轴相交的条件可得

$$\begin{cases}r_t(\rho)=r_c(\rho)=0\\ \rho=\dfrac{\sigma_{m_0}}{f_c'}>0\end{cases} \tag{3-197}$$

通过以上的分析和比较，可得出以下结论。

（1）Bresler-Pister 强度准则所代表的失效边界会从抛物线转变为子午线与横轴相交，导致准则的适用范围非常有限。

（2）Reimann 强度准则只能适用于三轴受压较小的静水压力范围，明显的弱点是在较高静水压力下，拉子午线强度偏低，偏平面 θ=30° 处有尖角，对于高静水压力或存在受拉向力的情况不适用。

（3）William-Warnke 三参数及五参数强度准则的突出优点是采用椭圆组合，能符合偏平面几何要求，并与试验规律一致，缺点是五参数模型子午线有一个临界静水压强度值，拉、压子午线强度比的变化在静水压较高时增长过快等。

（4）Ottosen 强度准则的优点是在一般三轴受压、三轴受拉、二轴应力状态下偏平面包络线与试验结果规律一致，但压、拉子午线在较高静水压力时计算强度偏离，特别是拉子午线误差更大些。

（5）Hsieh-Ting-Chen 强度准则考虑了最大主拉应力的影响，破坏曲面符合外凸要求，计算曲线在各种应力状态下都与 Ottosen 准则相近，但偏平面包络线在 θ=30° 处有尖角，不光滑。

（6）Kotsovos 强度准则采用幂函数，形式较简单，偏平面采用椭圆组合曲线，整个破坏曲面光滑外凸，主要问题是拉、压子午线强度比值变化过大，在静水压力较高时理论计算强度偏高，尤其是拉子午线计算误差更大。

（7）Podgorski 强度准则偏平面包络线与 Ottosen 强度准则相近，与试验值符合程度较高，但在高静水压力时给出偏高的计算强度。另外，二轴等压强度 f'_{cc} =5.5 f'_c 比一般试验值低。

以上简要地综述了混凝土强度理论的研究状况，从分析比较来看，Ottosen、Podgorski 准则最好，Bresler-Pister 准则适用范围最小。就目前的研究结果而言，尚没有一种理论能够应用于所有的破坏描述。这其中的原因较为复杂，有材料非线性的原因，还有试验的原因，但就其应用而言，在一定程度上是能够满足精度要求的。

3.4　新型混凝土材料

3.4.1　高性能混凝土

高性能混凝土是以建设工程设计、施工和使用对混凝土性能的特定要求为总体目标，选用优质常规原材料，合理掺加化学外加剂和矿物掺合料，采用较低水胶比并优化配合比，通过预拌和绿色生产方式以及严格的施工措施，制成的具有优异的拌合物性能、力学性能、耐久性能和长期性能的混凝土。

3.4.1.1　对高性能混凝土的性能要求

高性能混凝土是 20 世纪 80 年代末至 90 年代初，一些发达国家基于混凝土结构耐久性设计提出的一种全新概念的混凝土，它以耐久性为首要设计指标，这种混凝土有可能为基础设施工程提供 100 年以上的使用寿命。区别于传统混凝土，高性能混凝土由于具有高耐久性、高工作性、高强度和高体积稳定性等许多优良特性，被认为是目前全世界性能最为全面的混凝土，至今已在不少重要工程中被采用，特别是在桥梁、高层建筑、海港建筑等工程中，显示出其独特的优越性，在工程安全使用期、经济合理性、环境条件的适应性等方面产生了明显的效益，因此被各国学者所接受，被认为是今后混凝土技术的发展方向。

与普通混凝土相比，高性能混凝土具有如下独特的性能。

1. 高耐久性

长期以来，混凝土一直被看成坚固耐久的材料，但实践证明并非如此。近年来，国内外混凝土工程因耐久性不足已发生了多起严重事故。因此混凝土耐久性问题已经成为整个社会强烈关心的问题。对于海底隧道、核反应堆外壳等特种结构，混凝土的耐久性与长期性能显得更加重要,甚至比强度更加重要。

混凝土在使用期间,由于环境中水、气体和有害介质浸入,产生物理化学反应而逐渐恶化。混凝土的耐久性即抵抗这种劣化的能力,主要包括抗渗性、抗侵蚀性、抗冻性、耐磨性、抗碳化性、抗碱骨料反应等。

产生这些劣化的内因是混凝土的化学成分和结构;外因是环境中侵蚀介质和水的存在;必要条件是侵蚀介质和水能逐渐浸入混凝土内部。所以要保证混凝土的耐久性,就必须使混凝土密实度高且不产生裂缝;硬化后体积稳定而不产生收缩裂缝;同时减少混凝土内部产生侵蚀的组分。

高性能混凝土是一种耐久性优异的混凝土,耐久性可达百年以上,是普通混凝土的3~10倍。

2. 高工作性能

新拌混凝土的工作性是指拌合物在搅拌、运输、浇筑等过程中都能均匀、密实而不分层离析的性能。它包括流动性、黏聚性、保水性三个方面。流动性大,则拌合物易于均匀密实地填满模型、便于施工,流动性以坍落度来评价;黏聚性好,则拌合物不易离析分层,能保证整体均匀;保水性好,则拌合物具有保持一定水分并不使其泌出的能力。

为了使高性能混凝土便于施工,要求新拌混凝土具有高流动性,目前工程中采用的泵送混凝土和免振捣自密实混凝土都属高流态混凝土。但是流动性好、坍落度大的混凝土易产生离析、泌水,失去均匀性和稳定性。要解决这一矛盾,需要使用高效减水剂、超塑性剂、增黏剂等外加剂和矿物质超细粉等掺合料,使新拌混凝土的塑性、黏性、流动性、抗离析性达到协调统一。

3. 高强度

在高层建筑低层柱和大跨度混凝土桥梁等允许减小断面的构件部位,应尽量采用强度高的混凝土。资料显示,混凝土强度等级从C40提高至C80时,造价约增加50%,而承载能力可提高1倍左右。由于减小断面,降低结构物自重等优势,高强混凝土在国内外发展得很快。出于耐久性的考虑,高强混凝土又逐渐发展成高强度的高性能混凝土。

划分高强混凝土的标准,是与各国的混凝土工业标准水平相关的。据报告,美国在20世纪70年代末采用的混凝土平均强度已经超过40 MPa,其中预应力构件达到70 MPa;苏联混凝土强度等级大多为50~60 MPa。最近几年,美国配制C70混凝土已是驾轻就熟。我国在普通工业和民用建筑中,现场浇筑混凝土的强度等级大量低于C30,预制混凝土构件普遍低于C40;而在桥梁上,现浇C50已是常态。总体上看,我国与发达国家相比,工程实践中的混凝土等级相对较低。另外,考虑到C50以上的混凝土施工时需要更严格的质量管理制度和较高的施工技术水平,因此,我国将强度等级C50及以上的混凝土划分为高强混凝土。

4. 良好的经济性

高性能混凝土较高的强度、良好的耐久性和工艺性都能使其具有良好的经济性。高性能混凝土良好的耐久性可以减少结构的维修费用,延长结构的使用寿命,实现良好的经济效益;高性能混凝土的高强度可以减小构件尺寸,减轻自重,增加使用空间;高性能混凝土良好的工作性可以降低工人工作强度,加快施工速度,减少成本。苏联学者研究发现用C110~C137的高性能混凝土替代 C40~C60 的混凝土,可以节约 15%~25% 的钢材和 30%~70% 的水泥。虽然高性能混凝土本身的价格偏高,但是其优异的性能使其具有良好的经济性。

概括起来说,高性能混凝土能更好地满足结构功能要求和施工工艺要求,能最大限度地延长混凝土结构的使用年限,降低工程造价。

3.4.1.2　获得高性能混凝土的技术途径

获得高性能混凝土,最重要的技术手段是使用新型高效添加剂和超细矿物质掺合剂。另外,选择原材料的品种和质量、采用合理的工艺参数和控制施工工艺也是使混凝土具有高性能的重要保障。

1. 高效减水剂

采用高效减水剂是提高混凝土性能的重要手段之一。高效减水剂是表面活性剂,在搅拌混凝土时掺入,吸附在水泥颗粒的表面,可使颗粒分散,大大提高水泥浆的流动性,使得低水灰比配制的混凝土具有高坍落度。比如,可生产出水灰比为 0.28 而坍落度为 20 cm 的混凝土。即使混凝土强度等级在 C100 以上,混凝土依然可以按照通常方法施工。高效减水剂还能促进水泥的水化作用,提高早期强度。

高效减水剂赋予混凝土高密实度(即高强度、高耐久性),同时具有优异的施工性能。

2. 矿物质超细粉

研究硬化水泥浆的微观结构发现,在骨料与水泥石之间有一过渡层,大量的 $Ca(OH)_2$ 及钙矾石的粗大结晶聚集于此,在骨料的表面形成一个粗糙的结构,与其他部分的水泥石相比,界面过渡层具有大量的多孔性物质,其成为混凝土强度与耐久性的薄弱环节。掺入矿物质超细粉后,可与水泥石中的 $Ca(OH)_2$ 相互作用而形成较强、较稳定的胶结物质,使 $Ca(OH)_2$ 含量明显降低,界面过渡层 $Ca(OH)_2$ 结晶及定向排列减弱,大大改善混凝土的界面结构,提高了其密实度。

矿物质超细粉还可以填充水泥石中的毛细管孔隙,通过参与水泥石的水化反应,改善水泥石孔隙结构,从而使混凝土的渗透性降低。

综上所述,矿物质超细粉是高性能混凝土中不可缺少的组分之一。它在凝胶材料中可填充孔隙和参加化学反应,使得混凝土具有致密的微观和细观结构。混凝土密实度提高,则其强度和耐久性都提高。

常用的矿物质超细粉包括硅粉、粉煤灰、超细矿渣、天然沸石与石灰石超细粉等。应该根据工程实际需要和所处的环境选择超细粉的种类和质量,取代部分水泥。例如:抵抗海水侵蚀时一般选用超细矿渣;抗硫酸盐侵蚀时通常掺入粉煤灰;需要预防碱骨料反应时常掺入硅粉和沸石粉。另外,这些掺合料还需要和高效减水剂配合使用。

3. 水泥和骨料

高性能混凝土应该采用矿物组成合理、细度合格的高标号水泥。一般常用 525 号以上的硅酸盐水泥。此外,配制高性能混凝土的骨料与普通混凝土的要求不同,一般采用花岗岩、硬质砂岩及石灰岩等。研究表明,使用碎石的混凝土强度比使用卵石高,所以最好不用卵石,同时,还需控制骨料的粒径、表面特性及其用量等指标。

综上,获得高性能混凝土的技术途径见表 3-37。

表 3-37 获得高性能混凝土的技术途径

途径	原理	方法
降低水胶比	可大大减少水泥石孔隙	掺入高效或高性能减水剂
改善混凝土中水泥石和粗骨料之间的界面结构	粗骨料与水泥石界面上滞留着大量 $Ca(OH)_2$,其在界面上的结晶与定向排列是混凝土强度与耐久性差的主要原因	掺入矿物质掺合剂

3.4.1.3 高性能混凝土的应用

高性能混凝土可以用于工业与民用建筑、桥梁、构件等各类混凝土工程中。自 20 世纪 90 年代我国开始高强混凝土试点应用以后,高强混凝土技术曾被列入我国建设部推广的 10 项新技术,也是公路、铁路、水工和其他行业部门研究和推广应用的新技术,是现代混凝土技术重要的发展方向之一。经过 30 多年的应用推广, C60~C80 高强混凝土的技术有了长足进步,应用量大幅增加。

最早开始高强混凝土应用的工程对象是高层建筑,特别是高层建筑的底层墙柱,相比原来普通强度混凝土,可以大幅度减少混凝土用量,增加建筑使用面积,缩短施工工期。高强混凝土改变了超高层建筑中钢结构的统治地位。马来西亚吉隆坡双塔大厦(Petronas Towers)的底层受压构件,用的就是 C80 高强混凝土。美国西雅图联合广场(Two Union Square)和太平洋中心(Pacific First Center)这两个钢 - 混凝土组合结构中,钢管混凝土柱中的高强混凝土强度等级是 C120。目前,国内超过 100 m 的高层建筑中,基本采用高强混凝土技术,主要用于底层钢筋混凝土柱、钢管混凝土柱、钢骨混凝土柱及剪力墙等部件。

桥梁结构中采用高强混凝土,可以减轻桥梁结构自重并提高结构刚度,进而增大桥跨,减少桥墩,增加桥下净空;还可以降低维护维修费用。相对于房屋建筑而言,铁路和公路大型桥梁结构中,采用高强混凝土的比例要大一些。1980 年前后,铁道科学研究院就在湘桂铁路复线的红水河三跨斜拉桥预应力箱梁中,使用了高强混凝土(实际强度等级 >C60),这是我国第一个泵送高强混凝土工程。

3.4.2 纤维混凝土

3.4.2.1 纤维混凝土的定义与分类

在搅拌混凝土或水泥砂浆时,掺入一定数量的分散的短纤维,经振捣、凝固后形成一种宏观均质的、各向同性的混合材料,这种材料称为纤维混凝土。其功用主要是增大脆性基材抵抗裂缝开展的能力,防止突然破坏,增大韧性和延性。

现今,应用于纤维混凝土或纤维砂浆的纤维有很多种,按其来源或生产方法可以分成三大类。

(1)天然纤维:植物类,如棉花、剑麻;矿物类,如石棉、矿棉。

(2)人造纤维,如玻璃丝、尼龙丝、人造丝、聚乙烯和聚丙烯丝等。

（3）钢纤维，由钢丝剪短（截面为圆形，d=0.25~0.76 mm）、钢片（薄板）切割（截面为矩形，厚 0.15~0.41 mm，宽 0.25~0.90 mm）或高温高速熔抽（截面为新月形）等制成。为了提高钢纤维在混凝土内的黏结强度，可沿纤维纵向压成波浪形，或在两端压出弯折。

常用的纤维及其力学性能见表 3-38。

表 3-38　用于纤维混凝土中的纤维及其主要力学性能

分类	种类	直径 /μm	长度 /mm	密度 /（kg·m⁻³）	抗拉强度 /MPa	弹性模量 /MPa	拉断伸长 /%	掺合量 /%
天然	棉花	—	—	1 500	400~700	5 000	3~10	—
	石棉	0.1~20	5~10	2 500~3 300	600~1 000	196 000	2~3	8~16
人造	玻璃丝	5~15	20~50	2 600	2 000~4 000	80 000	2~3.5	4~6
	尼龙丝	>4	—	1 140	800~1 000	4 000	~15	—
	聚丙烯丝	200~200	2~25	900	500~800	3 500~5 000	~20	4~8
金属	钢丝	5~500	12~25	7 850	300~3 000	210 000	3~4	1~2

纤维除了力学性能外，还要满足几何形状的要求，即长径比一般为

$$l / d_{eq} = 30 \sim 150 \tag{3-198}$$

其中纤维长度 l=6~76 mm，d_{eq} 为折算直径，即为非圆纤维面积相等的圆形直径。过短的纤维其抗拉强度降低，过长的纤维不易拌合均匀，这些都影响纤维混凝土的质量和性能。

各类纤维在工程中应用的经验表明：一般的天然纤维，形状不规则，质量不均匀，而且强度低，耐久性差，只能用于次要构件，如瓦楞板、小型管道等，况且，石棉有害人体健康，一些国家已经禁止使用。人造纤维的种类繁多，性能各异，可以工业化制作，易于控制质量。但是玻璃纤维易折断，合成材料纤维的强度和弹性模量都低，且多数纤维受水泥的酸性侵蚀，强度随时间而降低，影响其耐久性。只有钢纤维混凝土具有优良而稳定、持久的力学性能，在结构中使用得当，可充分发挥其性能优势，在工程中取得很好的技术、经济效益。至于纤维混凝土在施工中出现的一些困难技术问题，如搅拌混凝土时纤维成团或离析，造成不均匀分布，经过改进制备工艺和采用专用机具，这类问题已经较好地解决，甚至在喷射钢纤维混凝土方面已有成功的经验。此外，钢纤维的造价高，在工程中应该合理地应用在结构的关键部位，充分发挥它的性能效益。

3.4.2.2　纤维混凝土的基本力学性能

纤维混凝土中添加了大量的抗拉强度很高的细纤维，其力学性能比普通素混凝土有很大的改善；抗拉和抗折强度增大（1.4~2.5 倍），抗裂性能大大提高；抗压强度虽然提高不多，但延性大大增加；疲劳强度显著提高，动力强度增大（5~10 倍）；耐磨和抗冲刷性能增强。

现今，纤维混凝土（主要是钢纤维混凝土）可以在结构中单独使用，或者配上钢筋，成为钢筋钢纤维混凝土。在工程中应用成功的例子有：机场的跑道和停机坪，公路和桥面，水坝、水池和消能池，地下隧道核矿区巷道的衬砌，桥梁加固，板壳结构，地震区框架节点和梁端抗剪，防护工事等。

纤维混凝土的力学性能，除了与基材（混凝土或砂浆）的性能密切相关外，还取决于纤维

的种类、形状、掺入量（以纤维占混凝土总体积的百分数（V_f）表示）和分布状况。它与素混凝土性能的差别，可以钢纤维混凝土为例加以说明。

钢纤维混凝土的轴心受拉应力-应变全曲线如图3-102所示。在试件开裂前，钢纤维中的应力很小，纤维混凝土与素混凝土的应力-应变曲线接近。当纤维混凝土的基材开裂后，与裂缝相交的各纤维，因变形增大而应力倍增，逐渐代替基材的受拉作用。当试件全截面开裂后，由纤维承受全部拉力。由于钢纤维的抗拉强度很高，而长度有限，且在基材内部随机分布，其方向和形状没有规律，锚固长度无充分保证，纤维在高应力作用下逐根地发生滑动，并渐渐地被拔出，构成了应力-应变全曲线的下降段。试件最终破坏时，钢纤维都是因黏结破坏而被拔出，极少有被拉断的。

钢纤维混凝土的抗拉强度 $f_{t,f}$ 和相应的峰值应变 $\varepsilon_{t,f}$ 随纤维体积含量（V_f）的增大而增大（图3-103），应力-应变全曲线的峰值点明显地提高和右移。抗拉强度可增大20%~50%，峰值应变增大20%~100%，曲线的下降段逐渐抬高和平缓。

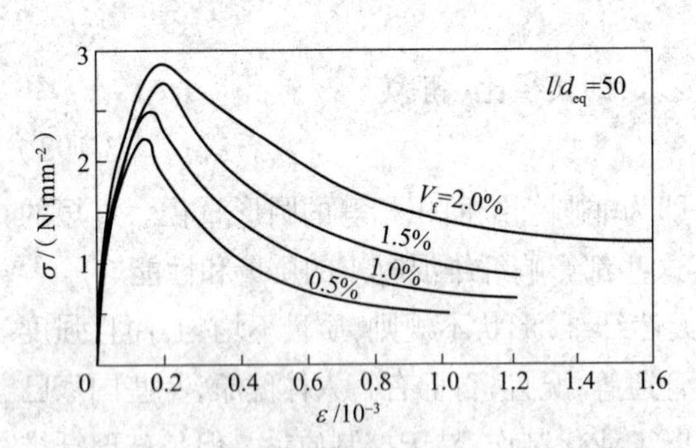

图 3-102 钢纤维混凝土应力-应变全曲线

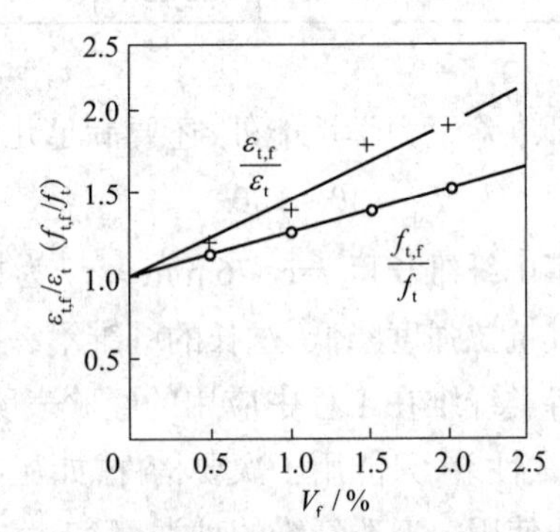

图 3-103 纤维含量对强度和峰值应变的影响

钢纤维混凝土受弯试验测量的试件荷载-挠度曲线如图3-104（a）所示。试件截面出现裂缝之前，荷载（应力）与挠度（应变）接近直线变化。当基材开裂后，与之相交的纤维应力突增，继续发挥承载作用，提高了试件的极限承载力。随着裂缝的开展，截面的中和轴上升，基材逐渐退出受拉工作，纤维更多地承担内力。当受拉区下部的纤维因黏结破坏而逐渐被拔出时，形成平滑的曲线下降段。

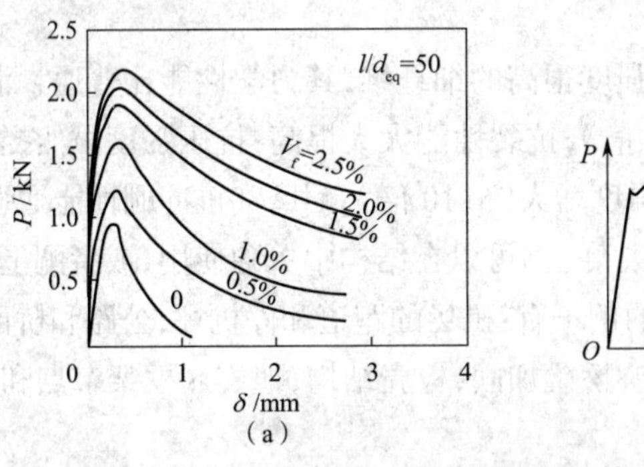

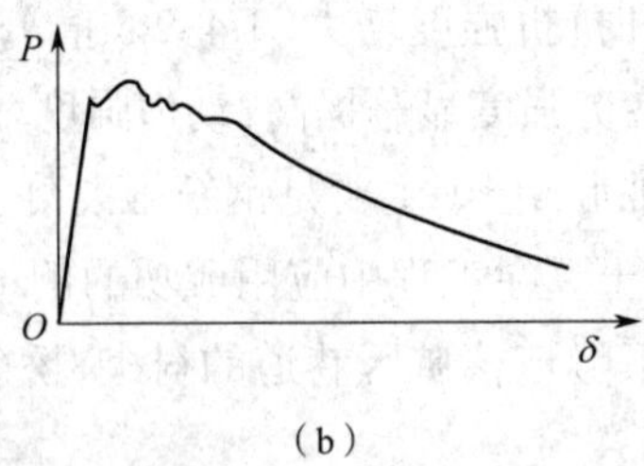

图 3-104 钢纤维混凝土的受弯性能

（a）荷载-挠度曲线 （b）峰点小波折曲线

有些试件的荷载 - 挠度曲线上,在峰点附近出现若干小波折(图 3-104(b)),当基材开裂时,纤维应力和试件挠度突然增大,荷载稍有跌落;纤维应力的增大和更多纤维参与受力,使承载力回升,形成一个波折。基材裂缝的多次突然开展,就有相应的波折。过了峰部的下降段,荷载跌落不再明显,曲线又趋平缓光滑。

钢纤维混凝土的弯曲抗拉强度 $f_{f,f}$ 和极限荷载时的最大拉应变 $\varepsilon_{f,f}$ 随纤维体积含量的增大而增大(图 3-105(a)),弯曲抗拉强度可增大 1 倍以上。如果以荷载 - 挠度曲线下的面积(Ω)表示材料韧性,则钢纤维混凝土的韧性比素混凝土的韧性(Ω_f/Ω_0)增大十多倍(图 3-105(b))。

钢纤维混凝土的轴心受压应力 - 应变全曲线如图 3-106(a)所示。它的形状和几何特性都与素混凝土相同。在曲线的上升段,纤维的掺入对基材(素混凝土)的性质几乎没有影响。只有当曲线进入下降段,试件出现纵向裂缝后,与裂缝相交的纤维才明显地发挥作用,阻滞裂缝的开展,从而提高了峰值后的残余强度,曲线下降平缓。往后,纤维的应力增大,产生滑动,以至逐根地被拔出,试件的承载力缓缓地下降。试件的最终破坏形态与素混凝土相同,形成贯通全截面的宏观斜裂缝带,但倾斜角稍小。

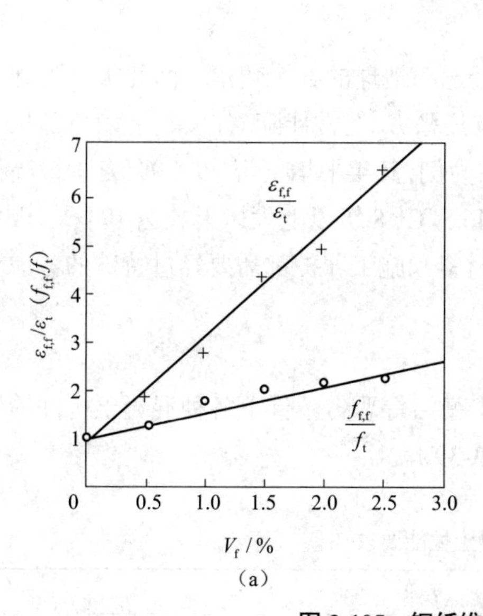

(a)

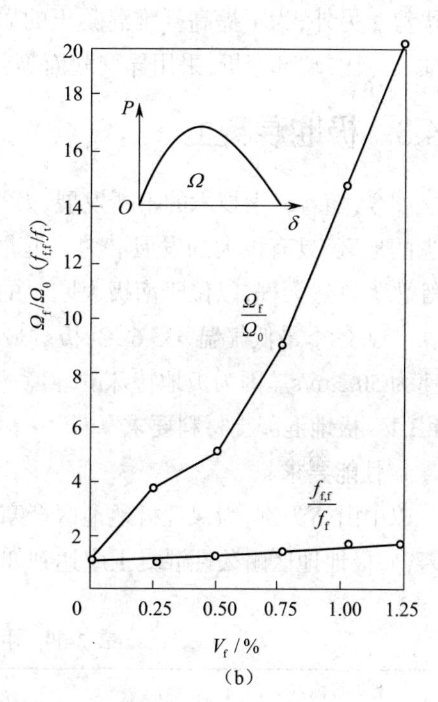

(b)

图 3-105　钢纤维混凝土的弯曲抗拉强度和韧性

(a)弯曲抗拉强度和峰值应变　(b)韧性

钢纤维混凝土的抗压强度 $f_{c,f}$ 和相应的峰值应变 $\varepsilon_{c,f}$ 随纤维体积含量的变化而变化(图 3-106(b)),但是强度增长有限,峰值应变增长较大,而延性和韧性增长更大。

从上面介绍的钢纤维混凝土的基本力学性能可了解其一般受力规律:在基材(混凝土或砂浆)开裂之前,掺入的纤维所起的作用很小,纤维的主要作用是在开裂之后,阻滞和约束裂缝的开展,因而提高其强度,特别是变形的能力(延性和韧性)。最终的破坏形态是纤维混凝土的滑动和纤维的拔出。

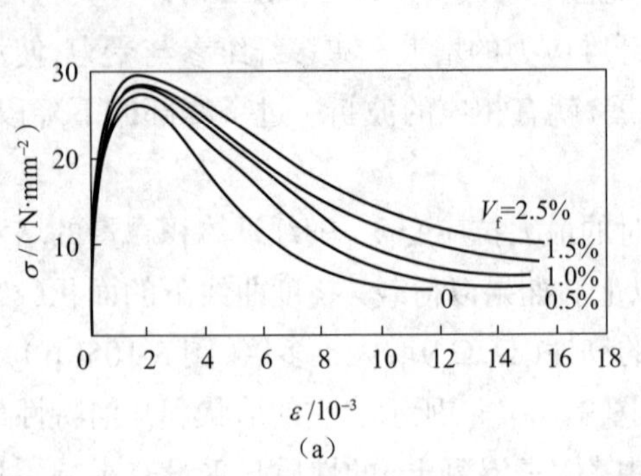

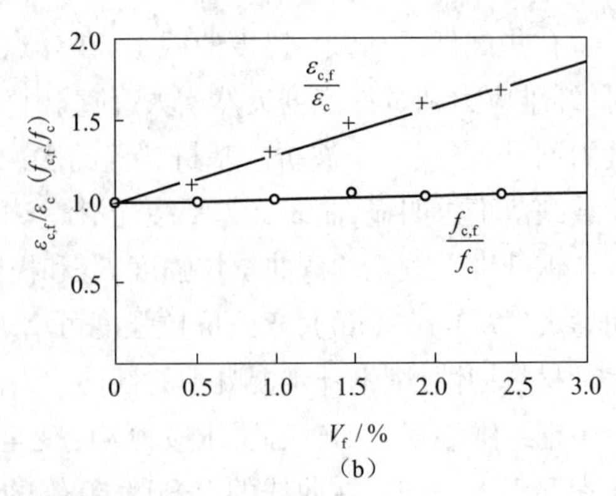

图 3-106 钢纤维混凝土的轴心受压性能

(a)应力 - 应变全曲线 (b)纤维含量的影响

混凝土中掺入钢纤维,获益最大的受力状态是弯曲,其次是受拉,最后是受压;限制裂缝和提高韧性的效益超过强度的增长。在工程中应该集中、合理地应用纤维混凝土,充分利用其性能优势。另外,为了提高纤维混凝土的质量和性能,主要措施是增大纤维的黏结强度,如适当增加长径比,端部弯折,采用异型截面等,以提高纤维的受力效率。

3.4.3 极地混凝土

如今,随着科学技术的不断发展,人类的足迹已经遍布地球的各个角落。南北极作为开发较少的地区,具有极大的发展潜力。但是极地环境极其恶劣,经常伴随着严寒、干燥、狂风、暴雪等恶劣自然天气,以位于南极大陆上的中国中山站为例,其年平均气温 -9.5 ℃,夏季最高气温 9.6 ℃,冬季最低气温 -33.6 ℃,极端最低温度达 -46.5 ℃, 8 级以上大风天数达 174 天,极大风速为 50.2 m/s。因为极地特殊的环境,极地混凝土材料和施工养护都需要经过特殊的考虑。

3.4.3.1 极地混凝土材料要求

1. 性能要求

以中山站为例,为保证极地地区严寒、干燥、狂风、暴雪等恶劣条件下各种混凝土构件的使用寿命,极地地区耐久性混凝土应达到如下指标(表 3-39)。

表 3-39 中山站极地混凝土性能要求

性能指标	要求
抗冻融循环	混凝土的抗冻融循环次数不少于 200 次
抗渗性	混凝土的抗渗等级应不小于 P12
护筋性	混凝土中的钢筋不得锈蚀
抗裂性	混凝土表面非受力裂缝的平均宽度不大于 0.2 mm
抗氯离子渗透性	混凝土抗氯离子渗透值不大于 1 000 C
耐风蚀性	暴露于大气中的混凝土,混凝土表面的磨损率不大于 0.5 kg/m

2. 技术途径

1)水泥及骨料

水泥应选用普通硅酸盐系列产品水泥,在使用前,对水泥的各项性能指标进行严格的检验,用以有效确保其使用质量,进一步确保工程质量,但同时要注意尽量不选用高铝水泥以及复合硅酸盐水泥。细骨料应选用含泥量小、坚固性优良、有害物含量少、非碱活性、级配良好的中粗砂。粗骨料应选用含泥量小、针片状颗粒含量少、压碎指标值小、坚固性优良、非碱活性、连续级配、坚固耐久的碎石。

2)外加剂

极地环境下,混凝土的外界条件复杂,通常需要考虑多种因素,添加多种外加剂以满足不同的需求。以南极中山站为例,其采取了掺加高效减水、早强、引气、防腐蚀复合外加剂的技术措施,使混凝土既可在正温条件下凝结硬化,又可在负温条件下凝结硬化,同时具有良好的抗腐蚀能力,且在负温下表现出特殊的凝结硬化功能,即在负温下不会遭受冻害、强度持续增长,同时,在规定的龄期内达到混凝土相应的设计强度等级。

3.4.3.2　极地混凝土的施工养护要求

极地低温环境下,混凝土的施工养护和普通混凝土存在较大的差异。由于混凝土自身材料的特点,环境温度对混凝土施工质量影响极大,混凝土强度增长取决于水泥水化反应的结果,水泥的水化反应和水及温度有关,当温度降低时水的活性减弱,水化反应减慢,尤其是极地地区超低温环境(以南极中山站混凝土施工为例)下,虽然掺有复合外加剂,但也只能在 -20 ℃以上保证混凝土不结冰,在 -20 ℃以下混凝土中的水很快会结成冰,水泥的水化反应停止,混凝土的强度也终止。因此,为避免温度对混凝土入模及振捣的影响,南极站施工人员采用搭设保温棚、覆盖法等进行混凝土保温。

参考文献

[[1]　中华人民共和国住房和城乡建设部. 混凝土物理力学性能试验方法标准: GB/T 50081—2019[S]. 北京:中国建筑工业出版社,2019.

[2]　ACI 318M-1989 美国钢筋混凝土房屋建筑规范(1992 年公制修订版)[M]. 中国建筑科学研究院, 译.

[3]　Comite Euro-International du Beton. Bulletin D' information No. 213/214, CEB-FIP Model Code 1990, Concrete structures[R]. Lausanne, 1993.

[4]　中华人民共和国住房和城乡建设部. 混凝土结构设计规范: GB/T 50010—2010[S]. 北京: 中国建筑工业出版社, 2010.

[5]　王传志,滕智明. 钢筋混凝土结构理论 [M]. 北京: 中国建筑工业出版社,1985.

[6]　混凝土基本力学性能研究组. 混凝土的几个基本力学指标 [M]// 国家建委建筑科学研究院. 钢筋混凝土结构研究报告选集. 北京: 中国建筑工业出版社,1977: 21-36.

[7]　过镇海. 混凝土的强度和变形(试验基础和本构关系)[M]. 北京: 清华大学出版社, 1997.

[8]　林大炎, 王传志. 矩形箍筋约束的混凝土应力 - 应变全曲线研究 [M]// 清华大学抗震抗爆

工程研究室. 科学研究报告集(第三集): 钢筋混凝土结构的抗震性能. 北京: 清华大学出版社,1981: 19-37.

[9] 过镇海, 张秀琴. 单调荷载下的混凝土的应力 - 应变全曲线试验研究 [M]// 清华大学抗震抗爆工程研究室. 科学研究报告集 (第三集): 钢筋混凝土结构的抗震性能. 北京: 清华大学出版社,1981: 1-18.

[10] 许锦峰. 高强混凝土应力 - 应变安全曲线的实验研究 [D]. 北京:清华大学,1986.

[11] WHITNEY C S. Discussion on VP Jensen's paper[J]. ACI materials journal, 1943, 39(11): 584.

[12] RÜSCH H. Research toward a general flexural theory for structural concrete[J]. ACI, 1960(7): 1-28.

[13] SARGIN M. Stress-strain relationships for concrete and the analysis of structural concrete sections[D]. Waterloo: University of Waterloo, 1971.

[14] WANG P T, SHAH S P, NAAMAN, A E J. Stress-strain curves of normal and lightweight concrete in compression[J]. ACI, 1978,75 (11):603-611.

[15] HOGNESTAD E. Concrete stress distribution in ultimate strength design[J]. ACI, 1955, 52(6): 455-479.

[16] KENT D C, PARK R. Flexural members with confined concrete[J]. Journal of the structural division, 1971, 97(12): 1969-1990.

[17] PARK R, PAULAY T. Reinforced concrete structures[M]. New York: John Wiley & Sons, 1975.

[18] POPVICS S. A review of stress-strain relationships of concrete[J]. ACI, 1970(3):243-248.

[19] 过镇海,张秀琴,张达成,等. 混凝土应力 - 应变全曲线的试验研究 [J]. 建筑结构学报, 1982,3(1):1-12.

[20] HUGHES B P, CHAPMAN G P. The complete stress-strain curve for concrete in direct tension[J]. RILEM Bulletin, 1966(30): 95-97.

[21] EVANS R H, MARATHE M S. Microcracking and stress-strain curves for concrete in tension[J]. Materials and structures, research and testing, 1968, 1(1): 61-64.

[22] PETERSSON P E. Crack growth and development of fracture zone in plain concrete and similar materials[D]. Sweden: Lund Institute of Technology, 1981.

[23] GOPALARATNAM V S, SHAH S P. Softening response of plain concrete in direct tension[J]. ACI, 1985, 82(3): 310-323.

[24] 过镇海, 张秀琴. 砼受拉应力 - 变形全曲线的试验研究 [J]. 建筑结构学报, 1988(4): 45-53.

[25] GUO Z H, ZHANG X Q. Investigation of complete stress-deformation curves for concrete in tension[J]. ACI materials journal, 1987: 84(4):1278-1285.

[26] 滕智明. 钢筋混凝土基本构件 [M]. 北京:清华大学出版社,1987.

[27] 李永录, 过镇海. 混凝土偏心受拉应力 - 应变全曲线的试验研究 [M]// 清华大学抗震抗爆工程研究室. 科学研究报告集 (第六集): 混凝土力学性能的试验研究. 北京: 清华大学出

版社, 1996: 131-157.

[28] 张琦, 过镇海. 砼抗剪强度和剪切变形的研究 [J]. 建筑结构学报，1992(5)：17-24.

[29] MATTOCK H. Shear transfer in reinforced concrete[J]. ACI, 1969(2): 52.

[30] IOSIPESCU N, NEGOITA A. A new method for determining the pure shearing strength of concrete[J]. Journal of concrete society, 1969, 3(1): 63.

[31] BRESLER B, PISTER K S. Strength of concrete under combined stresses[J]. ACI, 1958(9): 321-346.

[32] OKAJIMA T. Failure of plain concrete under combined stresses (compression-torsion, tension-torsion)[C]//Proceedings of conference on mechanical behaviour of materials,1972.

[33] BRESLER B, PISTER K. Failure criterion plain concrete under combined stresses[J].ASCE transactions, 1955(674): 56.

[34] GERSTLE K B, ASCHL H, BELLOTTI R, et al. Behavior of concrete under multi-axial stress states[J]. ASCE, 1980, 106(EM6): 1383-1403.

[35] Comite Euro-International du Beton. Bulletin D' information No. 217, selected justification notes, CEB FIP Model Code 1990[R]. Lausanne, 1993.

[36] OTTOSEN N S. Constitutive model for short-time loading of concrete[J]. ASCE, 1979, 105(EM1): 127-141.

[37] DARWIN D, PECKNOLD D A. Nonlinear biaxial stress-strain law for concrete[J]. ASCE, 1977, 103(EM2): 229-241.

[38] 徐焱, 过镇海. 三轴拉压应力状态下混凝土的强度及变形 [J]. 结构工程学报 (专刊), 1991, 2(3-4): 401-406.

[39] FINTEL M. Handbook of concrete engineering[M].New York:Van Nostrand Reinhold,1974.

[40] Mainstone R J. Properties of materials at high rates of straining or loading[M]. Materials and structures, 1975, 8(2):102-116.

[41] WATSTEIN D. Effect of straining rate on the compressive strength and elastic properties of concrete[J]. ACI journal, 1953(8): 729-744.

[42] COWELL W L. Dynamic properties of plain Portland cement concrete[R]. Port Hueneme: US Naval Civil Engineering Laboratory , 1966.

[43] 肖诗云. 混凝土率型本构模型及其在拱坝动力分析中的应用 [D]. 大连: 大连理工大学, 2002.

[44] ROSS C A, JEROME D M. Moisture and strain rate effects on concrete strength[J]. Materials journal, 1996, 93(3): 293-300.

[45] 窦远明, 刘会东, 孙吉书. 动态荷载作用下混凝土受拉性质的研究 [J]. 混凝土, 2012(2): 1-3.

[46] 闫东明. 混凝土动态力学性能试验与理论研究 [D]. 大连: 大连理工大学, 2006.

[47] BISCHOFF P H, PERRY S H. Compressive behaviour of concrete at high strain rates[J]. Mate-

rials and structures, 1991, 24(6): 425-450.

[48] DHIR R K, SANGHA C M. A study of relationships between time, strength, deformation and fracture of plain concrete[J]. Magazine of concrete research, 1972, 24(81): 197-208.

[49] HORIBE T, KOBAYASHI R. On mechanical behaviors of rocks under various loading-rates[J]. Journal of the society of materials science Japan, 1965, 14(141): 498-506.

[50] 李杰, 晏小欢, 任晓丹. 不同加载速率下混凝土单轴受压性能大样本试验研究 [J]. 建筑结构学报, 2016, 37(8):66-75.

[51] 雷光宇, 党发宁. 动态荷载作用下细观混凝土的尺寸效应研究 [J]. 水利与建筑工程学报, 2017,15(2):96-99,132.

[52] MEYERS B L, THOMAS E W. Elasticity, shrinkage, creep and thermal movement of concrete[M]//KONG F K. Handbook of structural concrete. London: Pitman Press, 1983: 11.1-11.33.

[53] NEVILLE A M, DILGER W H, BROOKS J J. Creep of plain and structural concrete[M]. London: Construction Press, 1983.

[54] 惠荣炎, 黄国兴, 易冰岩. 混凝土的徐变 [M]. 北京: 中国铁道出版社, 1988.

[55] 过镇海, 李卫. 混凝土在不同应力 - 温度途径下的变形试验和本构关系 [J]. 土木工程学报, 1993,26(5): 58-69.

[56] 过镇海, 时旭东. 钢筋混凝土的高温性能及其计算 [M]. 北京: 清华大学出版社, 2003.

[57] 南建林, 过镇海, 时旭东. 混凝土的温度 - 应力耦合本构关系 [J]. 清华大学学报, 1997, 37(6): 87-90.

[58] 过镇海, 李卫. 混凝土在不同应力 - 温度途径下的变形性能和本构关系 [J]. 土木工程学报, 1998, 28(5): 58-69.

[59] KHOURY G A, GRAINGER B N, SULLIVAN P J E. Strain of concrete during first heating to 600℃ under load[J]. Magazine of concrete research, 1985, 37(133): 195-215.

[60] KHOURY G A, GRAINGER B N, SUILIVAN P J E. Strain of concrete during first cooling from 600℃ under load[J]. Magazine of concrete research, 1986, 38(134): 3-12.

[61] Federation International de la Precontrainte. FIP/CEB report on methods of assessment of the fire resistance of concrete structural members[M]. Slough: FIP, 1978.

[62] ANDERBERG Y. Predicted fire behaviour of steel and concrete structures[R]. London: International Seminar on Three Decades of Structural Fire Safety, 1983.

[63] XIE J, YAN J B. Experimental studies and analysis on compressive strength of normal-weight concrete at low temperatures[J]. Structural concrete, 2017(4):1235-1244.

[64] MONTEJO L A, SLOAN J E, KOWALSKY M J, et al. Cyclic response of reinforced concrete members at low temperatures [J].Journal of cold regions engineering, 2008, 22(79): 79-102.

[65] YANG L H, HAN Z, LI C F. Strengths and flexural strain of CRC specimens at low temperature[J]. Construction and building materials, 2011(2): 906-910.

[66] KHAYAT K H, POLIVKA M. Cryogenic frost resistance of lightweight concrete containing silica fume[J]. Trondheim conference, 1989(114):915-928.

[67] 时旭东,居易,郑建华,等. 混凝土低温受压强度试验研究 [J]. 建筑结构, 2014,44(5): 29-33.

[68] 中华人民共和国住房和城乡建设部. 低温环境混凝土应用技术规范: GB/T 51081—2015[S]. 北京: 中国计划出版社,2015.

[69] 王霄翔, 谢剑, 李培冬, 等. 超低温冻融循环后混凝土应力 - 应变全曲线试验研究 [J]. 水利水电技术, 2014, 45(8): 153-158.

[70] DAHMANI L, KHENANE A, KACI S. Behavior of the reinforced concrete at cryogenic temperatures[J]. Cryogenics, 2007, 47(9-10): 517-525.

[71] NEITHALATH N, SUMANASOORIYA M S, DEO O. Characterizing pore volume, sizes, and connectivity in pervious concretes for permeability prediction[J]. Materials characterization, 2010, 61(8): 802-813.

[72] 中华人民共和国住房和城乡建设部. 混凝土结构设计规范（2015 年版）: GB 50010—2010[S]. 北京：中国建筑工业出版社,2016.

[73] ASTM 615/A615M. Standard specification for deformed and plain carbon-steel bar for concrete reinforcement[S]. ASTM, 2014.

[74] ASTM A706/A706M. Standard specification for low-alloy steel deformed and plain bar for concrete reinforcement[S]. ASTM, 1998.

[75] ASTM A705/A705M. Standard specification for age-hardening stainless steel forgings[S]. ASTM, 1998.

[76] British Standards. BS EN1992-1-1(2004): Eurocode 2: Design of concrete structures—Part 1-1: General rules and rules for buildings[S]. London: British Standards Institution, 2004.

[77] 王涛. 中欧钢筋及预应力混凝土梁桥设计规范对比研究 [D]. 南京：东南大学, 2015.

[78] European Standard. Steel for the reinforcement of concrete—weldable reinforcing steel（pr EN10080-1999）[S].

[79] ASTM A416/A416M. Standard specification for low-relaxation, seven-wire steel for prestressed concrete[S]. ASTM, 2017.

[80] ASTM A886/A886M. Standard specification for steel strand, indented, seven-wire stress-relieved for prestressed concrete[S]. ASTM, 2016.

[81] British Standard. BS EN1993-1-1(2004): Eurocode 3: Design of steel structures—Part 1-1: General rules and rules for buildings[S]. London: British Standards Institution, 2004.

[82] ACI 318-05. Building code requirements for structural concrete and commentary[S]. ACI, 2005.

[83] 中华人民共和国国家质量监督检验检疫总局. 钢筋混凝土用钢 第 2 部分：热轧带肋钢筋：GB/T 1499.2—2018[S]. 北京：中国标准出版社,2018.

[84] 中华人民共和国国家质量监督检验检疫总局. 钢筋混凝土用钢 第 3 部分: 钢筋焊接网:

GB/T 1499.3—2018[S]. 北京:中国标准出版社,2018.

[85] 中国国家标准化管理委员会. 钢筋混凝土用余热处理钢筋: GB/T 13014—2013[S]. 北京:中国标准出版社,2013.

[86] 章胜平, 陈旭, 周东华, 等. FIB 2010 的徐变系数模型分析 [J]. 四川建筑科学研究, 2017, 43(2): 9-13.

[87] CEN. Eurocode 3: Design of steel structures—Part 1-2: General rules-structural fire design[S]. Brussels, 2005.

[88] 谢剑, 韩晓丹, 裴家明, 等. 超低温环境下钢筋力学性能试验研究 [J]. 工业建筑, 2015, 45(1): 126-129,172.

[89] 裴家明. 超低温环境下钢筋的力学性能试验研究 [D]. 天津:天津大学, 2012.

[90] 钮宏,陆洲导,陈磊. 高温下钢筋与混凝土本构关系的试验研究 [J]. 同济大学学报, 1990 (3):287-293.

第 4 章　钢筋与混凝土的黏结

4.1　钢筋与混凝土的黏结机理

4.1.1　黏结力的作用

黏结力是指黏结剂与被黏结物体界面上分子间的结合力，黏结力使得钢筋和混凝土两种性质不同的材料在一起共同受力、共同工作，并承受构件因受荷载在两种材料之间产生的剪应力，两者不至于发生滑移。如果黏结力失效，钢筋混凝土构件就会发生破坏。可见，黏结力的大小直接影响着构件的稳定性和使用寿命。

4.1.2　黏结力的组成

4.1.2.1　黏结力

黏结力主要由三部分组成。

1. 胶结力

混凝土水化产生的凝胶体对钢筋表面产生化学胶结力。这种胶结力一般很小，仅在受力阶段的局部无滑移区域起作用，一旦接触面发生相对滑动，该力立即消失，且不可恢复。

2. 摩阻力

混凝土硬化时体积收缩，将产生裹紧钢筋的摩阻力。这种摩阻力的大小取决于握裹力和钢筋与混凝土表面的摩擦系数。对钢筋产生的垂直于摩擦面的正压力越大，接触面的粗糙程度越大，摩阻力就越大。

3. 机械咬合力

钢筋表面凹凸不平，与混凝土之间产生机械咬合力。对于光圆钢筋，表面的自然凹凸程度较小，这种作用力较小，因此它与混凝土的黏结强度较低，需要设置弯钩以阻止钢筋与混凝土之间产生较大的相对滑动；对于变形钢筋（图 4-1），肋的存在可显著增加钢筋与混凝土的机械咬合作用，从而大大增加黏结强度，这是其黏结力的很大一部分。

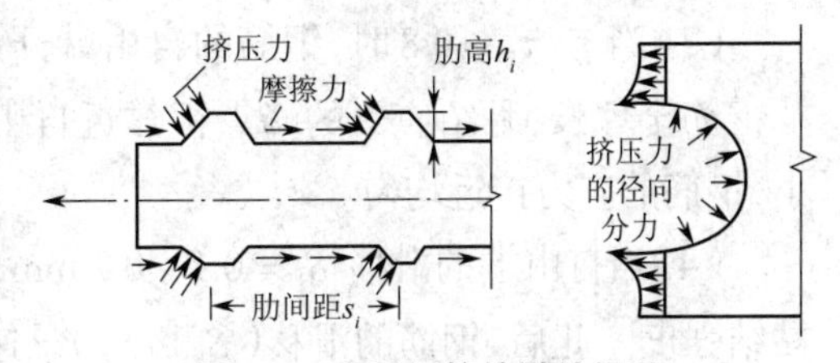

图 4-1　变形钢筋的黏结机理

其实，黏结力的三个部分都与钢筋表面的粗糙程度和锈蚀程度密切相关，在试验中很难单独测量或严格区分。而且，在钢筋的不同受力阶段，随着钢筋滑移的发展、荷载（应力）的加卸载等，各部分的黏结作用也在变化。

对于光圆钢筋,其黏结力主要来自前两项;而变形钢筋的黏结力三项都包括,其中第三项占大部分。二者的差别可以用钉入木料中的普通钉和螺丝钉的差别来解释。

4.1.2.2 光圆钢筋与混凝土的黏结

一般认为,光圆钢筋与混凝土的握裹强度由水泥凝胶体和钢筋表面的化学黏结组成。但是即使在低应力下也将产生相当大的滑移,并可能破坏混凝土和钢筋间的这种黏结。一旦产生这样的滑移,握裹力将主要取决于钢筋表面的粗糙程度和埋置长度内钢筋横向尺寸的变化。

图 4-2 所示为光圆钢筋应力 σ_s、黏结应力 τ 以及加载端和自由端滑移量的试验曲线。从中可以得出以下结论。

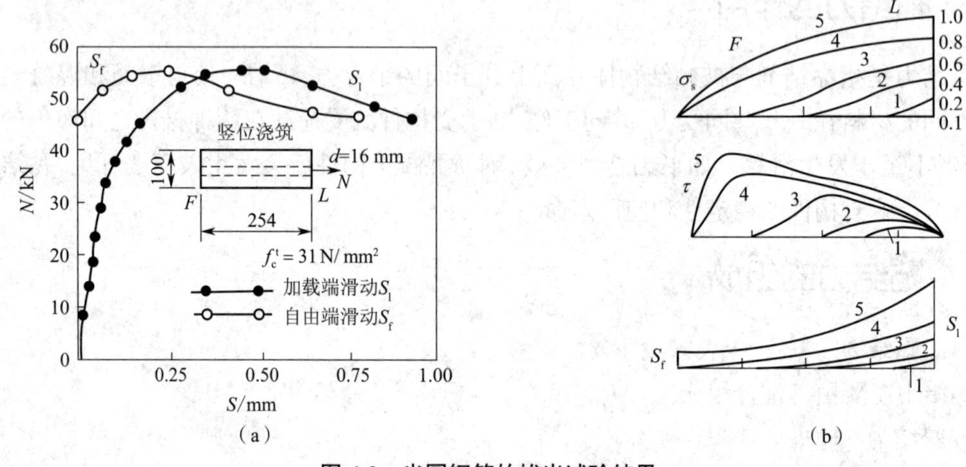

图 4-2 光圆钢筋的拔出试验结果

(a) $N-S$ 曲线 (b) 应力和滑移分布

(1)随着拉拔力的增大,黏结应力图形的峰值由加载端向内部移动,临近破坏时,移至自由端附近,同时黏结应力图形的长度(有效埋长)也达到了自由端,钢筋的应力渐趋均匀。

(2)当荷载达到 $\bar{\tau}/\tau_u=0.4\sim0.6$ 后,钢筋的受力段和滑移段继续扩展,加载端的滑移(S_l)明显呈曲线增长,但自由端无滑移。黏结应力不仅分布区延伸,峰点加快向自由端移动,其形状也由峰点右偏曲线转为左偏曲线。

(3)当 $\bar{\tau}/\tau_u=0.8$ 时,钢筋的自由端开始滑动,加载端的滑移发展迅速,此时滑移段已遍及钢筋全埋长,黏结应力的峰点很靠近自由端。加载端附近的黏结破坏严重,黏结应力已很小,钢筋的应力接近均匀。

(4)当自由端的滑移 $S_f=0.1\sim0.2$ mm 时,试件的荷载达到最大值 N_u,即达到钢筋的极限黏结强度。此后,钢筋的滑移(S_l 和 S_f)急速增大,拉拔力由钢筋表面的摩阻力和残存的咬合力承担,周围混凝土被碾碎,阻抗力下降,形成曲线的下降段。

上述是针对短埋长试件的,其破坏形式是钢筋从混凝土中被徐徐拔出;如果是长埋长试件,其破坏形式是钢筋受拉屈服,而钢筋不被拔出。可以通过此试验确定最小锚固长度。

4.1.2.3　变形钢筋与混凝土的黏结

1. 无横向配筋时变形钢筋的黏结性能试验

变形钢筋和光圆钢筋的主要区别是钢筋表面具有不同形状的横肋或斜肋。变形钢筋受拉时,肋的凸缘挤压周围混凝土,大大地提高了机械咬合力,改变黏结受力机理,有利于钢筋在混凝土中的黏结锚固性能。

图 4-3 所示为无横向配筋的黏结性能试验结果,由图可得出以下结论。

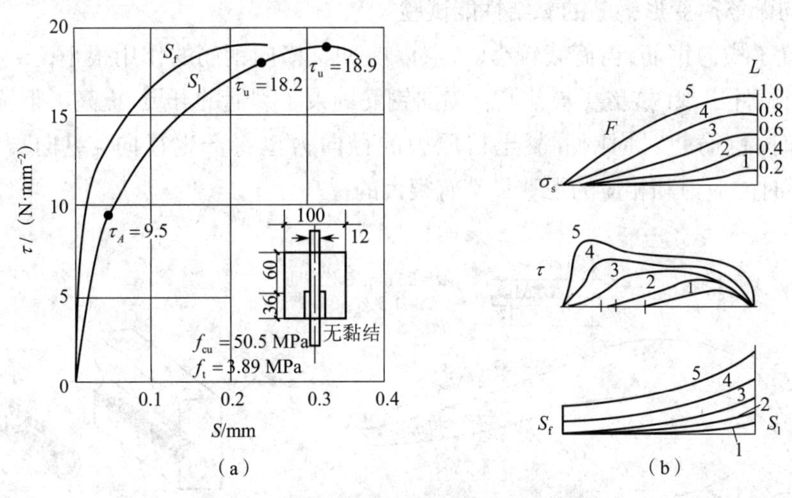

图 4-3　无横向配筋的黏结性能试验结果

(a) τ-S 曲线　(b)应力和滑移分布

(1)开始受力后钢筋的加载端局部由于应力集中而破坏了与混凝土的黏结力,发生滑移。

(2)当荷载增大到 $\bar{\tau}/\tau_u \approx 0.3$ 时,钢筋自由端的黏结力也被破坏,开始出现滑移 S_f,加载端的滑移加大,钢筋的受力区域和滑移区域较早地遍布钢筋全长。

(3)当荷载增大到 $\bar{\tau}/\tau_u = 0.4 \sim 0.5$ 时,即 τ-S 曲线上的 A 点,钢筋靠近加载端横肋的背面发生黏结破坏,出现拉脱裂缝①,随即此裂缝向后延伸,形成表面纵向裂缝②,如图 4-4 所示。荷载再增大时,会使肋前形成斜裂缝③与①贯通。随着荷载的增大,在钢筋的各个肋上从加载端向自由端逐次出现裂缝①②③,滑移的发展加快,τ-S 曲线的斜率渐减。和光圆钢筋相比,变形钢筋的应力沿其埋长变化较小,黏结应力分布较为均匀。

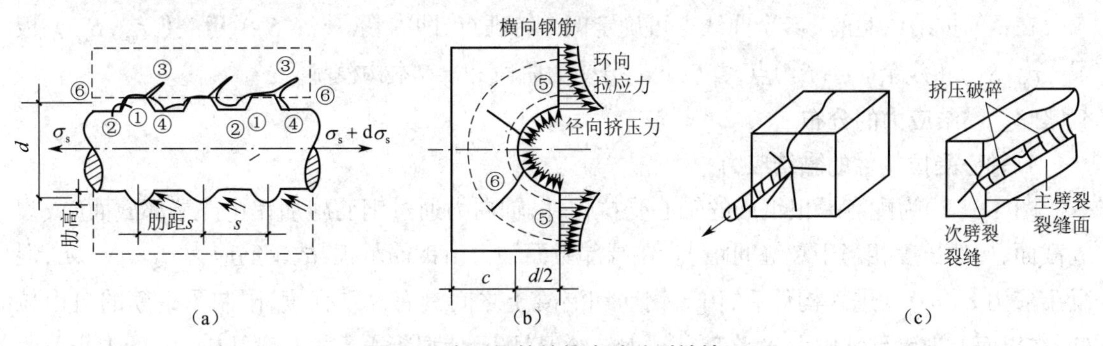

图 4-4　变形钢筋的拔出试验裂缝情况

(a)纵向配筋　(b)横向配筋　(c)破坏形态

（4）在出现裂缝①②③后，黏结应力由钢筋表面的摩阻力和肋部的挤压力传递。当荷载增大到一定程度时，会形成肋前破碎区④。这种挤压力使得混凝土环向受拉，当超过混凝土的抗拉强度时，就会出现裂缝⑤，这种裂缝由钢筋表面沿径向向外表扩展，同时由加载端向自由端渗透。

（5）当荷载接近极限值（$\bar{\tau}/\tau_u \approx 0.9$）时，加载端的裂缝发展到构件表面，此后，裂缝继续向自由端发展，钢筋的滑移急剧加大，很快达到极限值 τ_u，并进入下降段，试件被劈裂开。

2. 有横向配筋时变形钢筋的黏结性能试验

如果配置了横向钢筋，当荷载较小（A 点以前）时，横向钢筋的作用很小，τ-S 曲线无区别（图 4-5）。当试件出现内裂缝（A 点）后，横向钢筋约束了裂缝的开展，提高了阻抗力。当荷载接近极限值时，钢筋肋对周围混凝土挤压力的径向力也将产生径向 - 纵向裂缝⑤（图 4-4（b）），但开裂时的应力和相应的滑移量都有很大的提高。

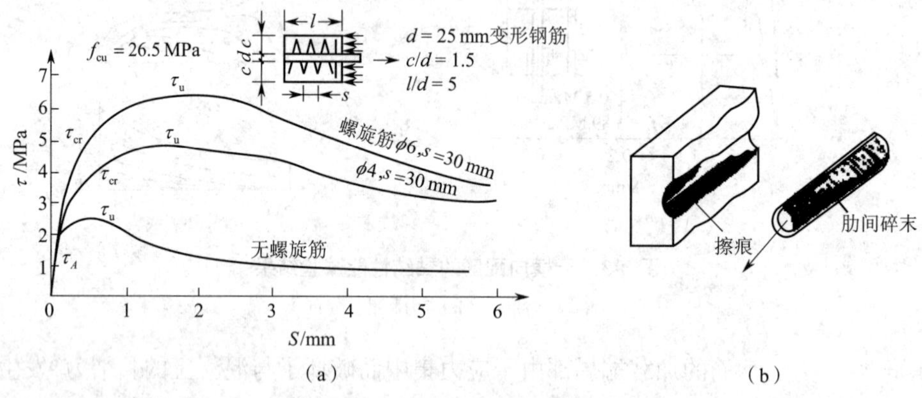

图 4-5 配置横向钢筋时变形钢筋的黏结性能试验曲线

（a）τ-S 曲线 （b）破坏形态

出现裂缝⑤后，横向钢筋的应力剧增，以限制此裂缝的扩展，试件不会被劈裂，抗拔力可继续增大。同时，随着滑移量的增大，肋前的混凝土破碎区不断扩大，而且沿钢筋埋长的各肋前区依次破碎和扩展，肋前挤压力的减小形成了 τ-S 曲线的下降段。最终，钢筋横肋间的混凝土咬合齿被剪断，属于剪切型黏结破坏，钢筋连带肋间充满着的混凝土碎末一起缓缓地被拔出，具有一定的残余抗拔力（$\bar{\tau}/\tau_u \approx 0.3$）。

在钢筋拔出试验的 τ-S 全曲线上可确定四个特征点，即内裂（τ_A，S_A）、劈裂（τ_{cr}，S_{cr}）、极限（τ_u，S_u）和残余（τ_r，S_r）点，并以此划分受力阶段和 τ-S 本构模型。

4.1.2.4 黏结应力的分布

1. 轴心受拉构件的黏结应力

图 4-6（a）为配有一根钢筋的轴心受拉构件，轴向力通过钢筋施加在构件端部截面（或裂缝截面，构件长度相当于裂缝间距）。在端部截面轴力由钢筋承担，故钢筋应力 $\sigma_s = N/A_s$，混凝土应力 $\sigma_c = 0$。进入构件后，由于钢筋和混凝土之间具有黏结强度，限制了钢筋的自由拉伸，在界面上产生黏结应力 τ，将部分拉力传给混凝土，使混凝土受拉。黏结应力 τ 的大小取决

于钢筋与混凝土之间的应变差（ $\sigma_s-\sigma_c$ ）。随着与端截面距离的增大，钢筋应力 σ_s 减小，混凝土的拉应力 σ_c 增大，二者应变差逐渐减小。直到距端部 l_1 处钢筋与混凝土应变相同，相对变形、滑移消失，黏结应力 $\tau=0$ 。

图 4-7 为配有一根钢筋的轴心受拉构件开裂后截面上的应力分布。裂缝处钢筋的应力是 $\sigma_s=N/A_s$，在裂缝间，一部分荷载通过黏结传递给混凝土，这样导致钢筋与混凝土的应力分布状态如图 4-7（b）和（c）所示。黏结应力的分布如图 4-7（d）所示。因为在每个裂缝处钢筋的应力是相等的，力也是恒定不变的，因此在两裂缝间整个长度上黏结应力的代数和等于零。

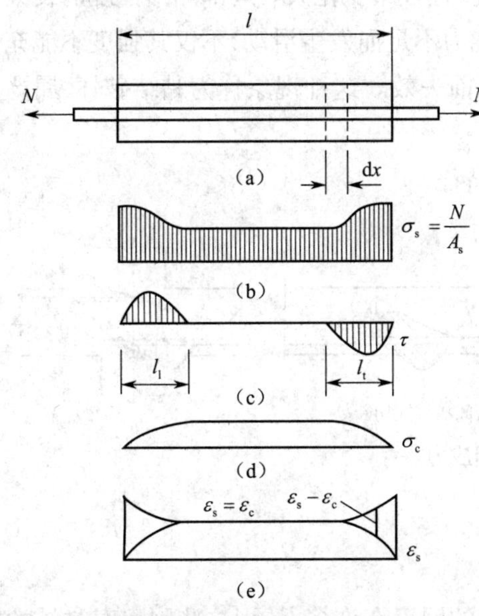

图 4-6　裂缝出现前的应力分布

（a）轴心受拉构件　（b）钢筋应力分布
（c）黏结应力分布　（d）混凝土应力分布
（e）钢筋与混凝土应变差

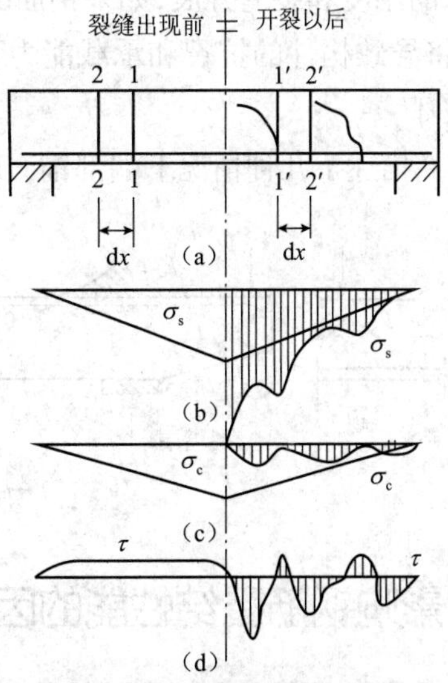

图 4-7　裂缝出现前后的应力分布

（a）钢筋混凝土梁开裂前后　（b）钢筋应力分布
（c）混凝土应力分布　（d）黏结应力分布

2. 钢筋混凝土梁中的黏结应力

如图 4-8 所示，梁受拉区的混凝土开裂后，裂缝截面上的混凝土退出工作，使钢筋拉应力增大，但裂缝间的混凝土仍承受一定拉力，钢筋的应力相对较小。钢筋应力沿纵向发生变化，其表面必有相应的黏结应力分布（图 4-8（d））。这种情况下，裂缝段钢筋的应力差小，但平均应力值高。黏结应力的存在，使混凝土内钢筋的平均应变或总变形小于钢筋单独受力时的相应变形，有利于减小裂缝宽度和增大构件的刚度，该现象称为受拉刚化效应。

显然，纵筋中拉应力的大小取决于沿钢筋长度上黏结应力的积累，开裂前由混凝土负担的拉力通

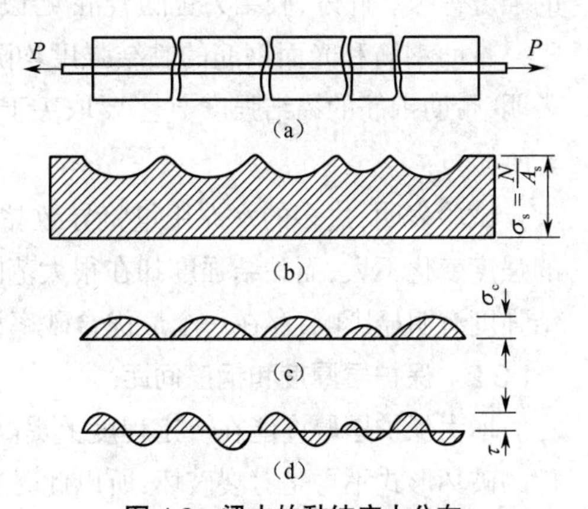

图 4-8　梁中的黏结应力分布

（a）轴心受拉开裂构件　（b）钢筋应力分布
（c）混凝土应力分布　（d）黏结应力分布

过黏结应力传递给钢筋,使钢筋应力增大。若纵筋沿梁长不变,则钢筋和混凝土的拉应力沿梁长的变化如图 4-8(b)和(c)所示。与轴心受拉构件相似,开裂截面两侧出现图 4-8(d)所示黏结应力。黏结应力有正有负,但图中黏结应力面积的代数和不为零。这种黏结应力称为局部黏结应力,其作用是使裂缝间的混凝土参与受拉。

3. 钢筋端部的锚固黏结应力

简支梁支座处的钢筋端部、梁跨间的主筋搭接或切断处、悬臂梁和梁柱节点受拉主筋的外伸段等处,钢筋的端头应力为零,在经过不长的黏结距离(称为锚固长度)后,钢筋的应力应能达到其设计强度。故钢筋的应力差大,黏结应力值高,且分布变化大。局部黏结强度的丧失只影响构件的刚度和裂缝开展,如果钢筋因锚固黏结能力不足而发生滑动,不仅其强度不能充分利用,还将导致构件的抗裂和承载能力下降,甚至提前失效。这种现象称为黏结破坏,属严重的脆性破坏。

图 4-9 描述了几种情况下端部锚固应力的分布特征。

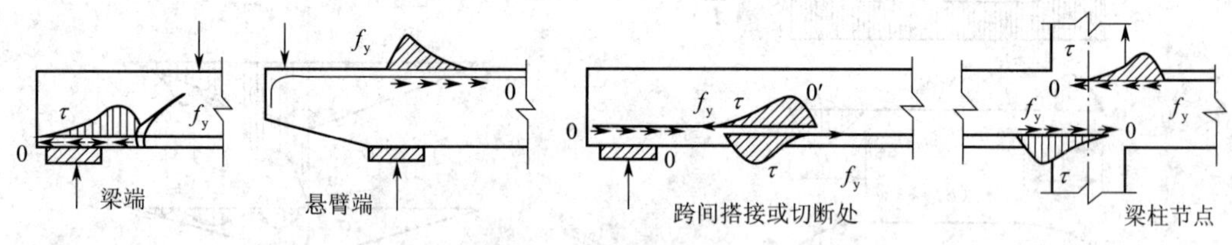

图 4-9 端部锚固应力

4.1.3 影响钢筋黏结性能的因素

影响钢筋与混凝土之间黏结性能及各项特征值的因素有许多,认识这些因素对黏结性能的影响程度是非常必要的。

4.1.3.1 混凝土强度等级和组成成分

无论是出现内裂缝,还是劈裂裂缝,还是肋前区复合应力下混凝土的强度都取决于混凝土的强度等级。此外,胶结力也随着混凝土强度等级的提高而提高,但对摩阻力提高不大。

带肋钢筋和光面钢筋的黏结强度均随混凝土强度的提高而提高,但并非线性关系。试验表明,带肋钢筋的黏结强度 τ_u 主要取决于混凝土的抗拉强度 f_t, τ_u 与 f_t 近似地呈线性关系(图 4-10)。

试验表明,过多的水泥用量将导致黏结强度的退化;在同样水灰比的情况下,尽管混凝土的强度变化不大,而黏结强度却在很大范围变化;混凝土中含砂率和水泥砂浆的组成成分对黏结强度有明显影响,存在一个最优含砂率和最优水泥砂浆的含量。

4.1.3.2 保护层厚度和钢筋间距

增大保护层厚度能在一定程度上提高黏结强度,但当保护层厚度超过一定限值后,这种试件的破坏形式不再是劈裂破坏,所以此时黏结强度不再提高。

对于高强度的带肋钢筋,当混凝土保护层太薄时,外围混凝土将可能发生径向劈裂而使黏结强度降低。钢筋间距太小时,将可能出现水平劈裂而使整个保护层崩落,从而使黏结强度显著降低。

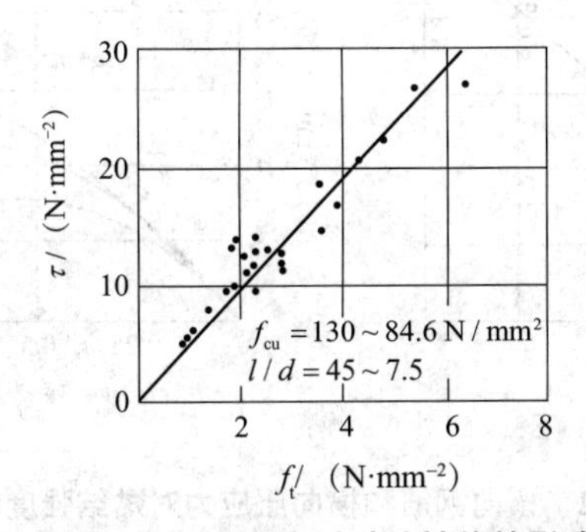

图 4-10　混凝土强度对黏结性能的影响

4.1.3.3　钢筋的埋置长度

钢筋的埋置长度越长，黏结应力分布越不均匀，试件破坏时的平均黏结强度(τ_u/τ_{max})越低，故试验黏结强度随埋长(l/d)的增加而降低，如图 4-11 所示。当埋置长度超过一定限值后，黏结破坏由钢筋被拔出破坏转为钢筋屈服，埋置长度对其影响不大。该限值一般取为 5d。

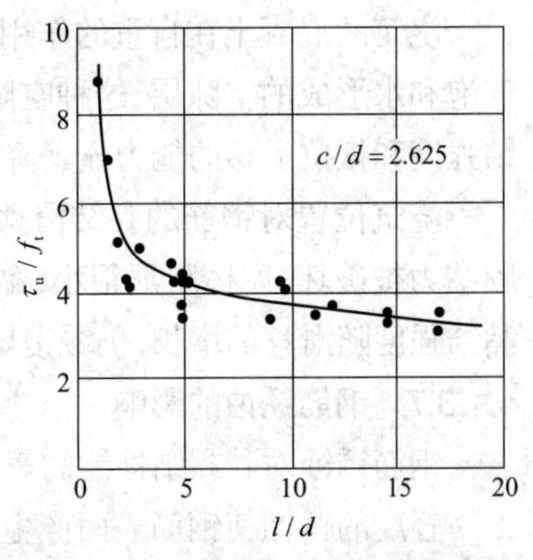

图 4-11　埋长对黏结强度的影响

4.1.3.4　钢筋的外形和直径

带肋钢筋的黏结强度比光圆钢筋的黏结强度要大。试验表明，带肋钢筋的黏结力比光圆钢筋高出 2~3 倍。因而，带肋钢筋所需的锚固长度比光圆钢筋短。

由于变形钢筋的外形参数并不随直径比例变化，直径加大时肋的面积增加不多，而相对肋高降低，且直径越大的钢筋，相对黏结面积越小，极限强度越低。试验结果是：$d \leqslant 25$ mm 时，黏结强度影响不大；$d > 32$ mm 时，黏结强度可能降低 13%。横肋的形状和尺寸不同，其 τ-S 曲线的形状也不完全相同。月牙纹钢筋的极限黏结强度比螺纹钢筋低 10%~15%，且较早发生滑移，但下降段较为平缓，延性较好。原因是月牙纹钢筋的肋间混凝土齿较厚，抗剪性强。此外，月牙纹的肋高沿圆周变化，径向挤压力不均匀，黏结破坏时的劈裂裂缝有明显的方向性。

4.1.3.5　横向钢筋和横向压应力

如前所述，配置横向钢筋能延迟和约束径向和纵向劈裂裂缝的开展，阻止发生劈裂破坏，提高极限黏结强度和增大特征滑移值(S_{cr}, S_u)，且 τ-S 曲线下降段平缓，黏结延性好。

图 4-12 给出了试件从劈裂应力至极限黏结强度的应力增量($\tau_u - \tau_{cr}$)随横向钢筋配筋率 $\rho_{sv} = A_{sv}/cs_{sv}$ (s_{sv} 为箍筋的间距)增长的关系。试验表明：配置箍筋对提高后期黏结强度，改善钢筋的黏结延性有明显作用。

横向压应力作用在锚固端可增大钢筋和混凝土界面的摩阻力，有利于黏结锚固。但横向压应力过大时，可产生沿压应力作用平面方向的劈裂裂缝，反而降低黏结强度。

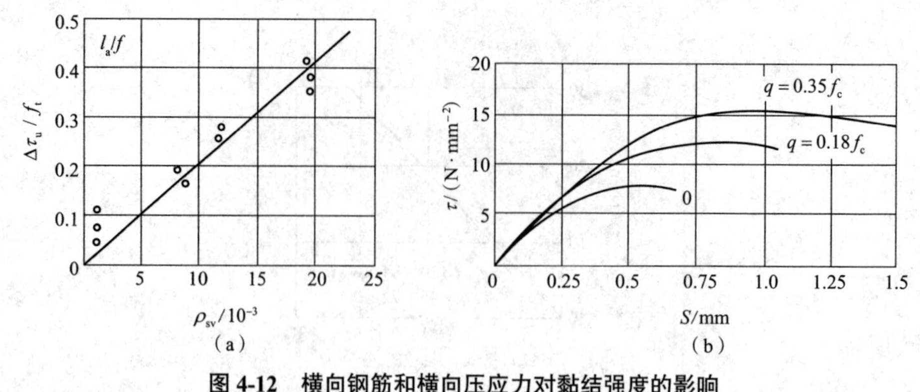

图 4-12　横向钢筋和横向压应力对黏结强度的影响

(a)横向钢筋对黏结强度的影响　(b)横向压应力对 τ-S 曲线的影响

4.1.3.6　浇筑位置

浇筑的混凝土在自重的作用下有下沉和泌水现象,各个位置的混凝土密实度不同,存在由气泡和水形成的空隙层,这种空隙层削弱了钢筋和混凝土的黏结作用,使平位浇筑比竖位的黏结强度和抵抗滑移的能力显著降低,折减率最大可达 30%。

浇筑位置对钢筋的黏结滑移有很大影响。顶部钢筋下面的混凝土有较大的空隙层,一旦胶结力被破坏,摩擦阻尼很小,黏结强度显著降低;而竖位钢筋在初始滑移后,摩擦阻力较大,黏结强度随滑移的增长,仍缓慢增长。

4.1.3.7　钢筋锈蚀的影响

钢筋锈蚀对其黏结性能的影响是双重的,既有有利的一面,也存在不利的一面。

轻度的锈蚀使钢筋表面产生锈坑,增加了钢筋表面的粗糙度,钢筋与混凝土之间的咬合力增强,因而钢筋和混凝土之间的黏结力、摩擦力有所增加。

但当锈蚀较为严重时,也会使钢筋与混凝土之间的黏结强度降低,原因在于:

(1)钢筋的锈蚀产物是一层结构疏松的氧化物,明显改变了钢筋与混凝土的接触状态,从而降低了钢筋与混凝土之间的胶结力;

(2)钢筋锈蚀使得混凝土产生径向膨胀力,当达到一定程度时,会使混凝土开裂而导致混凝土对钢筋的约束作用减弱,黏结强度降低;

(3)变形钢筋锈蚀后,钢筋变形肋将逐渐退化,变形肋与混凝土之间的机械咬合力基本消失。

4.1.3.8　其他因素

影响钢筋黏结性能的其他因素:施工质量控制及扰动;钢筋的受力状态,如受压钢筋的黏结性能要优于受拉钢筋;钢筋在拉剪状态下的黏结性能也会降低。

综上所述,影响钢筋与混凝土之间的黏结性能的因素众多,要确定一个准确而全面的黏结应力与滑移关系曲线相当困难,有时也没有必要。可根据具体的分析对象,考虑其中的主要影响因素即可。此外,在进行钢筋混凝土结构非线性分析时,切记分析必须与实践环节紧密结合,因为所有计算模型和计算公式都是基于对试验、设计和工程实践活动的规律性总结。

4.2　黏结应力－滑移本构关系与模型

4.2.1　黏结性能试验

4.2.1.1　试验方法

结构中钢筋黏结部位的受力状态复杂,很难准确模拟。根据试验性质以及获取数据的内容,分为静力试验方法和动力试验方法。

1. 静力试验方法

1）拔出试验

最初的试验方法是将钢筋埋置于混凝土中心,由于加载端混凝土受到混凝土的局部挤压,与结构中钢筋端部附近的应力状态差别大,影响了试验结果的真实性。因此,将其改为试件加载端的局部钢筋与周围混凝土脱空的试件。但是,螺纹钢筋采用这种试验方法时,试件常发生劈裂破坏。所以,又设置横向钢筋（螺旋箍筋）以改善其性能（图 4-13）。

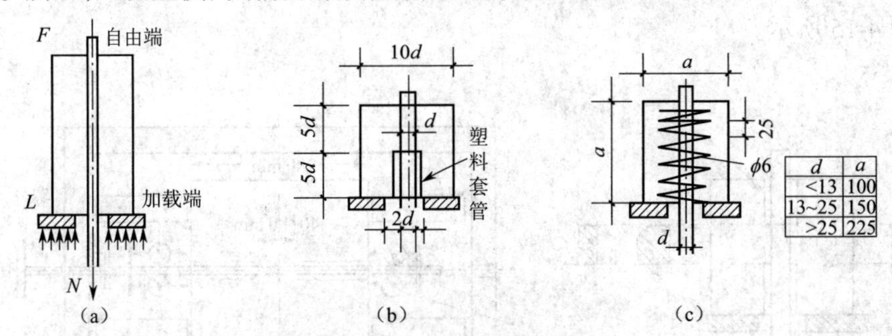

(a)　(b)　(c)

图 4-13　拔出试验的试件

（a）早期　（b）RILEM-FIB CEB　（c）CP110

2）梁式试验

梁式试验（图 4-14）是为了更好地模拟梁端锚固黏结性能状态,而拔出试验不能反映钢筋锚固区域存在弯矩和剪力共同作用的影响。

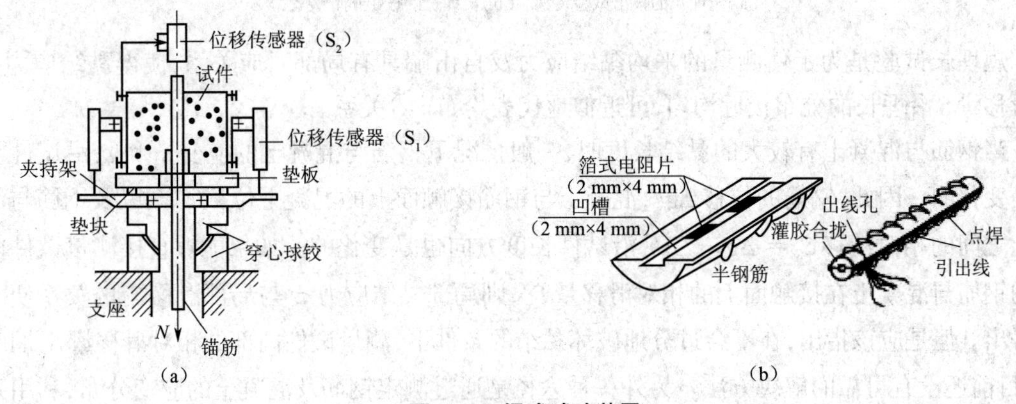

(a)　(b)

图 4-14　梁式试验装置

（a）梁式黏结试验测量装置　（b）电阻应变片布置

梁式试验试件梁端无黏结,中央为 $10d$ 的黏结区域,使黏结应力分布更为均匀。

这两类试件的对比试验结果表明:材料和黏结长度相同的试件,拔出试验比梁式试验得到的平均黏结强度高,其比值约为 1.1~1.6。除了钢筋周围混凝土应力状态有差别外,后者的混凝土保护层较薄也是主要原因。

无论哪种试验,试验中均需要测量钢筋的拉力、拉力极限值以及钢筋加载端和自由端与混凝土的相对滑移量。

必要时,需要在钢筋内部埋置应变片,以准确测量钢筋的应变。按试验相邻电测点的钢筋应力差计算相应的黏结应力,从而得到黏结应力的分布规律。此外,还可以通过在裂缝处涂上红色墨水观察黏结裂缝的发展规律。

3)局部黏结 - 滑移试验

钢筋混凝土结构非线性分析需要建立钢筋与混凝土在接触面上的力和滑移的物理模型,即局部黏结应力和局部滑移的本构关系。但是,通常的黏结试验得到的只是平均黏结应力与试件加载端或自由端的关系,并不代表试件内部的 τ-S 关系。

目前,采用两种局部黏结 - 滑移试验:一种是短埋长的拔出试验;另一种是长埋长的拉伸试验,如图 4-15 所示。

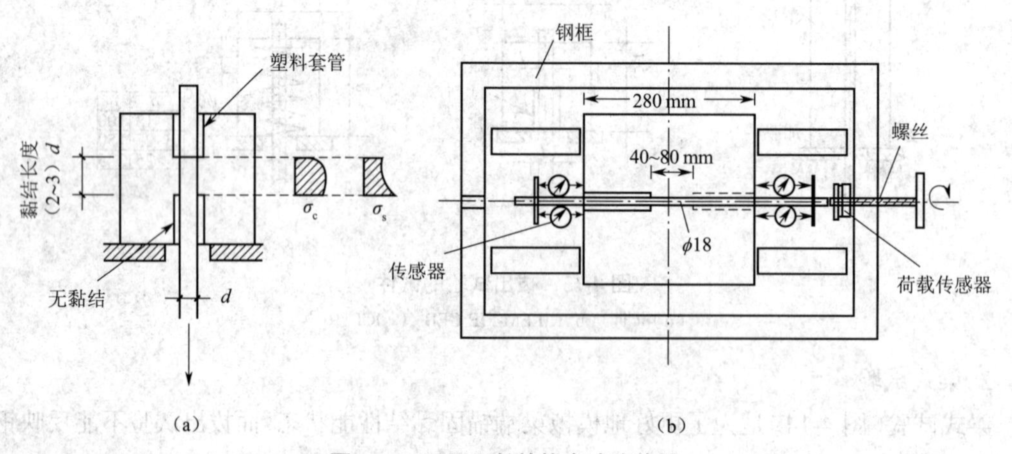

图 4-15 不同埋长的拔出试验装置

(a)短埋长的拔出试验装置 (b)长埋长的拔出试验装置

短埋长试验是为了使测量的平均黏结应力及自由端具有局部对应关系,使得黏结应力 τ 及滑移量 S 沿埋长的分布接近均匀,可近似地代表均布 τ-S 关系。

当钢筋与混凝土有较大的黏结长度时,一般情况下钢筋与混凝土的应变 ε_s 和 ε_c 沿试件长度是变化的。因此,钢筋的位移 Δg_x,混凝土与钢筋接触面上的混凝土位移 Δh_x,以及钢筋与混凝土之间的相对滑移 $S_x = \Delta g_x - \Delta h_x$ 沿试件长度方向也是变化的。如果能够直接测量试件内部的钢筋与混凝土在接触面上的相对滑移量 S_x,则局部黏结应力 τ_x 与局部滑移 S_x 的关系便不难得出。但是应该指出,在不会过分地破坏黏结的条件下,测量试件内部的相对滑移量 S_x 的问题,目前还没有可靠的解决方法。另外一种途径是通过测定钢筋及混凝土的应变分布,利用系数关系间接地得出 S_x:

$$S_x = \int_0^x \varepsilon_{sx} \mathrm{d}x - \int_0^x \varepsilon_c \mathrm{d}x \tag{4-1}$$

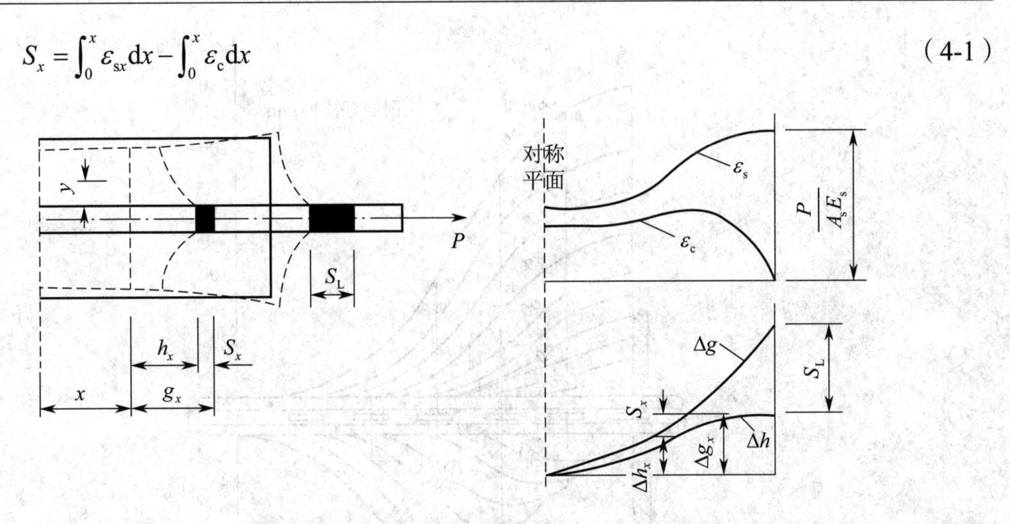

图 4-16　拉伸试件中的应变及位移分布

2. 动力试验方法

梁柱节点试验可较为真实地模拟在轴向力和剪力作用下的局部黏结滑移关系。测量的结果有的以黏结应力 - 滑移关系体现，有的以梁端弯矩和转角来体现。

Tassios 装置是在其静力加载装置基础上改装而成的，可以测得局部黏结应力与相对滑移之间的关系，但是不能考虑轴向力的影响。

用于黏结 - 滑移的试验装置众多，都具有自己的特点，没有形成一个共同认可的标准试验装置，这阻碍了各个试验数据之间的对比，不利于黏结作用的深入研究。

4.2.1.2　拔出试验的黏结和滑移

拔出试验在钢筋拔出过程中，钢筋的应力不断增加，而黏结应力的峰值却不断地后移，即从加载端逐渐地退出工作，图 4-17 是 Amstutz 的试验曲线。应该指出，实际的钢筋应变不是光滑的，因而由钢筋反算的黏结应力

$$\tau_x = \frac{-d}{4}\frac{\mathrm{d}\sigma_s}{\mathrm{d}x} \tag{4-2}$$

（式中 d 为钢筋的直径）也不是光滑的。在变形钢筋中，由于肋的咬合作用以及次生斜裂缝出现，混凝土的拉应力沿杆长也必然是不连续的，钢筋上所贴的应变片越长，间距越大，这一不连续性越被掩盖。此外，在一定的埋长下，自由端的滑移比加载端要小得多。

目前，拉伸试验是为了模拟构件主裂缝的间距，因而试件较短。钢筋在梁端拉伸后，试件中点应是不动点。由于试件较短，钢筋应力一开始沿长度的差别就不那么大，但黏结应力最大值则随着肋处混凝土退出工作而向内移动。

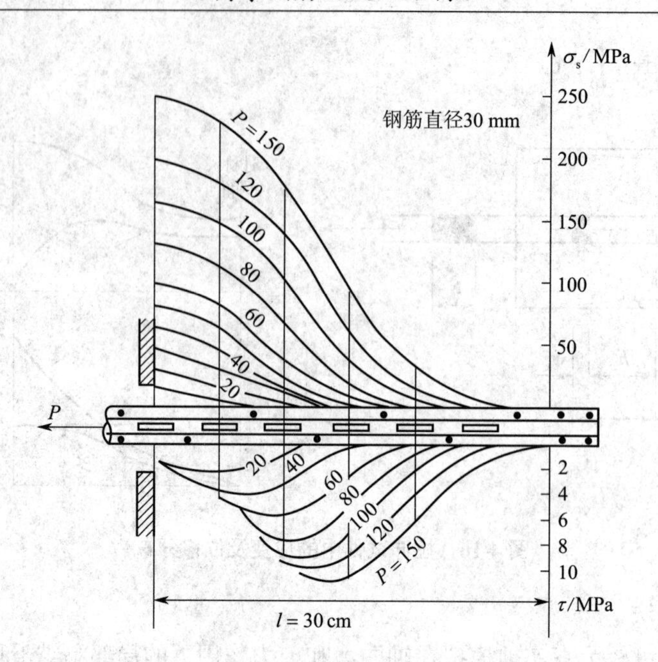

图 4-17 拔出试验中钢筋应力 σ_s 与黏结应力 τ 的分布

4.2.2 黏结应力 - 滑移本构模型

在应用有限元对钢筋混凝土结构构件进行模拟分析时，需要用到黏结应力 - 滑移本构模型，即 τ-S 的数学关系。根据 τ-S 关系曲线不同的表达式，可分为分段折线型和连续曲线型两类。

4.2.2.1 分段折线型

分段折线型，顾名思义，就是以特征点为分界，将非线性的 τ-S 关系曲线划分成若干线性的分段表达关系式。

根据分段的数目，存在三段式、五段式、六段式（图 4-18）。在确定了若干个黏结应力和滑移的特征值后，以折线或简单曲线相连即构成完整的 τ-S 关系曲线。

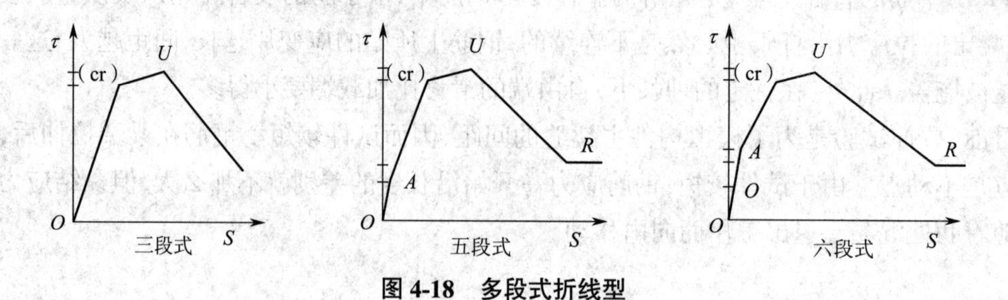

图 4-18 多段式折线型

1.《混凝土结构设计规范》中的计算公式

《混凝土结构设计规范（2015 年版）》（GB 50010—2010）对钢筋混凝土黏结滑移本构关系有如下的规定（图 4-19）可供取用。

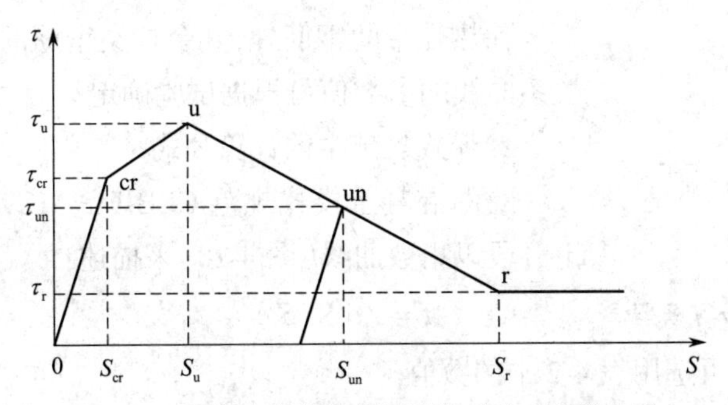

图 4-19　混凝土与钢筋间的黏结应力 - 滑移曲线

线性段：

$$\tau=k_1S\ (0\leqslant S\leqslant S_{cr})$$

劈裂段：

$$\tau=\tau_{cr}+k_2(S-S_{cr})\ (S_{cr}<S\leqslant S_u)$$

下降段：

$$\tau=\tau_u+k_3(S-S_u)\ (S_u<S<S_r)$$

残余段：

$$\tau=\tau_r\ (S>S_r)$$

卸载段：

$$\tau=\tau_{un}+k_1(S-S_{un})$$

式中：τ——混凝土与热轧带肋钢筋之间的黏结应力，N/mm^2；

S——混凝土与热轧带肋钢筋之间的相对滑移，mm；

k_1——线性段斜率，τ_{cr}/S_{cr}；

k_2——劈裂段斜率，$(\tau_u-\tau_{cr})/(S_u-S_{cr})$；

k_3——下降段斜率，$(\tau_r-\tau_u)/(S_r-S_u)$；

τ_{un}——卸载点的黏结应力，N/mm^2；

S_{un}——卸载点的相对滑移，mm。

曲线特征点的参数可按表 4-1 取用。

表 4-1　混凝土与钢筋间黏结应力 - 滑移曲线的参数值

特征点	劈裂（cr）		峰值（u）		残余（r）	
黏结应力 /（N/mm^2）	τ_{cr}	$2.5f_{t,r}$	τ_u	$3f_{t,r}$	τ_r	$f_{t,r}$
相对滑移 /mm	S_{cr}	$0.025d$	S_u	$0.04d$	S_r	$0.55d$

注：表中 d 为钢筋直径，$f_{t,r}$ 为混凝土的抗拉强度特征值。

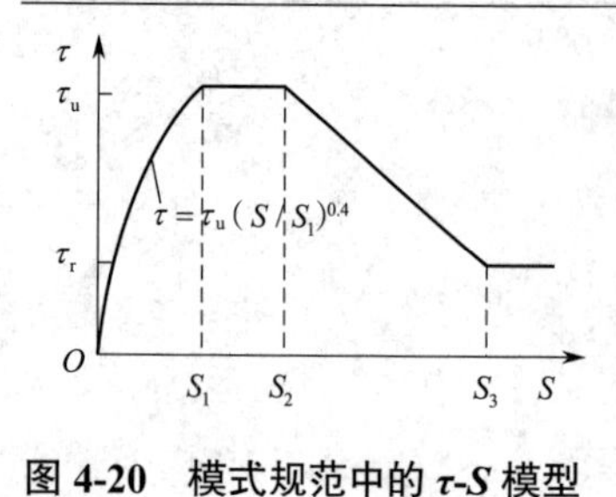

图 4-20 模式规范中的 τ-S 模型

除热轧带肋钢筋外,其余种类钢筋的黏结应力 - 滑移本构关系曲线的参数值可根据试验确定。

2. 模式规范中的计算公式

欧洲混凝土模式规范 CEB-FIP MC90 建议的四段式模型上升段以指数曲线(图 4-20)来描述:

$$\tau = \tau_u \left(S / S_1\right)^{0.4}$$

曲线中的特征值可选用表 4-2 中的数值。

表 4-2 τ-S 曲线的特征值

约束情况 破坏状态	黏结状态	黏结应力		滑移 /mm		
		τ_u	τ_r / τ_u	S_1	S_2	S_3
无约束 劈裂破坏	良好	$2f_c^{0.5}$	0.15	0.6	0.6	1.0
	一般	$f_c^{0.5}$				2.5
有约束 劈裂破坏	良好	$2.5f_c^{0.5}$	0.40	1.0	3.0	钢筋 横肋净距
	一般	$1.25f_c^{0.5}$				

3. 徐有邻等人建议的计算公式

通过内埋钢筋应变分布的分析,徐有邻等人建议了一个位置函数(黏结刚度分布函数)$\psi(x)$来描述 τ-S 曲线沿钢筋嵌固深度 x(也可以理解为钢筋上的计算点与加载端或裂缝处的距离)的变化规律,按下式表达:

$$\begin{cases} \psi(x) = 1.35\left[1 - \left(\dfrac{1.25x}{l_a} - 1\right)^2\right] & (x \leqslant 0.8l_a) \\ \psi(x) = 1.35\sqrt{1 - \left(\dfrac{5x}{l_a} - 4\right)^2} & (x > 0.8l_a) \end{cases} \tag{4-3}$$

式中:l_a——钢筋的锚固长度。

于是,最终的黏结滑移本构关系为

$$t = \phi(S)\psi(x) \tag{4-4}$$

式中,$\phi(S)$为由标准件的平均 τ-S 曲线得到的相应于 τ 的滑移函数,结合前述的特征强度和特征滑移值,可按下式确定:

$$\begin{cases} \phi(S) = \tau_A \sqrt[4]{S / S_A} & (0 < S \leqslant S_A) \\ \phi(S) = K_1 + K_2\sqrt[4]{S} & (S_A < S \leqslant S_{cr}) \\ \phi(S) = K_3 + K_4 S + K_5 S^2 & (S_{cr} < S \leqslant S_u) \\ \phi(S) = \tau_u - (\tau_u - \tau_r)\dfrac{S - S_u}{S_r - S_u} & (S_u < S \leqslant S_r) \\ \phi(S) = \tau_r & (S > S_r) \end{cases} \tag{4-5}$$

式中：$K_1=\tau_{cr}-K_2\sqrt[4]{S_{cr}}$；$K_2=\dfrac{\tau_{cr}-\tau_A}{\sqrt[4]{S_{cr}}-\sqrt[4]{S_A}}$；$K_3=\tau_u-K_4S_u-K_5S_u^2$；$K_4=2S_u\dfrac{\tau_u+\tau_{cr}}{(S_u-S_{cr})^2}$；

$K_5=\dfrac{\tau_u-\tau_{cr}}{(S_u-S_{cr})^2}$。

后来，他又给出了简化的四段式的 $\phi(S)$ 表达式（略去特征强度 A 点）以及位置函数 $\psi(x)$ 的表达式：

$$\begin{cases}\phi(S)=k_1S+k_2S^2 & (0<S\leqslant S_u)\\ \phi(S)=\tau_u-(\tau_u-\tau_r)\dfrac{S-S_u}{S_r-S_u} & (S_u<S\leqslant S_r)\\ \phi(S)=\tau_r & (S>S_r)\end{cases} \tag{4-6}$$

式中：$k_1=\tau_{cr}S_u^2\dfrac{\tau_uS_{cr}^2}{S_{cr}S_u(S_u-S_{cr})}$；$k_2=\tau_{cr}S_u\dfrac{\tau_uS_{cr}}{S_{cr}S_u(S_u-S_{cr})}$。

位置函数 $\psi(x)$ 按下列公式计算。

锚固黏结情况：

$$\psi(x)=\left(1+\frac{x}{l}\right)^4\sin\left(\frac{x}{l}\pi\right) \tag{4-7}$$

裂缝间黏结情况：

$$\psi(x)=1.5\sin\left(\frac{x}{l}\pi\right) \tag{4-8}$$

4.2.2.2　连续曲线型

用连续的曲线方程建立黏结 - 滑移模型，可以得到连续变化的、确定的切线或割线黏结刚度，在有限元分析中应用较为方便。连续曲线有许多种，根据表达形式的不同，可以分为多项式型和分式型。

1. 多项式型

1）Nilson 等人建议的模型

Nilson 等人对试验资料进行统计回归分析所得到的局部 τ-S 曲线非线性关系表达式为

$$\tau=10\times10^3S-58.5\times10^6+5.83\times10^9S^3 \tag{4-9}$$

式中：τ 的单位为 kg/cm²，S 的单位为 cm（原文用的单位是 psi 和 in）。

2）Houdle 和 Mirza 建议的模型

Houdle 和 Mirza 在此基础上考虑了混凝土强度的影响，得到下式：

$$\tau=(54\times10^3S-25.7)\times10^6S^2+(5.98\times10^9S^3-0.588\times10^{12}S^4)\sqrt{f_c'/415} \tag{4-10}$$

3）清华大学滕智明等人建议的模型

清华大学滕智明等人根据 92 个短埋长的拔出试件和 12 个轴拉混凝土试件的试验数据，考虑了保护层厚度 c、钢筋直径 d 和黏结力分布的影响，给出了如下局部黏结力与滑移关系式：

$$\tau=(61.5S-693S^2+3.14\times10^3S^3-0.478\times10^4S^4)f_{ts}\sqrt{\frac{c}{d}}F(x) \tag{4-11}$$

$$F(x)=\sqrt{\frac{4x}{l}\left(1-\frac{x}{l}\right)} \tag{4-12}$$

式中：f_{ts}——混凝土劈拉强度，可按前述公式确定；

$F(x)$——黏结力分布函数；

x——至最近裂缝的横向距离；

l——裂缝间距，最大值取为 300 mm。

式中，τ的单位为 MPa；所有长度单位均为 mm。$F(x)$反映了沿裂缝间距l黏结刚度的变化情况，越接近端部黏结刚度越低。

上述公式，除了滕智明等人建议的模型外，其他计算公式考虑的影响较少，忽略了许多影响因素，但应用上较为方便。

2. 分式型

大连理工大学根据纯弯构件裂缝间局部黏结应力的分布特点推导出了用于计算光圆钢筋和变形钢筋黏结 - 滑移的计算公式。

1）光圆钢筋

在纯弯段内，选取一典型裂缝面 o 到距离为 x 的截面，并取高度为 $2a$（a 为钢筋重心至梁底面的距离）的部分为隔离体。假定受拉钢筋的应力沿裂缝间按余弦分布，并假定混凝土的应力在 $2a$ 范围内均匀分布。最后推导出 x 处局部黏结应力与滑移量之间的关系：

$$\tau(x)=\frac{2\pi A_s E_c \sin\dfrac{2\pi x}{l_{cr}}}{ul_{cr}\left(\dfrac{A_s}{2ab}+\dfrac{1}{\alpha_E}\right)\left(\dfrac{l_{cr}}{2}-x-\dfrac{l_{cr}}{2}\sin\dfrac{2\pi x}{l_{cr}}\right)} \tag{4-13}$$

式中：l_{cr}——裂缝间距；

u——单位长度上钢筋的表面积；

b——梁宽；

A_s——钢筋的截面面积。

2）变形钢筋

在光圆钢筋研究的基础上，又采用了配有月牙纹钢筋的梁式试件进行了缝间黏结试验研究，并根据试验结果，建立了如下的计算公式：

$$\tau(x)=\frac{2\pi A_s E_c \sin\dfrac{2\pi x}{l_{cr}}\left(2.536S-50.4S^2+0.29\times10^3 S^3\right)}{ul_{cr}\left(\dfrac{A_s}{2ab}+\dfrac{1}{\alpha_E}\right)\left(\dfrac{l_{cr}}{2}-x-\dfrac{l_{cr}}{2}\sin\dfrac{2\pi x}{l_{cr}}\right)} \tag{4-14}$$

4.3 反复荷载下的黏结性能

4.3.1 研究进展

相对单调荷载而言,国内外对反复循环荷载下钢筋和混凝土黏结性能的研究开展较晚,相关研究成果也较少,还需要做进一步研究。

1973 年, Morita 和 Kaku 首先对反复荷载作用下钢筋和混凝土的黏结性能进行了比较系统的研究,得出了循环次数较小情况下的 τ-S 本构关系,但是这个本构关系没有考虑到循环次数对黏结性能的影响,在循环次数较多的情况下,所简化的结果与试验数据有较大的出入。

1979 年, Shipman 和 Gerstle 根据 Nilson 单调荷载作用下黏结滑移的本构模型,通过反复把单调模型代入有限元中得出了 τ-S 本构关系,由于是纯理论推导,与试验结果还是有一定出入,只解决了部分问题,但是他们使用有限元分析的方法来解决反复荷载作用下钢筋和混凝土 τ-S 本构关系的思路为以后的研究打下了基础。

1979 年, Tassios 假定反复荷载作用下单调拉和单调升的曲线一致,得出了一种 τ-S 本构关系,它可以反映出循环次数对 τ-S 包络线的影响,较 Morita 和 Kaku 的结论有较大进步,但是这种假定在很多情况下是不成立的,有时和试验结果相去甚远,而且没有考虑到包络线的退化,与实际不相符。

1979 年, Viwathanatepa, Popov 和 Bertero 提出的本构模型有了很大的改进,这个模型考虑了更多的试验特征,对于任意滑移值之间的循环基本有效,然而由于这个模型相当复杂,需要确定 20 多个参数,而且这些参数都没有明确的物理意义,必须从试验结果中得出,所以很难采用。

1982 年, Hawkins 通过对前人结论的总结和分析,得出了一个 τ-S 三段式本构关系,相比 Tassios 的模型考虑到了本构模型包络线外包线的退化,但这个模型过于复杂,规定限制太多,并不适用于工程实践。

1983 年, Eligehausen 在 Hawkins 结论的基础上总结修改,也得出了一个 τ-S 三段式本构关系,这个本构关系人为限制和引入的变量较少,但是当控制的滑移较小时,所得的结果与试验数值相差较大。

1986 年,傅恒菁进行了低周反复荷载作用下的月牙纹钢筋黏结性能试验,借鉴以往的试验数据,得出并验证了黏结应力的计算模式,但是由于限制条件过于苛刻,此计算模式只能在特定环境中使用。

1996 年,滕智明论述了反复荷载作用下钢筋混凝土构件的非线性有限元方法,在黏结滑移模型中引用了作者提出的一种新的黏结单元和反复荷载下的黏结 - 滑移关系。应用所编制的二维非线性有限元程序,作者对反复周期加载的轴心受力试件及压弯构件进行了分析,计算的滞回曲线与实测结果符合良好。

2006 年,高向玲和章萍根据试验结果分析总结,对之前经典本构关系进行验证和修改,在四段式单调本构关系的基础上，引入黏结退化和整体损伤因子，得到了由循环加载曲线和 τ-S 外包曲线组成的本构关系。但是此试验是在等幅加载的制度下完成的，本构关系没有得到变幅加载试验的验证，也没有考虑微观状态下黏结性能的退化和整体损伤因子。

2008 年，谭璐进行了低周反复荷载作用下钢筋混凝土黏结滑移性能的有限元模拟，建立了一个合理的黏结 - 滑移滞回模型，并将其添加到 FEAPpv 这一有限元分析平台中，采用有限元方法模拟反复荷载作用下的黏结 - 滑移性能。

2010 年后，有些高校和学者开展了反复荷载作用下锈蚀钢筋与混凝土的黏结滑移研究，反复荷载作用下钢筋与冻融损伤混凝土黏结性能的试验研究，反复荷载作用下钢筋与碳化混凝土黏结性能的试验研究，反复荷载作用下冻融混凝土与变形钢筋黏结性能的试验研究，高温后反复荷载作用下钢筋与混凝土黏结性能的试验研究等，得出一系列结论。

钢筋混凝土构件在反复循环荷载作用下所表现出来的黏结退化是引起构件强度降低、刚度退化及变形增加的主要原因，也是影响结构非线性动力反应的一项重要因素。同时由于钢筋混凝土在反复循环荷载下的 τ-S 本构关系对于梁柱各节点的抗震性能和恢复性能有着重要影响，所以开展反复循环荷载作用下钢筋和混凝土黏结性能的研究是十分必要的。

4.3.2 局部黏结 – 滑移滞回试验曲线

1. 研究的意义

钢筋混凝土构件在反复循环荷载作用下所表现出来的黏结退化是影响结构非线性动力反应的一项重要因素。

在地震作用下，黏结力中的摩阻力持续减弱，内部孔隙加大，导致黏结机理发生变质，局部黏结 - 滑移关系曲线呈现捏拢型，黏结强度不断下降，滑移量不断增大，耗能能力逐渐下降。所以，研究钢筋混凝土构件在反复拉压循环下的黏结 - 滑移滞回曲线，对于梁柱节点等构件的恢复力特性有着极为重要的意义。

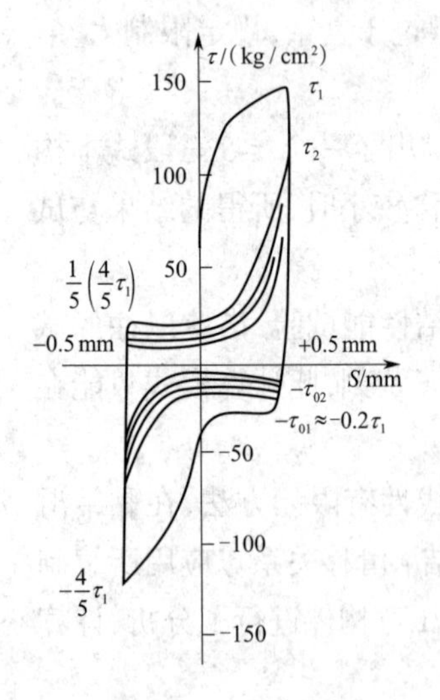

图 4-21 τ-S 滞回曲线

2. 森田试验

在反复循环荷载作用下黏结应力 - 滑移关系的试验研究中，森田的工作具有代表性。

1）第一循环

如图 4-21 所示，加载曲线沿着单调加载的 τ-S 曲线上升，直至达到控制滑移量 $S = +0.5$ mm；正向卸载，卸载曲线近乎直线下降，卸载刚度几乎无穷大，$\tau = 0$ 时存在绝大部分的残余滑移；反向加载时，曲线渐缓，当 $-\tau_{01} \approx -0.2\tau_1$ 时，应力基本不增加，而滑移量减小至零，该阶段黏结刚度几乎为零。继续反向加载，出现反向滑移，此时沿反向单调加载 $\tau - S$ 曲线下降，突然出现黏结应力急剧增长，即出现了强化现象。当 $S = -0.5$ mm 时，相应的 $-\tau_{01} \approx 0.8\tau_1$。反向卸载时，卸载曲线近乎直线上升，卸载刚度几乎无穷大，同样存在很大的残余滑移。

2）第二循环

第二循环开始后，τ-S 曲线开始反映出黏结力特有的滞回特征。

正向加载时，当 $-\tau \approx 0.2\times0.8\tau_1$ 时，应力基本不增加，而滑移量减小至零，该阶段黏结刚度几乎为零；继续正向加载，趋近于控制滑移量时，再次出现强化现象，黏结刚度急剧增大，但当达到控制滑移量时，最大的黏结应力 $-\tau_2 \approx 2/3\tau_1$；近乎直线卸载至低于第一循环反向加载的应力 τ_{02}（$<\tau_{01}$）时，应力不变，滑移量减小至零，黏结刚度几乎为零；当继续反向加载出现反向滑移时，情况与前半个循环相似。

3）第三及以后的循环

随着循环次数的增大，黏结应力继续下降，滞回面积不断减小，最后趋于稳定。

3. 反复荷载下黏结滑移的特性

1）控制滑移量情况

如图 4-22 所示，在给定滑移振幅的反复循环荷载作用下，黏结应力退化程度与控制滑移量、循环次数及横向约束作用等因素有关，控制滑移量越大，经受反复循环荷载后的黏结应力，比单调加载时同样滑移量下的黏结应力下降得就越多。黏结应力的降低在前三个循环最为显著，以后随着循环次数的增加，降低的程度逐渐减小。

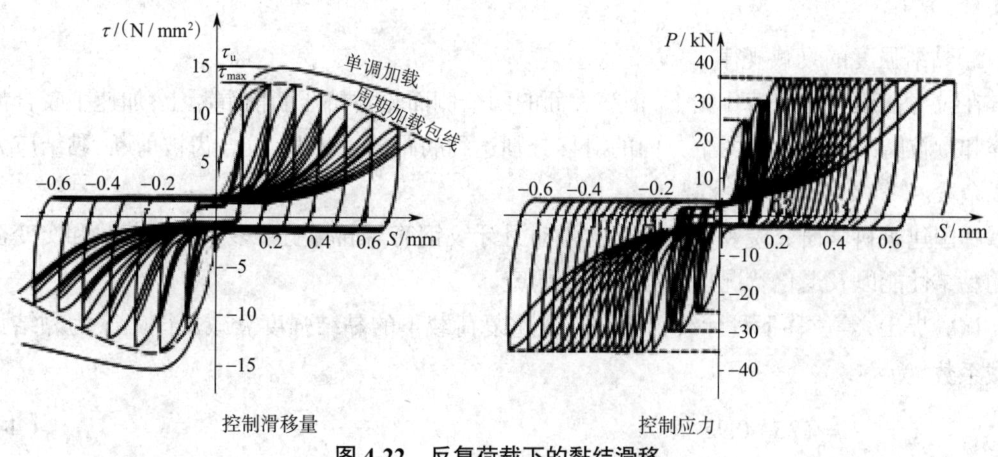

图 4-22　反复荷载下的黏结滑移

2）控制应力情况

当以应力控制反复循环加载时，在给定的应力幅下，曲线具有典型的滑移型滞回曲线的特征，随着反复加载次数的增加，钢筋的最大滑移量及残余滑移量不断增大。滑移量的增长速度与应力水平成正比。当钢筋的滑移达到一定数值后，滑移量再次加速增大，很快发生破坏。试验表明：钢筋滑移开始迅速增大，导致破坏时的滑移量和单调加载试验中破坏峰值应力所对应的滑移量基本相同。

3）变幅位移控制情况

随着一个方向控制位移的增大，另外一个方向的黏结退化更加严重。

4. 黏结性能的衰减规律

1)反复荷载下黏结滑移的特性

(1)局部黏结的退化及破坏与以往加载历史中的最大局部滑移有关,而且在较低的滑移水平上,以往的滑移量越大,黏结应力降低得越多。

(2)黏结应力的退化是以滑移增长的形式来表现的。

(3) τ-S 曲线存在较为明显的捏拢段,即存在较大的黏结应力的摩擦区,摩擦黏结应力 τ_f 与卸载时的滑移值有关。

(4)反复荷载作用下黏结滑移包络线形态与单调加载情况类似,当反复荷载作用下的黏结应力小于 $0.8\tau_u$ 时,反复荷载和单调加载黏结滑移包络线几乎重合;当反复荷载作用下的黏结应力大于 $0.8\tau_u$ 时,随着反复次数和黏结应力增大,反复荷载与单调荷载包络线的差别也随之增大。反复荷载包络线最大黏结应力 $\tau_{max} \approx (0.8 \sim 0.9)\tau_u$。

(5)卸载段几乎为直线意味着滑动只是在抵消钢筋肋与混凝土之间的空隙,体现为宏观上的裂缝开展。

(6)对于变形钢筋,反复荷载作用下最终由于肋间混凝土的动力强度不足而造成肋间斜裂缝的扩展和连通而导致破坏;对于光圆钢筋,则是由于摩擦黏结力不断衰减而造成拔出破坏。

2)黏结强度的衰减规律

在拉力和压力的交替作用下,钢筋表面的两个侧面轮番挤压肋前混凝土,加速了咬合齿的破碎和颗粒磨细过程。当两个方向的滑移分别达到肋距的一半时,咬合齿被剪断,黏结应力进入残余段。

中国建筑科学研究院和大连理工大学对月牙纹钢筋与混凝土在多次重复荷载和交变荷载下的黏结性能以及退化状况均进行了试验研究。

试验提出,等位移下月牙纹钢筋在 n 次重复荷载下的黏结强度衰减规律(λ_n 为黏结强度衰减系数)为

$$\lambda_n = \frac{\tau_n}{\tau_1} = 0.25 + 0.9e^{-n/6} \tag{4-15}$$

式中: τ_n——荷载重复 n 次的黏结强度;

τ_1——一次单调加载的黏结强度。

反复荷载作用下的滑移曲线,因应力水平的提高,由收敛型发展为发散型。对于等位移反复加载情况,将每一次加载循环曲线的顶点相连,构成骨架曲线,其峰值为反复荷载下的黏结强度:

$$\tau_u^d = \left(0.84 + 0.4\frac{d}{l_a}\right)\left(1.2 + 0.7\frac{c}{d} + 27\rho_{sv}\right)f_t \tag{4-16}$$

黏结强度的退化系数稳定,可表示为

$$\lambda_{cy} = \frac{\tau_u^d}{\tau_u} = 0.86 \tag{4-17}$$

黏结强度随着加载次数 n 的增加而降低,试验结果的回归式为

$$\lambda_n = 0.29 + 0.82e^{-n/8} \tag{4-18}$$

相对于一次单调加载的受拉黏结强度,反复加载下的退化率为

$$\lambda_{cy,n} = \lambda_{cy} \tag{4-19a}$$

$$\lambda_n = 0.25 + 0.70e^{-n/8} \tag{4-19b}$$

式(4-19b)的右边实际等于 $0.8\times\left(0.29+0.82e^{-n/8}\right)$。

4.3.3　反复循环荷载下的黏结机理

反复拉压循环荷载下的 τ-S 曲线,在第二循环后反映出滑移型的滞回特征:在滑移绝对值递减的 1/4 循环中,黏结刚度(软化)趋于零;在滑移绝对值递增的 1/4 循环中,黏结刚度急剧增大(强化)。这些特征可以用图 4-23 来说明。

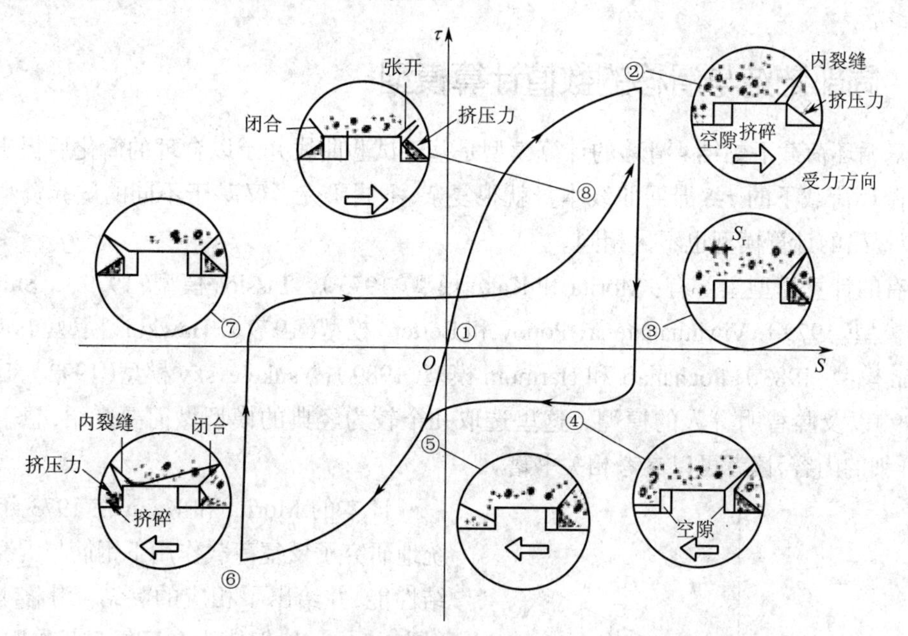

图 4-23　反复循环荷载下钢筋肋的位移及内裂缝开闭示意图

(1)未受荷载状态。

(2)加载到控制滑移量 S_{con}。

(3)卸载混凝土回弹少,裂缝未闭合,肋两侧均有空隙。

(4)反向加载,肋左侧空隙减少,右侧空隙增大,τ 主要为摩擦力咬合作用,滑动摩阻力保持常值,使曲线呈现水平状。

(5)肋左侧开始挤压混凝土,肋左裂缝开始闭合,局部变形仍存在一定的空隙,越接近加载端此空隙就越大。

(6)继续加载至 S_{con},肋左混凝土已出现局部挤碎和内裂缝,肋右侧裂缝完全闭合,径向裂缝不闭合,因此反向加载的黏结应力将低于正向加载时的黏结应力(约为 80%)。

(7)卸载至零时,混凝土中同样有残余应力和残余滑移。

(8)正向加载后,肋左空隙向左滑动,反向残余滑移急剧减少。肋右存在空隙,还不产生挤压作用,空隙逐渐贴紧。当钢筋的滑移接近控制滑移量时,肋对混凝土挤压作用的范围和程度增大,黏结刚度也急剧增大,反映在 τ-S 曲线上为斜率变陡。

当第二循环的正向加载达到控制滑移量时,平均黏结应力将低于第一次加载时的平均黏结应力,这是因为在第一次加载至控制滑移量时,右侧混凝土已经出现不可恢复的变形,如第二次加载采用同样的控制滑移量,则肋对混凝土的挤压力将小于第一次加载时的挤压力,而接触面的摩擦咬合作用也有所削弱。要想获得同样大的挤压力,必须增大滑移量。

随着反复循环次数的增加,混凝土的局部挤碎及内裂缝的发展,使得接触面"边界面"混凝土的破坏范围由加载端向内扩大。当荷载足够大时,正向加载和反向加载产生的两组内裂缝反复开闭,使得裂缝逐渐相交,结果"边界层"混凝土很快被碾碎,导致黏结性能显著恶化。同时,正反两个方向的反复滑动,使钢筋表面与混凝土骨料间的摩擦咬合作用比单向重复加载降低更多。

4.3.4 局部黏结与滑移的数值计算模型

反复循环荷载下黏结 - 滑移的计算模型是基于试验曲线并予以合理的简化后提出的。由于反复循环荷载下的 τ-S 滞回曲线本身就很复杂,不同研究者又基于不同的试验资料进行简化,所以提出的计算模型也不尽相同。

现有的计算模型主要有:Morita 和 Kaku 模型(1973),Tassios 模型(1979),Shipman 和 Gerstle 模型(1979),Viwathanatepa,Popov 和 Bertero 模型(1979),Hawkins 模型(1982),Eligehausen 模型(1983),Pochanart 和 Harmom 模型(1989),Yankelevsky 模型(1992),Lowes 模型(1999)以及滕智明等人的模型。这里选取几个较为经典的模型做简要介绍,想了解更全面、更详细的内容,读者可以参考相关书籍。

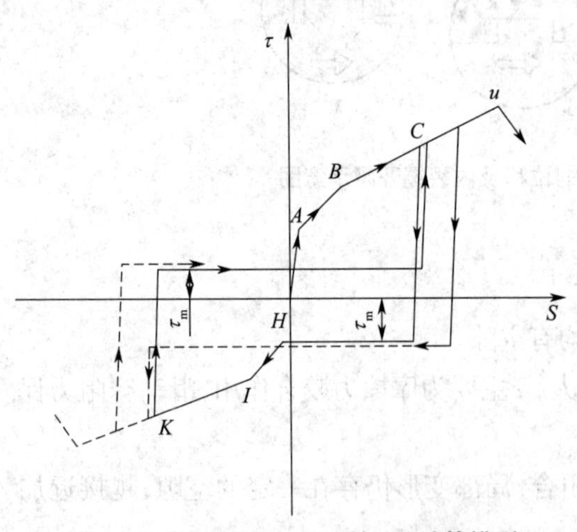

图 4-24 Morita 和 Kaku 的 τ-S 计算模型

日本的 Morita 和 Kaku 在 1973 年比较系统地研究了反复荷载作用下钢筋与混凝土的黏结性能,并给出了相应的黏结 - 滑移本构模型(图 4-24)。他们认为在反复荷载作用下,黏结应力退化程度与控制滑移量、循环次数 n、横向约束有关;控制滑移量越大,黏结应力的降低程度越大;黏结退化主要发生在前三个循环,在随后的循环中,降低幅度逐渐减小。他们建立的反复荷载作用下的 τ-S 本构关系模型具有一定的局限性,该模型没有考虑循环次数对极限黏结应力和摩擦黏结应力的影响,认为当加载滑移超过加载历史上出现的最大滑移时,黏结应力又可恢复到与单调荷载时一样,即没有考虑反复荷载作用下外包络线的退化。因此,该模型只有在加载循环次数较少的情况下,与试验结果才比较吻合,对黏结应力超过 τ_{max} 以后及钢筋相对滑移较大的情况难以适用。

Tassios 在 1979 年建立了反复荷载作用下的 τ-S 关系模型（图 4-25），研究了反复加载循环次数对黏结性能的影响。在循环荷载作用下，曲线是不对称的，受压方向黏结应力为受拉方向的 2/3，摩擦黏结力为卸载时黏结应力的 1/4，并且假定再加载曲线沿着卸载曲线上升，所以黏结退化主要表现在摩擦黏结应力上。

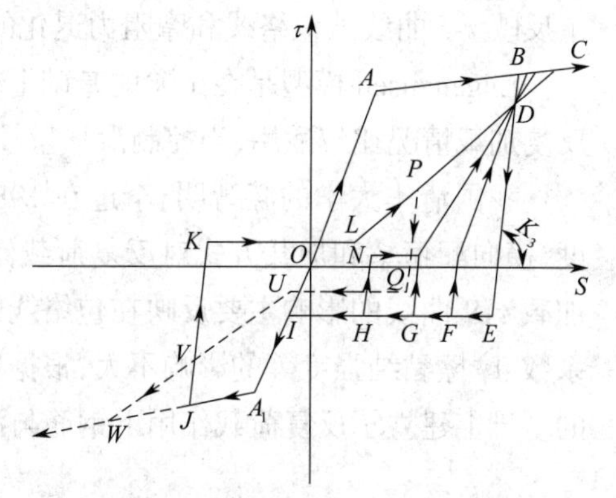

图 4-25　Tassios 的 τ-S 计算模型

该模型给出了单调荷载作用下 τ-S 曲线的下降段，比 Morita 和 Kaku 的模型有一定的进步；但是他也认为当滑移超过历史最大值后，黏结应力可以恢复到与单调加载时一样，没能考虑 τ-S 曲线外包络线的退化；此外，虽然单调加载的 τ-S 曲线考虑了下降段，但对于反复荷载所考虑的范围，还只是在小于峰值黏结应力对应的峰值滑移范围之内。

Eligehausen 在 1983 年通过试验研究了反复荷载作用下变形钢筋与混凝土的黏结性能，他认为充分约束试件中混凝土齿的剪切破坏程度决定了其黏结退化程度，控制滑移量越大，混凝土齿遭受的剪切破坏范围越大，从而其黏结退化程度也越高；黏结应力退化主要由首次加载循环引起，随着循环次数 n 的增加，试件内部剪切破坏越严重，钢筋表面的混凝土颗粒磨得越细，摩擦黏结力越小。Eligehausen 给出的 τ-S 本构关系模型对单调受拉或受压的情况采用相同的 τ-S 关系，如图 4-26 所示，分为三段。

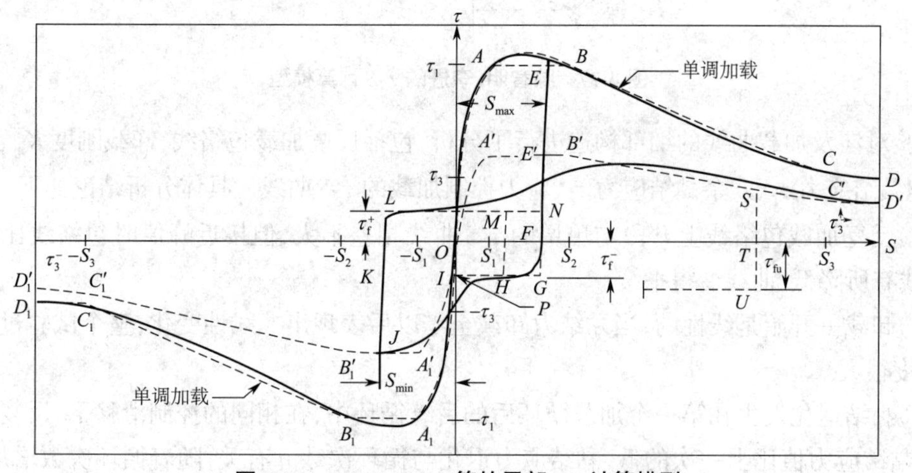

图 4-26　Eligehausen 等的局部 τ-S 计算模型

Eligehausen 指出，加载历史对曲线有影响，加载开始时，曲线沿单调包络线逐渐上升，达到某一滑移 S 后开始卸载，随后经过一段摩擦段后反向加载，此时曲线依然按单调包络线上升，不过包络线特征值要折减，然后又反向卸载至零，再回到正向加载，经过一段摩擦段后曲线按降低的包络线上升，但是无法达到原曲线的黏结应力值，表现出黏结退化。为了描述反复加载退化的 τ-S 曲线，Eligehausen 在单调加载的 τ-S 曲线的基础上引进了一个损伤系数 d，通过它来进行调整。他认为包络线的降低程度与控制滑移量和循环次数 n 有关，可以把这两个参数归结为一个能量耗散指标，于是 d 可以写成加卸载过程中与能量耗散值有关的函数，最终得到了反映 τ-S 曲线外包络线和摩阻力退化的损伤系数。

Eligehausen 模型是在试验的基础上得到的，对加载控制滑移量较大、循环次数相对较少的反复加载情况比较适用，当控制滑移量较小时，黏结退化不明显，计算值与试验值相差较大。

我国清华大学的滕智明、李进在 1986 年对局部黏结试件进行试验，研究了相对保护层厚度、横向配箍率和加载方式对反复荷载作用下局部 τ-S 关系的影响。研究发现，各因素对反复加载 τ-S 曲线的影响主要反映在包络线的形状和特征值上，对滞回曲线的卸载刚度、黏结退化系数、摩擦黏结强度等的影响不大，根据以上特点，着重考虑包络线特征值的变化，在试验数据的基础上建立了反复荷载作用下钢筋与混凝土的黏结滑移本构关系，如图 4-27 所示。

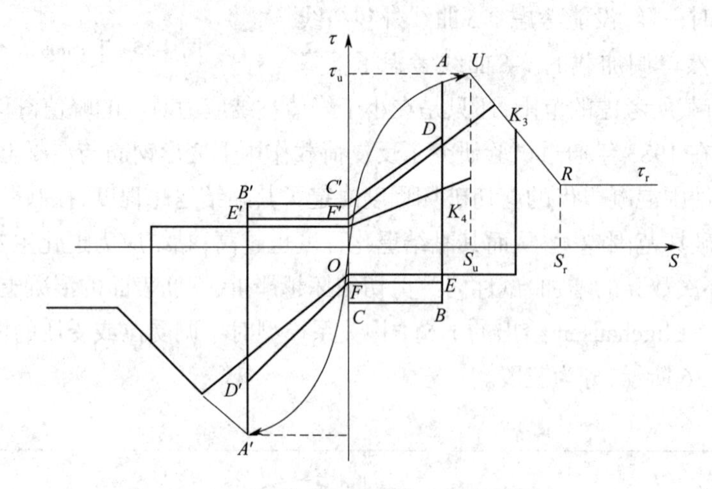

图 4-27 滕智明、李进的 τ-S 计算模型

试验对涉及加载曲线的细部构造进行了分析，包括反复加载包络线、卸载刚度 K_4、黏结退化、摩擦黏结应力 τ_f、残余黏结应力 τ_r、应力控制加载的 τ-S 曲线。具体分析结论如下。

（1）反复加载包络线上升段与单调的 τ-S 曲线相差不大，但接近峰值时包络线比单调的 τ-S 曲线有所降低，曲线变得平缓。

（2）卸载一开始是线性的，当黏结力卸载至零以后表现出非线性变化，整个试验过程中的卸载刚度很大。

（3）黏结退化发生在第一个加载循环后的后续循环中，在相同的控制滑移下，反复加载循环后的黏结应力值比上一次的低，黏结应力退化与循环次数 n 有关，随着循环次数增加，应力退化趋于平缓，当 $n>5$ 以后退化基本稳定。

（4）摩擦黏结应力 τ_f 与开始卸载时的应力水平有关，卸载应力较高，τ_f 较大；此外 τ_f 还与曲线经历的滑移有关，滑移大则 τ_f 较大。

（5）试验观测表明，残余黏结应力数值变化范围小，因此可以用较大滑移下的摩擦黏结应力值表示包络线的残余黏结应力。

（6）从应力控制加载的 τ-S 曲线可以看出，当应力控制水平较低时，曲线随着 n 加大而增长，但滑移值增长不多，且每一循环滑移值的增量趋于收敛；当应力控制水平较高时，每一循环滑移增量加大,且逐渐发散;此外,试件配筋率和相对混凝土保护层厚度对其 τ-S 曲线有较大影响,应力控制加载方式中黏结应力的退化是通过滑移的增长表现出来的,这一点与位移控制加载不同。

滕智明教授建立的反复荷载作用下的 τ-S 关系模型与试验曲线对应良好,可以用来分析长埋长构件在反复荷载作用下的滞回性能,这一理论模型的出现对国内学者研究反复荷载作用下钢筋与混凝土的黏结性能具有重要的理论指导意义。

通过以上汇总可知,关于反复荷载作用下黏结性能的研究成果并不多,特别是国内的研究成果相对较少,这主要是因为反复荷载试验难度较大,受试验条件、试验方法、试验环境、试验手段等制约,影响因素众多,研究结果分散,至今没有一个被大家公认的 τ-S 模型来代表其本构关系,因此有必要继续进行反复荷载作用下钢筋与混凝土的黏结性能研究。

4.4　钢筋与混凝土的黏结计算与设计

4.4.1　静力加载下的黏结应力的计算

通常在计算黏结应力的时候,我们会选择计算其特征强度来表达黏结应力的大小。

特征强度的计算包括内裂强度 τ_A、劈裂强度 τ_{cr}、极限强度 τ_u 和残余强度 τ_r 的计算。

4.4.1.1　Tassios 给出的黏结应力计算公式

1. 内裂强度 τ_A

对于光圆钢筋和螺纹钢筋,内裂强度 τ_A 均可按下式确定:

$$\tau_A = \lambda \zeta f_{ct} \tag{4-20}$$

式中:λ——位置系数,$\lambda = l_0 / c$,当 $c > 2.5$ 时,$\lambda = 1$,l_0 为锚固长度,c 为保护层厚度;

ζ——取决于作用在混凝土三向应力场的系数;

f_{ct}——混凝土平均抗拉强度。

2. 劈裂强度 τ_{cr}

1)光圆钢筋

对于光圆钢筋,其劈裂强度 τ_{cr} 即为极限强度 τ_u,且基本无残余强度 τ_r。

$$\tau_u = \tau_{cr} < 0.4\xi\lambda\left(\frac{2}{3}\frac{c}{d_{sv}}+\frac{1}{3}\right)f_{ct} + 30\gamma\frac{A_{sv}}{ds_{sv}} + 0.4p_y \tag{4-21}$$

式中:ξ——系数,当混凝土浇筑方向与主筋方向一致时,$\xi=1$,当与主筋方向垂直时,$\xi = 2/3$;

γ——几何系数,取决于箍筋形式,环箍为 1,井式箍筋为 0.5,平行箍筋为 0.25;

A_{sv},s_{sv}——横向箍筋的截面面积和间距;

d——主筋直径;

p_y——作用于钢筋交界面上的外部压力。

式中,数字 30 的单位为 MPa,并要求 $c/d \leqslant 6$ 以及 $0.4\xi(2c/3d+1/3) \geqslant \zeta$。

2)螺纹钢筋

对于螺纹钢筋,其劈裂强度可按下式计算:

$$\tau_{\mathrm{cr}}=\xi\lambda\left(\frac{2}{3}\frac{c}{d}+\frac{1}{3}\right)f_{\mathrm{ct}}+80\gamma\frac{A_{\mathrm{sv}}}{ds_{\mathrm{sv}}}+0.25p_{\mathrm{y}} \tag{4-22}$$

式中,数字 80 的单位为 MPa,并要求 $c/d\leqslant 6$(包括式(4-23)和式(4-24));此外,要求 $p_{\mathrm{y}}\leqslant f_{\mathrm{c}}/6$(包括式(4-23)和式(4-24))。

3. 极限强度 τ_{u}

对于螺纹钢筋,其极限强度 τ_{u} 可按下式计算:

$$\tau_{\mathrm{u}}=\frac{1}{3}\xi\lambda f_{\mathrm{c}}+\frac{8}{3}\gamma\frac{A_{\mathrm{sv}}}{d_{\mathrm{e}}s_{\mathrm{sv}}}f_{\mathrm{yv}}+\frac{1}{3}p_{\mathrm{y}} \tag{4-23}$$

式中:f_{c}——混凝土的抗压强度;

f_{yv}——箍筋的屈服强度;

d_{e}——主筋周围箍筋的等效直径。

4. 残余强度 τ_{r}

对于螺纹钢筋,其残余强度 τ_{r} 可按下式计算:

$$\tau_{\mathrm{r}}=0.12\xi\lambda f_{\mathrm{c}}+0.3\frac{A_{\mathrm{sv}}}{d_{\mathrm{e}}s_{\mathrm{sv}}}f_{\mathrm{ct}}\sqrt{f_{\mathrm{yv}}}+1.4p_{\mathrm{y}} \tag{4-24}$$

4.4.1.2 以 Tepfers 理论为基础的黏结应力计算公式

Tepfers 应用理论分析的方法,将未开裂的混凝土看成一个厚壁桶,采用弹性力学应力分析,得出半径 r 的圆周上混凝土的环向应力为

$$\sigma_{\mathrm{t}}=\frac{e^2(d/2e)\tau}{(c+d/2)^2-e^2}\left[1+\frac{(c+d/2)^2}{r^2}\right] \tag{4-25}$$

式中:σ_{t}——环向应力;

e——径向劈裂半径;

d——钢筋直径;

c——保护层厚度;

τ——黏结应力。

当 $r=e$ 时,环向应力有最大值

$$\sigma_{\mathrm{t,max}}=\frac{(c+d/2)^2+e^2}{(c+d/2)^2-e^2}\frac{d}{2e}\tau \tag{4-26}$$

然后对 e 求导,求得

$$e=0.486(c+d/2) \tag{4-27}$$

综上可得,部分开裂弹性计算的劈裂破坏应力值为

$$\tau_{\mathrm{cr}}=(0.3+0.6c/d)f_{\mathrm{t}} \tag{4-28}$$

4.4.1.3 针对变形钢筋的相关特征强度计算公式

变形钢筋引起的保护层混凝土劈裂,对结构耐久性的危害要比垂直于纵筋的横向裂缝大

得多,沿钢筋的劈裂裂缝对于钢筋的腐蚀构成了严重的威胁。因此,保护层混凝土劈裂时的黏结应力 τ_{cr},应该视为黏结达到临界状态的标志之一。

确定拉拔钢筋的劈裂应力值有两种方法:一种是半经验半理论方法,将钢筋周围混凝土视为一个厚壁管,根据钢筋横肋对混凝土的挤压力,按弹性或塑性理论进行推导;另一种是直接回归统计试验数据,给出经验的计算式。

1. 劈裂强度 τ_{cr} 的计算

1)按塑性计算

如图 4-28(a)所示,截面上应力均匀分布且达到f_t。若取横肋挤压力与钢筋轴线的夹角 $\theta \approx 45°$,则

$$\tau_{cr} \approx p_r = \frac{2c}{d} f_t \tag{4-29}$$

按此式的计算值明显高出试验值。

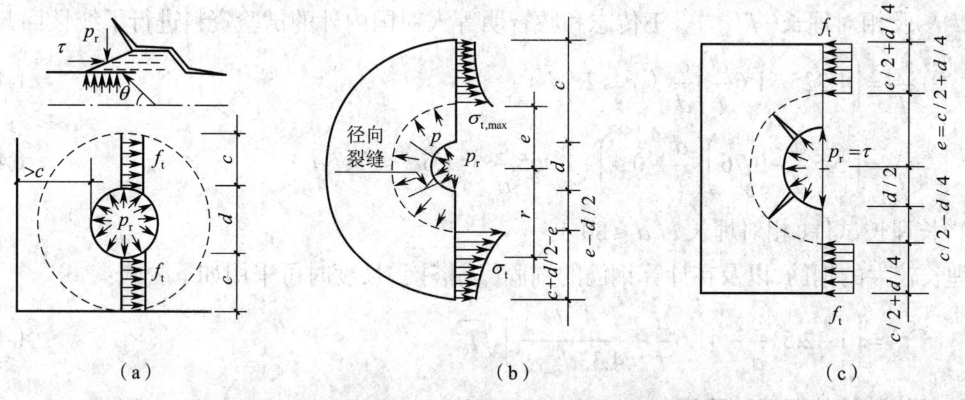

图 4-28　劈裂应力计算时假定的横截面应力状态

(a)按塑性计算　(b)按部分开裂弹性计算　(c)按部分开裂塑性计算

2)按部分开裂弹性计算

当c/d较大时,径向裂缝将首先出现在近钢筋处,达不到构件表面。这是由于外围混凝土的抗拉能力并未用尽,挤压力仍可增长,其径向分力将通过混凝土齿状体传递到未开裂部分混凝土上。

$$p_e = \frac{d}{2e} p_r = \frac{d}{2e} \tau \tag{4-30}$$

采用图 4-28(b)所示的计算应力分布图形, Tepfers 利用弹力学厚壁筒的分析结果(令 $\sigma_{t,max} = f_t$,$r=e$),得

$$\tau = \frac{2e\left(c+0.5d\right)^2 - e^2}{d\left(c+0.5d\right)^2 + e^2} f_t \tag{4-31}$$

求其极值(求最大黏结应力)得到裂缝区域半径为

$$e = 0.486\left(c+0.5d\right) \approx 0.5c + 0.25d \tag{4-32}$$

代入式(4-31),得到

$$\tau_{cr}=(0.3+0.6c/d)f_t \tag{4-33}$$

由于采用弹性理论分析，所以按此式的计算值一般偏低。

3）按部分开裂塑性计算

王传志和滕智明根据弹性分析结果，提出按部分开裂塑性计算的公式（图 4-28（c））：

$$\tau_{cr}=(0.5+c/d)f_t \tag{4-34}$$

按此式计算的值一般介于前两种方法得出的数值之间。

4）统计回归公式

根据试验数据的回归分析，可得到下式：

$$\tau_{cr}=(1.6+0.7c/d)f_t \tag{4-35}$$

2. 极限黏结强度 τ_u 的计算

1）短埋长试件（相对保护层厚度 $c/d=2\sim20$）

当浇筑位置相同时，影响无横向配筋拔出试件黏结强度的两个主要变量是相对保护层厚度（c/d）及相对埋长（l/d）。王传志和滕智明等人对国内外的试验资料进行了线性回归。

$$\frac{\tau_u}{f_t}=\left(1.325+1.6\frac{d}{l}\right)\frac{c}{d}\quad(c\leqslant 2.5d) \tag{4-36}$$

$$\frac{\tau_u}{f_t}=\left(5.5\frac{c}{d}-9.76\right)\left(\frac{d}{l}-0.4\right)+1.965\frac{c}{d}\quad(2.5d\leqslant c\leqslant 5d) \tag{4-37}$$

2）长埋长试件（相对埋长 $l/d\leqslant 80$）

埋长较大的钢筋，以及在计算钢筋的锚固（或搭接）长度时可采用如下公式：

$$\tau_u=\left(1+2.51\frac{c}{d}+41.6\frac{d}{l}+\frac{A_{sv}f_y}{4.33d_{sv}s_{sv}}\right)\sqrt{f_c} \tag{4-38}$$

3. 其他黏结特征值的确定

其余的黏结特征值包括初裂应力 τ_A、残余应力 τ_r 以及各滑移值（S_A、S_{cr}、S_u 和 S_r），各个研究者根据各自的试验结果给出大同小异的数值或计算式。建议取 $\tau_A=\tau_r=f_t$，$S_A=0.000\,8d$，$S_{cr}=0.024d$，$S_u=0.036\,8d$，$S_r=0.54d$ 等。

4.4.1.4 徐有邻等人建议的特征强度计算公式

中国建筑科学研究院徐有邻等人对 135 个月牙纹钢筋进行了拉拔试验，研究了混凝土强度、保护层厚度、配箍率、锚固长度和主筋直径等的影响，提出了表 4-3 中的特征强度计算公式。

表 4-3 钢筋的黏结 - 滑移特征值计算式

特征点	强度的回归式	强度的分析式	滑移值
滑移（A）	$0.99f_t$	$1.01f_{ts}$	$0.000\,8d$
劈裂（cr）	$(1.6+0.7c/d)f_t$	$[1.01+1.54(c/d)^{0.5}]f_{ts}$	$0.024\,0d$
极限（u）	$(1.6+0.7c/d+20\rho_{sv})f_t$	$[1.01+1.54(c/d)^{0.5}](1+8.5\rho_{sv})f_{ts}$	$0.036\,8d$
残余（r）	$0.98f_t$	$[0.29+0.43(c/d)^{0.5}](1+8.5\rho_{sv})f_{ts}$	$0.540\,0d$

注：$f_t=0.26f_{cu}^{0.67}$，$f_{ts}=0.19f_{cu}^{0.67}$，二者分别为混凝土的轴心抗拉强度和劈裂强度。

4.4.1.5 国外极限黏结应力的相关规范

欧洲模式规范（CEB-FIP MC90）建议钢筋混凝土极限黏结应力的计算式应取为

$$\tau_u = \eta \times 6.54 \times \left(\frac{f_{ck}}{20}\right)^{0.25} \times \left(\frac{20}{d}\right)^{0.2} \left[\left(\frac{c_{min}}{d}\right)^{0.33} \times \left(\frac{c_{max}}{c_{min}}\right)^{0.1} + 8\xi_{st}\right] \tag{4-39}$$

式中：f_{ck}——混凝土抗压强度标准值；

η——系数，$\eta=1$；

d——钢筋直径；

c_{max}，c_{min}——保护层厚度的最大值与最小值；

ξ_{st}——箍筋指数。

英国规范（CEB-FIP Model Code 2010）建议钢筋混凝土极限黏结应力计算式应取为

$$\tau_u = \beta\sqrt{f_{cu}} \tag{4-40}$$

式中：τ_u——极限黏结强度；

f_{cu}——混凝土立方体抗压强度；

β——系数，根据钢筋类型与受力分别取值。

4.4.2 保证钢筋和混凝土之间黏结的措施

4.4.2.1 保证锚固黏结应力的可靠传递

锚固黏结应力如图 4-29 所示。图 4-29（a）为一悬臂梁，受拉钢筋必须在支座中有足够的锚固长度 l_a，通过该长度上黏结应力的累积才能使得钢筋在靠近支座的地方发挥作用；图 4-29（b）为钢筋的搭接接头，必须有一定的搭接长度 l_l 才能保证钢筋内力的传递和钢筋强度的充分利用。

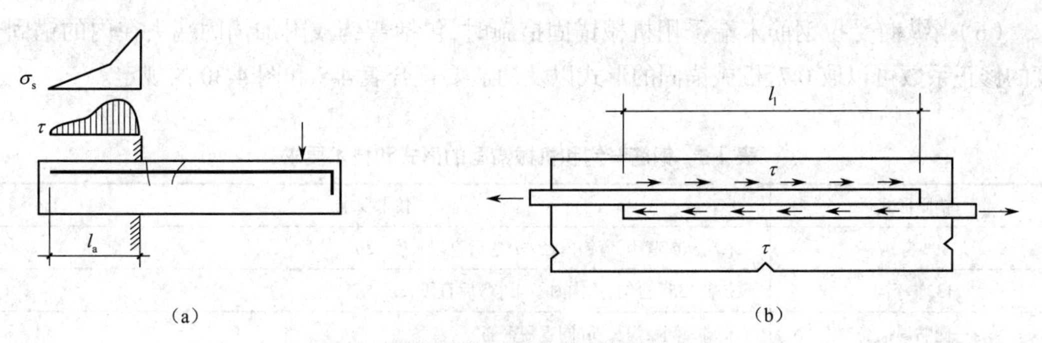

图 4-29 钢筋与混凝土的锚固黏结应力

在考虑到上述产生黏结的原因和影响黏结强度的各种因素后，《混凝土结构设计规范》（GB 50010—2010）规定，当计算中充分利用钢筋的抗拉强度时，受拉钢筋的基本锚固长度 l_{ab} 应该按照下面的式子来计算：

$$l_{ab} = \alpha d f_y / f_t \tag{4-41}$$

式中：l_{ab}——受拉钢筋的基本锚固长度；

f_y——锚固钢筋的抗拉强度设计值，对预应力钢筋，以预应力钢筋抗拉强度设计值f_{py}代入；

f_t——混凝土轴心抗拉强度设计值，当混凝土强度等级高于 C60 时，按照 C60 取值；

d——锚固钢筋的直径；

α——锚固钢筋的外形系数，按照表 4-4 采用。

表 4-4 锚固钢筋的外形系数 α

钢筋类型	光面钢筋	带肋钢筋	螺旋肋钢筋	三股钢绞线	七股钢绞线
α	0.16	0.14	0.13	0.16	0.17

一般情况下，受拉钢筋的锚固长度可以取基本锚固长度，当采取不同的埋置方式和构造措施时，锚固长度应该按照下面的式子计算，且不应小于 200 mm：

$$l_a = \zeta_a l_{ab} = \alpha d f_y / f_t \tag{4-42}$$

式中：l_a——受拉钢筋的锚固长度；

ζ_a——锚固长度的修正系数，按钢筋的锚固条件按照下列规定采用。

（1）当带肋钢筋的公称直径大于 25 mm 时取 1.1。

（2）环氧树脂涂层带肋钢筋取 1.25。

（3）施工过程中容易受到扰动的钢筋取 1.1。

（4）当纵向受力钢筋的实际配筋面积大于其设计计算面积的时候，取设计计算面积与实际配筋面积的比值，但对于有抗震设防要求以及直接承受动力荷载的结构构件不得考虑此项修正。

（5）锚固钢筋的保护层厚度为 $3d$ 时，修正系数可以取 0.8；不小于 $5d$ 时，修正系数可以取 0.7。此处 d 为纵向受力钢筋直径。

（6）当纵向受拉钢筋末端采用机械锚固措施时，包括弯钩或附加锚固端头在内的锚固长度的修正系数可以取 0.7，机械锚固的形式以及构造要符合表 4-5 和图 4-30 的规定。

表 4-5 钢筋弯钩和机械锚固的形式和技术要求

锚固形式	技术要求
90° 弯钩	末端 90° 弯钩，弯钩内径 $4d$，弯后直段长度 $12d$
135° 弯钩	末端 135° 弯钩，弯钩内径 $4d$，弯后直段长度 $5d$
一侧贴焊锚筋	末端一侧贴焊长 $5d$ 同直径钢筋
两侧贴焊锚筋	末端两侧贴焊长 $3d$ 同直径钢筋
焊接锚板	末端与厚度 d 的锚板穿孔塞焊
螺栓锚头	末端旋入螺栓锚头

注：①焊缝和螺栓长度应满足承载力要求；

②螺栓锚头和焊接锚板的承压净面积不应小于锚固钢筋截面面积的 4 倍；

③螺栓锚头的规格应符合相关标准的要求；

④螺栓锚头和焊接锚板的钢筋净间距不宜小于 $4d$，否则应考虑群锚效应的不利影响；

⑤截面角部的弯钩和一侧贴焊锚筋的布筋方向宜向内侧偏置。

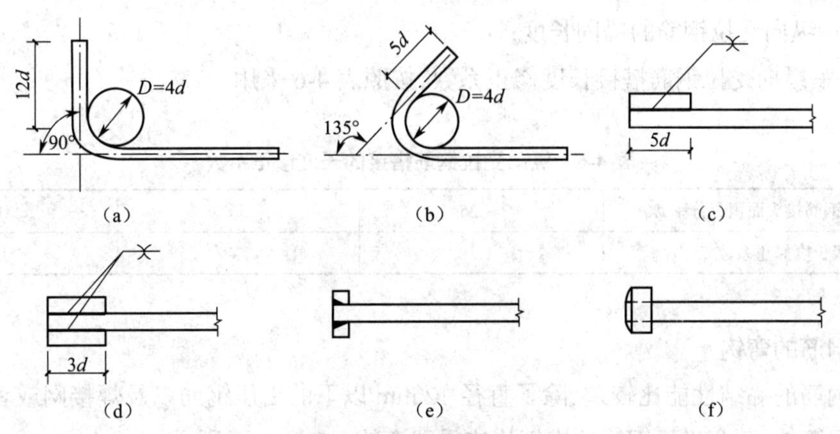

图 4-30　弯钩和机械锚固的形式和技术要求

(a)90° 弯钩　(b)135° 弯钩　(c)一侧贴焊锚筋　(d)两侧贴焊锚筋　(e)穿孔塞焊锚板　(f)螺栓锚头

4.4.2.2　钢筋的连接

在构件中若钢筋的长度不够,常常需要连接接头。接头可以使用机械连接接头、焊接接头和绑扎搭接接头等。

搭接接头是锚固的一种特例,但是,相比锚固,它的受力情况会更加不利。因为搭接范围内两根钢筋贴得比较紧密并且同时受力,钢筋和混凝土之间的黏结作用会被削弱,钢筋间的混凝土容易被磨碎或者被剪坏。因此,如果同一截面内钢筋搭接接头的百分率过大或者搭接钢筋的横向间距太小,锚固作用将会下降得特别明显,所以搭接钢筋应该错开布置。钢筋绑扎搭接接头连接区段的长度应该为 1.3 倍搭接长度,凡搭接接头中点位于该连接区段长度内的搭接接头都属于同一个连接区段。同一个连接区段内纵向受力钢筋搭接接头的面积百分率为该区段内有搭接接头的纵向受力钢筋截面面积与全部纵向受力钢筋截面面积的比值(图 4-31)。

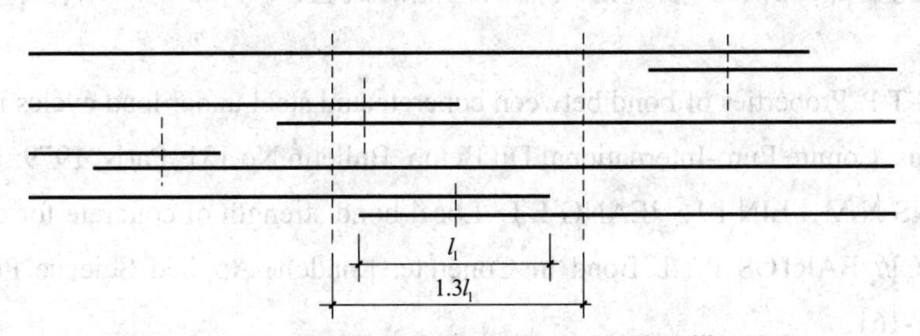

图 4-31　同一连接区段内纵向受拉钢筋的绑扎搭接接头

位于同一个连接区段内的受拉钢筋搭接接头面积百分率:对梁、板、墙构件,不宜大于 25%;对柱构件,不宜大于 50%。当工程中确有必要增大受拉钢筋搭接接头面积百分率时,对梁类构件,不宜大于 50%;对于板、墙以及柱类构件,可以根据具体情况放宽要求。

纵向受拉钢筋绑扎搭接接头的搭接长度应该根据位于同一连接区段内的钢筋搭接接头面积百分率按下式确定:

$$l_1 = \zeta_1 l_a \geqslant 300\ \text{mm} \tag{4-43}$$

式中：l_a——纵向受拉钢筋的锚固长度；

ζ_1——纵向受拉钢筋搭接长度修正系数，按照表 4-6 采用。

表 4-6 纵向受拉钢筋搭接的长度修正系数

纵向受拉钢筋接头面积百分率 /%	≤ 25	50	100
搭接长度修正系数 ζ_1	1.2	1.4	1.6

4.4.2.3 钢筋的弯钩

光面钢筋的黏结性能比较差，除了直径 12 mm 以下的受压钢筋以及焊接网或者焊接骨架中的光面钢筋外，其余光面钢筋的末端均应设置弯钩，如图 4-32 所示。

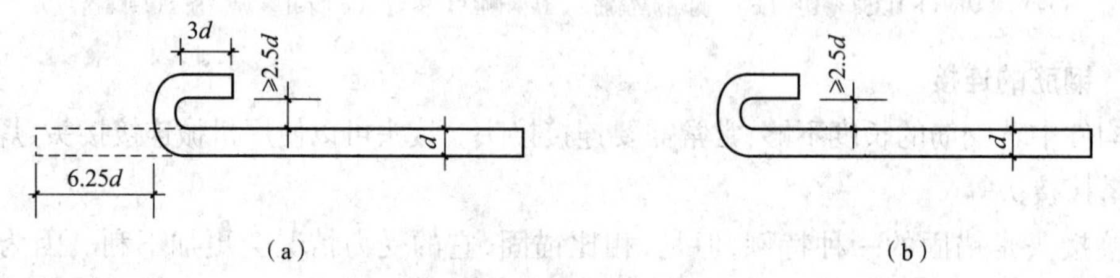

图 4-32 光面钢筋弯钩

(a)手工弯标准钩 (b)机器弯标准钩

参考文献

[1] 王铁成，赵海龙. 混凝土结构原理 [M]. 天津: 天津大学出版社, 2011.

[2] 过镇海，时旭东. 钢筋混凝土原理和分析 [M]. 北京：清华大学出版社，2003.

[3] 徐有邻，沈文都，汪洪. 钢筋砼黏结锚固性能的试验研究 [J]. 建筑结构学报,1994,15(3): 26-36.

[4] TASSIOS T P. Properties of bond between concrete and steel under load cycles idealizing seismic actions. Comite Euro-International Du Beton, Bulletin No.131，Paris，1979.

[5] HAWKINS N M，LIN I J，JEANG F L. Local bond strength of concrete for cyclic reversed loadings[C]// BARTOS P ed. Bond in Concrete. London：Applied Science Publishers Ltd., 1982：151-161.

[6] ELIGEHAUSEN R，POPOV E P，BERTERO V V. Local bond stress-slip relationships of deformed bars under generalized excitations[R]. Berkeley：University of California，1983.

[7] 滕智明，邹离湘. 反复荷载下钢筋混凝土构件的非线性有限元分析 [J]. 土木工程学报，1996(2)：19.

[8] 高向玲，章萍，李杰. 高性能混凝土与钢筋黏结性能的研究 [C]// 中国建筑学会，中国土木工程学会. 第八届全国混凝土结构基本理论及工程应用学术会议论文集. 重庆：重庆大学出版社，2004：160-165.

[9] 王传志,滕智明. 钢筋混凝土结构理论 [M]. 北京: 中国建筑工业出版社,1985.

[10] 中华人民共和国住房和城乡建设部. 混凝土结构设计规范(2015 年版): GB 50010—2010[S]. 北京:中国建筑工业出版社,2016.

第 5 章　混凝土构件的受弯和受压性能

5.1　截面分析方法简介

5.1.1　基本假定

依据弹塑性力学原理,在已知材料本构关系和构件截面变形的条件下,从理论上可以对任意构件截面从开始受力到破坏的全过程进行分析。设任一已知钢筋混凝土构件的截面如图 5-1 所示,为便于分析,特做如下假设。

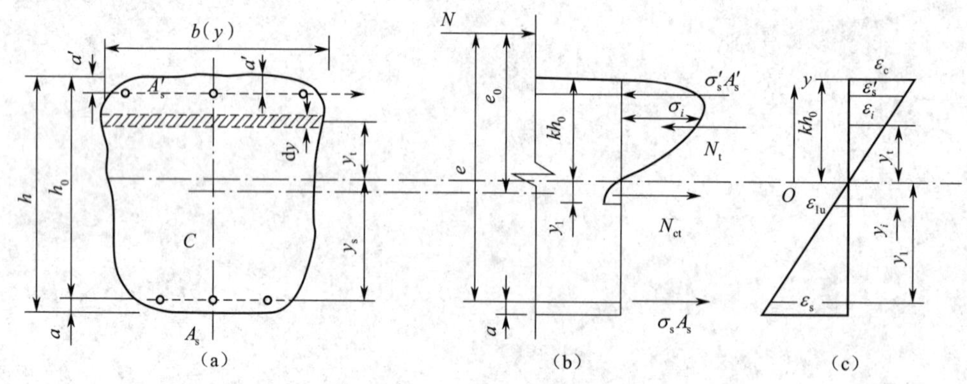

图 5-1　对称截面分析的计算图式

(a)截面　(b)应力分布　(c)应变

(1)截面变形服从平截面假设,即构件截面从加载开始直至破坏,截面上任意点的正应变与该点到中和轴的距离成正比,亦即构件截面上的正应变为线性分布。理论上,平截面假设只适用于连续匀质弹性材料的构件。对由混凝土和钢筋组成的构件,由于材料的非匀质性和可能存在裂缝,严格说来,就破坏截面局部而言,这一假定已不适用,但从工程应用来看,大量试验证明,在构件一定长度范围内测量的平均应变(如测量应变的标距大于裂缝间距)在构件截面上的分布,仍然基本符合平截面假定。

(2)钢筋和混凝土之间无相对滑移。构件开裂之前,钢筋和相邻混凝土间无相对滑移,应变必相等;开裂后二者必有相对滑移,应变不再相等。由于黏结破坏过程为一局部现象,应力状态复杂、变化大,影响因素众多,至今的研究尚不透彻;另外,它对构件的整体承载力和变形的作用相对较小，在钢筋有良好的锚固构造情况下，可忽略相对滑移的影响。

（3）钢筋和混凝土的应力 - 应变关系已知。材料本构关系可采用钢筋和混凝土材性标准试验所测定的应力 - 应变关系。在实际构件中存在的应变梯度、钢筋和混凝土的相互影响、箍筋的约束作用以及尺寸效应、加载速度和持续时间等因素的影响，一般不加修正。试验证明，这一简化给普通材料和构造的构件带来的误差很小。

（4）构件变形满足小变形假设。钢筋混凝土具有较大的刚度，在荷载作用下产生的变形很小，一般不致在构件截面引起明显的二次内力。

（5）一般不考虑时间（龄期）和环境温度、湿度等的影响，即忽略混凝土的收缩、徐变和温湿度变化等随变形引起的内应力和变形状态。

5.1.2　基本公式

对于受拉、压、弯等以正截面破坏控制的构件，可根据三个基本方程，得到如下全过程分析的通用方法。设有一任意对称截面如图 5-1（a）所示，承受偏心距为 e_0 的压力 N 作用，在截面配置的受拉钢筋和受压钢筋分别为 A_s 和 A_s'。

1. 几何条件

由平截面假定得构件受载后的平均应变如图 5-1（c）所示。由于混凝土的塑性变形和拉区裂缝的出现和开展，中和轴逐渐往荷载作用一侧移动，压区高度 kh_0 减小。中和轴以下仍有很小一部分混凝土受拉，其余已开裂退出工作。沿构件轴线单位长度的截面相对转角 φ（即截面曲率 $1/\rho$）为

$$\varphi=\frac{1}{\rho}=\frac{\varepsilon_c+\varepsilon_s}{h_0}=\frac{\varepsilon_c}{kh_0}=\frac{\varepsilon_s}{(1-k)h_0} \tag{5-1}$$

距中和轴 y_i 处应变为

$$\varepsilon_i=\varphi y_i \tag{5-2}$$

故当 $y_i>0$ 时，混凝土受压；当 $y_i<0$ 时，混凝土受拉。

截面顶面的压应变：

$$\varepsilon_c=\varphi kh_0 \tag{5-3}$$

上、下钢筋的应变分别为

$$\varepsilon_s'=\varphi(kh_0-a') \tag{5-4a}$$

$$\varepsilon_s=\varphi(1-k)h_0 \tag{5-4b}$$

2. 本构关系

设混凝土和钢筋的 σ-ε 关系已知，正截面上混凝土和钢筋的应力可以用下列应变函数表示。

混凝土受压：$\sigma_c=\sigma_c(\varepsilon_c)$

混凝土受拉：$\sigma_{ct}=\sigma_{ct}(\varepsilon_{ct})$

钢筋受压：$\sigma_s=\sigma_s(\varepsilon_s)$

钢筋受压：$\sigma_s' = \sigma_s'(\varepsilon_s')$

3. 平衡方程

对图 5-1 所示构件截面，分别建立水平方向力的平衡方程和对受拉钢筋合力作用点取矩的力矩平衡方程，得

$$\sum X = 0$$

$$N = N_c - N_{ct} - N_s + N_s'$$

$$= \int_0^{kh_0} \sigma_c(\varepsilon_i) b(y) \mathrm{d}y - \int_0^{y_t} \sigma_{ct}(\varepsilon_{ct}) b(y) \mathrm{d}y + \sigma_s' A_s' - \sigma_s A_s$$

$$\sum M_s = 0$$

$$Ne = M_c - M_{ct} + M_s'$$

$$= \int_0^{kh_0} \sigma_c(\varepsilon_i) b(y)(y_s + y) \mathrm{d}y - \int_0^{y_t} \sigma_{ct}(\varepsilon_{ct}) b(y)(y_s + y) \mathrm{d}y + \sigma_s' A_s'(h_0 - a')$$

利用上述三类方程，可以推导出钢筋混凝土构件的 M-σ_s、M-σ_c、M-φ、M-N 等关系曲线。

5.1.3 数值迭代法求解基本公式

上述基本公式在实际应用中，除极简单的情况（如给定混凝土的应力 - 应变为线性关系）以外，很难给出以 ε_c 或 kh_0 为自变量的 N 和 M 表达式，以便按 $\frac{\mathrm{d}N}{\mathrm{d}\varepsilon_c} = 0$ 或 $\frac{\mathrm{d}M}{\mathrm{d}\varepsilon_c} = 0$ 的条件确定构件的截面极限强度（N_u 和 M_u）。一般情况下只能借助计算机，通过数值迭代法实现对钢筋混凝土构件的全过程分析，才能得到较准确的数值解。

应用数值迭代法求解基本公式时，以先确定截面应变分布求内力最为方便。显然，按平衡条件及给定的应力 - 应变关系，任何一组 ε_c 和 k 值（即此时的截面应力分布已确定），都会有其相应的一组 N 和 M 值。用数值迭代法求解时，可先假定 N 和 ε_c 为已知，再求其相应的 k 和 M 值。经过反复运算，可求得 M-ε_c、M-φ、M-N 等的变化。有了这些关系，就不难求出截面的极限强度 N_u 和 M_u。

对于给定条件的构件截面（图 5-1），将截面沿与弯矩作用面垂直的方向划分为数个窄条带，假设每一条带内的应变均匀，应力相等。选取截面顶部条带的混凝土压应变 ε_c 作为基本变量，按等步长或变步长（$\Delta\varepsilon_c$）逐次给出确定值。取中和轴位置或压区相对高度 kh_0 为迭代变量，计算截面内力，经迭代计算满足允许误差后输出结果。

上述的一般计算方法适用于各种本构关系材料、不同截面形状和配筋构造的钢筋混凝土构件，且能给出构件截面自开始受力，历经弹性、裂缝出现和开展、钢筋屈服、极限状态、下降段的全过程受力性能和相应的特征值。

如对偏心受压构件，给定不同的偏心距 e_0，通过上述分析可得到对应的最大 N_u 及 M_u=$N_u e_0$，在 N-M 坐标系中连接各（N_u，M_u）点成曲线，得到构件的 N-M 破坏包络图，如图

5-2 所示。

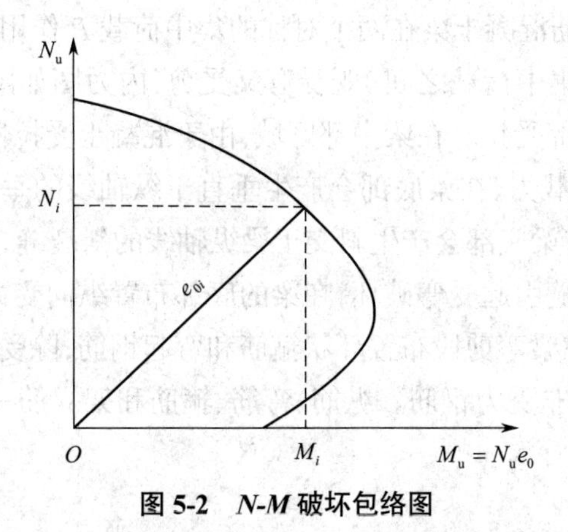

图 5-2　N-M 破坏包络图

数值分析虽然有一定的近似性,但由于有限元法对混凝土开裂后的模拟迄今没有较好的处理手段,故以上方法仍是进行钢筋混凝土构件全过程分析的主要手段。

5.2　正截面受弯承载力计算

5.2.1　受弯构件截面类型和配筋构造

1. 截面类型

在土木工程各类建筑中,梁、板类构件应用广泛,这类构件主要承受弯矩作用,又称受弯构件。如钢筋混凝土楼板、钢筋混凝土梁、挡土墙、混凝土梁式桥等均为受弯构件。

在混凝土构件中,与构件的计算轴线相垂直的截面称为正截面。受弯构件的截面形式多种多样,常用的截面形式有矩形截面、T 形截面、I 形截面、箱形截面等,但从受力性能来看,主要分为矩形截面和 T 形截面两大类,如图 5-3 所示。

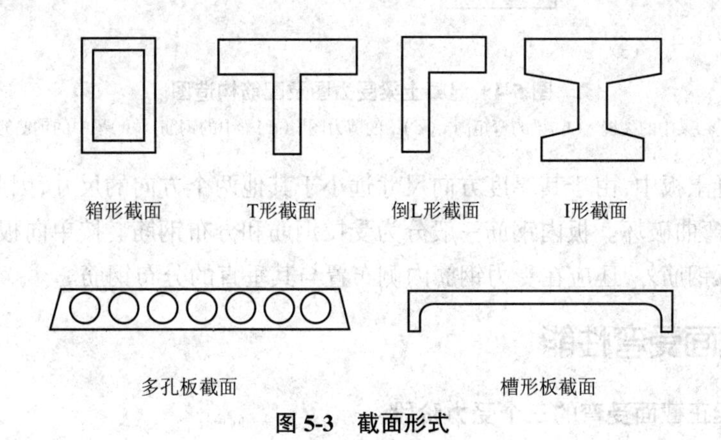

图 5-3　截面形式

2. 配筋构造

如图 5-4(a)所示,钢筋混凝土梁在两个对称的集中荷载 P 作用下,梁中部(两个集中荷载之间)受弯,端部(支座和集中荷载之间)既受弯又受剪,内力图如图 5-4(b)、(c)所示。在弯矩作用下,梁顶部受压,底部受拉。在梁中部区域,由于混凝土受拉性能和受压性能差距较大,受拉承载力远小于受压承载力,在梁底部会产生垂直于纵轴线的垂直裂缝;在梁端部区域,在剪力和弯矩的共同作用下,梁底部会产生斜交于梁纵轴线的斜裂缝,如图 5-4(a)所示。

为防止梁中部垂直裂缝引起受弯破坏,在梁的底部布置纵向受力钢筋以承受拉力;为防止斜裂缝引起的受剪破坏,在梁弯剪段布置环状箍筋和弯起钢筋;除受力钢筋外,在非受力区域,梁中还布置有架立钢筋或非受力钢筋。纵筋、弯筋、箍筋和架立筋一起绑扎或焊接成钢筋笼,如图 5-4(d)、(e)所示。

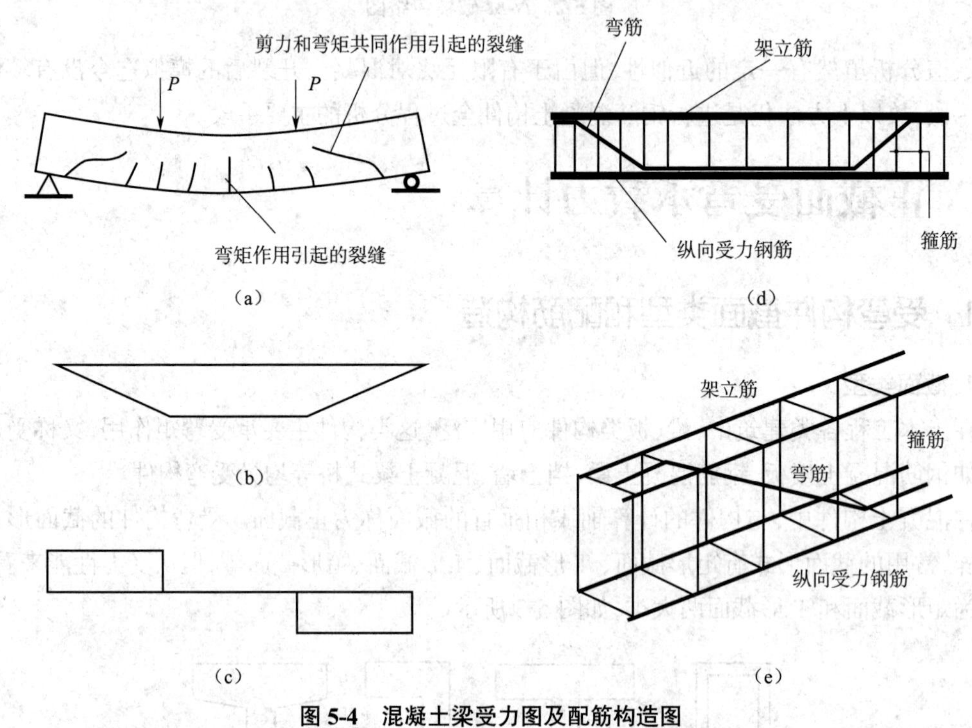

图 5-4 混凝土梁受力图及配筋构造图

(a)梁中的裂缝 (b)梁的弯矩图 (c)梁的剪力图 (d)梁中的钢筋 (e)梁中的钢筋笼

在钢筋混凝土板中,由于其厚度方向尺寸远小于其他两个方向的尺寸,因此不易发生剪切破坏,通常发生弯曲破坏。板内钢筋一般分为受拉钢筋和分布钢筋。按单向板设计时,除沿受力方向布置受拉钢筋外,还应在受力钢筋内侧布置与其垂直的分布钢筋。

5.2.2 正截面受弯性能

5.2.2.1 适筋梁正截面受弯的三个受力阶段

受弯构件正截面受弯破坏形态与其纵向钢筋的配筋率有关。在合适的纵向受力钢筋配筋率情况下,梁的破坏形态属于延性破坏,此时梁称为适筋梁。

定义 $\rho = A_s / bh_0$ 为梁中纵向受力钢筋的配筋率。其中，h_0 为受拉钢筋中心线到混凝土受压边缘的距离，称为截面的有效高度；b 为截面宽度；A_s 为纵向受力钢筋的截面面积。

1. 适筋梁正截面受弯承载力试验

图 5-5 所示为一钢筋混凝土适筋梁，为消除剪力对正截面受弯性能的影响，采用两点对称加载方式，外加荷载通过荷载分配梁集中加在梁的三分点处。由该荷载作用下梁的内力图 5-5(b)可知，在两个对称集中荷载之间，在忽略自重的情况下，只受弯矩而不受剪力，这部分称为纯弯段。根据纯弯段内混凝土的开裂和压碎情况可研究梁正截面受弯时的破坏机理。

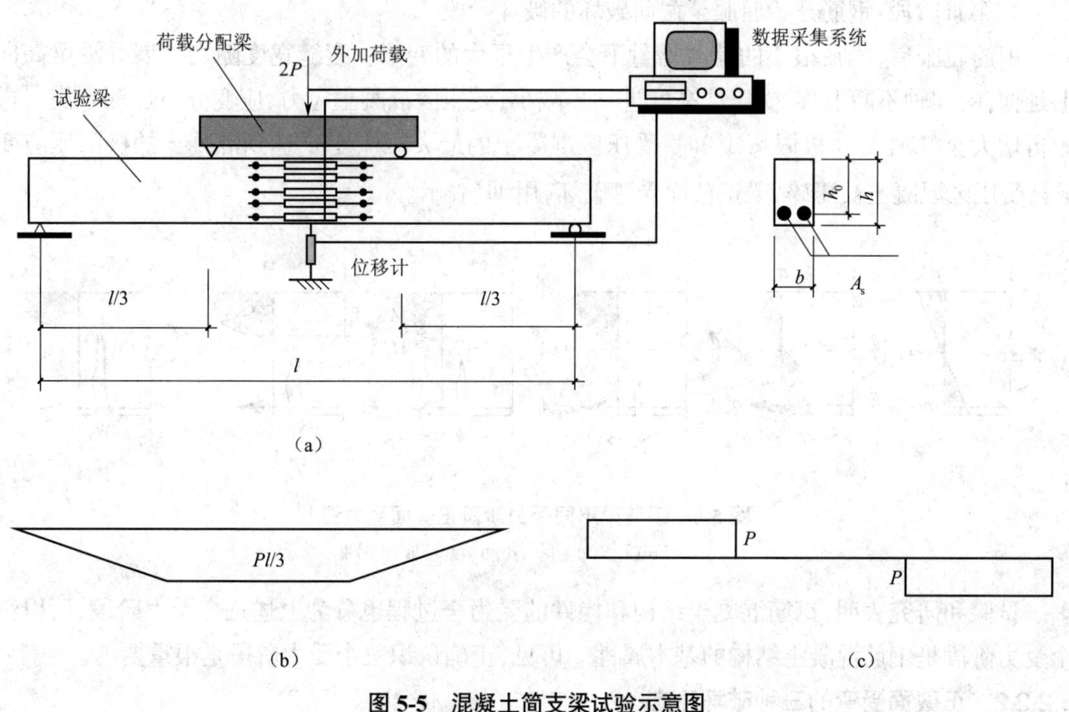

图 5-5　混凝土简支梁试验示意图

(a)试验装置　(b)弯矩图　(c)剪力图

荷载是逐级施加的，由零开始至梁正截面受弯破坏。在试验梁正截面受力全过程中，在纯弯段内，沿梁的截面高度两侧布置测点，用应变计测得梁的纵向变形，根据测得的应变可以研究弯矩作用下梁截面上的应变分布。因为测量变形的仪表有一定的标距，因此所测得的数值表示在此标距范围内的平均应变值。另外，在梁的跨中和支座处分别安装位移计以测量整个受力过程中梁的挠度。

2. 三个受力阶段

适筋梁正截面受弯的全过程表现为三个阶段——未裂阶段、裂缝阶段和破坏阶段。图 5-6 给出了适筋梁加载过程中不同受力阶段正截面的受力情况。

1)第 Ⅰ 阶段：混凝土开裂前的未裂阶段

刚开始加载时，由于荷载较小，梁截面应变也很小，混凝土没有开裂，梁截面应力沿梁高呈线性分布，且卸载后基本无残余变形，梁的受力情况与匀质弹性体梁相似。当弯矩增加到 M_{cr}

(开裂弯矩)时,受拉区边缘纤维应变值即将达到混凝土极限拉应变值 ε_{tu},此时在纯弯段某一薄弱截面出现首条垂直裂缝,称为第一阶段末,用 I_a 表示。

2)第Ⅱ阶段:混凝土开裂后至钢筋屈服前的裂缝阶段

第Ⅱ阶段是裂缝发生、开展的阶段,在此阶段梁是带裂缝工作的。梁开裂后,裂缝截面处,受拉区大部分混凝土退出工作,拉力主要由纵向钢筋承担,且由于黏结力裂缝不断出现和发展,但此阶段钢筋并未屈服。受压区混凝土已产生塑性变形。当弯矩增加到 M_y(屈服弯矩)时,受拉钢筋屈服,标志着第二阶段结束,用 II_a 表示。

3)第Ⅲ阶段:钢筋开始屈服至截面破坏的破坏阶段

钢筋屈服后,梁在很小的荷载增量下会产生很大的变形。裂缝宽度随之扩展并沿梁高向上延伸,中和轴不断上移,受压区高度进一步减小,受压区混凝土应力、应变分布逐渐丰满。弯矩再增大至峰值 M_u(极限弯矩)时,受压区混凝土的最大压应变 ε_c^t 达到混凝土的极限压应变 ε_{cu},受压区混凝土被压碎,梁正截面受弯破坏,用 III_a 表示。

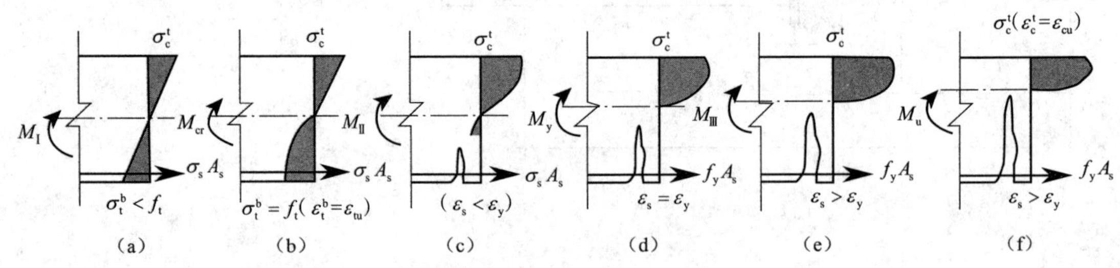

图 5-6 适筋梁不同受力阶段正截面受力图

(a)Ⅰ (b)I_a (c)Ⅱ (d)II_a (e)Ⅲ (f)III_a

试验和研究表明,钢筋混凝土结构和构件的受力全过程也分为上述三个受力阶段,所以三个受力阶段是钢筋混凝土结构的基本属性。可见,正确认识三个受力阶段是很重要的。

5.2.2.2 正截面受弯的三种破坏形态

1. 三种破坏形态

结构、构件和截面的破坏有脆性破坏和延性破坏两种类型。脆性破坏造成的后果严重,且材料没有充分利用,因此,在工程中,应尽量避免脆性破坏的发生。

根据配筋率 ρ 的不同,受弯构件正截面受弯破坏形态分为适筋破坏、超筋破坏和少筋破坏三种,如图 5-7 所示。这三种破坏形态的弯矩 - 曲率关系曲线及荷载 - 位移关系曲线分别如图 5-8 和图 5-9 所示。与这三种破坏形态相对应的梁分别称为适筋梁、超筋梁和少筋梁。

适筋梁的破坏特点是纵向受拉钢筋先屈服,受压区边缘混凝土随后被压碎,截面破坏,属于延性破坏;超筋梁的破坏特点是混凝土受压区边缘先压碎,此时受拉钢筋并未屈服,在基本没有明显征兆的情况下由于混凝土被压碎而突然破坏,属于脆性破坏;少筋梁的破坏特点是受拉区混凝土一裂就坏,属于脆性破坏。

根据截面的弯矩 - 曲率关系曲线以及梁的荷载 - 位移关系曲线可知,少筋梁的变形能力和承载能力均很差;超筋梁虽有较高的承载能力,但其变形能力差;适筋梁则既有较高的承载力,也有很好的变形能力。

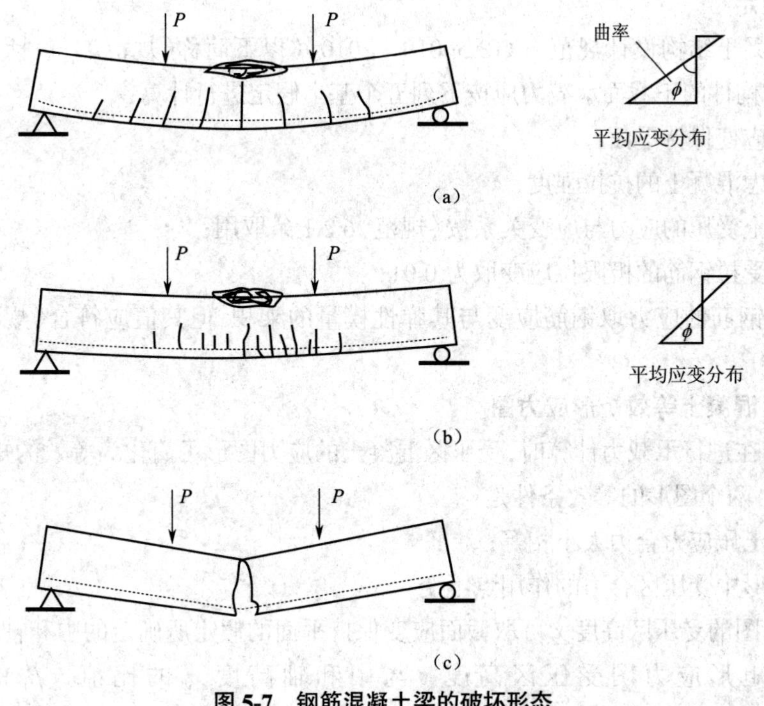

图 5-7　钢筋混凝土梁的破坏形态

(a)适筋破坏　(b)超筋破坏　(c)少筋破坏

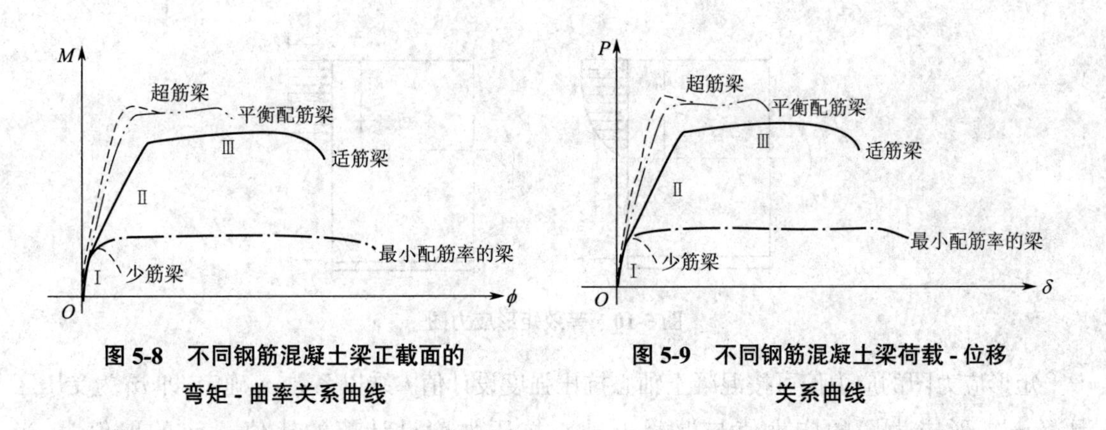

图 5-8　不同钢筋混凝土梁正截面的弯矩 - 曲率关系曲线

图 5-9　不同钢筋混凝土梁荷载 - 位移关系曲线

2. 界限破坏与界限配筋率

从适筋梁和超筋梁的破坏特点可以看出,适筋梁的破坏开始于受拉钢筋的屈服,而超筋梁的破坏则始于受压区边缘混凝土被压碎。于是,当配筋率为某个特定值时,存在一种适筋梁与超筋梁的界限破坏,钢筋应力到达屈服强度的同时受压区边缘纤维应变也恰好达到混凝土受弯时的极限压应变值,此时的配筋率称为界限配筋率,用 ρ_b 表示。考虑到结构的安全性和经济性,在实际工程中一般不允许采用超筋梁,因此 ρ_b 也就限制了适筋梁的最大配筋率。

同理,在适筋破坏和少筋破坏之间也存在一种界限破坏,即混凝土开裂的同时受拉钢筋屈服,开裂弯矩等于屈服弯矩,此时的配筋率是适筋构件的最小配筋率,用 ρ_{min} 表示。

5.2.2.3 正截面受弯承载力计算原理

1. 基本假定

根据《混凝土结构设计规范》(GB 50010—2010)(以下简称《规范》),包括受弯构件在内的各种混凝土构件的正截面承载力应按下列五个基本假定进行计算:

(1)截面应变保持平面;

(2)不考虑混凝土的抗拉强度;

(3)混凝土受压的应力与应变关系按《规范》6.2.1 条取用;

(4)纵向受拉钢筋的极限拉应变取为 0.01;

(5)纵向钢筋的应力取钢筋应变与其弹性模量的乘积,但其值应符合《规范》6.2.1 条的要求。

2. 受压区混凝土等效矩形应力图

受弯构件在进行承载力计算时,受压区混凝土的应力图形可简化为等效的矩形应力图,如图 5-10 所示。两个图形的等效条件是:

(1)混凝土压应力合力大小相等;

(2)两图形中受压区合力的作用点不变。

矩形应力图的受压区高度 x 可取截面应变保持平面的假定所确定的中和轴高度乘以系数 β_1,即 β_1 为矩形应力图受压区高度 x 与中和轴高度 x_0 的比值。β_1 的取值为:当 $f_{cu,k} \leqslant 50\ \text{N/mm}^2$ 时,β_1 取为 0.8;当 $f_{cu,k} = 80\ \text{N/mm}^2$ 时,β_1 取为 0.74,其间按直线内插法取用。

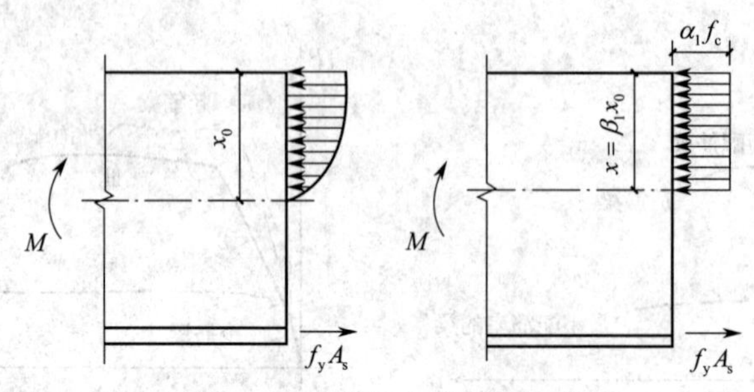

图 5-10 等效矩形应力图

矩形应力图的应力值可按混凝土轴心抗压强度设计值 f_c 乘以系数 α_1 确定,即 α_1 为受压区混凝土矩形应力图的应力值与混凝土轴心抗压强度设计值的比值。α_1 的取值为:当 $f_{cu,k} \leqslant 50\ \text{N/mm}^2$ 时,α_1 取为 1.0;当 $f_{cu,k} = 80\ \text{N/mm}^2$ 时,α_1 取为 0.94,其间按直线内插法取用。α_1、β_1 的取值见表 5-1。

表 5-1 混凝土受压区等效矩形应力图系数

系数	≤C50	C55	C60	C65	C70	C75	C80
α_1	1.0	0.99	0.98	0.97	0.96	0.95	0.94
β_1	0.8	0.79	0.78	0.77	0.76	0.75	0.74

3. 相对界限受压区高度 ξ_b

纵向受拉钢筋屈服与受压区混凝土破坏同时发生时的相对界限受压区高度 ξ_b 应按《规范》6.2.7 条计算。

4. 纵向钢筋

纵向钢筋应力应按《规范》6.2.8 条确定。

5.2.3　正截面受弯承载力计算

1. 矩形或翼缘位于受拉边的倒 T 形截面

矩形截面受弯构件在工程中应用普遍，T 形截面受弯构件也得到了广泛应用，例如在现浇肋梁楼盖中楼板与梁肋浇筑在一起形成的 T 形截面梁。

当 T 形截面梁的翼缘位于受拉区（即倒 T 形截面梁）时，混凝土开裂后不能承担拉力，根据前述不考虑混凝土抗拉强度的基本假定，翼缘对承载力不起作用。因此，倒 T 形截面受弯构件可按宽度为 T 形腹板宽度的矩形截面计算承载力。

根据《规范》，矩形截面或翼缘位于受拉边的倒 T 形截面受弯构件，其正截面受弯承载力应符合下列规定（图 5-11）：

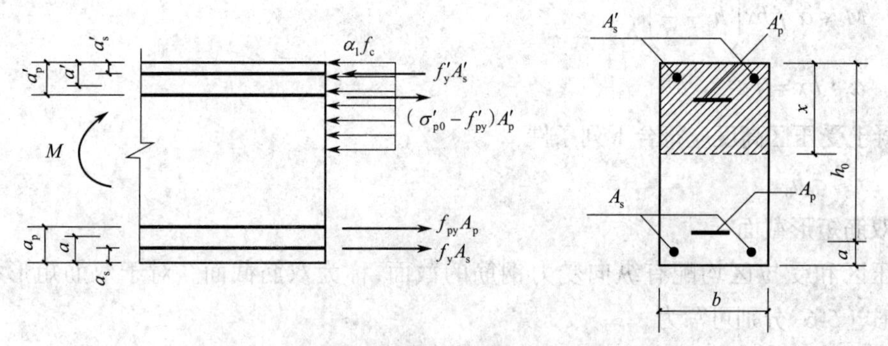

图 5-11　矩形截面受弯构件正截面受弯承载力计算

$$M \leqslant \alpha_1 f_c bx\left(h_0 - \frac{x}{2}\right) + f'_y A'_s (h_0 - a'_s) - (\sigma'_{p0} - f'_{py}) A'_p (h_0 - a'_p) \tag{5-5}$$

混凝土受压区高度应按下式确定：

$$\alpha_1 f_c bx = f_y A_s - f'_y A'_s + f_{py} A_p + (\sigma'_{p0} - f'_{py}) A'_p \tag{5-6}$$

混凝土受压区高度尚应符合下列条件：

$$x \leqslant \xi_b h_0 \tag{5-7}$$

$$x \geqslant 2a' \tag{5-8}$$

式中：M——弯矩设计值；

α_1——系数，按《规范》第 6.2.6 条的规定计算；

f_c——混凝土轴心抗压强度设计值，按《规范》表 4.1.4-1 采用；

A_s，A'_s——受拉区、受压区纵向普通钢筋的截面面积；

A_p, A'_p——受拉区、受压区纵向预应力筋的截面面积；

σ'_{p0}——受压区纵向预应力筋合力点处混凝土法向应力等于零时的预应力筋应力；

b——矩形截面宽度或倒T形截面的腹板宽度；

h_0——截面的有效高度；

a'_s, a'_p——受压区纵向普通钢筋合力点、预应力筋合力点至截面受压区边缘的距离；

a'——受压区全部纵向钢筋合力点至截面受压边缘的距离，当受压区未配置纵向预应力筋或受压区纵向预应力筋应力$\left(\sigma'_{p0}-f'_{py}\right)$为拉应力时，式(5-8)中的$a'$用$a'_s$代替。

对于以下两种常用的钢筋混凝土受弯构件，计算公式可简化成如下形式。

1)单筋矩形截面

只在受拉区配置纵向受力钢筋的截面称为单筋截面。由于没有配置预应力筋，也没有在受压区配置非预应力纵向受力钢筋，因此

$$A'_s=A_p=A'_p=0 \tag{5-9}$$

式(5-5)和式(5-6)分别可写为

$$M\leqslant\alpha_1 f_c bx\left(h_0-\frac{x}{2}\right) \tag{5-10}$$

$$\alpha_1 f_c bx=f_y A_s \tag{5-11}$$

混凝土受压区高度应符合下列条件：

$$x\leqslant\xi_b h_0 \tag{5-12}$$

2)双筋矩形截面

受压区和受拉区均配有纵向受力钢筋的截面，称为双筋截面。对于双筋矩形截面，式(5-5)和式(5-6)分别可写为

$$M\leqslant\alpha_1 f_c bx\left(h_0-\frac{x}{2}\right)+f'_y A'_s\left(h_0-a'_s\right) \tag{5-13}$$

$$\alpha_1 f_c bx=f_y A_s-f'_y A'_s \tag{5-14}$$

混凝土受压区高度尚应符合下列条件：

$$x\leqslant\xi_b h_0 \tag{5-15}$$

$$x\geqslant 2a' \tag{5-16}$$

2. 翼缘位于受压区的T形和I形截面

(1)翼缘位于受压区的T形、I形截面受弯构件(图5-12)，其正截面受弯承载力计算应符合下列规定。

①当满足下列条件时，应按宽度为b'_f的矩形截面计算：

$$f_y A_s+f_{py}A_p\leqslant\alpha_1 f_c b'_f h'_f+f'_y A'_s-(\sigma'_{p0}-f'_{py})A'_p \tag{5-17}$$

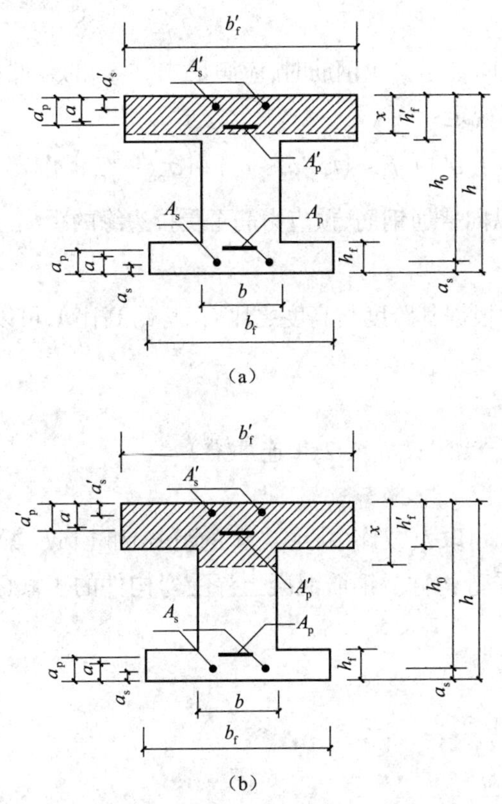

图 5-12　I 形截面受弯构件受压区高度位置

(a) $x \leqslant h_{\mathrm{f}}'$　(b) $x > h_{\mathrm{f}}'$

②当不满足式(5-17)的条件时，应按下列公式计算：

$$M \leqslant \alpha_1 f_{\mathrm{c}} bx\left(h_0-\frac{x}{2}\right)+\alpha_1 f_{\mathrm{c}}\left(b_{\mathrm{f}}'-b\right) h_{\mathrm{f}}'\left(h_0-\frac{h_{\mathrm{f}}'}{2}\right)+f_{\mathrm{y}}' A_{\mathrm{s}}'\left(h_0-a_{\mathrm{s}}'\right)-\left(\sigma_{\mathrm{p0}}'-f_{\mathrm{py}}'\right) A_{\mathrm{p}}'\left(h_0-a_{\mathrm{p}}'\right) \tag{5-18}$$

混凝土受压区高度应按下式确定：

$$\alpha_1 f_{\mathrm{c}}\left[bx+\left(b_{\mathrm{f}}'-b\right) h_{\mathrm{f}}'\right]=f_{\mathrm{y}} A_{\mathrm{s}}-f_{\mathrm{y}}' A_{\mathrm{s}}'+f_{\mathrm{py}} A_{\mathrm{p}}+\left(\sigma_{\mathrm{p0}}'-f_{\mathrm{py}}'\right) A_{\mathrm{p}}' \tag{5-19}$$

式中：h_{f}'——T 形、I 形截面受压区翼缘厚度；

b_{f}'——T 形、I 形截面受压区翼缘计算宽度，按《规范》6.2.12 条的规定确定。

按上述公式计算 T 形、I 形截面受弯构件时，混凝土受压区高度仍应符合式(5-7)和式(5-8)的要求。

(2)T 形、I 形及倒 L 形截面受弯构件位于受压区的翼缘计算宽度 b_{f}' 可按《规范》表 5.4.2 所列情况中的最小值取用。

(3)受弯构件正截面受弯承载力计算应符合式(5-7)的要求。当由构造要求或按正常使用极限状态验算要求配置的纵向受拉钢筋截面面积大于受弯承载力要求的配筋面积时，按式(5-6)或式(5-19)计算的混凝土受压区高度 x，可仅计入受弯承载力条件所需的纵向受拉钢筋截面面积。

（4）当计算中计入纵向普通受压钢筋时，应满足式（5-8）的条件；当不满足此条件时，正截面受弯承载力应符合下列规定：

$$M \leqslant f_{py}A_p\left(h-a_p-a_s'\right)+f_yA_s\left(h-a_s-a_s'\right)+\left(\sigma_{p0}'-f_{py}'\right)A_p'\left(a_p'-a_s'\right) \tag{5-20}$$

式中：a_s，a_p——受拉区纵向普通钢筋、预应力筋至受拉边缘的距离。

3. 深受弯构件

钢筋混凝土受弯构件根据其跨度与高度之比（简称跨高比），可以分为如下三种类型：

浅梁　$l_0/h>5$

短梁　$l_0/h=2(2.5)\sim5$

深梁　$l_0/h\leqslant 2$（简支梁）；$l_0/h\leqslant 2.5$（连续梁）

式中：h——梁的截面高度；

l_0——梁的计算跨度，可取 l_c（支座中心线之间的距离）和 $1.15\,l_n$（梁的净跨）二者中的较小值。

短梁和深梁称为深受弯构件。钢筋混凝土深受弯构件的正截面受弯承载力应符合下列规定：

$$M \leqslant f_yA_sz \tag{5-21}$$

$$z=\alpha_d\left(h_0-0.5x\right) \tag{5-22}$$

$$\alpha_d=0.80+0.04\frac{l_0}{h} \tag{5-23}$$

当 $l_0<h$ 时，取内力臂 $z=0.6\,l_0$。

式中：x——截面受压区高度，当 $x<0.2h_0$ 时，取 $x=0.2h_0$；

h_0——截面有效高度，$h_0=h-a_s$，其中 h 为截面高度。当 $l_0/h\leqslant 2$ 时，跨中截面 a_s 取 $0.1h$，支座截面 a_s 取 $0.2h$；当 $l_0/h>2$ 时，a_s 按受拉区纵向钢筋截面中心至受拉区边缘的实际作用距离取用。

4. 叠合式受弯构件

叠合式构件的特点是二阶段成形、三阶段受力。第一阶段可为预制构件，也可为既有结构；第二阶段则为后配筋浇筑的混凝土构件。叠合构件兼有预制装配和整体现浇的优点，对于水平的受弯构件及竖向的受压构件均适用。

二阶段成形的水平叠合式受弯构件，当预制构件高度不足全截面高度的 0.4 时，施工阶段应有可靠的支撑，使预制构件在二次成形浇筑混凝土的重量及施工荷载下不致产生过大的应力和变形。

施工阶段有可靠支撑的叠合式受弯构件，可按整体受弯构件设计计算；施工阶段无可靠支撑的叠合式受弯构件，应对底部预制构件和浇筑混凝土后的整体叠合构件按二阶段受力分别进行受力计算。

1）第一阶段

后浇的叠合层混凝土达到强度设计值之前的阶段。荷载由预制构件承担，预制构件按简支构件计算；荷载包括预制构件自重、预制楼板自重、叠合层自重以及本阶段的施工活荷载。

2）第二阶段

叠合层混凝土达到设计规定的强度值之后的阶段。叠合构件按整体结构计算；荷载考虑下列两种情况并取较大值。

（1）施工阶段：考虑叠合构件、预制楼板、面层、吊顶等的自重以及本阶段的施工活荷载。

（2）使用阶段：考虑叠合构件、预制楼板、面层、吊顶等的自重以及使用阶段的可变荷载。

预制构件和叠合构件的正截面受弯承载力应按《规范》第 6.2 节计算，其中，弯矩设计值应按下列规定取用。

预制构件：

$$M_1 = M_{1G} + M_{1Q} \tag{5-24}$$

叠合构件的正弯矩区段：

$$M = M_{1G} + M_{2G} + M_{2Q} \tag{5-25}$$

叠合构件的负弯矩区段：

$$M = M_{2G} + M_{2Q} \tag{5-26}$$

式中：M_{1G}——预制构件自重、预制楼板自重和叠合层自重在计算截面产生的弯矩设计值；

M_{2G}——第二阶段面层、吊顶等自重在计算截面产生的弯矩设计值；

M_{1Q}——第一阶段施工活荷载在计算截面产生的弯矩设计值；

M_{2Q}——第二阶段可变荷载在计算截面产生的弯矩设计值，取本阶段施工活荷载和使用阶段可变荷载在计算截面产生的弯矩设计值中的较大值。

在计算中，正弯矩区段的混凝土强度等级，按叠合层取用；负弯矩区段的混凝土强度等级，按计算截面受压区的实际情况取用。

5.3　轴心受压构件

5.3.1　轴心受压构件的实例及配筋形式

当构件受到位于形心的轴向压力作用时，为轴心受压构件。以恒载为主的等跨多层房屋的中间柱、只承受节点荷载的桁架的受压弦杆及腹杆等均可近似地按轴心受压构件计算。图 5-13 给出了常见的轴心受压构件的工程实例。

一般的轴心受压构件内配有纵向受力钢筋和环状的箍筋（图 5-14（a））。轴心受拉构件中纵筋的作用是帮助混凝土承受拉力，箍筋的作用主要是固定纵筋以形成钢筋骨架。

轴心受压构件的压力主要由混凝土承担，设置纵向钢筋的目的是：协助混凝土承受压力以减小构件截面尺寸；承受可能有的不大的弯矩；防止构件突然脆性破坏。横向箍筋的作用是防止纵向钢筋压屈，并与纵筋形成钢筋骨架，便于施工。

对截面形状为圆形或正多边形的轴心受压构件，纵筋外围可配置连续环绕的间距较密的螺旋箍筋或间距较密的焊接环形箍筋(图 5-14(b))。螺旋箍筋或环形箍筋的作用除了防止纵向钢筋压屈,并与纵筋形成钢筋骨架外,还能使截面中间部分(核心)混凝土成为约束混凝土,提高构件的强度和延性。

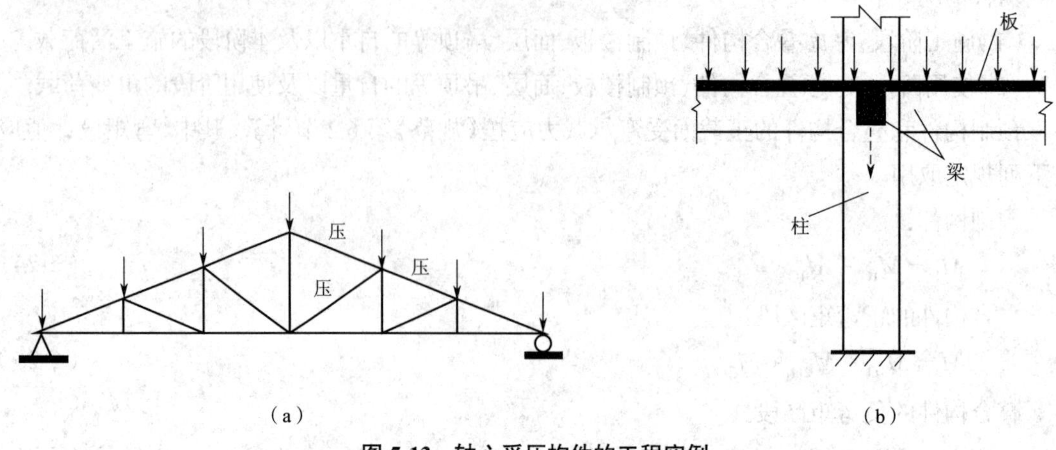

图 5-13　轴心受压构件的工程实例

(a)桁架的受压弦杆及腹杆　(b)等跨多层房屋的中间柱

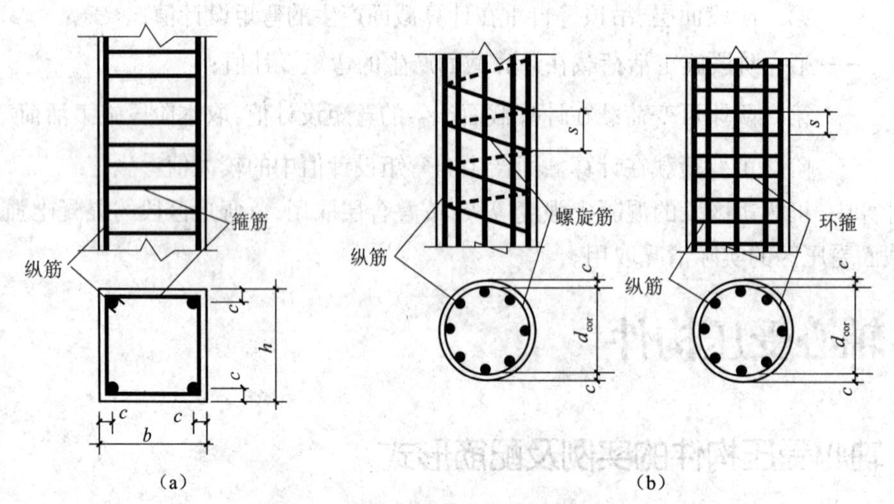

图 5-14　轴心受力构件的配筋形式

(a)一般轴心受压构件　(b)螺旋箍筋或环形箍筋柱

5.3.2　轴心受压短柱的受力分析

1. 短柱的试验研究

采用图 5-15(a)所示的加载示意图,可以进行钢筋混凝土短柱的轴心受压试验。在短期荷载作用下,柱截面上各处的应变均匀分布,因混凝土与钢筋黏结较好,两者的压应变值相同。当荷载较小时,轴向压力与压缩量基本成正比例增长;当荷载较大时,混凝土的非线性性质使得轴向压力和压缩变形不再保持正比关系,变形增加比荷载增加更快,荷载增加至一定量时,柱中的纵向钢筋屈服。当轴向压力增加到破坏荷载的90%左右时,柱四周出现纵向裂缝及压坏痕迹。随着荷载继续增加,混凝土保护层剥落,纵筋向外压曲,混凝土被压碎而柱破坏。柱的破坏荷载为409.1 kN。图5-15(b)、(c)分别给出了荷载-变形曲线以及柱的破坏形式。

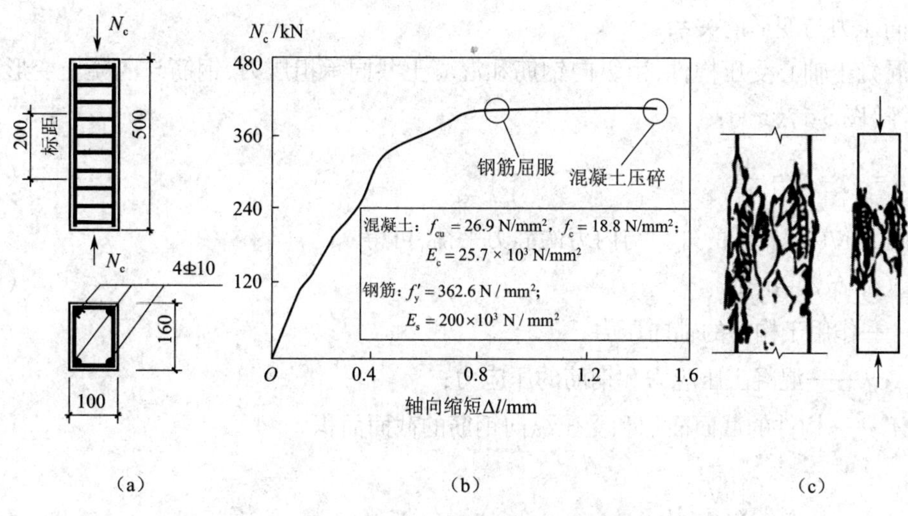

图5-15　轴心受压短柱的试验结果

(a)试件加载　(b)荷载-变形曲线　(c)破坏形式

2. 短柱压力与变形的关系

1)钢筋和混凝土的应力-应变关系

由第2章材料的物理力学性能可知,有明显物理流幅的钢筋,其受压时的应力-应变曲线与受拉时一样。因此,可采用图5-16(a)所示的双折线形式,表达式为

$$\sigma'_s=E_s\varepsilon'_s\quad(0<\varepsilon'_s\leqslant\varepsilon'_y)\tag{5-27a}$$

$$\sigma'_s=f'_y\quad(\varepsilon'_s>\varepsilon'_y)\tag{5-27b}$$

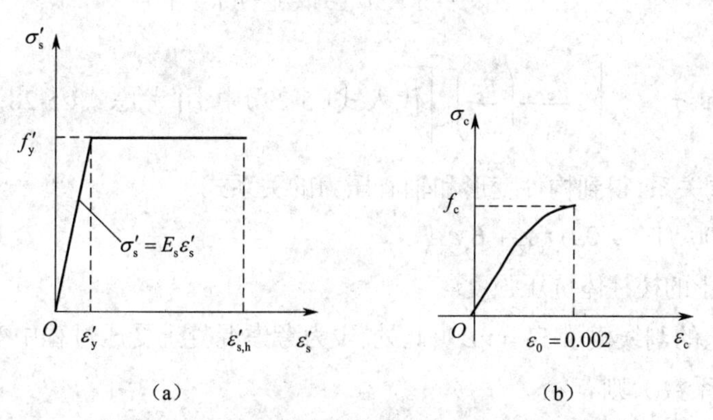

图5-16　钢筋和混凝土受压时的应力-应变关系

(a)钢筋　(b)混凝土

与受拉构件类似,实际工程中当压力达到极限值时一般无法卸载。因此,实验室中测得的混凝土受压时的应力-应变关系曲线的下降段在实际轴心受压构件中不存在。根据第2章中

的讨论结果，当$f_{cu}\leqslant 50\ \text{N/mm}^2$时，取混凝土轴心受压时的应力 - 应变关系如图 5-16（b）所示（后文中如不加以说明，均为$f_{cu}\leqslant 50\ \text{N/mm}^2$），其表达式为$\sigma_c=f_c\left[2\dfrac{\varepsilon_c}{\varepsilon_0}-\left(\dfrac{\varepsilon_c}{\varepsilon_0}\right)^2\right]$。

2）轴向压力与变形的关系

钢筋混凝土轴心受压构件，由纵向钢筋和混凝土共同承担压力，钢筋与混凝土变形协调，应变值相等（图 5-17（a））：

$$\varepsilon=\varepsilon_c=\varepsilon_s'=\frac{\Delta l}{l} \tag{5-28}$$

根据图 5-17（b）所示的外力与内力的静力平衡，可得

$$N_c=\sigma_c A+\sigma_s' A_s' \tag{5-29}$$

式中：N_c——作用于构件的轴向压力；

σ_c，σ_s'——混凝土压应力和钢筋的压应力；

A，A_s'——构件的截面面积和受压纵向钢筋的截面面积。

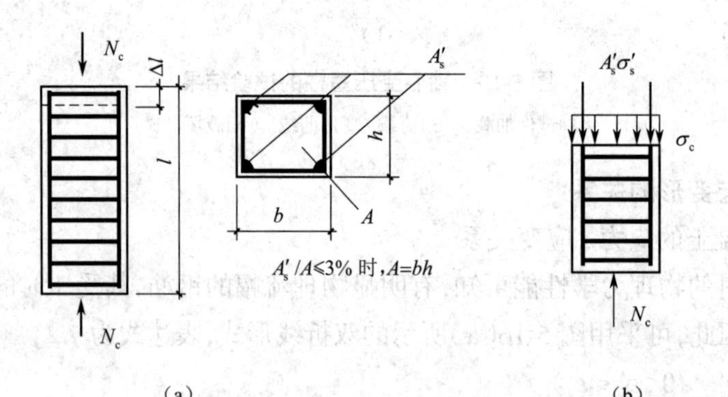

图 5-17 钢筋混凝土轴心受压构件

（a）整体受力示意图 （b）截面受力示意图

将式（5-27）和$\sigma_c=f_c\left[2\dfrac{\varepsilon_c}{\varepsilon_0}-\left(\dfrac{\varepsilon_c}{\varepsilon_0}\right)^2\right]$代入式（5-29）中，并考虑式（5-28）所示的钢筋和混凝土间的变形协调关系，得到构件变形和轴心压力的关系式

$$N_c=1\,000\varepsilon(1-250\varepsilon)f_c A+E_s\varepsilon A_s' \tag{5-30}$$

式中：f_c——混凝土的棱柱体抗压强度。

若引入混凝土的割线模量$E_c'=\nu E_c$（此处，ν为考虑混凝土受压过程中变形模量数值降低的系数，称为弹性系数），则有

$$N_c=\nu E_c\varepsilon A+E_s\varepsilon A_s'=\nu E_c\varepsilon A\left(1+\frac{\alpha_E}{\nu}\rho'\right) \tag{5-31}$$

式中：ρ'——纵向受压钢筋的配筋率，$\rho'=A_s'/A$。

于是，混凝土的应力

$$\sigma_c = \frac{N_c}{A\left(1+\dfrac{\alpha_E}{\nu}\rho'\right)} \tag{5-32}$$

钢筋的应力

$$\sigma_s' = E_s\varepsilon = E_s\frac{\sigma_c}{\nu E_c} = \frac{N_c}{\left(1+\dfrac{\nu}{\alpha_E\rho'}\right)A_s'} \tag{5-33}$$

图 5-18 给出了混凝土和钢筋应力随荷载变化曲线的示意图。

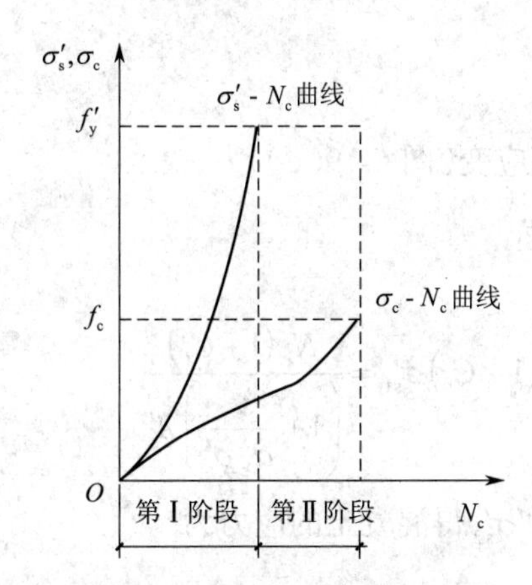

图 5-18　荷载 - 应力曲线示意图

当构件受到的轴向压力较小时(约小于极限荷载的 30% 时),为了简化计算,可忽略混凝土材料应力与应变之间的非线性性质,采用 $\sigma_s = E_s\varepsilon_s$ 的线性物理关系,于是有

$$N_c = (E_cA + E_sA_s')\varepsilon = E_cA(1+\alpha_E\rho')\varepsilon \tag{5-34}$$

当 $\varepsilon = \varepsilon_y'$ 时,钢筋屈服,标志着第Ⅱ阶段的开始。钢筋的应力保持不变,混凝土的应力快速增加。图 5-18 所示的 σ_c-N_c 关系曲线由原来的上凸变为上凹。式(5-30)变为

$$N_c = 1\,000\varepsilon(1-250\varepsilon)f_cA + f_y'A_s' \tag{5-35}$$

当 $\varepsilon = \varepsilon_0 = 0.002$ 时,混凝土被压碎,柱子达到最大承载力

$$N_{cu} = f_cA + f_y'A_s' \tag{5-36}$$

注意,由于 $\varepsilon = \varepsilon_0 = \varepsilon_s' = 0.002$,相应的纵筋应力值为:$\sigma_s = E_s\varepsilon_s' \approx 200\times10^3\times0.002=$ 400 N/mm²。由此可知,轴心受压短柱中,当钢筋的强度超过 400 N/mm² 时,其强度得不到充分发挥。故对于屈服强度大于 400 N/mm² 的钢筋,在计算 f_y' 值时只能取 400 N/mm²。

3. 荷载长期作用下短柱的受力性能

轴心受压构件在保持不变的荷载长期作用下,由于混凝土的徐变影响,其压缩变形将随时间的增加而增大,由于混凝土和钢筋共同作用,混凝土的徐变还将使钢筋的变形也随之增大,钢筋的应力相应地增大,从而使钢筋分担外荷载的比例增大。如图 5-19(a)、(b)所示,轴向力 N_c 施加后的瞬间,构件的应变为 ε_i。根据式(5-32)、式(5-33),可求得此时混凝土和钢筋的应

力分别为

$$\sigma_{c1}=\frac{N_c}{A\left(1+\dfrac{\alpha_E}{\nu}\rho'\right)} \tag{5-37}$$

$$\sigma'_{s1}=\frac{N_c}{\left(1+\dfrac{\nu}{\alpha_E\rho'}\right)A'_s} \tag{5-38}$$

随着荷载作用时间加长,混凝土会发生徐变。徐变应变可用下式计算:

$$\varepsilon_{cr}=C_t\varepsilon_i \tag{5-39}$$

式中:C_t——徐变系数。

经历徐变 ε_{cr} 后,构件的总应变(图 5-19(c))为

$$\varepsilon=\varepsilon_i+\varepsilon_{cr}=(1+C_t)\varepsilon_i \tag{5-40}$$

于是钢筋的应力为

$$\sigma'_{s2}=E_s(1+C_t)\varepsilon_i=(1+C_t)\sigma'_{s1}=\frac{N_c(1+C_t)}{\left(1+\dfrac{\nu}{\alpha_E\rho'}\right)A'_s} \tag{5-41}$$

由平衡条件 $N_c=A\sigma_{c2}+A'_s\sigma'_{s2}$ 得混凝土的应力为

$$\sigma_{c2}=\left(1-\frac{\alpha_E(1+C_t)A'_s}{\nu A\left(1+\dfrac{\alpha_E}{\nu}\rho'\right)}\right)\frac{N_c}{A}=\left(1-\frac{\alpha_E}{\nu}\rho'C_t\right)\sigma_{c1} \tag{5-42}$$

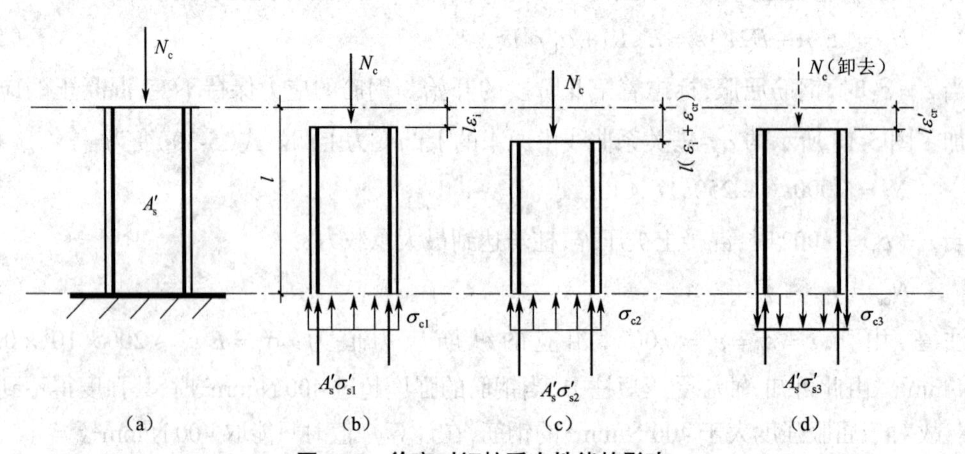

图 5-19 徐变对短柱受力性能的影响

(a)开始加载 (b)持续加载 (c)发生徐变 (d)卸去荷载

将式(5-42)、式(5-41)分别与式(5-37)、式(5-38)进行比较,发现 $\sigma_{c2}<\sigma_{c1}$,$\sigma'_{s2}>\sigma'_{s1}$,即由于混凝土徐变的影响,钢筋的压应力不断增大,混凝土的压应力不断减小,钢筋与混凝土之间产生应力重分布。

当 N_c 作用一段时间后卸去,混凝土中仍有残余应变 ε'_{cr},构件不能恢复到原来的状态(图

5-19(d))。此时,钢筋的压应力为

$$\sigma'_{s3}=E_s\varepsilon'_{cr} \tag{5-43}$$

由平衡条件知此时混凝土受拉,且拉应力为

$$\sigma_{c3}=\sigma'_{s3}\frac{A'_s}{A}=E_s\varepsilon'_{cr}\rho' \tag{5-44}$$

由此可知,将短柱上长期作用的轴向压力 N_c 卸去会在混凝土中产生拉应力,且纵向受力钢筋越多,拉应力越大。严重的会在柱上产生水平裂缝。

图 5-20 给出了荷载长期作用下短柱混凝土和钢筋中的应力随时间的变化情况。从图中可以看出,随着持续荷载时间的增加,一开始应力变化较快,经过一定时间(150 d)后,逐渐趋于稳定。混凝土应力变化幅度较小,而钢筋应力变化幅度较大。若在持续荷载过程中突然卸载,构件会回弹。但由于混凝土的徐变变形的大部分不可恢复,在荷载为零的条件下,钢筋受压,混凝土受拉。如重复加载到原来数值,则钢筋、混凝土的应力仍按原曲线变化。

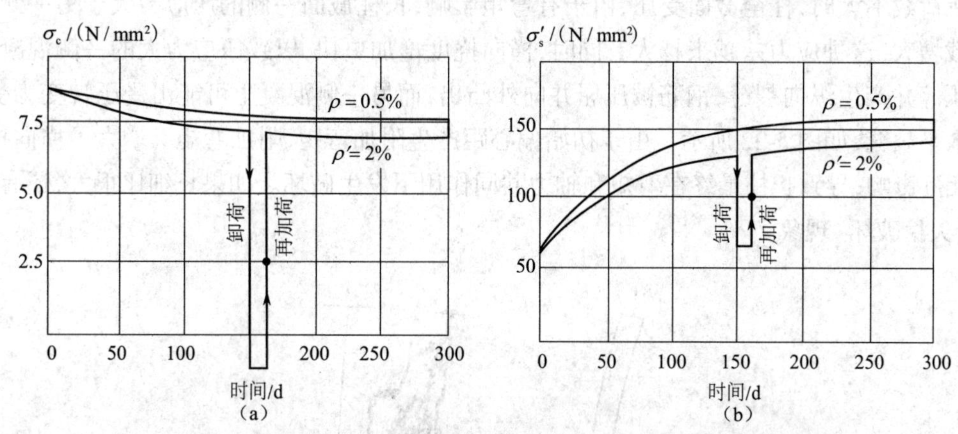

图 5-20　荷载长期作用下短柱混凝土和钢筋中的应力随时间的变化情况

(a)混凝土　(b)钢筋

5.3.3　轴心受压长柱的受力分析

1. 长柱的试验研究

试件的截面尺寸、材料、配筋和加载方式与图 5-15 所示的短柱完全相同。但柱子的长度为 2 000 mm。试验中除了测试混凝土和钢筋的应变外,在柱子中部增设了位移计以测试柱子的横向挠度。图 5-21 给出了实测的荷载 - 横向挠度曲线。长柱最终的破坏荷载为 336.9 kN。图 5-22 给出了柱的破坏形态。由试验结果可知,长柱的承载力小于相同材料、相同配筋和相同截面尺寸的短柱的承载力。致使长柱承载力降低的原因是长柱在轴心压力作用下,不仅发生压缩变形,同时还产生横向挠度,出现弯曲现象。产生弯曲的原因是多方面的:柱子几何尺寸不一定精确,构件材料不均匀,钢筋位置在施工中移动,使截面物理中心与其几何中心偏离;加载作用线与柱轴线并非完全保持重合,等等。

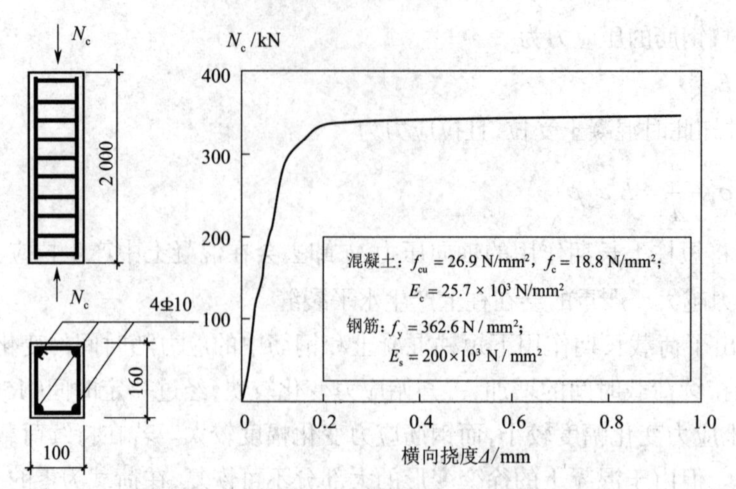

图 5-21　轴心受压长柱的荷载 - 横向挠度曲线

在荷载不大时，柱全截面受压，由于有弯矩影响，长柱截面一侧的压应力大于另一侧。随着荷载增大，这种应力差越来越大。同时，横向挠度增加更快，以致压应力大的一侧混凝土首先被压碎并产生纵向裂缝，钢筋被压屈并向外凸出，而另一侧混凝土可能由受压转变为受拉，出现水平裂缝，如图 5-22 所示。由于初始偏心距产生附加弯矩，附加弯矩又增大了横向挠度，这样相互影响，导致长柱最终在弯矩和轴力共同作用下发生破坏。如果长细比很大，还有可能发生"失稳破坏"现象。

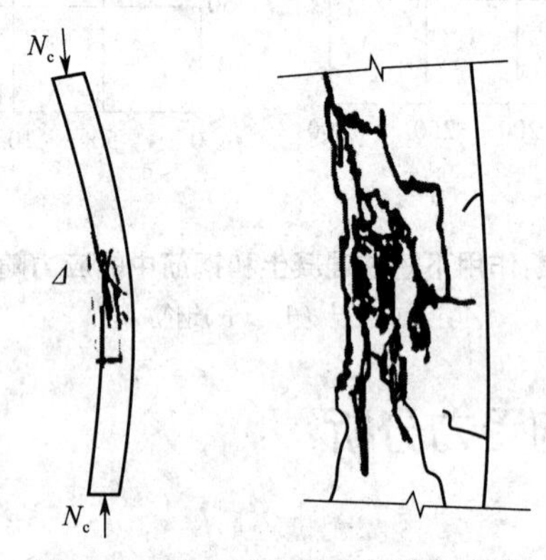

图 5-22　轴心受压长柱的破坏形态

2. 稳定系数

稳定系数 φ 定义为长柱轴心抗压承载力与相同截面、相同材料和相同配筋的短柱轴心抗压承载力的比值。于是，由 φ 值和短柱的轴心抗压承载力便可算出长柱的轴心抗压承载力。

中国建筑科学研究院的试验资料及一些国外的试验数据表明，稳定系数主要和构件的长细比有关。对于矩形截面，长细比定义为 l_0/b，其中，l_0 为柱的计算长度，b 为柱截面的短边尺寸。图 5-23 给出了稳定系数 φ 和长细比之间关系的试验结果。从图 5-23 可以看出，l_0/b 越大，φ 越小。l_0/b <8 时，柱的承载力没有降低，可以取 φ =1.0。对于 l_0/b 相同的柱，由于混凝土强度等级和钢筋的种类以及配筋率不同，φ 值略有不同。经数理统计得到下列经验公式：

$$\varphi = 1.177 - 0.021 l_0/b \quad (l_0/b = 8 \sim 34) \tag{5-45}$$

$$\varphi = 0.87 - 0.012 l_0/b \quad (l_0/b = 35 \sim 50) \tag{5-46}$$

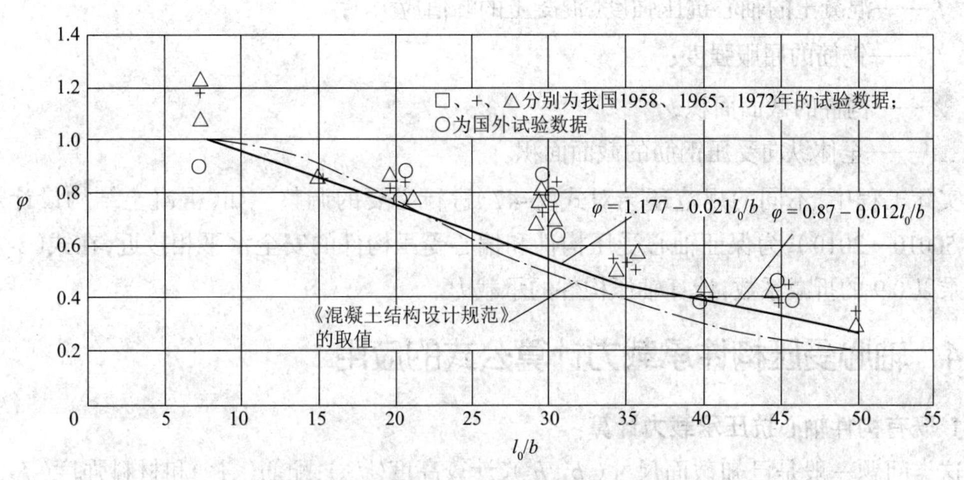

图 5-23　稳定系数 φ 与长细比关系曲线

《混凝土结构设计规范》(GB 50010—2010)中，对于长细比 l_0/b 较大的构件，考虑到荷载初始偏心和荷载长期作用对构件强度的不利影响较大，φ 的取值比经验公式所得的值还要略低一些，以保证安全。对于长细比小的构件，根据以往的经验，φ 的取值又略高些。表 5-2 给出了修正后的 φ 值，可根据构件的长细比，从表中线性内插求得 φ 值。

表 5-2　钢筋混凝土轴心受压构件的稳定系数

l_0/b	≤ 8	10	12	14	16	18	20	22	24	26	28
l_0/d	≤ 7	8.5	10.5	12	14	15.5	17	19	21	22.5	24
l_0/i	≤ 28	35	42	48	55	62	69	76	83	90	97
φ	1.00	0.98	0.95	0.92	0.87	0.81	0.75	0.70	0.65	0.60	0.56
l_0/b	30	32	34	36	38	40	42	44	46	48	50
l_0/d	26	28	29.5	31	33	34.5	36.5	38	40	41.5	43
l_0/i	104	111	118	125	132	139	146	153	160	167	174
φ	0.52	0.48	0.44	0.40	0.36	0.32	0.29	0.26	0.23	0.21	0.19

注：表中 l_0 为构件的计算长度；b 为矩形截面短边尺寸；d 为圆形截面直径；i 为截面最小回转半径，$i=\sqrt{I/A}$，其中，I，A 分别为截面的惯性矩和截面面积。

3. 轴心受压柱的承载力计算公式

当考虑了柱子长细比对承载力的影响后，采用一般中等强度钢筋的轴心受压构件，当混凝土的压应力达到最大值，钢筋压应力达到屈服应力时，即认为构件达到最大承载力。轴心受压柱极限承载力计算公式为

$$N_{cu} = \varphi\left(f_c A + f'_y A'_s\right) \tag{5-47}$$

式中：N_{cu}——轴心受压构件的极限抗压承载力；

φ——稳定系数，可按表 5-2 求得；

f_c——混凝土的轴心抗压强度（混凝土的峰值应力）；

f_y'——钢筋的屈服强度；

A——构件的截面面积；

A_s'——全体纵向受压钢筋的截面面积。

实际工程中，不同的规范还会对式（5-47）进行必要的调整。如《混凝土结构设计规范》（GB 50010—2010），为保证轴心受压构件和偏心受压构件的安全水平相接近，在式（5-47）的右端乘以 0.9 的折减系数，计算轴压构件的承载力。

5.3.4 轴心受压构件承载力计算公式的应用

1. 既有构件轴心抗压承载力计算

这类问题一般是已知截面尺寸（b、h）、计算高度（l_0）、配筋（A_s'）和材料强度（f_c、f_y'），求 N_{cu}。可按下列步骤进行。

（1）由 l_0/b 查表 5-2 求 φ。

（2）验算 $f_y' \leqslant 400\ \text{N/mm}^2$（若混凝土的立方体抗压强度 $f_{cu} > 50\ \text{N/mm}^2$，应根据相应的 ε_0 调整此值，后同）。

（3）若 $A_s'/(bh) \leqslant 3\%$，则 $A = bh$；若 $A_s'/(bh) > 3\%$，则 $A = bh - A_s'$。

（4）由式（5-47）求 N_{cu}。

2. 基于承载力的构件截面设计

这类问题一般是已知截面尺寸（b、h）、计算高度（l_0）、材料强度（f_c、f_y'）及截面所受的轴心压力 N_c，求配筋（A_s'）。为了保证所设计的截面在给定轴心压力作用下不发生破坏，应要求截面的抗压承载力不低于其所受的轴心压力，即 $N_{cu} \geqslant N_c$。因此，可按下列步骤进行设计。

（1）由 l_0/b 查表 5-2，求 φ。

（2）验算 $f_y' \leqslant 400\ \text{N/mm}^2$。

（3）由式 $N_c = N_{cu} = \varphi\left(Af_c + A_s'f_y'\right)$，求 A_s'。

（4）若 $A_s'/(bh) \leqslant 3\%$，则 $A = bh$；若 $A_s'/(bh) > 3\%$，宜取 $A = bh - A_s'$ 重新计算。

（5）验算 $\rho' \geqslant \rho'_{min}$。轴心受压构件中纵向受力钢筋的主要作用之一是防止构件出现脆性破坏。因此，有必要限制纵向受力钢筋的最小配筋率。与受拉钢筋类似，不同规范对轴心受压构件中纵向受力钢筋最小配筋率的取值各不相同。

5.3.5 配有纵筋和螺旋筋的轴心受压柱的受力分析

1. 螺旋筋柱的轴心受压试验研究

采用图 5-15（a）类似的装置可对螺旋筋柱进行轴心受压试验。图 5-24 给出了不同柱在轴

向压力下应变 ε 和轴力 N_c 之间关系的试验曲线(图中,A 为素混凝土柱;B 为普通箍筋混凝土柱;C 为一组不同螺旋筋间距的螺旋筋柱,其中,C_1 的间距最小,C_2 的间距次之,C_3 的间距最大)。试验结果表明,当荷载不大时,螺旋箍筋与普通箍筋柱的受力变形没有多大差别。但随着荷载的不断增大,纵向钢筋应力达到屈服强度时,螺旋筋外的保护层开始剥落,柱的受力混凝土面积有所减小,因而承载力有所下降。但较小的螺旋筋间距足以防止螺旋筋之间纵筋的压屈,所以纵筋仍能继续承担荷载。随着变形的增大,核心部分的混凝土横向膨胀使螺旋筋所受的环向拉力增加。反过来,被张紧的螺旋筋又紧紧地箍住核心混凝土,对它施加径向压力,限制了混凝土横向膨胀,使核心混凝土处于三向受压状态,因而提高了混凝土的抗压强度和变形能力。当荷载增加到使螺旋筋屈服时,螺旋筋对核心混凝土的约束作用开始降低,柱子才开始破坏。所以尽管柱子的保护层剥落,但核心混凝土因受约束强度提高,补偿了失去保护层后柱承载能力的减小,间距合适的螺旋筋柱的极限荷载一般要大于同样截面尺寸的普通箍筋柱,且柱子具有更大的延性。

采用密排的焊接环箍也可以达到同样的效果。

由上可知,横向钢筋采用螺旋筋或焊接环箍,可以使得核心混凝土三向受压而提高其强度,从而间接地提高了柱子的承载能力,这种配筋方式称为间接配筋,故又将螺旋钢筋或焊接环筋称为间接钢筋。

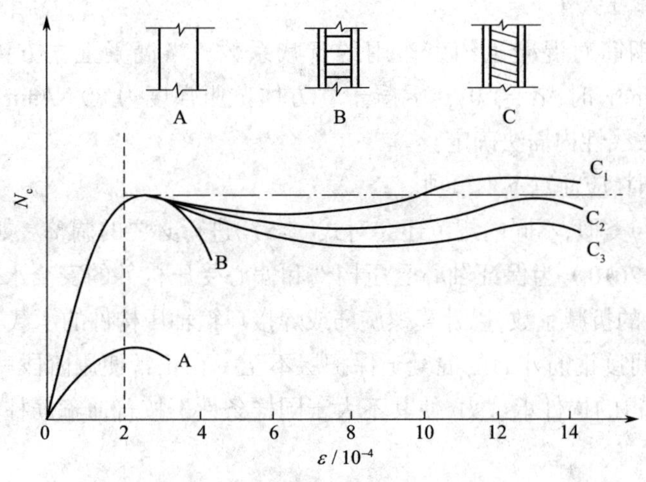

图 5-24　不同轴心受压柱的 N_c-ε 曲线

2. 螺旋筋柱的承载力计算

由第 2 章中的相关内容可知,约束混凝土的轴心抗压强度可近似取为

$$f_{cc}=f_c+4\sigma_r \tag{5-48}$$

式中:f_{cc}——被约束混凝土的轴心抗压强度;

σ_r——柱核心区混凝土受到的径向压应力值。

当螺旋箍筋或焊接环箍屈服时,σ_r 达最大值。根据图 5-25 所示的

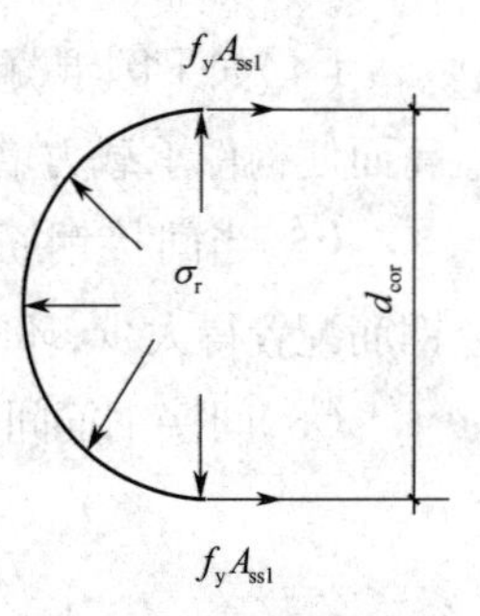

图 5-25　螺旋筋柱中螺旋箍筋的受力

隔离体，由平衡关系得

$$\sigma_{\mathrm{r}}=\frac{2f_{\mathrm{y}}A_{\mathrm{ss1}}}{sd_{\mathrm{cor}}}=\frac{2f_{\mathrm{y}}A_{\mathrm{ss1}}d_{\mathrm{cor}}\pi}{4\dfrac{\pi d_{\mathrm{cor}}^{2}}{4}s}=\frac{f_{\mathrm{y}}A_{\mathrm{ss0}}}{2A_{\mathrm{cor}}} \tag{5-49}$$

式中：A_{ss1}——单根间接钢筋的截面面积；

f_{y}——间接钢筋的抗拉强度；

s——沿构件轴线方向间接钢筋的间距；

d_{cor}——构件的核心直径，一般取 $d_{\mathrm{cor}}=d_{\mathrm{c}}-2c$，$d_{\mathrm{c}}$ 为柱的直径，c 为混凝土保护层厚度；

A_{ss0}——间接钢筋的换算截面面积，$A_{\mathrm{ss0}}=\dfrac{\pi d_{\mathrm{cor}}A_{\mathrm{ss1}}}{s}$；

A_{cor}——构件核心区混凝土截面面积。

根据柱纵向内外力的平衡，得到螺旋筋或环形箍筋柱的承载力计算公式为

$$N_{\mathrm{cu}}=f_{\mathrm{cc}}A_{\mathrm{cor}}+f_{\mathrm{y}}'A_{\mathrm{s}}'=\left(f_{\mathrm{c}}+4\sigma_{\mathrm{r}}\right)A_{\mathrm{cor}}+f_{\mathrm{y}}'A_{\mathrm{s}}'=f_{\mathrm{c}}A_{\mathrm{cor}}+f_{\mathrm{y}}'A_{\mathrm{s}}'+2f_{\mathrm{y}}A_{\mathrm{ss0}} \tag{5-50}$$

与普通箍筋柱的承载能力表达式（5-36）比较可知，式（5-50）中多了第三项，此项为螺旋筋柱承载能力的提高值。国内外高强混凝土约束柱的试验结果表明，当采用高强混凝土时，间接钢筋对受压承载力增大的影响将有所减弱。故引入折减系数 α，于是式（5-50）变为

$$N_{\mathrm{cu}}=f_{\mathrm{c}}A_{\mathrm{cor}}+f_{\mathrm{y}}'A_{\mathrm{s}}'+2\alpha f_{\mathrm{y}}A_{\mathrm{ss0}} \tag{5-51}$$

式中：α——间接钢筋对混凝土约束作用的折减系数。当混凝土立方体抗压强度不超过 50 N/mm^2 时，α =1.0；当混凝土立方体抗压强度为 80 N/mm^2 时，α =0.85；其间 α 值按线性内插法确定。

应用式（5-51）时，应注意下列事项。

（1）与式（5-47）类似，不同的规范还会对式（5-51）进行必要的调整。如《混凝土结构设计规范》（GB 50010—2010），为保证轴心受压构件和偏心受压构件的安全水平相接近，在式（5-51）的右端乘以 0.9 的折减系数，以计算螺旋筋或焊接环箍轴压构件的承载力。

（2）为了保证间接钢筋外面的混凝土保护层不至于在正常使用阶段就过早剥落，一般应控制按式（5-51）算得的构件承载力，使其不大于同样条件下按普通箍筋柱算得的构件承载力的 1.5 倍。

（3）当 $l_0/d>12$ 时，此时因长细比较大，不考虑间接钢筋的有利影响。

（4）如果因混凝土保护层退出工作引起构件承载力降低的幅度大于因核心混凝土强度提高而使构件承载力增加的幅度，不考虑间接钢筋的有利影响。

（5）当间接钢筋的换算截面面积 A_{ss0} 小于纵筋的全部截面面积的 25% 时，可以认为间接钢筋配置得太少，环向约束作用的效果不明显。

（6）间接钢筋间距不应大于 80 mm 及 $d_{\mathrm{cor}}/5$，也不小于 40 mm。

5.4　偏心受压构件

偏心受压是指构件截面所承受压力的作用线与构件截面形心轴线不重合或构件截面同时承受轴向力和弯矩共同作用,偏心受压构件是实际工程中最常见的结构构件之一。例如单层厂房中的排架柱、多层和高层建筑中的框架柱、高层剪力墙结构中的剪力墙、桥梁结构中的桥墩等,均属于偏心受压构件。

偏心受压构件一般采用矩形截面,但为了节约混凝土,提高材料利用率和减轻构件的自重,也可以采用 I 形截面或者 T 形截面;对于一些特殊结构有时也会采用环形截面,例如采用离心法制造的柱、桩及水塔支筒等。I 形及 T 形偏心受压构件,如果翼缘厚度太小,会使受拉翼缘过早出现裂缝,且对于装配式构件在生产过程中易产生碰撞,影响构件的承载力和耐久性。再考虑到翼缘及腹板的稳定,一般翼缘的厚度不宜小于 120 mm,腹板厚度不宜小于 100 mm,对于地震区的结构构件,腹板的厚度还宜再加大些。

偏心受压构件中所采用的材料强度、纵筋及箍筋的布置、间距、搭接等应满足《混凝土结构设计规范》(GB 20010—2010)中的构造要求。

5.4.1　偏心受压柱的破坏形态

1. 偏心受压短柱的破坏

试验研究表明,钢筋混凝土偏心受压短柱的破坏形态有两种:受压破坏和受拉破坏。短柱的破坏形态有三种,如图 5-26 所示。

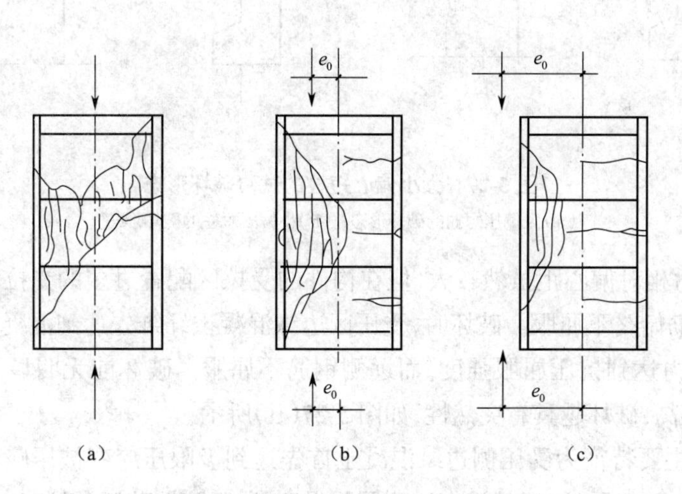

图 5-26　大小偏心短柱的破坏形态

(a)轴压破坏　(b)小偏心受压破坏　(c)大偏心受压破坏

1)受拉破坏

当偏心距较大时,构件可能发生受拉破坏(又称大偏心受压破坏)。此时,靠近轴向压力一侧受压,另一侧受拉。随着荷载的增加,首先在受拉区产生横向裂缝;荷载再增加,受拉区的裂缝不断发展,在破坏前主裂缝逐渐明显,受拉区的应力逐渐达到屈服进入流幅阶段,受拉变形的发展大于受压变形,中和轴上升,混凝土受压区的高度不断减小,最后受压区混凝土边缘纤维达到其极限压应变值,出现纵向裂缝混凝土被压碎,构件即告破坏。

受拉破坏的主要特征为受拉侧钢筋先屈服,然后受压侧混凝土达到极限压应变被压碎,受压侧钢筋也达到其受压屈服强度。这种破坏形态与适筋梁的破坏形态相似,只是存在轴向压力导致受压区面积较大,中和轴偏低,钢筋屈服弯矩接近极限弯矩,但均为延性破坏类型。

2)受压破坏

当偏心距较小时,构件可能发生受压破坏(又称小偏心受压破坏)。受压破坏发生于以下两种情况。

(1)相对偏心距较小时,构件截面全部或大部分受压。一般情况下截面破坏是从靠近轴向力一侧受压边缘处的压应变达到混凝土的极限压应变值开始的。破坏时,受压应力较大的一侧混凝土被压碎,同侧的受压钢筋的应力也达到了抗压屈服强度,而距离轴向力较远一侧的钢筋可能受拉也可能受压,但都不屈服,如图 5-27(a)所示。只有当偏心距较小且轴向力较大时远侧钢筋才有可能屈服。另外,当相对偏心距很小时,由于截面的实际形心和构件的几何中心不重合,若纵向受压钢筋比纵向受拉钢筋多很多,也可能发生距离轴向力作用点较远处一侧混凝土先达到极限压应变被压碎的现象,这种破坏可称为反向破坏。

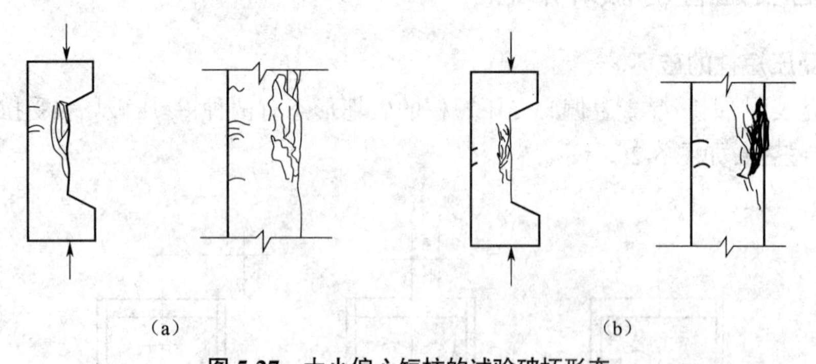

图 5-27　大小偏心短柱的试验破坏形态

(a)大偏压短柱的破坏形态　(b)小偏压短柱的破坏形态

(2)当轴向力相对偏心距虽然较大,但在构件的受拉区配置过多的受拉钢筋时,致使在加载过程中受拉钢筋始终不屈服。破坏时,受压区边缘混凝土纤维先达到混凝土极限压应变值,受压钢筋中的应力达到抗压屈服强度,而远侧钢筋不屈服。破坏前无明显预兆,压碎区段较长,混凝土强度越高,破坏越具有突然性,如图 5-27(b)所示。

受压破坏的主要特征为受压侧边缘混凝土首先达到极限压应变被压碎,距轴向力较远侧钢筋可能会受压也可能受拉,但都没有达到屈服强度,属于脆性破坏类型。

上述两种破坏形态随着偏心距的增大而逐渐过渡,因此在受拉破坏形态和受压破坏形态之间存在着一种界限破坏形态,称为界限破坏。界限破坏形态的主要特征是在受拉侧钢筋中的应力达到屈服的同时,受压侧混凝土也达到其极限压应变被压碎,界限破坏形态也属于受拉破坏形态。

2. 偏心受压长柱的破坏

试验表明,钢筋混凝土柱在承受偏心受压荷载后会产生纵向弯曲。对于长细比较小的柱,即所谓的“短柱”,由于其纵向弯曲较小,对控制截面的影响很小,在构件设计时可以忽略。但对于长细比较大的柱则不同,其产生的纵向弯曲较大,产生的附加弯矩不可忽略,设计时必须考虑。

偏心受压长柱在纵向弯曲的影响下可能发生失稳破坏和材料破坏两种破坏类型。长细比很大时,构件的破坏往往不是由材料破坏引起的,而是由构件纵向弯曲失去平衡引起的,称为失稳破坏。当长细比在一定的范围内时,虽然在承受偏心荷载后,构件的纵向弯曲会使柱的控制截面承受的弯矩增加,致使柱的承载能力比同样截面的短柱减小,但其破坏特征与短柱的破坏特征一样都属于材料破坏,即因截面材料强度耗尽而破坏。

《混凝土结构设计规范》(GB 50010—2010)对长细比较大的偏心受压构件,把初始偏心距乘以一个偏心距增大系数来近似考虑由长柱的纵向弯曲引起的二阶弯矩的影响,此内容将在下一节中会讲到。

5.4.2　*N-M* 曲线

改变偏心距的大小和轴向力的作用方向,通过一系列的试验研究,运用截面的一般分析方法,可以得到一系列对应不同偏心距 e_0 的极限轴向力 N_u 和极限弯矩 M_u($M_u=N_ue_0$),在坐标系中描点作图即可得到柱的轴力 - 弯矩包络图,还可以得到混凝土和钢筋应力随截面弯矩的变化情况及受压区高度随截面弯矩的变化情况,如图 5-28 所示。

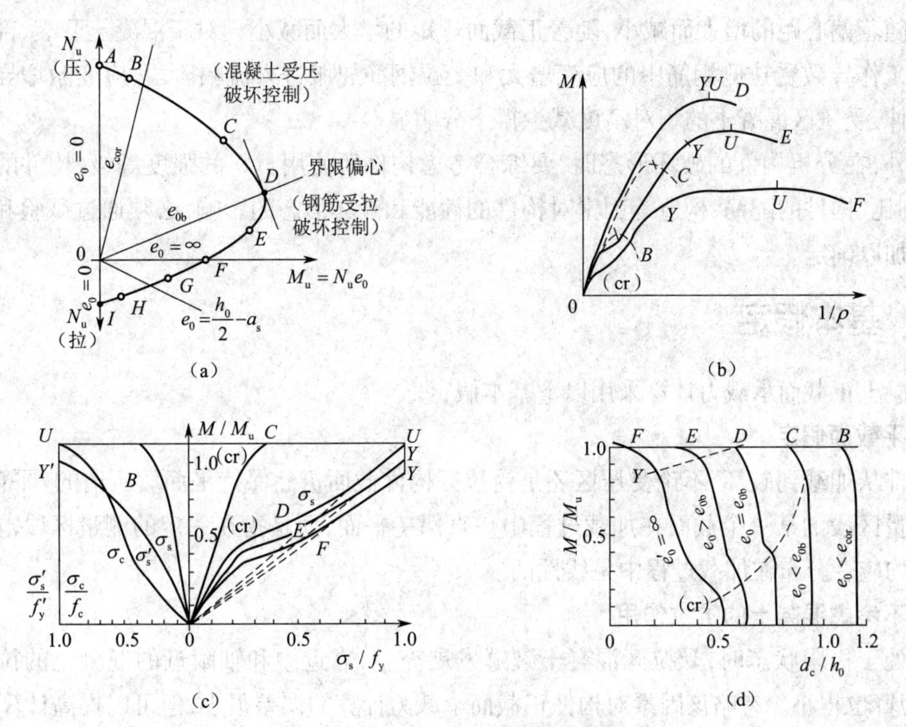

图 5-28　不同偏心距的极限承载力

(a)轴力 - 弯矩包络图　(b)弯矩 - 曲率曲线　(c)钢筋和混凝土的应力　(d)相对受压区高度变化

由图 5-28(a)可知,第一象限曲线的 AD 段为小偏心受压破坏,以混凝土受压破坏控制,截面压力的存在会降低正截面的极限抗弯承载力,随着轴力的逐渐增加,构件正截面的极限抗弯承载力逐渐减小;此外还可以看出,弯矩的存在同样会使正截面的极限轴力降低,随着弯矩逐渐增大,构件正截面的极限轴力逐渐减小。曲线的 DF 段为大偏心受压破坏,以受拉侧钢筋先屈服为特征,截面轴力的存在对构件正截面的极限抗弯承载力是有利的,随着轴向力逐渐增加,截面的极限抗弯承载力也逐渐增加,轴力为零时,构件正截面的极限弯矩最小。曲线上的 D 点为区别大小偏压的特征点,在此处,构件的正截面受弯承载力达到最大值。

在图 5-28(a)中,第四象限为偏心受拉的情况。当偏心距 $e_0 < \frac{h_0}{2} - a_s$ 时,即偏心力作用在受拉钢筋和受压钢筋之间时,截面全部受拉,破坏时裂缝贯通全截面,根据基本假定忽略混凝土的受拉作用,拉力全部由钢筋承担,称为小偏心受拉;当偏心距 $e_0 > \frac{h_0}{2} - a_s$ 时,截面部分受拉、部分受压,构件破坏始于受拉侧钢筋屈服,受压侧混凝土达到极限压应变被压碎,称为大偏心受拉。此外,由于拉力的存在,构件截面的抗弯承载力有所降低。

构件正截面弯矩 - 曲率的变化如图 5-28(b)所示。弯矩 - 曲率的变化曲线与素混凝土的应力 - 应变曲线相似:上升段的斜率逐渐减小,受拉区混凝土开裂时导致受拉钢筋中的应变激增,截面的曲率没有明显的突变;在峰值过后,曲线下降,延性差。截面远离轴压力的一侧钢筋,可能受压,也可能受拉,但都没有达到屈服。

图 5-28(d)为不同的偏心距条件下相对受压区高度的变化情况。可以看出,构件的受压区高度随着偏心距的增大而减小,随着正截面弯矩的增大而减小。对于混凝土开裂、部分混凝土退出工作导致受拉侧钢筋中的应变增大和受拉钢筋屈服进入流幅阶段、应变激增导致裂缝迅速延伸,受压区混凝土的相对高度减少得十分明显。

此外,在分析构件的破坏形态时,要综合考虑构件所使用材料的强度等级、构件的截面形状、长细比、构件的配筋、构造等因素对构件的性能和破坏形态的影响,必须通过试验和具体分析研究加以确定。

5.4.3 基本假定

混凝土正截面承载力计算采用以下基本假定。

1. 平截面假定

构件从加载到破坏,不论受压区还是受拉区构件截面仍然保持平面。所谓的“平截面”不是指测量区段的某一个截面在加载过程中一直保持平面,而是指在一定的测量区段范围内的截面平均应变分布在加载过程中是线性的。

2. 不考虑混凝土的抗拉作用

当处于极限状态时,受拉区混凝土裂缝发展充分,靠近中和轴附近的混凝土的拉应力很小,内力臂也很小。忽略该因素对构件正截面承载力计算的误差很小,但可以提高计算效率。

3. 混凝土的应力 - 应变关系已知

由于混凝土组成的不均匀性和其他因素,混凝土的应力 - 应变本构关系有很多,可以采用

《混凝土结构设计规范》(GB 50010—2010)中的规定:

当 $\varepsilon_c \leqslant \varepsilon_0$ 时

$$\sigma_c = f_c\left[1-\left(1-\frac{\varepsilon_c}{\varepsilon_0}\right)^n\right] \tag{5-52}$$

当 $\varepsilon_0 < \varepsilon_c \leqslant \varepsilon_{cu}$ 时

$$\sigma_c = f_c \tag{5-53}$$

$$n = 2-\frac{1}{60}\left(f_{ck,u}-50\right) \tag{5-54}$$

$$\varepsilon_0 = 0.002+0.5\left(f_{cu,k}-50\right)\times 10^{-5} \tag{5-55}$$

$$\varepsilon_{cu} = 0.003\,3-\left(f_{cu,k}-50\right)\times 10^{-5} \tag{5-56}$$

式中:σ_c——混凝土压应变为 ε_c 时的混凝土压应力;

f_c——混凝土轴心抗压强度设计值;

ε_0——混凝土压应力达到f_c时的混凝土压应变,当计算的 $\varepsilon_0 \leqslant 0.002$ 时,取 $\varepsilon_0 = 0.002$;

ε_{cu}——正截面的混凝土极限压应变,当处于非均匀受压且按公式计算的值大于 0.003 3 时,取为 0.003 3,当处于轴心受压时取为 ε_0;

$f_{cu,k}$——混凝土立方体抗压强度标准值;

n——系数,当计算的 n 值大于 2.0 时,取为 2.0。

也可采用 Hognestad 建议的应力 - 应变关系曲线、Rusch 建议的应力 - 应变关系曲线和其他研究者所建议的混凝土的本构关系。

1)Hognestad 建议的应力 - 应变关系曲线

当 $\varepsilon_c \leqslant \varepsilon_0$ 时

$$\sigma_c = f_c'\left[\frac{2\varepsilon_c}{\varepsilon_0}-\left(\frac{\varepsilon_c}{\varepsilon_0}\right)^2\right] \tag{5-57}$$

当 $\varepsilon_0 < \varepsilon_c \leqslant \varepsilon_{cu}$ 时

$$\sigma_c = f_c'\left(\frac{\varepsilon_{cu}-0.85\varepsilon_0-0.15\varepsilon_c}{\varepsilon_{cu}-\varepsilon_0}\right) \tag{5-58}$$

式中:$\varepsilon_0 = 0.002$,$\varepsilon_{cu} = 0.003\,8$。

2)Rusch 建议的应力 - 应变关系曲线

当 $\varepsilon_c \leqslant \varepsilon_0$ 时

$$\sigma_c = f_c'\left[\frac{2\varepsilon_c}{\varepsilon_0}-\left(\frac{\varepsilon_c}{\varepsilon_0}\right)^2\right] \tag{5-59}$$

当 $\varepsilon_0 < \varepsilon_c \leqslant \varepsilon_{cu}$ 时

$$\sigma_c = f_c' \tag{5-60}$$

式中:$\varepsilon_0 = 0.002$,$\varepsilon_{cu} = 0.003\,5$。

4. 纵向受拉钢筋的极限拉应变取为 0.01

对于有明显屈服点的钢筋，该假设条件下钢筋已经达到屈服，进入流幅阶段；对于没有明显屈服点的钢筋，以条件屈服强度作为设计依据，《混凝土结构设计规范》（GB 50010—2010）将条件屈服强度统一取为钢筋抗拉强度的 0.85。该假设条件限制了钢筋的强化程度，保证了结构破坏时具有必要的延性。

5. 纵向钢筋的应力取钢筋应变与其弹性模量的乘积

其值应符合下列要求：

$$-f'_y \leqslant \sigma_{si} \leqslant f_y \tag{5-61}$$

$$\sigma_{p0i} - f'_{py} \leqslant \sigma_{pi} \leqslant f_{py} \tag{5-62}$$

式中：σ_{si}，σ_{pi}——第 i 层纵向普通钢筋、预应力筋的应力，正值代表拉应力，负值代表压应力；

f_y，f_{py}——普通钢筋、预应力筋抗拉强度设计值；

f'_y，f'_{py}——普通钢筋、预应力筋抗压强度设计值；

σ_{p0i}——第 i 层纵向预应力筋截面重心处混凝土法向应力等于零时的预应力筋应力。

5.4.4 承载力计算

5.4.4.1 基本公式

1. 变形条件

在轴力和弯矩的共同作用下，构件截面的应变和应力分布如图 5-29 所示。根据正截面承载力计算的平截面假定和应变的分布情况，极限状态时截面的曲率为

$$\phi = \frac{\varepsilon_{cu}}{x_u} = \frac{\varepsilon_s}{h_0 - x_u} = \frac{\varepsilon_{cu} + \varepsilon_s}{h_0} \tag{5-63}$$

式中：x_u——极限状态时截面的受压区高度；

ε_s——极限状态时钢筋的拉应变；

ε_{cu}——极限状态时受压区边缘混凝土纤维的应变。

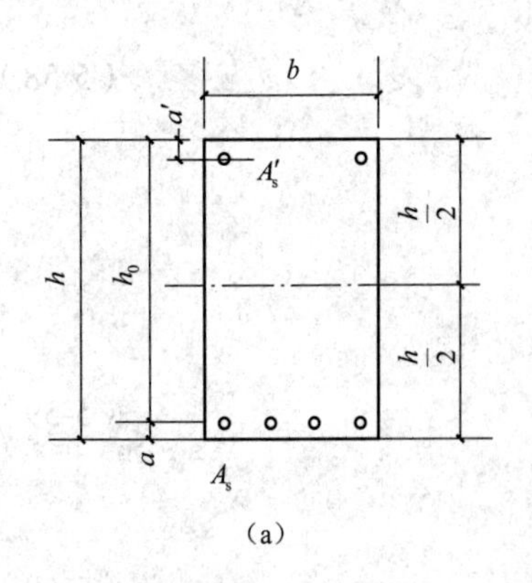

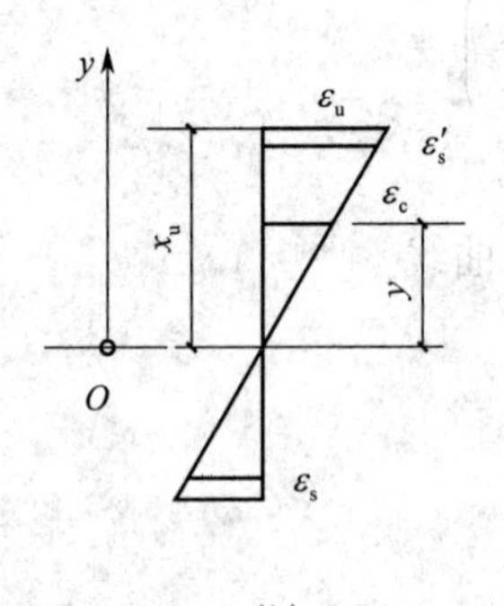

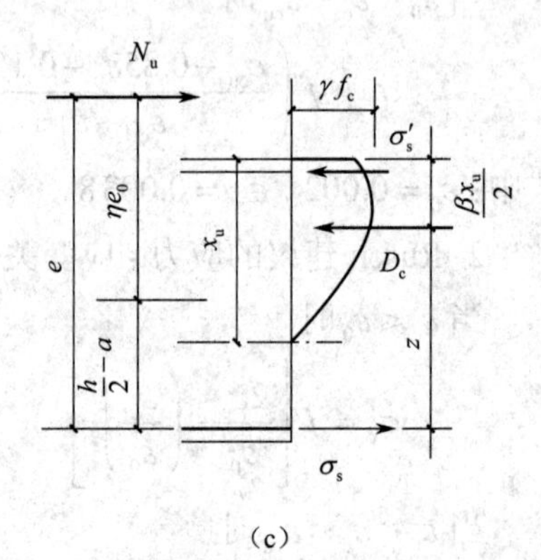

图 5-29 极限状态截面的应力图

（a）截面 （b）截面应变 （c）应力

任意纤维处混凝土的应变为 ε_c，则

$$\varepsilon_c = \phi y = \frac{\varepsilon_{cu}}{x_u} y \tag{5-64}$$

式中：y——截面距离中和轴的距离。

2. 物理方程

将混凝土的应变值代入已知混凝土的应力 - 应变关系，可得受压区混凝土任意截面处的应力为

$$\sigma_c = \sigma_c(\varepsilon_c) = \sigma_c\left(\frac{\varepsilon_{cu}}{x_u} y\right) \tag{5-65}$$

将受拉钢筋的应变值代入钢筋的应力 - 应变关系，可得受拉钢筋的应力为

$$\sigma_s = \sigma_s(\varepsilon_s) \tag{5-66}$$

同理可得受压钢筋的应力为

$$\sigma'_s = \sigma'_s(\varepsilon'_s) \tag{5-67}$$

3. 平衡方程

由静力平衡条件可得

$$\sum N = 0$$

$$N = \int_0^{x_u} \sigma_c(\varepsilon_c) b(y) \mathrm{d}y + A'_s \sigma'_s - A_s \sigma_s \tag{5-68}$$

对受拉侧钢筋合力作用点取矩，则

$$\sum M = 0$$

$$Ne = \int_0^{x_u} \sigma_c(\varepsilon_c) b(y)(h_0 - x_u + y) \mathrm{d}y + A'_s \sigma'_s (h_0 - a'_s) \tag{5-69}$$

式中：N——轴向力设计值；

e——轴向力作用点至受拉钢筋 A_s 合力点之间的距离；

h_0——截面的有效高度；

a_s，a'_s——最外侧受拉钢筋合力作用点、受压钢筋合力作用点至截面边缘纤维处的距离；

A_s，A'_s——受拉钢筋、受压钢筋的截面面积；

σ_s，σ'_s——受拉钢筋、受压钢筋中的应力。

以上公式可以用于比较规则构件简单受力工况下的截面设计，但需要通过数值迭代的方法进行计算，必须借助计算机来求解，计算烦琐复杂；为提高计算效率、方便工程设计，可以采用简化的方法进行计算，也能获得不错的精度。

对于不规则截面的钢筋混凝土构件，圆形、环形截面的构件等，可以按下述方法计算其正截面承载力。

（1）将截面划分为有限多个混凝土单元、纵向钢筋单元和预应力筋单元，并近似取单元内应变和应力为均匀分布，其合力点在单元中心处，如图 5-30 所示。

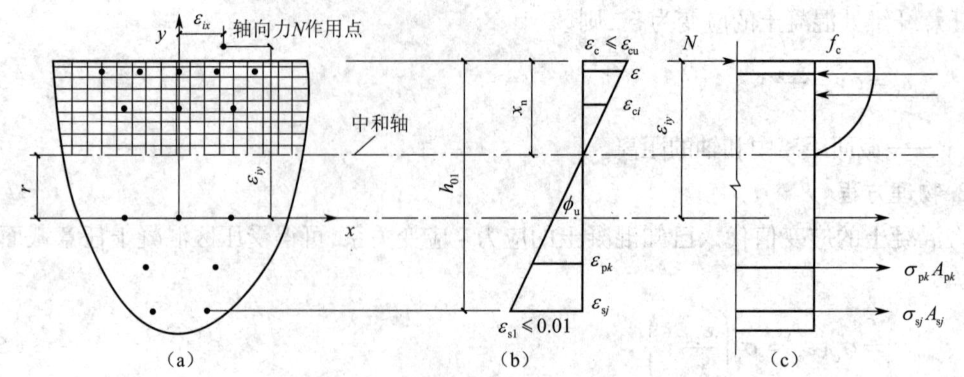

图 5-30 任意截面构件正截面承载力计算

(a)截面、配筋及单元划分 (b)应变分布 (c)应力分布

(2)各单元的应变应满足截面的平截面假定,由下列公式确定:

$$\varepsilon_{ci}=\phi_u\left[\left(x_{ci}\sin\theta+y_{ci}\cos\theta\right)-r\right] \tag{5-70}$$

$$\varepsilon_{sj}=-\phi_u\left[\left(x_{sj}\sin\theta+y_{sj}\cos\theta\right)-r\right] \tag{5-71}$$

$$\varepsilon_{pk}=-\phi_u\left[\left(x_{pk}\sin\theta+y_{pk}\cos\theta\right)-r\right]+\varepsilon_{p0k} \tag{5-72}$$

(3)截面达到承载能力极限状态时的极限曲率 ϕ_u 应按两种情况确定。

①当截面受压区外边缘的混凝土压应变 ε_c 达到混凝土极限压应变 ε_{cu} 且受拉区最外排钢筋的应变 ε_{s1} 小于 0.01 时,应按下列公式计算:

$$\phi_u=\frac{\varepsilon_{cu}}{x_n} \tag{5-73}$$

②当截面受拉区最外排钢筋的应变 ε_{s1} 达到 0.01 且受压区外边缘的混凝土压应变 ε_c 小于混凝土极限压应变 ε_{cu} 时,应按下列公式计算:

$$\phi_u=\frac{0.01}{h_{01}-x_n} \tag{5-74}$$

(4)混凝土单元的压应力和普通钢筋单元、预应力筋单元的应力按照基本假定中的材料应力 - 应变关系确定。

根据静力平衡条件,构件正截面承载力应按下列公式计算:

$$N\leqslant\sum_{i=1}^{l}\sigma_{ci}A_{ci}-\sum_{j=1}^{m}\sigma_{sj}A_{sj}-\sum_{k=1}^{n}\sigma_{pk}A_{pk} \tag{5-75}$$

$$M_x\leqslant\sum_{i=1}^{l}\sigma_{ci}A_{ci}x_{ci}-\sum_{j=1}^{m}\sigma_{sj}A_{sj}x_{sj}-\sum_{k=1}^{n}\sigma_{pk}A_{pk}x_{pk} \tag{5-76}$$

$$M_y\leqslant\sum_{i=1}^{l}\sigma_{ci}A_{ci}y_{ci}-\sum_{j=1}^{m}\sigma_{sj}A_{sj}y_{sj}-\sum_{k=1}^{n}\sigma_{pk}A_{pk}y_{pk} \tag{5-77}$$

式中:N——轴向力设计值,当为压力时取正值,当为拉力时取负值;

M_x, M_y——偏心受力构件截面 x 轴、y 轴方向的弯矩设计值,当为偏心受压时,应考虑附加偏心距引起的附加弯矩,轴向压力作用在 x 轴的上侧时 M_y 取正值,轴

向压力作用在 y 轴的右侧时 M_x 取正值，当为偏心受拉时，不考虑附加偏心的影响；

ε_{ci}，σ_{ci}——第 i 个混凝土单元的应变、应力，受压时取正值，受拉时取应力 $\sigma_{ci}=0$，序号 i 为 $1,2,\cdots,l$，此处，l 为混凝土单元数；

A_{ci}——第 i 个混凝土单元面积；

x_{ci}，y_{ci}——第 i 个混凝土单元重心到 y 轴、x 轴的距离，x_{ci} 在 y 轴右侧及 y_{ci} 在 x 轴上侧时取正值；

ε_{sj}，σ_{sj}——第 j 个普通钢筋单元的应变、应力，受拉时取正值，应力 σ_{sj} 应满足条件 $-f'_y \leqslant \sigma_{sj} \leqslant f_y$，序号 j 为 $1,2,\cdots,m$，此处，m 为钢筋单元数；

A_{sj}——第 j 个普通钢筋单元面积；

x_{sj}，y_{sj}——第 j 个普通钢筋单元重心到 y 轴、x 轴的距离，x_{sj} 在 y 轴右侧及 y_{sj} 在 x 轴上侧时取正值；

ε_{pk}，σ_{pk}——第 k 个预应力筋单元的应变、应力，受拉时取正值，应力 σ_{pk} 应满足 $\sigma_{p0k}-f'_{py} \leqslant \sigma_p \leqslant f_{py}$，序号 k 为 $1,2,\cdots,n$，此处，n 为预应力筋单元数；

ε_{p0k}——第 k 个预应力筋单元在该单元重心处混凝土法向应力等于零时的应变，受拉时为正；

A_{pk}——第 k 个预应力筋单元面积；

x_{pk}，y_{pk}——第 k 个预应力筋单元重心到 y 轴、x 轴的距离，x_{pk} 在 y 轴右侧及 y_{pk} 在 x 轴上侧时取正值；

x,y——以截面重心为原点的直角坐标系的两个坐标轴；

r——截面重心至中和轴的距离；

h_{01}——截面受压区外边缘至受拉区最外排普通钢筋之间垂直于中和轴的距离；

θ——x 轴与中和轴的夹角，顺时针方向取正值；

x_n——中和轴至受压区最外侧边缘的距离。

该方法一般适用于构件截面尺寸、配筋已知情况下截面承载力的复合计算，既适用于单轴的轴压、偏压、受弯等工况，也可以用于双向受弯、双向偏压等复杂工况，但仍需要通过数值迭代的方法进行求解。

5.4.4.2　等效应力图形

构件在极限状态时，截面的受压区混凝土的压应力分布是曲线图形，按照平衡方程求解时，需用积分的方法求出受压区混凝土的合力及其作用点的位置，计算比较烦琐且复杂。在 20 世纪 40 年代就有研究者提出采用等效的矩形应力图形（图 5-31）来代替受压区混凝土的应力分布图形，不仅简化了计算，而且计算精度也满足工程实际要求。

对于矩形截面的钢筋混凝土构件，受压区混凝土任意截面处的应力为

$$\sigma_c=\sigma_c(\varepsilon_c)=\sigma_c\left(\frac{\varepsilon_{cu}}{x_u}y\right) \tag{5-78}$$

受压区混凝土压应力的合力为

$$N_{\mathrm{c}}=\int_{0}^{x_{\mathrm{u}}}\sigma_{\mathrm{c}}(\varepsilon_{\mathrm{c}})b\mathrm{d}y=\int_{0}^{x_{\mathrm{u}}}\sigma_{\mathrm{c}}\left(\frac{\varepsilon_{\mathrm{cu}}}{x_{\mathrm{u}}}y\right)b\mathrm{d}y \tag{5-79}$$

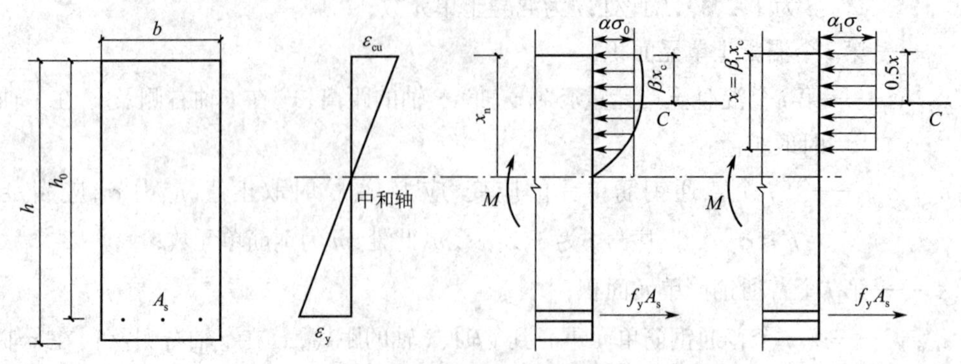

图 5-31　等效矩形应力图形

混凝土压应力合力的作用点到受压区混凝土边缘纤维处的距离为

$$y_{\mathrm{c}}=\frac{\int_{0}^{x_{\mathrm{u}}}\sigma_{\mathrm{c}}\left(\frac{\varepsilon_{\mathrm{cu}}}{x_{\mathrm{u}}}y\right)b(x_{\mathrm{u}}-y)\mathrm{d}y}{N_{\mathrm{c}}} \tag{5-80}$$

等效应力图形的等效原则为:

(1)受压区混凝土压应力合力的大小相同;

(2)受压区混凝土压应力合力的作用点的位置不变。

不妨设等效矩形应力图形的受压区高度为 $\beta_1 x_{\mathrm{u}}$，均匀压应力为 $\alpha_1\sigma_{\mathrm{c}}$。根据受压区混凝土压应力合力的大小相同可得

$$N_{\mathrm{c}}=b\beta_1 x_{\mathrm{u}}\alpha_1\sigma_{\mathrm{c}} \tag{5-81}$$

$$\alpha_1=\frac{N_{\mathrm{c}}}{b\beta_1 x_{\mathrm{u}}\sigma_{\mathrm{c}}} \tag{5-82}$$

受压区混凝土压应力合力的作用点的位置不变:

$$\beta_1=\frac{2\int_{0}^{x_{\mathrm{u}}}\sigma_{\mathrm{c}}\left(\frac{\varepsilon_{\mathrm{cu}}}{x_{\mathrm{u}}}y\right)b(x_{\mathrm{u}}-y)\mathrm{d}y}{N_{\mathrm{c}}x_{\mathrm{u}}} \tag{5-83}$$

式(5-82)、式(5-83)中 α_1、β_1 称为曲线压应力图形的特征系数，其数值的大小取决于混凝土的应力 - 应变曲线形状和极限应变 x_{u} 的值，还与构件的截面形状、配筋率等因素有关。国内外的混凝土结构设计规范均采用了等效矩形应力图形的简化计算方法，但曲线的特征系数取值略有不同，但都大同小异。

我国的《混凝土结构设计规范》(GB 50010—2010)中的取值如下：当混凝土强度等级不超过 C50 时，取 $\beta_1=0.8$；当混凝土强度等级为 C80 时，取 $\beta_1=0.74$；其间按线性内插法确定。矩形应力图的应力值由混凝土轴心抗压强度设计值 f_{c} 乘以系数 α_1 确定，当混凝土强度等级不超过 C50 时，取 $\alpha_1=1.0$；当混凝土强度等级为 C80 时，取 $\alpha_1=0.94$；其间按线性内插法确定。

美国规范 ACI 318M-08 的取值为：$\sigma_c = 0.85 f_c'$。当 $f_c' \leqslant 28\ \text{N/mm}^2$ 时，取 $\alpha_1 = 1.0$，$\beta_1 = 0.85$；当 $f_c' > 28\ \text{N/mm}^2$，取 $\beta_1 = 0.85 - (f_c' - 28) \times \dfrac{0.05}{70}$。其中，$f_c'$ 为圆柱体抗压强度，单位是 N/mm²，按照 150 mm × 300 mm 的圆柱体抗压强度标准值确定。

欧洲规范 EN 1992：2004，$\sigma_c = \alpha f_{cd} = \alpha \alpha_{cc} f_{ck} / \gamma_c$。当 $f_{ck} \leqslant 50\ \text{N/mm}^2$ 时，取 $\alpha_1 = 1.0$，$\beta_1 = 0.8$；当 $50\ \text{N/mm}^2 < f_{ck} \leqslant 90\ \text{N/mm}^2$ 时，取 $\alpha_1 = 1.25 - \dfrac{f_{ck}}{200}$，$\beta_1 = 0.925 - \dfrac{f_{ck}}{400}$。其中，$f_{ck}$ 为圆柱体抗压强度，单位为 N/mm²，按照 150 mm × 300 mm 的圆柱体抗压强度标准值确定；γ_c 为混凝土材料的分项系数，取为 1.5。

5.4.4.3　界限相对受压区高度

界限破坏的特征为在受拉侧钢筋中应力达到屈服的同时，受压侧混凝土也达到其极限压应变被压碎。在此极限状态下混凝土受压区高度与截面的有效高度之比称为界限相对受压区高度，它不仅是受拉破坏和受压破坏的分界，即区分大、小偏心受压破坏形态的界限，也是判断受弯构件是否超筋的依据。

对于界限破坏的构件，应变分布如图 5-32 所示。此时界限相对受压区高度为 ξ_b：

$$\xi_b = \frac{x_b}{h_0} \tag{5-84}$$

$$x_b = \beta x_{ub} \tag{5-85}$$

由平截面假定可得

$$\frac{x_{ub}}{h_0} = \frac{\varepsilon_{cu}}{\varepsilon_{cu} + \varepsilon_y} \tag{5-86}$$

联立上式可得

$$\xi_b = \frac{x_b}{h_0} = \frac{\beta_1 \varepsilon_{cu}}{\varepsilon_{cu} + \varepsilon_y} \tag{5-87}$$

式中：ξ_b——界限相对受压区高度；

x_b——等效矩形受压区高度；

h_0——截面有效高度，纵向受拉钢筋合力点至截面受压边缘的距离。

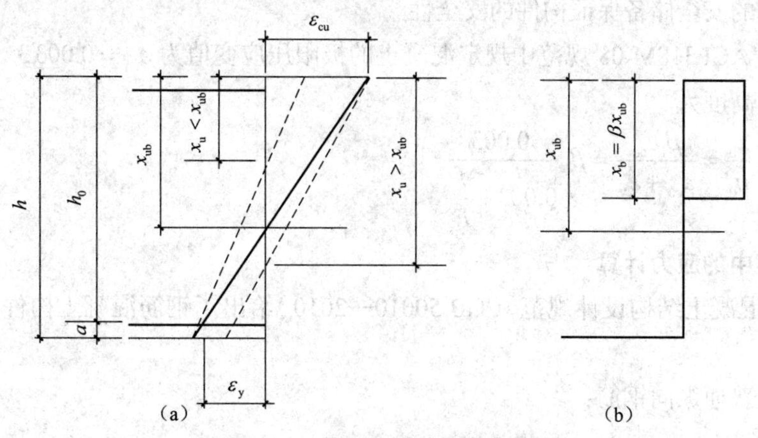

图 5-32　界限相对受压区高度

（a）中和轴位置　（b）等效矩形图

式中的混凝土极限压应变 ε_{cu} 和曲线压应力图形的特征系数 β 按照我国《混凝土结构设计规范》(GB 50010—2010)中的规定值取用。

对于有明显屈服点的钢筋，$\varepsilon_y = \dfrac{f_y}{E_s}$，代入上述公式可得界限相对受压区高度为

$$\xi_b = \frac{\beta_1 \varepsilon_{cu}}{\varepsilon_{cu} + \varepsilon_y} = \frac{\beta_1 \varepsilon_{cu}}{\varepsilon_{cu} + f_y / E_s} = \frac{\beta_1}{1 + \dfrac{f_y}{E_s \varepsilon_{cu}}} \tag{5-88}$$

将 $\varepsilon_{cu} = 0.003\,3$，$\beta_1 = 0.8$ 代入即可得

$$\xi_b = \frac{\beta_1 \varepsilon_{cu}}{\varepsilon_{cu} + \dfrac{f_y}{E_s}} = \frac{0.002\,64}{0.003\,3 + \dfrac{f_y}{E_s}} \tag{5-89}$$

对于无明显屈服点的钢筋，将按条件屈服时的应变 $\varepsilon_y = 0.002 + \dfrac{f_y}{E_s}$ 代入可得

$$\xi_b = \frac{x_b}{h_0} = \frac{\beta_1 \varepsilon_{cu}}{\varepsilon_{cu} + \varepsilon_y} = \frac{\beta_1}{1 + \dfrac{0.002}{\varepsilon_{cu}} + \dfrac{f_y}{E_s \varepsilon_{cu}}} \tag{5-90}$$

将 $\varepsilon_{cu} = 0.003\,3$，$\beta_1 = 0.8$ 代入即可得

$$\xi_b = \frac{\beta_1 \varepsilon_{cu}}{\varepsilon_{cu} + \varepsilon_y} = \frac{0.002\,64}{0.005\,3 + \dfrac{f_y}{E_s}} \tag{5-91}$$

式中：E_s——钢筋弹性模量；

ε_{cu}——混凝土极限压应变；

ε_y——钢筋屈服时的应变，对于无明显屈服点的钢筋，取条件屈服时的应变值；

β_1——曲线压应力图形的特征系数，按照《混凝土结构设计规范》(GB 50010—2010)取用。

美国 ACI 318M-08 规范和欧洲规范 EN 1992：2004 中界限相对受压区高度的计算方法大同小异，不同点是混凝土的极限压应变 ε_{cu} 和曲线压应力图形的特征系数 β_1 的取值稍有差别，一般留有较大的安全储备保证构件的安全性。

例如美国 ACI 318M-08 规范中规定混凝土的极限压应变值为 $\varepsilon_{cu} = 0.003\,3$，则界限破坏时的相对受压区高度为

$$\xi_b = \frac{x_b}{h_0} = \frac{\beta_1 \varepsilon_{cu}}{\varepsilon_{cu} + \varepsilon_y} = \beta_1 \frac{0.003}{0.003 + \dfrac{f_y}{E_s}} \tag{5-92}$$

5.4.4.4 钢筋中的应力计算

我国的《混凝土结构设计规范》(GB 50010—2010)给出了钢筋混凝土构件中钢筋的应力计算公式。

构件中的普通纵向钢筋：

$$\sigma_{si}=E_{s}\varepsilon_{cu}\left(\frac{\beta_{1}h_{0i}}{x}-1\right) \tag{5-93}$$

构件中的预应力钢筋：

$$\sigma_{pi}=E_{s}\varepsilon_{cu}\left(\frac{\beta_{1}h_{0i}}{x}-1\right)+\sigma_{p0i} \tag{5-94}$$

计算的纵向钢筋应力要符合 5.2.2.3 节中基本假定 5 的规定，当计算的拉应力 σ_{si} 大于屈服强度 f_y 时，取 $\sigma_{si}=f_y$；当计算的压应力 σ_{si} 大于屈服强度 f_y' 时，取 $\sigma_{si}=f_y'$。f_y 和 f_y' 分别为受拉和受压纵向钢筋的强度设计值。纵向钢筋中的应力也可以按照简化公式近似计算。

构件中的普通纵向钢筋：

$$\sigma_{si}=\frac{f_{y}}{\xi_{b}-\beta_{1}}\left(\frac{x}{h_{0i}}-\beta_{1}\right) \tag{5-95}$$

构件中的预应力钢筋：

$$\sigma_{pi}=\frac{f_{py}-\sigma_{p0i}}{\xi_{b}-\beta_{1}}\left(\frac{x}{h_{0i}}-\beta_{1}\right)+\sigma_{p0i} \tag{5-96}$$

式中：h_{0i}——第 i 层纵向钢筋截面重心至截面受压边缘的距离；

x——等效矩形应力图形的混凝土受压区高度；

σ_{si}，σ_{pi}——第 i 层纵向普通钢筋、预应力筋的应力，正值代表拉应力，负值代表压应力；

σ_{p0i}——第 i 层纵向预应力筋截面重心处混凝土法向应力等于零时的预应力筋应力。

5.4.5　简化计算方法

采用等效矩形应力图形来代替受压区混凝土的应力分布图形的简化计算方法（图 5-33），根据静力平衡条件，矩形截面偏心受压构件在承载能力极限状态的计算公式为

$$\sum X=0\quad N_{u}=\alpha_{1}f_{c}bx+A_{s}'\sigma_{s}'-A_{s}\sigma_{s} \tag{5-97}$$

$$\sum M=0\quad N_{u}e=\alpha_{1}f_{c}bx\left(h_{0}-\frac{x}{2}\right)+A_{s}'\sigma_{s}'\left(h_{0}-a_{s}'\right) \tag{5-98}$$

$$e=e_{i}+\frac{h}{2}-a_{s} \tag{5-99}$$

$$e_{i}=e_{0}+e_{a} \tag{5-100}$$

式中：e——轴向压力作用点至纵向受拉普通钢筋和受拉预应力筋的合力点的距离；

e_i——初始偏心距；

e_0——轴向压力对截面重心的偏心距；

e_a——附加偏心距，其值应取 20 mm 和偏心方向截面最大尺寸的 1/30 两者中的较大值；

a_s，a_s'——纵向受拉、受压普通钢筋的合力点至截面近边缘的距离。

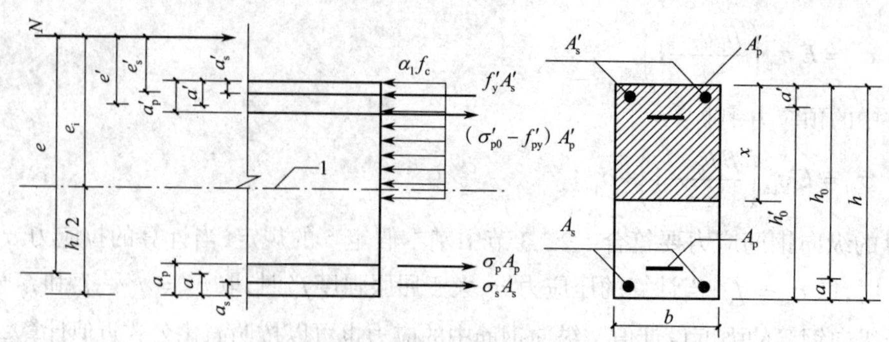

图 5-33 矩形截面正截面受压承载力计算

对于大偏心受压破坏($x \leqslant x_b$ 或 $\xi \leqslant \xi_b$),以受拉钢筋屈服为控制条件,受压侧混凝土达到抗压强度,极限压应变值为 ε_{cu}。根据平截面假定,受压侧钢筋中的应力为

$$\sigma'_s = E_s\varepsilon'_s = E_s\varepsilon_{cu}\left(1-\frac{0.8a'_s}{x}\right) \tag{5-101}$$

当$x \geqslant 2a'_s$时,在极限状态时受压侧钢筋的应力一般都能达到屈服强度:

$$\sigma'_s = f'_y \tag{5-102}$$

受拉侧钢筋也能达到屈服强度:

$$\sigma_s = f_y \tag{5-103}$$

此时,方程组内还有三个未知量A_s、A'_s、x,偏心受压构件的偏心受压承载力计算的方程组只有力和力矩平衡的两个方程,因此必须引入补充条件才能求解。一般先假定$\xi=\xi_b$,联立方程组求解出钢筋的截面面积A_s和A'_s,然后反代入方程中求解相对受压区高度x,验证假定是否正确。

对于小偏压破坏($x > x_b$ 或 $\xi > \xi_b$),以混凝土达到极限压应变为控制条件,方程组内同样还有三个未知量A_s、A'_s、x,偏心受压构件的偏心受压承载力计算的方程组只有力和力矩平衡的两个方程,因此也必须引入补充条件。可以注意到,远侧钢筋的应力可能为受拉不屈服、受压不屈服和受压屈服三种情况,这是我们求解问题的突破口。

(1)远侧钢筋受拉不屈服。根据纵向钢筋应力近似计算公式 $\sigma_s = \dfrac{\xi-\beta_1}{\xi_b-\beta_1}f_y > 0$,可得$\xi_b < \xi \leqslant \beta_1$,为了使用钢量最少、满足构造要求,引入补充条件$A_s = \rho_{min}bh$。利用平衡方程组和钢筋应力近似计算公式联立求解,最终验证是否正确。

(2)远侧钢筋受压不屈服。$\sigma_s = \dfrac{\xi-\beta_1}{\xi_b-\beta_1}f_y < 0$ 且 $\beta_1 < \xi < 2\beta_1-\xi_b$ 时,同样引入补充条件$A_s = \rho_{min}bh$,重新计算。

(3)远侧钢筋受压屈服。$\sigma_s < 0$ 且 $\xi \geqslant 2\beta_1-\xi_b$ 时,$\sigma_s = -f_y$,引入补充条件x。由于x不能大于h,也不能大于$(2\beta_1-\xi_b)h_0$,所以x应取两者中的较小值。代入方程组后求解A_s和A'_s,为了防止小偏心受压构件的反向破坏,《混凝土结构设计规范》(GB 50010—2010)规定,当$N > f_c bh$时,还应按下列公式进行验算:

$$Ne' \leqslant f_c bh\left(h_0' - \frac{h}{2}\right) + f_y' A_s\left(h_0' - a_s\right) \tag{5-104}$$

$$e' = \frac{h}{2} - a_s' - \left(e_0 - e_a\right) \tag{5-105}$$

式中：e'——轴向压力作用点至受压区纵向普通钢筋合力点的距离；

h_0'——纵向受压钢筋合力点至截面远边的距离。

5.4.6　双向偏压构件

柱在承受轴向力 N 的同时，还承受两个垂直方向上的弯矩作用，就成为双向偏心受压构件，例如框架中的角柱。对截面具有两个互相垂直的对称轴的钢筋混凝土双向偏心受压构件（图 5-34），我国的《混凝土结构设计规范》提供了相应的计算方法。

1. 按照不规则截面的承载力计算方法

按照不规则截面的正截面承载力计算方法，把方程组中的 M_x、M_y 应分别用 Ne_{ix}、Ne_{iy} 来代替。初始偏心距为

$$e_{ix} = e_{0x} + e_{ax} \tag{5-106}$$

$$e_{iy} = e_{0y} + e_{ay} \tag{5-107}$$

式中：e_{0x}，e_{0y}——轴向压力对通过截面重心的 y 轴、x 轴的偏心距，即 M_{0x}/N、M_{0y}/N（M_{0x}，M_{0y} 分别为轴向压力在 x 轴、y 轴方向的弯矩设计值）；

e_{ax}，e_{ay}——x 轴、y 轴的附加偏心距。

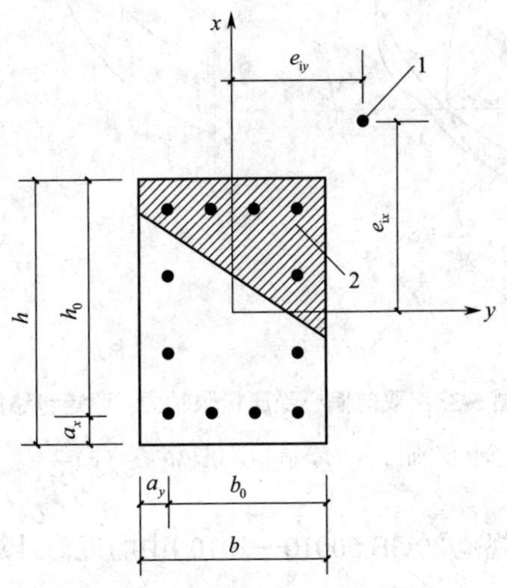

图 5-34　双向偏心受压构件截面

1—轴向压力作用点；2—受压区

2. 近似计算方法

对于一个确定截面尺寸和材料的双向偏压作用下的钢筋混凝土柱，通过改变双向偏心矩的大小，通过试验测定极限状态下的轴向力 N_u、极限弯矩 M_x 和 M_y，可以得到极限状态下

N_u-M_x-M_y 的空间包络曲面（图 5-35）。此曲面与三个坐标轴的交点分别为轴心受压承载力 N_0 和 x、y 轴方向的单向极限弯矩 M_{x0} 和 M_{y0}；与两个竖向坐标面的交线为 $N_0 - M_{x0}$ 和 $N_0 - M_{y0}$，分别表示 x、y 方向的单向偏心受压的极限轴力 - 弯矩包络线，其上的（M_{xb}，N_b）和（M_{yb}，N_b）为界限偏心受压状态；它与水平坐标面的交线 $M_{x0} - M_{y0}$ 为双向弯曲（$N = 0$）的包络线。

沿极限轴力 $N_u = \text{const}$ 的平面与包络线的交线为一组曲线。对于圆形截面，这些曲线都是圆形，即空间包络面为一绕 N_u 轴的旋转面；对于非圆形截面（如矩形截面），这些曲线各不相同。以相对坐标 M_x / M_{xu}、M_y / M_{yu} 作图，各曲线与坐标轴的交点均为 1。这组曲线的一般表达式可以用下式表示：

$$\left(\frac{M_x}{M_{xu}}\right)^\alpha + \left(\frac{M_y}{M_{yu}}\right)^\alpha = 1 \tag{5-108}$$

式中：α——系数，α 的值取决于 N_u / N_0、构件的截面尺寸、钢筋的总量和位置、材料的强度等。

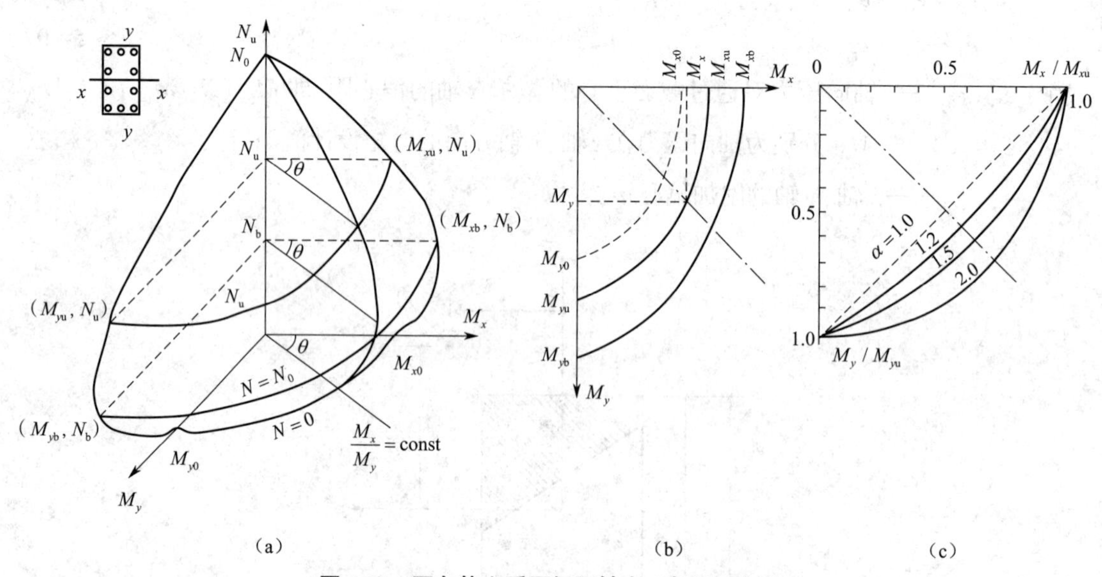

图 5-35　双向偏心受压极限轴力 - 弯矩包络图

（a）空间包络曲面　（b）等轴力线 M_x-M_y 图　（c）$\frac{M_x}{M_{xu}} = \frac{M_y}{M_{yu}}$ 图

我国《混凝土结构设计规范》（GB 50010—2010）中的近似计算公式更简单且偏安全：

$$N \leqslant \frac{1}{\frac{1}{N_{ux}} + \frac{1}{N_{uy}} - \frac{1}{N_{u0}}} \tag{5-109}$$

式中：N_{u0}——构件的截面轴心受压承载力设计值，$N_{u0} = f_c A + f'_y A'_s$；

N_{ux}——轴向压力作用于 x 轴并考虑相应的计算偏心距 e_{ix} 后，按全部纵向普通钢筋计算的构件偏心受压承载力设计值；

N_{uy}——轴向压力作用于 y 轴并考虑相应的计算偏心距 e_{iy} 后，按全部纵向普通钢筋计算的构件偏心受压承载力设计值。

构件的偏心受压承载力设计值 N_{ux} 可按下列情况计算。

（1）当纵向普通钢筋沿截面两对边配置时：

矩形截面

$$N_{ux}=\alpha_1 f_c bx+f_y' A_s'-\sigma_s A_s \tag{5-110}$$

I 形截面

$$N_{ux}=\alpha_1 f_c\left[bx+\left(b_f'-b\right)h_f'\right]+f_y' A_s'-\sigma_s A_s \tag{5-111}$$

（2）当纵向普通钢筋沿截面腹部均匀配置时：

$$N_{ux}=\alpha_1 f_c\left[b\xi h_0+\left(b_f'-b\right)h_f'\right]+f_y' A_s'-\sigma_s A_s \tag{5-112}$$

5.5　长柱的纵向弯曲

5.5.1　概述

5.4 节对偏心受压构件的讨论中，没有考虑长细比的影响，在实际工程中应用的钢筋混凝土受压长柱，在弯矩和轴力的共同作用下，将产生纵向弯曲变形，即会产生侧向变形。柱的长细比 l_0/i 对柱的承载能力有重要影响。对于长细比 l_0/i 较小的短柱，侧向挠度小，计算时一般可忽略其影响。而对长细比 l_0/i 较大的长柱，由于侧向变形的影响，各截面所受的弯矩 M 不再是 Ne_0 而变成 $N(e_0+f)$（图 5-36），f 为构件任意点纵向挠度。f 随着荷载的增大而增加，因而弯矩的增长也越来越快。一般把偏心受压构件截面弯矩中的 Ne_0 称为初始弯矩或一阶弯矩，将 Nf 称为轴力引起的附加弯矩，或称二次弯矩、二次效应，二阶弯矩的影响，将造成偏心受压构件不同的破坏类型。

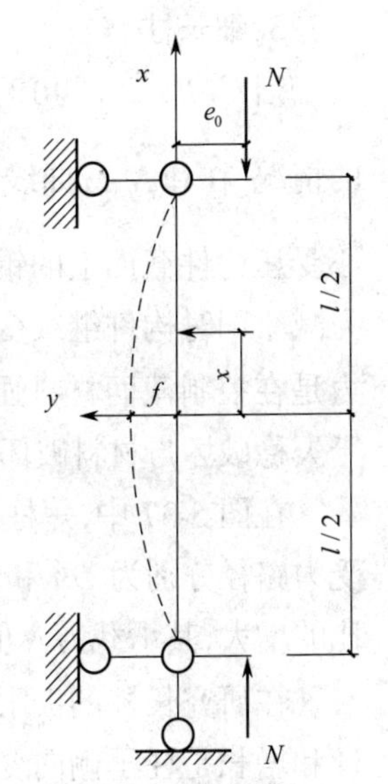

图 5-36　偏心受压构件的受力图式

5.5.2　偏心受压构件的破坏类型

钢筋混凝土偏心受压构件按长细比可分为短柱、长柱和细长柱。各国规范对长短柱范围的划分并不相同。我国规范规定，对于矩形截面柱，当 l_0/h <8 时为短柱，l_0/h >8 时为长柱。美国规范（ACI 318）以柱两端的弯矩比和能否侧移来区分，对于两端等偏心的铰接柱，长短柱分界线约为 $l_0/r=20$，l_0 为柱的计算长度，r 为截面惯性回转半径。

1. 短柱

在偏心受压短柱中，虽然偏心力作用将产生一定的侧向变形，但其值很小，轴力 N 对截面的偏心距（e_0=M/N）自开始加载至试件破坏保持常值，即可以不考虑二阶弯矩，在轴力 - 弯

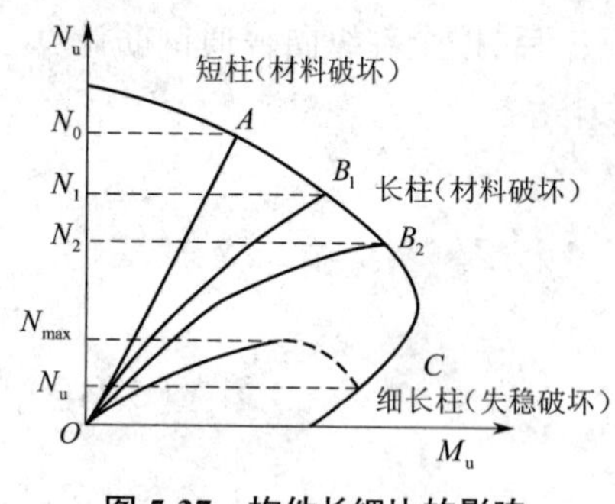

图 5-37 构件长细比的影响

矩(N-M)包络图上的加载途径为一直线(OA 线)。显然,这种理想的情况只适合很短的柱子,理论长度为 $l_0=0$。我国规范规定,当试件长度和截面高度的比值 $l_0/h\leqslant 8$ 时可视为短柱。随着荷载的增大,当短柱达到承载能力极限状态时,轴力值为 N_0,直线与截面承载力线相交于 A 点,到达 N-M 包络线,柱的截面由于材料达到其极限强度而发生材料破坏。

2. 长柱

当 $8<l_0/h<30$ 时为长柱。长柱受偏心力作用时的侧向变形较大,进行承载力计算时,必须考虑附加弯矩影响。实际偏心距 $e=e_0+f$ 随荷载的增大而非线性增加。加载到破坏的受力路径为曲线(OB_1、OB_2 线),破坏轴力值为 N_1、N_2,$\frac{\mathrm{d}N}{\mathrm{d}M}$ 值恒大于零并与截面承载能力线相交于 B_1、B_2 点而发生材料破坏。构件控制截面仍然是由于截面中材料达到其强度极限而破坏,属于材料破坏。

3. 细长柱

当 $l_0/h>30\sim40$ 时为细长柱。由于长细比很大,在轴力 - 弯矩包络图上的加载途径为 OC 的情况,在和 N-M 曲线相交之前就存在 $\frac{\mathrm{d}N}{\mathrm{d}M}=0$ 或 $\frac{\mathrm{d}N}{\mathrm{d}M}<0$ 的情况,当偏心压力达到 N_{max} 时,偏心受压构件截面上的钢筋和混凝土均未达到材料强度值。在构件失稳后,作用在构件上的轴力减小同时构件继续变形,最终与包络线相交在材料破坏点 N_u(点 C),表示长柱达到承载能力是在控制截面材料强度未达到其破坏强度时发生的,构件因变形过大而发生失稳破坏。由于失稳破坏与材料破坏有本质的区别,故设计中尽量避免采用细长柱。

在图 5-37 中,短柱、长柱和细长柱的初始偏心距是相同的,但破坏类型不同。短柱和长柱受力路径分别为 OA 和 OB_1、OB_2,为材料破坏;细长柱受力路径为 OC,为失稳破坏。随着长细比的增大,其承载力 N 值也不同,其值分别为 N_0、N_1、N_2、N_{max},且 $N_0>N_1>N_2>N_{max}$。

在研究长柱的极限状态和承载力时,必须考虑附加偏心距或附加弯矩。附加偏心距的出现和增长是柱子侧向变形的结果,所有影响柱子变形的因素都将影响其附加弯矩和极限承载力。其中主要因素有以下几个。

(1)柱的长细比(l_0/h)、柱端偏心距(e_0/h)、柱端的位移(Δ_1,Δ_2)、柱两端弯矩比值等,这些值越大,柱的极限承载力越小。

(2)柱的支承条件和侧向约束条件。柱的支承体系和侧向约束刚度越大,其极限承载力越大。

(3)材料的本构关系和配筋构造。混凝土和箍筋的侧向变形约束越好,承载力越大。

(4)荷载的作用时间。长期荷载下混凝土的徐变可使柱的挠度增大,强度降低。

(5)材料不均和施工误差等因素可能导致初始偏心距增大,承载力降低。

5.5.3　长柱二阶效应计算

轴向压力在挠曲杆件中产生的二阶效应（P-δ效应）是偏压杆件中由轴向压力在产生挠曲变形的杆件内引起的曲率和弯矩增量。

1. 杆端弯矩同号时的二阶效应

在结构中常见的反弯点位于柱高中部的偏压构件中，这种二阶效应虽能增大构件除两端区域外各截面的曲率和弯矩，但增大后的弯矩通常不可能超过柱两端控制截面的弯矩。因此，在这种情况下，P-δ效应不会对杆件截面的偏心受压承载能力产生不利影响，如图 5-38 所示。

2. 杆端弯矩异号时的二阶效应

在反弯点不在杆件高度范围内（沿杆件长度均为同号弯矩）的较细长且轴压比偏大的偏压构件中，经P-δ效应增大后的杆件中部弯矩有可能超过柱端控制截面的弯矩。此时，就必须在截面设计中考虑P-δ效应的附加影响，这种情况在工程中较少出现，如图 5-39 所示。

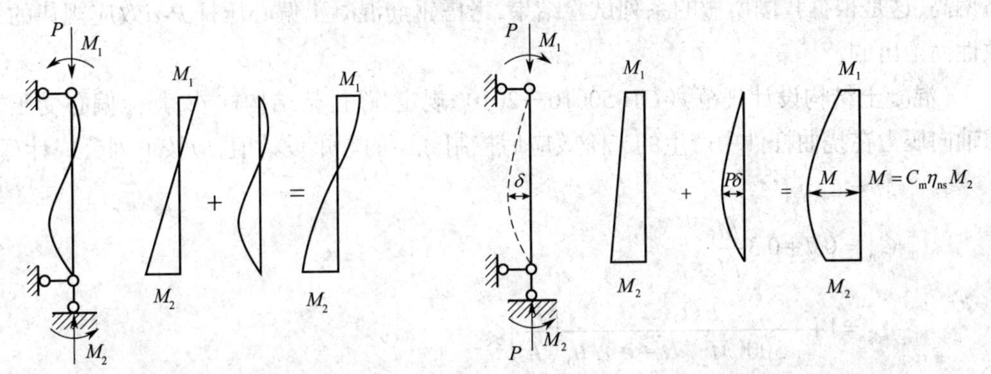

图 5-38　杆端弯矩同号时的二阶效应　　图 5-39　杆端弯矩异号时的二阶效应

3. 考虑二阶效应的条件

我国《混凝土结构设计规范》（GB 50010—2010）对需要考虑二阶效应的条件规定如下。

弯矩作用平面内截面对称的偏心受压构件，当满足下述三个条件中任意一个时，需按截面的两个主轴方向分别考虑轴向压力在挠曲杆件中产生的附加弯矩影响。

杆端弯矩比

$$M_1 / M_2 > 0.9 \tag{5-113}$$

轴压比

$$N / (f_c A) > 0.9 \tag{5-114}$$

长细比

$$\frac{l_c}{i} > 34 - 12(M_1 / M_2) \tag{5-115}$$

式中：M_1，M_2——已考虑侧移影响的偏心受压构件两端截面按结构弹性分析确定的同一主轴的组合弯矩设计值，绝对值较大端为 M_2，绝对值较小端为 M_1，当构件按单曲率弯曲时，M_1 / M_2 取正值，否则取负值；

l_c——构件的计算长度；

i——偏心方向的截面回转半径；

A——偏心方向的截面面积。

4. 构件自身挠曲引起的二阶效应

《混凝土结构设计规范》(GB 50010—2010)采用 C_m-η_{ns} 法，考虑了偏心受压构件自身挠曲引起的二阶效应。该方法的基本思路与美国 ACI 318-08 规范所用方法相同。其中 η_{ns} 使用中国习惯的极限曲率表达式。美国规范 ACI 318M 采用了轴力表达式。该表达式是借用 2002 版规范偏心距增大系数 η 的形式，并做了下列调整后给出的。

(1)考虑 2010 版规范所用钢材强度总体有所提高，故将 2002 版规范 η 公式中反映极限曲率的“1/1 400”改为“1/1 300”。

(2)根据对二阶效应规律的分析，取消了 2002 版规范 η 公式中在细长比偏大情况下减小构件挠曲变形的系数 ζ_2。C_m 系数的表达形式与美国 ACI 318-08 规范所用形式相似，但取值略偏高，这是根据我国所做的系列试验结果，考虑钢筋混凝土偏心压杆 P-δ 效应规律的较大离散性而给出的。

《混凝土结构设计规范》(GB 50010—2010)规定，除排架结构柱外，其他偏心受压构件考虑轴向压力在挠曲杆件中产生的二阶效应后控制截面的弯矩设计值，应按下列公式计算：

$$M = C_m \eta_{ns} M_2 \tag{5-116}$$

$$C_m = 0.7 + 0.3\frac{M_1}{M_2} \tag{5-117}$$

$$\eta_{ns} = 1 + \frac{1}{1\,300(M_2/N + e_a)/h_0}\left(\frac{l_c}{h}\right)\zeta_c \tag{5-118}$$

$$\zeta_c = \frac{0.5 f_c A}{N} \tag{5-119}$$

当 $C_m\eta_{ns}$ 小于 1.0 时取 1.0；对剪力墙及核心筒墙，可取 $C_m\eta_{ns}$ 等于 1.0。

式中：C_m——构件端截面偏心距调节系数，当小于 0.7 时取 0.7；

η_{ns}——弯矩增大系数；

N——与弯矩设计值 M_2 对应的轴向压力设计值；

e_a——附加偏心距，取 20 mm 和偏心方向截面最大尺寸的 1/30 两者中的较大值；

ζ_c——截面曲率修正系数，当计算值大于 1.0 时取 1.0；

l_c——构件的计算长度，可参照表 5-3；

h——截面高度，对环形截面，取外直径，对圆形截面，取直径；

h_0——截面有效高度，对环形截面，取 $h_0 = r_2 + r_s$，对圆形截面，取 $h_0 = r + r_s$，此处，r、r_2 和 r_s，按 GB 50010—2010 附录 E 第 E.0.3 条和第 E.0.4 条确定；

A——构件截面面积。

表 5-3　构件计算长度 l_c

杆件	杆件两端约束情况	计算长度 l_c
直杆	两端固定	$0.5l$
	一端固定，一端铰支	$0.7l$
	两端铰支	$1.0l$
	一端固定，一端自由	$2.0l$

5.5.4　长柱的简化分析方法

偏心受压长柱极限承载力的准确计算，只能依靠非线性的全过程分析，即按照一定的轴力或变形步长，针对柱的支承条件和端部受力状况，以及构造和材料本构关系，计算截面曲率（$1/\rho$）和柱子变形（f），确定内力分布，逐次进行数值迭代计算，得到 M-N-f 全过程曲线。这样的计算需要众多参数，费时费事，只有特别重要的长柱才加以考虑。工程中的一般构件可采用简便直观的计算方法，它们基于试验结果，有足够的准确性。全过程分析法目前在设计中还很少应用。

"模型柱"法是钢筋混凝土柱挠曲失稳的近似计算方法，它是由挪威 Aas-Jakobsen 父子 1968 年提出的，主要用来确定柱子失稳时所能承受的外荷载弯矩，也是一种以一般计算理论为基础的模式柱的简化计算。"模型柱"为一柱底嵌固、受单向弯矩的悬臂柱。柱可承受包括轴力在内的各种荷载，但在失稳破坏时，曲率分布使柱顶侧挠度必须满足

$$f=(\varphi)_u\frac{l_0^2}{\beta} \tag{5-120}$$

式中：f——柱顶挠度，由柱底切线量起；

l_0——柱长；

$(\varphi)_u$——柱底截面曲率，$(\varphi)_u=M/EI$，M 和 EI 分别是柱底截面的弯矩和刚度。

系数 β 取决于曲率 φ 沿柱高分布的形状。当曲率符合正弦曲线分布时 $\beta=\pi^2\approx10$。我国规范建议 $\beta=10$，与柱纵向挠曲变形按正弦分布基本相符。

在实际结构中是把柱子根据实际的支承约束条件分解成若干个"模型柱"进行分析，如图 5-40 所示。

极限状态时的曲率近似取为大、小偏压界限情况下的极限曲率 $(\varphi)_b$，另加截面曲率修正，并考虑长期荷载作用影响，如图 5-41 所示，根据平截面假定可写为

$$(\varphi)_u=(\varphi)_b\,\zeta_c=\frac{\phi\varepsilon_{cu}+\varepsilon_y}{h_0}\zeta_c \tag{5-121}$$

$$f=\left(\frac{\phi\varepsilon_{cu}+\varepsilon_y}{h_0}\right)\frac{l_0^2}{10}\zeta_c \tag{5-122}$$

式中：ε_{cu}——受压区边缘混凝土极限压应变，取 $\varepsilon_{cu}=0.003\,3$；

ε_y——受拉钢筋达到屈服强度时的应变,取与 HRB500 级钢筋抗拉强度标准值对应的应变,即 ε_y =0.002 5（GB 50010—2010 新增加了 500 N/mm² 级带肋钢筋,考虑到截面配置不同强度等级的钢筋具有不同的截面极限曲率,为便于计算,同时偏安全考虑，GB 50010—2010 在 η_{ns} 的计算公式中统一采用 500 N/mm² 级带肋钢筋对应的截面极限曲率进行计算）;

ϕ——荷载长期作用下混凝土徐变引起的应变增大系数,取 ϕ =1.25。

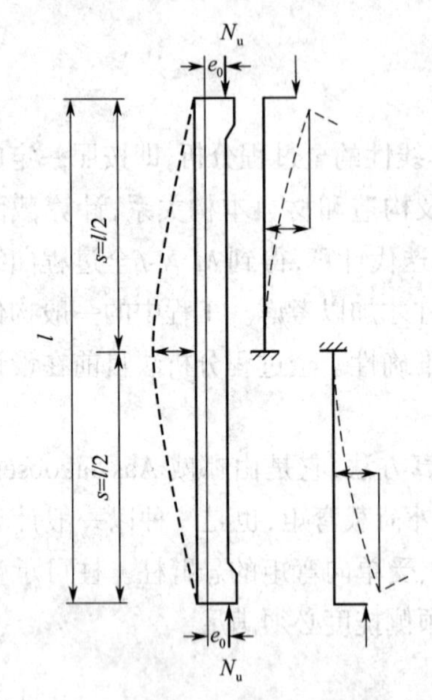

图 5-40　长柱分解为两个“模型柱”

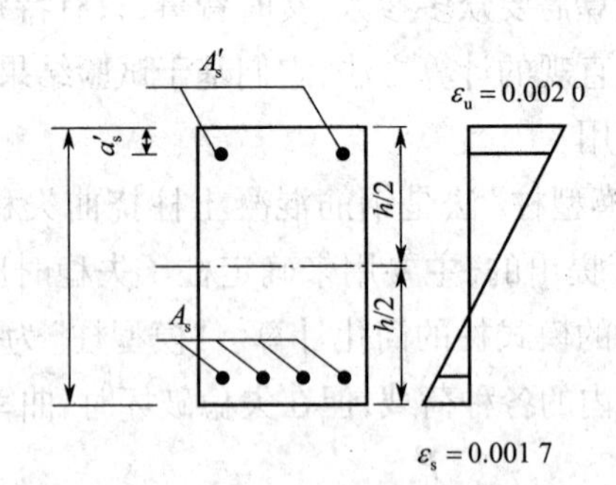

图 5-41　偏心受压柱截面应变分布

柱的总偏心距为 $e_0 + f = \eta e_0$，取 $h / h_0 = 1.1$，故偏心距增大系数为

$$\eta_{ns} = \frac{e_0 + f}{e_0} \approx 1 + \frac{1}{1\,300 \dfrac{e_0}{h_0}} \left(\frac{l_0}{h} \right)^2 \zeta_c \tag{5-123}$$

截面曲率修正系数 ζ_c 取为

$$\zeta_c = \frac{0.5 f_c A}{N} \tag{5-124}$$

参考文献

[1] 中华人民共和国住房和城乡建设部. 混凝土结构设计规范：GB 50010—2010[S]. 北京：中国建筑工业出版社,2010.

[2] DARWIN D, DOLAN C W, NILSON A H. Design of concrete structures[M]. New York：McGraw-Hill Education,2016.

[3] 过镇海,时旭东. 钢筋混凝土原理和分析 [M]. 北京：清华大学出版社,2003.

[4] 赵国藩. 高等钢筋混凝土结构学 [M]. 北京：机械工业出版社,2005.

[5] 宋玉普. 高等钢筋混凝土结构学 [M]. 北京：中国水利水电出版社，2013.

[6] PARK R，PAULA Y T. Reinforced concrete structures[M]. New York：Wiley-Inter-Science, 1975:769.

[7] 中国建筑科学院. 混凝土结构设计 [M]. 北京：中国建筑工业出版社，2003.

[8] 顾祥林. 混凝土结构基本原理 [J]. 上海: 同济大学出版社，2004.

[9] 东南大学，同济大学，天津大学. 混凝土结构设计原理 [M]. 北京：中国建筑工业出版社，2008.

[10] 周志祥. 高等钢筋混凝土结构 [M]. 北京：人民交通出版社，2002.

[11] ACI 318M-08. Building code requirements for structural concrete and commentary[S]. American Concrete Institute, 2008: 473.

[12] British Standards. BS EN1992-1-1(2004): Eurocode 2: Design of concrete structures—Part 1-1: General rules and rules for buildings[S]. London: British Standards Institution, 2004.

[13] HOGNESTAD E，HANSON N W, MCHENRY D. Concrete stress distribution in ultimate strength design[J]. Journal of the American Concrete Institute, 1955, 52(12): 455-480.

[14] 张玉辉，李瑞，董晓丽，等. 某工程钢筋混凝土框架细长柱设计探讨 [J]. 广东土木与建筑，2018，25(4):22-24.

第6章　钢筋混凝土结构斜截面承载力

钢筋混凝土结构构件除受到弯矩作用外，还有剪力以及扭矩等作用。实际工程中剪力或扭矩很少单独作用于结构构件上，大多数情况是剪力与弯矩，或者剪力和弯矩、轴向力或扭矩共同作用于结构构件上，构件发生斜截面破坏时必然受到弯矩作用的影响。

构件的斜截面强度取决于混凝土的多轴强度，构件破坏时延性小，通常是脆性的。

6.1　斜截面受剪承载力

6.1.1　斜截面受剪破坏机理

6.1.1.1　斜裂缝和斜截面破坏形态

对无腹筋矩形截面简支梁，斜截面破坏发生在剪力和弯矩共同作用的区段。图6-1(a)、(b)为只配置受拉主筋的混凝土简支梁在集中荷载作用下的受力图、弯矩图和剪力图。取微元体如图6-1(c)所示，则存在主压应力和主拉应力。图6-1(d)表示梁体内的主应力轨迹线的分布。容易理解，随着荷载增加，当主拉应力值超过复合受力下混凝土的抗拉强度时，梁的剪拉区按受力特点，一般出现两类裂缝：弯剪裂缝和腹剪裂缝。

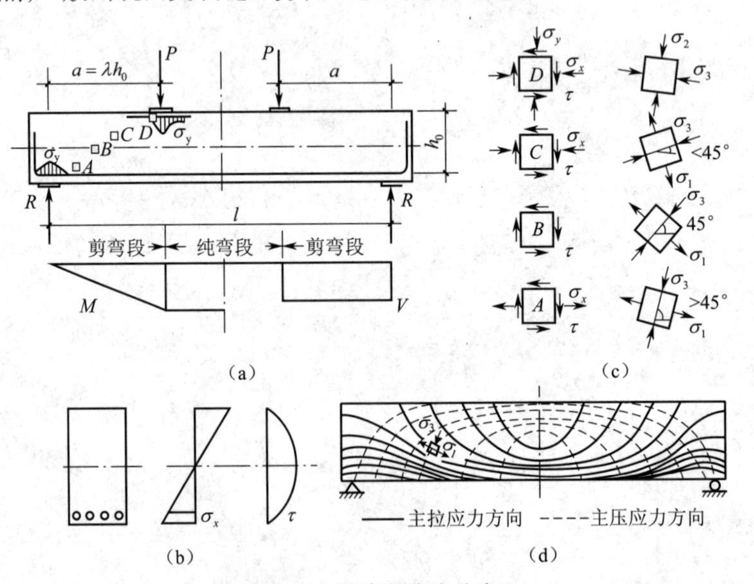

图6-1　剪弯段应力分布

(a)受力图　(b)应力图　(c)主应力图　(d)主应力轨迹

根据力的大小和作用位置以及结构强度的不同，梁沿斜截面的破坏形态可分为三种。

1. 斜压破坏

如图6-2（a）所示，这种破坏多发生在集中荷载距支座较近，且剪力大而弯矩小的区段，即剪跨比比较小（$\lambda<1$）时，或者剪跨比适中，但腹筋配置量过多，以及腹板宽度较窄的T形或I形梁。由于剪应力起主要作用，破坏过程中，先是在梁腹部出现多条密集且大体平行的斜裂缝（称为腹剪裂缝）。随着荷载增加，梁腹部被这些斜裂缝分割成若干个斜向短柱，当混凝土中的压应力超过其抗压强度时，发生类似受压短柱的破坏，此时箍筋应力一般达不到屈服强度。

2. 剪压破坏

如图6-2（b）所示，这种破坏常发生在剪跨比适中（$1<\lambda<3$）且腹筋配置量适当的情况。这种破坏的过程是，首先在剪弯区梁底出现弯曲垂直裂缝（称为弯剪裂缝），然后斜向延伸，形成较宽的主裂缝——临界斜裂缝。随着荷载增大，斜裂缝向荷载作用点缓慢发展，剪压区高度不断减小，斜裂缝的宽度逐渐加大，与斜裂缝相交的箍筋应力也随之增大。破坏时，受压区混凝土在正应力和剪应力的共同作用下被压碎，受压区混凝土有明显的压坏现象，此时箍筋的应力达到受拉屈服强度。

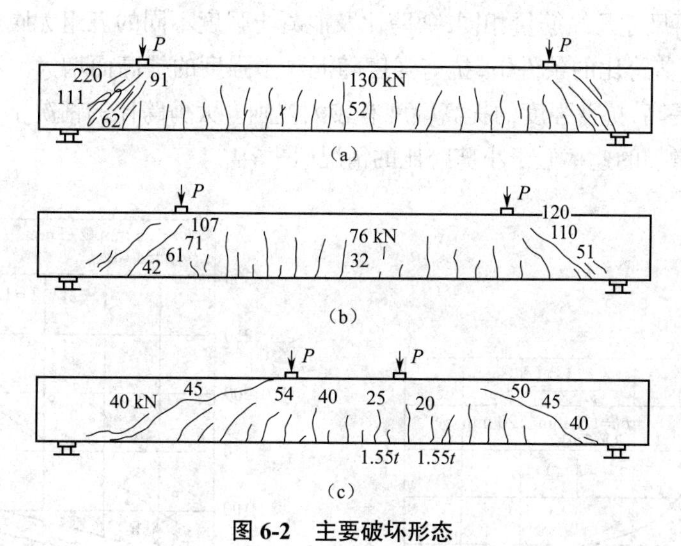

图6-2　主要破坏形态

（a）斜压破坏　（b）剪压破坏　（c）斜拉破坏

3. 斜拉破坏

如图6-2（c）所示，这种破坏发生在剪跨比较大（$\lambda>3$）且箍筋配置量过少的情况，其破坏特点是，破坏过程急速且突然，斜裂缝一旦在梁腹部出现，很快就向上下延伸，形成临界斜裂缝，将梁劈裂为两部分而破坏，且往往伴随产生沿纵筋的撕裂裂缝。破坏荷载与开裂荷载很接近。

与适筋梁正截面破坏相比较，斜压破坏、剪压破坏和斜拉破坏时梁的变形较小，且具有脆性破坏的特征，尤其是斜拉破坏，破坏前梁的变形很小，有明显的脆性。

6.1.1.2 影响斜截面受剪承载力的主要因素

1. 剪跨比

如前所述,无腹筋梁的斜截面破坏与截面的主压应力和主拉应力有很大的关系,也就是与截面正应力 σ 和剪应力 τ 的比值有关,截面正应力和剪应力又分别与弯矩 M 和剪力 V 成正比,可以用剪跨比 λ 反映这一关系。

剪跨比可以表示为截面弯矩与剪力的比值除以截面有效高度,也可以表示为“剪跨”与截面有效高度的比值,即

$$\lambda=\frac{M}{Vh_0}=\frac{Va}{Vh_0}=\frac{a}{h_0} \tag{6-1}$$

剪跨比可以决定斜截面破坏的形态。剪跨比由小到大变化时,破坏形态从斜压型向剪压型到斜拉型过渡。图 6-3 表示剪跨比对受剪承载力的影响。当剪跨比较小时,对抗剪承载力的影响较大,随着剪跨比增大,对抗剪承载力的影响减弱,名义剪应力与剪跨比大致呈双曲线关系。

2. 混凝土强度

图 6-4 为截面尺寸及纵筋量相同,剪跨比及混凝土强度不同的五组无腹筋梁的试验结果。试验表明,在同一剪跨比的条件下,抗剪强度随混凝土强度的提高而增大。不同剪跨比的梁,随混凝土强度的提高,抗剪强度的提高幅度有较大差别。大剪跨比的情况下,抗剪强度随混凝土强度的提高而增加的速率低于小剪跨比的情况(图 6-4)。

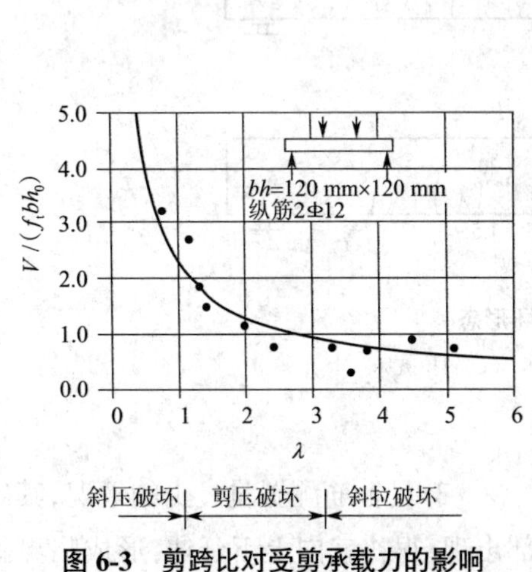

图 6-3 剪跨比对受剪承载力的影响

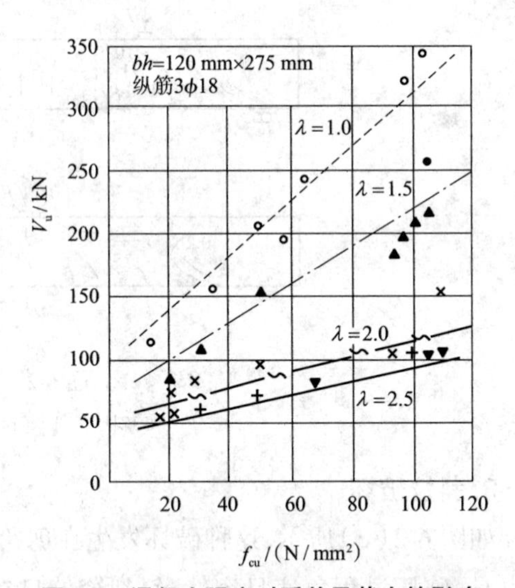

图 6-4 混凝土强度对受剪承载力的影响

高强度混凝土和普通强度混凝土对斜截面受剪承载力的影响有很大不同。目前,普通强度混凝土和高强度混凝土之间尚无明确的划分界限,国际上,一般认为混凝土圆柱体抗压强度在 60 MPa 以上为高强度的范畴,而我国现阶段一般认为,C50 以上的混凝土为高强度混凝土。

图 6-5(a)、(b)分别表示集中荷载作用下无腹筋梁的名义极限剪应力和混凝土立方体抗压强度 f_{cu} 以及混凝土轴心抗拉强度 f_t 的关系。由图中可以看出,其名义极限剪应力(以

V_c / bh_0 表示）随着 f_{cu} 的增大而提高，但两者呈非线性关系，而混凝土轴心抗拉强度 f_t 与名义极限剪应力有近似的线性关系。

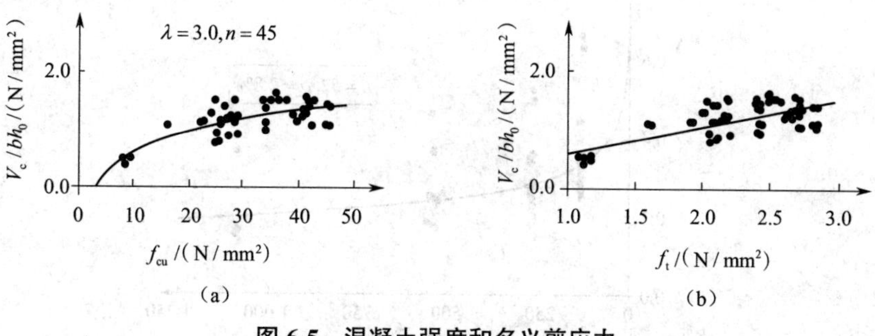

图 6-5　混凝土强度和名义剪应力

（a）V_c/bh_0-f_{cu}　（b）V_c/bh_0-f_t

3. 纵筋配筋率

纵筋除直接在横截面承受一定剪力，起“销栓”作用外，还能抑制斜裂缝的发展，增大斜裂缝间交互面的剪力传递，增加纵筋量能加大混凝土剪压区高度，从而间接提高梁的抗剪能力。图 6-6 表示纵筋配筋率 ρ 对斜截面承载力（名义切应力）的影响。从图中可以看出，纵筋配筋率对斜截面承载力的影响程度因剪跨比不同而不同，大剪跨比（$\lambda > 3$）时，由于容易产生撕裂裂缝，使纵筋的“销栓”作用减弱，所以影响程度下降。纵筋配筋率较低时抗剪承载力提高较快，纵筋配筋率较高时提高速度减慢。

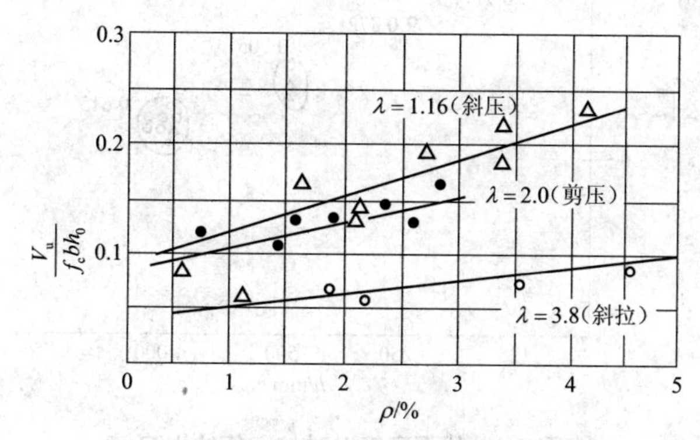

图 6-6　纵筋配筋率对斜截面承载力的影响

4. 截面尺寸

1）无腹筋梁的截面尺寸效应

对无腹筋受弯构件，随着构件截面高度增加，斜截面上出现的裂缝宽度加大，裂缝内表面骨料之间的机械咬合作用被削弱，使得接近开裂端部的开裂区拉应力弱化，传递剪应力的能力降低。构件破坏时，斜截面受剪承载力随着构件高度的增加而降低。

1967 年，Kani 较早研究了截面高度对无腹筋混凝土构件受剪承载力的影响。图 6-7 为 Kani 的试验结果。试验表明，当剪跨比为 2.5~7 时，随截面高度增大其受剪承载力（以 V_u / bh_0 表示）有较大程度的降低，截面高度对受剪承载力的影响显著。1989 年，Shioya 的试验结果表明，梁的有效高度从 200 mm 变化到 3 000 mm 时，其相对受剪承载力（V_u / bh_0）降低达 64%。

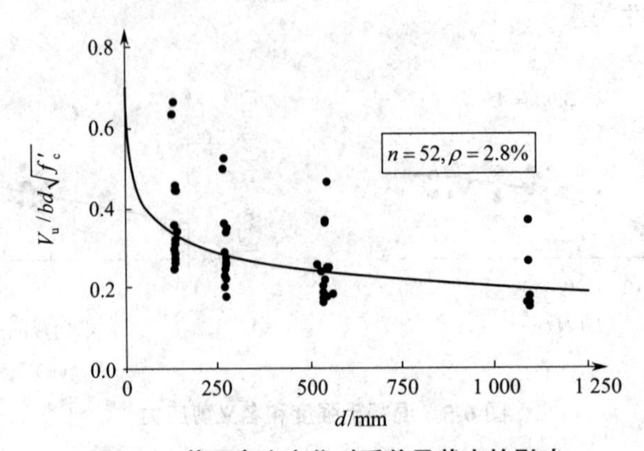

图 6-7 截面高度变化对受剪承载力的影响

1999 年，M. P. Collins 等对 22 根集中荷载作用下的无腹筋简支梁和 12 根伸臂梁进行了截面高度对受剪承载力影响的试验研究，试件高度的变化范围为 125~1 000 mm，试件的混凝土圆柱体抗压强度为 36~98.8 MPa，研究再次证明了截面高度对受剪承载力有显著影响。图 6-8 表示了截面高度不同的 13 个试件的试验值与《混凝土结构设计规范》（GB 50010—2010）集中荷载作用下受剪承载力计算公式的第一项计算值的比较。

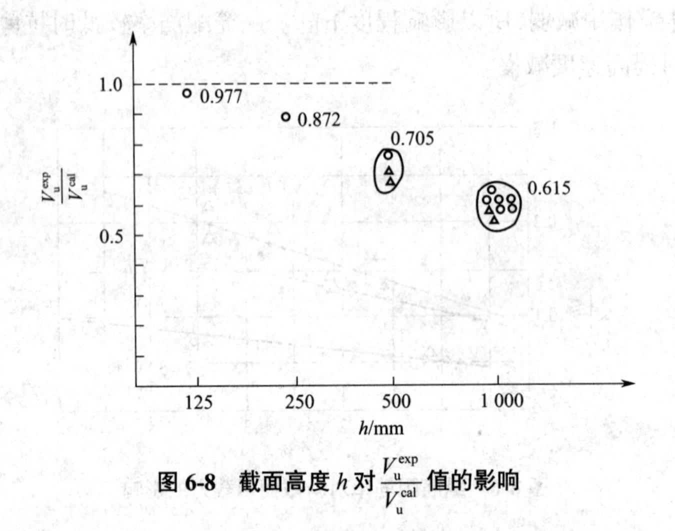

图 6-8 截面高度 h 对 $\frac{V_u^{exp}}{V_u^{cal}}$ 值的影响

图 6-8 中的试验梁，剪跨比 $a / h_0 \approx 2.92 \sim 5.01$，其纵筋配筋率均较小，$\rho \approx 1\%$，由图可以看出，截面高度 h 对比值 $\frac{V_u^{exp}}{V_u^{cal}}$ 有较大影响，当截面高度 h 为 1 000 mm 时，实测的受剪承载力仅为计算值的约 60%，当截面高度 h 为 500 mm 时，约为 70%。

值得注意的是，1989 年日本学者 T. Shioya 等的均布荷载无腹筋梁的试验结果。试验梁的跨高比 $l_0 / b = 12$，截面为矩形，$h_0 / b = 2$，梁的截面有效高度 h_0 分别为 203.2 mm、600 mm、1 000 mm、2 000 mm 和 3 000 mm，混凝土强度 $f'_c = 21.1 \sim 28.5$ MPa，纵筋配筋率为 0.40%~0.43%。

h_0 和 $\frac{V_u^{exp}}{V_u^{cal}}$ 的关系如图 6-9 所示。

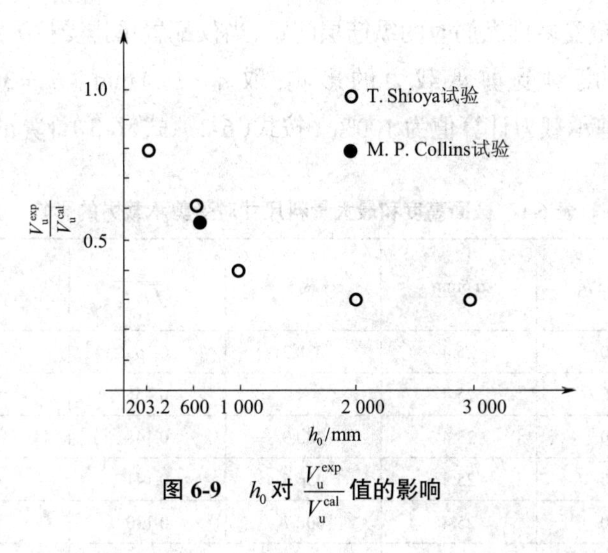

图 6-9　h_0 **对** $\frac{V_u^{exp}}{V_u^{cal}}$ **值的影响**

由图可以看出，当截面高度 $h_0 = 203.2$ mm 时，受剪承载力试验值为计算值的 84.3%；当 $h_0 = 2\,000$ mm 时，其受剪承载力试验值约为计算值的 30%，但当 $h_0 > 2\,000$ mm 后降低甚微。

图 6-9 中 M. P. Collins 等的试验点是为解决多伦多地铁延长线箱形混凝土结构顶板的受剪承载力计算问题，进行的 1∶2.15 的模型试验结果。模型的顶板厚为 650 mm，混凝土强度 $f_{cu} = 5$ MPa，纵筋配筋率为 0.71%。试验的破坏剪力为 488 kN，$\frac{V_u^{exp}}{b_w h_0 \sqrt{f_c'}}$ 值为 0.123，为按美国规范计算值 0.167 的 73.7%，受剪破坏为脆性破坏。按我国《混凝土结构设计规范》(GB 50010—2010)，取支座边的破坏剪力，有 $V_u^{exp} = 833.5$ kN，$\frac{V_u^{exp}}{b h_0 f_t}$ 值为 0.454，仅为按式 $V_c = 0.7 f_t b h_0$ 计算值的 64.8%。

为改善结构的工作性能，该顶板采用了配置少量箍筋而未采用无腹筋板的方案。显然，对于无腹筋厚板和厚的基础板，截面尺寸对受剪承载力的影响是不可忽视的。

2）无腹筋梁板的截面尺寸影响系数

Bhide 和 Collins 对截面尺寸的影响机理的研究表明，骨料咬合机制起着横穿裂缝面传递内部剪力的作用，斜裂缝宽度是截面高度的函数，当斜方向混凝土主拉应力达到极限值时，骨料咬合机制失效，导致受剪承载力降低。

根据修正的压力场理论，M. P. Collins 认为，无腹筋梁的极限受剪承载力与斜裂缝宽度和最大骨料尺寸有关。通过分析，提出了与试验结果符合较好的考虑截面尺寸影响的计算公式：

$$V_c = \frac{245}{1\,275 + s_e} \sqrt{f_c'} b_w h_0 \tag{6-2}$$

$$s_e = \frac{35 s_x}{a + 16} = \frac{35 \times 0.9 h_0}{a + 16} \tag{6-3}$$

式中: a——骨料最大直径；

b_w——截面腹板宽度；

s_x——沿梁高布置多排纵筋时的纵筋层间距,当仅配置单排受拉纵筋时,取 $s_x = 0.9h_0$。

为分析截面高度对受剪承载力的影响,取 $a = 25.4$ mm, $h_0 = 300 \sim 2\,000$ mm,并取 $h_0 = 300$ mm 时的受剪承载力计算值为 100%。按式(6-2)、式(6-3)计算的结果见表 6-1。

表 6-1 截面高度和最大骨料尺寸对受剪承载力的影响

h_0 / mm	$s_x = 0.9h_0$	a / mm	s_e	$\dfrac{V_c}{\sqrt{f_c'}b_w h_0}$	与 $h_0 = 300$ mm 比较的降低系数	$\left(\dfrac{300}{h_0}\right)^{1/4}$
300	270	25.4	228.3	0.163	1	1
400	360	25.4	304.3	0.155	0.95	0.93
500	450	25.4	380.3	0.148	0.91	0.88
600	540	25.4	456.5	0.141	0.87	0.84
800	720	25.4	608.7	0.130	0.80	0.78
1 000	900	25.4	760.9	0.120	0.74	0.74
1 500	1 350	25.4(50)	1 141.3(716)	0.101(0.123)	0.62(0.75)	0.67
2 000	1 800	25.4(50)	1 620(955)	0.085(0.110)	0.52(0.67)	0.62

若取截面高度影响系数 β_h 的表达式为

$$\beta_h = \left(\frac{480}{h_0}\right)^{1/4} \tag{6-4}$$

表 6-1 的最后一列给出了 β_h 的计算值。可以看出, β_h 采用 $\left(\dfrac{300}{h_0}\right)^{1/4}$ 与按 M. P. Collins 等提出的式(6-2)计算的结果吻合较好。当 $h_0 \geqslant 1\,500$ mm 时, β_h 值稍高。考虑到当 $h_0 \geqslant 1500$ mm 时, a 值一般较大,所以取 $a = 50$ mm,计算结果如表 6-1 中括号内的数值。

日本学者 T. Shioya 通过试验分析得到的截面高度影响系数 β_h 的计算公式为

$$\beta_h \approx \left(\frac{480}{h_0}\right)^{4/5} \tag{6-5}$$

图 6-10 为式(6-5)与 $V_c = 0.7 f_t b h_0$ 和式(6-4)的比较。图中 $\dfrac{V_c}{0.7 f_t b h_0} = \left(\dfrac{800}{h_0}\right)^{1/4}$,即为按我国《混凝土结构设计规范》(GB 50010—2010)表示的截面高度影响系数 β_h。横坐标为截面高度 h_0。由该图可见,试验曲线反映的截面高度影响系数规律与式 $V_c = 0.7 f_t b h_0$、式(6-4)相近,但取值差别较大。

根据以上分析对比,在受弯构件受剪承载力分析中,为较好地反映构件实际受剪承载力的变化规律,应考虑截面尺寸对混凝土受剪承载力的影响。

3)无腹筋梁的构造措施

M. P. Collins 等的试验研究证实,高度较大的无腹筋梁,当配有多层纵向钢筋时,由于纵向分布钢筋在一定程度上控制了裂缝的发展,影响受剪承载力的尺寸效应会消失。M. P. Collins 等重点研究了纵筋分层布置时的间距 s_x 对受剪承载力的影响。

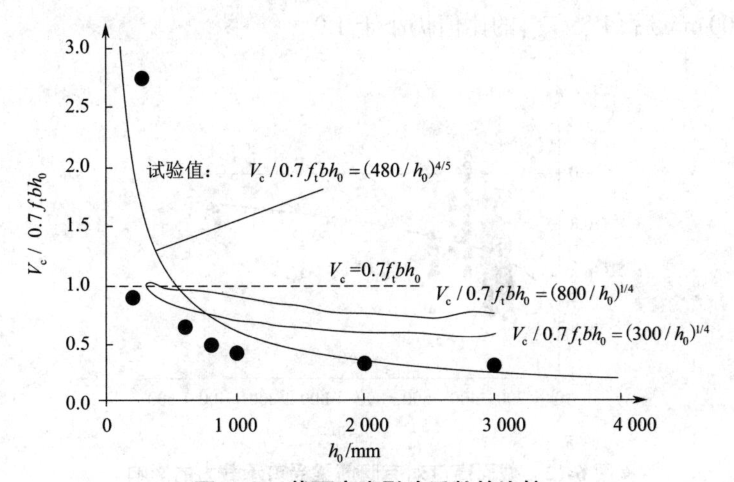

图 6-10　截面高度影响系数的比较

如图 6-11 所示,纵筋分层布置时,层间距离 s_x 较截面的有效高度 h_0 的影响更为显著。图 6-11 中(a)、(b)、(c)、(d)组试件的 s_x 分别为 780 mm、195 mm、390 mm 和 195 mm。图 6-11(a)、(b)组的 $h_0=920$ mm,而图 6-11(c)、(d)组的 $h_0=459$ mm,后者为前者的一半。由计算公式(6-2)、式(6-3)分析,SE100B-45、SE100B-83 与 SE50B-45、SE50B-83 试件的 $\dfrac{V_u^{exp}}{b_w h_0\sqrt{f_c'}}$ 值应该相同。

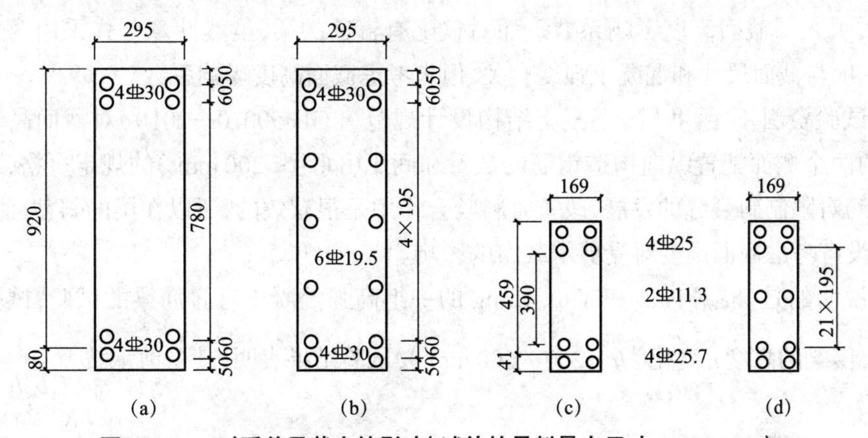

图 6-11　s_x 对受剪承载力的影响(试件的骨料最大尺寸 a=100 mm)

(a)SE100A-$^{45}_{83}$, $s_x=780$　(b)SE100B-$^{45}_{83}$, $s_x=195$　(c)SE50A-$^{45}_{83}$, $s_x=390$　(d)SE50B-$^{45}_{83}$, $s_x=195$

对厚度 $h>2\,000$ mm 的板,采用与高梁类似的配筋方式,在板底、板顶和板的中部布置多排纵向钢筋的构造措施,可能较为稳妥。

4)有腹筋梁的截面尺寸效应

图 6-12 表示有腹筋梁的截面高度对受剪承载力的影响。图中 V_{cal} 表示按我国《混凝土结构设计规范》(GB 50010—2010)计算的抗剪强度计算值,V_{exp} 为国内外 165 根有腹筋简支梁的抗剪强度试验值。可以看到,虽然随着截面高度的增加,V_{cal} 和 V_{exp} 的比值有逐渐增大的趋势,但当 $h_0 \approx 1400$ mm 后,V_{cal}/V_{exp} 的比值仍小于 1.0。

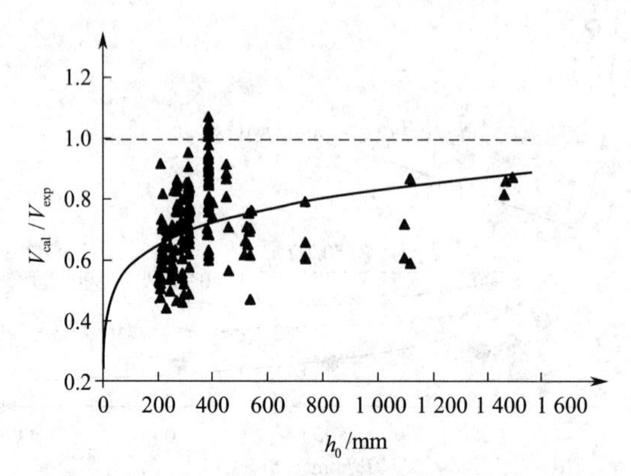

图 6-12　截面高度对有腹筋梁受剪承载力的影响

R. J. Frosch 研究了按最小箍筋用量配置箍筋时,大尺寸梁的受剪承载力。结合 M. K. Johnson 和 J. R. Ramirez 的试验结果,Frosch 认为,由于配置了箍筋,梁的尺寸不影响箍筋的抗剪强度和次生裂缝的扩展。

M. P. Collins 根据试验和理论分析提出,当箍筋大于最小配箍率,由计算确定箍筋用量时,受剪承载力计算公式的混凝土抗剪强度 V_c 项中,可不计及截面高度对受剪承载力的不利影响。

德国规范(DIN 1045.1—1998 草案)对无腹筋构件的受剪承载力计算公式考虑了截面高度的影响,引入了截面高度影响系数。而对仅配有箍筋的梁,虽然计算公式采用两项和的形式,且第一项与截面尺寸和混凝土强度有关,但未考虑截面高度影响系数。

由于试验资料不足,我国《混凝土结构设计规范》(GB 50010—2010)对截面高度较大的梁,在梁的两个侧面配置纵向构造钢筋的数量和间距(间距 ≤ 200 mm)的规定严格,纵向分布钢筋和箍筋对限制斜裂缝的发展,改善骨料咬合作用是很有效的,所以在梁的斜截面受剪承载力计算中没有考虑截面高度对受剪承载力的影响。

需要说明的是,根据 Paul 和 Y. L. Kong 的一组高强混凝土有腹筋梁的试验,试验梁的宽度等相同,仅梁的高度 h 变化($h = 250 \sim 600$ mm),试验结果表明,其受剪承载力 $\dfrac{V_u^{exp}}{b_w h_0 \sqrt{f_c'}}$ 值随着高度的增大而降低。与 $h = 250$ mm 的试件比较,$h = 600$ mm 时试件的 $\dfrac{V_u^{exp}}{b_w h_0 \sqrt{f_c'}}$ 降低 37%。研究者认为可能是骨料咬合和纵筋暗销作用随梁高增加而降低所致。因此,影响有腹筋梁的受剪承载力的尺寸效应仍是有待进一步研究的问题。

5. 最小配箍率

1）最小配箍率计算

按照 Guney 和 Ozcebe 等人的研究，斜裂缝充分发展时，裂缝宽度宜控制在 0.2 mm 以下。此时，极限剪力和开裂剪力的比值 V_u / V_{cr} 不应小于 1.4，否则不能满足上述要求。

根据《混凝土结构设计规范》（GB 50010—2010）集中荷载作用为主的受剪承载力计算公式，取剪跨比 $\lambda = 3$，综合国内外研究成果，经分析，并取 $V_u / V_{cr} = 1.43$，有

$$1.43V_{cr} = V_{cr} + f_{yvk}\frac{A_{sv}}{s}h_0$$

将 $V_{cr} = 0.44 f_{tk} bh$ 代入整理得

$$\rho_{sv,\min} = \left(\frac{A_{sv}}{bs}\right)_{\min} = 0.19\frac{f_{tk}}{f_{yvk}} = 0.19\frac{\gamma_c \dfrac{f_{tk}}{\gamma_c}}{\gamma_s \dfrac{f_{yvk}}{\gamma_s}} = \frac{0.19\gamma_c}{\gamma_s}\frac{f_t}{f_{yv}} \tag{6-6}$$

取 $\gamma_c = 1.4$，$\gamma_s = 1.11$，有

$$\rho_{sv,\min} = 0.24\frac{f_t}{f_{yv}} \tag{6-7}$$

2）最小配箍率分析

（1）我国《混凝土结构设计规范》（GB 50010—2010）按式（6-7）计算的结果列于表 6-2。

表 6-2　最小配箍率 $\rho_{sv,\min}$

$f_{yv}(f_{yvk})$	$f_t(f_{tk})$					
	C30	C40	C50	C60	C75	C80
	1.43 (2.01)	1.71 (2.40)	1.89 (2.65)	2.04 (2.85)	2.18 (3.05)	2.22 (3.10)
270(300)	0.001 3	0.001 5	0.001 7	0.001 8	0.001 9	0.002 0
310(335)	0.001 1	0.001 4	0.001 5	0.001 6	0.001 7	0.001 8
360(400)	0.001 0	0.001 2	0.001 3	0.001 4	0.001 5	0.001 5

注：强度单位为 MPa。

（2）美国规范（ACI 318-2002）：

$$\rho_{sv,\min} = \frac{1}{3f_{yvk}} \tag{6-8}$$

式（6-8）适用于 $f_c' < 69$ MPa 时，若取 $f_{cu} = f_c' + 10 = 69 + 10 = 79$ MPa，则大体适用于 $f_{cu,k} \leqslant 80$ MPa 的情况，按式（6-8）计算的结果列于表 6-3。

表 6-3　最小配箍率 $\rho_{sv,\min}$

C30~C80	ACI 318-2002	BS 8110-97	$0.19\frac{f_{tk}}{f_{yvk}}$
f_{yvk} = 300 MPa	0.001 1	0.001 5	0.001 3~0.002 0

续表

C30~C80	ACI 318-2002	BS 8110-97	$0.19\frac{f_{tk}}{f_{yvk}}$
f_{yvk} = 335 MPa	0.001 0	0.001 4	0.001 1~0.001 8
f_{yvk} = 400 MPa	0.000 8	0.001 2	0.001 0~0.001 5

（3）英国规范（BS 8110-97）：英国规范规定，最小箍筋用量应由承担名义剪切应力 $\frac{V}{b_v h_0}=0.4\ \text{N/mm}^2$ 的条件确定，即

$$\rho_{sv,\min}=\frac{0.4}{0.87f_{yk}}=0.46\frac{1}{f_{yvk}} \tag{6-9}$$

按式（6-9）计算的结果见表 6-3。表 6-3 中还列出了按我国《混凝土结构设计规范》（GB 50010—2010）计算的结果。可以看出，美国规范取值偏低，我国规范的取值大体与英国规范的取值相当。

（4）按 Eurocode 2（1992 译本）：$\rho_{sv,\min}$ 的值除与箍筋强度有关外，还与混凝土强度等级有关，分析比较见表 6-4。

由表 6-4 可以看出，我国规范的取值均低于欧洲标准。当混凝土强度为 C30~C45 时，欧洲规范取值与我国规范的计算值之比为 1.37~1.08；当为 C50~C60 时，其比值为 1.27~1.19。

表 6-4 最小配箍率 $\rho_{sv,\min}$

箍筋强度	Eurocode 2		$0.19\frac{f_{tk}}{f_{yvk}}$	
	C30~C45	C50~C60	C30~C45	C50~C60
f_{yvk} = 220 MPa	0.002 4	0.003 0	0.001 7~0.002 2	0.002 3~0.002 5
f_{yvk} = 400 MPa	0.001 3	0.001 6	0.001 0~0.001 2	0.001 3~0.001 4

（5）德国 DIN 1045（1998 草案）：德国规范对不同强度等级的混凝土给出了 $\rho_{sv,\min}$ 值，其与箍筋强度无关。为与我国规范比较，取 f_{yvk} = 400 MPa，结果见表 6-5。

表 6-5 最小配箍率 $\rho_{sv,\min}$

箍筋强度	DIN 1045			$0.19\frac{f_{tk}}{f_{yvk}}$		
	C30~C45	C50~C60	C75	C30~C45	C50~C60	C75
f_{yvk} = 400 MPa	0.001 1	0.001 3	0.001 6	0.001 0~0.001 2	0.001 3~0.001 4	0.001 5

可以看出，我国《混凝土结构设计规范》（GB 50010—2010）的规定与 DIN 1045 相近。

（6）模式规范（CEB-FIP MC90）：

$$\rho_{sv,min} = \frac{A_{sw}}{b_w s} = 0.2\frac{f_{ctm}}{f_{yvk}} \tag{6-10}$$

按式(6-10)计算的结果见表 6-6,并给出按我国《混凝土结构设计规范》(GB 50010—2010)计算的结果。

表 6-6　最小配箍率 $\rho_{sv,min}$

混凝土强度等级		C30	C40	C50	C60	C70	C80
f_{ctm}(MC90 规范取值)		2.51	3.04	3.5	4.1	4.6	5.1
f_{tk}(按 GB 50010—2010 取值)		2.01	2.93	2.64	2.85	2.99	3.11
f_{yvk} = 335 MPa	按式(6-10)计算值	0.001 5	0.001 8	0.002 1	0.002 4	0.002 75	0.003 04
	按我国《混凝土结构设计规范》计算值	0.001 14	0.001 36	0.001 5	0.001 6	0.001 7	0.001 76
f_{yvk} = 400 MPa	按式(6-10)计算值	0.001 26	0.001 52	0.001 75	0.002 05	0.002 3	0.002 55
	按我国《混凝土结构设计规范》计算值	0.000 95	0.001 14	0.001 26	0.001 26	0.001 43	0.001 47

取f_{yvk} = 400 MPa,当混凝土强度等级为 C30~C40 时，MC90 取值与我国规范的计算值之比为 1.32~1.33;当为 C70~C80 时,其计算值之比为 1.61~1.73。

从以上分析可以看出,除美国、英国规范的 $\rho_{sv,min}$ 值仅与箍筋强度有关外,欧洲规范、模式规范的 $\rho_{sv,min}$ 尚与混凝土强度有关。德国规范由于限制了箍筋强度特征值f_{yvk} = 500 MPa,因此也属于欧洲规范和模式规范一类,即 $\rho_{sv,min}$ 值与箍筋和混凝土两种材料的强度有关。

根据前述分析可见,我国《混凝土结构设计规范》(GB 50010—2010)采用的最小配箍率($\rho_{sv,min}$)的计算表达式是合理的,与欧洲标准、模式规范和德国规范的表达式一致。与国外规范比较,我国规范中 $\rho_{sv,min}$ 的取值低于模式规范,稍低于欧洲标准,与德国规范基本一致。

6.1.2　斜截面受剪性能分析

6.1.2.1　无腹筋构件斜截面受剪承载力

1. 无腹筋梁的斜截面受剪承载力

影响斜截面承载力的因素多而复杂,各因素之间相互制约,目前抗剪试验只能给出总体影响效应,很难准确给出各因素的影响量值,并且试验值的离散性大,所以无腹筋梁斜截面承载力通常是建立在抗剪机理和试验统计的基础上,考虑简便、通用和偏安全,采用试验数据值的偏下限来确定。

图 6-13 表示集中荷载作用下无腹筋梁名义剪应力和剪跨比的关系。图 6-14 表示均布荷载作用下无腹筋梁名义剪应力和 l/h_0 的关系。

需要注意的是,无腹筋梁斜截面破坏的特点是一旦出现裂缝,就会很快发展,呈明显的脆性破坏,有较大的危险性。所以,虽然设计梁时可以不用公式计算无腹筋梁斜截面承载力,但并不表示设计时梁可以不配置箍筋，一般应按构造要求配置一定数量的箍筋。

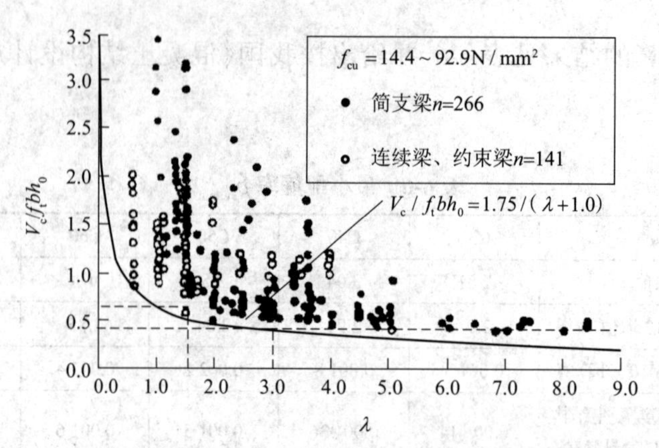

图 6-13 集中荷载作用下无腹筋梁名义剪应力和剪跨比的关系

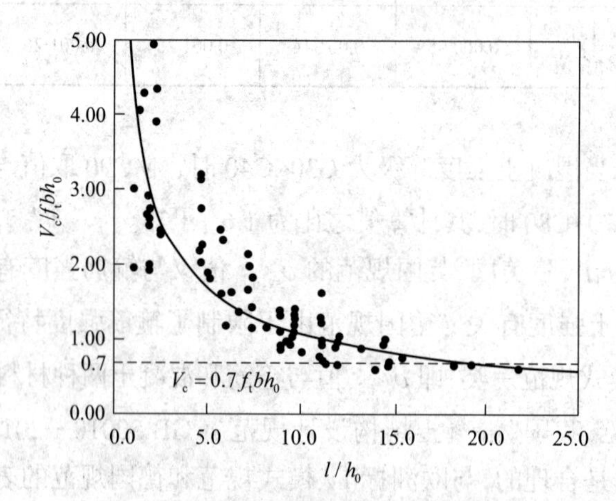

图 6-14 均布荷载作用下无腹筋梁名义剪应力和 l/h_0 的关系

2. 无腹筋板类构件的斜截面受剪承载力

欧洲规范 Eurocode 2 规定：

$$V_{sd}\leqslant\tau_{Rd}\kappa(1.2+40\rho_l)b_wh_0 \tag{6-11}$$

$$\tau_{Rd}\approx0.03f_{cu,k}^{2/3} \tag{6-12}$$

式中：V_{sd}——剪力设计值；

κ——截面高度影响系数，$\kappa=\left(\dfrac{400}{h_0}\right)^{1/4}$；

ρ_l——纵筋配筋率；

b_w——腹板宽度；

h_0——截面有效高度。

我国《港口工程混凝土结构设计规范》（JTJ 267—1998）对仅配有箍筋的矩形、T 形和 I 形

一般无腹筋受弯构件的斜截面受剪承载力的计算规定为

$$V \leqslant \frac{1}{\gamma_d} \times 0.07 \alpha_h f_{ct} b h_0 \tag{6-13}$$

$$\alpha_h = \left(\frac{800}{h_0}\right)^{1/2} \tag{6-14}$$

式中：α_h——截面高度影响系数。

我国《混凝土结构设计规范》（GB 50010—2010）中，只对无腹筋的一般板类构件考虑截面高度对斜截面受剪承载力的影响，计算公式为

$$V_c \leqslant 0.7 \beta_h f_t b h_0 \tag{6-15}$$

$$\beta_h = \left(\frac{800}{h_0}\right)^{\frac{1}{4}} \tag{6-16}$$

式中：β_h——截面高度影响系数，当 h_0<800 mm 时，取 h_0=800 mm；当 h_0>2 000 mm 时，取 h_0=2 000 mm。

各国规范对承受均布荷载的板类受弯构件允许不配置箍筋进行设计。

3. 截面高度影响系数

上述无腹筋板的斜截面受剪承载力计算公式中都考虑了截面高度影响系数。

美国 ACI 318 规范对截面高度的影响未做具体规定，但在条文说明中承认受剪承载力随着截面高度增大而降低。

国内外规范和指南的截面高度影响系数表达式见表 6-7。

表 6-7　国内外规范和指南采用的截面高度影响系数表达式

参　数	英国规范 BS 8110	欧洲规范 Eurocode 2	港工规范 JTJ 267—1998	高强混凝土结构技术规程	MC 90，DIN 1045
截面高度影响系数 β_h	$\left(\frac{400}{h_0}\right)^{1/4}$	$1.6-h_0>1.0$	$\left(\frac{800}{h_0}\right)^{1/2}$	$\left(\frac{800}{h}\right)^{1/4}$	$1+\left(\frac{200}{h_0}\right)^{1/2}\leqslant 2$
备注	$h_0<400$ mm	h_0按 m 计	$800\leqslant h\leqslant 1\ 100$ mm	$h\geqslant 800$ mm	h_0按 mm 计

根据表中的截面高度影响系数表达式，英国规范（BS 8110）和欧洲规范（Eurocode 2）中截面高度影响系数的适用范围分别在截面高度比较小的 400 mm 和 600 mm 以下，并且考虑截面尺寸对承载力的提高作用，对承载力做增大修正。我国《港口工程混凝土结构设计规范》和《高强混凝土结构技术规程》考虑截面尺寸对受剪承载力的降低作用，当截面高度大于 800 mm 时，受剪承载力做折减修正。另外，MC90、DIN 1045 也都考虑到了截面尺寸对斜截面受剪承载力的影响，对受剪承载力做折减修正。

综上所述，考虑截面高度对斜截面受剪承载力的影响大致分为两种情况：在截面高度比较小（$h<600$ mm）的情况下，考虑尺寸效应对斜截面受剪承载力的增大作用，对承载能力做增大修正；在截面高度比较大（$h\geqslant 600$ mm）的情况下，则要考虑尺寸效应对斜截面受剪承载力的

不利影响，对承载能力做折减修正。在我国《港口工程混凝土结构设计规范》（JTJ 267—1998）和 MC90、DIN 1045 中，当截面高度从 800 mm 增加到 1 100 mm 时，受剪承载力的降低幅度为：按《港口工程混凝土结构设计规范》是 14.7%，而按 MC90、DIN 1045 其降低幅度为 5%。

4. 关于剪切破坏和冲切破坏的问题

受弯构件在集中荷载作用下的剪切破坏特征为，破坏斜截面贯穿构件的整个宽度（斜压破坏除外）。而双向板在集中荷载作用下的冲切破坏特征则是形成破坏锥体，破坏面是空间的斜截面。板的受剪和受冲切有许多相似之处。关于板是否需要同时验算受冲切承载力和受剪切承载力的问题，《混凝土结构设计规范》（GB 50010—2010）未做明确规定。但由试验观察，有些板虽然支承于两对边，当板的宽度较大，集中荷载作用面积较小时，在集中荷载作用下也会发生冲切破坏；有的板式基础，当长边与短边之比为 1.5 时，在均布荷载作用下却发生剪切破坏。因此，需要明确受冲切承载力和受剪切承载力计算公式的适用范围。

为解决实际工程设计问题，一些国家规范规定，当板承受集中荷载作用时，应同时验算受冲切承载力和受剪切承载力，并以两者中之较小者作为设计控制值。也有一些规范规定，要根据现有试验资料，在试验资料以外的条件下受冲切承载力计算公式不适用，此时，应验算受剪切承载力。

由于试验资料有限，这一问题有待进一步研究。

6.1.2.2 有腹筋梁的受剪性能

剪弯区段的受力状态如图 6-15 所示。一部分剪力由混凝土弧形拱直接传递到支座，而另一部分剪力则由混凝土斜压杆以压力形式借助骨料间的咬合力以及箍筋的连接作用向纵筋和支座方向传递。

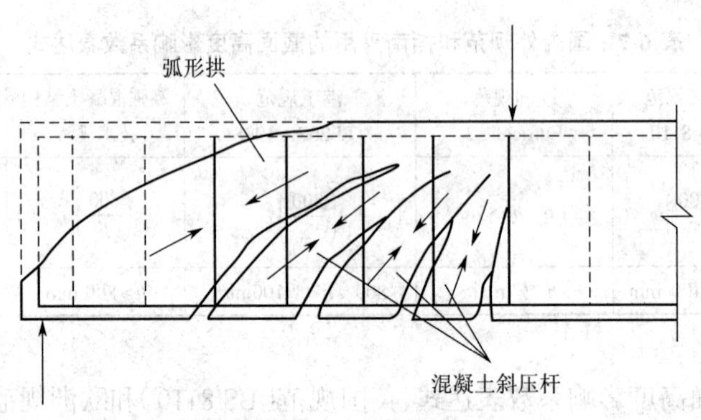

图 6-15 剪力传递

如图 6-16 所示，有腹筋梁弯剪承载力的组成是：斜裂缝上端、靠梁顶部未开裂混凝土的抗剪力（V_c）、沿斜裂缝的混凝土骨料咬合作用（V_i）、纵筋的横向（销栓）力（V_d）以及箍筋和弯起筋的抗剪力（V_s和V_b）等。这些主要抗剪组分的作用和相对比例，在构件的不同受力阶段随裂缝的形成和发展而不断地变化。因此，可以认为构件极限状态的弯剪承载力是这些组分的总和：

$$V_u = V_c + V_i + V_d + V_s + V_b \tag{6-17}$$

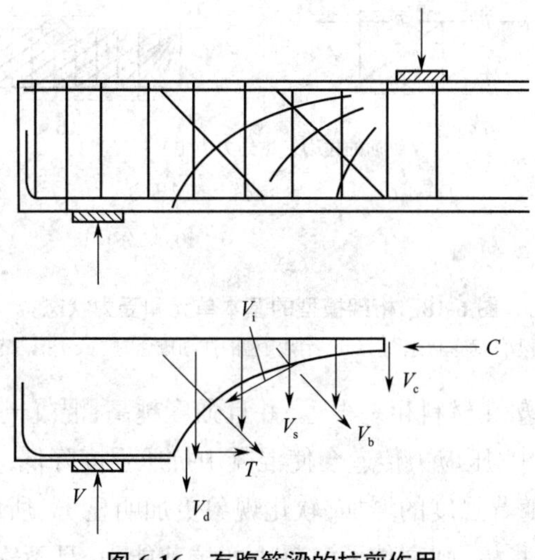

图 6-16　有腹筋梁的抗剪作用

6.1.3　受剪机理和受力模型分析

6.1.3.1　桁架模型

斜裂缝出现后被斜裂缝分割成的混凝土块体可以看作一个个承受压力的斜压杆，箍筋将混凝土块体连接在一起，共同把剪力传递到支座上。这样就形成了桁架式的受力模型。如图 6-17 所示，箍筋和混凝土斜压杆分别相当于桁架模型中的腹拉杆和腹压杆，纵向受拉钢筋和在剪压区的受压混凝土分别充当桁架的弦拉杆和弦压杆。

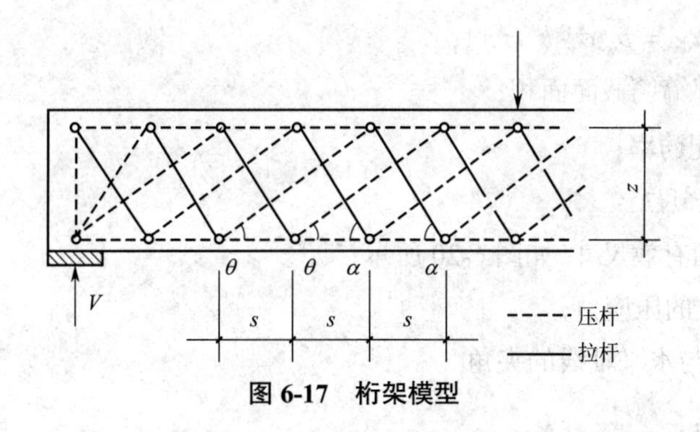

图 6-17　桁架模型

日本建筑学会《钢筋混凝土建筑保证延性型抗震设计指南》(简称《指南》)中，梁柱的受剪承载力计算公式是目前世界上为数不多的采用模型分析的。该模型由桁架模型和拱模型组成。桁架模型的基本单元如图 6-18 所示。根据图 6-18(a)所示的桁架模型概念，构件端部压力变为箍筋的拉力，把纵筋和箍筋视为桁架模型中的拉杆和压杆，混凝土视为桁架模型中的斜压腹杆。水平方向的 C 表示混凝土压力或纵筋的压力，水平方向的 T 表示纵筋的拉力，垂直方向的 T 表示箍筋的拉力。实际桁架模型中，斜向压力 C 和垂直方向的拉力 T 如图 6-18(b)所示，是扇形传递的。

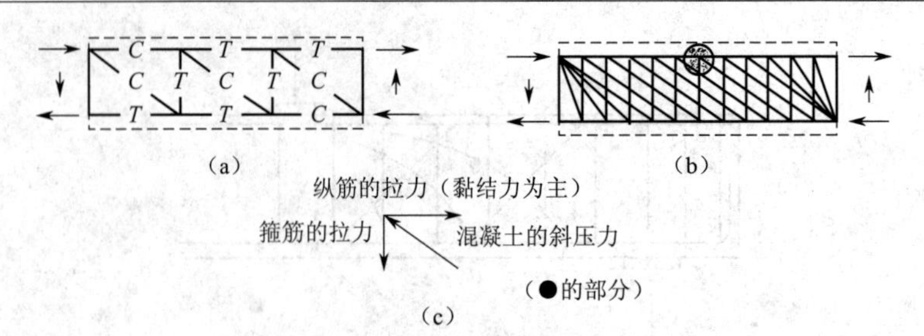

图 6-18 桁架模型的基本单元和受力状态

(a)桁架模型的简单概念图 (b)桁架模型的详细概念图 (c)桁架模型的平衡

混凝土材料与完全弹塑性材料相差很远，并且强度越高，混凝土应力 - 应变曲线的下降段越陡。在斜裂缝产生过程中，压应力传递会使混凝土抗压强度降低，并且处于双向拉压状态下的混凝土存在软化现象（随着强度的增加，软化现象更加明显）。所以，在计算分析中，直接以混凝土抗压强度作为设计指标，则高估了混凝土的抗剪能力，是不安全的。为此，在模型分析中，忽略变形协调条件，假定纵筋、箍筋和混凝土是完全弹塑性的，引入有效强度系数 v_0 降低混凝土的抗压强度 σ_{bc}（N/mm²）。

$$v_0 = 0.7 - \frac{\sigma_{bc}}{200} \tag{6-18}$$

在剪切裂缝出现时，由于压应力流，混凝土抗压强度 σ_{bc} 降低，混凝土在斜向的压力应取有效抗压强度 $v_0\sigma_{bc}$。同时由式（6-18）可见，随着混凝土抗压强度增加，用有效强度系数折减的幅度增大。

如图 6-19（a）所示，在桁架模型中，受剪承载力 V_t 为

$$V_t = \sum a_w \sigma_{wy} = p_{we}\sigma_{wy} b_e j_e \cot\phi \tag{6-19}$$

式中：$\sum a_w$——全部箍筋截面面积；

p_{we}——箍筋配筋率；

σ_{wy}——箍筋强度；

b_e, j_e——截面有效尺寸，如图 6-20 所示；

σ_c——混凝土的压应力；

ϕ——斜压杆与水平轴线的夹角。

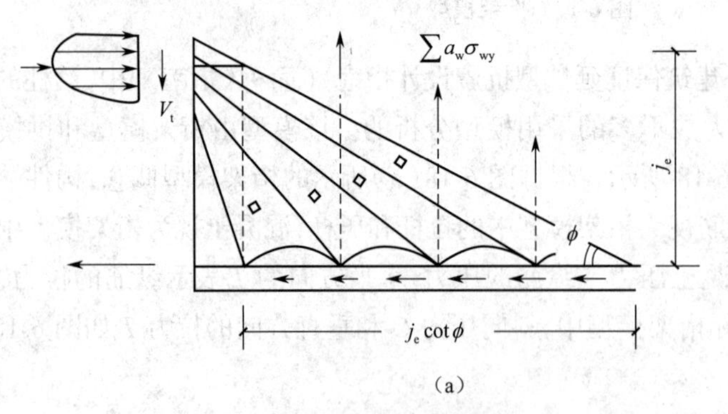

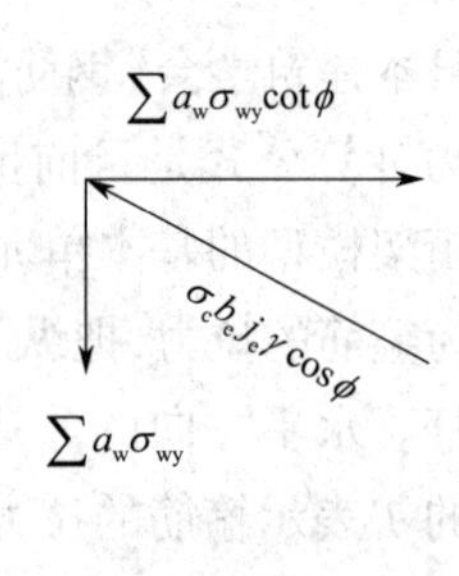

图 6-19 桁架模型的剪力平衡和压应力平衡

(a)桁架模型的剪力平衡 (b)桁架模型的压应力平衡

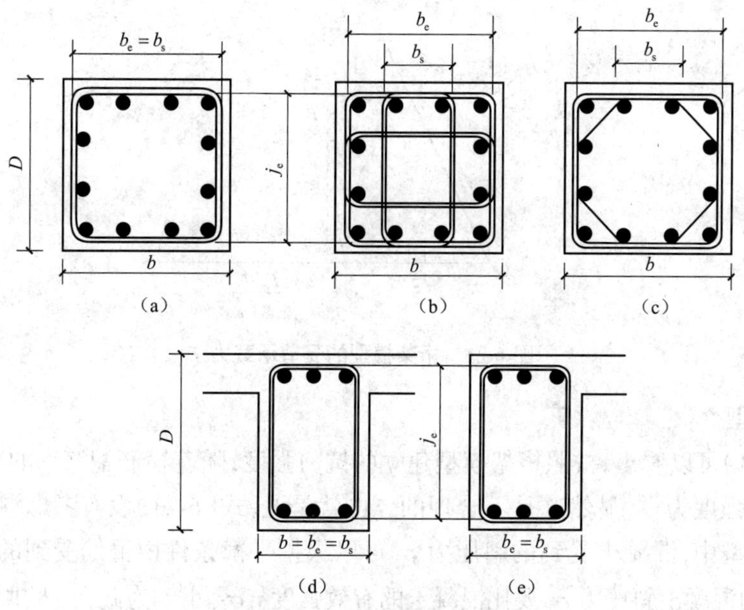

图 6-20　梁、柱的截面和尺寸

（a）无中间箍筋　（b）有中间箍筋　（c）八角形箍筋　（d）两侧有板　（e）单侧有板

由于斜压杆角度 ϕ 越小，与斜裂缝正交的压力越大，ϕ 的上限是 $\cot\phi=2$。$\cot\phi$ 受到纵筋变形和混凝土斜压力的影响，由图 6-19（b）的平衡条件，不考虑塑性铰转角时，得到

$$\left(\sum a_{\mathrm{w}}\sigma_{\mathrm{wy}}\right)^2\left(1+\cot^2\phi\right)=\left(\sigma_{\mathrm{c}}b_{\mathrm{e}}\gamma j_{\mathrm{e}}\cos\phi\right)^2 \tag{6-20}$$

式中：σ_{c}——混凝土的压应力；

γ——有效系数，是考虑由于箍筋作用，使实际混凝土受压面积减少，对截面面积的折减。取

$$\gamma=\left(1-\frac{s}{2j_{\mathrm{e}}}\right)\left(1-\frac{b_{\mathrm{s}}}{4j_{\mathrm{e}}}\right) \tag{6-21}$$

将式（6-20）代入式（6-19），且满足混凝土斜压应力 $\sigma_{\mathrm{c}}\leqslant v_0\sigma_{\mathrm{bc}}$，得到

$$\cot\phi\leqslant\sqrt{\frac{\gamma v_0\sigma_{\mathrm{bc}}}{p_{\mathrm{we}}\sigma_{\mathrm{wy}}}-1} \tag{6-22}$$

注意到 $\cot\phi\leqslant 2$，把式（6-22）代入式（6-19），把桁架模型中受剪承载力 V_{t} 分为两部分，分别取下边公式中的最小值。

$$V_{\mathrm{t}}=2p_{\mathrm{we}}\sigma_{\mathrm{wy}}b_{\mathrm{e}}j_{\mathrm{e}} \tag{6-23}$$

$$V_{\mathrm{t}}=p_{\mathrm{we}}\sigma_{\mathrm{wy}}b_{\mathrm{e}}j_{\mathrm{e}}\sqrt{\frac{\gamma v_0\sigma_{\mathrm{bc}}}{p_{\mathrm{we}}\sigma_{\mathrm{wy}}}-1} \tag{6-24}$$

式（6-23）和式（6-24）可以用图 6-21 所示的图形表示。进一步把 AB 段用直线近似，可得

$$V_{\mathrm{t}}=\frac{\gamma v_0\sigma_{\mathrm{bc}}+p_{\mathrm{we}}\sigma_{\mathrm{wy}}}{3}b_{\mathrm{e}}j_{\mathrm{e}} \tag{6-25}$$

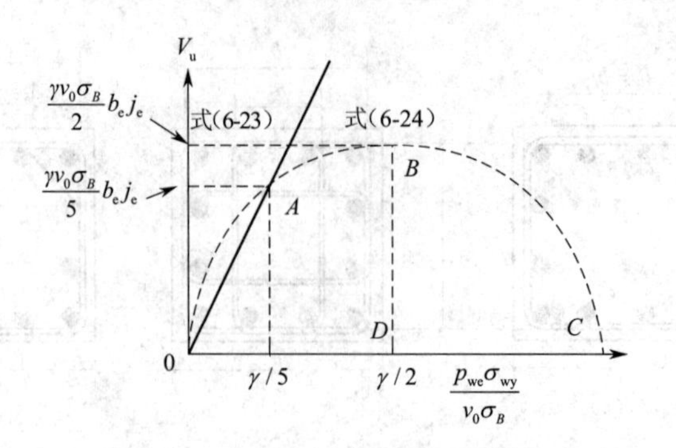

图 6-21 桁架模型的受剪承载力

6.1.3.2 拱模型

由式(6-23)可以看出,按照桁架模型建立的抗剪强度,随着箍筋配筋率的减小而降低,当无箍筋时抗剪强度为零,显然这是不合理的。也就是说,式(6-23)没有考虑混凝土的抗剪能力。在桁架模型中,混凝土受到的斜压力 σ_c 可以根据平衡条件由箍筋受到的拉力求得。但是,桁架模型的混凝土斜压力 σ_c 要比混凝土的有效强度 $v_0\sigma_{bc}$ 小。为此,引入拱模型的概念,求出拱模型中混凝土的斜压力 σ_a。混凝土有效强度 $v_0\sigma_{bc}$ 由桁架模型中混凝土的斜压力 σ_c 和拱模型中混凝土的斜压力 σ_a 两部分组成。

拱模型如图 6-22(a)所示。这里,把混凝土视为斜压杆,斜向的 C 表示混凝土压力,水平方向的 T 表示纵筋拉力。实际拱模型的受力如图 6-22(b),受力是中部膨胀的形式,为了计算方便,进一步简化为图 6-22(c)的形式。

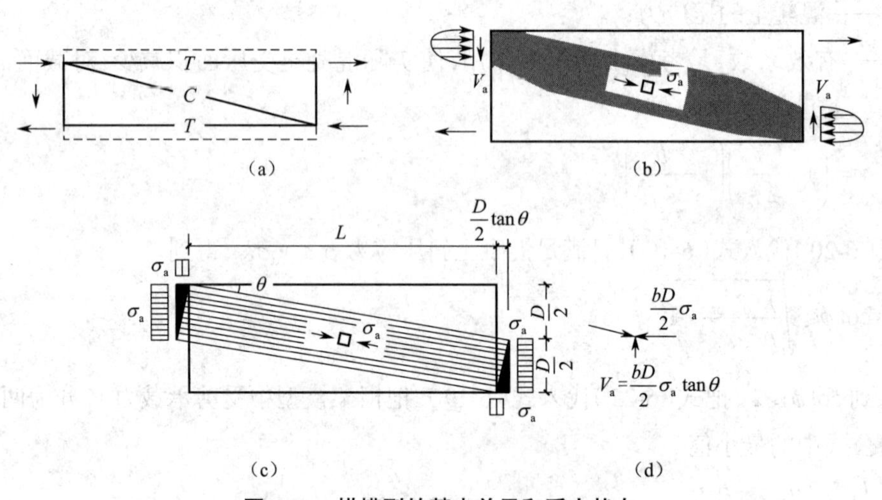

图 6-22 拱模型的基本单元和受力状态

(a)拱模型的概念图 (b)实际拱模型 (c)简化的拱模型 (d)平衡条件

由平衡条件,混凝土承担的剪力为

$$V_a = \sigma_a \frac{bD}{2}\tan\theta = \left(v_0\sigma_{bc} - \frac{5p_{we}\sigma_{wy}}{\gamma}\right)\frac{bD}{2}\tan\theta \tag{6-26}$$

可以看到, $\tan\theta$ 反映了剪跨比的影响。

6.1.3.3　受剪承载力计算公式

《指南》认为：梁和柱的受剪承载力分如下两种情况计算，并取式(6-27)和式(6-28)中的最小值。

当箍筋配筋率比较小时，梁、柱的受剪承载力由桁架模型和拱模型共同建立，即

$$V_{t}=\left(v_{0}\sigma_{bc}-\frac{5p_{we}\sigma_{wy}}{\gamma}\right)\frac{bD}{2}\tan\theta+2p_{we}\sigma_{wy}b_{e}j_{e} \tag{6-27}$$

随着箍筋配筋率增大，桁架作用明显，拱作用消失，受剪承载力由桁架模型建立，即

$$V_{u}=\frac{\gamma v_{0}\sigma_{bc}}{3}b_{e}j_{e}+\frac{p_{we}\sigma_{wy}}{3}b_{e}j_{e} \tag{6-28}$$

式(6-27)和式(6-28)的第一项为混凝土项，以混凝土抗压强度为设计指标，表示混凝土的抗剪承载力，并且当箍筋配筋率比较小时考虑剪跨比的影响；第二项为箍筋项，表示箍筋的抗剪承载力。

我国《混凝土结构设计规范》(GB 50010—2010)采用以混凝土抗拉强度为设计指标的受剪承载力计算公式。

$$V_{u}=0.7f_{t}bh_{0}+\rho_{sv}f_{yv}bh_{0} \tag{6-29}$$

对集中荷载作用下的独立梁：

$$V_{u}=\frac{1.75}{\lambda+1.0}f_{t}bh_{0}+\rho_{sv}f_{yv}bh_{0} \tag{6-30}$$

式中：V_{u}——构件斜截面上的最大剪力设计值；

f_{t}——混凝土抗拉强度设计值；

b,h_{0}——矩形截面宽度和截面有效高度；

f_{yv}——箍筋抗拉强度设计值；

ρ_{sv}——箍筋配筋率；

λ——计算截面的剪跨比，当$\lambda<1.5$时，取$\lambda=1.5$，当$\lambda>3$时，取$\lambda=3$。

式(6-27)、式(6-28)与式(6-29)、式(6-30)比较，可以看到，我国《混凝土结构设计规范》(GB 50010—2010)中的受剪承载力计算公式和日本《指南》中的计算公式虽然在划分计算范围和荷载形式上有所不同，但在物理概念和形式上是类似的。

根据图 6-21 桁架模型的受剪承载力，日本《指南》中的受剪承载力的截面限制条件与我国规范的设计理论相同，认为当箍筋配筋率很大时，箍筋不能发挥作用，抗剪强度由混凝土的有效抗压强度控制，取

$$V_{u}=\frac{\gamma v_{0}\sigma_{bc}}{2}b_{e}j_{e} \tag{6-31}$$

综上所述，日本《指南》中采用的计算模式具有力学概念明确、理论分析推导严密的特点，但在分析处理方面，采用桁架模型和拱模型描述混凝土受压及影响效应，受剪承载力计算公式根据配箍率分段给出，计算公式过于烦琐。在模型中，混凝土是受压的，但是，没有直接用混凝土抗压强度作为设计指标，而采用修正的有效抗压强度$v_{0}\sigma_{bc}$，有效系数v_{0}是半经验半理论的。在拱模型中，对斜裂缝产生过程中压应力流散(扩散)对抗压强度的影响做了简化假定。由于

拱模型中混凝土斜向压应力比有效抗压强度小，按照裂缝形成后斜压力由拱传递的理论模型，混凝土斜向压应力表示为有效抗压强度和桁架模型中斜向混凝土压力之差。

6.1.4 有腹筋梁的受剪承载力计算

6.1.4.1 计算模式

我国《混凝土结构设计规范》(GB 50010—2010)的计算公式是根据剪压破坏并考虑到使用高强混凝土时的受力特征，以试验点的偏下限作为受剪承载力计算的取值标准而建立的。对矩形、T形和I形截面的受弯构件，斜截面受剪承载力计算采用下列基本形式：

$$V \leqslant V_{cs} + V_b = V_c + V_s + V_b \tag{6-32}$$

$$V_{cs} = V_c + V_s \tag{6-33}$$

式中：V——构件斜截面上的剪力设计值；

V_{cs}——构件斜截面上混凝土和箍筋的受剪承载力设计值；

V_b——与斜裂缝相交的弯起钢筋的受剪承载力设计值，$V_b = 0.8 f_y A_{sb} \sin\alpha_s$，具体符号含义见《规范》6.3.5条，下面仅讨论 V_{cs} 的计算公式；

V_c——混凝土的受剪承载力设计值；

V_s——箍筋的受剪承载力设计值，包括箍筋直接承受部分剪力和间接限制斜裂缝宽度、增强混凝土骨料咬合力等作用。

6.1.4.2 计算公式

矩形、T形和I形截面的一般受弯构件，斜截面受剪承载力按下式计算：

$$V \leqslant V_{cs} = 0.7 f_t b h_0 + f_{yv} \frac{A_{sv}}{s} h_0 \tag{6-34}$$

式中：f_t——混凝土抗拉强度设计值；

b——构件的截面宽度，T形和I形截面取腹板宽度；

h_0——截面的有效高度；

f_{yv}——箍筋的抗拉强度设计值；

A_{sv}——配置在同一截面内箍筋各肢的全部截面面积，$A_{sv} = nA_{sv1}$；

n——在同一截面内箍筋的肢数；

A_{sv1}——单肢箍筋的截面面积；

s——箍筋的间距。

集中荷载作用下的独立梁（包括作用多种荷载，且其中集中荷载对支座截面或节点边缘产生的剪力值占总剪力值的75%以上的情况），斜截面受剪承载力按下式计算：

$$V \leqslant V_{cs} = \frac{1.75}{\lambda + 1.0} f_t b h_0 + f_{yv} \frac{A_{sv}}{s} h_0 \tag{6-35}$$

式中：λ——剪跨比，可取 $\lambda = a/h_0$，a 为计算截面至支座截面或节点边缘的距离，计算截面取集中荷载作用点处的截面。当 $\lambda < 1.5$ 时，取 $\lambda = 1.5$；当 $\lambda > 3.0$ 时，取 $\lambda = 3.0$。

独立梁是指不与楼板整浇的梁，计算公式中以混凝土抗拉强度 f_t 为设计指标，没有考虑纵筋对抗剪强度的影响。

上述计算公式与试验结果的比较见图 6-23 和图 6-24。由图可见，计算公式基本是取试验点的下包线。

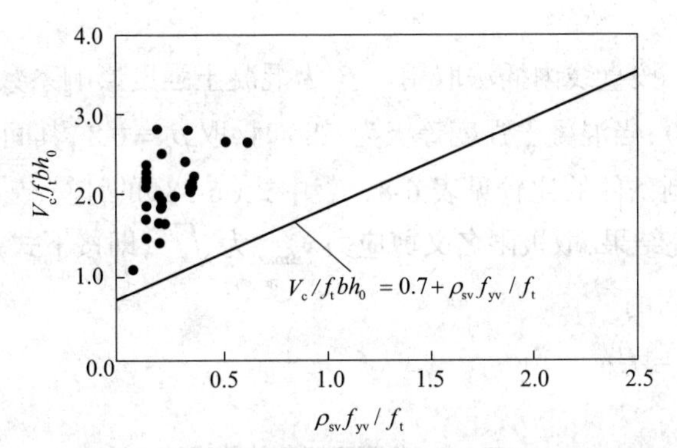

图 6-23　均布荷载作用下配箍筋梁的试验值与计算值的比较

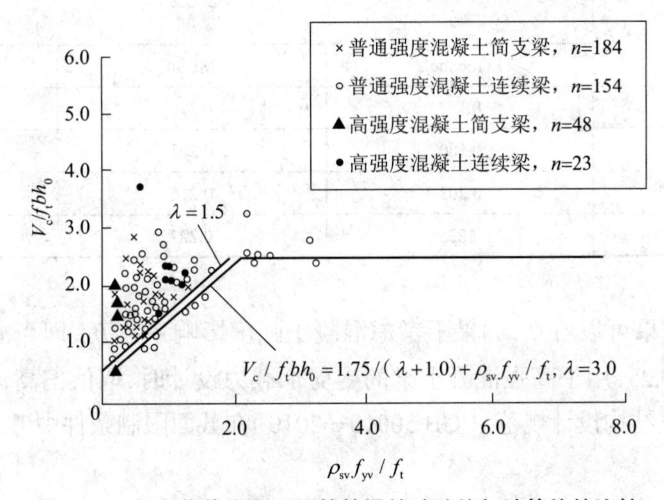

图 6-24　集中荷载作用下配箍筋梁的试验值与计算值的比较

《水工混凝土结构设计规范》(SL 191—2008)对一般受弯构件和集中荷载为主的构件，混凝土项均取 0.7，箍筋项均取 1.25，弯起钢筋项取 1.0，但在注中指出：对承受集中力为主的重要的独立梁混凝土项取为 0.5，箍筋项取为 1.0。

《水工混凝土结构设计规范》(DL/T 5057—2009)对一般受弯构件，混凝土项取 0.7；对集中荷载为主的构件混凝土项取 0.5；箍筋项和弯起钢筋项均取 1.0。

6.1.4.3　截面限制条件

研究表明，处于双向拉压状态的混凝土存在软化现象，并且随着强度的增加软化现象愈加明显。按混凝土斜压场理论，采用 f_c 作为设计指标时，应考虑混凝土的软化，一些规范通常乘以一个软化系数予以折减。

我国《混凝土结构设计规范》(GB 50010—2010)考虑高强混凝土的特点，受弯构件受剪截面限制条件如下。

当 $h_w / b \leqslant 4$ 时，

$$V \leqslant 0.25\beta_c f_c bh \tag{6-36}$$

当 $h_w / b \geqslant 6$ 时，

$$V \leqslant 0.20\beta_c f_c bh \tag{6-37}$$

当 $4 < h_w / b < 6$ 时，按直线内插法取用。β_c 为混凝土强度影响系数，当混凝土强度等级不超过 C50 时，取 $\beta_c = 1.0$；当混凝土强度等级为 C80 时，取 $\beta_c = 0.8$，其间按线性内插法取用。

各国规范截面限制条件的比较见表 6-8。表中式（6-38）的计算结果是根据 Zhang 的高强混凝土软化性能的研究结果，取极限名义剪应力 $v_{u\max}$ 为 $\sqrt{f_c'}$，即按下式并按美国 ACI 318-2005 取 $\varphi = 0.75$，经换算得出的。

$$v_{u\max} = v / bh_0 = f_c'^{1/2} \tag{6-38}$$

表 6-8 截面限制条件的比较

混凝土强度等级	$\frac{V}{f_c bh_0}$		
	Eurocode 2	MC90	按式（6-38）
C80	0.157	0.194	0.198
C70	0.180	0.205	0.206
C60	0.203	0.216	0.221
C50	0.225	0.227	0.232

由表 6-8 的结果可以看到，如果不考虑混凝土强度影响系数 β_c，即当混凝土强度等级为 C60~C80 时均取 0.25，用于高强混凝土梁的受剪承载力设计时，取值偏高，显然是不合理的。所以，我国《混凝土结构设计规范》（GB 50010—2010）在截面限制条件中考虑了混凝土强度影响系数。

各国规范在受剪承载力计算公式中考虑的因素见表 6-9。

表 6-9 国内外规范在受剪承载力公式中考虑的主要影响因素

规范	混凝土强度	剪跨比	纵筋配筋率	受压翼缘	尺寸效应
GB 50010—2010	f_t	集中荷载考虑			
JTJ 267—1998	f_c	集中荷载考虑			◎
水工混凝土结构设计规范	f_t	集中荷载考虑			
铁路桥跨规范	f_t	◎	◎	◎	
我国公路桥规	$f_{cu}^{1/2}$	◎	◎		
美国（ACI 318M-1989）	$f_c'^{1/2}$	◎	◎		
英国（BS 8110）	$f_{cu}^{1/3}$		◎		◎

续表

	混凝土强度	剪跨比	纵筋配筋率	受压翼缘	尺寸效应
欧洲（Eurocode 2）	f_t		◎		◎
欧洲模式规范（CEB-FIP）	f_t	◎	◎		
新西兰（NZS 3101）	$f_c'^{1/2}$		◎		
俄罗斯	f_t	◎		◎	
日本建筑学会	f_t	◎			

6.1.5 深受弯构件受剪性能和受剪承载力

将跨高比 $l_0/h<5$ 的简支梁或连续梁（短梁和深梁）统称为深受弯构件，其中，$l_0/h\leqslant 2$ 的简支梁和 $l_0/h\leqslant 2.5$ 的连续梁称为深梁；l_0/h 大于上述值而小于 5 的梁称为短梁；$l_0/h\geqslant 5$ 的梁称为浅梁。

理论上，与深梁、短梁和浅梁相对应的跨高比 l_0/h 和集中荷载作用下的剪跨比 λ 由小到大变化时，梁的力学特征（包括受剪承载力）的变化应当是连续的。但是，由于跨高比较小（例如 $l_0/h\leqslant 2$）时，构件的受力特征与跨高比较大（$l_0/h\geqslant 5$）时有明显不同，截面设计和配筋构造要求也有很大差异，所以应分别考虑。

6.1.5.1 深受弯构件的受力性能

1. 深梁的受力性能

钢筋混凝土深梁在工业与民用建筑及特种结构中应用较广，例如高层建筑的转换层梁、双肢柱肩梁、框支剪力墙结构的底层大梁、地下室墙壁和墙式基础梁、各类储仓或水池的侧壁等基本上都具有深梁的特点。

对简支深梁，试验表明：从加荷至出现裂缝，深梁处于弹性工作阶段。弹性分析发现，荷载作用于深梁顶部和底部，其主拉应力的轨迹有很大不同，前者形成波纹状，后者形成放射状（图 6-25）。从图 6-25 可以看出，外荷载通过梁内形成的主压力线和主拉力线的共同作用而传至支座，主压力线的作用一般称为拱作用，主拉力线的作用称为梁作用。这一阶段的特点是拱作用和梁作用并存，各自根据自己的刚度分担外荷载。

随着荷载的增加，梁先后出现竖向裂缝（垂直于梁底面，通常称为弯曲裂缝）和斜裂缝（由于斜向主拉应力超过混凝土的抗拉强度）。斜裂缝的出现与发展，标志着深梁的工作特性发生了重大转折：腹斜裂缝两侧混凝土的主压应力由于主拉力线的卸荷作用而显著增大，梁内产生明显的应力重分布。这时由拱作用和梁作用并存转化为以拱作用为主，使深梁的中下部形成低应力区；同时，支座附近的纵向受拉钢筋应力迅速增大，很快与跨中处的钢筋应力趋于一致，从而形成以纵向受拉钢筋为拉杆，以加荷点至支座之间的混凝土为拱腹的拉杆拱受力体系，如图 6-26 所示。这时，深梁承受的荷载远小于破坏荷载，这是深梁与一般梁显著不同的地方。

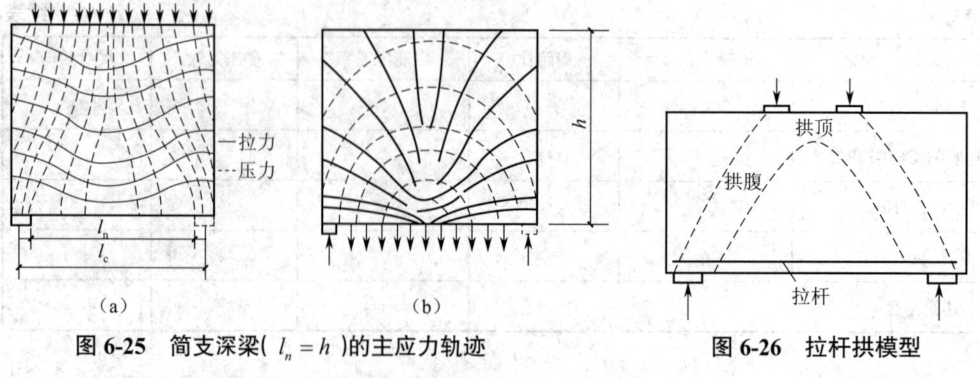

图 6-25 简支深梁($l_n = h$)的主应力轨迹

(a)荷载作用于梁顶部 (b)荷载作用于梁底部

图 6-26 拉杆拱模型

当荷载继续增加至破坏荷载时,深梁将发生破坏,其破坏形态有以下几种。

1)弯曲破坏

当纵向钢筋配筋率 ρ 较低时,随着荷载的增加,跨中出现垂直裂缝并逐渐发展成临界裂缝,由受拉钢筋首先达到屈服强度而破坏。随后,钢筋进入强化阶段,这时深梁可继续承受荷载,竖向裂缝继续发展,混凝土受压区不断减小,直至梁顶混凝土被压碎,深梁丧失承载力。其破坏特征类似于一般梁的弯曲破坏,具有较好的延性。

当纵向钢筋配筋率 ρ 稍大时,跨中的竖向裂缝发展缓慢,而在弯剪区底部受拉边缘的裂缝向上发展为斜裂缝。这时,梁内产生明显的应力重分布,形成拉杆拱受力体系。在此拱式受力体系中,若拉杆首先达到屈服强度而破坏则称为斜截面弯曲破坏。

2)剪切破坏

当纵向钢筋配筋率 ρ 较高时,深梁的受弯承载力将大于受剪承载力。在弯剪区产生斜裂缝而形成拉杆拱后,随着荷载的增加,拱腹混凝土首先被压碎或劈裂,即为剪切破坏。

根据斜裂缝发展的特征,深梁的剪切破坏可分为斜压破坏(图 6-27(a))和劈裂破坏(图 6-27(b))两种形态。前者在拱式受力体系形成后,随着荷载的增加,拱肋(梁腹)和拱顶(梁顶受压区)混凝土的压应力亦随之增加,从而在梁腹出现许多大致平行于支座中心与加荷中心连线的斜裂缝,最后混凝土被压碎;后者在产生斜裂缝后,随着荷载的增加,主要的一条斜裂缝继续沿斜向延伸,临近破坏时,在主要斜裂缝的外侧突然出现一条与它大致平行的通长劈裂裂缝,将深梁外侧部分推出或在支座附近斜向压坏,导致深梁破坏。随着纵向钢筋配筋率 ρ 的增大,深梁将由弯曲破坏转化为剪切破坏,不存在一般梁的超筋破坏现象。

3)局部受压或锚固破坏

由于深梁支座的支承面和集中荷载加荷点处的局部应力很大,如果支承垫板和加荷垫板的面积过小,则将会在这些部位发生局部受压破坏。

在斜裂缝发展时,支座附近的纵向受拉钢筋应力迅速增加,很快达到跨中的钢筋应力,从而容易被拔出而发生锚固破坏。

对连续深梁,其破坏形态与简支深梁类似。与简支深梁不同的是,当连续深梁发生弯曲破坏时,某一受弯截面纵筋屈服,并不等于该截面屈服。这是由于深梁的截面刚度较大,约束了纵筋屈服截面的转动,使中和轴高度上升减慢,从而提高了该截面的承载力。

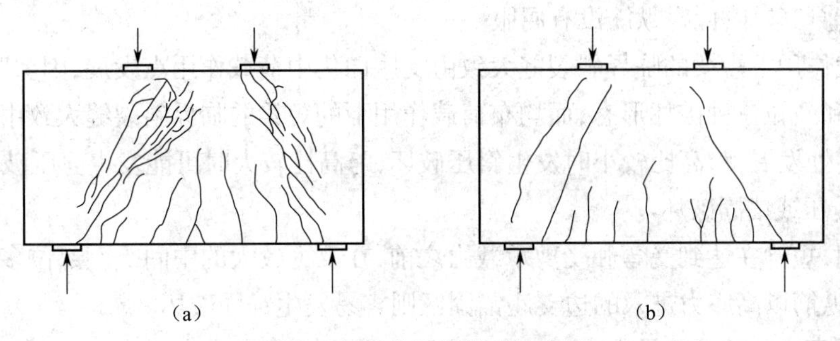

图 6-27　简支深梁的剪切破坏

(a)斜压破坏　(b)劈裂破坏

连续深梁剪切破坏的两种形态如图 6-28 所示。

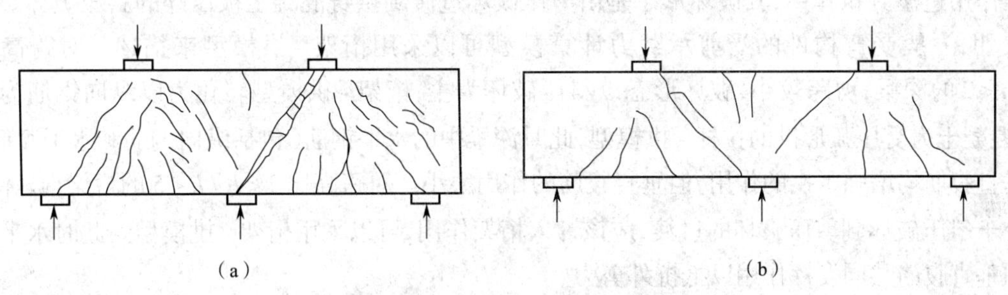

图 6-28　连续深梁的剪切破坏

(a)斜压破坏　(b)劈裂破坏

2. 短梁的受力性能

钢筋混凝土框架结构的走道梁、剪力墙结构或者是框架 - 剪力墙结构的连系梁、框筒结构中的窗裙梁以及一些特殊结构中的梁,其跨高比常在 2~4,两端都有正或负的最大弯矩及剪力共同作用,这些梁属于短梁的范畴。

由于短梁相当于一般梁与深梁之间的过渡状态,因此在弹性阶段,随 l_0/h 增大,水平应变沿截面高度愈来愈接近线性分布,在带裂缝工作阶段,其平均应变基本上符合平截面假定。

试验结果表明,和浅梁类似,短梁从开始加载到发生破坏也经历了弹性阶段、带裂缝工作阶段和破坏阶段。其破坏形态有以下几种。

1)弯曲破坏

根据纵筋配筋率 ρ 的不同,短梁的弯曲破坏分为三类:ρ 较小时,竖向裂缝很少,裂缝一旦出现即迅速上升至梁顶附近,纵筋屈服并可能进入强化阶段,但受压区混凝土并未被压碎,这属于少筋短梁破坏;当 ρ 适中时,破坏从纵筋的屈服开始,以受压区混凝土被压碎告终,破坏特征类似于浅梁,是适筋破坏;当 l_0/h 、ρ 较大时,短梁将发生超筋破坏,即纵筋未屈服而受压区混凝土被压坏。

2)剪切破坏

当纵筋配筋率 ρ 较大时,短梁在逐渐加载的过程中,首先在弯矩较大区段出现竖向裂缝,宽度较小,发展缓慢,随后在剪弯段出现弯剪裂缝和腹剪裂缝,并在此基础上形成一条临界斜裂缝,梁发生剪切破坏,此时纵筋没有屈服。

集中荷载作用下短梁的临界斜裂缝大致由支座向集中荷载作用点发展,因剪跨比的不同,有斜压、剪压和斜拉三种破坏形态;而均布荷载作用下的短梁的临界斜裂缝大致由支座向梁顶四分之一跨度处发展,跨高比较小时发生斜压破坏,跨高比较大时可能发生剪压破坏。

3)局部受压或锚固破坏

试验表明,短梁在达到受弯和受剪承载力之前,在反力较大的中间支座部位多发生局部受压破坏,而在纵筋以高应力进入的边支座锚固区则容易发生锚固破坏。

6.1.5.2 深受弯构件的受剪承载力

1. 受力模型

对于受剪破坏,在荷载作用下,钢筋混凝土受弯构件力的传递随剪跨比、跨高比的减小由桁架作用过渡到拱作用,其破坏形态是由剪压破坏过渡到拱身混凝土被压碎的斜压破坏。研究表明,一般受弯构件的受剪承载力计算模型可以采用桁架 - 拱模型来描述。对跨高比 $l_0/h<2$ 的深梁,剪跨较小,破坏形态以斜压破坏为主,桁架 - 拱模型转化为以纵向钢筋为拉杆、混凝土为受压弧形拱的拉杆 - 拱模型,此时深梁中的水平钢筋(包括纵向钢筋和水平腹筋)和垂直腹筋均增强了拱的作用,但垂直腹筋的作用很小。对跨高比 $2<l_0/h<5$ 的短梁,破坏形态处于斜压破坏到剪压破坏的过渡,应该计入桁架作用,可以采用桁架 - 拱模型。此时水平腹筋和垂直腹筋共同发挥作用以抵抗外剪力。

因此,深受弯构件受剪承载力计算公式应考虑水平腹筋和垂直腹筋两者的作用,并且要考虑这两种腹筋的作用随跨高比和剪跨比而变化以及与一般受弯构件(浅梁)计算公式的衔接。按照这个原则,采用三项式相加的表达式,即

$$V_{cs} \leqslant V_c + V_{sv} + V_{sh} = \alpha_c f_t b h_0 + \alpha_{sv} f_{yv} \frac{A_{sv}}{s_h} h_0 + \alpha_{sh} f_{yh} \frac{A_{sh}}{s_v} h_0 \tag{6-39}$$

式中:α_c, α_{sv}, α_{sh} —— l_0/h 或 λ 的函数。

V_{sv} 项的意义与一般受弯构件(浅梁)相同,可以视作由桁架作用抵抗的剪力。V_c 和 V_{sh} 项可视作拱身作用抵抗的剪力。

2. 受剪承载力分析

1)对 V_c 项的分析

根据我国钢筋混凝土构件的试验数据以及国外集中荷载作用下无腹筋简支梁、连续梁和约束梁的试验结果分析,其 $V_c/f_t b h_0$ - λ 的关系如图 6-29 所示。图 6-29 中同时给出了按《混凝土结构设计规范》(GB 50010—2010)计算公式绘制的控制曲线。由图可以看到,在剪跨比 $0.25<\lambda<2$ 的范围内,深梁、短梁和浅梁的试验结果具有大致相同的规律性。从而集中荷载作用下考虑剪跨比影响的 V_c 项,可取与浅梁相同的计算公式。

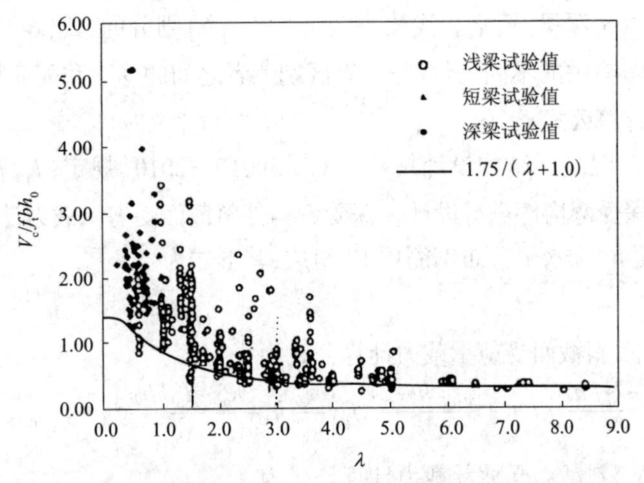

图 6-29　集中荷载作用下无腹筋梁的 V_c / f_tbh_0 - λ 关系

对均布荷载作用下无腹筋简支梁、连续梁的试验结果分析，其 V_c / f_tbh_0 - l_0 / h 的关系如图 6-30 所示。图中同时给出了按《混凝土结构设计规范》(GB 50010—2010)考虑剪跨比影响的计算公式绘制的控制曲线。可以看出，对于一般受弯构件和深受弯构件采用相同的计算公式是可行的，而且是偏于安全的。

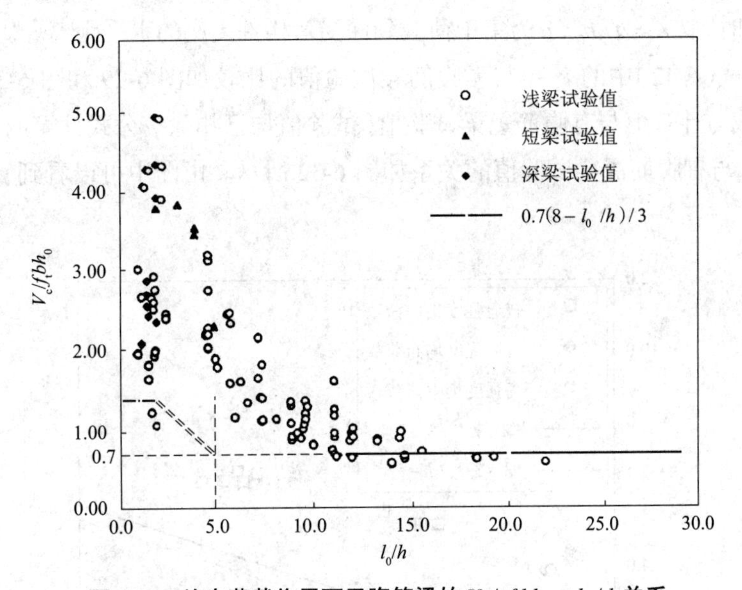

图 6-30　均布荷载作用下无腹筋梁的 V_c / f_tbh_0 - l_0 / h 关系

2)对 V_{sv} 和 V_{sh} 项的分析

一般受弯构件(浅梁)只计入竖向分布钢筋作用 V_{sv} 项，而对于深受弯构件，由于包括通常所称的深梁和短梁，所以，表达式应当包括 V_{sv} 和 V_{sh} 两项。但对于深梁，表达式只计入水平分布钢筋作用 V_{sh} 项，竖向分布钢筋只作为构造钢筋。这样，对深受弯构件，照顾到与一般受弯构件(浅梁)衔接，不仅考虑了起桁架作用的竖向分布钢筋，也考虑了跨高比 $l_0 / h < 2$ 时起拱作用

的水平分布钢筋。由于深梁、短梁和浅梁是按跨高比 l_0/h 划分的，式(6-39)中系数 α_{sv} 和 α_{sh} 应当取与跨高比 l_0/h 有关的不同函数形式，以区别三者之间的受力和配筋特征。

3. 受剪承载力计算公式

根据上述分析，《混凝土结构设计规范》(GB 50010—2010)规定，$l_0/h<5$ 的简支单跨梁和多跨连续梁宜按深受弯构件进行设计。深受弯构件斜截面受剪承载力计算公式由混凝土项 V_c、竖向分布钢筋项 V_{sv} 和水平分布钢筋项 V_{sh} 组成，其形式为

$$V_{cs} \leqslant V_c + V_{sv} + V_{sh} \tag{6-40}$$

均布荷载作用下，斜截面受剪承载力计算公式为

$$V = 0.7\frac{(8-l_0/h)}{3}f_t b h_0 + \frac{(l_0/h-2)}{3}f_{yv}\frac{A_{sv}}{s_h}h_0 + \frac{(5-l_0/h)}{6}f_{yh}\frac{A_{sh}}{s_v}h_0 \tag{6-41}$$

集中荷载作用下，斜截面受剪承载力计算公式为

$$V_c = \frac{1.75}{\lambda+1}f_t b h_0 + \frac{(l_0/h-2)}{3}f_{yv}\frac{A_{sv}}{s_h}h_0 + \frac{(5-l_0/h)}{6}f_{yh}\frac{A_{sh}}{s_v}h_0 \tag{6-42}$$

为了简化计算，划分深梁和短梁时，将跨高比 $l_0/h \leqslant 2$ 的简支钢筋混凝土单跨梁和 $l_0/h \leqslant 2.5$ 的钢筋混凝土多跨连续梁统一，当 $l_0/h<2.0$ 时，均取 $l_0/h=2.0$ 计算。关于计算剪跨比 λ，《混凝土结构设计规范》(GB 50010—2010)规定：当 $l_0/h \leqslant 2.0$ 时，取 $\lambda=0.25$；当 $2.0<l_0/h<5.0$ 时，取 $\lambda=a/h_0$，a 为集中荷载到深受弯构件支座的水平距离。

式(6-41)、式(6-42)中的 V_c 项与无腹筋梁试验值的比较如图 6-29 和图 6-30 所示。深受弯构件受剪承载力计算值与有腹筋短梁试验值(试验值均已扣除按公式计算的 V_{sh} 项)的关系如图 6-31 所示，与有腹筋深梁试验值的关系如图 6-32 所示。由图中可以看到，计算公式是偏安全的。

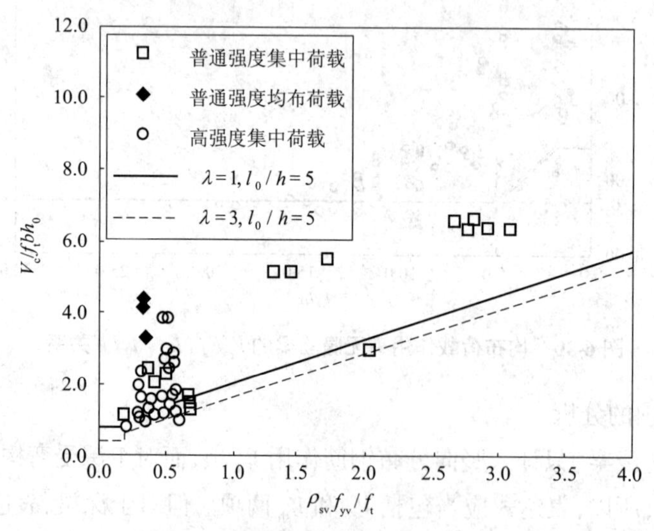

图 6-31 有腹筋短梁的试验值和计算值

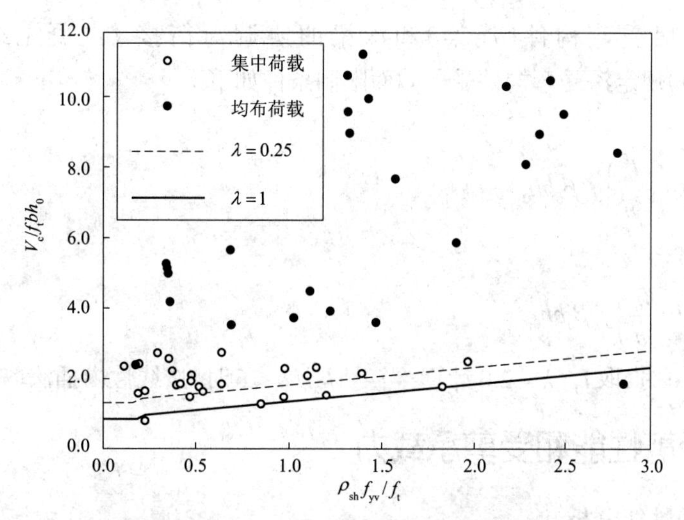

图 6-32　有腹筋深梁的试验值和计算值

《混凝土结构设计规范》(GB 50010—2010)中,以集中荷载作用为主的深受弯构件受剪承载力与 l_0/h 和 λ 有关。根据客观合理性,设计值 V_c 应当同时适用于浅梁、短梁和深梁,并且剪跨比的适用范围统一为一个,即 $0.25 \leqslant \lambda \leqslant 3.0$。这样,在跨高比 $2.0 < l_0/h < 5.0$ 的范围内,应用式(6-42)时,带来了剪跨比相同,不同的跨高比配筋不同的问题。

为使式(6-42)的第一项在不同 l_0/h 时,上限 λ_{sup}、下限 λ_{inf} 的取值协调与衔接,当 $2.0 < l_0/h < 5.0$ 时,对 λ 的上限 λ_{sup} 和下限 λ_{inf}(图 6-33),采用直线内插法取值。

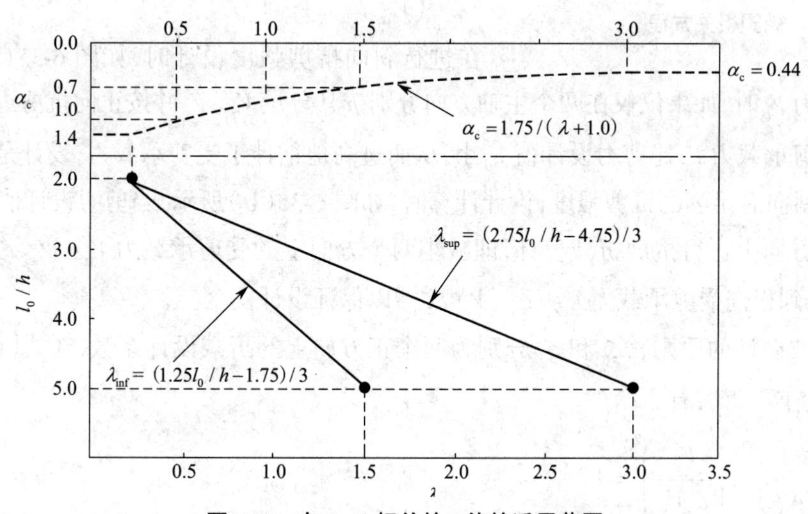

图 6-33　与 l_0/h 相关的 λ 值的适用范围

$$\lambda_{sup} = 0.92\frac{l_0}{h} - 1.58 \tag{6-43}$$

$$\lambda_{inf} = 0.42\frac{l_0}{h} - 0.58 \tag{6-44}$$

且当 λ 的值大于上限值时取上限值,当 λ 的值小于下限值时取下限值。

考虑到与一般受弯构件(浅梁)和深梁的协调与衔接,《混凝土结构设计规范》(GB 50010—2010)规定深受弯构件受剪截面限制条件如下。

当 $h_w / b \leqslant 4$ 时:

$$V \leqslant \frac{1}{60}\left(10+\frac{l_0}{h}\right) f_c \beta_c b h_0 \tag{6-45}$$

当 $h_w / b \geqslant 6$ 时:

$$V \leqslant \frac{1}{60}\left(7+\frac{l_0}{h}\right) f_c \beta_c b h_0 \tag{6-46}$$

且当 $l_0 / h < 2.0$ 时,取 $l_0 / h = 2.0$ 计算;当 $4 < h_w / b < 6$ 时,按线性内插法取用。

6.1.6 双向受剪性能和受剪承载力

6.1.6.1 双向受剪性能分析

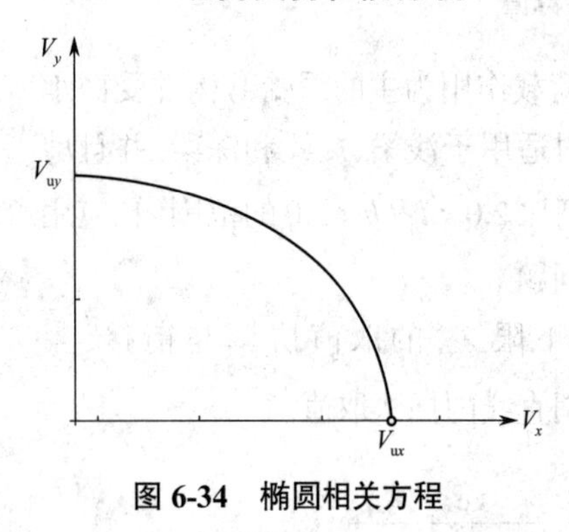

图 6-34 椭圆相关方程

根据已有的试验结果,钢筋混凝土正方形截面柱的抗剪强度不受荷载作用方向的影响,但是矩形截面柱的抗剪强度随荷载作用方向而变化。钢筋混凝土矩形或正方形截面柱在两个主轴方向同时承受水平剪力作用或在斜方向受剪,且配箍量不相等时,如图 6-34 所示,受剪承载力相关关系服从椭圆规律,即符合如下的相关方程:

$$\left(\frac{V_x}{V_{ux}}\right)^2+\left(\frac{V_y}{V_{uy}}\right)^2=1 \tag{6-47}$$

在进行斜向抗剪强度设计时,如图 6-35(a)所示,当剪力设计值为 V_θ 时,如果仅仅在两个主轴方向分别按其分量 V_x、V_y 并按正向抗剪进行设计,则其斜向的受剪承载力 V_u 比剪力设计值 V_θ 小,从而过高地估计了受剪承载力,设计是不安全的。为了保证在斜向有足够的抗剪强度,设计计算时,如图 6-35(b)所示,当剪力设计值为 V_θ 时,需要在两个正方向上进行抗剪折减设计,即减小两个方向上的受剪承载力 V_{ux}、V_{uy},并按正方向进行设计,得到正向受剪承载力 V_{ux}/ζ_x、V_{uy}/ζ_y,以保证设计安全。

按照折减设计的原则,ζ_x 和 ζ_y 分别为两个正方向上的折减设计系数,在式(6-47)中,令 $\zeta_x V_x = V_{ux}$,$\zeta_y V_y = V_{uy}$,有

$$\left(\frac{V_x}{\zeta_x V_x}\right)^2+\left(\frac{V_y}{\zeta_y V_y}\right)^2=1 \tag{6-48}$$

则

$$\frac{1}{\zeta_x^2}+\frac{1}{\zeta_y^2}=1 \tag{6-49}$$

令 $m=\frac{\zeta_x}{\zeta_y}$,则有 $\zeta_x=\sqrt{1+m^2}$,$\zeta_y=\sqrt{1+\frac{1}{m^2}}$,相应地

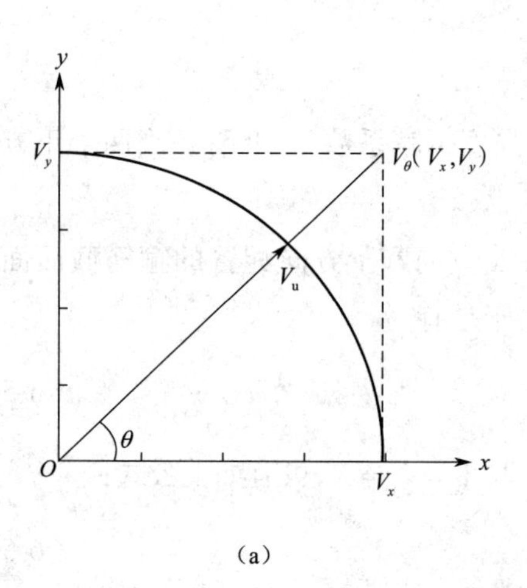

（a）

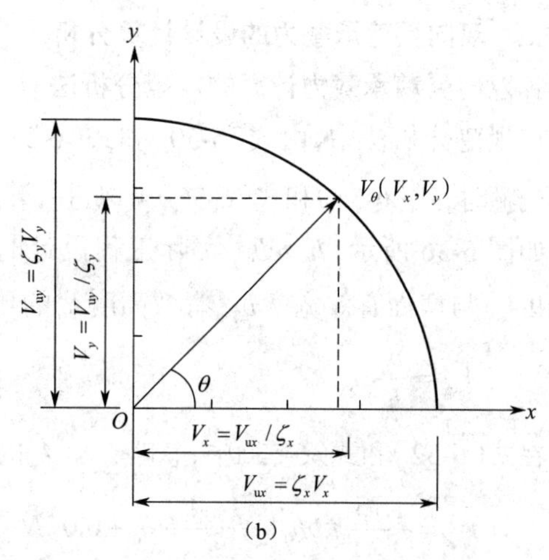

（b）

图 6-35　超强设计的概念

$$V_{ux}=\zeta_x V_x=\sqrt{1+m^2}V_x$$

$$V_{uy}=\zeta_y V_y=\sqrt{1+\frac{1}{m^2}}V_y$$

且 $V_y/V_x=\tan\theta$，则有

$$\zeta_x=\sqrt{1+\left(\frac{V_{ux}V_y}{V_{uy}V_x}\right)^2}=\sqrt{1+\left(\frac{V_{ux}}{V_{uy}}\tan\theta\right)^2} \tag{6-50}$$

$$\zeta_y=\sqrt{1+\left(\frac{V_{uy}V_x}{V_{ux}V_y}\right)^2}=\sqrt{1+\left(\frac{V_{uy}}{V_{ux}}\frac{1}{\tan\theta}\right)^2} \tag{6-51}$$

外剪力分别作用在两个正方向（x 方向和 y 方向）上，配有箍筋的矩形截面框架结构柱的受剪承载力计算公式可以表示为

$$V_{ux}=\frac{1.75}{\lambda_x+1}f_t bh_0+f_{yv}\frac{A_{svx}}{s}h_0+0.07N \tag{6-52}$$

$$V_{uy}=\frac{1.75}{\lambda_y+1}f_t hb_0+f_{yv}\frac{A_{svy}}{s}b_0+0.07N \tag{6-53}$$

根据上述分析，双向受剪钢筋混凝土框架柱的斜截面承载力应当满足如下关系：

$$V_x\leqslant\frac{V_{ux}}{\zeta_x}=\frac{V_{ux}}{\sqrt{1+\left(\frac{V_{ux}}{V_{uy}}\tan\theta\right)^2}} \tag{6-54}$$

$$V_y\leqslant\frac{V_{uy}}{\zeta_y}=\frac{V_{uy}}{\sqrt{1+\left(\frac{V_{uy}}{V_{ux}}\frac{1}{\tan\theta}\right)^2}} \tag{6-55}$$

V_{ux} 和 V_{uy} 按式（6-52）、式（6-53）计算。

6.1.6.2 双向受剪承载力的设计计算分析

1. 双向受剪承载力计算的规范分析法

在规范分析法中，由式(6-50)和式(6-51)得抗剪强度折减系数 ζ_x 和 ζ_y。当两个正方向等肢配箍时，式(6-54)和式(6-55)可以进一步简化。

如图 6-36 所示，$h_0 > b_0$，实际工程设计时，一般在 x 方向和 y 方向配置的箍筋截面面积 A_{svx} 和 A_{svy} 与截面有效宽度 b_0、有效高度 h_0 的比值有关，于是有

$$A_{svx} = \frac{b_0}{h_0} A_{svy} \tag{6-56}$$

在式(6-52)和式(6-53)中，忽略 $\lambda_x \neq \lambda_y$ 的情况，且取 $\lambda_x = \lambda_y = \lambda$，可有如下公式：

$$V_{ux} = \frac{1.75}{\lambda+1} f_t b h_0 + f_{yv} \frac{A_{svx}}{s} h_0 + 0.07N \tag{6-57}$$

$$V_{uy} = \frac{1.75}{\lambda+1} f_t h b_0 + f_{yv} \frac{A_{svy}}{s} b_0 + 0.07N \tag{6-58}$$

将式(6-56)代入式(6-57)、式(6-58)，并取 $bh_0 \approx hb_0$，可得

$$V_{ux} \approx V_{uy} \tag{6-59}$$

将上述关系代入式(6-54)、式(6-55)，并注意到 $V_y / V_x = \tan\theta$，有

$$\zeta_x = \sqrt{1+\tan^2\theta} = \frac{1}{\cos\theta} \tag{6-60}$$

$$\zeta_y = \sqrt{1+\cot^2\theta} = \frac{1}{\sin\theta} \tag{6-61}$$

则

$$\frac{1}{\zeta_x^2} + \frac{1}{\zeta_y^2} = \cos^2\theta + \sin^2\theta = 1 \tag{6-62}$$

式(6-62)表示当满足式(6-56)要求且 $\lambda_x = \lambda_y$ 时，按照规范分析法，其受剪承载力符合椭圆相关方程。

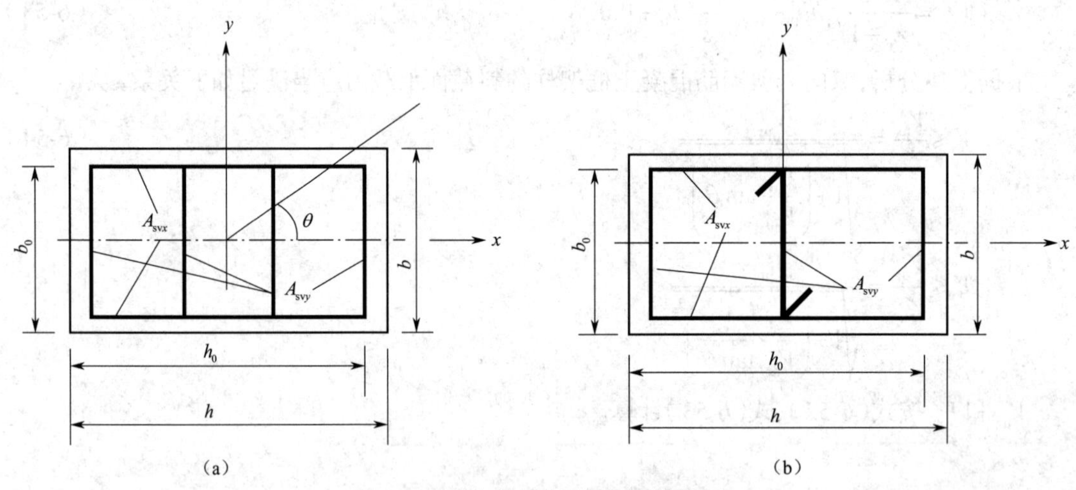

图 6-36 两个方向配箍量不同的截面

因此,规范规定,在设计截面时,可在式(6-54)、式(6-55)中近似取 $V_{ux}/V_{uy}=1.0$,直接进行计算,从而设计截面时,双向受剪承载力计算公式可简化为

$$V_x \leqslant \frac{V_{ux}}{\zeta_x} = \left(\frac{1.75}{\lambda_x+1} f_t b h_0 + f_{yv} \frac{A_{svx}}{s} h_0 + 0.07N\right)\cos\theta \tag{6-63}$$

$$V_y \leqslant \frac{V_{uy}}{\zeta_y} = \left(\frac{1.75}{\lambda_y+1} f_t h b_0 + f_{yv} \frac{A_{sy}}{s} b_0 + 0.07N\right)\sin\theta \tag{6-64}$$

2. 最小体积用钢量法

由前可以解出:

$$A_{svx} = \left(\sqrt{1+m^2}V_x - \frac{1.75}{\lambda_x+1} f_t b h_0 - 0.07N\right)\frac{s}{f_{yv}h_0} \tag{6-65}$$

$$A_{svy} = \left(\sqrt{1+\frac{1}{m^2}}V_y - \frac{1.75}{\lambda_y+1} f_t b h_0 - 0.07N\right)\frac{s}{f_{yv}b_0} \tag{6-66}$$

近似取 A_{svx} 和 A_{svy} 的单肢长度分别为截面的有效宽度 b_0 和有效高度 h_0,则同一截面的受剪箍筋总体积用钢量 v 可近似表示为 $v=A_{svx}h_0+A_{svy}b_0$,即

$$v = \left(\sqrt{1+m^2}V_x - \frac{1.75}{\lambda_x+1} f_t b h_0 - 0.07N\right)\frac{s}{f_{yv}} + \left(\sqrt{1+\frac{1}{m^2}}V_y - \frac{1.75}{\lambda_y+1} f_t h b_0 - 0.07N\right)\frac{s}{f_{yv}}$$

根据极值原理,满足斜向抗剪强度,并使体积用钢量最小,令 $\frac{dv}{dm}=0$,有

$$\frac{dv}{dm} = \frac{V_x s}{f_{yv}}\frac{d\sqrt{1+m^2}}{dm} + \frac{V_y s}{f_{yv}}\frac{d}{dm}\sqrt{1+\frac{1}{m^2}} = 0$$

得出

$$\frac{V_x s}{f_{yv}}\frac{m}{\sqrt{1+m^2}} - \frac{V_y s}{f_{yv}}\frac{1}{\sqrt{1+m^2}\,m^2} = 0$$

解出 $m^3=\frac{V_y}{V_x}$,则

$$m = \left(\frac{V_y}{V_x}\right)^{1/3} \tag{6-67}$$

x 方向和 y 方向的抗剪强度折减系数 ζ_x 和 ζ_y 应分别按下式计算:

$$\zeta_x = \sqrt{1+m^2} = \sqrt{1+\left(\frac{V_y}{V_x}\right)^{\frac{2}{3}}} \tag{6-68}$$

$$\zeta_y = \sqrt{1+\frac{1}{m^2}} = \sqrt{1+\left(\frac{V_x}{V_y}\right)^{\frac{2}{3}}} \tag{6-69}$$

按照最小体积用钢量法,双向受剪承载力计算公式为

$$V_x \leqslant \frac{1}{\zeta_x}\left(\frac{1.75}{\lambda_x+1}f_t bh_0 + f_{yv}\frac{A_{svx}}{s}h_0 + 0.07N\right) \tag{6-70}$$

$$V_y \leqslant \frac{1}{\zeta_y}\left(\frac{1.75}{\lambda_y+1}f_t hb_0 + f_{yv}\frac{A_{svy}}{s}b_0 + 0.07N\right) \tag{6-71}$$

按照最小体积用钢量法，抗剪强度折减系数 ζ_x、ζ_y 与 V_{ux}、V_{uy} 无关，所以式(6-70)和式(6-71)可以用于设计问题也可以用于复核问题的计算，其中 ζ_x 和 ζ_y 应按式(6-68)、式(6-69)计算。

图 6-37 表示按照规范分析法的近似式(6-63)、式(6-64)和最小体积用钢量法的计算式(6-70)、式(6-71)得出的 V_x/V_{ux} 和 V_y/V_{uy} 的关系。由图 6-37 可以看出，系数 ζ_x 和 ζ_y 表达式中的 m 取 2/3 次方(按最小体积用钢量法)比 m 取 2 次方(按规范分析的近似法)折减量要大，二者在设计上都是偏安全的。

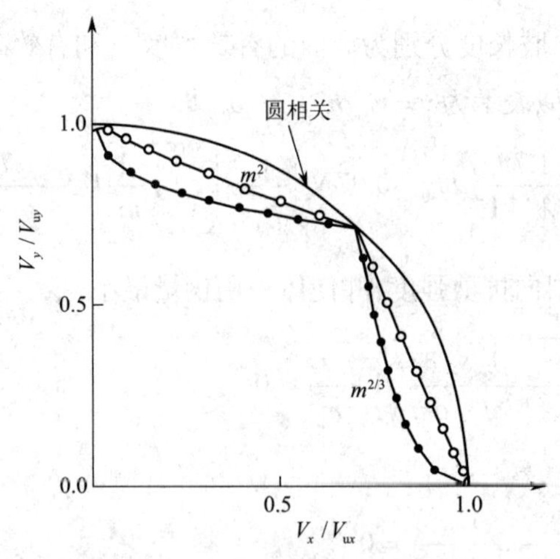

图 6-37　V_x/V_{ux} 和 V_y/V_{uy} 的关系

3. 双向受剪承载力的截面限制条件

沿 x 方向和 y 方向分别进行剪力设计时，截面的上限条件为

$$V_x \leqslant 0.25\beta_c f_c bh_0 \tag{6-72}$$

$$V_y \leqslant 0.25\beta_c f_c hb_0 \tag{6-73}$$

令 $V_{ux,max}=0.25\beta_c f_c bh_0$，$V_{uy,max}=0.25\beta_c f_c hb_0$，取 $bh_0 \approx hb_0$，则有 $V_{ux,max} \approx V_{uy,max}$，代入式(6-60)、式(6-61)可得矩形截面双向受剪钢筋混凝土框架柱的截面限制条件，即

$$V_x \leqslant \frac{1}{\zeta_x}0.25\beta_c f_c bh_0 = 0.25\beta_c f_c bh_0\cos\theta \tag{6-74}$$

$$V_y \leqslant \frac{1}{\zeta_y}0.25\beta_c f_c hb_0 = 0.25\beta_c f_c hb_0\sin\theta \tag{6-75}$$

按规范分析法和最小体积用钢量法计算都是可行的，但按最小体积用钢量法更偏于安全，且设计和复核均较简便。以这个计算公式为基础进行双向受剪钢筋混凝土框架柱的设计也是

适宜的。

对于双向受剪的研究仍然存在两个问题：一方面，上述研究对钢筋混凝土框架柱在斜向荷载作用下，将斜向荷载正交分解到两个主轴方向上按照正向受剪进行设计偏于不安全的原因研究不够深入；另一方面，对于设计不安全的原因，从原理上没有合理地在规范双向受剪承载力计算公式中得到体现。天津大学对此进行了研究并得出了分析结果。

6.2　扭曲截面承载力

6.2.1　平衡扭转与协调扭转

在扭矩作用下的钢筋混凝土结构或构件，若扭转系由外荷载作用产生，其扭矩与构件的扭转刚度无关，可由静力平衡条件求得，称作平衡扭转。图 6-38 所示支承悬臂板的梁，由悬臂板荷载产生并作用于该梁上的外扭矩，可由静力平衡条件求出。工业厂房的吊车梁，由于吊车横向水平制动力和轮压的偏心作用所产生的扭转；两侧屋架反力不同和屋架支承点安装偏差对托梁或托架所产生的扭转；以及电线杆在断线事故情况下所产生的扭转等均属平衡扭转。

在扭矩作用下的钢筋混凝土结构或构件，若扭转系由结构或相邻构件间的转动受到约束所引起，其扭矩与构件的扭转刚度有关，并由转动变形的连续条件所决定，此类扭转为协调扭转或附加扭转。例如图 6-39 所示的现浇框架边梁，作用于边梁的外扭矩即为作用在楼面次梁支承点处的负弯矩，其大小由楼面次梁支承点处的弯曲转角与该处边梁扭转角相等的协调条件确定。在梁初裂前，作用于边梁的外扭矩可按弹性理论计算。当梁初裂后，由于楼面次梁的弯曲刚度和边梁的扭转刚度都发生显著变化，楼面次梁和边梁都出现明显的塑性内力重分布。研究表明，作用于边梁的外扭矩或楼面次梁支承点处的负弯矩为楼面次梁的弯曲刚度与边梁的扭转刚度比的函数。随着外荷载的增大，初裂后梁的扭转刚度降低的速度远大于弯曲刚度降低的速度，从而作用于边梁的外扭矩和楼面次梁支承点处的负弯矩远小于按弹性理论计算的结果，而楼面次梁接近跨中的正弯矩又大于按弹性理论计算的结果。由此可见，对于协调扭转，由于结构发生塑性内力重分布，按通常的弹性理论计算得出的扭矩设计值应当予以降低。

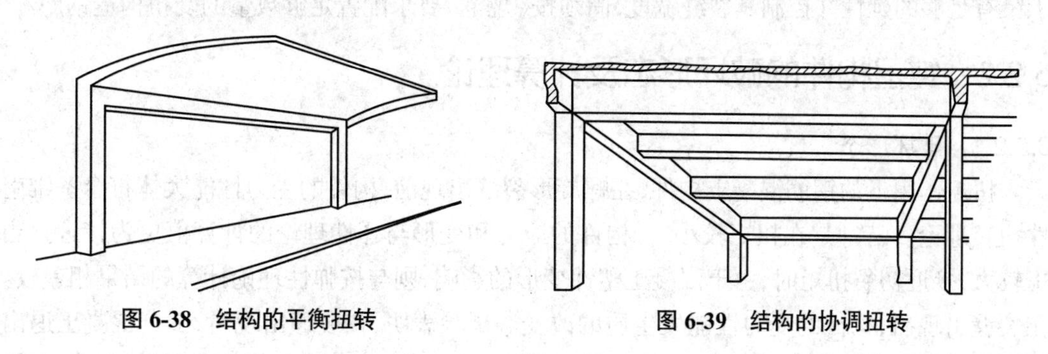

图 6-38　结构的平衡扭转　　图 6-39　结构的协调扭转

图 6-40 所示工业厂房的托架，作用于托架的外扭矩为 $T\left(T=P_1e_1-P_2e_2\right)$。托架结构整体属平衡扭转。但是，对于托架的某些杆件，则由于需要根据节点转动变形的协调条件按杆件扭

转刚度来确定各杆件承担的外扭矩，故属于协调扭转。对于静定结构，只可能存在平衡扭转；而对于超静定结构，平衡扭转和协调扭转均可能发生，如图 6-41 所示。

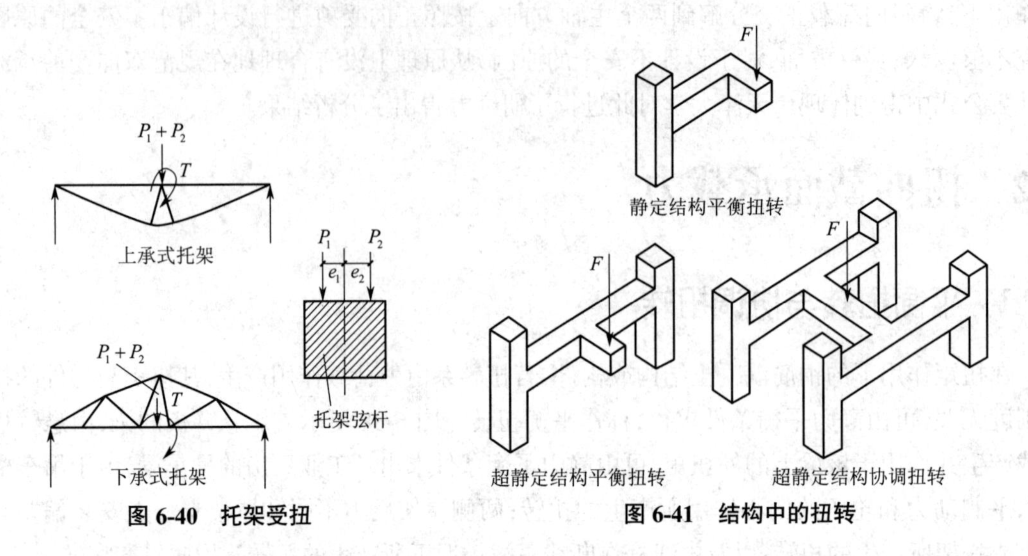

图 6-40　托架受扭　　**图 6-41　结构中的扭转**

现行《规范》对协调扭转给出了以下规定。

（1）对属于协调扭转的钢筋混凝土结构构件，在进行内力计算时，可考虑因构件初裂后扭转刚度降低而产生的内力重分布，将按弹性分析得出的扭矩乘以适宜的调幅系数。

（2）经调整后的扭矩，应按《规范》的受扭承载力计算公式进行计算，确定所需的受扭纵筋和箍筋，并满足有关配筋的构造要求。

试验研究表明，符合上述规定要求的独立支承梁，由于相邻构件的弯曲转动受到支承梁的约束，在支承梁内引起扭矩，当扭矩调幅系数不大于 0.4 时，其裂缝宽度可满足使用要求。所谓的独立支承梁，是指框架梁、柱为现浇，而板为预制的情况。当框架的梁、柱、板均为现浇时，由于结构的整体性较好，其调幅系数尚可进一步降低。

当有充分依据或工程经验时，协调扭转亦可采用其他设计方法。例如国外一些规范采用的零刚度设计法，即取前述支承梁的扭转刚度为零，从而扭矩取为零进行设计。但为了保证支承梁有足够的延性并控制其裂缝宽度，尚须按《规范》要求配置足够数量的受扭构造钢筋。

6.2.2　纯扭构件的破坏形态及计算理论

6.2.2.1　破坏形态

扭矩作用下的钢筋混凝土构件，在螺旋形裂缝出现前，构件的受力性能大体符合圣维南弹性扭转理论。特别是在扭矩较小时，构件的应力和变形与弹性理论的计算值更为接近。当扭矩较大，接近初裂扭矩时，由于混凝土塑性变形的影响，则与按弹性理论计算的结果相差较大。在裂缝出现后，构件的受力性能发生质的改变。试验表明，在裂缝出现后，部分混凝土退出工作，具有螺旋形裂缝的混凝土和钢筋共同组成新的受力体系（在新的受力体系中，混凝土受压，纵筋和箍筋均受拉）以抵抗外扭矩。

对于满足最小纵筋和箍筋用量要求的纯扭构件，在外扭矩作用下，构件配筋条件不同，可以区分为适筋、部分超筋和超筋三类构件。

图 6-42 为不同配筋率的受扭构件的扭矩 - 扭转角（T-θ）曲线。构件箍筋配筋率（ρ_{sv}）的变化范围为 0.37%~1.74%，ζ值即纵筋与箍筋的配筋强度比均接近于 1。从图 6-42 可以看出，在裂缝出现前，T-θ 关系基本上为直线，它不因构件配筋率的改变而有所不同，并且直线较陡，有较大的扭转刚度。在裂缝出现后，由于钢筋应变突然增大，T-θ 曲线出现水平段，ρ_{sv} 越小，钢筋应变增加值越大，水平段相对就越长。这就说明，裂缝的出现破坏了材料的连续性，外扭矩从主要由混凝土承担转变为由纵筋、箍筋和混凝土组成的新的受力体系共同承担。随后，构件的扭转角随着扭矩的增加近似地呈线性增大，但直线的斜率比初裂前小得多，说明了构件的扭转刚度大大降低，且 ρ_{sv} 越小，降低得就越多。试验表明，当配筋率很小时会出现扭矩增加很小（如试件 B_1）甚至不再增大，而扭转角不断增大导致破坏的现象。

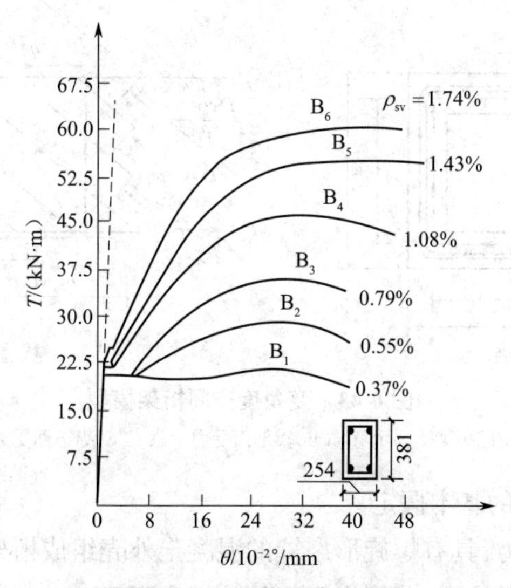

图 6-42　T-θ 关系试验曲线

构件的极限扭矩和裂缝出现后的扭转刚度，在很大程度上取决于受扭钢筋的用量。试验表明，配筋率较小的试件 B_1~B_3，在达到极限扭矩前，纵筋和箍筋应力均已达到屈服强度，属适筋受扭构件。而配筋率较大的试件 B_6，则发生与受弯构件超筋梁类似的破坏现象，即纵筋和箍筋应力均未达到屈服强度而混凝土先行压坏，属超筋受扭构件。由于受扭钢筋由纵筋和箍筋两部分组成，纵筋的用量、强度和箍筋的用量、强度的比例，即构件的受扭纵筋与箍筋配筋强度比 ζ，对极限扭矩值有一定的影响。当钢筋总用量适当，但箍筋或纵筋用量相对较少时，则发生箍筋或纵筋先行屈服，另一种钢筋不屈服而混凝土被压坏的部分超筋构件的破坏情况。

6.2.2.2　计算理论

迄今为止，钢筋混凝土纯扭构件的极限承载力计算，主要有变角度空间桁架模型和斜弯理论。

1. 变角度空间桁架模型

变角度空间桁架模型是 P. Lampert 和 B. Thürlimann 于 1968 年提出来的。这是对 1929 年

E. Rausch 的 45° 空间桁架模型的改进和发展。

实心截面的钢筋混凝土受扭构件如图 6-43 所示，可以假想为一箱形截面构件。此时，具有螺旋形裂缝的混凝土外壳、纵筋和箍筋共同组成空间桁架，以抵抗外扭矩作用。

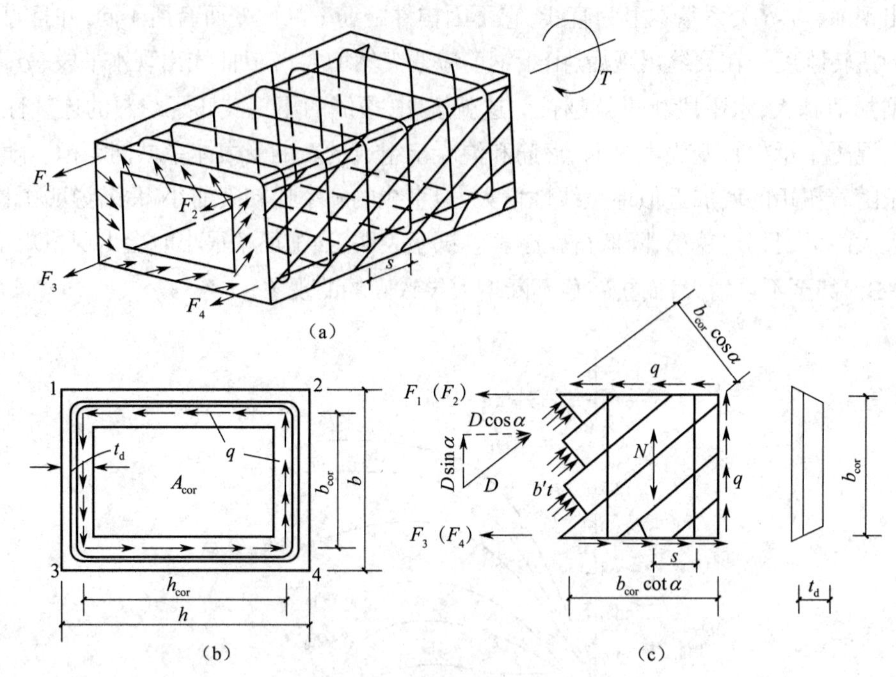

图 6-43 变角度空间桁架模型

(a)空间桁架受力示意 (b)横剖面受力示意 (c)纵剖面受力示意

变角度空间桁架模型的基本假定：

(1)混凝土只承受压力，具有螺旋形裂缝的混凝土外壳组成桁架的斜压杆，其倾角为 α；

(2)纵筋和箍筋只承受拉力，分别为桁架的弦杆和腹杆；

(3)忽略核心混凝土的受扭作用和钢筋的销栓作用。

在上述假定中，忽略核心混凝土的受扭作用的假定更为重要。这样，实心截面构件可以看作一箱形截面构件或一薄壁管构件，从而受扭承载力计算可应用薄壁管理论。

按薄壁管理论，在扭矩 T 作用下，沿箱形截面侧壁将产生大小相同的环向剪力流 q(图 6-43(b))，且

$$q = \tau t_{\mathrm{d}} = \frac{T}{2A_{\mathrm{cor}}} \tag{6-76}$$

式中：A_{cor}——剪力流路线所围成的面积，此处为位于截面角部纵筋中心连线所围成的面积，即 $A_{\mathrm{cor}} = b_{\mathrm{cor}} \times h_{\mathrm{cor}}$；

τ——扭剪应力；

t_{d}——箱形截面侧壁厚度。

作用于侧壁 2—4 的剪力流 q 所引起的桁架内力如图 6-43(c)所示。斜压杆倾角为 α，其平均压应力为 σ_{c}，斜压杆总压力为 D，箍筋拉力为 N，F_2 和 F_4 为纵筋拉力。

若为适筋受扭构件，且诸侧壁的箍筋单肢截面面积 A_{st1} 相同，则根据静力平衡条件可以推导得出，全部纵筋拉力 F 的合力

$$\sum F = qu_{cor}\cot\alpha = \frac{Tu_{cor}}{2A_{cor}}\cot\alpha \tag{6-77}$$

箍筋拉力

$$N = qs\tan\alpha = \frac{T}{2A_{cor}}s\tan\alpha \tag{6-78}$$

混凝土平均压应力

$$\sigma_c = \frac{D}{t_d\cos\alpha} = \frac{q}{t_d\sin\alpha\cos\alpha} = \frac{T}{2A_{cor}t_d\sin\alpha\cos\alpha} \tag{6-79}$$

斜压杆倾角

$$\tan\alpha = \sqrt{\frac{f_{yv}A_{st1}u_{cor}}{f_yA_{stl}s}} = \sqrt{\frac{1}{\zeta}} \tag{6-80}$$

极限扭矩

$$T_u = 2\sqrt{\zeta}\,\frac{f_{yv}A_{st1}A_{cor}}{s} \tag{6-81}$$

$$\zeta = \frac{f_yA_{stl}s}{f_{yv}A_{st1}u_{cor}} \tag{6-82}$$

式中：u_{cor}——剪力流路线所围成面积 A_{cor} 的周长，$u_{cor}=2(b_{cor}+h_{cor})$；

ζ——受扭纵筋与箍筋的配筋强度比；

s——沿构件长度方向箍筋的间距；

A_{stl}——对称布置的全部受扭纵筋的截面面积；

A_{st1}——沿截面周边配置的箍筋单肢截面面积；

f_y，f_{yv}——纵筋和箍筋的屈服强度。

由式(6-81)可以看出，构件的极限扭矩 T_u 主要与钢筋骨架尺寸、箍筋用量、钢筋屈服强度和表征纵筋与箍筋的相对用量的参数 ζ 有关。按变角度空间桁架模型，影响构件极限扭矩 T_u 的重要参数 ζ 不仅有式(6-82)的物理意义，而且还有式(6-80)所示的表征斜压杆倾角 α 的意义，从而在计算模型中，还具有一定的几何意义。

式(6-81)为适筋受扭构件极限扭矩的计算公式。为了保证钢筋应力达到屈服强度前不发生混凝土压坏，即避免出现超筋构件的脆性破坏，必须限制按式(6-79)计算的斜压杆平均压应力 σ_c 的大小。

2. 斜弯理论(亦称扭曲破坏面极限平衡理论)

H. H. Лессиг 根据弯矩、剪力和扭矩共同作用下钢筋混凝土复合受扭构件的试验研究，于 1959 年提出受扭构件斜弯破坏计算模型。

根据按荷载控制加载方法(即逐级加载直至构件失去承载力)进行的纯扭构件试验可知，在扭矩的作用下，构件总是在已经形成螺旋形裂缝的某一最薄弱的空间曲面发生破坏。破坏

裂缝与构件纵轴呈一定角度的受压区闭合,构成图 6-44 所示的空间扭曲破坏面。图中 AB、BC、CD 为三段连续的斜拉破坏裂缝,其与构件纵轴线的倾角均为 α_{cr}。与斜拉破坏裂缝相截交的纵筋和箍筋受拉,若钢筋配置得当,则构件破坏时两种钢筋应力均能达到屈服强度。DA 为受压边,受压区高度通常较小,若近似取等于纵筋保护层厚度的 2 倍,并设受压区的合力作用于受压区的形心。由对 x 轴(该轴通过受压区形心)的内外扭矩的静力平衡条件,得

$$T_u = \frac{f_{yv}A_{st1}}{s}h'_{cor}\cot\alpha_{cr}b'_{cor} + \frac{f_{yv}A_{st1}}{s}b'_{cor}\cot\alpha_{cr}h'_{cor} = 2b'_{cor}h'_{cor}\frac{f_{yv}A_{st1}}{s}\cot\alpha_{cr} \qquad (6\text{-}83)$$

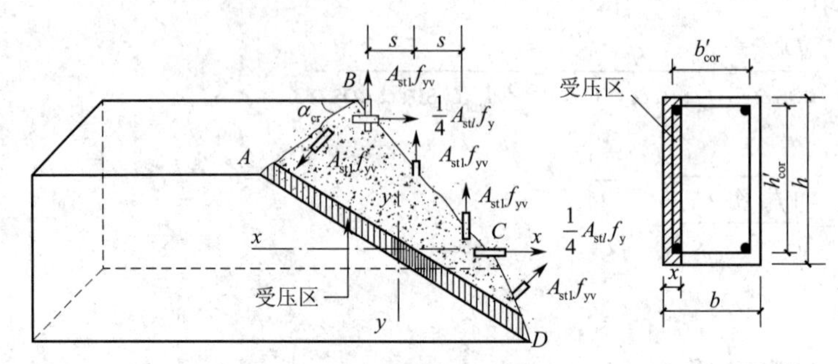

图 6-44 斜弯理论的计算图形

又由对 y 轴(该轴通过受压区形心且垂直于构件的底面)的内力矩为零的条件,有

$$\frac{f_{yv}A_{st1}}{s}b'_{cor}\cot\alpha_{cr}\left(h'_{cor}\cot\alpha_{cr} + b'_{cor}\cot\alpha_{cr}\right) = \frac{1}{2}f_y A_{stl} b'_{cor} \qquad (6\text{-}84)$$

由式(6-84)得

$$\tan\alpha_{cr} = \sqrt{\frac{f_{yv}A_{st1}u'_{cor}}{f_y A_{stl} s}} \qquad (6\text{-}85)$$

将式(6-85)代入式(6-83)得

$$T_u = 2b'_{cor}h'_{cor}\frac{f_{yv}A_{st1}}{s}\sqrt{\frac{f_y A_{stl} s}{f_{yv}A_{st1}u'_{cor}}} \qquad (6\text{-}86)$$

若近似取箍筋内表面计算的核心部分的短边和长边尺寸 b'_{cor}、h'_{cor} 为 b_{cor}、h_{cor},并引用式(6-82),则极限扭矩计算式(6-86)可写作

$$T_u = 2\sqrt{\zeta}\frac{f_{yv}A_{st1}A_{cor}}{s} \qquad (6\text{-}87)$$

由此可知,在上述近似假定的条件下,按斜弯理论得出的极限扭矩计算式(6-87)与变角度空间桁架理论扭矩计算式(6-81)完全相同。

两种计算模型(变角度空间桁架模型和斜弯理论)均忽略了混凝土的受拉作用和钢筋(包括纵筋和箍筋)的销栓作用,取混凝土只承受压力和钢筋只承受拉力的假定。尽管斜弯理论没有采用变角度空间桁架模型忽略核心混凝土作用的假定,但由于其受压区高度较小且与变角度空间桁架模型的箱形截面侧壁厚度相近,从而与忽略核心混凝土作用也是相近的。因此,按变角度空间桁架模型,依据空间桁架杆件内力的平衡条件导出的极限扭矩计算公式(6-81),与按斜弯理论且依据空间扭曲破坏面上纵筋、箍筋和混凝土受压内力的平衡条件导出的极限扭

矩计算公式(6-86)也应该是相同或基本相近的。

6.2.3　纯扭构件按我国《规范》的配筋计算方法

E. Rausch 在 1929 年首次提出了用于计算钢筋混凝土受扭构件极限扭矩的 45° 空间桁架模型,其计算公式为

$$T_u = 2\frac{f_{yv}A_{st1}A_{cor}}{s} \tag{6-88}$$

式中符号的意义和式(6-81)相同,只是 A_{cor} 取箍筋中心线所围成的面积。

变角度空间桁架模型是 45° 空间桁架模型的改进和发展。由于螺旋形裂缝倾角一般约呈 45°,故 Rausch 假定斜压杆倾角为 45°,而变角度空间桁架模型取斜压杆倾角为 α,且 α 值按式(6-80)计算,并非定值 45°。由式(6-80),若 α =45°,则 $\zeta=1$,从而式(6-88)可由式(6-81)导出。由此可以认为,45° 空间桁架模型极限扭矩计算公式是变角度空间桁架模型斜压杆倾角为 45° 的特例。

20 世纪 80 年代,为修订我国《混凝土结构设计规范》受扭承载力计算条文,曾进行了一大批试验。试验表明,45° 空间桁架模型的 Rausch 方程(6-88),在低配筋情况下,计算值偏低,而当配筋较高时,又过高地估计了构件的受扭承载力。因此不少学者建议采用如下的计算式:

$$T_u = T_c + \alpha_t\frac{f_{yv}A_{st1}A_{cor}}{s} \tag{6-89}$$

式子右边的第一项 T_c 为混凝土的受扭作用项,第二项为钢筋的受扭作用项。1995 年以前的美国钢筋混凝土房屋建筑规范(如 ACI 318M-1989)一直采用如式(6-89)的表达形式,对混凝土的受扭作用项取按规范计算的初裂扭矩的 40%,而钢筋受扭作用项的系数 α_t 并非一常数,且最大值为 1.5。

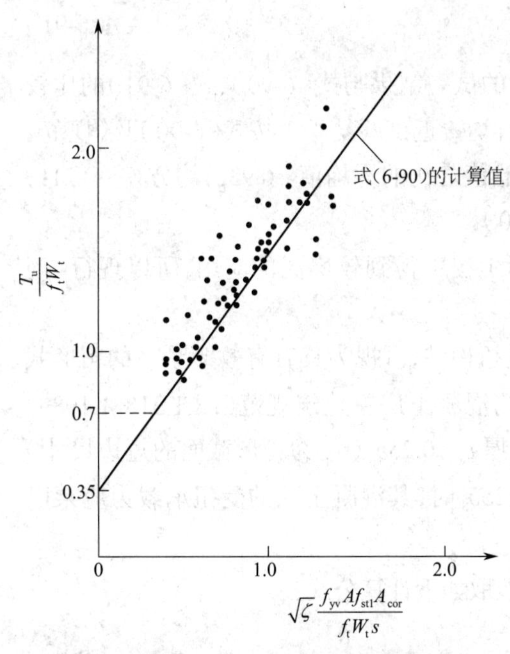

图 6-45　计算公式(6-90)与试验值的比较

我国 1989 年的《混凝土结构设计规范》根据图 6-45 所示的国内 64 根钢筋混凝土矩形截面纯扭构件试验结果统计,并考虑可靠指标 β 值的要求,取用试验结果的偏下限,给出的受扭承载力计算公式为

$$T_u = 0.35f_tW_t + 1.2\sqrt{\zeta}\frac{f_{yv}A_{st1}A_{cor}}{s} \tag{6-90}$$

现行《规范》仍然采用式(6-90),但对构件的截面限制条件做了调整,取调整后的截面限制条件,按式(6-90)计算,与国内外 132 个 f_{cu}≤50 MPa 的纯扭构件试验结果的比较如图 6-46 所示,计算值与试验结果之比的平均值 =0.899,均方差 =0.163,变异系数 C_v =0.181。

式(6-90)与式(6-89)的表达形式是一样的,

但式(6-90)的第一项,即混凝土的受扭承载力取初裂扭矩 T_{cr} $\left(T_{cr}=0.7f_tW_t\right)$ 的 50%,而反映钢筋受扭作用项的系数则为 $1.2\sqrt{\zeta}$。

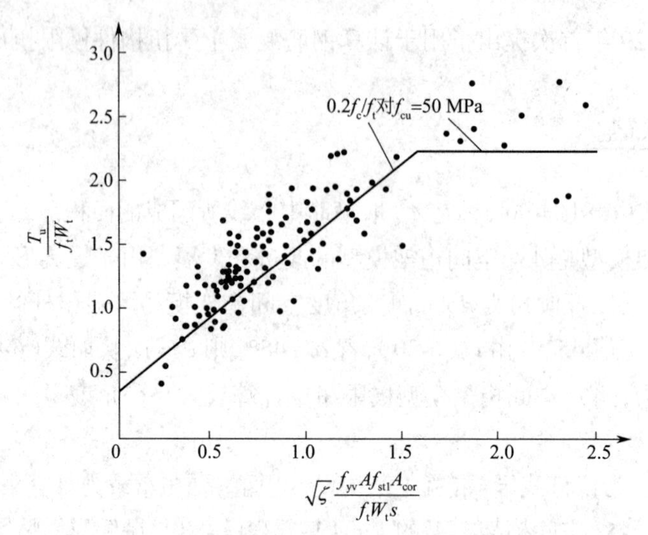

图 6-46 《规范》计算公式与试验值的比较

式(6-90)中的钢筋受扭作用项与按变角度空间桁架模型推导的式(6-81)的参数完全相同,只是系数为 1.2 而非 2.0。此外,A_{cor} 的取值标准也不相同,式(6-90)取为箍筋内表面计算的截面核心部分的面积,而式(6-81)取为截面角部纵筋中心连线计算的截面核心部分的面积。

高强混凝土构件的斜裂缝较陡,钢筋应力的不均匀性较大,脆性破坏特征更显著。根据国内的试验数据的回归分析,得出极限扭矩的计算公式为

$$T_u=0.422f_tW_t+1.166\sqrt{\zeta}\frac{f_{yv}A_{st1}}{s}A_{cor} \tag{6-91}$$

收集到的国内外 $f_{cu}\geqslant 50$ MPa 的总计 47 个试件的试验结果与式(6-90)、式(6-91)的比较见图 6-47。可见式(6-91)与式(6-90)的差别甚少,且均接近试验结果。按式(6-90)及《规范》的截面限制条件计算与试验结果比较,计算值与试验值之比的平均值 =0.932,均方差 =0.211,变异系数 C_v =0.226,所以现行《规范》仍采用式(6-90)。

由于箱形截面具有较好的受扭性能,并在实际工程中得到较广泛的应用,所以现行《规范》增加了矩形箱形截面构件受扭计算的有关条文。

CEB-FIP MC90 模式规范规定,对于实心截面受扭构件,可视为具有有效壁厚 t_{ef} 的箱形截面构件按变角度空间桁架理论进行计算。美国钢筋混凝土房屋建筑规范(ACI 318M-1989,1992 年修订版)规定,矩形箱形截面受扭构件,当壁厚 $t_w\geqslant 0.25b_h$(b_h 为箱形截面的短边尺寸)时,可按实心截面受扭构件计算,但当 $0.1b_h<t_w<0.25b_h$ 时,其混凝土项的受扭承载力应乘以 $4t_w/b_h$ 予以降低。

根据对国内外试验结果的分析,《规范》偏安全地取如下计算公式:

$$T_u=0.35\alpha_hW_tf_t+1.2\sqrt{\zeta}\frac{A_{st1}f_{yv}}{s}A_{cor} \tag{6-92}$$

式中：W_t——箱形截面受扭塑性抵抗矩，$W_t=\left[b_h^2\left(3h_h-b_h\right)-b_h'^2\left(3h_h'-b_h'\right)\right]/6$，这里 b_h、h_h 为截面的短边和长边尺寸，b_h'、h_h' 为箱形孔的短边和长边尺寸；

α_h——箱形截面壁厚影响系数，$\alpha_h=2.5t_w/b_h$，当 $\alpha_h>1.0$ 时，取 $\alpha_h=1.0$。

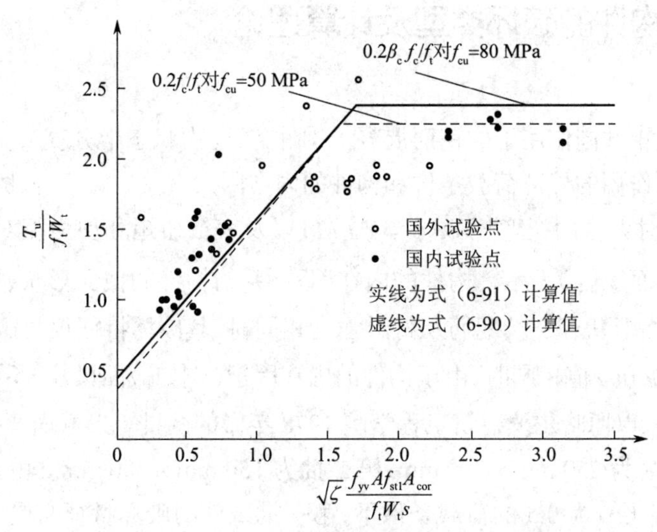

图 6-47　《规范》计算公式与高强混凝土构件试验值的比较

17 个箱形截面纯扭构件的试验结果与式(6-92)的比较见图 6-48。由图 6-48 可以看出，箱形截面的 $\frac{T_u}{\alpha_h W_t f_t}$-$\sqrt{\zeta}\frac{A_{st1}A_{cor}}{\alpha_h W_t f_t s}f_{yv}$ 关系与实心截面的 $\frac{T_u}{W_t f_t}$-$\sqrt{\zeta}\frac{A_{st1}A_{cor}}{W_t f_t s}f_{yv}$ 关系相近。国外 12 个及国内 5 个试件(t_w/b_h =0.16~0.3)的试验值与式(6-92)的计算结果进行比较，计算值与试验值之比$\left(\frac{T_u^{th}}{T_u^{exp}}\right)$的平均值 =0.857，均方差 =0.277，变异系数 $C_v=0.323$。

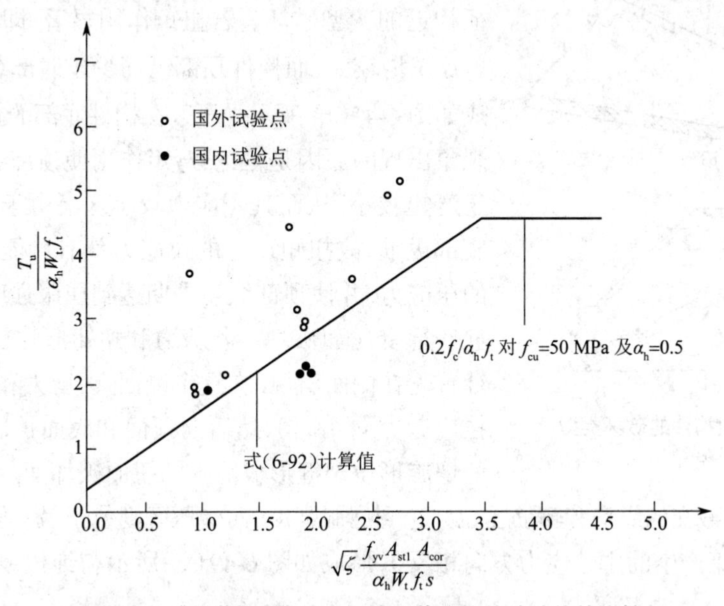

图 6-48　《规范》计算公式与箱形截面构件试验值的比较

由以上分析可以看出，《规范》给出的矩形及矩形箱形截面纯扭构件受扭承载力计算公式的特点是，不仅考虑了混凝土受扭作用并适用于中强及高强混凝土，而且钢筋受扭作用项的参数与式（6-81）的参数完全相同，钢筋的受扭作用可采用变角度空间桁架模型予以说明。

6.2.4　弯剪扭构件的破坏类型及计算理论

6.2.4.1　破坏类型

弯矩、剪力和扭矩共同作用下的钢筋混凝土构件，其受力状态十分复杂。构件的破坏特征及极限承载力，与所作用的外部荷载条件和构件的内在因素有关。对于外部荷载条件，通常以表征扭矩与弯矩相对大小的扭弯比 ψ（$\psi = T / M$）以及表征扭矩和剪力相对大小的扭剪比 χ（$\chi = T / Vb$，b 为截面宽度）表示。构件的内在因素，系指构件的截面形状、尺寸、配筋及材料强度。当构件的截面形状、尺寸、配筋及材料强度相同时，其破坏特征仅与截面的扭弯比 ψ 和扭剪比 χ 有关。当 ψ 和 χ 值相同时，由于构件的内在因素（例如截面尺寸）不同，亦可能出现不同类型的破坏形态。以原哈尔滨建筑工程学院 1978 年做的两批矩形截面弯扭构件试验为例，第一批试件截面尺寸为 250 mm × 200 mm，第二批为 150 mm × 300 mm。由于前者宽而扁，而后者窄而高，在扭弯比 ψ 为 0.5 的荷载条件下，第一批试件的破坏特征与受弯破坏相接近，而第二批试件却与纯扭破坏相似。

采用荷载控制加载方法的试验表明，在构件配筋适当时，若弯矩作用显著，即扭弯比 ψ 较小时，裂缝首先在弯曲受拉底面出现，然后发展到两个侧面，接近破坏时，三个面上的螺旋形拉裂缝形成清晰的扭曲破坏面，而第四面即为弯曲受压顶面。构件破坏时与螺旋形拉裂缝相截交的纵筋和箍筋均受拉达到屈服强度，构件顶部受压，形成如图 6-49（a）所示与受弯破坏特征相近的弯型破坏。若扭矩作用显著，即扭弯比 ψ 及扭剪比 χ 均较大，而构件顶部纵筋少于底部纵筋时，可能形成如图 6-49（b）所示受压区在构件底部的扭型破坏，这种现象出现的原因是，虽然弯矩作用使顶部纵筋受压，但由于弯矩较小，从而其压应力较小。又由于顶部纵筋少于底部纵筋，故扭矩产生的拉应力就有可能抵消弯矩产生的压应力，并使顶部纵筋先期达到屈服强度，最后迫使构件底部受压而破坏。若剪力和扭矩起控制作用，则斜裂缝首先在侧面出现（在这个侧面上，剪力和扭矩产生的主拉应力方向相同），然后向顶面和底面扩展，这三个面上的螺旋形拉裂缝形成清晰的扭曲破坏面。构件破坏时与螺旋形拉裂缝相截交的纵筋和箍筋受拉并达到屈服强度，而受压区则位于另一侧面（在这个侧面上，剪力和扭矩产生的主拉应力方向相反），形成如图 6-49（c）所示与纯扭破坏特征相似的

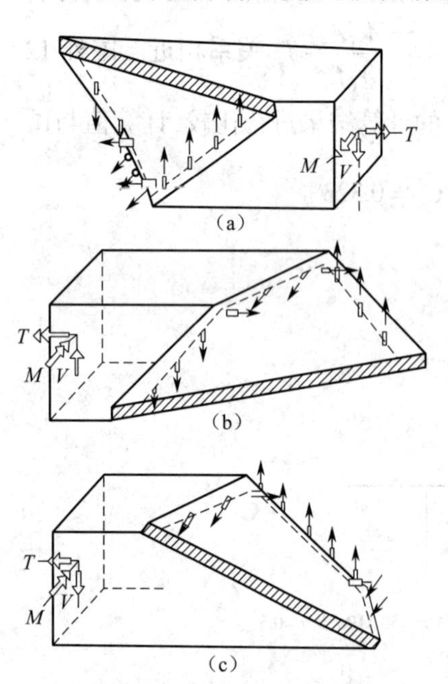

图 6-49　弯剪扭构件的破坏类型

（a）弯型破坏　（b）扭型破坏　（c）剪扭型破坏

剪扭型破坏。

无扭矩作用的受弯构件在弯矩和剪力的共同作用下，会发生剪压破坏。对于剪扭共同作用下的构件，除了前述三种破坏形态外，试验表明，若剪力作用十分显著而扭矩较小，即扭剪比 χ 较小时，也会发生与剪压破坏十分相近的受剪破坏形态。

6.2.4.2　计算理论

与纯扭构件相同，弯剪扭共同作用下钢筋混凝土构件扭曲截面极限承载力计算，主要有以变角度空间桁架模型和以斜弯理论为基础的两种计算方法。

1. 变角度空间桁架模型

继 P. Lampert 和 B. Thürlimann 于 1968 年提出变角度空间桁架模型之后，在 1973 年，此计算模型又推广应用于弯扭及弯剪扭共同作用下的构件承载力计算。其基本假定与对纯扭构件的分析相同。

弯剪扭共同作用下的钢筋混凝土构件，在裂缝充分发展且钢筋应力接近屈服强度时，如图 6-50(a)所示，实心矩形截面仍以侧壁 1、2、3 和 4 组成的箱形截面代替。在扭矩和剪力产生的剪力流方向相同的前侧壁壁厚为 t_1，方向相反的后侧壁壁厚为 t_3，位于弯曲受拉边的下部壁厚为 t_2，上部壁厚为 t_4。相应侧壁诸斜杆倾角为 α_1、α_3、α_2 和 α_4，斜压力为 D_1、D_3、D_2 和 D_4。

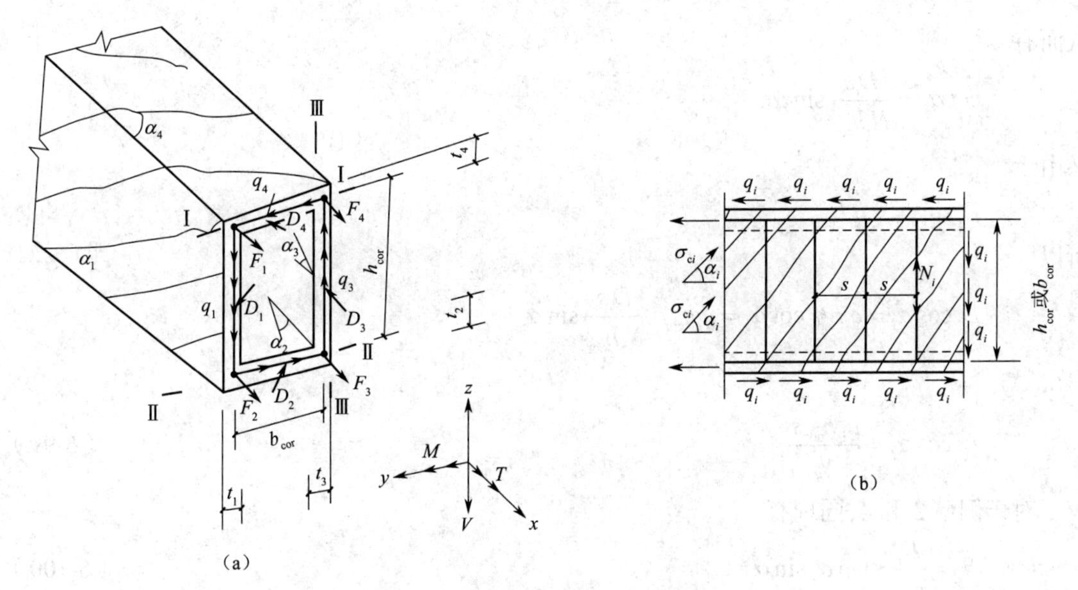

图 6-50　变角度空间构桁架模型

(a)弯剪扭作用下的钢筋混凝土构件　(b)侧壁受力图

与纯扭构件分析相同，在扭矩 T 作用下，沿箱形截面侧壁产生的剪力流为 q_t，且

$$q_t = \frac{T}{2A_{cor}} = \frac{T}{2b_{cor}h_{cor}} \tag{6-93}$$

式中：A_{cor}——剪力流路线所围成的面积，为简化分析仍取位于截面角部纵筋中心连线所围成的面积，即假设诸侧壁壁厚相同，且取壁厚为纵筋中心至截面近边缘距离的 2 倍。

设剪力 V 产生的剪力流 q_v 只作用在前后侧壁，且沿侧壁高为常值，故有

$$q_v = \frac{V}{2h_{cor}} \tag{6-94}$$

从而作用在侧壁 1、2、3、4 上的剪力流 q_1、q_2、q_3 和 q_4 为

$$q_1 = q_t + q_v = \frac{T}{2A_{cor}} + \frac{V}{2h_{cor}} \tag{6-95}$$

$$q_2 = q_4 = q_t = \frac{T}{2A_{cor}} \tag{6-96}$$

$$q_3 = q_t - q_v = \frac{T}{2A_{cor}} - \frac{V}{2h_{cor}} \tag{6-97}$$

剪力流 $q_i(i=1,2,3,4)$ 作用的侧壁受力如图 6-50（b）所示，图中 $\alpha_i(i=1,2,3,4)$ 为斜压杆倾角，$\sigma_{ci}(i=1,2,3,4)$ 为侧壁混凝土的平均压应力。忽略混凝土的抗拉及钢筋（纵向钢筋和箍筋）的销栓作用，由静力平衡条件可得出箍筋拉力 N_i 及斜压力 D_i 的计算公式。

对于侧壁 1 和 3，由静力平衡条件有

$$N_i = \frac{D_i}{h_{cor}} s \tan\alpha_i \sin\alpha_i \tag{6-98}$$

从而有

$$\cot\alpha_i = \frac{D_i s}{N_i h_{cor}} \sin\alpha_i$$

又由于

$$D_i \sin\alpha_i = q_i h_{cor}$$

所以

$$D_i \cos\alpha_i = q_i h_{cor} \cot\alpha_i = q_i h_{cor} \cdot \frac{D_i s}{N_i h_{cor}} \sin\alpha_i$$

得出

$$D_i \cos\alpha_i = \frac{q_i^2 h_{cor} s}{N_i} \tag{6-99}$$

对于侧壁 2 和 4，同理有

$$N_i = \frac{D_i}{b_{cor}} s \tan\alpha_i \sin\alpha_i \tag{6-100}$$

$$D_i \cos\alpha_i = \frac{q_i^2 b_{cor} s}{N_i} \tag{6-101}$$

如前所述，在弯矩、剪力和扭矩作用下的复合受扭构件，当钢筋配置适当时，可能发生弯型、扭型和剪扭型三类破坏形态，其受压破坏区分别位于上部侧壁 4、下部侧壁 2 和后部侧壁 3。对于每种破坏形态的其他三个侧壁，其纵筋和箍筋应力均可达到屈服强度，但混凝土压应力小于其极限强度值。

先分析弯型破坏情况，此时下部、前部和后部侧壁的纵筋和箍筋应力均达到屈服强度，而

混凝土压应力较小，如图 6-50（a），考虑横截面的内外力平衡，对位于上部侧壁内的轴线Ⅰ—Ⅰ（为简化，取Ⅰ—Ⅰ与上部侧壁纵筋中心连线（亦即剪力流 q_4）、作用线相重合）取矩，得出

$$M=(F_2+F_3)h_{cor}-D_1\cos\alpha_1\frac{h_{cor}}{2}-D_2\cos\alpha_2 h_{cor}-D_3\cos\alpha_3\frac{h_{cor}}{2} \tag{6-102}$$

将式（6-99）、式（6-101）代入式（6-102），有

$$M=(F_2+F_3)h_{cor}-\frac{q_1^2h_{cor}s}{N_1}\frac{h_{cor}}{2}-\frac{q_2^2b_{cor}s}{N_2}h_{cor}-\frac{q_3^2h_{cor}s}{N_3}\frac{h_{cor}}{2}$$

$$F_2+F_3=\frac{M}{h_{cor}}+\frac{1}{2}\frac{q_1{}^2h_{cor}s}{N_1}+\frac{q_2{}^2b_{cor}s}{N_2}+\frac{1}{2}\frac{q_3{}^2h_{cor}s}{N_3} \tag{6-103}$$

若位于截面下部的纵向受力钢筋为两根且布置在角部，总面积为 A_s，则构件破坏时

$$F_2=F_3=\frac{1}{2}A_sf_y=F_y$$

$$N_1=N_2=N_3=A_{sv1}f_{yv}=N_y$$

连同式（6-95）、式（6-96）和式（6-97）代入式（6-103），得

$$\begin{aligned}1&=\frac{M}{2F_yh_{cor}}+\frac{1}{2F_y}\times\frac{s}{N_y}\left[(q_t+q_v)^2\frac{h_{cor}}{2}+q_t{}^2b_{cor}+(q_t-q_v)^2\frac{h_{cor}}{2}\right]\\&=\frac{M}{2F_vh_{cor}}+\frac{1}{2F_v}\times\frac{s}{N_v}\left[q_t^2(b_{cor}+h_{cor})+q_v{}^2h_{cor}\right]\end{aligned} \tag{6-104}$$

或写作

$$1=\frac{M}{2F_yh_{cor}}+\frac{T^2}{(2b_{cor}h_{cor})^2}\frac{(b_{cor}+h_{cor})}{2F_y}\frac{s}{N_y}+\frac{V^2}{(2h_{cor})^2}\frac{h_{cor}}{2F_y}\frac{s}{N_y} \tag{6-105}$$

式（6-105）为根据平衡条件建立的弯矩 M、剪力 V、扭矩 T 与纵筋拉力 F_y、箍筋拉力 N_y 的关系式。

若 V 和 T 为零，则为纯弯情况，由式（6-105）有

$$M=M_{0I}=2F_yh_{cor} \tag{6-106}$$

若 M 和 V 为零，则为纯扭情况，由式（6-105）有

$$T=T_{0I}=2A_{cor}\sqrt{\frac{2F_y}{b_{cor}+h_{cor}}\frac{N_y}{s}} \tag{6-107}$$

若 M 和 T 为零，则为纯剪情况，由式（6-105）有

$$V=V_{0I}=2h_{cor}\sqrt{\frac{2F_y}{h_{cor}}\frac{N_y}{s}} \tag{6-108}$$

将式（6-106）~ 式（6-108）代入式（6-105），得出

$$\frac{M}{M_{0I}}+\left(\frac{T}{T_{0I}}\right)^2+\left(\frac{V}{V_{0I}}\right)^2=1 \tag{6-109}$$

式（6-109）即为弯型破坏形态的受弯、受剪和受扭的承载力相关方程，其纯弯、纯剪和纯扭承载力分别为 M_{0I}、T_{0I} 和 V_{0I}。

同理可得出扭型破坏时，其受弯、受剪和受扭的承载力相关方程为

$$\frac{M}{M_{0\mathrm{II}}}+\left(\frac{T}{T_{0\mathrm{II}}}\right)^2+\left(\frac{V}{V_{0\mathrm{II}}}\right)^2=1 \tag{6-110}$$

且

$$M_{0\mathrm{II}}=-2F_y'h_{cor} \tag{6-111}$$

$$T_{0\mathrm{II}}=2A_{cor}\sqrt{\frac{2F_y'}{b_{cor}+h_{cor}}\frac{N_y}{s}} \tag{6-112}$$

$$V_{0\mathrm{II}}=2h_{cor}\sqrt{\frac{2F_y'}{h_{cor}}\frac{N_y}{s}} \tag{6-113}$$

若位于截面上部的纵向受力钢筋为两根并布置在角部，总面积为 A_s'，则对于扭型破坏，有

$$F_1=F_4=\frac{1}{2}A_s'f_y=F_y' \tag{6-114}$$

$$N_1=N_3=N_4=A_{sv1}f_{yv}=N_y \tag{6-115}$$

同理得出剪扭型破坏时其受剪和受扭的承载力相关方程为

$$\left(\frac{T}{T_{0\mathrm{III}}}\right)^2+\left(\frac{V}{V_{0\mathrm{III}}}\right)^2+\frac{TV}{T_{0\mathrm{III}}V_{0\mathrm{III}}}\times\frac{2h_{cor}}{\sqrt{h_{cor}\left(b_{cor}+h_{cor}\right)}}=1 \tag{6-116}$$

且

$$T_{0\mathrm{III}}=2A_{cor}\sqrt{\frac{F_y+F_y'}{b_{cor}+h_{cor}}\frac{N}{s}} \tag{6-117}$$

$$V_{0\mathrm{III}}=2h_{cor}\sqrt{\frac{F_y+F_y'}{h_{cor}}\frac{N_y}{s}} \tag{6-118}$$

对于剪扭型破坏，有

$$F_1=\frac{1}{2}A_s'f_y=F_y' \tag{6-119}$$

$$F_2=\frac{1}{2}A_sf_y=F_y \tag{6-120}$$

$$N_1=N_3=N_4=A_{sv1}f_{yv}=N_y \tag{6-121}$$

若 M 为正弯矩，且 $A_sf_y\geqslant A_s'f_y$，定义顶部与底部纵筋强度比 $\gamma=\frac{A_s'f_y}{A_sf_y}=\frac{A_s'}{A_s}$，并取

$$M_0=M_{0\mathrm{I}}=2F_yh_{cor}=A_sf_yh_{cor}$$

$$T_0=T_{0\mathrm{II}}=2A_{cor}\sqrt{\frac{2F_y'}{b_{cor}+h_{cor}}\frac{N_y}{s}}=2A_{cor}\sqrt{\frac{2A_s'f_y}{u_{cor}}\frac{A_{sv1}f_{yv}}{s}}$$

$$V_0=V_{0\mathrm{II}}=2h_{cor}\sqrt{\frac{2F_y'}{h_{cor}}\frac{N_y}{s}}=2\sqrt{A_s'f_yA_{sv1}f_{yv}\frac{h_{cor}}{s}}$$

经整理，式（6-109）、式（6-110）和式（6-116）可写作

$$\frac{M}{M_0}+\gamma\left(\frac{T}{T_0}\right)^2+\gamma\left(\frac{V}{V_0}\right)^2=1 \tag{6-122}$$

$$-\frac{1}{\gamma}\frac{M}{M_0}+\left(\frac{T}{T_0}\right)^2+\left(\frac{V}{V_0}\right)^2=1 \tag{6-123}$$

$$\frac{2\gamma}{\gamma+1}\left(\frac{T}{T_0}\right)^2+\frac{2\gamma}{\gamma+1}\left(\frac{V}{V_0}\right)^2+\frac{2\gamma}{\gamma+1}\frac{2}{\sqrt{1+\frac{b_{cor}}{h_{cor}}}}\frac{TV}{T_0V_0}=1 \tag{6-124}$$

按式（6-122）、式（6-123）和式（6-124）计算得出的承载力相关曲面如图6-51所示。

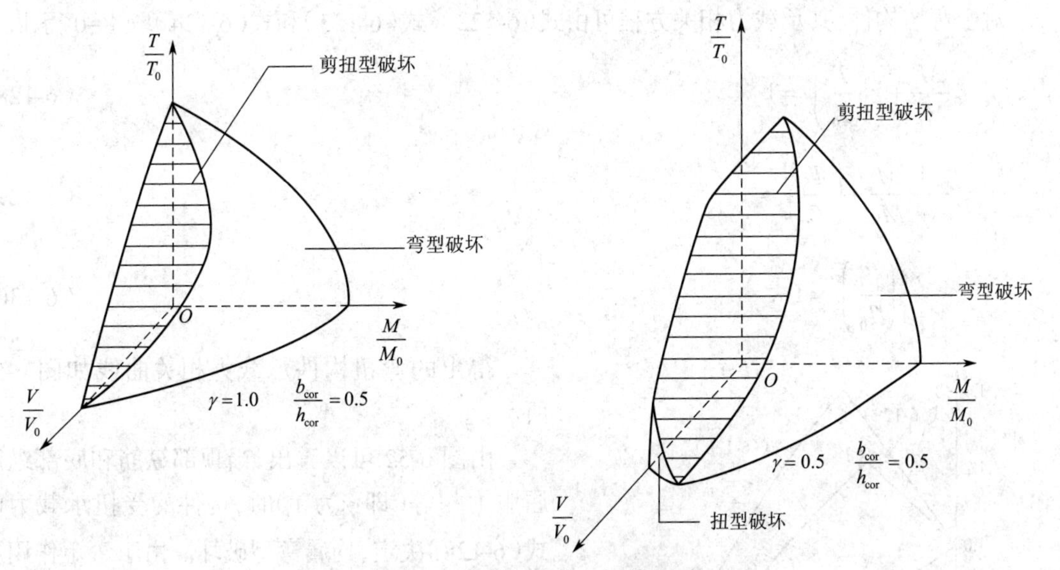

图6-51　弯剪扭承载力相关曲面

若已知扭弯比ψ和扭剪比χ，则由式（6-122）、式（6-123）和式（6-124）可得出弯型、扭型和剪扭型破坏形态的极限扭矩T_u的计算公式如下。

弯型破坏：

$$T_{uI}=\frac{-\frac{1}{\psi M_0}+\sqrt{\left(\frac{1}{\psi M_0}\right)^2+4\gamma\left(\frac{1}{T_0^2}+\frac{1}{\chi^2b^2V_0^2}\right)}}{2\gamma\left(\frac{1}{T_0^2}+\frac{1}{\chi^2b^2V_0^2}\right)} \tag{6-125}$$

扭型破坏：

$$T_{uII}=\frac{\frac{1}{\gamma\psi M_0}+\sqrt{\left(\frac{1}{\gamma\psi M_0}\right)^2+4\left(\frac{1}{T_0^2}+\frac{1}{\chi^2b^2V_0^2}\right)}}{2\left(\frac{1}{T_0^2}+\frac{1}{\chi^2b^2V_0^2}\right)} \tag{6-126}$$

剪扭型破坏：

$$T_{\mathrm{uIII}}=\frac{\sqrt{\frac{\gamma+1}{2\gamma}}}{\sqrt{\frac{1}{T_0^2}+\frac{1}{\chi^2b^2V_0^2}+\frac{2}{T_0\chi bV_0\sqrt{1+\frac{b_{\mathrm{cor}}}{h_{\mathrm{cor}}}}}}}\tag{6-127}$$

对于纵筋和箍筋配置适当的弯剪扭共同作用的矩形截面钢筋混凝土构件，当扭弯比、扭剪比、截面尺寸、配筋和材料强度一定且纯弯（M_0）、纯扭（T_0）、纯剪（V_0）承载力已知时，由式（6-125）、式（6-126）和式（6-127），可以分别求得三种破坏形态的极限扭矩 T_{uI}、T_{uII} 和 T_{uIII}，其最小值为该构件按变角度空间桁架模型计算的破坏扭矩 T_{u}，并据此判定其破坏形态。

对于弯扭构件，其承载力相关方程可由式（6-122）、式（6-123）和式（6-124）取 V=0 得出：

$$\frac{M}{M_0}+\gamma\left(\frac{T}{T_0}\right)^2=1\tag{6-128}$$

$$-\frac{1}{\gamma}\frac{M}{M_0}+\left(\frac{T}{T_0}\right)^2=1\tag{6-129}$$

$$\frac{2\gamma}{\gamma+1}\left(\frac{T}{T_0}\right)^2=1\tag{6-130}$$

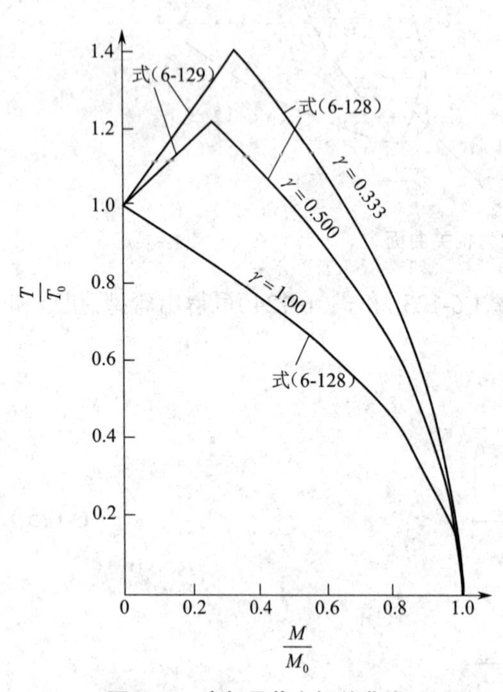

图 6-52　弯扭承载力相关曲线

得出的弯扭构件承载力相关曲线如图 6-52 所示。

由图 6-52 可以看出，当顶部纵筋和底部纵筋屈服力相等（即 γ 为 1）时，构件的受扭承载力由式（6-128）决定，均属弯型破坏。由于弯矩作用增大了底部纵筋的拉应力，故其受扭承载力不能提高。当顶部纵筋屈服力小于底部纵筋屈服力（即 γ 小于 1）且 M/M_0 值较小时，构件的受扭承载力由式（6-129）决定，属于扭型破坏。由于弯矩作用减小了顶部纵筋的拉应力，故受扭承载力得到提高，直至最大值。其后，构件的受扭承载力由式（6-128）决定，构件的受扭承载力受弯矩的影响逐渐降低。

2. 斜弯理论

1958 年 H. H. Лессиг 在大量试验研究的基础上提出的斜弯理论的计算破坏图形有两种，如图 6-49（a）、（c）所示，并有如下假定。

（1）形成扭曲破坏面的螺旋形拉裂缝的倾角相同。

（2）与螺旋形拉裂缝相交的纵筋和箍筋受拉并达到屈服强度。

（3）破坏面的受压区为一平面，该平面与构件纵轴呈 γ 角，且受压区混凝土应力为均匀分布。

（4）忽略钢筋的销栓作用、混凝土的受拉作用和受压区混凝土的受剪作用。

对于每种计算破坏图形，都取用两个平衡条件，即绕中和轴内外力矩的平衡条件和受压区法线方向内外力的平衡条件建立计算公式，并根据构件承载力最小的理论确定破坏面螺旋形拉裂缝的倾角，从而求得每种破坏图形的极限扭矩，其较小值则为计算破坏扭矩。

以斜弯理论为基础，苏联混凝土和钢筋混凝土结构建筑法规（СНиП Ⅱ-В.1-1962）提出了弯剪扭作用下矩形截面钢筋混凝土构件承载力计算条文，并在 1975 年及其后的建筑法规中进一步补充了图 6-49（b）所示的第三种计算破坏图形和相应的计算规定。

理论研究证明，在一定的近似假定前提下，按斜弯理论亦可得出与变角度空间桁架模型相同的受弯、受剪和受扭的承载力相关方程。

6.2.5　弯剪扭构件按我国《规范》的配筋计算方法

弯扭构件的配筋如图 6-53 所示。图中 A_{sl}、A'_{sl} 和 A_{stl} 为按《规范》方法计算得出的受弯和受扭纵筋。从而构件纯受弯和纯受扭的承载力 M_0 和 T_0 可写作：

$$M_0 \approx \left(A_{sl} + \frac{1}{2}A_{stl}\right) f_y h_{cor} = A_s f_y h_{cor} \tag{6-131}$$

$$\begin{aligned} T_0 &= 0.35 f_t W_t + 1.2\sqrt{\zeta}\,\frac{f_{yv} A_{st1} A_{cor}}{s} \\ &= T_{c0} + 1.2\sqrt{\frac{f_y\left(2A'_{sl} + A_{stl}\right)}{u_{cor}}}\sqrt{\frac{f_{yv} A_{st1}}{s}} A_{cor} \end{aligned} \tag{6-132}$$

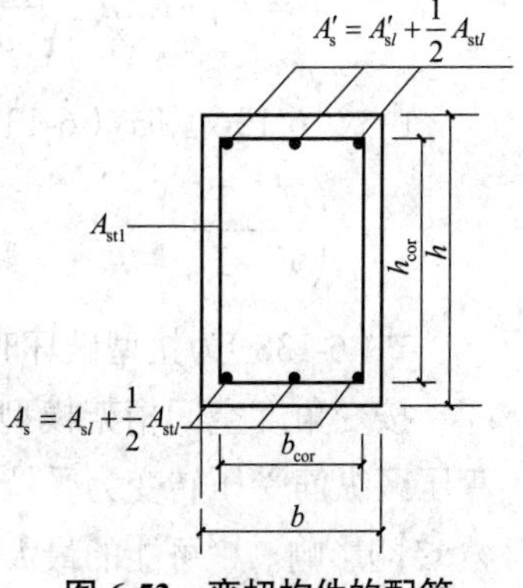

图 6-53　弯扭构件的配筋

式中：T_{c0}——混凝土受扭作用项，且 $T_{c0} = T_c = 0.35 f_t W_t$。

对于弯型破坏，即构件的弯曲受拉区纵向钢筋达到屈服强度，在弯扭共同作用下的受扭承载力 T 为

$$T = T_{c0} + 1.2 A_{cor}\sqrt{\frac{f_y A_{stl}}{u_{cor}}}\sqrt{\frac{f_{yv} A_{st1}}{s}}$$

有

$$T - T_{c0} = 1.2 A_{cor}\sqrt{\frac{f_y A_{stl}}{u_{cor}}}\sqrt{\frac{f_{yv} A_{st1}}{s}} \tag{6-133}$$

式（6-132）写作：

$$T_0 - T_{c0} = 1.2 A_{cor}\sqrt{\frac{f_y\left(2A'_{sl} + A_{stl}\right)}{u_{cor}}}\sqrt{\frac{f_{yv} A_{st1}}{s}} \tag{6-134}$$

由式(6-133)和式(6-134)可得

$$\left(\frac{T-T_{c0}}{T_0-T_{c0}}\right)^2=\frac{A_{stl}}{2A'_{sl}+A_{stl}}=\frac{A_s-A_{sl}}{A'_s}=\frac{A_s f_y}{A'_s f_y}\left(1-\frac{A_{sl}}{A_s}\right)=\frac{1}{\gamma}\left(1-\frac{A_{sl}f_y h_{cor}}{A_s f_y h_{cor}}\right)\approx\frac{1}{\gamma}\left(1-\frac{M}{M_0}\right)$$

故弯型破坏时弯扭承载力相关方程为

$$\frac{M}{M_0}+\gamma\left(\frac{T-T_{c0}}{T_0-T_{c0}}\right)^2=1 \tag{6-135}$$

对于扭型破坏,即构件的弯曲受压区纵向钢筋受拉并达到屈服强度。此时扭矩较大而弯矩较小(即扭弯比 ψ 较大)。由于弯矩较小,一般可不配置受压纵筋,取图 6-53 中的 $A'_{sl}=0$ 进行分析,由式(6-131)有

$$M_0\approx A_s f_y h_{cor}$$

$$T_0=T_{c0}+1.2A_{cor}\sqrt{\frac{f_y A_{stl}}{u_{cor}}}\sqrt{\frac{f_{yv}A_{st1}}{s}} \tag{6-136}$$

且有

$$T=T_{c0}+1.2A_{cor}\sqrt{\frac{f_y A_{stl}}{u_{cor}}}\sqrt{\frac{f_{yv}A_{st1}}{s}} \tag{6-137}$$

由式(6-136)和式(6-137)可得

$$\left(\frac{T-T_{c0}}{T_0-T_{c0}}\right)^2=1 \tag{6-138}$$

式(6-138)为扭型破坏时弯扭承载力相关方程。

按变角度空间桁架模型,对于扭型破坏,在弯扭共同作用下的受扭承载力,应考虑扭矩使弯压区纵筋受压转变为受拉并达到屈服强度的有利作用,即计入弯矩 M 对截面顶部产生的压力 C 的影响。C 可能的最大值可近似按 $M=A_{sl}f_y h_{cor}$ 求得,即 $C=A_{sl}f_y$。从而得出

$$T=T_{c0}+1.2A_{cor}\sqrt{\frac{f_y\left(A_{stl}+2A_{sl}\right)}{u_{cor}}}\sqrt{\frac{f_{yv}A_{st1}}{s}}$$

有

$$T-T_{c0}=1.2A_{cor}\sqrt{\frac{f_y\left(A_{stl}+2A_{sl}\right)}{u_{cor}}}\sqrt{\frac{f_{yv}A_{st1}}{s}} \tag{6-139}$$

由式(6-136)及式(6-139)可得

$$\left(\frac{T-T_{c0}}{T_0-T_{c0}}\right)^2=\frac{A_{stl}+2A_{sl}}{A_{stl}}=\frac{\frac{A_{stl}}{2}+A_{sl}}{\frac{A_{stl}}{2}}=\frac{A'_s+A_{sl}}{A'_s}=1+\frac{A_s}{A'_s}\frac{A_{sl}}{A_s}=1+\frac{1}{\gamma}\frac{A_{sl}h_{cor}f_y}{A_s h_{cor}f_y}\approx1+\frac{1}{\gamma}\frac{M}{M_0}$$

有

$$-\frac{1}{\gamma}\frac{M}{M_0}+\left(\frac{T-T_{c0}}{T_0-T_{c0}}\right)^2=1 \tag{6-140}$$

按《规范》方法，弯扭承载力相关方程为式(6-135)和式(6-138)，若考虑弯压力的有利作用，其相关方程则为式(6-135)和式(6-140)。取 $\gamma=0.26$，当 $T_{c0}/T_0=0.14\sim0.5$ 时其承载力相关曲线束与试验结果的比较如图 6-54 所示。图中还给出了按变角度空间桁架模型弯扭承载力的相关曲线，即式(6-128)和式(6-129)。可以看出，按《规范》方法，显然偏于安全。若计入弯压力有利作用，其弯扭承载力相关曲线与按变角度空间桁架模型的相关曲线相近且接近试验结果的上限。

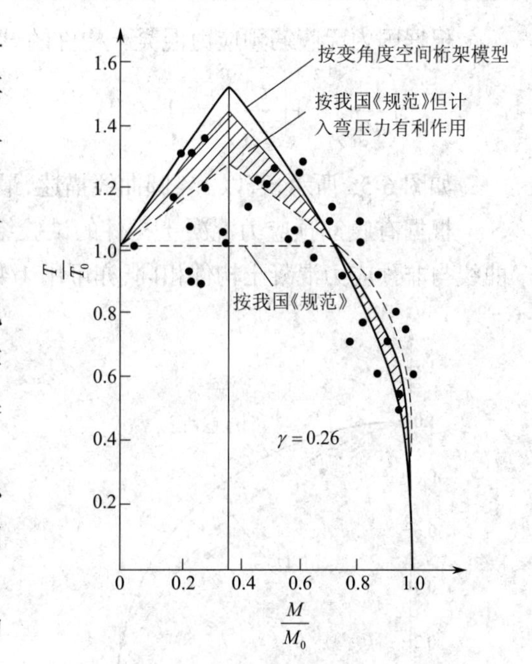

图 6-54　弯扭构件承载力相关曲线及与试验值的比较

在剪扭构件受剪、受扭承载力计算公式中，必须计入扭矩作用对混凝土受剪承载力和剪力作用对混凝土受扭承载力的影响。

钢筋混凝土矩形截面一般弯剪扭及剪扭构件，《规范》采用的受剪承载力和受扭承载力设计计算公式为

$$V\leqslant 0.7(1.5-\beta_t)f_tbh_0+f_{yv}\frac{A_{sv}}{s}h_0 \tag{6-141}$$

$$T\leqslant 0.35\beta_tf_tW_t+1.2\sqrt{\zeta}\frac{f_{yv}A_{st1}A_{cor}}{s} \tag{6-142}$$

$$\beta_t=\frac{1.5}{1+0.5\dfrac{V}{T}\dfrac{W_t}{bh_0}} \tag{6-143}$$

式中：β_t——剪扭构件混凝土受扭承载力降低系数。

对集中荷载作用下的矩形截面独立弯剪扭及剪扭构件，式(6-141)和式(6-143)应改为

$$V\leqslant\frac{1.75}{\lambda+1.0}(1.5-\beta_t)f_tbh_0+f_{yv}\frac{A_{sv}}{s}h_0 \tag{6-144}$$

$$\beta_t=\frac{1.5}{1+0.2(\lambda+1)\dfrac{V}{T}\dfrac{W_t}{bh_0}} \tag{6-145}$$

剪扭构件混凝土受扭承载力降低系数 β_t 计算公式，可根据无腹筋构件剪扭承载力相关曲线为 1/4 圆，假定配有箍筋的有腹筋构件混凝土的剪扭承载力相关曲线与无腹筋构件相同，并将曲线简化为三折线推导得出。

根据对国外无腹筋预应力混凝土构件试验结果的分析，认为无腹筋预应力混凝土构件的剪扭相关方程可取为

$$\frac{V_c^p}{V_{c0}^p}+\left(\frac{T_c^p}{T_{c0}^p}\right)^2=1 \tag{6-146}$$

根据国内无腹筋预应力混凝土构件的试验结果，取为

$$\left(\frac{V_{\rm c}^{\rm p}}{V_{\rm c0}^{\rm p}}\right)^{3/2}+\left(\frac{T_{\rm c}^{\rm p}}{T_{\rm c0}^{\rm p}}\right)^{3/2}=1 \tag{6-147}$$

如图 6-55 所示，若以 1/4 圆曲线描述，最大相差 8%。

根据有腹筋预应力混凝土构件的试验结果，有腹筋预应力混凝土构件的剪扭承载力相关曲线与非预应力混凝土构件相同，亦可用 1/4 圆曲线描述，如图 6-56 所示。

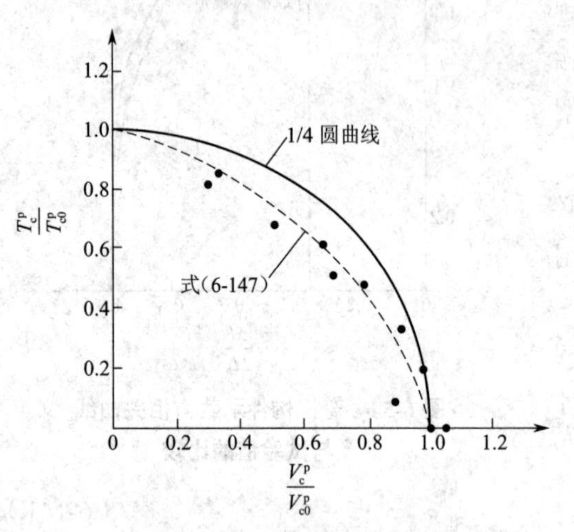

图 6-55　无腹筋预应力混凝土构件 $\frac{V_{\rm c}^{\rm p}}{V_{\rm c0}^{\rm p}}\sim\frac{T_{\rm c}^{\rm p}}{T_{\rm c0}^{\rm p}}$ 关系

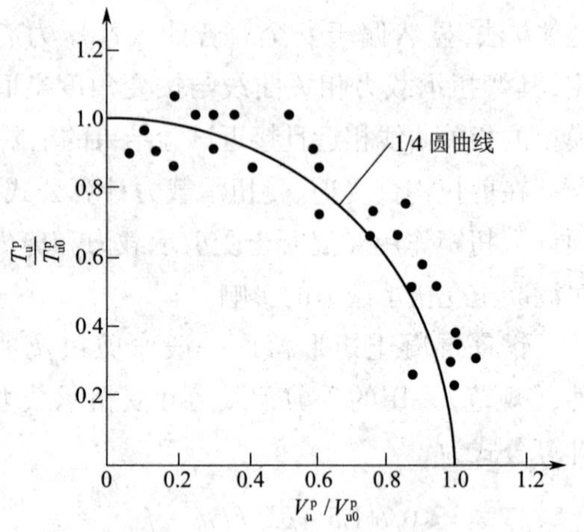

图 6-56　有腹筋预应力混凝土构件 $\frac{V_{\rm u}^{\rm p}}{V_{\rm u0}^{\rm p}}\sim\frac{T_{\rm u}^{\rm p}}{T_{\rm u0}^{\rm p}}$ 关系

由此认为，与非预应力混凝土构件相同，无腹筋预应力混凝土构件的剪扭相关曲线亦简化为三折线，而有腹筋构件剪扭相关曲线亦取为 1/4 圆曲线，从而得出

$$\beta_{\rm t}=\frac{1.5}{1+\frac{V}{T}\frac{T_{\rm c0}^{\rm p}}{V_{\rm c0}^{\rm p}}} \tag{6-148}$$

预应力混凝土一般受弯构件斜截面受剪承载力的计算公式为

$$V\leqslant 0.7f_{\rm t}bh_0+0.05N_{\rm p0}+f_{\rm yv}\frac{A_{\rm sv}}{s}h_0 \tag{6-149}$$

对集中荷载作用下的独立梁，其计算公式为

$$V\leqslant\frac{1.75}{\lambda+1}f_{\rm t}bh_0+0.05N_{\rm p0}+f_{\rm yv}\frac{A_{\rm sv}}{s}h_0 \tag{6-150}$$

预应力混凝土矩形截面纯扭构件受扭承载力计算公式为

$$T\leqslant\left(0.35f_{\rm t}+0.05\frac{N_{\rm p0}}{A_0}\right)W_{\rm t}+1.2\sqrt{\zeta}\frac{A_{\rm st1}f_{\rm yv}}{s}A_{\rm cor} \tag{6-151}$$

取 $T_{\rm c0}^{\rm p}=0.35f_{\rm t}W_{\rm t}+0.05\frac{N_{\rm p0}}{A_0}W_{\rm t}$，$V_{\rm c0}^{\rm p}=0.7f_{\rm t}bh_0+0.05N_{\rm p0}$ 或 $V_{\rm c0}^{\rm p}=\frac{1.75}{\lambda+1}f_{\rm t}bh_0+0.05N_{\rm p0}$，代入式（6-148），从而对于一般剪扭构件，有

$$\frac{T_{c0}^{p}}{V_{c0}^{p}}=\frac{\left(0.35+0.05\dfrac{N_{p0}}{f_t A_0}\right)f_t W_t}{0.7f_t bh_0+0.05N_{p0}}=\frac{\left(0.35+0.05\dfrac{\bar{\sigma}_{cp}}{f_t}\right)f_t W_t}{\left(0.7+0.05\dfrac{\bar{\sigma}_{cp}}{f_t}\right)f_t bh_0}=\left(\frac{0.35+0.05\dfrac{\bar{\sigma}_{cp}}{f_t}}{0.7+0.05\dfrac{\bar{\sigma}_{cp}}{f_t}}\right)\frac{W_t}{bh_0}$$

当 $\bar{\sigma}_{cp}/f_t=1\sim5$ 时，有 $\dfrac{T_{c0}^{p}}{V_{c0}^{p}}=(0.53\sim0.63)\dfrac{W_t}{bh_0}$，从而得出

$$\beta_t=\frac{1.5}{1+(0.53\sim0.63)\dfrac{VW_t}{Tbh_0}} \tag{6-152}$$

对于集中荷载作用下的独立剪扭构件，有

$$\frac{T_{c0}^{p}}{V_{c0}^{p}}=\frac{\left(0.35+0.05\dfrac{N_{p0}}{f_t A_0}\right)f_t W_t}{\dfrac{1.75}{\lambda+1}f_t bh_0+0.05N_{p0}}=\frac{\left(0.35+0.05\dfrac{\bar{\sigma}_{cp}}{f_t}\right)f_t W_t}{\left(\dfrac{1.75}{\lambda+1}+0.05\dfrac{\bar{\sigma}_{cp}}{f_t}\right)f_t bh_0}=\left(\frac{0.35+0.05\dfrac{\bar{\sigma}_{cp}}{f_t}}{\dfrac{1.75}{\lambda+1}+0.05\dfrac{\sigma_{cp}}{f_t}}\right)\frac{W_t}{bh_0}$$

为简化，可将式中的 $\left(\dfrac{0.35+0.05\dfrac{\bar{\sigma}_{cp}}{f_t}}{\dfrac{1.75}{\lambda+1}+0.05\dfrac{\sigma_{cp}}{f_t}}\right)$ 项写成 $f(\lambda)=0.22(1+\lambda)$ 的表达式。因为当 λ 为某一定值，$\dfrac{\bar{\sigma}_{cp}}{f_t}$ 值在 1~5 范围变化时，$\left(\dfrac{0.35+0.05\dfrac{\bar{\sigma}_{cp}}{f_t}}{\dfrac{1.75}{\lambda+1}+0.05\dfrac{\sigma_{cp}}{f_t}}\right)$ 值波动甚小并与 $f(\lambda)$ 值相近（例如 λ=1.5 时，$\left(\dfrac{0.35+0.05\dfrac{\bar{\sigma}_{cp}}{f_t}}{\dfrac{1.75}{\lambda+1}+0.05\dfrac{\sigma_{cp}}{f_t}}\right)$=0.53~0.63，$f(\lambda)$=0.55；$\lambda$=3 时，$\left(\dfrac{0.35+0.05\dfrac{\bar{\sigma}_{cp}}{f_t}}{\dfrac{1.75}{\lambda+1}+0.05\dfrac{\sigma_{cp}}{f_t}}\right)$=0.821~0.873，$f(\lambda)$=0.88。

代入式（6-148）得

$$\beta_t=\frac{1.5}{1+0.22(1+\lambda)\dfrac{VW_t}{Tbh_0}} \tag{6-153}$$

为进一步简化，对一般剪扭构件，β_t 近似取非预应力混凝土剪扭构件的计算公式（6-143）。对集中荷载作用下的独立剪扭构件，β_t 亦近似取非预应力混凝土剪扭构件的计算公式（6-145）。

故现行《规范》中预应力混凝土弯、剪、扭构件的受剪承载力计算公式如下。

一般剪扭构件：

受剪承载力

$$V\leqslant(1.5-\beta_t)\left(0.7f_t bh_0+0.05N_{p0}\right)+f_{yv}\frac{A_{sv}}{s}h_0 \tag{6-154}$$

受扭承载力

$$T \leqslant \beta_t \left(0.35 f_t + 0.05 \frac{N_{p0}}{A_0}\right) W_t + 1.2\sqrt{\zeta} \frac{A_{st1} f_{yv}}{s} A_{cor} \tag{6-155}$$

集中荷载作用下的独立剪扭构件：

受剪承载力

$$V \leqslant (1.5 - \beta_t)\left(\frac{1.75}{\lambda + 1} f_t b h_0 + 0.05 N_{p0}\right) + \frac{A_{sv} f_{yv}}{s} h_0 \tag{6-156}$$

受扭承载力计算公式与式（6-155）相同。

实质上，对于矩形截面钢筋混凝土和预应力混凝土弯剪扭及剪扭构件，现行《规范》采用的上述受剪和受扭承载力设计计算公式，是取有腹筋构件剪扭承载力相关曲线为 1/4 圆作为校正线，对钢筋混凝土构件采用混凝土部分相关，对于预应力混凝土构件尚有预应力作用项的部分相关，钢筋部分不相关的近似拟合公式。这样，一方面便于设计，可直接进行配筋计算；另一方面，计算公式中的剪扭构件混凝土受扭承载力降低系数 β_t 按式（6-143）或式（6-145）计算时，构件剪扭承载力相关曲线与 1/4 圆曲线较为接近。

钢筋混凝土有腹筋构件的试验表明，弯剪扭共同作用下矩形截面构件剪扭承载力相关曲线一般可近似以 1/4 圆曲线表示，如图 6-57 所示。由图 6-57 中的试验点可以看出，对于中等剪跨比 λ =1.9 的试件，试验点与圆曲线较为接近。大剪跨比 λ =4 和小剪跨比 λ =0 的试件，试验结果用圆曲线描述则相差较大。λ =4 的试件试验点大多位于圆曲线上方，而 λ =0 的试验点多位于圆曲线下方。

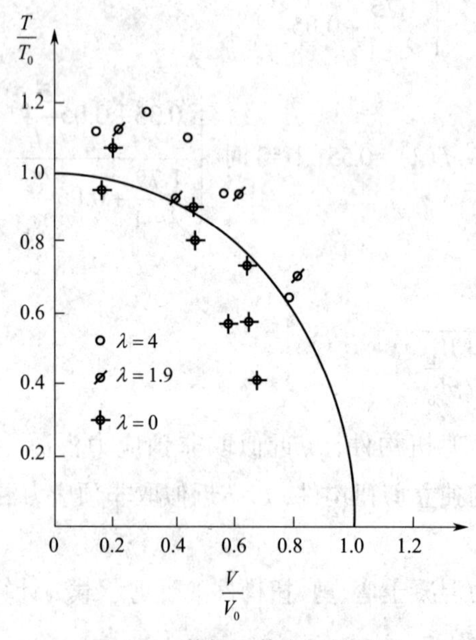

图 6-57 剪扭承载力相关关系

按变角度空间桁架模型的计算分析，弯剪扭构件承载力相关曲线形状与剪跨比 λ 和受扭纵筋与箍筋的配筋强度比 ζ 有关，如图 6-58 所示。图中 V_0 表示扭矩为零的受弯构件，λ 值不同时的受剪承载力。图 6-58(a)为 $\lambda=4$ 的试件,按变角度空间桁架模型计算分析得出的剪扭承载力相关曲线。可以看出,对于 $\zeta=0.3\sim1.0$ 的情况,可近似以 1/4 圆曲线表示。图 6-58(c)为 $\lambda=0$ 的试件计算分析结果,可以看出,当 ζ 接近 1 时,承载力相关曲线与 1/4 圆曲线差别较大。

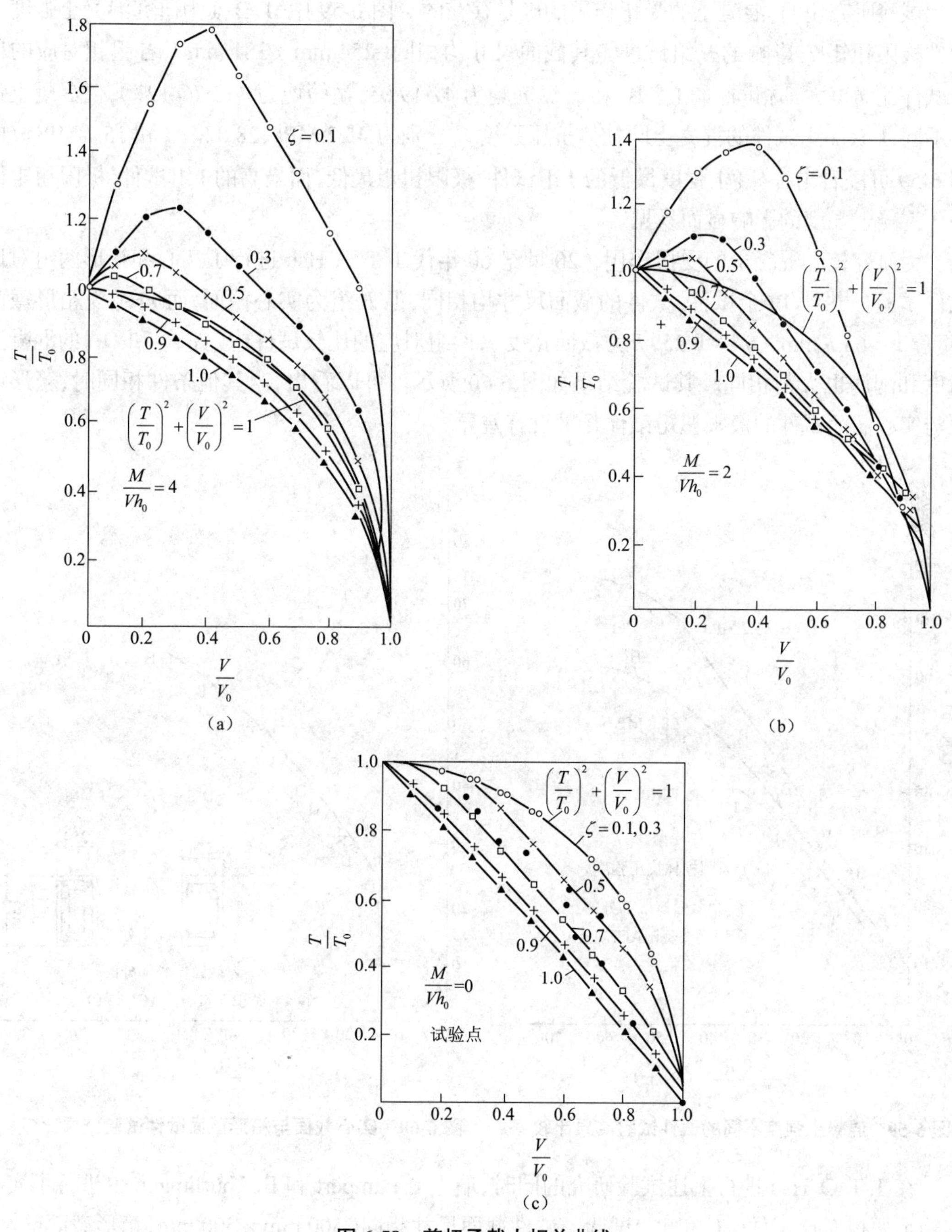

图 6-58　剪扭承载力相关曲线

(a) $\lambda=4$　(b) $\lambda=2$　(c) $\lambda=0$

6.2.6 问题讨论

6.2.6.1 混凝土的受扭作用

试验研究说明,混凝土的受扭作用的确是存在的。图 6-59 中,I、B、J 为研究混凝土强度对构件极限扭矩 T_u 影响的三组试件。其截面尺寸均相同(254 mm × 381 mm),各组相对应的比较试件配筋也大都相同(如 I_3、B_3 和 J_3 纵筋均为 4ϕ19.05,箍筋均为 ϕ12.7@127),仅混凝土强度不同,I、B、J 组试件的混凝土圆柱体抗压强度 f_c' 分别为 45.2 MPa、28.8 MPa 和 15.7 MPa。由图 6-59 可以看出,混凝土强度最低的 J 组试件,极限扭矩最低,而最高的 I 组试件,极限扭矩最高。混凝土强度的影响显而易见。

为研究核心混凝土的受扭作用,20 世纪 60 年代 T. T. C. Hsu 进行了实心和箱形两组对比试件试验。共计 10 个试件,试件的截面尺寸均相同,但 B 组为实心截面,而 D 组为箱形截面(壁厚 t = 63.5 mm,t/b = 0.25,b 为截面宽度),两组对应的比较试件中(如 B_2 和 D_2)的混凝土强度和配筋也大都相同。其试验结果如图 6-60 所示。可以看出,当其他条件相同时,箱形截面与实心截面试件的极限扭矩试件几乎没有差异。

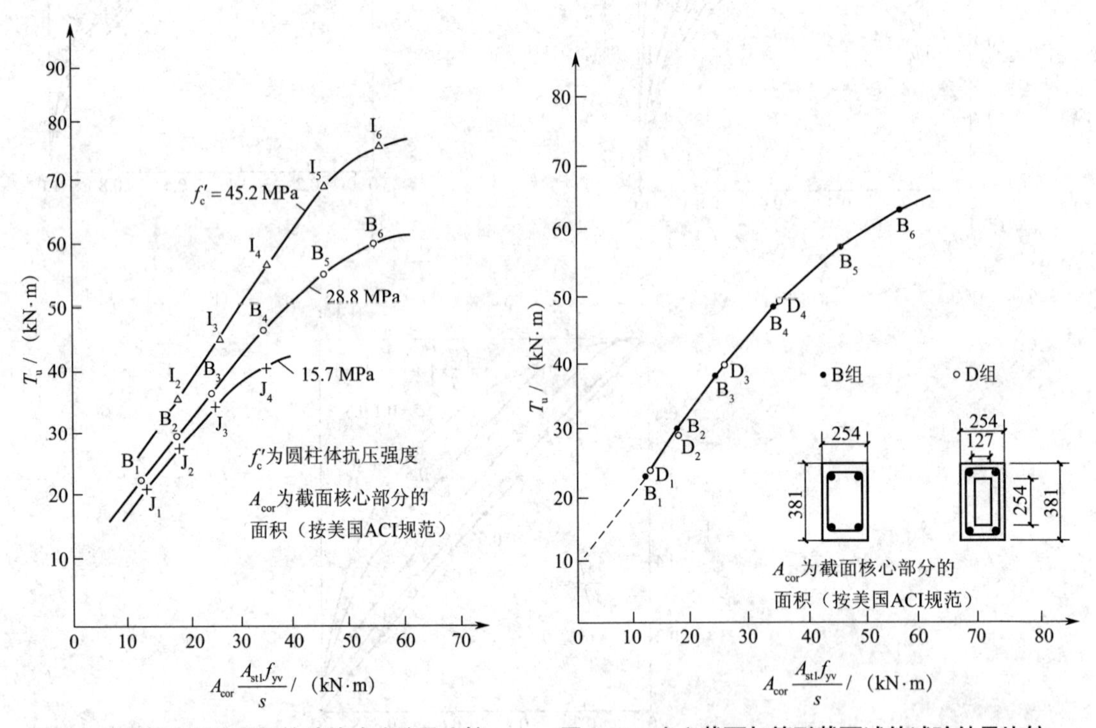

图 6-59 混凝土强度不同的试件试验结果比较

图 6-60 实心截面与箱形截面试件试验结果比较

在 T. T. C. Hsu 进行上述试验研究的同时,瑞士 P. Lampert 和 B. Thürlimann 也进行了实心和箱形两根对比试件(T_4 和 T_1)试验。试件截面尺寸相同(500 mm × 500 mm,箱形截面壁厚 t = 80 mm,t/b = 0.16),且配筋相同(纵筋为 16ϕ12,箍筋为 ϕ6@110),混凝土强度稍有差别(T_4 和 T_1 的 f_{cu} 分别为 35.3 MPa 和 36.1 MPa)。试验测得的扭矩 - 扭转角 (T-θ) 曲线如图 6-61 所

示，两试件的初裂扭矩 T_{cr} 显著不同。在裂缝出现后，T_4 试件核心混凝土逐步退出工作直至钢筋应力达到屈服强度。两试件的极限扭矩 T_u 完全相同，均为 129.4 kN · m。两试件均属适筋破坏，其裂缝也十分相近，如图 6-62 所示。T_4 实心截面试件试验后核心混凝土的破坏情况见图 6-63，可以看出裂缝已深入核心区并将核心区混凝土分割为相互交错的块体。

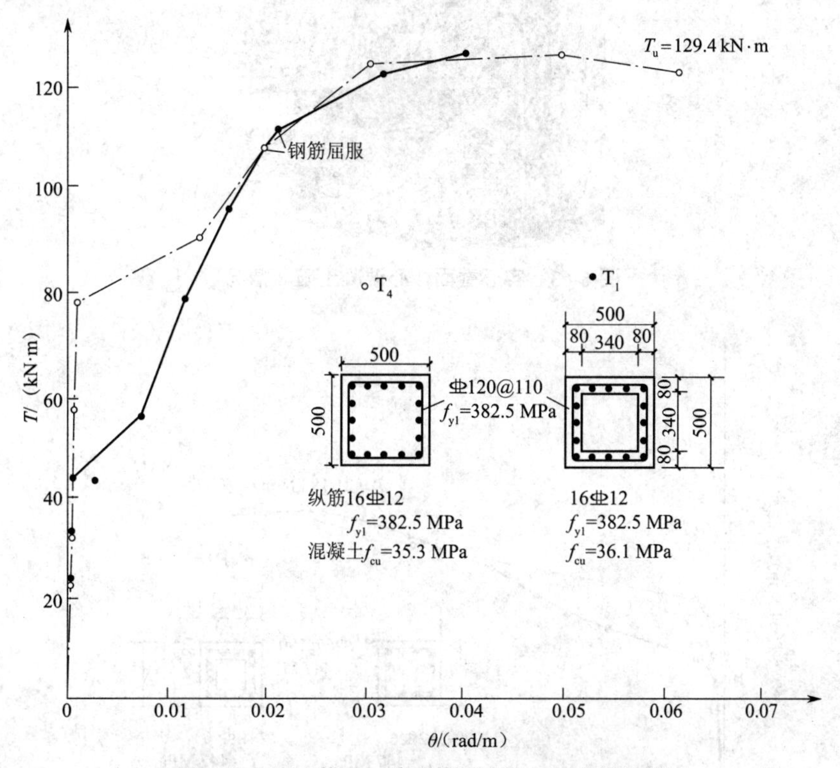

图 6-61　实心截面与箱形截面试件 T-θ 曲线比较

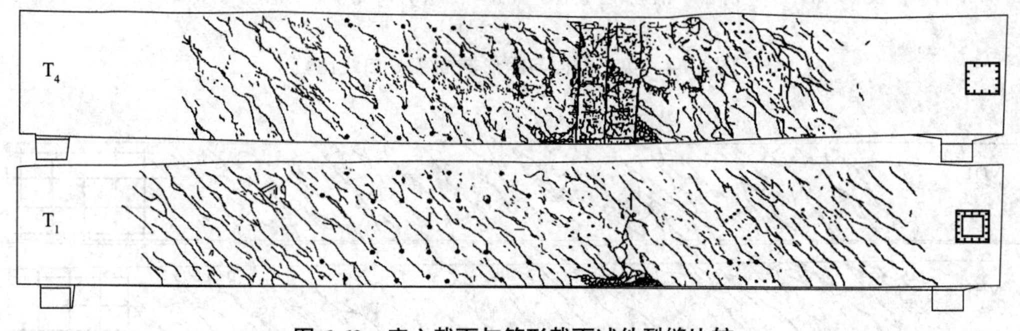

图 6-62　实心截面与箱形截面试件裂缝比较

还可列出的是 1974 年德国 F. Leonhardt 与 G. Schelling 研究截面形状对受扭承载力影响的 VQ 组试件，其中试件 VQ1 为实心截面，VH1 为箱形截面（壁厚 t = 80 mm，t/b = 0.25），截面尺寸均为 324 mm × 324 mm，试件的配筋亦相同，混凝土强度稍有差别（VQ1、VH1 的 f_{cu} 分别为 24.8 MPa 和 23.2 MPa），两试件的破坏扭矩差别很小，分别为 21.18 kN · m 和 21.38 kN · m，均为适筋破坏。图 6-64 为两试件的扭矩 - 扭转角曲线,试件的裂缝图形亦十分相近,如图 6-65 所示。

图 6-63 实心截面核心混凝土破坏情况

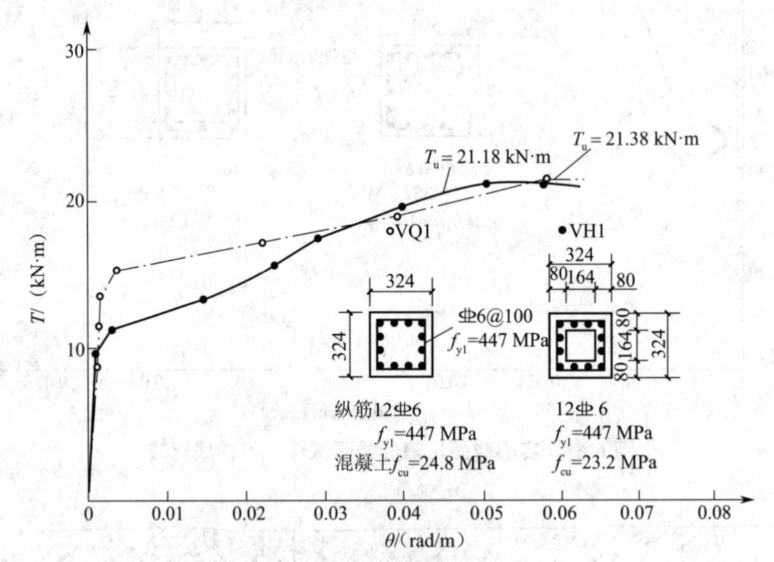

图 6-64 实心截面与箱形截面 T-θ 曲线比较

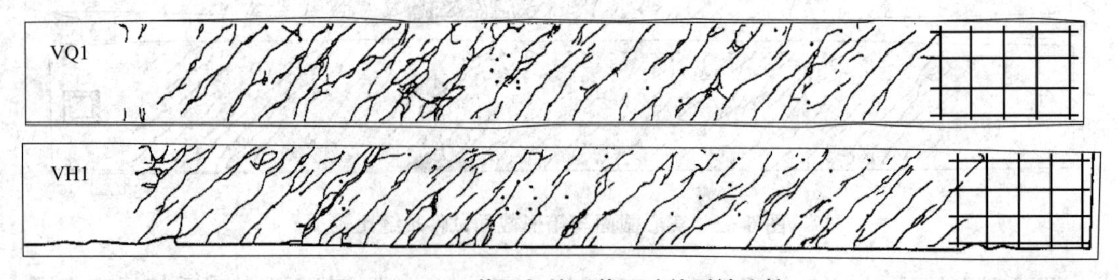

图 6-65 实心截面与箱形截面试件裂缝比较

变角度空间桁架模型采用的忽略核心混凝土作用的假定是合理的。问题在于按变角度空间桁架模型,箱形截面壁厚或有效壁厚如何确定。

按 CEB-FIP MC90 模式规范及 Eurocode 2 的规定,以等效箱形截面代替实心截面时,箱形

截面有效壁厚 t_{eff} 近似按下式确定：

$$t_{eff}=\frac{A}{u}=\frac{b\times h}{2(b+h)} \tag{6-157}$$

式中：b，h——矩形截面的宽度和高度，h/b=2、1.5 和 1 时，t_{eff} 分别为 0.33b、0.3b 和 0.25b。

自 1971 年以来，美国钢筋混凝土房屋建筑规范的受扭承载力计算一直采用根据斜弯理论建立的混凝土和钢筋受扭作用的两项式。但到 1995 年做了重大调整，改为建立在变角度空间桁架模型理论上的单项式。ACI 318-1995 规定，对于适筋受扭构件，可取剪力流所包围的面积 A_0 为最外缘封闭箍筋中心线所包围面积 A_{0h} 的 85%。据此计算，对于一般常用矩形截面，当 h/b=2、1.5 和 1 时，其有效壁厚 t_{eff} 约分别为 0.23b、0.22b 和 0.21b。

理论上，当试件的截面尺寸和混凝土强度一定时，箱形截面有效壁厚并非定值，而与受扭纵筋、箍筋的用量和强度有关。对于适筋受扭构件，当增大受扭纵筋、箍筋的用量和强度时，其有效壁厚 t_{eff} 亦应相应增大（与单筋矩形截面适筋梁的受压区高度随纵筋的用量和强度的提高而增大相类似）。从而，当试件的截面尺寸和受扭纵筋、箍筋的用量和强度相同而混凝土强度不同时，与混凝土强度低的试件比较，混凝土强度高的试件，其有效壁厚小，剪力流所包围的面积大。按变角度空间桁架模型，其极限受扭承载力理应提高，但《规范》为方便实用，常采用上述有效壁厚与混凝土强度无关的简化规定，导致按变角度空间桁架模型的极限扭矩 T_u 设计计算公式，未能反映混凝土强度的影响，未能计入混凝土的受扭作用。

6.2.6.2 《规范》的扭曲截面承载力计算方法

20 世纪 80 年代末至 90 年代初，我国混凝土结构标准技术委员会剪扭复合受力学组开展了复合受力构件承载力计算模式及合理设计方法的研究，并取得了重要成果。关于计算模式，研究认为，构件的受剪、受扭承载力计算以及弯剪扭复合受力构件的承载力计算均可用桁架模型给以机理上的解释；并认为，按变角度空间桁架模型理论分析，弯剪扭复合受力构件的设计方法，可采用受弯、受剪和受扭分别计算，然后将相应的钢筋截面面积叠加的计算方法。研究得出结论，采用变角度空间桁架模型为理论基础的分析方法是很有前途的。

文献 [31] 根据国内外矩形截面钢筋混凝土纯扭构件共计 151 个（其中 101 个中强混凝土、37 个高强混凝土和 13 个箱形截面纯扭构件的试验结果）试验数据，采用变角度空间桁架模型对这些试验数据进行回归分析，取满足目标可靠指标 β 要求的回归线偏下线作为设计建议线，提出矩形及箱形截面构件受扭承载力建议计算公式为

$$T_u=1.6\sqrt{\zeta}\,\frac{A_{st1}f_{yv}}{s}A_{cor} \tag{6-158}$$

用式（6-158）及《规范》公式分别对上述试验数据进行计算，得出的计算值与试验值之比 (T_u^{theo}/T_u^{exp}) 的平均值 $\bar{x}$ 和变异系数 C_v 见表 6-10。

表 6-10　钢筋混凝土纯扭构件受扭承载力计算结果

纯扭构件		计算值 T_u^{theo}/T_u^{exp}	
		《规范》公式	式（6-158）
矩形截面 f_{cu} <50 MPa	$\bar{x}$	0.882 1	0.821 1
	C_v	0.148 1	0.171 3

续表

纯扭构件		计算值 T_u^{theo}/T_u^{exp}	
		《规范》公式	式(6-158)
矩形截面 $f_{cu} \geq 50$ MPa	$\bar{x}$	0.843 2	0.743 9
	C_v	0.105 7	0.139 6
箱形截面	$\bar{x}$	0.751 1	0.806 9
	C_v	0.194 7	0.190 6

对于弯剪扭复合受扭构件,文献 [31] 采用基于变角度空间桁架模型的《规范》的受弯构件正截面受弯承载力规定计算出所需受弯纵筋截面面积;按受扭承载力建议公式(6-158)计算出所需受扭纵筋和箍筋截面面积;按《规范》的受剪承载力规定算出所需受剪箍筋截面面积;然后分别叠加。

用上述建议方法和《规范》方法,分别对 11 个 $f_{cu}=52\sim66.97$ MPa 的高强混凝土矩形截面剪扭构件、11 个中强混凝土矩形截面及 8 个箱形截面弯剪扭构件的试验数据进行计算,得出 T_u^{theo}/T_u^{exp} 的 $\bar{x}$ 和 C_v 值,见表 6-11。

表 6-11　钢筋混凝土弯剪扭构件受扭承载力计算结果

构件		T_u^{theo}/T_u^{exp}	
		《规范》方法	建议方法
剪扭构件	$\bar{x}$	0.657 4	0.657 4
	C_v	0.198 0	0.192 7
矩形截面弯剪扭构件	$\bar{x}$	0.656 7	0.669 9
	C_v	0.098 8	0.133 7
箱形截面弯剪扭构件	$\bar{x}$	0.718 3	0.801 3
	C_v	0.158 7	0.107 7

由表 6-10 和表 6-11 可以看出,建议方法和《规范》方法的计算结果十分接近。建议方法采用的受扭承载力计算公式为单项式,从而可不引入剪扭构件混凝土受扭承载力降低系数 β_t,而采用受剪、受扭承载力分别计算然后叠加的简化方法,减少了弯剪扭复合受扭构件配筋计算工作量。

参考文献

[1]　王命平,王新堂. 小剪跨比钢筋混凝土梁的抗剪强度计算 [J]. 建筑结构学报,1996,17(5):73-78.

[2]　PAM H J, KWAN A K H, ISLAM M S. Shear capacity of high strength concrete beams with their point of inflection within the shear span[J]. Structures and buildings, 1998,128(1):91-99.

[3] 牛绍仁,李立仁,李明,等. 高强混凝土框架柱抗剪强度的试验研究 [C]// 高强混凝土结构基本性能:混凝土结构设计规范第五批科研课题论文集. 北京:中国建筑科学研究院,1996.

[4] 中国土木工程学会高强与高性能混凝土委员会. 高强混凝土结构技术规程: CECS 104:99[S]. 北京:中国计划出版社,1999.

[5] 黄志刚,叶知满,庄崖屏. 预应力高强混凝土 (90 MPa) 有腹筋 T 形截面简支梁抗剪强度的试验研究:高强高性能混凝土及其应用 [C]// 第三届学术讨论会论文集. 北京:中国土木工程协会,1998.

[6] AGUSSALIM, KAKU T, MATSUNO K. Shear resistant behavior of RC beams with high strength concrete[J]. Journal of structural and construction engineering, 1997(497):123-131.

[7] 赵光仪,吴佩刚,赵成文,等. 高强混凝土受弯构件的抗剪强度 [J]. 土木工程学报, 1991, 24(2): 10-18.

[8] KONG P Y L. Shear strength of high performance concrete beams[J]. ACI structural journal, 1998, 95(6):677-688.

[9] 中华人民共和国住房和城乡建设部. 混凝土结构设计规范: GB 50010—2010[S]. 北京:中国建筑工业出版社,2011.

[10] ANDREW G M, GREGORY C F. Shear test of high and low strength concrete beams without stirrups[J]. ACI structural journal, 1997, 94(4):350-357.

[11] KÖNIG G, FISCHER J. Model uncertainties of design equations for the shear capacity of concrete members without shear reinforcement[J]. Bulletin d'Information, 1995(224):49-100.

[12] 中华人民共和国交通部. 港口工程混凝土结构设计规范: JTJ 267—1998[S]. 北京:人民交通出版社,1998.

[13] 李伟民,吴佩刚,赵光仪. 高强混凝土有腹筋构件在轴压作用下抗剪强度的试验研究 [C]// 高强混凝土结构基本性能:混凝土结构设计规范第五批科研课题论文集. 北京:中国建筑科学研究院,1996.

[14] 中国建筑科学研究院. 钢筋混凝土结构设计与构造: 85 设计规范背景资料汇编 [M]. 北京:中国建筑科学研究院,1985.

[15] 中华人民共和国水利部. 水工混凝土结构设计规范: SL 191—2008[S]. 北京:中国水利水电出版社,2009.

[16] ZHANG L X, HSU T C. Maximum shear strengths of reinforced concrete structures[C]. Structures Congress - Proceedings,1996:408-419.

[17] 钱国梁,陈小妹,李大庆. 受弯构件斜截面受剪承载力计算公式分析 [J]. 武汉水利电力大学学报,1996,29(2):12-16.

[18] 韩菊红,丁自强. 钢筋混凝土梁承载力计算方法改进建议 [J]. 建筑结构, 1995, 30(12):17-19.

[19] 陈裕周,朱伯龙,喻永言. 斜向水平荷载作用下钢筋混凝土柱抗剪强度的试验研究 [Z].

同济大学工程结构研究所,1986.

[20] MARUYAMA K, RAMIREZ H, JIRSA J O. Short RC columns under bilateral load histories[J]. Journal of structural engineering, 1984, 110(1):121-137.

[21] WOODWARD K A, JIRSA J O. Influence of reinforcement on RC short column lateral resistance[J]. Journal of structural engineering, 1984, 110(1): 90-104.

[22] HSU T T C. Torsion of structural concrete-behaviour of reinforced concrete rectangular members[Z]. Torsion of Structural Concrete, SP-18, ACI, Detroit, 1968.

[23] THÜRLIMANN B. Torsion strength of reinforced and prestressed concrete beams-CEB approach[Z]. Concrete Design: U.S. and European Practices, Joint ACI/CEB Symposium, Philaclelphia, 1976.

[24] 中国建筑科学研究院. 混凝土结构设计 [M]. 北京:中国建筑工业出版社,2003.

[25] LÜCHINGER P, THÜRLIMANN B. Versuche an stahlbetonbalken under torsion, biegung und querkraft[Z]. lnstitut für Baustatik, ETH Zürich, Juli, 1973.

[26] ELFGREN L. Reinforced concrete beams loaded in combined torsion, bending and shear[D]. Gothenburg:Chalmers University of Technology, 1972.

[27] LAMPERT P, THÜRLIMANN B. Torsionsversuche an stahlbetonbalken[Z]. Institut für Baustatik, ETH Zürich, Juni, 1968.

[28] LEONHARDT F, SCHELLING G. Torsionsversuche an stahlbetonbalken[Z]. Bulletin No. 239, Deutscher Ausschuss fur Stahlbeton, Berlin, 1974.

[29] Building code requirements for structural concrete(ACI 318-95) and Commentary (ACI 318R-95) [S]. ACI, 1995.

[30] 剪扭复合受力专题组. 桁架理论在钢筋混凝土构件受弯剪扭复合作用分析中的应用[M]// 中国建筑科学研究院. 混凝土结构研究报告选集 3. 北京: 中国建筑工业出版社, 1994.

[31] 康谷贻,王伟凤,王依群. 钢筋混凝土构件受扭承载力新《规范》计算方法刍议 [J]. 东南大学学报(自然科学版),2002,32(增刊):424-427.

[32] 宋玉普. 高等钢筋混凝土结构学 [M]. 北京:中国水利水电出版社,2013.

第 7 章 钢筋混凝土构件的裂缝

7.1 裂缝的成因及控制

7.1.1 混凝土结构裂缝的分类和成因

混凝土是由水泥石和砂、石骨料等组成的材料。在硬化过程中，就已存在气穴、微孔和微观裂缝。微观裂缝可分为砂浆内部的砂浆裂缝、砂浆和骨料界面上的黏结裂缝和骨料内部的骨料裂缝。一般情况下，在构件受力以前混凝土中的微观裂缝主要是前两种；受力以后，微观裂缝和微孔连通、扩展，形成宏观裂缝；再继续扩展，将可能导致混凝土丧失承载能力。从工程实际应用角度研究的裂缝，主要是指对混凝土强度及工程结构物的适用性和耐久性等结构功能有不利影响的宏观裂缝。

混凝土结构中的裂缝有多种类型，其产生的原因、特点不同，对结构功能的影响也不同。而且，一条裂缝可能由一种或几种原因同时引起，并不是所有的裂缝都会影响结构的使用性能和承载能力。因此，必须区分裂缝类型，以探究裂缝所反映的结构问题，并采取相应的措施。

1. 混凝土裂缝的分类方法

（1）根据裂缝产生的时间，可分为施工期间产生的裂缝和使用期间产生的裂缝。

（2）根据裂缝产生的原因，可分为因材料选用不当、施工不当、混凝土塑性作用、静力荷载作用、温度变化、混凝土收缩、钢筋锈蚀、冻融作用、地基不均匀沉降、地震作用、火灾（烧伤裂缝）以及其他原因等引起的裂缝。

（3）根据裂缝的形态、分布情况和规律性等，可分为龟裂、横向（正截面）裂缝、纵向裂缝、八字形裂缝、X 形交叉裂缝等。

2. 裂缝的成因与特点

1）施工期间产生的裂缝

Ⅰ. 塑性混凝土裂缝

这类裂缝产生于混凝土硬化前最初几小时，通常在浇筑混凝土后 24 h 内即可观察到。其原因是重力作用下混凝土中固体的下沉受到模板、钢筋等的阻挡，混凝土表面出现大量泌水现象（图 7-1），或者在过分凹凸不平的基础上进行浇筑，或者横板深陷、移动以及斜面浇筑的混凝土向下流淌，使得混凝土发生不均匀坍落，这类裂缝通常比较宽、深。沿钢筋纵向出现的这类裂缝，是引起钢筋锈蚀的主要原因之一，对结构有一定的危害。

防止产生这种裂缝的方法是，采用合适的混凝土配合比（特别要求控制水灰比），防止模板沉陷，采用合适的振捣和养护方法等。如发现较晚，混凝土已硬化，则需对这种顺筋裂缝采取措施，以防钢筋锈蚀。

另一种是塑性收缩裂缝，这种裂缝产生于混凝土浇筑后数小时，混凝土仍处于塑性状态的时刻。由于大风、高温等原因，水分从混凝土表面（例如大面积路面和楼板）以极快的速度蒸发，当结构的混凝土保护层厚度过小时常常产生这种裂缝，如图 7-2 所示。这类裂缝的宽度可大可小，小的细如发丝，大的可到数毫米，其长度可由数厘米到数米，深度很少超过 5 cm，但薄板也有可能被其裂穿。裂缝分布的形状一般是不规则的，有时可能与板的长边正交。

防止产生这种裂缝的措施是，尽量降低混凝土的水化热，控制水灰比，采用合适的搅拌时间和浇筑措施，以及防止混凝土表面水分过快蒸发（覆盖席棚或塑料布）等。

图 7-1 柱体塑性沉降开裂

图 7-2 板的塑性收缩裂缝

Ⅱ. 温度裂缝

在水坝、水闸等大体积混凝土结构中，混凝土在硬化过程中产生大量的水化热，内部温度升高，当与外部环境温度相差很大以致形成的温度应力或温度变形超过混凝土当时的抗拉强度或极限拉伸值时，就会形成裂缝。对一般尺寸的构件，这类裂缝通常垂直于构件轴向，有时仅位于构件表面，有时贯穿整个截面。

防止产生这种裂缝的主要措施是，合理地分层、分块、分缝，采用低热水泥，在受压区埋置块石，加掺合料（如粉煤灰），埋入冷却水管，预冷骨料，预冷水，加强养护等。在重力式大体积混凝土建筑物（如混凝土大坝）的设计和施工时，对这个问题应有专门的温控设计和技术措施。

Ⅲ. 混凝土干缩引起的裂缝

普通混凝土硬化过程中由于干缩引起的体积变化受到约束，如两端固定梁、高配筋率梁以及浇筑在老混凝土、坚硬基础上的新混凝土，或混凝土养护不足，都可能产生这类裂缝。裂缝一般与轴向垂直，宽度有时很大，甚至会贯穿整个构件。

防止产生这种裂缝的措施是，改善水泥性能，合理减少水泥用量，降低水灰比，对结构合理分缝，配筋率不要过高等，而加强潮湿养护尤为重要。

Ⅳ. 施工质量问题引起的裂缝

施工质量问题引起的裂缝指因配筋不足、构件上部钢筋被踩踏下移、支撑拆除过早、预应力张拉错误等引起的裂缝。另外，混凝土施工时若无合理的整修和养护，可能在初凝时发生龟裂，但裂缝很浅。

Ⅴ. 早期冻融作用引起的裂缝

这类裂缝在结构构件表面沿主筋、箍筋方向出现，宽窄不一，深度一般可到达主筋。例如，预应力混凝土构件的孔道，灌浆不满或未灌浆时，水已渗入，遇冷结冰，则引起构件表面沿孔道方向的冻胀裂缝。闸墩、闸墙等混凝土结构拆模后恰遇大幅度降温也会产生这类裂缝。

防止产生这类裂缝的措施是，防止寒冷天气时孔洞中渗水。

2）使用期间随时间发展的裂缝

这类裂缝也称耐久性裂缝，可分为以下几种。

Ⅰ. 钢筋锈蚀引起的纵向裂缝

处于不利环境中的钢筋混凝土结构（如含有氯离子环境中的海滨建筑物、海洋结构以及在温湿度较高大气环境中的结构），当混凝土保护层过薄，特别是密实性不良时，钢筋极易锈蚀，锈蚀物质体积膨胀而致混凝土胀裂，即所谓先锈后裂（图 7-3）。裂缝沿钢筋方向产生后，更加速了钢筋的锈蚀过程，最后导致保护层成片剥落。这种裂缝对结构的耐久性和安全性危害极大。

图 7-3　钢筋锈蚀引起的纵向裂缝

Ⅱ. 温度变化和收缩作用引起的裂缝

现浇框架梁、板和桥面结构，由于温度和收缩变形受到刚度较大构件的约束而开裂；混凝土烟囱、核反应堆容器等承受高温的结构，也会产生温度裂缝。实践表明，公路箱形梁板的横向温差应力较大，如在横向没有施加预应力和设置足够的温度钢筋，势必导致顶板的混凝土开裂（图 7-4），且裂缝随时间而发展。当现浇屋面混凝土结构上部因低温或干燥而收缩时，会产生中部或角部裂缝等。

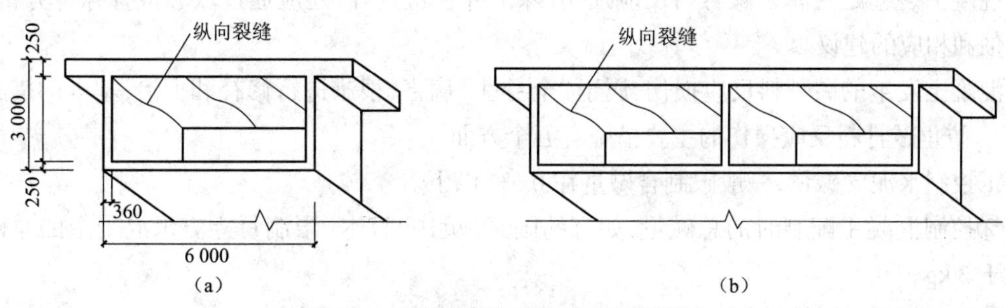

图 7-4　公路箱形梁板的纵向温度裂缝

（a）单室箱形梁　（b）双室箱形梁

防止产生这类裂缝的措施是，对于突然降温，要注意天气预报，采取防寒措施；对于高温要采取隔热措施；或采用合适的配筋和施加预应力等。

对于长度大的墙式结构，则要与防止混凝土干缩裂缝一起考虑，遏制温度 - 干缩构造缝。

Ⅲ. 地基不均匀沉降引起的裂缝

超静定结构下的地基沉降不均匀时，可能引起结构构件的约束变形而导致开裂，在房屋建筑结构中这种情况较为常见。随着不均匀沉降的发展，裂缝将进一步扩大。

防止产生这类裂缝的措施是，根据地基条件及结构形式，合理采用构造措施，设置沉降缝等。

Ⅳ. 冻融循环作用、混凝土中碱骨料反应、盐类和酸类物质侵蚀等引起的裂缝

碱骨料反应是指混凝土内部的碱和碱活性骨料在混凝土浇筑后反应，当反应物积累到一定程度时吸水膨胀而使混凝土开裂。

碱骨料反应有三种：

①碱硅酸反应；

②碱碳酸盐反应；

③碱硅酸盐反应。

碱骨料反应损伤的产生，须具备下列三个条件：

①混凝土中必须有一定数量的碱（钾、钠）；

②混凝土中必须有一定数量的碱活性骨料；

③混凝土工程的使用环境必须有足够的湿度，空气中相对湿度须大于 80%，或直接与水接触。

碱骨料反应形成的裂缝，在无筋或少筋混凝土中为网状（龟背状）裂缝，在钢筋混凝土结构中，碱骨料反应受到钢筋或外力约束，其膨胀力将垂直于约束力的方向，膨胀裂缝则平行于约束力的方向。

碱骨料反应裂缝与收缩裂缝的区别特征是：裂缝出现较晚，多在施工后数年到一二十年出现，在受约束的情况下，碱骨料反应膨胀裂缝平行于约束力方向，而收缩裂缝则垂直于约束力方向。碱骨料反应裂缝出现在同一工程的潮湿部位，湿度愈大愈严重，而同一工程的干燥部位则无此种裂缝。碱骨料反应产物碱硅凝胶有时可顺裂缝渗流出来，凝胶多为半透明的乳白色、黄褐色或黑色状物质。

混凝土裂缝是否属于碱骨料反应损伤，除由外观检查外，还应通过取芯检查综合分析，做出评估和相应的建议。

混凝土发生的碱骨料反应损伤，属于“全身性”病害，很难进行修补和根治，基本的措施是“防”。防止碱骨料反应损伤的主要措施有五个方面。

①控制水泥含碱量，一般限制含碱量在 0.6% 以下。

②控制混凝土配制时的总碱量，如有的国家（英国、日本）限制每立方米混凝土的总碱量不大于 3 kg。

③控制使用碱活性骨料。

④掺入粉煤灰、硅粉、沸石粉或水淬矿渣，抑制碱骨料反应。

⑤掺用引气剂。

3）荷载作用引起的裂缝

构件在荷载作用下都有可能产生裂缝，受力状态不同（如受弯、受剪、受弯剪扭组合作用、局部荷载作用等），其裂缝形状和分布也不同。本章讨论的结构裂缝控制针对静力荷载作用引起的裂缝。

综上所述，混凝土出现裂缝有多种可能的原因，主要包括静力荷载、外加变形和约束变形以及施工等方面。工程实践表明，在合理设计、合理施工和正常使用的条件下，荷载的直接作用往往不是形成过大裂缝的主要原因。很多裂缝是几种原因组合作用的结果，其中，温度变化和收缩作用起着主要的作用。由地基不均匀沉降、温度变化和收缩作用等外加变形和约束变形引起的裂缝往往发生在结构中的某些部位，而不是个别构件受拉区的开裂，对这类裂缝应通过合理的结构布置及相应的构造措施予以控制。

7.1.2　裂缝控制的目的和要求

1. 裂缝控制的目的

混凝土的抗拉强度远低于抗压强度，构件在不大的拉应力下就可能开裂。例如钢筋混凝土受弯构件，在使用状态下受拉区出现裂缝是正常现象，是不可避免的。总的来说，对裂缝控制的目的之一是保证结构的耐久性。裂缝过宽时气体和水分、化学介质侵入，会引起钢筋锈蚀，不仅削弱了钢筋的面积，还会因钢筋体积的膨胀引起保护层剥落，产生长期危害，影响结构的使用寿命。近年来，高强钢筋应用逐渐广泛，构件中钢筋应力相应提高、应变增大，裂缝必然随之加宽，钢筋锈蚀的后果也随之严重。各种工程结构设计规范规定，对钢筋混凝土结构的正截面裂缝需进行宽度验算。对于如水池等有专门要求的结构，则要通过设计计算保证其不开裂。实际上，从结构耐久性的角度看，保证混凝土的质量、密实性和必要的保护层厚度，要比控制结构表面的裂缝宽度重要得多。采用高性能混凝土和施加预应力有利于改善构件的抗裂性能。另外，多年来的试验研究表明，正截面裂缝处的钢筋锈蚀程度、范围及发展情况，并不像通常设想的那么严重，其发展的速度甚至锈蚀与否和构件表面的裂缝宽度并不成正比关系。对室内正常环境（即一类环境，每年中只有一个短暂时间相对湿度较高的环境）下钢筋混凝土构件的剖切面观察表明，不论其裂缝宽度的大小、使用时间的长短、地区湿度的差异，凡钢筋上不出现结露和水膜者，裂缝处钢筋基本上未发现明显的锈蚀现象。所以，控制裂缝宽度的重要理由和依据，是考虑到对建筑物观瞻、人的心理感受和使用者不安全程度的影响。有专题研究对公众的反应做过调查，发现大多数人对宽度超过 0.3 mm 的裂缝明显感到有心理压力。

2. 裂缝控制的要求

由于本章主要讨论荷载作用下结构的使用性能问题，因此，在介绍裂缝控制等级和要求之前首先介绍荷载效应的组合问题。不同规范对荷载效应的组合有着不同的规定，本章以《建筑结构荷载规范》（GB 50009—2012）为例。该规范考虑到活载在时间上的不定性及工程结构材料（如混凝土）的徐变性能，给出了验算结构使用性能的三种荷载效应组合。

1)标准组合

其荷载效应的组合值S按式(7-1)计算：

$$S = S_{Gk} + S_{Q_1k} + \sum_{i=2}^{n} \psi_{c_i} S_{Q_ik} \tag{7-1}$$

式中：S_{Gk}——按永久荷载标准值G_k计算的荷载效应；

S_{Q_ik}——按可变荷载标准值Q_{ik}计算的荷载效应，其中，S_{Q_1k}为诸可变荷载效应中起控制作用者；

ψ_{c_i}——可变荷载的组合值系数，按《建筑结构荷载规范》(GB 50009—2012)的规定取用。

2)频遇组合

其荷载效应的组合值S按式(7-2)计算：

$$S = S_{Gk} + \psi_{f_1} S_{Q_1k} + \sum_{i=2}^{n} \psi_{q_i} S_{Q_ik} \tag{7-2}$$

式中：ψ_{f_1}——可变荷载Q_1的频遇值系数，按《建筑结构荷载规范》(GB 50009—2012)的规定取用；

ψ_{q_i}——可变荷载Q_i的准永久值系数，按《建筑结构荷载规范》(GB 50009—2012)的规定取用。

3)准永久值组合

其荷载效应的组合值S按式(7-3)计算：

$$S = S_{Gk} + \sum_{i=2}^{n} \psi_{q_i} S_{Q_ik} \tag{7-3}$$

实际上，前两种组合考虑的是荷载的短期效应，而后一种组合考虑的是荷载的长期效应。对公路桥梁进行使用性能分析时也有三种荷载效应组合：荷载效应组合Ⅰ~Ⅲ。其中荷载效应组合Ⅰ指结构重力(土的重力、土侧压力)的效应和与汽车有关的基本可变荷载(包括人群)效应的组合，是桥梁设计的主要组合。荷载效应组合Ⅱ指组合Ⅰ的各效应与混凝土收缩及徐变的影响作用、基础变位影响作用及其他可变荷载等的一种或几种效应的组合，是附加组合。荷载效应Ⅲ指结构重力(土的重力、土侧压力)的效应和与挂车或履带车有关的基本可变效应的组合，是验算组合。

本章后面如不做特别说明，所述的荷载效应均为《建筑结构荷载规范》(GB 50009—2012)所规定的荷载效应组合值。

3. 裂缝控制等级和要求

构件控制等级的划分，主要根据结构的功能要求、环境条件对钢筋的腐蚀影响、钢筋种类对腐蚀的敏感性、荷载作用的时间等进行。

混凝土结构构件的裂缝控制等级分为三级。等级反映裂缝控制的严格程度。以下的控制表达式针对正截面裂缝而言。对预应力混凝土构件还要求进行斜截面裂缝控制，其要求和验算见7.2节。

1)一级:严格要求不出现裂缝的构件

按荷载效应标准组合计算,要求在荷载标准值的效应和预应力的共同作用下,构件受拉边缘混凝土应不产生拉应力:

$$\sigma_{ck}-\sigma_{pc\,\mathrm{II}}\leqslant 0 \tag{7-4}$$

式中:σ_{ck}——荷载效应标准组合下抗裂验算截面受拉边缘的混凝土法向应力;

$\sigma_{pc\,\mathrm{II}}$——扣除全部预应力损失后抗裂验算截面受拉边缘的混凝土预压应力。

2)二级:一般要求不出现裂缝的构件

要同时满足下面两个条件:

(1)按荷载效应标准组合计算时,在荷载标准值的效应和预应力的共同作用下,构件受拉边缘混凝土应不开裂(混凝土拉应力应不大于混凝土抗拉强度标准值):

$$\sigma_{ck}-\sigma_{pc\,\mathrm{II}}\leqslant f_{tk} \tag{7-5}$$

(2)按荷载效应准永久组合计算时,在荷载准永久值的效应和预应力的共同作用下,构件受拉边缘混凝土宜不产生拉应力:

$$\sigma_{cq}-\sigma_{pc\,\mathrm{II}}\leqslant 0 \tag{7-6}$$

式中:σ_{cq}——荷载效应准永久组合下验算截面受拉边缘混凝土的法向应力。有必要指出,按概率统计的观点,符合式(7-5)并不意味着构件绝对不会出现裂缝。

3)三级:允许出现裂缝的构件

最大裂缝宽度 w_{max} 按荷载效应标准组合并考虑长期作用的影响计算,要求其值不应超过规定的最大裂缝宽度限值 w_{lim}。

对预应力混凝土构件,根据其工作条件、钢筋种类,分别进行一级或二级或三级裂缝控制验算。钢筋混凝土构件是允许出现裂缝的构件,应按三级裂缝控制要求验算。《混凝土结构设计规范》(GB 50010—2010)规定的荷载引起的最大裂缝宽度限值 w_{lim} 见表 7-1。表中规定的预应力混凝土构件的裂缝控制等级和最大裂缝宽度限值仅适用于正截面验算。烟囱、筒仓和处于液体压力下的结构构件的裂缝控制要求应符合有关专门标准的规定。

表 7-1　结构构件的裂缝控制等级及最大裂缝宽度的限值

<table>
<tr><th rowspan="2">环境类别</th><th colspan="2">钢筋混凝土结构</th><th colspan="2">预应力混凝土结构</th></tr>
<tr><th>裂缝控制等级</th><th>w_{lim} /mm</th><th>裂缝控制等级</th><th>w_{lim} /mm</th></tr>
<tr><td>一</td><td rowspan="4">三级</td><td>0.30(0.40)</td><td rowspan="2">三级</td><td>0.20</td></tr>
<tr><td>二 a</td><td rowspan="3">0.20</td><td>0.10</td></tr>
<tr><td>二 b</td><td>二级</td><td>—</td></tr>
<tr><td>三 a、三 b</td><td>一级</td><td>—</td></tr>
</table>

注:① 对处于年平均相对湿度小于 60% 地区一类环境条件下的受弯构件,其最大裂缝宽度限值可采用括号内的数值。

② 在一类环境下,对钢筋混凝土屋架、托架及需作疲劳验算的吊车梁,其最大裂缝宽度限值应取为 0.20 mm;对钢筋混凝土屋面梁和托梁,其最大裂缝宽度限值应取为 0.30 mm。

③ 在一类环境下,对预应力混凝土屋架、托架及双向板体系,应按二级裂缝控制等级进行验算;对一类环境下的预应力混凝土屋面梁、托梁、单向板,应按表中二 a 类环境的要求进行验算;在一类和二 a 类环境下需作疲劳验算的预应力混凝土吊车梁,应按

裂缝控制等级不低于二级的构件进行验算。

④ 表中规定的预应力混凝土构件的裂缝控制等级和最大裂缝宽度限值仅适用于正截面的验算；预应力混凝土构件的斜截面裂缝控制验算应符合《规范》第7章的有关规定。

⑤ 对于烟囱、筒仓和处于液体压力下的结构，其裂缝控制要求应符合专门标准的有关规定。

⑥ 对于处于四、五类环境下的结构构件，其裂缝控制要求应符合专门标准的有关规定。

⑦ 表中的最大裂缝宽度限值为用于验算荷载作用引起的最大裂缝宽度。

表 7-2 混凝土结构的环境类别

环境类别	条件
一	室内干燥环境； 无侵蚀性静水浸没环境
二 a	室内潮湿环境； 非严寒和非寒冷地区的露天环境； 非严寒和非寒冷地区与无侵蚀性的水或土壤直接接触的环境； 严寒和寒冷地区的冰冻线以下与无侵蚀性的水或土壤直接接触的环境
二 b	干湿交替环境； 水位频繁变动环境； 严寒和寒冷地区的露天环境； 严寒和寒冷地区冰冻线以上与无侵蚀性的水或土壤直接接触的环境
三 a	严寒和寒冷地区冬季水位变动区环境； 受除冰盐影响环境； 海风环境
三 b	盐渍土环境； 受除冰盐作用环境； 海岸环境
四	海水环境
五	受人为或自然的侵蚀性物质影响的环境

注：① 室内潮湿环境是指构件表面经常处于结露或湿润状态的环境。

② 严寒和寒冷地区的划分应符合现行国家标准《民用建筑热工设计规范》的有关规定。

③ 海岸环境和海风环境宜根据当地情况，考虑主导风向及结构所处迎风、背风部位等因素的影响，由调查研究和工程经验确定。

④ 受除冰盐影响环境是指受到除冰盐盐雾影响的环境；受除冰盐作用环境是指被除冰盐溶液溅射的环境以及使用除冰盐地区的洗车房、停车楼等建筑。

⑤ 暴露的环境是指混凝土结构表面所处的环境。

7.2 构件抗裂强度与开裂内力计算

预应力混凝土构件的抗裂验算包括正截面和斜截面的验算。土木工程中各类结构的有关验算概念和方法基本一致。以下介绍《混凝土结构设计规范》(GB 50010—2010)的方法。

7.2.1 正截面抗裂验算

预应力混凝土构件正截面的抗裂验算按式(7-4)~式(7-6)进行。应用这些公式前，需先求混凝土的法向应力 σ_{ck} 或 σ_{cq} 和预压应力 $\sigma_{pc\mathrm{II}}$。

1. 混凝土的法向应力

开裂前,预应力混凝土构件基本上处于弹性工作阶段,所以混凝土法向应力可用材料力学公式计算。计算时采用换算截面 A_0 及相应惯性矩 W_0。

(1)轴心受拉构件:

$$\sigma_{ck}=\frac{N_k}{A_0} \tag{7-7}$$

$$\sigma_{cq}=\frac{N_q}{A_0} \tag{7-8}$$

(2)受弯构件

$$\sigma_{ck}=\frac{M_k}{W_0} \tag{7-9}$$

$$\sigma_{cq}=\frac{M_q}{W_0} \tag{7-10}$$

式中:N_k,M_k——按荷载效应标准组合计算的轴向力值、弯矩值;

N_q,M_q——按荷载效应准永久组合计算的轴向力值、弯矩值;

A_0, W_0——抗裂验算截面的换算面积和换算截面的受拉边缘弹性抵抗矩。

2. 预压应力

预压应力 $\sigma_{pc\,\mathrm{II}}$ 为扣除全部预应力损失后,抗裂验算截面受拉边缘的混凝土预压应力,按第 10 章有关公式计算。验算施工阶段受弯构件的预拉区段时,式(7-4)~式(7-6)中的 $\sigma_{pc\,\mathrm{II}}$ 应乘以系数 0.9。

7.2.2　受弯构件斜截面抗裂验算

1. 验算要求

预应力混凝土受弯构件在弯矩和剪力的共同作用下,可能由于主拉应力达到混凝土的受拉强度而形成斜裂缝。其斜裂缝抗裂性能,是以验算荷载效应标准组合下构件斜截面的主拉应力和主压应力体现的。除了主拉应力外,还要验算主压应力的理由是,由于在双向应力状态下,混凝土一向的压应力对另一向的抗拉强度有影响,一向压应力过大时,将使另一向的抗拉强度下降。抗裂验算时应选择跨度内不利位置的截面(如弯矩和剪力较大的截面、外形突变的截面),并对该截面的换算截面重心纤维处以及截面宽度改变处(如 I 形截面上、下翼缘和腹板相交纤维处)进行验算。

1)混凝土主拉应力 σ_{tp}

一级裂缝控制等级构件是严格要求不出现裂缝的构件,应符合下式要求:

$$\sigma_{tp}\leqslant 0.85 f_{tk} \tag{7-11}$$

二级裂缝控制等级构件是一般要求不出现裂缝的构件,应符合下式要求:

$$\sigma_{tp}<0.95 f_{tk} \tag{7-12}$$

2）混凝土主压应力 σ_{cp}

裂缝控制等级为一级、二级的构件，应符合下式要求：

$$\sigma_{cp} \leqslant 0.6 f_{ck} \tag{7-13}$$

2. 受弯构件的主应力计算

开裂前的混凝土可作为匀质弹性材料对待，其主拉应力和主压应力按材料力学公式计算：

$$\left.\begin{matrix}\sigma_{tp}\\ \sigma_{cp}\end{matrix}\right\} = \frac{\sigma_x + \sigma_y}{2} \pm \sqrt{\left(\frac{\sigma_x - \sigma_y}{2}\right)^2 + \tau^2} \tag{7-14}$$

$$\sigma_x = \sigma_{pc\,II} + \frac{M_k y_0}{I_0} \tag{7-15}$$

$$\tau = \frac{\left(V_k - \sum \sigma_{pe} A_{pb} \sin\alpha_p\right) S_0}{I_0 b} \tag{7-16}$$

式中：σ_x——由预加力和弯矩值 M_k 在计算纤维处产生的混凝土法向应力；

σ_y——由集中荷载标准值 F_k 产生的混凝土竖向压应力；

τ——由剪力值 V_k 和预应力弯起钢筋的预加力在计算纤维处产生的混凝土剪应力；

$\sigma_{pc\,II}$——扣除全部预应力损失后，在计算纤维处由预加力产生的混凝土法向应力；

y_0——换算截面重心至计算纤维处的距离；

I_0——换算截面惯性矩；

V_k——按荷载效应的标准组合计算的剪力值；

S_0——计算纤维以上部分的换算截面面积对构件换算截面重心的面积矩；

σ_{pe}——预应力弯起钢筋的有效预应力；

A_{pb}——计算截面上同一弯起平面内的预应力弯起钢筋的截面面积；

α_p——计算截面上预应力弯起钢筋的切线与构件纵向轴线的夹角。

式（7-14）及式（7-15）中的 σ_x、σ_y、$\sigma_{pc\,II}$ 和 $\frac{M_k y_0}{I_0}$ 为拉应力时，以正值代入；为压应力时，以负值代入。

对于先张法预应力构件，若其验算截面靠近构件的端部并在预应力传递长度 l_{tr} 范围内时，则在 σ_{pe} 及 $\sigma_{pc\,II}$ 计算中所用到的 $N_{p\,II}$ 和 $e_{p0\,II}$，应考虑在 l_{tr} 范围内预应力钢筋实际应力值的变化。

3. 轴心受拉构件

钢筋混凝土轴心受拉构件开裂时，混凝土的应力达到其抗拉强度标准值 f_{tk}，混凝土发挥较大的塑性。这时可以近似地取变形模量（亦即弹塑性模量）$E_{ct} \approx 0.5E_c$（E_c 为混凝土的弹性模量），此时钢筋与混凝土的应变相同，则钢筋应力 $\sigma_s = E_s \varepsilon_s = E_s \frac{2f_{tk}}{E_c} = 2\alpha_E f_{tk}$，$\alpha_E = \frac{E_s}{E_c}$，开裂时的轴力为

$$N_{cr} = f_{tk} A_c + 2\alpha_E f_{tk} A_b = f_{tk} A_0 \tag{7-17}$$

式中：$A_0 = A_c + 2\alpha_E A_s$ 为构件换算截面面积。

为了便于与受弯构件、偏心受力构件和预应力混凝土构件的抗裂计算公式相协调，可将钢筋应力近似取为 $\sigma_s=\alpha_E f_{tk}$，则式(7-17)可改写为

$$N_{cr}=f_{tk}(A_c+\alpha_E A_s)=f_{tk}A_0 \tag{7-18}$$

式中：$A_0=A_c+\alpha_E A_s$。

4. 素混凝土梁的开裂弯矩(图 7-5)

临近混凝土开裂时，梁的截面保持平截面变形。假设混凝土的最大拉应变达 2 倍轴心受拉峰值应变 $\varepsilon_{t,p}$ 时，即将开裂。此时拉区应力分布与轴心受拉应力 - 应变曲线相似，压区混凝土应力很小，远低于其抗压强度($\sigma_c \ll f_c$)，仍接近三角形分布。将截面应力图简化为拉区梯形(最大拉应力值为 f_t)和压区三角形(最大压应力为 $\dfrac{x}{h-x}2f_t$)，建立水平力的平衡方程：

$$\frac{1}{2}bx\frac{x}{h-x}2f_t=\frac{3}{4}b(h-x)f_t$$

解得受压区高度 $x=0.464h$，顶面最大压应力为 $1.731f_t$。由此即可计算截面开裂弯矩，得

$$M_{cr}=0.256f_t bh^2 \tag{7-19}$$

如果按弹性材料计算，即假设应力图为直线分布(图 7-5(c))，素混凝土梁开裂(即断裂)时的名义弯曲抗拉强度(或称断裂模量)为

$$f_{t,f}=\frac{M_{cr}}{bh^2/6}\approx 1.536f_t \tag{7-20}$$

它和混凝土轴心抗拉强度的比值称为截面抵抗矩塑性影响系数基本值，规范中取整为

$$\gamma_m=\frac{f_{t,f}}{f_t}=1.55 \tag{7-21}$$

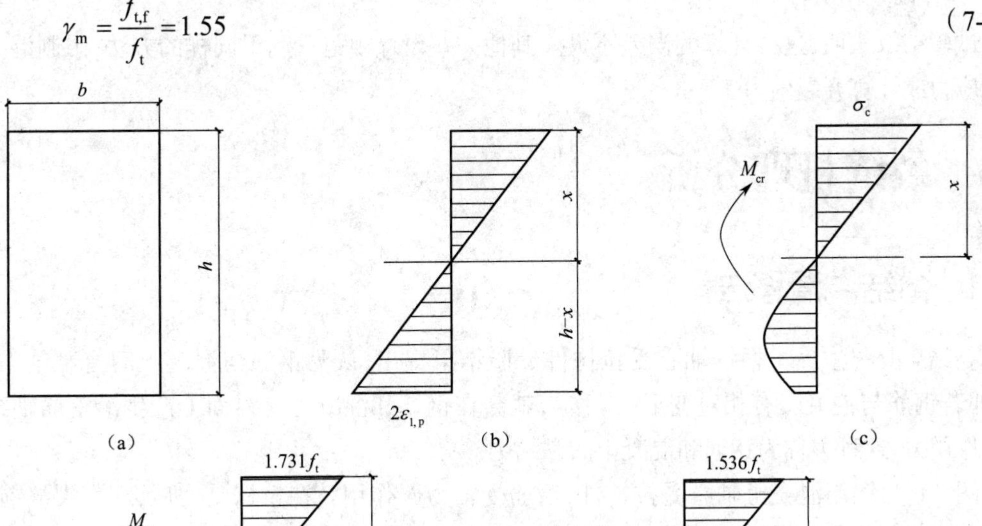

图 7-5　素混凝土梁临近开裂的状态

(a)截面　(b)应变分布　(c)应力分布　(d)计算应力图　(e)弹性应力图

截面抵抗矩塑性影响系数基本值 γ_m 的数值,不仅取决于非线性的应力图,还随截面应变梯度、截面形状、配筋率等因素而变化。

非矩形截面,如T形、I形、圆形和环形等,因中和轴位置和拉、压区面积的形状不同而有不等的 γ_m 值,一般在1.25~2.0之间。构件截面的高度 h 增大,混凝土开裂时的应变梯度($3.73\varepsilon_{t,p}/h$)减小,塑性系数随之减小。反之,截面高度减小(如板),塑性系数有较大增长。规范建议对构件的截面抵抗矩塑性影响系数 γ 按截面高度(h)加以修正

$$\gamma=\left(0.7+\frac{120}{h}\right)\gamma_m \tag{7-22}$$

式中,h 的取值为 $400\sim1\,600$ mm。

钢筋混凝土梁,受拉区临开裂时的应变值很小,压区应力接近三角形,拉区改用名义弯曲抗拉强度 $f_{t,f}$ 后,可以用换算截面法计算开裂弯矩。梁内的受拉和受压钢筋,按弹性模量比 $n=E_s/E_0$ 换算成等效面积 nA_s 和 nA_s' 后,看作均质弹性材料计算换算截面面积 A_0、中和轴位置或受压区高度 x,以及惯性矩 I_0 和受拉边缘的截面抵抗矩 $W_0=I_0/(h-x)$ 等。在截面内力(即弯矩 M 和轴力 N(拉为正,压为负))作用下,受拉边缘混凝土的应力为

$$\sigma_c=\frac{M}{W_0}+\frac{N}{A_0} \tag{7-23}$$

即可用于验算裂缝。也可以使 $\sigma_c=f_{t,f}=\gamma_m f_t$ 后,确定构件的开裂弯矩 M_{cr} 和内力 N_{cr}。例如,受弯构件($N=0$)的开裂弯矩为

$$M_{cr}=\gamma_m W_0 f_t \tag{7-24}$$

试验结果表明,这样计算的误差不大。其他一些设计规范采用了同样的方法,限制混凝土的拉应力或计算开裂内力。

7.3 裂缝机理分析

7.3.1 黏结 - 滑移法

黏结 - 滑移法最早根据轴心受拉构件试验结果提出,认为钢筋与混凝土间有黏结、有滑移,即若钢筋与混凝土有相对变形(滑移),就会在钢筋和混凝土交界面上产生沿钢筋轴线的相互作用力,这种力称为钢筋和混凝土的黏结力。

图7-6为钢筋混凝土轴心受拉构件,钢筋受轴力 N 作用。在拉杆受力后,产生裂缝前,由于黏结应力 τ 的存在限制了钢筋的自由拉伸,将钢筋承受的部分拉力传递给混凝土,使得混凝土受拉。黏结应力 τ 的大小即为钢筋与混凝土的应变差($\varepsilon_s-\varepsilon_c$)的大小。随着离开端部的距离增大,钢筋应力 σ_s 减小,混凝土拉应力 σ_c 增大,两者应变差逐渐减小,在距离端部 l_t 处($\varepsilon_s-\varepsilon_c$)的值为零,钢筋与混凝土的相对变形(滑移)消失,即黏结应力 $\tau=0$,这一段长度 l_t 称为黏结长度或应力传递长度。设钢筋直径为 d,截面面积为 $A_s=\pi d^2/4$,则 l_t 为

$$l_t=\frac{df_t}{4\rho\tau} \tag{7-25}$$

式中：$\rho = A_s / A_c$，为截面配筋率。

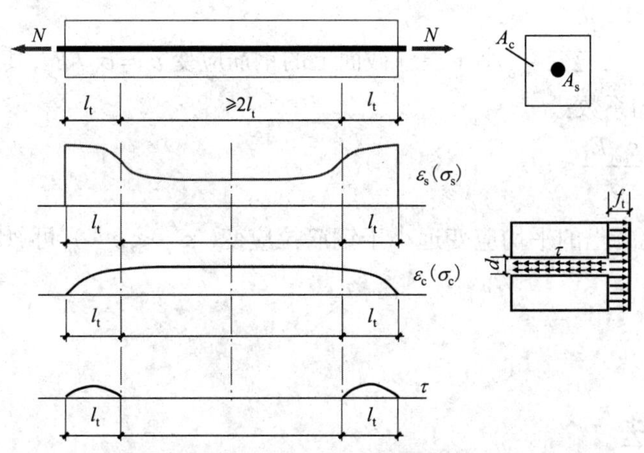

图 7-6　钢筋混凝土轴心受拉构件裂缝出现前的应力分布

如图 7-7 所示，当构件最薄弱截面上出现裂缝后，裂缝处混凝土退出工作（ $\sigma_c = 0$ ），钢筋和混凝土间发生滑移，此时距离裂缝两侧各 l_t 范围内，混凝土应力 $\sigma_c < f_t$，一般不会产生裂缝，而在此黏结长度以外可能会出现第二批裂缝，当裂缝数量增加至一定数量时不再增加，但宽度不断变化。其中，如果两条裂缝间距小于 $2l_t$，则其间距内混凝土的拉应力 $\sigma_c < f_t$，此时两条裂缝间不会再出现新的裂缝。可见，相邻裂缝间距最小值为 l_t，最大值为 $2l_t$，平均裂缝间距 $l_m = 1.5l_t$。

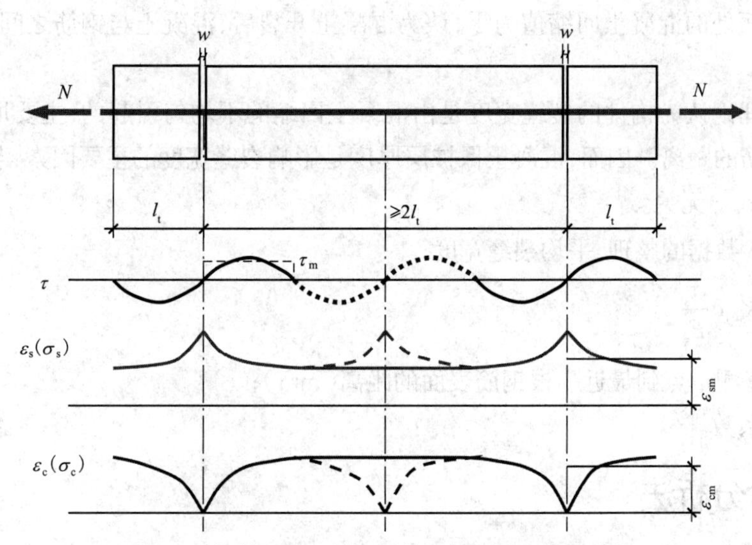

图 7-7　钢筋混凝土轴心受拉构件开裂和应力分布

$$l_m = \frac{1.5}{4}\frac{f_t}{\tau_m}\frac{d}{\rho} = k_2'\frac{d}{\rho} \tag{7-26}$$

黏结 - 滑移法假设构件开裂后横贯截面的裂缝宽度相同，即钢筋附近和构件表面的裂缝宽度相等。所以，裂缝宽度为裂缝间距范围内钢筋和混凝土的受拉伸长差。设平均裂缝间距

l_m范围内钢筋的平均应变为ε_{sm},混凝土的平均应变为ε_{cm},则平均裂缝宽度

$$w_m=(\varepsilon_{sm}-\varepsilon_{cm})l_m \tag{7-27}$$

裂缝间钢筋的平均应变ε_{sm}小于裂缝截面上的钢筋应变$\varepsilon_s=\sigma_s/E_s$,其比值称为裂缝间受拉钢筋应变的不均匀系数:

$$\psi=\frac{\varepsilon_{sm}}{\varepsilon_s}=\frac{\varepsilon_{sm}E_s}{\sigma_s}\leqslant 1.0 \tag{7-28}$$

一般情况下,混凝土的平均应变远小于钢筋拉应变($\varepsilon_{cm}\ll\varepsilon_{sm}$),可忽略不计。因此裂缝平均宽度计算式为

$$w_m=\psi\frac{\sigma_s}{E_s}l_m \tag{7-29}$$

7.3.2 无滑移法

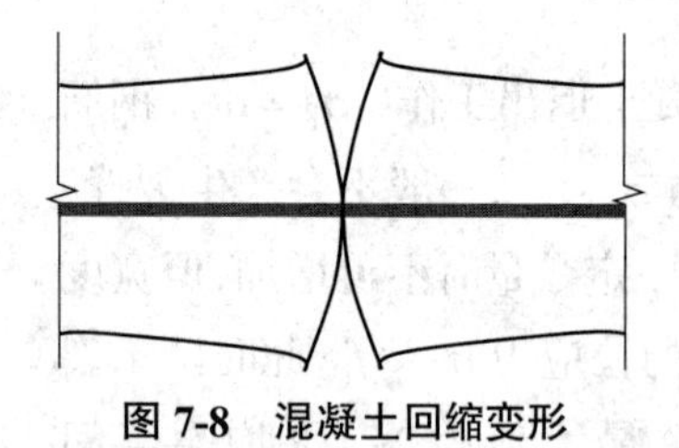

图 7-8 混凝土回缩变形

按黏结 - 滑移法推导的受拉裂缝间距和宽度,主要取决于d/ρ和τ,且假设了钢筋附近和构件表面的裂缝宽度相等。但大量试验结果表明,这些结论和假定与实际情况不甚相符。试验测量显示,裂缝形状如图 7-8 所示。裂缝宽度随着与钢筋表面距离的增大而增大,钢筋处的裂缝宽度比构件表面处小得多。这说明由于相互之间良好的黏结性能,钢筋对混凝土的回缩有约束作用,使截面上的混凝土的回缩不可能保持平面。钢筋与混凝土之间的滑移很小,可以假定钢筋表面处的混凝土回缩值为零,认为混凝土开裂后,混凝土与钢筋之间无相对滑移,即无滑移法。

无滑移法理论认为构件的裂缝宽度是由混凝土回缩的不均匀引起的,主要取决于裂缝测量点到最近钢筋的距离。因而,混凝土保护层厚度是影响裂缝宽度的主要因素,与钢筋直径和配筋率的比值d/ρ无关。

根据对试验数据的整理,平均裂缝宽度

$$w_m=k_{w1}c\frac{\sigma_s}{E_s} \tag{7-30}$$

式中:c——裂缝测量点到最近一根钢筋表面的距离(mm);

k_{w1}——系数。

7.3.3 综合分析法

黏结 - 滑移法和无滑移法都对揭示混凝土受拉裂缝的规律做出了贡献。它们对裂缝主要影响因素的分析和取舍各有侧重,都有一定的试验结果支持。但它们的计算形式和计算结果差别很大,又不能完全解释所有的试验现象和数据。因而,可以把两种理论结合起来计算裂缝宽度,既考虑构件表面至钢筋的距离对裂缝宽度的重大作用,又修正钢筋界面上相对滑移和裂缝宽度为零的假设,计入黏结 - 滑移(d/ρ)的影响,给出综合分析法的裂缝平均间距的一般

计算式为

$$l_m = k_1 c + k_2 \frac{d}{\rho} \tag{7-31}$$

式中，参数 k_1 和 k_2 根据各自的试验数据确定，或者将裂缝宽度分解为两个或三个组成部分，分别求解后叠加。

以轴心受拉构件为例对混凝土受拉裂缝的机理分析加以概括。混凝土构件在轴心拉力作用下产生裂缝，随着轴力增大，裂缝数目增多，间距趋于稳定，裂缝宽度逐渐加大。裂缝平均间距 $l_m = l_0(1+\varepsilon_{sm})$ 略大于原长 l_0，裂缝面的变形、裂缝宽度沿截面高度的变化以及内部裂缝的形状和分布如图 7-9 所示。

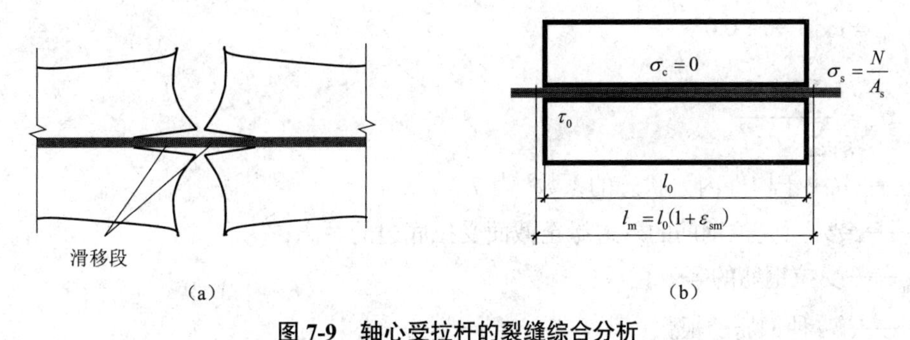

图 7-9　轴心受拉杆的裂缝综合分析

(a)裂缝和变形示意　(b)完全无黏结

如果假设钢筋和混凝土之间完全无黏结($\tau = 0$)，两者可以自由地相对滑移，钢筋的应力沿纵向均匀分布，相邻裂缝间总长度为 $l_m(1+\varepsilon_s)$，所有裂缝面保持平直，裂缝宽度沿高度为一常值，则

$$w_{c0} = \varepsilon_s l_m = \frac{N l_m}{A_s E_s} \tag{7-32}$$

称为无黏结裂缝宽度，也是裂缝宽度的上限。如果构件混凝土开裂后，钢筋和混凝土的黏结仍然完好，无相对滑移($w_s = 0$)，则裂缝宽度必为最小值，即下限。

而裂缝的开展由钢筋外围的混凝土的回缩引起，钢筋通过黏结应力把拉应力扩散到混凝土上，因而混凝土的回缩必然受到钢筋的约束。这一约束作用有一定的范围，离钢筋越近，约束影响越大，裂缝宽度越小；随着到钢筋距离的增大，钢筋有效约束作用逐渐减弱乃至丧失，裂缝宽度增大；距离更远处，超出了钢筋的有效约束范围，裂缝宽度不再变化。

裂缝出现后，无滑移理论指出的混凝土回缩变形分布是必然发生的，而混凝土与钢筋表面之间的黏结滑移也是存在的。所以，计算裂缝宽度时可认为它与保护层厚度 c 有关，也与 d/ρ 值有关。再考虑到钢筋有效约束区对裂缝开展的影响，构件的平均裂缝宽度 w_m 可用下列公式表示：

$$w_m = k_w \psi \frac{\sigma_s}{E_s}\left(k_1 c + k_2 \frac{d}{\rho}\right) \tag{7-33}$$

式中，各项系数 k 的值应根据理论分析和试验研究结果确定。

7.4 裂缝宽度的计算

对于在使用荷载作用下受拉和受弯混凝土构件的裂缝宽度计算,各国参照已有的试验研究结果和分析提出了多种计算方法,各种计算方法所取的主要影响因素一致,但计算式的形式各异,计算结果也有一定程度的差别。

1. 我国的规范

我国设计规范中的计算公式和方法如下,构件受力后出现裂缝,在稳定阶段的裂缝平均间距取

$$l_{m}=c_{f}\left(1.9c+0.08\frac{d_{eq}}{\rho_{te}}\right) \tag{7-34}$$

$$d_{eq}=\frac{\sum n_{i}d_{i}^{2}}{\sum v_{i}n_{i}d_{i}^{2}} \tag{7-35}$$

式中:c_f——取决于构件内力状态的系数(表 7-3);

c——最外层受拉钢筋的外边缘至截面受拉底边的距离;

d_{eq}——受拉钢筋的等效直径;

n_i——第 i 种钢筋的根数;

d_i——第 i 种钢筋的直径;

v_i——相对黏结特性系数,其中带肋钢筋 $v_i=1$,光圆钢筋 $v_i=0.7$;

ρ_{te}——按混凝土受拉有效截面面积(A_{te},表 7-3)计算的配筋率(A_s/A_{te}),当 $\rho_{te}<0.01$ 时,取 $\rho_{te}=0.01$。

在荷载的长期作用下,构件表面的最大裂缝宽度为

$$w_{max}=c_{p}-c_{t}(\bar{\varepsilon}_{s}-\bar{\varepsilon}_{c})l_{m}=c_{p}c_{t}c_{c}\bar{\varepsilon}_{s}l_{m} \tag{7-36}$$

将 $\bar{\varepsilon}_{s}=\psi\sigma_{m}$ 和式(7-34)代入后得

$$w_{max}=\alpha_{cr}\psi\frac{\sigma_{s}}{E_{s}}\left(1.9c+0.08\frac{d_{eq}}{\rho_{te}}\right) \tag{7-37}$$

式中:α_{cr}——构件受力特征系数,$\alpha_{cr}=c_{p}c_{t}c_{c}c_{f}$;

c_p——考虑混凝土裂缝间距和宽度的离散性所引入的最大缝宽与平均缝宽的比值,统计试验数据得其分布规律,按 95% 概率取最大裂缝宽度时的比值(表 7-3),$c_{p}=w_{max}/w_{m}$;

c_t——考虑荷载长期作用下,受拉区混凝土的应力松弛和收缩、滑移的徐变等因素增大了缝宽的系数,试验结果为 $c_t=1.5$;

c_c——裂缝间混凝土受拉应变的影响,试验结果为 0.85,$c_{c}=1-\bar{\varepsilon}_{c}/\bar{\varepsilon}_{s}$;

ψ——裂缝间受拉钢筋应变的不均匀系数。

表 7-3　裂缝宽度的计算参数和系数值

系数	构件受力状态			附注
	轴心受拉	偏心受拉	受弯、偏心受压	
c_{f}	1.1	1.0	1.0	$c_{\mathrm{c}}=1-\dfrac{\bar{\varepsilon}_{\mathrm{c}}}{\bar{\varepsilon}_{\mathrm{s}}}=0.85$ $c_{\mathrm{t}}=1.5$
c_{p}	1.9	1.9	1.66	
α_{cr}	2.7	2.4	2.1	
A_{te}	bh	$0.5bh$	$0.5bh$	矩形截面
σ_{s}	N/A_{s}	$\dfrac{N\left(e_0+\dfrac{h}{2}-\alpha'\right)}{A_{\mathrm{s}}(h_0-\alpha')}$	$\dfrac{M}{0.87A_{\mathrm{s}}h_0}$	偏心受压构件另行计算

受弯构件试验中实测值 ψ 随弯矩的变化如图 7-10 所示。构件刚开裂($M_{\mathrm{cr}}/M=1$)时 ψ 值最小，弯矩增大(M_{cr}/M 减小)后，ψ 值渐增，钢筋屈服后，ψ 值趋近于 1.0。其经验回归式为

$$\psi=1.1\left(1-\frac{M_{\mathrm{cr}}}{M}\right) \tag{7-38}$$

将构件的开裂弯矩 M_{cr} 用混凝土的抗拉强度 f_{t} 表示，计算裂缝时的弯矩(M)用截面上钢筋的配筋率 ρ_{te} 和拉应力 σ_{s} 表示，并适当简化后得

$$\psi=1.1-\frac{0.65f_{\mathrm{t}}}{\rho_{\mathrm{te}}\sigma_{\mathrm{s}}} \tag{7-39}$$

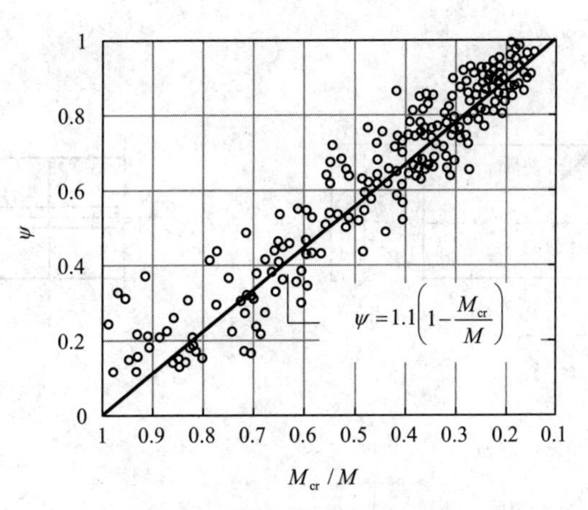

图 7-10　钢筋应变不均匀系数

试验结果还证实式(7-39)也适用于轴心受拉和偏心受拉、受压构件。

2. 模式规范

模式规范 CEB-FIP MC90 中，混凝土构件受拉裂缝的计算主要基于黏结 - 滑移法，给出了钢筋有效约束范围的裂缝宽度计算式。

若钢筋混凝土拉杆的配筋比 $\rho_{\mathrm{te}}=A_{\mathrm{s}}/A_{\mathrm{te}}$，钢筋和混凝土的弹性模量比 $n=E_{\mathrm{s}}/E_{\mathrm{te}}$，在拉杆临开裂($N\approx N_{\mathrm{cr}}$)前，钢筋和混凝土分担的轴力为

$$N_{\mathrm{s}}=\frac{n\rho_{\mathrm{te}}}{1+n\rho_{\mathrm{te}}}N_{\mathrm{cr}} \tag{7-40a}$$

$$N_{\mathrm{c}}=\frac{1}{1+n\rho_{\mathrm{te}}}N_{\mathrm{cr}} \tag{7-40b}$$

二者的应变相等，$\varepsilon_{\mathrm{sr1}}=\varepsilon_{\mathrm{cr1}}$，则

$$\varepsilon_{\mathrm{sr1}}=\frac{N_{\mathrm{s}}}{E_{\mathrm{s}}A_{\mathrm{s}}} \tag{7-41a}$$

$$\varepsilon_{\mathrm{cr1}}=\frac{N_{\mathrm{c}}}{E_{\mathrm{c}}A_{\mathrm{te}}} \tag{7-41b}$$

式中：A_{te}——混凝土的有效截面面积（图 7-12）。

第一条裂缝刚出现时，裂缝截面上混凝土的应力（变）为零，全部轴力由钢筋承担，其应力和应变（图 7-11（a））为

$$\sigma_{\mathrm{sr2}}=\frac{N_{\mathrm{cr}}}{A_{\mathrm{s}}} \tag{7-42a}$$

$$\varepsilon_{\mathrm{sr2}}=\frac{\sigma_{\mathrm{sr2}}}{E_{\mathrm{s}}} \tag{7-42b}$$

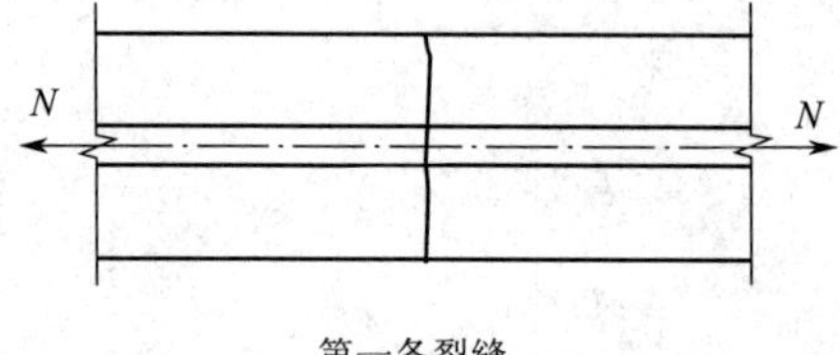

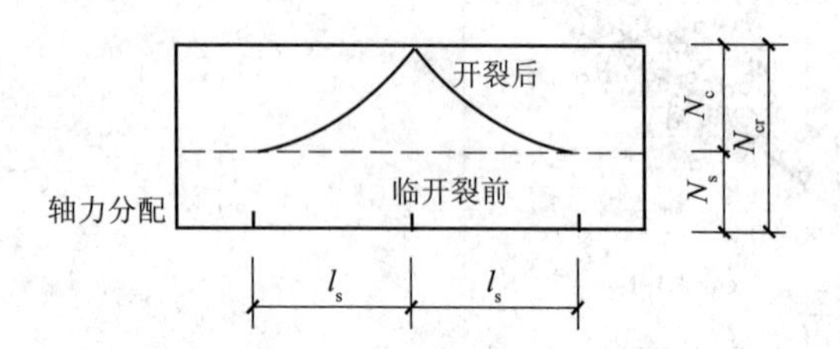

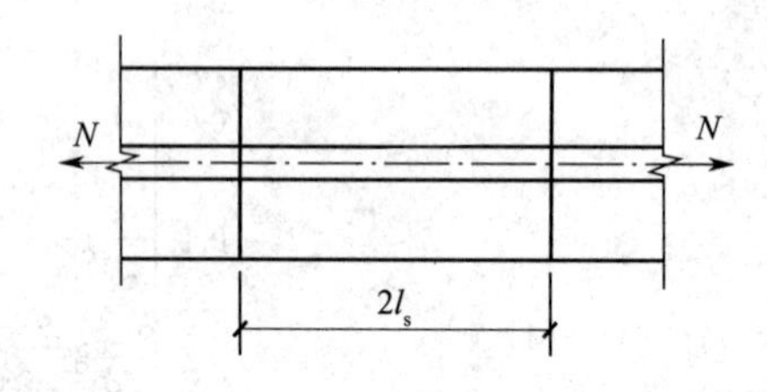

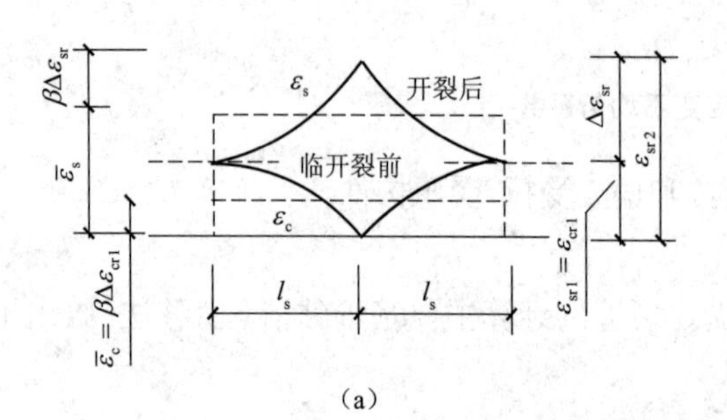

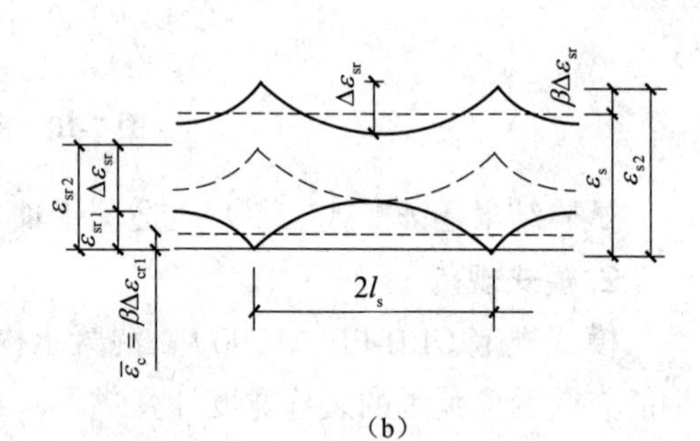

（a）　　　　（b）

图 7-11　计算拉杆裂缝的应变分布图

（a）出现第一条裂缝（$N\approx N_{\mathrm{cr}}$）（b）稳定裂缝（$N>N_{\mathrm{cr}}$）

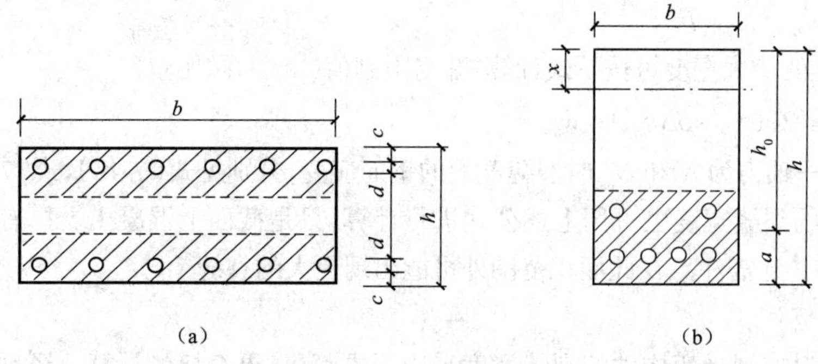

图 7-12　受拉有效面积

(a)拉杆 $\frac{A_{te}}{2}=2.5\left(c+\frac{d}{2}\right)b<\frac{bh}{2}$　(b)梁 $\frac{A_{te}}{2}=2.5(h-h_0)b<\frac{b(h-x)}{3}$

在裂缝截面两侧的黏结力传递长度 l_s 以外，钢筋和混凝土的应力(变)状况仍与开裂前的相同。这段长度内的钢筋应力差由黏结力(平均黏结应力 τ_m)平衡：

$$\pi d l_s \tau_m = A_s(\sigma_{sr}-\sigma_{sr1})=\frac{\sigma_{sr2}A_s}{1+n\rho_{te}} \tag{7-43}$$

所以

$$l_s=\frac{d}{4}\frac{\sigma_{sr2}}{\tau_m}\frac{1}{1+n\rho_{te}}\approx\frac{d}{4}\frac{\sigma_{sr2}}{1+\tau_m} \tag{7-44}$$

式中：σ_{sr2}——构件刚开裂(N_{cr})时裂缝截面的钢筋应力。

钢筋在传递长度两端的应变差为 $\Delta\varepsilon_{sr}=\varepsilon_{sr2}-\varepsilon_{sr1}$。在此范围内，钢筋和混凝土的平均应变各为

$$\bar{\varepsilon}_s=\varepsilon_{sr2}-\beta\Delta\varepsilon_{sr} \tag{7-45a}$$

$$\bar{\varepsilon}_c=\beta\varepsilon_{cr1} \tag{7-45b}$$

$$\varepsilon_{cr1}=\varepsilon_{sr1} \tag{7-45c}$$

二者的应变差为

$$\bar{\varepsilon}_s-\bar{\varepsilon}_c=(1-\beta)\varepsilon_{sr2} \tag{7-46}$$

其中分布图形系数可取 $\beta=0.6$。

轴力增大($N=N_{cr}$)后，构件的裂缝间距渐趋稳定，最大间距为 $2l_s$(图 7-11(b))。此时裂缝截面的钢筋应力和应变为

$$\sigma_{s2}=\frac{N}{A_s} \tag{7-47a}$$

$$\varepsilon_{s2}=\frac{\sigma_{s2}}{E_s} \tag{7-47b}$$

假设相邻裂缝间混凝土的应力(变)分布与刚开裂($N=N_{cr}$)时的相同，平均应变仍为 $\bar{\varepsilon}_{c2}=\bar{\varepsilon}_c$；钢筋的应力(变)分布线与刚开裂时的平行，最大应变差同样是 $\Delta\varepsilon_{sr}$。此时钢筋的平均应变以及它和混凝土的应变差为

$$\bar{\varepsilon}_{s2}=\varepsilon_{s2}-\beta\Delta\varepsilon_{sr} \tag{7-48a}$$

$$\bar{\varepsilon}_{s2}-\bar{\varepsilon}_{c2}=\varepsilon_{s2}-\beta\Delta\varepsilon_{sr2} \tag{7-48b}$$

于是，裂缝的最大宽度可按下式计算，并与限制值（w_{lim}）做比较：

$$w_{max}=2l_s(\varepsilon_{s2}-\beta\Delta\varepsilon_{sr2})\leqslant w_{lim} \tag{7-49}$$

式中：ε_{s2}，ε_{sr2}——轴力为 N 和 N_{cr} 时裂缝截面的钢筋应变，分别见式（7-48）、式（7-42）。

受弯构件的裂缝宽度也可用上述公式进行计算，只是截面上混凝土受拉有效面积的取法不同（图 7-12）。还需注意在此面积范围外可能出现更大的裂缝。

3. 美国规范

美国规范对控制受弯构件的裂缝宽度采用了更简单、更直接的计算。经过对大量实测数据的统计，梁底面裂缝的最大宽度的回归式为

$$w_{max}=11\beta\sigma_s\sqrt{t_bA}\times10^{-6} \tag{7-50}$$

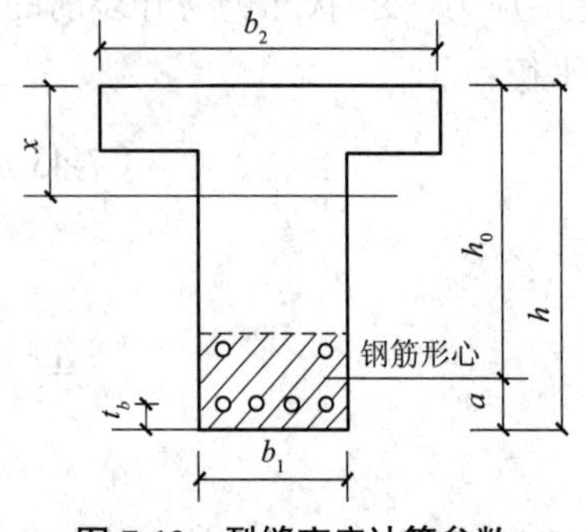

图 7-13　裂缝宽度计算参数

式中：σ_s——裂缝截面的钢筋拉应力，N/mm²，或取 0.6 f_y；

β——其值可取 1.2（梁）或 1.35（板），$\beta=\dfrac{h-x}{h_0-x}$；

t_b——最下一排钢筋的中心至梁底面的距离（图 7-13），mm；

A_{te}——与受拉钢筋形心相重合的混凝土面积，mm²，$A=A_{te}/n$；

n——钢筋根数。

式（7-50）中考虑了梁底面的保护层厚度和每根钢筋的平均约束面积，实际上与无滑移的结论相似。

引入计算参数 z，将式（7-50）转换为

$$z=\sigma_s\sqrt{t_bA}=\frac{w_{max}\times10^3}{11\beta} \tag{7-51}$$

要求室内构件

$$z=\sigma_s\sqrt{t_bA}<30\ \text{MN/m} \tag{7-52}$$

室外构件

$$z=\sigma_s\sqrt{t_bA}<25\ \text{MN/m} \tag{7-53}$$

分别相当于限制裂缝宽度为 0.4 mm 和 0.33 mm。

7.5　长期荷载与重复荷载对裂缝的影响

7.5.1　长期荷载对裂缝的影响

在长期荷载作用下，钢筋混凝土构件的裂缝宽度随时间而增加，前 6 个月增长速度较快，之后增长减慢并逐渐趋于稳定。长期荷载作用下裂缝宽度增长的影响因素很多，如混凝土的组成、养护、环境的温湿度、荷载的应力水平、构件尺寸以及梁中受压钢筋的配置等。长期荷载

作用下裂缝宽度的增大系数在很大范围内变动，如 Illston 和 Stevens 所进行的 60 根梁在 2 年长期荷载作用下的试验，构件平均裂缝宽度 w_m 增长 1.82 倍，最大裂缝宽度 w_{max} 增长 1.4~2.5 倍，平均增长 1.93 倍。我国原南京工学院进行的 13 根长期荷载梁的试验也得出了类似的结果，构件平均裂缝宽度 w_m 平均增长 1.95 倍，w_{max} 平均增长 1.88 倍。

有些研究者的试验结果表明，钢筋类型对长期裂缝有较大的影响。如挪威 Aa-Jako-bsin 的试验数据，短期荷载作用下光圆钢筋构件裂缝宽度为变形钢筋构件裂缝宽度的 1.1 倍，长期荷载作用下光圆钢筋构件的裂缝宽度达变形钢筋的 2 倍。但是另外一些研究者的试验中并没有观察到这种影响。如 Illston 和 Stevens 的试验结果表明：光圆钢筋、扭转方钢及高强变形钢筋对短期荷载作用下的裂缝间距及裂缝宽度并无影响；而长期荷载作用下三种不同类型钢筋配筋构件的平均裂缝宽度的增长平均值分别为 1.95、1.72 及 1.8 倍。这说明钢筋类型对长期裂缝宽度的影响并不显著。

如初加荷载时的钢筋应力水平使裂缝间距已基本稳定，则在长期荷载作用下，表面裂缝的数目很少增加，平均裂缝间距近乎不变。表面裂缝宽度则随时间而增长。长期荷载作用下构件表面裂缝宽度的增长有两个方面的原因：一方面由于在长期荷载作用下受拉钢筋平均应变 $\bar{\varepsilon}_s$ 增长；另一方面由于构件表面混凝土压缩应变 $\bar{\varepsilon}_c$ 增长。

长期荷载作用下受拉钢筋平均应变的增长是几种影响的综合结果。

（1）受压区混凝土的徐变和收缩，使中和轴下降，力臂减小，钢筋应变增大。

（2）在长期荷载作用下，黏结徐变的发展，对于光圆钢筋主要为相对滑动的增大，对于变形钢筋则是肋处斜裂缝的持续开展。

（3）混凝土长期抗拉强度的降低，使钢筋处增加新的内部次裂缝，引起钢筋应力的增大，促使原有裂缝间距之间钢筋的应变分布更为均匀，因此使纵向受拉钢筋的平均应变增大。通常，徐变所引起的钢筋应变增长一般不超过 10%。

构件表面裂缝间混凝土压缩应变增长的原因如下。

（1）长期荷载作用下，新的内裂缝的出现和开展，使裂缝间混凝土截面的歪曲增大，即截面的应变梯度增大，表面混凝土产生压缩应变，使裂缝宽度增大。

（2）裂缝间构件表面混凝土的收缩与近钢筋处混凝土的收缩不同，也使混凝土截面的歪曲增大，使构件表面混凝土的压缩应变增大。

环境温湿度的变化影响混凝土的收缩及徐变，因此对长期荷载作用下裂缝宽度的增大也有影响，湿度增大使长期荷载作用下的裂缝宽度增长减小。

7.5.2　重复荷载对裂缝的影响

长沙铁道学院在 1982 年对四根试验梁进行重复荷载试验的结果为，试验梁在重复加载 10 万 ~20 万次时，裂缝数目明显增多，此后，裂缝数目和裂缝间距趋于稳定，随着重复加载次数的进一步增加，裂缝宽度逐渐加大，直至重复加载 100 万次左右才趋于稳定。试验还表明，采用光圆钢筋的构件要比采用螺纹钢筋的构件增加得多一些。

重复加载导致混凝土构件裂缝宽度逐渐加大的一个重要原因是钢筋与混凝土间黏结力的

退化。在钢筋混凝土结构中,钢筋通过黏结力约束混凝土中的裂缝开展,在前面已论述了钢筋与混凝土间的黏结力将随疲劳荷载次数的增加逐渐退化,黏结力的退化导致受拉区混凝土逐渐退出工作,钢筋对混凝土中裂缝开展的约束作用也随之降低,钢筋的平均应变增大,因此裂缝宽度逐渐增大。

参考文献

[1] 易伟建,沈蒲生. 钢筋混凝土板的裂缝和变形性能 [M]// 中国建筑科学研究院. 混凝土结构研究报告选集 3. 北京:中国建筑工业出版社, 1994.

[2] 李树瑶. 钢筋混凝土构件抗裂度计算 [M]// 中国建筑科学研究院. 钢筋混凝土结构设计与构造:85 年设计规范背景资料汇编. 北京:中国建筑科学研究院,1985.

[3] 四川省建筑科学研究所. 钢筋混凝土轴心受拉构件裂缝宽度的计算 [M]// 国家建委建筑科学研究院. 钢筋混凝土结构研究报告选集. 北京:中国建筑工业出版社, 1972.

[4] 于庆荣. 钢筋混凝土构件裂缝和刚度统一计算模式的研究 [M]// 中国建筑科学研究院. 混凝土结构研究报告选集 3. 北京: 中国建筑工业出版社,1994.

[5] 赵国藩,李树瑶,廖婉卿,等. 钢筋混凝土结构的裂缝控制 [M]. 北京:海洋出版社,1991.

[6] RÜSCH H, REHM G. Notes on crack spacing in members subjected to bending[Z]. RILEM, Symposium on Bond and Crack Formation in Reinforced Concrete, Stockholm, 1957.

[7] CHI K, KIRSTEIN A. Flexural cracks in reinforced concrete beams[Z]. ACI, 1958.

[8] DESAYI P. Determination of maximum crack width in reinforced concrete members[J]. Journal of the American Concrete Institute, 1976, 73(8) :473-477.

[9] 南京工学院第五系. 钢筋混凝土受弯构件变形和裂缝的计算 [M]// 国家建委建筑科学研究院. 钢筋混凝土结构研究报告选集. 北京:中国建筑工业出版社,1977:237-290.

第 8 章　钢筋混凝土构件的刚度与变形

8.1　混凝土构件变形计算的特点

混凝土构件在通常情况下具有较高的刚度，但是，随着结构跨度不断增加，其变形程度也逐渐成为人们关注的重点。尤其对于承受动荷载和较大跨度的结构，正确估计其变形的要求，已成为变形研究的焦点。

混凝土构件承受荷载而产生变形，位于受拉区的混凝土由于其抗拉强度较低，易开裂，从而导致此处的构件截面刚度降低。研究表明，受弯构件的弯矩 - 挠度曲线与弯矩 - 曲率曲线，只是曲线的斜率发生了较小的变化，开裂弯矩和钢筋屈服弯矩附近曲线转折较为平缓。适筋梁截面的典型关系曲线如图 8-1 所示，曲率增长过程包含两个拐点。

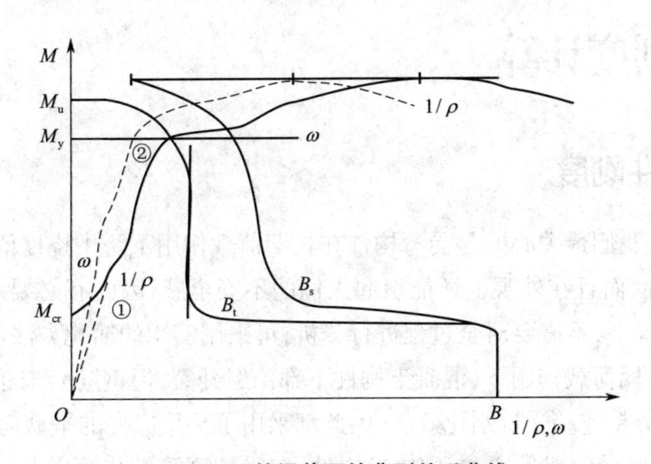

图 8-1　适筋梁截面的典型关系曲线

构件的截面曲率和弯矩的关系，根据材料力学中对线弹性材料的推导可得：

$$\frac{1}{\rho}=\frac{M}{EI} \tag{8-1}$$

式中：E——材料的弹性模量；

I——截面的惯性矩。

钢筋混凝土构件的弯矩 - 曲率为非线性关系，可根据 M-$1/\rho$ 曲线分别计算割线和切线的截面平均弯曲刚度：

$$B_s = \frac{M}{1/\rho} \tag{8-2a}$$

$$B_t = \frac{dM}{d(1/\rho)} \tag{8-2b}$$

它们随弯矩的变化过程如图 8-2 所示。

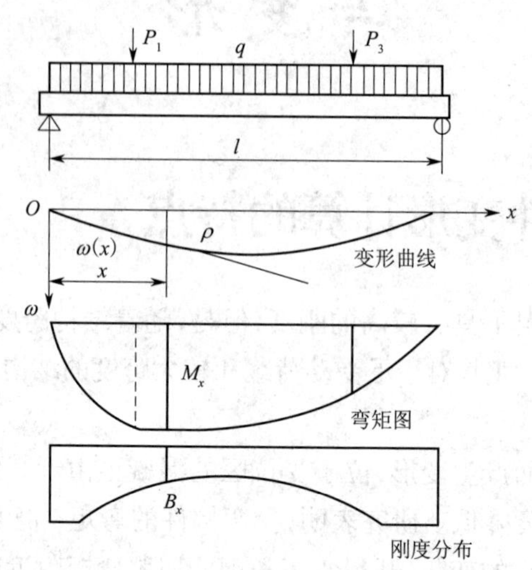

图 8-2 构件的挠度曲线和刚度分布

8.2 截面刚度计算

8.2.1 受弯构件刚度

在实际工程中,我们最关心的是受弯构件在长期荷载作用下跨中挠度值的大小,挠度值过大,不仅影响实用性,而且在外观上还能引起人们的不安全感,因此有必要对受弯构件的刚度进行计算。通常情况下,不需要对全过程进行分析,可采用实用的简化方法进行计算。

通常认为,在长期荷载作用下,混凝土构件下部已经开裂,但钢筋尚未屈服,并且钢筋与开裂混凝土间存在部分粘连和受拉刚化效应,因此都采用了平均应变的平截面假定。

钢筋混凝土构件受弯或偏心受压(拉)构件,在受拉区裂缝出现前后会有不同的换算截面,需要分别对其进行计算。

8.2.1.1 有效惯性矩法

1. 开裂前截面换算惯性矩

混凝土构件在开裂前,全截面处于受力状态。钢筋截面面积为 A_s,则钢筋的换算截面面积为 nA_s,其中 n 为钢筋与混凝土弹性模量的比值($n = E_s / E_c$)。除了钢筋原位置的面积外,需在截面同一高度处增设附加面积 $(n-1)A_s$。需要保证钢筋换算面积上的应力与相应截面高度混凝土的应力($\varepsilon_c E_c$)相等,由此保证所换算的混凝土截面与原钢筋混凝土截面的力学性能等效。

换算截面的总面积为

$$A_0 = bh + (n-1)A_s \tag{8-3}$$

受压区高度 x_0 由拉压区对中和轴的面积矩相等的条件确定：

$$\frac{1}{2}bx_0^2 = \frac{1}{2}b(h-x_0)^2 + (n-1)A_s(h_0 - x_0)$$

$$x_0 = \frac{\frac{1}{2}bh^2 + (n-1)A_s h_0}{bh + (n-1)A_s} \tag{8-4}$$

换算截面的惯性矩为

$$I_0 = \frac{b}{3}\left[x_0^3 + (h-x_0)^3\right] + (n-1)A_s(h_0 - x_0)^2 \tag{8-5}$$

故混凝土构件开裂前的截面刚度为

$$B_0 = E_0 I_0 \tag{8-6}$$

换算截面的几何特性可应用于计算构件截面的刚度、变形和验算构件的开裂。

2. 裂缝截面的换算惯性矩

当构件出现裂缝后，假设裂缝截面上的混凝土完全退出工作，只有钢筋承担拉力，将钢筋的换算截面面积（nA_s）置于相同的截面高度，从而得到换算混凝土的截面如图 8-3 所示。

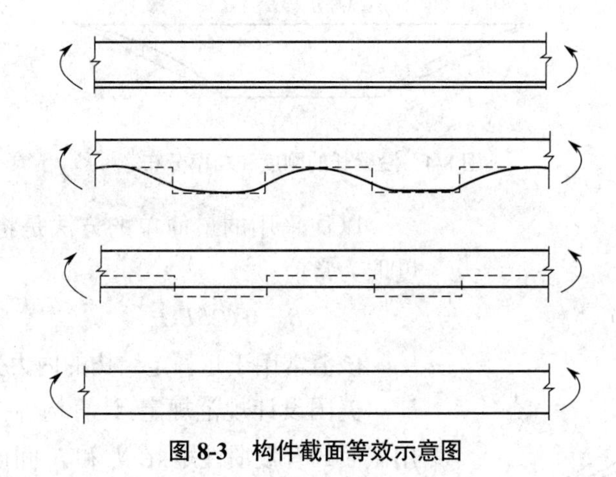

图 8-3　构件截面等效示意图

此裂缝截面的受压区高度 x_{cr}，用同样的方法确定：

$$\frac{1}{2}bx_{cr}^2 = nA_s(h_0 - x_{cr})$$

解得

$$x_{cr} = (\sqrt{n^2u^2 + 2un} - un)h_0 \tag{8-7}$$

式中，$n = E_s / E_c$；$u = A_s / bh_0$。

裂缝截面的换算惯性矩和刚度为

$$I_{cr} = \frac{1}{3}bx_{cr}^3 + nA_s(h_0 - x_{cr})^2 \tag{8-8}$$

$$B_{cr} = E_0 I_{cr} \tag{8-9}$$

显然,裂缝截面的换算惯性矩是沿轴线各截面惯性矩中的最小值,也是钢筋屈服前裂缝截面惯性矩中的最小值。

3. 有效惯性矩

钢筋混凝土梁的截面刚度随着弯矩值的增大而减小。混凝土开裂前的刚度(E_0I_0)是上限值,而钢筋屈服、受拉开裂混凝土完全退出工作后的刚度(E_0I_{cr})是下限值。由于构件在使用阶段 ($M/M_u = 0.5 \sim 0.7$) 弯矩 - 曲率的关系比较稳定,刚度值(图 8-4)变化幅度小,因此在工程应用中可取近似值进行计算。

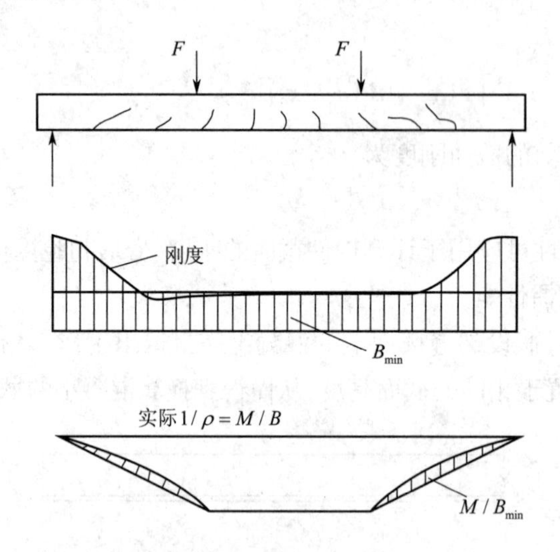

图 8-4　沿梁长的刚度和曲率分布

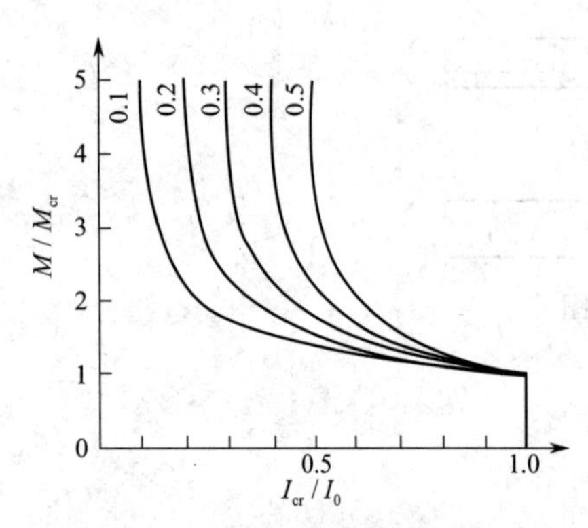

图 8-5　有效惯性矩随弯矩的变化

以往采用的最简单的方法是将构件的平均截面刚度取为常值

$$B = 0.625E_0I_0 \tag{8-10}$$

该值常用于超静定结构的内力分析。

美国设计规范规定:计算构件挠度($M > M_{cr}$)时采用截面的有效惯性矩,在 I_0 和 I_{cr} 间插值即可。

$$I_{eff} = \left(\frac{M_{cr}}{M}\right)^3 I_0 + \left[1 - \left(\frac{M_{cr}}{M}\right)^3\right] I_{cr} \leqslant I_0 \tag{8-11}$$

其中,在计算 I_0 时可忽略钢筋的面积 A_s,按混凝土的毛截面计算。有效惯性矩随弯矩的变化如图 8-5 所示。

8.2.1.2　刚度解析法

钢筋混凝土梁的纯弯段在弯矩作用下出现裂缝,裂缝进入稳定发展阶段后,裂缝间距大致相等。各截面的实际应变分布不再符合平截面假定,并且中和轴的位置受到裂缝的影响变为波浪形(图 8-6(a)),此时裂缝截面处受压区高度 x_{cr} 为最小值。各截面的顶面混凝土压应变和受拉钢筋应变也因此变为波浪形变化(图 8-6(b)),平均应变为 $\bar{\varepsilon}_c$ 和 $\bar{\varepsilon}_s$,最大应变(ε_c 和 ε_s)也出现在裂缝截面。

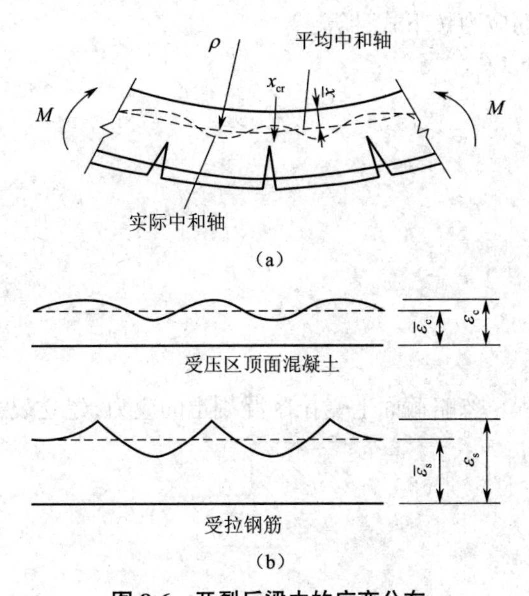

图 8-6　开裂后梁中的应变分布

(a)裂缝和中和轴　(b)应变的纵向分布

构件的截面平均刚度可按下述步骤建立计算式。

(1)几何(变形)条件。试验证明,截面的平均应变仍符合线性分布(图 8-7(a)),中和轴距离截面顶端 $\bar{x}$,截面的平均曲率用式(8-15a)计算。其中,顶面混凝土压应变的变化幅度较小,近似取 $\bar{\varepsilon}_c = \varepsilon_c$;钢筋的平均拉应变取

$$\bar{\varepsilon}_s = \psi\varepsilon_s \tag{8-12}$$

式中:ψ——裂缝间受拉钢筋应变的不均匀系数。

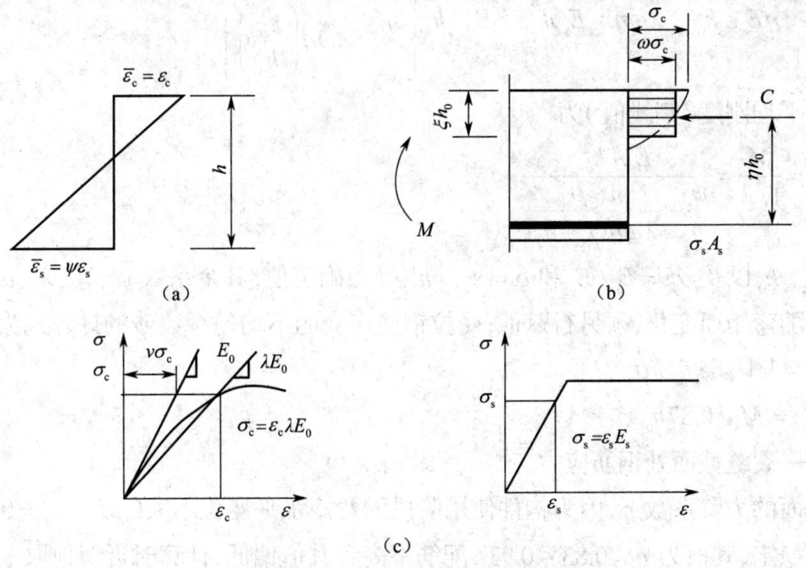

图 8-7　刚度计算公式的建立

(a)几何关系　(b)平衡关系　(c)物理关系

（2）物理（本构）关系。在梁的使用阶段，裂缝截面的应力分布如图 8-7（b）所示，顶面混凝土的压应力和受拉钢筋应力按下式计算：

$$\begin{cases}\sigma_c=\varepsilon_c\lambda E_0\approx\bar{\varepsilon}_c\lambda E_0\\ \sigma_s=\varepsilon_s E_s=\dfrac{\bar{\varepsilon}_s}{\psi}E_s\end{cases}\tag{8-13a}$$

或

$$\begin{cases}\bar{\varepsilon}_c=\dfrac{\sigma_c}{\lambda E_0}\\ \bar{\varepsilon}_s=\dfrac{\psi\sigma_s}{E_s}\end{cases}\tag{8-13b}$$

（3）力学（平衡）方程。忽略截面上受拉区混凝土的应力，建立裂缝截面的两个平衡方程：

$$\begin{cases}M=\omega\sigma_c bx_{cr}\eta h_0\\ M=\sigma_s A_s\eta h_0\end{cases}\tag{8-14a}$$

或

$$\begin{cases}\sigma_c=\dfrac{M}{\omega\eta x_{cr}bh_0}\\ \sigma_s=\dfrac{M}{\eta A_s h_0}\end{cases}\tag{8-14b}$$

式中：ω——受压区应力图形完整系数；

η——裂缝截面上的力臂系数。

将式（8-13）和式（8-14）相继代入式（8-1），可得

$$\frac{1}{\phi}=\frac{\psi M}{\eta E_s A_s h_0^2}+\frac{M}{\lambda\omega\eta x_{cr}E_s bh_0^2}=\frac{M}{E_s A_s h_0^2}\left[\frac{\psi}{\eta}+\frac{\alpha_E\rho}{\lambda\omega\eta\left(\dfrac{x_{cr}}{h_0}\right)}\right]\tag{8-15a}$$

故截面平均刚度（割线值）为

$$B=\frac{M}{1/\phi}=\frac{E_s A_s h_0^2}{\dfrac{\psi}{\eta}+\dfrac{\alpha_E\rho}{\lambda\omega\eta(x_{cr}/h_0)}}\tag{8-15b}$$

式中，E_s、A_s、h_0 以及 $\alpha_E=E_s/E_c$ 和 $\rho=A_s/bh_0$ 等为确定值；其余系数 ψ、η、λ、ω 和（x_{cr}/h_0）等的数值均随弯矩而变化，须另行赋值；受拉钢筋应变的不均匀系数 ψ 的计算式为

$$\psi=1.1-65f_{tk}/\sigma_{ss}\tag{8-16}$$

$$\sigma_{ss}=M_s/0.87h_0A_s\tag{8-17}$$

式中：σ_{ss}——裂缝截面处钢筋应力。

裂缝截面的力臂系数 η，因为构件使用阶段的弯矩水平变化不大（$M/M_u=0.5\sim0.7$），裂缝发展相对稳定，其值为 $\eta=0.83\sim0.93$，配筋率高者其值偏低，计算时近似地取平均值为

$$\eta=0.87\tag{8-18}$$

式(8-15)中的其他系数不单独出现,将 $\lambda\omega\eta(x_{cr}/h_0)$ 统称为混凝土受压边缘的平均应变综合系数,其值随弯矩的增大而减小,在使用阶段($M/M_u=0.5\sim0.7$)基本稳定,弯矩值对其影响不大,主要取决于配筋率。根据试验结果得到矩形截面梁的回归分析式:

$$\frac{\alpha_E\rho}{\lambda\omega\eta(x_{cr}/h_0)}=0.2+6\alpha_E\rho \tag{8-19}$$

对于双筋梁和 T 形、I 形截面构件,式(8-19)右侧改为 $0.2+6\mu n/(1+3.5\gamma_f)$。$\gamma_f$ 为受压钢筋或受压翼缘 $(b_f\times h_f)$ 与腹板有效面积的比值,前者取 $\gamma_f=(n-1)A_s'/bh_0$,后者取 $\gamma_f=(b_f-b)h_f/bh_0$。

将式(8-18)和式(8-19)代入(8-15b),即为构件截面平均刚度的最终计算式

$$B=\frac{E_sA_sh_0^2}{1.15\psi+0.2+6\mu n} \tag{8-20}$$

若取 $M=M_{cr}$ 时 $\psi=0$,得到刚度最大值:

$$B_0=\frac{E_sA_sh_0^2}{0.2+6n\mu} \tag{8-21}$$

8.2.1.3　受拉刚化效应修正法

模式规范(CEB-FIP MC90)直接给出构件的弯矩 - 曲率本构模型(图 8-8),其中有三个基本刚度值。

(1)混凝土受拉区开裂前($M\leqslant M_{cr}$):

$$\frac{M}{1/\rho_1}=B_1=EI_0 \tag{8-22a}$$

(2)混凝土受拉开裂并完全退出工作($M_{cr}<M\leqslant M_y$):

$$\frac{M}{1/\rho_2}=B_2=EI_{cr} \tag{8-22b}$$

(3)受拉钢筋屈服($M_y<M\leqslant M_u$):

$$B_3=\frac{M_u-M_y}{1/\rho_u-1/\rho_y} \tag{8-22c}$$

式中,I_0 和 I_{cr} 按式(8-5)和式(8-8)计算。钢筋屈服强度(M_y)和极限弯矩(M_u)对应的曲率分别为

$$\frac{1}{\rho_y}=\frac{\varepsilon_y}{h_0-x_y} \tag{8-23a}$$

$$\frac{1}{\rho_u}=\frac{\varepsilon_c}{x_u} \tag{8-23b}$$

考虑到混凝土收缩和徐变的影响、钢筋和混凝土黏结状况的差别以及荷载性质的不同等因素,构件的可能开裂弯矩取为 $\sqrt{\beta_b}M_{cr}$,低于计算值 M_{cr},引入一修正系数

$$\beta_b=\beta_1\beta_2 \tag{8-24}$$

且取 β_1 =1.0(变形钢筋)或 0.5(光圆钢筋);β_2 =0.8(第一次加载)或 0.5(长期持续或重复加载)。

构件的截面平均曲率,在混凝土受拉刚化效应的作用下,如图 8-8 实线所示,按弯矩值分三段分别进行计算。

当 $M<\sqrt{\beta_b}M_{cr}$ 时

$$\frac{1}{\rho}=\frac{1}{\rho_1}=\frac{M}{EI_0} \tag{8-25a}$$

当 $\sqrt{\beta_b}M_{cr}<M<M_y$ 时

$$\frac{1}{\rho}=\frac{1}{\rho_2}-\frac{1}{\rho_{ts}} \tag{8-25b}$$

$$\frac{1}{\rho_{ts}}=\beta_b\left(\frac{1}{\rho_{2r}}-\frac{1}{\rho_{1r}}\right)\frac{M_{cr}}{M} \tag{8-26}$$

式中:$\frac{1}{\rho_{ts}}$——考虑混凝土受拉刚化效应后的曲率修正值。

混凝土开裂($M=M_{cr}$)前、后的曲率分别为

$$\frac{1}{\rho_{1r}}=\frac{M_{cr}}{EI_0} \tag{8-27a}$$

$$\frac{1}{\rho_{2r}}=\frac{M_{cr}}{EI_{cr}} \tag{8-27b}$$

因此

$$\frac{1}{\rho}=\frac{M}{EI_{cr}}-\beta_b\left(\frac{M_{cr}}{EI_{cr}}-\frac{M_{cr}}{EI_0}\right)\frac{M_{cr}}{M} \tag{8-28}$$

当 $M_y<M<M_u$ 时

$$\frac{1}{\rho}=\frac{1}{\rho_y}-\beta_b\left(\frac{M_{cr}}{EI_{cr}}-\frac{M_{cr}}{EI_0}\right)\frac{M_{cr}}{M_y}+\frac{1}{2}\frac{M-M_y}{M_u-M_y}\left(\frac{1}{\rho_u}-\frac{1}{\rho_y}\right) \tag{8-29}$$

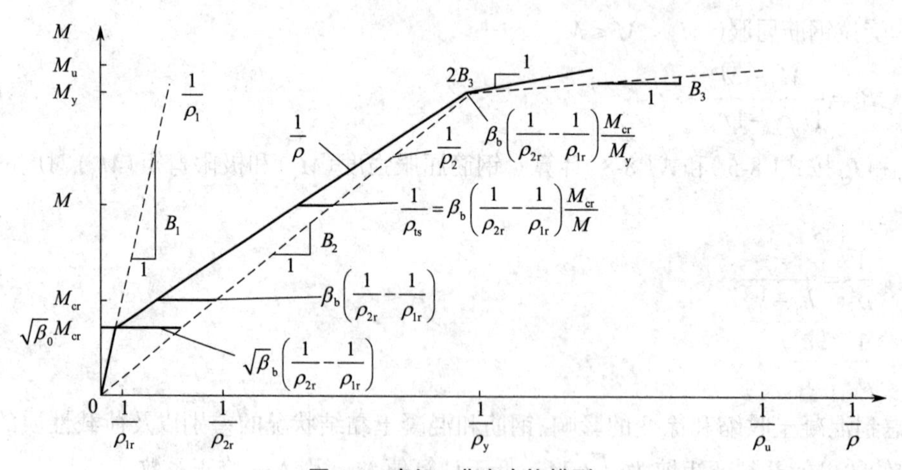

图 8-8 弯矩 - 曲率本构模型

8.3　构件变形计算

为了对钢筋混凝土构件的变形进行定量计算，以便于混凝土构件的设计，本节给出了一般计算方法和实用计算方法两种计算方法。

8.3.1　一般计算方法

钢筋混凝土受弯构件的挠度验算：挠度限值 $[f]$ 的取值规定（表 8-1）主要从以下几个方面考虑。

（1）保证结构的使用功能要求。结构构件变形过大将影响甚至丧失其使用功能；支承精密仪器设备的梁板挠度过大，将难以使仪器保持水平；吊车梁和桥梁的过大变形会妨碍吊车和车辆的正常运行等；屋面结构挠度过大会造成积水而产生渗漏。

（2）防止对结构构件产生不良影响。如支承在砖墙上的梁端产生过大转角，将使支承面积减小、支承反力偏心增大，并会引起墙体开裂。

（3）防止对非结构构件产生不良影响。结构变形过大会使门窗等不能正常开关，也会导致隔墙、天花板的开裂或损坏。

（4）保证使用者的感觉在可接受的程度之内。过大振动、变形会引起使用者的不适或不安全感。

表 8-1　构件挠度限值

构件类型		挠度限值（以计算跨度 l_0 计算）
吊车梁	手动吊车	$l_0/500$
	电动吊车	$l_0/600$
屋盖、楼盖及楼梯构件	当 $l_0<7$ m 时	$l_0/200$（$l_0/250$）
	当 7 m $\leqslant l_0 \leqslant$ 9 m 时	$l_0/250$（$l_0/300$）
	当 $l_0>9$ m 时	$l_0/300$（$l_0/400$）

注：①表中括号内数值适用于使用上对挠度有较高要求的构件；
②悬臂构件的挠度限值按表中相应数值乘以系数 2.0 取用。

验算变形条件为 $f<[f]$，因此需要计算出受弯构件的变形 f。

用各种方法获得构件的截面弯矩 - 平均曲率（M-$1/\rho$）关系，或者截面平均刚度（B）的变化规律后，就可以计算构件的非线性变形。更简便而常用的方法是应用虚功原理进行计算。

将需要计算变形的梁作为实梁（图 8-9（a）），计算出荷载作用下的截面内力，即弯矩（M_p）、轴力（N_p）和剪力（V_p）以及相应的变形，即曲率（$1/\rho=M_p/B$）、应变（$\varepsilon_p=N_p/EA$）和剪切角（$\gamma_p=kV_p/GA$）。

在支承条件相同的虚梁上，在所需变形处施加相应的单位荷载，例如，求挠度，加集中力 P=1；求转角，加力偶 M=1 等（图 8-9（b））；再计算虚梁的内力 $\overline{M}$、$\overline{N}$ 和 $\overline{V}$。

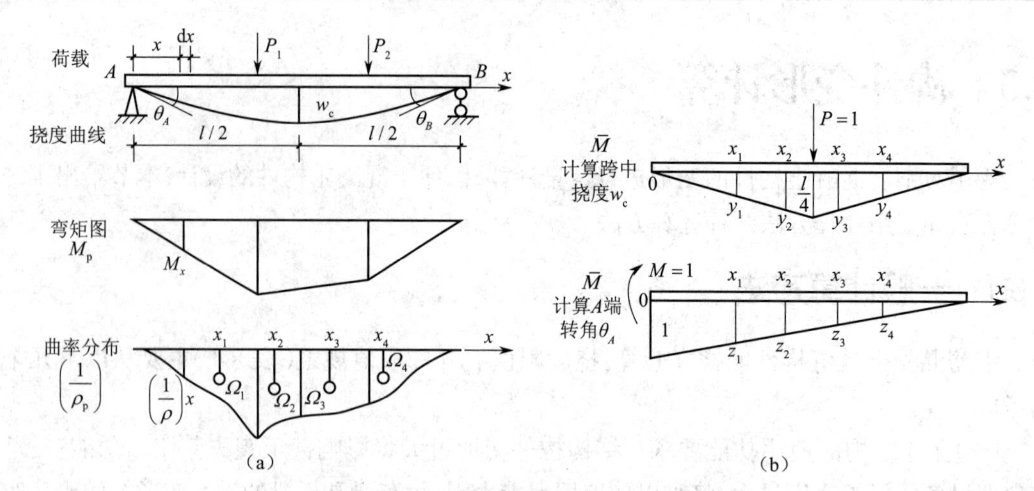

图 8-9　虚功原理计算变形

(a)梁的内力和变形　(b)虚梁的单位荷载和弯矩图

根据虚功原理,虚梁上外力对实梁变形所做的功,等于虚梁内力对实梁上相应变形所做功的总和,故计算跨中挠度时可建立

$$1 \cdot w_c = \sum \int \frac{\overline{M} M_p}{B} dx + \sum \int \frac{\overline{N} N_p}{EA} dx + \sum \int \frac{k \overline{V} V_p}{GA} dx \tag{8-30}$$

或

$$w_c = \sum \int \overline{M} \left(\frac{1}{\rho_p} \right) dx + \sum \int \overline{N} \left(\varepsilon_p \right) dx + \sum \int \overline{V} \left(\gamma_p \right) dx \tag{8-31}$$

式子右侧的后二项是由轴力和剪力产生的构件挠度。

轴压力的作用,一般使截面曲率和构件挠度减小。构件开裂前,剪力产生的挠度很小,可以忽略。在梁端出现斜裂缝后,梁的跨中挠度增大,在极限状态时,很宽的斜裂缝产生的挠度可达总挠度的 30%。一般情况下,在构件的使用阶段,轴力和剪力产生的变形所占比例很小,计算变形时常予以忽略,上式简化为

$$w_c = \sum \int \overline{M} \left(\frac{1}{\rho_p} \right) dx \tag{8-32}$$

式中:$1/\rho_p$——实梁在荷载作用下的截面平均曲率,随弯矩图 M_p 而变化;

$\overline{M}$——单位荷载(P=1)在虚梁上的弯矩。

在上述算例的图 8-9 中,梁上有两个集中荷载作用,弯矩图为三折线。按照各折线段上起止点的弯矩值,从梁的弯矩 - 曲率(M-$1/\rho_p$)关系图上截取相应的曲线段,移接成所需的曲率分布($1/\rho_p$)。虚梁上单位荷载作用的弯矩图($\overline{M}$)为直线或折线,故式(8-31)可用图乘法计算。例如,将曲率图 $1/\rho_p$ 分成 4 段,计算各段的面积 Ω_i,确定其形心位置 x_i;在虚梁的相同位置(x_i)找到单位荷载弯矩($\overline{M}$)图上的相应弯矩值(y_i),式(8-32)等效为

$$w_c = \sum_{i=1}^{4} \Omega_i y_i \tag{8-33}$$

同理,计算梁的支座转角时,单位力偶作用下有三角形弯矩图,用图乘法得

$$\theta_A = \sum_{i=1}^{4} \Omega_i z_i \tag{8-34}$$

如果将截面的弯矩 - 曲率关系简化成多段折线,构件的曲率($1/\rho_p$)分布也是多折线,图乘法更为简捷,可以直接写出计算式。

8.3.2　实用计算方法

如果在工程中只需要验算构件的变形是否符合规范要求,可以采用更简单的实用计算方法。荷载长期作用下,混凝土的徐变等因素使挠度增长,也可用简单的方法进行计算。

1. 截面刚度分布

荷载作用下,构件的截面弯矩沿轴线变化。截面的平均刚度或曲率相应地有更复杂的变化(图 8-9(a)),这是准确地计算钢筋混凝土构件变形的主要困难。如果将简支梁的截面刚度取为常值,例如取最大弯矩截面计算所得的最小截面刚度 $B_x=B_{\min}$,梁的曲率($1/\rho_p=M_p/B_{\min}$)分布与弯矩图相似,用虚功原理(图乘法)计算就很简单。还可以直接查用等截面构件的弹性变形计算式,如均布荷载作用下的简支梁中点挠度为 $w_c = 5ql^4/(384B_{\min})$ 等。这一简化使构件的计算变形值偏大,但一般不超过 10%,已被多数设计规范所采纳。

连续梁和框架梁等构件,在梁的跨间常有正、负弯矩区并存(图 8-10)。各设计规范采用不同的简化假设: GB 50010—2010 建议按同号弯矩分段,各段内的截面刚度取为常值,分别按该段的最大弯矩值计算; ACI 318M 建议截面刚度沿全跨长取为常值,按各段最大弯矩分别计算有效惯性矩(I_{eff})后取其平均值。

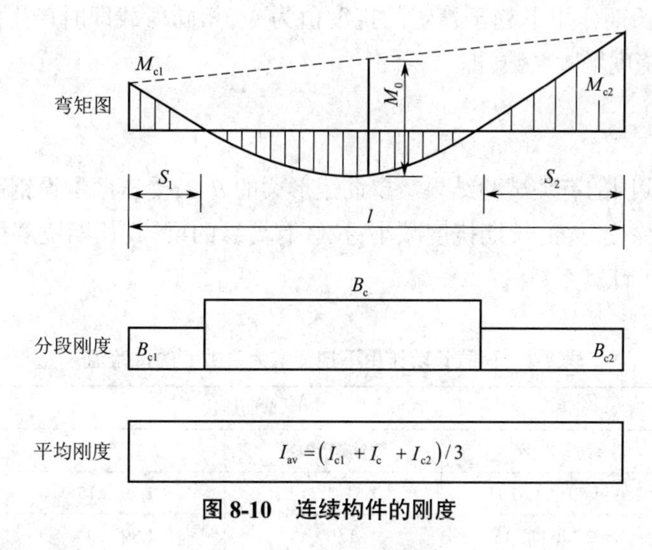

图 8-10　连续构件的刚度

如果构件正、负弯矩区的截面特征相差悬殊时,例如连续的 T 形截面构件,截面刚度沿全跨长取为常值,但须按加权平均法计算构件的平均有效惯性矩:

$$I_{av}=I_c\left[1-\left(\frac{M_{c1}+M_{c2}}{2M_0}\right)^2\right]+\frac{I_{c1}+I_{c2}}{2}\left(\frac{M_{c1}+M_{c2}}{2M_0}\right)^2 \tag{8-35}$$

式中：M_{c1}，M_{c2}——构件梁端的支座截面弯矩；

M_0——简支跨中弯矩（图 8-10）；

I_c，I_{c1}，I_{c2}——按跨中和梁端弯矩计算的有效惯性矩。

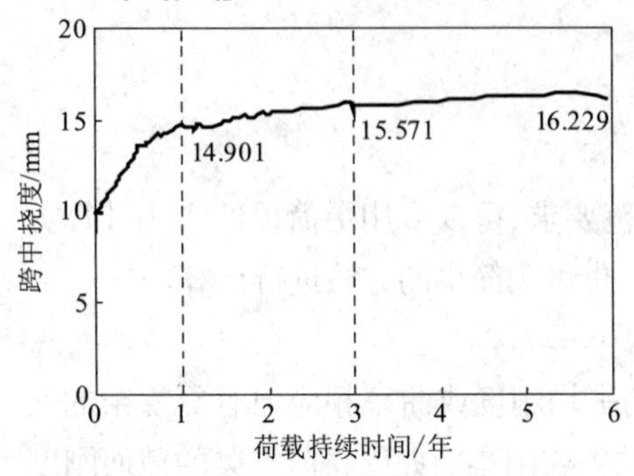

图 8-11　长期荷载作用下梁的挠度变化

2. 荷载长期作用

钢筋混凝土构件在荷载作用下，除了即时产生变形之外，当荷载持续作用时，变形还将不断增长。已有试验表明，梁的跨中挠度在荷载的长期作用（6 年）下仍在继续增长，但增长速度已很缓慢（图 8-11）。一般认为，荷载持续 3 年以后，构件的变形值已趋稳定。

荷载长期作用在构件上，受压区混凝土产生徐变；受拉区混凝土因为裂缝的延伸和扩展，以及受拉徐变而更多地退出工作；钢筋和混凝土的滑移徐变增大了钢筋的平均应变。这些构成了构件长期变形增长的主要原因。此外，环境条件的变化和混凝土的收缩等也有一定影响。因此，决定这些条件的因素，例如混凝土的材料和配合比、养护状况、加载时混凝土的龄期、配筋率（特别是受压配筋率）、环境温度和相对湿度、构件的截面形状和尺寸等都将影响构件的长期变形值。

关于钢筋混凝土梁在荷载长期作用下的挠度，国内外已有不少试验实测资料。由于试件和试验条件的差别，试验结果有一定的离散性。

若构件在荷载长期作用下趋于稳定的挠度值为 w_l，相同荷载即时产生的挠度为 w_s，其比值称为长期荷载的挠度增大系数，即

$$\theta = \frac{w_l}{w_s} \tag{8-36}$$

表 8-2 给出了我国的有关试验结果。单筋矩形梁的 $\theta \approx 2$；受压区配设钢筋或有翼缘的梁有利于减小混凝土的徐变，梁的长期挠度减小；拉区有翼缘的梁，其长期挠度稍有增大。规范中参照试验结果给出了计算系数。

表 8-2　荷载长期作用下挠度增大系数 θ 的试验值

实验情况	截面形状			
	单筋矩形梁	双筋矩形梁③	T 形梁	倒 T 形梁
天津大学	1.51~1.89②（1.67）①	1.51~1.74③	1.70~2.15	1.86~2.40
东南大学	1.84~2.20（2.03）①	1.91③	1.89~1.94	2.41~2.65
设计规范	2.0	1.6④	2.0	1.2×（左边值）

注：①括号内为平均值；

②试件加载时龄期为 168 天；

③ $\mu'/\mu = 0.44 \sim 1.0$；

④ $\mu'/\mu = 1$ 时取此值，否则按线性内插取值。

国外对钢筋混凝土构件进行了长期荷载试验，给出接近的试验结果，其平均值 $\overline{\theta}\approx1.85\sim2.01$。关于受压钢筋对挠度的增长幅度，则给出更大的折减率（表 8-3）。美国 ACI 设计规范对荷载持续作用超过 5 年的构件，其挠度和即时挠度的比值，建议采用计算式：

$$\theta=\frac{2.4}{1+50p'} \tag{8-37}$$

式中：p'——受压钢筋率，$p'=A_s'/bh_0$。

表 8-3　受压钢筋对挠度增大系数的折减

文献	μ'/μ		
	0	0.5	1.0
文献 [10]	1	0.64~0.76（0.69）	0.47~0.76（0.56）
文献 [9]	1	0.77~0.82（0.80）	0.71~0.81（0.78）
全部数据	1	0.64~0.82（0.72）	0.47~0.81（0.64）

注：括号内为平均值。

除了上述的实用计算方法以外，一般设计规范都给出了能够满足刚度要求、无须进行变形验算的构件最大跨高比（l_0/h）或最小截面高度（h）。

8.4　提高受弯构件刚度的措施

规范中往往通过公式进行试件的设计，式（8-38）为受弯构件抗弯刚度计算公式，公式中的参数是决定梁实际刚度的重要因素，因此可通过控制公式中的关键参数来提高构件的抗弯刚度。

$$B_s=\frac{E_sA_sh_0^2}{1.15\psi+0.2+\dfrac{6\alpha_E\rho}{1+3.5\gamma_f'}} \tag{8-38}$$

式中：$\psi=1.1-0.65\dfrac{f_{tk}}{\sigma_{sq}\rho_{te}}$；$\gamma_f'=\dfrac{(b_f'-b)h_f'}{bh_0}$。

由公式可知，在其他条件相同时，以下措施可以提高受弯构件的刚度。

（1）增大构件截面有效高度 h_0 对构件刚度的影响最大，是提高构件截面刚度最有效的措施。因此，在工程设计中，通常根据受弯构件跨高比的合理取值范围对变形予以控制。

（2）当 h_0 及其他条件不变时，如有受压（拉）翼缘，则 B_s 有所增大。相比之下，受压翼缘对 B_s 的影响更大。

（3）增大受拉钢筋的配筋率 ρ，B_s 略有增大。配筋率 ρ 间接影响 ψ，使 σ_{sq} 减小，使 ψ 减小，故 B_s 与 A_s 是非正比关系。当设计中构件的截面高度受到限制时，可考虑增加受拉钢筋配筋率；对于某些构件还可以充分利用纵向受压钢筋对长期刚度的有利影响。

（4）提高混凝土强度等级或对构件施加预应力都是提高混凝土刚度的有效措施，如采用高性能混凝土，对混凝土构件中受拉侧钢筋施加预拉应力。

参考文献

[1] FLING R S. Allowable Deflections[J].Journal of the American Concrete Institute，1968, 65(6): 433-444.

[2] 日本建築学会. 鉄筋コンクリート構造計算規準・同解説 [S]. 2018.

[3] ACI Committee 435. Proposed revisions by committee 435 to ACI building code and commentary provisions on deflections[J]. Journal of the American Concrete Institute，1978，75（6）：229-238.

[4] 蓝宗建. 钢筋混凝土受弯构件刚度计算公式的改进和简化 [M]// 中国建筑科学研究院. 钢筋混凝土结构设计与构造：85 年设计规范背景资料汇编. 北京：中国建筑科学研究院，1985：196-200.

[5] SCHLAICH J, SCHAFER K, JENNEWEIN M. Toward a consistent design of structural concrete[J].Journal of the prestressed concrete institute，1987，32（3）：74 -150.

[6] BRANSON D E. Discussion of "proposed revision of ACI 318-63：building code requirement for reinforced concrete"，ACI Committee 318[J]. Journal of the American Concrete Institute, 1970，67（9）：692-695.

[7] BRANSON D E. Compressive steel effect on long-time deflections[J]. Journal of the American Concrete Institute，1971，68（8）：555-559.

[8] HAJNAL-KONYI K. Tests on beams with sustained loading[J]. Magazine of concrete research, 1963，15（43）：3-14.

[9] YU W W, WINTER G. Instantaneous and long-term deflections of reinforced concrete beams under working loads[J]. Journal of the American Concrete Institute，1960，57（1）：29-50.

[10] WASHA G W，HUCK P G. The effect of compressive reinforcement on plastic flow of reinforced concrete beams[J]. ACI，1952，48（8）：89-108.

第 9 章　混凝土结构的耐久性

9.1　混凝土结构耐久性的特点

混凝土的耐久性研究对于其应用来说是一个重要的问题，特别是在我国沿海及近海地区。由于海洋环境对混凝土的腐蚀，特别是钢筋的锈蚀造成结构早期损坏，已成为工程中的重要问题。早期损坏的结构需要花费大量的财力、物力进行维修补强，甚至造成停工停产的巨大损失。混凝土结构的耐久性是指结构及其各组成部分，在所处的自然环境和使用条件等因素的长期作用下，抵抗材料性能劣化、仍能维持结构的安全和使用功能的能力。结构在正常使用条件下，无须重大维修而仍能满足安全和使用功能所延续的时间，称为使用寿命（年限），其可作为表达结构耐久性的数量指标。

9.1.1　工程中存在的问题

自混凝土结构问世以来，国内外建成了大量的混凝土结构。其中大部分处于正常环境条件和极少维护的情况下，它们能长期保持良好的工作性能，连续使用很长时间。但是，工程中也常发现有个别结构以及某些地区或环境条件下的成批结构，建成后不久在远低于预期的使用期限前，就由于各种原因而出现不同程度的损伤和局部破裂现象，如混凝土严重开裂、掉皮，棱角缺损，强度下降，钢筋裸露、锈蚀和保护层剥落等，妨碍结构的继续使用；更严重的甚至造成承载力损失，埋下安全隐患。例如某些化工和冶金工业建筑遭受化学物质侵蚀，建成后几年就发生严重破坏，甚至尚未投入生产就要废弃；沿海地区和海洋工程的混凝土结构受海水中氯盐侵蚀；露天的公路桥梁的路面，因冬季撒放除冰盐而造成严重的腐蚀；处于严寒地区的结构，因季节变化遭受反复冻融作用而使混凝土胀裂破坏，这些都属于混凝土结构的性能劣化或耐久性失效。据相关统计，我国现有的工业厂房中，约有半数需要进行耐久性评估，其中半数以上急需维修加固后才能投入正常使用，铁路桥梁中约有 1/5 存在不同程度的损伤。

结构在预定的使用期限内，出现耐久性失效，不仅影响建筑物（构筑物）的正常生产和生活功能，而且会造成巨大的直接经济损失。据国内外资料，有些工程由于过早地出现破损现象，为了延长其使用年限而投入的检修和加固费用，甚至是原投资的数倍。根据工程事故的调研和有关的试验、理论研究，混凝土结构的耐久性失效主要有以下几类：渗透、冻融、碱骨料反应、混凝土碳化、化学（氯盐）腐蚀和钢筋锈蚀等。

综上所述，待建结构的耐久性设计与已建结构的耐久性分析是结构耐久性问题的两大重要内容。进行混凝土结构耐久性的研究与分析，从而采取相应的措施以提高混凝土结构的耐久性，对于满足结构的正常使用年限具有重要意义。

9.1.2 混凝土的孔结构

多种因素均可引发混凝土的性能劣化和耐久性失效,其严重性在很大程度上取决于混凝土材料内部结构的多孔性和渗透性。一般而言,混凝土的密实度差,即内部孔隙率大,则各种液体和气体渗透进入其内部的可能性大,渗透的数量和深度也大,因而将加速混凝土的冻融破坏,使碳化反应层更深,增大化学腐蚀作用,钢筋更易生锈。故研究和解决混凝土的耐久性问题,首先要了解其内部孔结构的组成和特点。

1. 孔的类型

混凝土材料是粗细骨料和水泥等固体颗粒物质,游离水和结晶水等液体,以及气孔和缝隙中的气体等组成的非匀质、非同向的三相混合材料。混凝土内部的孔隙是在其施工配制和水泥水化凝固过程中的必然产物,因其产生条件不同,孔隙的尺寸、数量、分布和气孔开放形式等也有区别。混凝土内部的孔结构,依其生成原因和尺寸可分为三类。

1)凝胶孔

混凝土经搅拌后,水泥遇水发生水化作用,水泥颗粒表面层的熟料矿物开始溶解,逐渐地形成凝胶结构和结晶结构,围绕在未水化的水泥颗粒核心周围。随着水泥的水化作用从表层往内部深入,未水化核心逐渐缩减,而周围的凝胶体加厚,并和相邻水泥颗粒的凝胶体融合、连接。凝胶孔就是散布在水泥凝胶体中的微空间。水化作用初期生成的凝胶孔多为封闭型,后期因水分蒸发,孔隙率逐渐增大,凝胶孔的尺寸减小,多为封闭孔,且占混凝土的总体积不大,故渗透性能差,属于无害孔。

2)毛细孔

水泥水化后由于水分蒸发,凝胶体逐渐变稠硬化,水泥石内部形成细小的毛细孔。初始时混凝土的水灰比大,水泥石和粗、细骨料的界面生成直径稍大的毛细孔,水泥水化程度越低,毛细孔越大。随着水泥水化作用的逐渐深入,水泥颗粒表层转变为凝胶体,其体积增大,毛细孔的孔隙率下降。水泥石中毛细孔的形状多样,大部分为开放型,且孔隙的总体积较大。而在水泥石和骨料界面处,因水分蒸发形成的毛细孔孔径更大,数量和体积更大。毛细孔的总体积可占混凝土体积的10%~15%,对其渗透性影响最大。

3)非毛细孔

除了上述水化过程中必然形成的两种孔隙外,在混凝土的施工配制和凝结硬化过程中也会形成不同形状、大小和分布的非毛细孔,主要包括:在混凝土搅拌、浇筑和振捣过程中自然引入的气孔;为提高混凝土抗冻性而添加引气剂所产生的气孔;混凝土离析,或在粗骨料、钢筋周围水泥浆离析、泌水产生的缝隙;水化作用后多余的拌合水蒸发后遗留的孔隙;混凝土内外的温度或湿度差引起的内应力产生的微裂缝;施工中由于操作不当,在混凝土内部遗留的较大孔洞和缝隙等。

2. 影响混凝土孔结构和孔隙率的主要因素

1)水灰比(或水胶比)

混凝土的水灰比越大,水泥颗粒周围的水层越厚,部分拌合水形成相互连通、不规则的毛细孔系统，且孔的直径明显增大，总孔隙率很大。混凝土水灰比的用水量一般都超过水泥充分水化作用所需的量，多余的水量越多，蒸发后遗留的孔隙越多，孔隙率越大。

2）水泥的品种和细度

在相同的条件下，分别用膨胀水泥、矾土水泥、普通硅酸盐水泥和火山灰、矿渣水泥等配制的混凝土，其孔隙率依次增大。水泥中粗骨料含量较多的，凝胶孔和毛细孔的尺寸、体积率都增大。增加颗粒较细的粉煤灰、硅粉等可减小孔隙率。

3）骨料品种

用密实的天然岩石作为粗骨料，内部孔隙率很小，且多为封闭孔；但不同岩石有不等的孔隙率，例如花岗石优于石灰石。各种天然和人造的轻骨料，本身就具有很大的孔隙率，而且许多孔属于开放孔。

4）配制质量

混凝土的搅拌、运输、浇筑和振捣等施工操作不当，易在内部产生大孔洞和裂缝，认真施工与监管可减小孔隙率。

5）养护条件

混凝土及时、充分的养护，有利于水泥的水化作用，减小毛细孔的孔径和总孔隙率。采用加热养护时，温湿度的变化都将影响毛细孔的结构，甚至会因温湿度梯度大而引起内部裂缝，增大结构孔隙率。

混凝土的气孔典型尺寸和在混凝土内部所占体积见表 9-1。

表 9-1　混凝土孔隙结构的类型和特性

序号	孔隙类型	主要形成原因	尺寸 / μm	占总体积的比例 /%	孔的类型
1	凝胶孔	水泥水化的化学收缩	0.03~3	0.5~10	大部分封闭
2	毛细孔	水分蒸发遗留	1~50	10~15	大部分开放
3	内泌水孔	钢筋或骨料周界的离析	10~100	0.1~1	大部分开放
4	水平裂隙	分层离析	$(0.1\sim1)\times10^3$	1~2	大部分开放
5	气孔	引气剂专门引入	5~25	3~10	大部分封闭
		搅拌、浇筑、振捣时引入	$(0.1\sim5)\times10^3$	1~3	大部分封闭
6	微裂缝	收缩	$(1\sim5)\times10^3$	0~0.1	开放
		温度变化	$(1\sim20)\times10^3$	0~1	开放
7	大孔洞和缺陷	漏振、捣不实	$(1\sim500)\times10^3$	0~5	开放

9.1.3　混凝土结构耐久性失效的特点

混凝土结构在抗震、疲劳、抗爆、抗高温等情况时其性能具有一个共同特点，即主要研究材料和构件在不同条件下受外力作用所产生的承载力失效，与材料的力学性能（f,E）有着紧密联系，而混凝土材料及其结构的性能劣化或耐久性失效，本质上并非外力作用所致，而是混凝土本身在所处环境下性能劣化的过程。混凝土结构的耐久性破坏实质为混凝土结构材料与使用环境或结构自身中某些物质相互作用导致结构性能劣化的过程，因此混凝土结构的耐久性取决于混凝土结构自身的特性（内部因素）和外部环境的侵蚀性（外部因素）。

1. 物理和化学作用的结果

混凝土结构在所处环境条件下，耐久性失效是由于外界介质或材料内部对混凝土的化学和物理作用的结果，都是从混凝土或钢筋的材料劣化开始的，环境条件和自身因素都可以引起材料的劣化。实际上，每一种材料劣化过程中既有环境条件的影响，也有自身因素的影响，每一种由环境条件（外因）引起的耐久性破坏都是通过材料自身（内因）起作用的，碱骨料反应名义上虽由自身因素引起，但也必须有潮湿环境等外部条件。因此，上述对环境条件引起或是自身因素引起的划分是就材料劣化的最初动因而言的。

2. 缓慢积累的过程

耐久性失效是个缓慢的积累过程。混凝土结构承受的荷载增大至极限值后，即使出现承载力失效，也是短期现象。而结构的耐久性失效则是一个外界环境因素和材料内部对混凝土和钢筋的缓慢作用后，材料损伤和材料性能的退化由小到大、由表及里的逐渐积累过程，是以月、年计，甚至难以制定一个确切的失效标准和失效时间，所以说混凝土的耐久性失效是个缓慢积累的过程。

3. 不可逆的过程

混凝土结构在外界环境和使用条件下，随着时间的推移，材料逐渐老化，性能不断劣化，损伤不断累积甚至破坏，这个过程不可逆。如海洋环境下混凝土结构受到氯离子的侵蚀导致钢筋锈蚀，随着钢筋锈蚀的产生与发展，混凝土保护层锈胀开裂，不仅影响结构的使用功能和外观，甚至会使钢筋截面削弱、力学性能退化、结构构件承载力下降，影响结构安全。

4. 众多影响因素相互关联、相互影响

实际工程中的耐久性破坏往往是多种因素导致的，引起耐久性失效的因素相互关联、相互影响。如海水环境下混凝土结构的破坏可能由冻融循环、盐类结晶破坏（盐冻破坏）、钢筋锈蚀等多个因素引起；路面撒除冰盐引起的混凝土结构破坏既有盐冻破坏，又有氯离子引起的钢筋锈蚀破坏；碱骨料反应和冻融循环产生混凝土裂缝，促使混凝土碳化深入内部和钢筋锈蚀。

5. 失效受控于正常使用极限状态

混凝土耐久性能的失效首先受控于正常使用极限状态，而非承载能力极限状态。当混凝土结构由于各种因素导致不可接受的外观损伤（如裂缝宽大、混凝土剥落、钢筋外露等）时，已不能满足使用功能，首先不能满足适用性要求。此时，结构的承载力损失有限，但并不立刻失效。当然，经过更长的时间，材性劣化严重和损伤积累后，仍有可能进入承载能力极限状态。

混凝土结构的材性劣化和耐久性受损是一个复杂又缓慢的化学和物理作用的过程，影响因素众多。许多因素，如环境条件、介质含量等的随机性强，而且混凝土材料成分多样，施工质量均匀性离散大等，增大了不确定性和分析的难度。国内外研究专家经过多年的工程调查、试验研究和理论分析，目前对混凝土结构的耐久性问题已经有了比较全面的认识，初步探明了各种因素对耐久性的劣化规律和损伤机理。但是，对于不同的学术观点、机理分析和计算模型，仍然难以制定一个统一的、概念明确和准确的计算方法,供工程师们在设计新结构时采用。为了保证或提高混凝土结构的耐久性,目前可以采取的主要措施是,依靠以往工程经验,加强结构构造处理,宏观调控混凝土的材料成分和保证施工质量等。

9.2　影响混凝土结构耐久性能的主要因素

图 9-1 给出了混凝土结构耐久性的影响因素、影响途径以及影响结果。

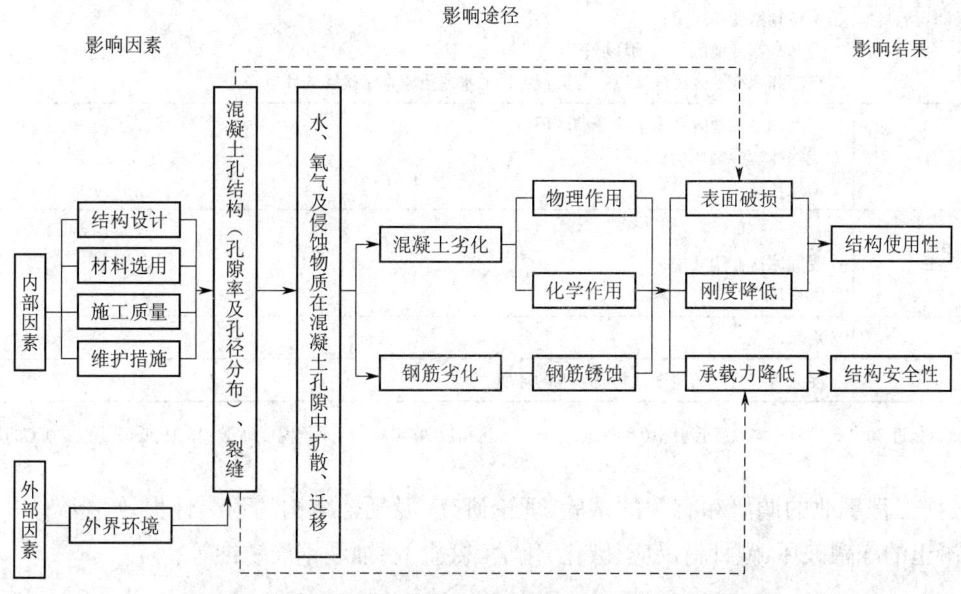

图 9-1　影响混凝土结构耐久性因素及其影响途径、影响结果

影响混凝土结构耐久性的内部因素指混凝土结构自身的缺陷。如表层混凝土的孔结构不合理,孔径较大,连续孔隙较多,或有裂缝,为外界环境中水、氧气以及侵蚀物质向混凝土中扩散、迁移、渗透提供了通道;而混凝土保护层偏薄、钢筋间距太小,缩短了外界环境中水、氧气以及侵蚀物质向混凝土中扩散、迁移、渗透的路径,抵抗钢筋锈蚀以及锈胀能力降低;如混凝土配制时使用了海水、海砂或者掺加了含氯盐的外加剂,氯离子含量过高导致钢筋锈蚀;又如混凝土中使用了碱活性的骨料,与混凝土中的碱发生碱骨料反应,导致混凝土胀裂。混凝土结构的自身缺陷主要是由设计不合理、材料不合格、施工质量低劣、使用维护不当引起的。

影响混凝土结构耐久性的外部因素指结构所处的使用环境的侵蚀性。如一般大气环境中的二氧化碳、酸雨等将使混凝土中性化,引起其中的钢筋发生脱钝锈蚀;工业建筑环境中酸、碱、盐等侵蚀物质将导致混凝土腐蚀破坏、钢筋锈蚀;海洋环境中氯盐侵蚀将引起钢筋锈蚀;而环境温度、湿度、氧气浓度等则是影响钢筋锈蚀的主要因素。《混凝土结构设计规范》(GB 50010—2010)将结构工作环境划分为五类,详见表 9-2。

表 9-2 混凝土结构的环境类别

环境类别	条件
一	室内干燥环境； 无侵蚀性静水浸没环境
二 a	室内潮湿环境； 非严寒和非寒冷地区的露天环境； 非严寒和非寒冷地区与无侵蚀性的水或土壤直接接触的环境； 严寒和寒冷地区的冰冻线以下与无侵蚀性的水或土壤直接接触的环境
二 b	干湿交替环境； 水位频繁变动环境； 严寒和寒冷地区的露天环境； 严寒和寒冷地区冰冻线以上与无侵蚀性的水或土壤直接接触的环境
三 a	严寒和寒冷地区冬季水位变动区环境； 受除冰盐影响环境； 海风环境
三 b	盐渍土环境； 受除冰盐作用环境； 海岸环境
四	海水环境
五	受人为或自然的侵蚀性物质影响的环境

注:严寒地区指近 30 年最低月平均温度低于 -10 ℃的地区,寒冷地区指近 30 年最低月平均温度高于 -10 ℃、低于或等于 0 ℃的地区。

根据工程事故的调研和有关的试验、理论研究,混凝土结构的耐久性失效主要有以下几类:混凝土的冻融破坏、碱骨料反应、碳化、化学(氯盐)腐蚀和钢筋锈蚀等。

9.2.1 混凝土的冻融破坏

混凝土拌合水中凝固硬化后遗存的游离水和周围环境中通过孔隙渗透进入的水,都存留在混凝土内部的各种孔隙中。当混凝土孔隙含水率超过某一临界值(约 91.7%)时,如遇周围温度降低,部分孔隙中的水受冻结冰,体积膨胀 9%,迫使未结冰的孔溶液从结冰区向外迁移,因而产生静水压力。静水压力超过混凝土的细观强度时,混凝土孔壁结构破坏,混凝土内部开裂并逐步向外延伸。周围环境温度的周期性降低和升高,使混凝土内部的水冻成冰,冰融成水,反复循环。每次循环使混凝土内部结构的损伤不断累积,裂缝和内部孔隙继续扩展延伸并相互贯通,使混凝土表层逐渐向深层发展,促使混凝土强度下降,有效面积减小,最终导致混凝土破坏。冻融破坏是寒冷地区影响结构耐久性的重要因素之一,一般发生于经常与水接触的混凝土结构物中,如水位变化区的海工、水工混凝土结构物,水池,发电站冷却塔以及与水接触部位的道路桥梁工程、建筑物勒脚、阳台等。

在寒冷地区,城市道路、立交桥或露天车库往往使用除冰盐融化冰雪,这会加速混凝土冻融破坏。在除冰盐的作用下,混凝土表面的冰雪融化,混凝土表层温度显著下降引起的收缩受到深层混凝土的约束,使混凝土外层开裂。此外,由于除冰盐浓度随混凝土深度增加而降低,对水的融点影响不同,可能出现各层混凝土在不同时间内冻结的现象,导致混凝土分层剥落。

饱水混凝土抵抗冻融循环作用的性能称为混凝土的抗冻耐久性（简称抗冻性），用抗冻标号作为定量指标。《普通混凝土长期性能和耐久性能试验方法标准》（GB/T 50082—2009）规定用 28 天龄期的标准试件采用慢冻法，在每次冻融循环后测定其质量和抗压强度，同时达到质量损失 5% 和强度损失 25% 的最大冻融循环次数即为混凝土的抗冻标号，如 D25，…，D300。

混凝土的抗冻性主要取决于其内部的孔结构和孔隙率、含水饱和度、受冻龄期等。为了提高其抗冻性，可以采取的措施有：降低水灰比、掺加优质粉煤灰和硅粉，材料采用合理的配合比，并改进施工操作和加强养护等，以提高混凝土的密实性，减小孔隙率，进而提高抗冻性。

9.2.2　碱骨料反应

混凝土骨料中的某些活性矿物与混凝土空隙中的碱性溶液（KOH、NaOH）之间发生化学反应，体积膨胀，在内部产生膨胀应力，导致混凝土开裂和强度下降，称为碱骨料反应。它一般发生在混凝土凝固数年之后，但碱骨料反应可遍及整个混凝土结构，很难阻止和修补，严重的可使混凝土完全破坏。

混凝土中碱骨料反应发生的必要条件是：混凝土中含碱、骨料有活性和孔隙中含水，且各自达到一定指标。

1. 混凝土中的碱含量

混凝土中的碱主要来自水泥、外加剂、掺合料、骨料、拌合水等组分，也可能来自周围环境，其中水泥的含碱量所占比例最大。水泥中的碱主要是由生产水泥的原料黏土和燃料煤引入的，水泥的含碱量可按氧化钠当量（$Na_2O+0.658K_2O$）的计算值表示。碱当量浓度小于 0.6% 的水泥称为低碱水泥，一般不会发生碱骨料反应。不幸的是，很多水泥中的碱含量超过这个标准，如我国北方水泥厂生产的水泥大多数是高碱水泥，碱含量在 1% 左右，如果加上钠盐减水剂、早强剂、防冻剂等引入的碱，混凝土中的碱含量更高。

混凝土中的总碱含量主要取决于水泥品种所决定的氧化钠当量和水泥用量，一般用单位体积混凝土内的含碱量（kg/m^3）衡量。因此，采用低碱水泥或含非碱性的粉煤灰、硅粉和矿渣等掺合料的水泥浇筑混凝土，控制混凝土中的碱含量，这是防止碱骨料反应的主要措施之一。为此，各国规范规定了不同环境条件下混凝土的最大含碱量，我国的国家标准《混凝土结构设计规范》（GB 50010—2010）规定的碱含量为 3 kg/m^3，但使用非碱活性骨料或一类环境时可不限制。

2. 骨料的碱活性

含活性二氧化硅的岩石分布很广，而具有碱 - 碳酸盐反应活性的只有黏土质白云石质石灰石。充分掌握骨料碱活性的情况，建立碱活性骨料分布图，并据此采取预防措施，对确保大型工程的耐久性具有重大的意义。选择恰当的骨料、减少活性矿物的含量，也是防止碱骨料反应的主要措施之一。

3. 潮湿环境

碱 - 硅酸反应和碱 - 碳酸盐反应发生都要有足够的水，只有在空气相对湿度大于 80%，或直接接触水的环境中,碱骨料破坏才会发生;否则,即使骨料具有碱活性且混凝土中有超量的碱,碱骨料反应也很缓慢,不会产生破坏性膨胀开裂。保持周围环境干燥、混凝土表面涂抹防水层等可有效隔绝水的来源,防止发生碱骨料破坏。

9.2.3 碳化

1. 混凝土碳化的机理

结构周围的环境介质(空气、水、土壤)中所含的酸性物质,如 CO_2、SO_2、HCl 等与混凝土表面接触,并通过各种空隙渗透至内部,与水泥石的碱性物质发生的化学反应,称为混凝土的碳化。

混凝土碳化后,虽然部分凝胶孔和毛细孔被碳化产物堵塞,使其气密性和抗压强度有所提高,但更多的是有害作用。由于混凝土的碳化, pH 值降低,一旦碳化层深入钢筋表面,将破坏其表面的钝化膜而使钢筋生锈。而且,碳化会加剧混凝土的收缩变形,导致混凝土出现裂缝、黏结力下降,甚至钢筋保护层剥落。图 9-2 是混凝土碳化过程的物理模型。

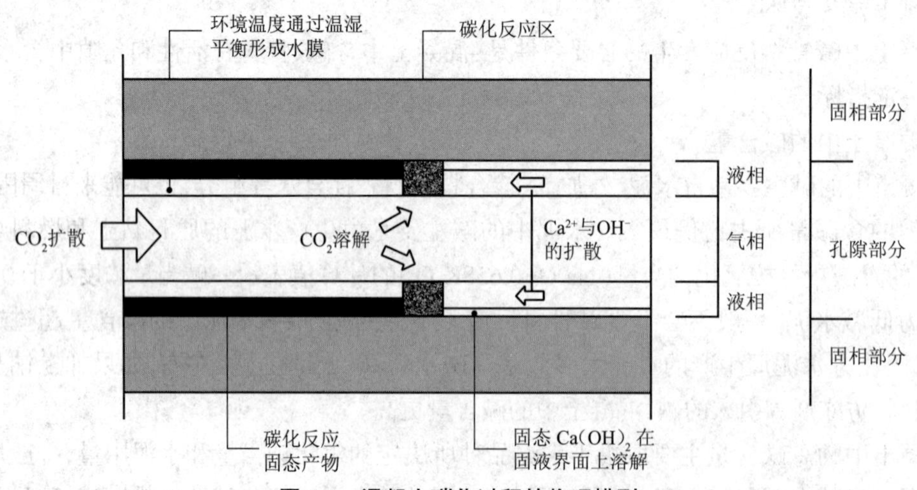

图 9-2 混凝土碳化过程的物理模型

2. 混凝土碳化的影响因素

从碳化机理可知,影响混凝土碳化的因素有:材料本身的因素,如水灰比、水泥品种、水泥用量、骨料品种与粒径、外加剂、养护方法与龄期、混凝土强度等;环境条件,如相对湿度、CO_2 浓度、温度;混凝土表面的覆盖层、混凝土的应力状态、施工质量等。

(1)水灰比。水灰比是决定混凝土孔结构与孔隙率的主要因素,其中游离水的多少还关系着孔隙饱和度(孔隙水体积与孔隙总体积之比)的大小,因此,水灰比是决定 CO_2 有效扩散系数及混凝土碳化速度的主要因素之一。水灰比增加,则混凝土的孔隙率加大, CO_2 有效扩散系数扩大,混凝土的碳化速度也加快。

(2)水泥品种与用量。水泥品种决定着各种矿物成分在水泥中的含量,水泥用量决定着单位体积混凝土中水泥熟料的多少,两者是决定水泥水化后单位体积混凝土中可碳化物质含量的主要材料因素,因而也是影响混凝土碳化速度的主要因素之一。水泥用量越大,则单位体积混凝土中可碳化物质的含量越多，消耗的 CO_2 也越多，从而使碳化越慢。当水泥用量相同时，掺混合材的水泥水化后单位体积混凝土中可碳化物质含量减少，且一般活性混合材由于二次水化反应还要消耗一部分可碳化物质（$Ca(OH)_2$），使可碳化物质含量更少，故碳化加快。因此，相同水泥用量的硅酸盐水泥混凝土的碳化速度最慢，普通硅酸盐水泥混凝土次之，粉煤灰水泥、火山硅质硅酸盐水泥和矿渣硅酸盐水泥混凝土最快。同一品种的掺混合材水泥，碳化速度随混合材掺量的增加而加大。

（3）骨料品种与粒径。骨料粒径对骨料 - 水泥浆黏结有重要影响，粗骨料与水泥浆黏结较差，CO_2 易从骨料 - 水泥浆界面扩散；另外，很多轻骨料中的火山灰在加热养护过程中会与 $Ca(OH)_2$ 结合，某些硅质骨料发生碱骨料反应时也消耗 $Ca(OH)_2$。这些因素都会使碳化加快。

（4）外加剂。混凝土中掺加减水剂，能直接减少用水量，使孔隙率降低，而引气剂使混凝土中形成很多封闭的气泡，切断毛细管的通路，两者均可以使 CO_2 有效扩散系数显著减小，从而大大降低混凝土的碳化速度。

（5）养护方法与龄期。养护方法与龄期的不同导致水泥水化程度不同，在水泥熟料一定的条件下生成的可碳化物质含量不等，因此也影响混凝土碳化速度。若混凝土早期养护不良，会使水泥水化不充分，从而加快碳化速度。

（6）混凝土强度。混凝土强度能反映其孔隙率、密实度，因此混凝土强度能宏观地反映其抗碳化性能。总体而言，混凝土强度越高，碳化速度越慢。

（7）CO_2 浓度。环境中 CO_2 浓度越大，混凝土内外 CO_2 浓度梯度就越大，CO_2 越易扩散进入孔隙，化学反应速度也加快。因此，CO_2 浓度是决定碳化速度的主要环境因素之一。一般农村室外大气中 CO_2 浓度为 0.03%，城市为 0.04%，而室内可达 0.1%。

（8）相对湿度。环境相对湿度通过温湿平衡决定着孔隙水饱和度，一方面影响着 CO_2 的扩散速度；另一方面，由于混凝土碳化的化学反应均需在溶液中或固液界面上进行，因此相对湿度也是决定碳化反应速度的主要环境因素之一。若环境相对湿度过高，混凝土接近饱水状态，则 CO_2 的扩散速度缓慢，碳化发展很慢；若相对湿度过低，混凝土处于干燥状态，虽然 CO_2 的扩散速度很快，但缺少碳化化学反应所需的液相环境，碳化难以发展；70%~80% 的中等湿度时，碳化速度最快。

（9）环境温度。温度的升高可促进碳化反应速度的提高，更主要的是加快了 CO_2 的扩散速度，温度的交替变化也有利于 CO_2 的扩散。

（10）表面覆盖层。表面覆盖层对碳化起延缓作用。如表面覆盖层不含可碳化物质（如沥青、涂料、瓷砖等），则能封堵混凝土表面部分开口孔隙，阻止 CO_2 扩散，从而延缓碳化速度。如表面覆盖层含可碳化物质（如砂浆、纸筋石膏灰等），CO_2 在进入混凝土之前先与覆盖层内的可碳化物质反应，延迟 CO_2 接触混凝土表面的时间（即混凝土开始碳化的时间），同时，使混凝土表面的 CO_2 浓度比环境中的 CO_2 浓度低，从而降低混凝土的碳化速度。

（11）应力状态。对混凝土碳化的研究过去多停留在材料层次上，而实际工程中的混凝土碳化均处于结构的应力状态下。当压应力较小时，由于混凝土受压密实，影响 CO_2 的扩散，对碳化起延缓作用;压应力过大时,由于微裂缝的开展加剧,碳化速度加快。拉应力较小($<0.3f_t$)时,应力作用不明显,当拉应力较大时,随着裂缝的产生与发展,碳化速度显著加快。

9.2.4 化学腐蚀

与混凝土接触的周围介质,如空气、水(海水)或土壤中含有的不同浓度的酸、盐和碱类侵蚀性物质,当它们渗透进入混凝土内部与相关成分发生物理作用或化学反应后,使混凝土遭受腐蚀,逐渐地发生胀裂、剥落,进而引起钢筋的锈蚀以至结构失效。

混凝土腐蚀的原因和机理因侵蚀介质与环境条件而异,可分成两类。

(1)溶蚀型腐蚀。水泥的水化生成物中,$Ca(OH)_2$ 最容易被渗入的水溶解,从而促使水化硅酸钙等多碱性化合物发生水解,而后破坏低碱性水化产物(CaO, SiO_2)等,最终完全破坏混凝土中的水泥石结构。某些酸盐(如含 SO_2, H_2S, CO_2)溶液渗入混凝土,生成无凝胶性的松软物质,易被水溶蚀。水泥石的溶蚀程度随渗透水流的速度增大而增大。水泥石溶蚀后,减弱了其胶结能力,破坏了混凝土材料的整体性。

(2)结晶膨胀型腐蚀。含有硫酸盐(SO_4^{2-})的水渗入混凝土中,与水泥水化产物 $Ca(OH)_2$ 发生化学作用生成石膏($CaSO_4 \cdot 2H_2O$),其以溶液形式存在。石膏再和水化物铝硫酸盐起作用,则形成带多个结晶水的水化铝硫酸钙(钙矾石),体积膨胀,导致混凝土开裂破坏。

海洋工程和滨海工程的混凝土结构,长期受海水或潮湿空气的作用,其中含有大量的氯盐、镁盐和硫酸盐($NaCl$,$MgCl_2$,$MgSO_4$,$CaSO_4$ 等)。它们与混凝土中的水泥水化物 $Ca(OH)_2$ 作用后生成的 $CaCl_2$, $CaSO_4$ 等,都是易溶物质, $NaCl$ 又提高其溶解度,增大了混凝土的孔隙率,削弱材料的内部结构,使混凝土遭受腐蚀。混凝土腐蚀的形式,则因结构所处位置和标高而有不同:在海水高潮线以上的结构,不与海水直接接触,但潮湿的含盐空气渗入混凝土后,易造成冻融破坏和钢筋锈蚀;在海水浪溅区,混凝土遭受海水的干湿循环作用,产生膨胀型腐蚀和加速钢筋锈蚀;在潮汐涨落的水位变化区,混凝土遭受海浪冲刷、干湿和冻融循环的作用,发生溶蚀性腐蚀,破坏最为严重;在海水低潮线以下,结构长期浸泡在海水中,混凝土易受化学分解、腐蚀,但冻融破坏和钢筋锈蚀不严重。

地下结构与土壤、地下水长期接触,若其中含有侵蚀性化学成分,将使混凝土腐蚀。当含有可溶性硫酸盐(>0.1%)时,即使质量很好的硅酸盐水泥混凝土,也将发生结晶膨胀型腐蚀。地下水中含盐量高者(≈1%),可使混凝土完全腐蚀解体。水泥中 C_3A 的含量较高者更为不利,有关标准规定 C_3A 不得大于 3% ~5%。地下水中含的酸主要是碳酸(H_2CO_3),当 $pH<6.5$ 时就可对水泥石产生腐蚀; $pH=3\sim6$ 时,腐蚀在初期发展很快,后期渐趋缓慢。一般情况下,酸性对大体积混凝土的腐蚀只涉及表层。但若地下水的压力大,混凝土又不甚密实,酸性水将渗入深层混凝土,可引起严重腐蚀。

有些化工、冶金和造纸等工厂,生产的产品就是强酸和碱,或者生产过程需用大量强酸,使得环境空气的腐蚀性浓度大,且渗漏到地下后又使土壤和地下水带有强酸性。这对厂房的结构、地下基础和管道等产生很强的腐蚀作用,结构可在很短时间内严重受损,甚至不值得修复而被废弃。

为了防止和减轻混凝土的腐蚀，提高结构的耐久性，除了慎重地选择建造地址，对所在环境的空气、水、土进行检测，控制其中的侵蚀性介质（硫酸盐、镁盐、碳酸盐）含量和 pH 值外，还可从结构设计、选用混凝土材料和施工要求等方面采取措施：选用抗腐蚀性能较强的水泥品种（表 9-3）；配制混凝土时采用较低的水灰比，保证必要的水泥用量，添加活性掺合料，加强振捣和养护，以提高混凝土的密实度和抗渗性；适当增大受力钢筋的保护层厚度；对结构混凝土的表面进行涂刷或浸渍处理，防止侵蚀性水的渗入和减少混凝土的溶蚀流失。

表 9-3　各种水泥的抗化学腐蚀性能比较

腐蚀原因		硫酸盐	弱酸	海水	纯水
硅酸盐水泥	快硬	低	低	低	低
	普通	低	低	低	低
	低热	中	低	低	低
抗硫酸盐水泥		高	低	中	低
矿渣硅酸盐水泥		中～高	中～高	中	中
火山灰质水泥		高	中	高	中
超抗硫酸盐水泥		很高	很高	高	低
矾土水泥		很高	高	很高	高

9.2.5　钢筋锈蚀

混凝土结构中的钢筋是承受拉力的主体。结构中混凝土在上述各种因素作用下发生耐久性劣化，出现裂缝和损伤，强度的损失并不很大，但若裂缝、腐蚀和碳化等深入钢筋所在位置，很容易导致钢筋锈蚀。由于钢筋的直径和面积小，锈蚀后的强度将显著降低，使结构的承载力严重折减而出现安全问题。

混凝土中钢筋的锈蚀是一个电化学腐蚀过程。普通硅酸盐水泥配制的密实混凝土，水泥的水化作用使内部溶液具有高碱性，在碳化之前，pH 值约为 13，使钢筋表面形成一层由 $Fe_2O_3 \cdot nH_2O$ 或 $Fe_3O_4 \cdot nH_2O$ 组成的致密钝化膜，厚度为 0.2~1.0 μm，可防止钢筋生锈。当混凝土表层碳化并深入钢筋表面，或者混凝土中原生的和各种原因产生的缝隙，使周围空气、水和土壤中的氯离子（Cl^-）到达钢筋表面时，会降低混凝土的碱度（pH 值），破坏钢筋局部表面上的钝化膜，露出铁基体。它与完好的

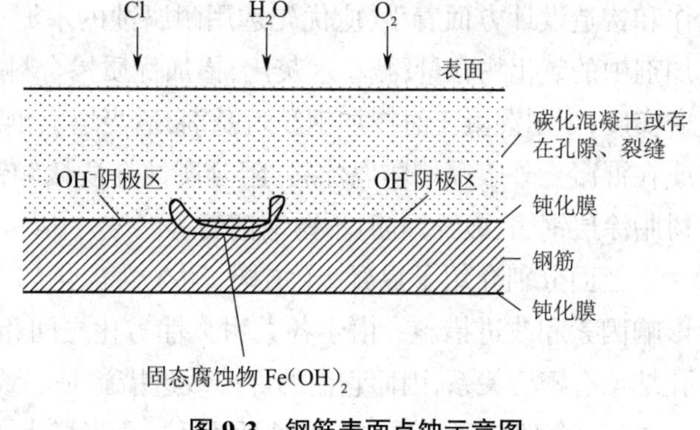

图 9-3　钢筋表面点蚀示意图

钝化膜区域形成电位差，锈蚀点成为小面积的阳极，而大面积的钝化膜为阴极（图 9-3）。阴极

反应生成 OH^-，提高 pH 值；小阳极表面的铁溶解后生成 $Fe(OH)_2$，成为固态腐蚀物。

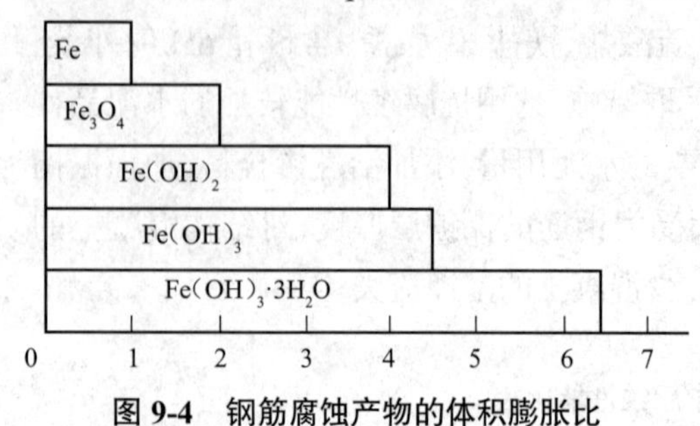

图 9-4　钢筋腐蚀产物的体积膨胀比

钢筋锈蚀后首先出现点蚀，然后发展为坑蚀，并较快地向外蔓延，扩展为全面锈蚀。钢筋锈蚀产物的体积均显著超过铁基体的数倍（图 9-4）。钢筋沿长度方向的锈蚀和体积膨胀，使构件发生顺筋裂缝，裂缝的扩张更加速了钢筋的锈蚀、保护层的破损和爆裂、黏结力的破坏和钢筋抗力的下降，最终使结构承载力失效。

钢筋试件浸泡在 0.4% 的盐（NaCl）溶液内，并加入少量盐酸（HCl），在预定时间取出试件进行测试，得到腐蚀钢筋和原钢筋相比的面积和屈服强度等的损失率。图 9-5 表明，随着钢筋腐蚀的加剧，其面积减小，强度损失更大，延伸率的减弱最多，即力学性能也有退化，其退化程度因钢材的品种和强度等级而异。

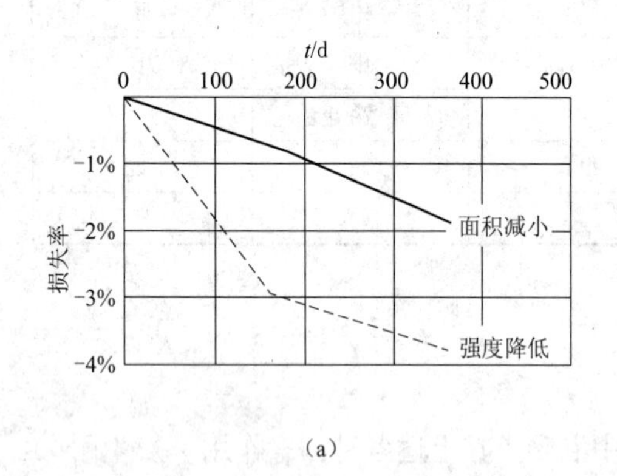

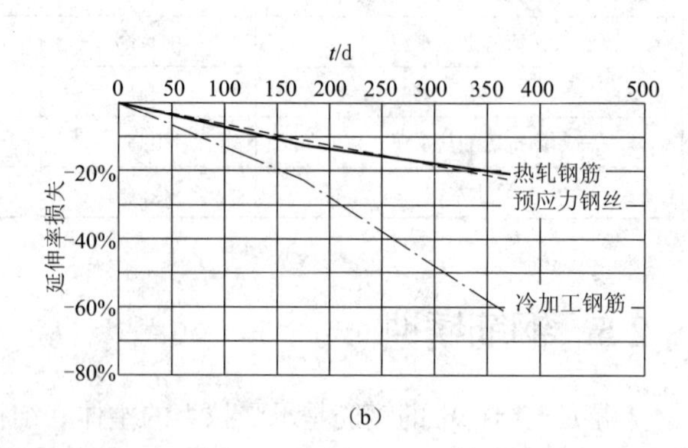

图 9-5　锈蚀钢筋的面积和力学性能退化

（a）面积和屈服强度　（b）延伸率

防止和延缓钢筋的锈蚀，提高结构的耐久性，可采取如下措施：从环境方面着手，控制各种侵蚀性物质的浓度，限制碳化层和氯离子等深入混凝土内部、抵达钢筋表面；从材料的选用、制作和构造设计方面着手，应优先选用耐腐蚀的水泥，减少配制混凝土的粗细骨料、掺合料和外加剂中的氯化物含量；减小水灰比，掺加优质掺合料，注意振捣质量和养护条件，提高混凝土的密实度；配制混凝土时掺加钢筋阻锈剂，适当增大钢筋的保护层厚度，保证保护层的完好无损，或在混凝土外表喷刷防腐涂料，阻延腐蚀介质接触钢筋表面；采用耐腐蚀的钢筋品种，如环氧树脂涂层钢筋、镀锌钢筋、不锈钢钢筋等。

上面分别介绍了混凝土（结构）耐久性劣化和失效的各种现象和主要原因，以及其机理、影响因素和改进措施。由于各类耐久性劣化之间相互联系，多数都与混凝土内部的孔隙率和孔结构有密切关系，因而它们的许多改进措施是一致和互利的。

（1）合理选择优质或特种水泥品种，适当增大水泥用量，减小水灰比，添加优质细粒掺合料，如粉煤灰、硅粉。

（2）配制混凝土时注入各种专用外加剂，如高效减水剂、早强剂、引气剂、防冻剂和钢筋阻锈剂。

(3)选用优质粗细骨料:颗粒清洁,级配合理,孔隙小或封闭型孔,活性小, pH 值低, Cl^- 含量小,或采用优质轻骨料。

(4)精心施工,即搅拌均匀,运输和浇筑防止离析,振捣密实,加强养护,特别是早龄期养护,减小混凝土的孔隙率。

(5)结构设计时,适当增大钢筋的保护层厚度,并保证有效作用。

(6)表面和表层处理,即喷涂或浸渍各种隔离材料,阻止周围介质中的有害液体和气体渗入。

(7)控制和改善环境条件,如温度、湿度及其变化幅度,降低液体和气体中侵蚀性物质的浓度等。

但是,也应注意到有些措施的两面性,对改善某些耐久性的劣化现象有利,而对另一些现象可能反而有害。

(1)配制混凝土时掺加适量的优质粉煤灰或硅粉,既可减小混凝土的孔隙率,提高密实度和抗渗性,又能降低混凝土的碱性,减轻碱骨料反应,延缓碳化进度,并有利于抗化学腐蚀和钢筋的防锈。但如果掺合料的质量差或数量过多,则需要更多的拌合水,使混凝土的孔隙率增大,强度和抗冻性下降,又易引起钢筋锈蚀。

(2)水泥中的含碱量适当可增大 pH 值,有利于钢筋防锈。而含碱量过高,易产生不利的碱骨料反应。

(3)混凝土浇捣后采用加热养护,虽能使混凝土获得较高的早期强度,增强抗冻性, 但却会加速混凝土的碳化进程,不利于钢筋防锈。

(4)混凝土中掺加引气剂后,在内部产生分布均匀的封闭型微孔,有利于混凝土的抗冻性、抗渗透性和抗腐蚀性。但如果产生的气孔直径大、分布不均匀或总量过多,则会起反面作用,并降低其强度。

(5)采用多孔轻骨料的混凝土有利于抗冻,也可配制渗透性好的混凝土,但显然不利于抗渗,且抗碳化和抗化学腐蚀能力减弱,钢筋易锈蚀。

故对于提高混凝土耐久性所采取的措施,应做全面深入的分析和评估,以免顾此失彼,适得其反。

9.3　混凝土结构耐久性设计与评估

9.3.1　耐久性设计

一般的混凝土结构,其设计使用年限为 50 年,要求较高者可设为 100 年,而临时性结构则适当缩短(如 30 年)。已经建成的结构和构件在正常维护条件下,不经大修加固,应在设计使用年限内保证其安全性和全部使用功能。

以前,我们对混凝土结构耐久性的认识不全面、研究还不够充分。在设计时,常常因建筑物选址不当,或构造措施不力,或施工质量欠佳等问题,造成结构在达到使用年限之前,甚至建成不久就发现结构性能劣化,宏观破损显著,无法继续使用,即耐久性失效。如果对这些结构进行检测、维修和加固,将耗费大量经费和物资,有些结构构件因修复的意义不大而丢弃,造成极大的浪费。

20 世纪中叶以后,有关混凝土结构的各种耐久性失效问题开始渐露端倪,引起了工程界和学术界的重视,学者们开展了一系列研究,取得了广泛而深入的成果。至 20 世纪 80 年代,各国学术组织制定相关的设计规程,以指导拟建结构的设计和构造。如日本土木学会的《混凝土结构物耐久性设计准则(试行)》(1989),欧洲混凝土委员会的《耐久性混凝土结构设计指南》(1992)等。我国的《混凝土结构设计规范》也首次加入了对结构耐久性设计的规定,开始进行专门的"混凝土结构耐久性设计与施工指南"的编制工作。

目前,针对混凝土结构耐久性问题的诸多方面,如冻融深度、碳化深度、氯离子浸入、钢筋锈蚀率等,都已建立起多种不同的物理和数学模型,可由此进行定量的理论分析。但是,由于混凝土耐久性劣化和失效的牵涉面广、物理和化学作用复杂、影响因素多而变化幅度大、持续时间长等,致使各种理论模型的观点很难统一,机理解释不同,计算方法的准确度和通用性都不足以满足实际工程的需求,有待进一步研究改进。

对于新建结构,在结构设计和施工阶段可通过合理选取结构工程地址、改进结构构造、控制环境条件、加强施工管理、提高混凝土配制技术和质量监督等来保证其具有足够的耐久性。根据已有的工程经验和教训、试验研究和理论分析等综合结果,可提出耐久性混凝土的基本定量要求,我国《混凝土结构设计规范》的规定见表 9-4。表中根据结构所处环境条件的差别,给出了混凝土强度等级、水灰比、水泥用量、氯离子含量和含碱量等的不同限值。对构件中钢筋的种类和保护层厚度,规范中提出了相应的要求。有抗渗性和抗冻性要求的混凝土另应满足有关标准的要求。

表 9-4　结构混凝土耐久性的基本要求

<table>
<tr><th>环境等级</th><th>最大水胶比</th><th>最低强度等级</th><th>最大氯离子含量 /%</th><th>最大碱含量 /(kg/m³)</th></tr>
<tr><td>一</td><td>0.60</td><td>C20</td><td>0.30</td><td>不限制</td></tr>
<tr><td>二 a</td><td>0.55</td><td>C20</td><td>0.20</td><td rowspan="4">3.0</td></tr>
<tr><td>二 b</td><td>0.50(0.55)</td><td>C30(C25)</td><td>0.15</td></tr>
<tr><td>三 a</td><td>0.45(0.50)</td><td>C35(C30)</td><td>0.15</td></tr>
<tr><td>三 b</td><td>0.40</td><td>C40</td><td>0.10</td></tr>
</table>

注:①本表适用于结构设计使用年限为 50 年,括号中的数字适用于设计使用年限 100 年。

②预应力构件中混凝土的最低强度等级按表所示提高两级,最低水泥用量为 300 kg/m³,水泥中氯离子最大含量为 0.06%。

③另行规定的有环境条件四(海水)和五(侵蚀性物质影响)的混凝土。

9.3.2　已有结构的耐久性检测与评估

已建成的混凝土结构物使用多年后,在特殊荷载的偶然作用下,或各种环境因素和周围介质的不利作用下,结构的外表和内部通常会形成程度不等的损伤、性能劣化,耐久性下降。为了确保其能在设计使用年限内继续安全承载并满足全部使用功能,应对结构进行耐久性检测和评估。

对于混凝土结构,现场踏勘和检测是了解结构现状和耐久性劣化程度的主要手段,也是进行耐久性评估的重要依据。应尽可能地采用非破损性的检测手段,检测的主要内容和方法如下。

(1)调查结构和构件的全貌:结构体系和布置,结构和基础的沉降,宏观的结构施工质量,结构使用过程的异常情况,如火灾、冲击或局部超载等有害的特殊作用,是否进行过改建和加固等。必要时可进行现场加载试验,测定结构的实际受力性能。

(2)检查外观损伤:构件裂缝的位置、数量、分布、宽度和深度,构件的变形情况,包括挠度、侧移、倾斜、转动和颤动,支座和节点的变形及裂缝,混凝土表层的缺损,如起皮、剥落、缺棱掉角等。

(3)调研和测试环境条件:结构所处环境的温度、湿度及其变化规律,周围的空气、水或土壤等介质中各种侵蚀性物质的种类和含量(浓度)。

(4)检测钢筋:检查钢筋保护层的完整性,用专门的仪器或凿开局部保护层,测定构件中钢筋的保护层厚度、位置、直径和数量,以及锈蚀状况和程度,必要时切取适量钢筋试样,测定其锈蚀后的面积和强度(损失率)。

(5)测试混凝土性能:用非破损(回弹、超声波)法或局部破损(拔出、钻芯取样)法测定混凝土的实有强度,用超声波或发射仪等测试内部的孔洞缺陷,用钻芯取样法测定密实性和抗渗性,钻检测孔,测定碳化深度,现场取样并送实验室,分析氯离子含量、浸入深度及碱含量。

将结构现场观察调研和实验室检测的全部详细结果进行汇总并统计分析,按照结构的损伤和性能劣化的严重程度,评定各部分的耐久性损伤等级,整个结构按相同的损伤等级划分为若干区段,以便分别进行处理。

对现有结构的承载力评定,可根据结构的计算图形和实测的截面尺寸、材料强度等进行计算,也可通过现场的荷载试验进行检验,两者都可能获得比较准确的结果,对承载力做出明确的评定。

但是,准确评估结构的"安全耐久年限"和"适用耐久年限",或相应的剩余寿命,至今仍难以实现。虽然通过现场踏勘和实验室检测可得到结构现状的详细数据,尽管众多文献提供了许多种混凝土结构耐久性评估的理论分析方法,如可靠性鉴定法、综合鉴定法、层次分析法、专家系统、人工神经网络分析法等,但由于结构耐久性问题的复杂性和一定的随机性、结构材料和施工的离散性,以及耐久性失效很难用一个确切的数值(年或月)来衡量,因此至今尚未有成熟、准确的方法,大多要依靠工程统计资料和经验分析等加以推算、估计。

参考文献

[1]　龚洛书,柳春圃. 混凝土的耐久性及其防护修补 [M]. 北京:中国建筑工业出版社,1990.

[2]　金伟良,赵羽习. 混凝土结构耐久性 [M]. 北京:科学出版社,2002.

[3] 邸小坛,高小旺,徐有邻. 我国混凝土结构的耐久性与安全问题 [M]// 清华大学结构工程与振动教育部重点实验室. 土建结构工程的安全性与耐久性. 北京:中国建筑工业出版社,2001:191-196.

[4] 陈肇元. 混凝土结构的耐久性设计 [C]// 混凝土结构耐久性及耐久性设计. 北京:清华大学, 2002:59-79.

[5] 徐维忠. 建筑材料 [M]. 北京:中国工业出版社,1962.

[6] 中华人民共和国住房和城乡建设部. 普通混凝土长期性能和耐久性能试验方法标准: GB/T 50082—2009[S]. 北京:中国建筑工业出版社,2010.

[7] 郝挺玉. 混凝土碱 - 骨料反应及其预防 [C]// 混凝土结构耐久性及耐久性设计. 北京:清华大学,2002:273-282.

第 10 章　预应力混凝土结构

10.1　预应力结构的概念与发展

10.1.1　预应力混凝土的基本原理

混凝土的抗压强度很高，而抗拉强度却很低，通过对预期受拉部位施加预压应力的方法，能克服混凝土抗拉强度低的弱点，从而利用预压应力建成不开裂的结构。

从应力角度出发，预应力混凝土是根据需要人为地引入某一数值与分布的内应力，用以部分或全部抵消外荷载引起的应力的一种加筋混凝土；从荷载角度出发，预应力混凝土是根据需要人为地引入某一反向荷载，用以部分或全部抵消使用荷载的一种加筋混凝土。预加应力也可理解为产生与使用荷载（外力）方向相反的预加反向荷载（反向力）。

预应力混凝土是预加应力混凝土的简称。预应力混凝土结构是在结构构件受外力荷载作用之前，先人为地对它施加压力，由此产生的预应力状态用以减小或抵消外荷载所引起的拉应力，即借助于混凝土较高的抗压强度来弥补其抗拉强度的不足，达到推迟受拉区混凝土开裂的目的。以预应力混凝土制成的结构，因通过张拉钢筋的方法来施加预压应力，所以也称预应力钢筋混凝土结构。

10.1.2　预应力混凝土的分类

预应力混凝土可根据预应力结构构件制作方式、施工工艺、预应力度、黏结方式、预应力筋束位置等进行分类。具体分类如下。

1. 按预应力结构构件制作方式分类

根据预应力结构构件制作方式可分为现浇预应力构件、预制预应力构件及预制现浇组合预应力构件等类型。

2. 按施工工艺分类

根据施工工艺可分为先张法、后张法及横张法等预应力构件类型。

先张法指采用永久或临时台座，在构件混凝土浇筑之前张拉预应力筋，待混凝土达到设计强度和龄期后，逐渐释放施加在预应力筋上的拉力，使预应力筋回缩，通过预应力筋与混凝土之间的黏结力，对混凝土施加预压应力。

后张法指在构件混凝土达到强度设计值之后，利用预设在混凝土构件中的孔道穿入预应力筋，以混凝土构件自身作为支撑张拉预应力筋，使用特制的锚具将预应力筋锚固形成永久预应力，最后在预应力筋孔道内压注水泥浆防锈，使预应力筋与混凝土形成整体。

横张法预应力混凝土是沿预应力束横向张拉获得纵向预应力的混凝土。其主要特点为预留明槽、黏结自锚和横向张拉。

3. 按预应力度分类

国际预应力协会(FIP)、欧洲混凝土委员会根据预应力度将加筋混凝土分为全预应力混凝土、限值预应力混凝土、部分预应力混凝土、普通钢筋混凝土四类。

全预应力混凝土指在全部荷载最不利组合作用下,混凝土不出现拉应力。

限值预应力混凝土指在全部荷载最不利组合作用下,混凝土允许出现拉应力,但不超过容许值,在长期持续荷载作用下,混凝土不出现拉应力。

部分预应力混凝土指在全部荷载最不利组合作用下,混凝土允许出现裂缝,但裂缝宽度不超过容许值。

中国土木工程学会根据预应力度,将加筋混凝土分为全预应力混凝土、部分预应力混凝土及钢筋混凝土三类。其中部分预应力混凝土包括限值预应力混凝土及部分预应力混凝土。

4. 按黏结方式分类

根据黏结方式可分为有黏结、无黏结及缓黏结等类型。

有黏结预应力混凝土指预应力筋完全被周围混凝土或水泥浆体黏结、握裹的预应力混凝土。

无黏结预应力混凝土指预应力筋伸缩变形自由,不与周围混凝土或水泥浆体黏结的预应力混凝土。

缓黏结预应力混凝土指在施工阶段预应力筋自由可伸缩变形,不与周围缓黏结剂产生黏结,在施工完成后预定时期内,预应力筋通过缓黏结剂与周围混凝土黏结。

5. 按预应力筋束位置分类

根据预应力筋束位置可分为体内预应力混凝土与体外预应力混凝土两种类型。

体内预应力混凝土指预应力筋布置在混凝土构件体内的预应力混凝土。

体外预应力混凝土指预应力筋布置在混凝土构件体外的预应力混凝土。体外预应力通过布置于承载结构主体截面之外的预应力束产生,并通过与结构主体截面直接或间接的锚固或转向实体来传递。

10.1.3 预应力的发展趋势

1. 预应力混凝土向高强轻质发展

高性能混凝土的应用有助于降低工程造价,减小截面尺寸,减少混凝土、预应力筋的用量与结构自重,减轻地震作用效应,提高混凝土耐久性和加快施工进度。为满足我国现代建筑更高的使用功能要求、耐久性要求、生产工艺要求,研发运用超高性能、超高强混凝土,并进行预应力超高强混凝土结构方面的开拓具有重要意义。

随着预应力混凝土结构的跨径逐渐增大,自重也逐渐增加,使结构的承载力大都消耗在自重的抵抗上。因此,轻质混凝土应用于高层、大跨度结构有助于降低结构自重,提高结构抗震性能,获得更好的经济效益。

2. 新材料技术的开发

研制和使用新的或特种预应力筋产品,如不锈钢制品、高分子涂膜产品、高强度产品及高耐腐蚀产品等是未来的一大发展方向。FRP(纤维增强复合材料)是当前最新型的预应力材料,其耐腐蚀性能优越,构造形式丰富。结构工程中通常用的纤维是碳纤维。目前已有多种 FRP 筋、索和网格产品及配套锚具,并编制了相关规范和规程, FRP 在桥梁及建筑中的应用逐渐增多,特别是在结构加固和修复工程中。

3. 预应力张拉锚固体系及施工配套设备发展

预应力张拉锚固体系逐渐完善,使预应力施加方便,安全可靠,预应力吨位可根据需要任意选用,张拉力范围增大,锚具效率提高,预应力锚具实现标准化、系列化,品种增多,能满足土建各专业需求。预应力施工配套设备逐渐发展,能够更好地匹配未来大型与复杂的预应力工程施工。

4. 预应力施工工艺与技术发展

预应力施工向工业化、专业化方向发展,逐步实现施工工艺标准化、管理专业化。目前,很多企业采取计算机仿真模拟控制与管理大型与复杂预应力工程。

5. 预应力构件工业化发展

预制混凝土结构是建筑工业化发展的必然产物。采用预应力技术,可以提高预制结构构件的结构性能,增强节点的抗震性能,保证结构的安全。目前,国内预制结构与预应力技术发展较现浇结构不平衡。通过预制结构与预应力技术的结合,并随着对现代预制预应力结构建筑体系研究的深入,未来新型现代预制预应力结构将更加系统高效地符合现代住宅工业化的要求。

10.2 预应力材料与锚固体系

10.2.1 混凝土

10.2.1.1 预应力混凝土的性能要求

预应力混凝土结构一般采用水泥基普通混凝土,也可选用轻质高强混凝土、高性能混凝土和超高性能混凝土。预应力混凝土应具有如下特点。

1. 高强度

《预应力混凝土结构设计规范》(JGJ 369—2016)规定,预应力混凝土结构的混凝土强度等级不宜低于 C40,且不应低于 C30。高强度混凝土与高强度预应力筋相适应,以确保预应力筋的强度能够得到充分发挥,并能有效地减轻结构自重和减小截面尺寸;预应力混凝土构件各部位均可能出现较大的压应力,强度等级高的混凝土,其抗压强度能得到充分的发挥;后张法构件锚固区附近混凝土局部应力很高,高强度混凝土能满足局部承压的要求。

2. 低收缩与低徐变

预应力混凝土结构采用低收缩、低徐变的混凝土，可以减小由于混凝土收缩与徐变造成的预应力损失，并有效控制预应力混凝土结构的徐变变形。

3. 优良的耐久性

采用耐久性能优良的混凝土能够有效保障预应力混凝土结构的耐久性。

10.2.1.2 混凝土种类与性能

1. 普通混凝土

普通混凝土指以常用的水泥、砂石为原材料，采用常规的生产工艺生产的水泥基混凝土，为目前工程中最为常用的混凝土。

《混凝土结构设计规范》(GB 50010—2010)中所列混凝土的轴心抗压与轴心抗拉强度标准值(f_{ck},f_{tk})、轴心抗压与轴心抗拉强度设计值(f_c,f_t)、弹性模量(E_c)等见表 10-1~ 表 10-3。

表 10-1 混凝土轴心抗压与轴心抗拉强度标准值 (N/mm^2)

强度	混凝土强度等级													
	C15	C20	C25	C30	C35	C40	C45	C50	C55	C60	C65	C70	C75	C80
f_{ck}	10.0	13.4	16.7	20.1	23.4	26.8	29.6	32.4	35.5	38.5	41.5	44.5	47.4	50.2
f_{tk}	1.27	1.54	1.78	2.01	2.20	2.39	2.51	2.64	2.74	2.85	2.93	2.99	3.05	3.11

表 10-2 混凝土轴心抗压与轴心抗拉强度设计值 (N/mm^2)

强度	混凝土强度等级													
	C15	C20	C25	C30	C35	C40	C45	C50	C55	C60	C65	C70	C75	C80
f_c	7.2	9.6	11.9	14.3	16.7	19.1	21.1	23.1	25.3	27.5	29.7	31.8	33.8	35.9
f_t	0.91	1.10	1.27	1.43	1.57	1.71	1.80	1.89	1.96	2.04	2.09	2.14	2.18	2.22

表 10-3 混凝土弹性模量 ($10^4\ N/mm^2$)

混凝土强度等级	C15	C20	C25	C30	C35	C40	C45	C50	C55	C60	C65	C70	C75	C80
E_c	2.20	2.55	2.80	3.00	3.15	3.25	3.35	3.45	3.55	3.60	3.65	3.70	3.75	3.80

注：① 当有可靠试验依据时，弹性模量可根据实测数据确定；
② 当混凝土中掺有大量矿物掺合料时，弹性模量可按规定龄期根据实测数据确定。

混凝土的剪切变形模量 G_c 可按相应弹性模量的 40% 采用。混凝土泊松比 ν_c 可按 0.2 采用。

混凝土轴心抗压疲劳强度设计值 f_c^f、轴心抗拉疲劳强度设计值 f_t^f 应分别按表 10-2 中的强度设计值乘疲劳强度修正系数 γ_ρ 确定。混凝土受压或受拉疲劳强度修正系数 γ_ρ 应根据疲劳

应力比值 ρ_c^f 分别按表 10-4、表 10-5 采用；当混凝土承受拉 - 压疲劳应力作用时，疲劳强度修正系数 γ_ρ 取 0.60。

疲劳应力比值 ρ_c^f 应按下列公式计算：

$$\rho_c^f = \frac{\sigma_{c,min}^f}{\sigma_{c,max}^f} \tag{10-1}$$

式中：$\sigma_{c,min}^f$，$\sigma_{c,max}^f$ —— 构件疲劳验算时，截面同一纤维上混凝土的最小应力、最大应力。

表 10-4　混凝土受压疲劳强度修正系数 γ_ρ

ρ_c^f	$0 \leqslant \rho_c^f < 0.1$	$0.1 \leqslant \rho_c^f < 0.2$	$0.2 \leqslant \rho_c^f < 0.3$	$0.3 \leqslant \rho_c^f < 0.4$	$0.4 \leqslant \rho_c^f < 0.5$	$\rho_c^f \geqslant 0.5$
γ_ρ	0.68	0.74	0.80	0.86	0.93	1.00

表 10-5　混凝土受拉疲劳强度修正系数 γ_ρ

ρ_c^f	$0 \leqslant \rho_c^f < 0.1$	$0.1 \leqslant \rho_c^f < 0.2$	$0.2 \leqslant \rho_c^f < 0.3$	$0.3 \leqslant \rho_c^f < 0.4$	$0.4 \leqslant \rho_c^f < 0.5$
γ_ρ	0.63	0.66	0.69	0.72	0.74
ρ_c^f	$0.5 \leqslant \rho_c^f < 0.6$	$0.6 \leqslant \rho_c^f < 0.7$	$0.7 \leqslant \rho_c^f < 0.8$	$\rho_c^f \geqslant 0.8$	—
γ_ρ	0.76	0.80	0.90	1.00	—

注：直接承受疲劳荷载的混凝土构件，当采用蒸汽养护时，养护温度不宜高于 60 ℃。

混凝土疲劳变形模量 E_c^f 应按表 10-6 采用。

表 10-6　混凝土疲劳变形模量　（10^4 N/mm²）

强度等级	C30	C35	C40	C45	C50	C55	C60	C65	C70	C75	C80
E_c^f	1.30	1.40	1.50	1.55	1.60	1.65	1.70	1.75	1.80	1.85	1.90

当温度在 0~100 ℃范围内时，混凝土的热工参数可按下列规定取值。

线膨胀系数 α：1×10^{-5}/℃。

导热系数 λ：10.6 kJ/（m·h·℃）。

比热容 c：0.96 kJ/（kg·℃）。

2. 轻骨料混凝土

轻骨料混凝土包括页岩陶粒混凝土、粉煤灰陶粒混凝土、黏土陶粒混凝土、自燃煤矸石混凝土及火山渣混凝土。预应力轻骨料混凝土结构的混凝土强度等级不应低于 LC30。

《轻骨料混凝土应用技术标准》（JGJ/T 12—2019）中所列轻骨料混凝土的轴心抗压与轴心抗拉强度标准值（f_{ck}，f_{tk}）、轴心抗压与轴心抗拉强度设计值（f_c，f_t）、弹性模量（E_{LC}）等见表 10-7~表 10-9。

表 10-7 轻骨料混凝土强度标准值 （N/mm^2）

强度	轻骨料混凝土强度等级									
	LC15	LC20	LC25	LC30	LC35	LC40	LC45	LC50	LC55	LC60
f_{ck}	10.0	13.4	16.7	20.1	23.4	26.8	29.6	32.4	32.5	35.5
f_{tk}	1.27	1.54	1.78	2.01	2.20	2.39	2.51	2.64	2.74	2.85

注：轴心抗拉强度标准值，对自燃煤矸石混凝土应按表中数值乘以系数 0.85，对火山渣混凝土应按表中数值乘以系数 0.80。

表 10-8 轻骨料混凝土强度设计值 （N/mm^2）

强度	轻骨料混凝土强度等级									
	LC15	LC20	LC25	LC30	LC35	LC40	LC45	LC50	LC55	LC60
f_c	7.2	9.6	11.9	14.3	16.7	19.1	21.1	23.1	25.3	27.5
f_t	0.91	1.10	1.27	1.43	1.57	1.71	1.80	1.89	1.96	2.04

注：① 计算现浇钢筋轻骨料混凝土轴心受压及偏心受压构件时，如截面的长边或直径小于 300 mm，表中轻骨料混凝土的强度设计值应乘以系数 0.80；当构件质量（如混凝土成型、截面和轴线尺寸等）确有保证时，可不受此限。

② 轴心抗拉强度设计值：用于承载能力极限状态计算时，对自燃煤矸石混凝土应按表中数值乘以系数 0.85，对火山渣混凝土应按表中数值乘以系数 0.80；用于构造计算时，应按表取值。

表 10-9 轻骨料混凝土弹性模量 （10^4 N/mm^2）

强度等级	密度等级							
	1 200	1 300	1 400	1 500	1 600	1 700	1 800	1 900
LC15	0.94	1.02	1.10	1.17	1.25	1.33	1.41	1.49
LC20	1.08	1.17	1.26	1.36	1.45	1.54	1.63	1.72
LC25	—	1.31	1.41	1.52	1.62	1.72	1.82	1.92
LC30	—	—	1.55	1.66	1.77	1.88	1.99	2.10
LC35	—	—	—	1.79	1.91	2.03	2.15	2.27
LC40	—	—	—	—	2.04	2.17	2.30	2.43
LC45	—	—	—	—	—	2.30	2.44	2.57
LC50	—	—	—	—	—	2.43	2.57	2.71
LC55	—	—	—	—	—	—	2.70	2.85
LC60	—	—	—	—	—	—	2.82	2.97

注：当有可靠试验依据时，弹性模量值也可根据实测数据确定。

轻骨料混凝土的剪切变形模量可按下式计算：

$$G_{LC}=\frac{5}{12}E_{LC} \tag{10-2}$$

轻骨料混凝土的泊松比可取 0.2。轻骨料混凝土的线膨胀系数，当温度在 0~100 ℃范围内时可取 7×10^{-6}/℃ ~9×10^{-6}/℃。低密度等级者宜取较低值，高密度等级者宜取较高值。

3. 高性能混凝土

高性能混凝土指采用常规材料和工艺生产，具有混凝土结构所要求的各项力学性能，且具有高耐久性、高工作性能和高体积稳定性的混凝土。

《高性能混凝土应用技术规程》(CECS 207:2006)对高性能混凝土做出以下基本规定。

高性能混凝土必须具有设计要求的强度等级，在设计使用年限内必须满足结构承载和正常使用功能要求。

高性能混凝土应针对混凝土结构所处环境和预定功能进行耐久性设计。应选用适当的水泥品种、矿物微细粉以及适当的水胶比，并采用适当的化学外加剂。处于多种劣化因素综合作用下的混凝土结构宜采用高性能混凝土。根据混凝土结构所处的环境条件，高性能混凝土应满足下列一种或几种技术要求。

(1)水胶比不大于 0.38。

(2)56 天龄期的 6 h 总导电量小于 1 000 C。

(3)300 次冻融循环后相对动弹性模量大于 80%。

(4)胶凝材料抗硫酸盐腐蚀试验的试件 15 周膨胀率小于 0.4%，且混凝土最大水胶比不大于 0.45。

(5)混凝土中可溶性碱总含量小于 3.0 kg/m^3。

高性能混凝土选用优质的原材料，包括水泥、水、粗细骨料、活性细掺合料和高性能外加剂等。高性能混凝土具有较高的早期强度和后期强度，较高的弹性模量，可保持混凝土坚固耐用，在恶劣条件下可保护钢筋不锈蚀，既可配制坍落度在 152~203 mm 之间的混凝土，还可配制坍落度大于 203 mm 的流态混凝土且不发生离析。

高性能混凝土材料粗骨料的最大粒径在 25 mm 以下，以改善骨料与水泥的界面结构，增强界面强度。矿物微细粉与高效减水剂双掺是高性能混凝土组成材料的一大特点，能够最好地发挥微细粉在高性能混凝土中的填充效应，使高性能混凝土具有更好的流动性、强度和耐久性。

在工程上运用高强度混凝土，易于获得密实的混凝土，且施工人员的劳动强度降低，可减小构件尺寸，减轻结构自重，其高耐久性能大大降低混凝土由于长期暴露在有害气体中、埋置于地下或处于有害介质侵蚀环境中带来的破坏，延长结构寿命。

4. 超高性能混凝土

超高性能混凝土作为高端先进水泥基无机材料，具有超高强度、高耐久性、高韧性、高环保性等，是材料堆积最密实理论与纤维增强理论相结合的先进水泥基复合无机材料。超高性能混凝土通过将细石英砂、水泥与活性掺合料按一定比例进行配合比设计，采用快速搅拌工艺与高温湿热养护工艺制备而得。其按抗压强度可分为 200 MPa 级、500 MPa 级和 800 MPa 级，其使用寿命可达到 500 年，适用于一些重大工程。

超高性能混凝土主要技术性能。

(1)高强度：200 MPa 级与普通高强混凝土力学性能对比，抗压强度为普通高强混凝土的 2~4 倍；抗折强度为普通高强混凝土的 4~6 倍；掺入纤维后拉压比可达 1/6 左右。

（2）高耐久性：超高性能混凝土材料内部结构致密、缺陷少，故能获得较高的耐久性。

（3）高韧性：超高性能混凝土材料断裂韧性达 20 000~40 000 J/m²，是普通混凝土的 100 倍，可与金属铝媲美。

（4）高环保性：同等承载力条件下超高性能混凝土材料的生态性能更加优越。

超高性能混凝土不仅适用于恶劣环境中的结构物，还可以有效地减少结构物的构件尺寸与配筋，增加净空，并可替代部分钢结构，具有广阔的应用前景。

10.2.2 普通钢筋及预应力筋

10.2.2.1 普通钢筋的性能及使用要求

普通钢筋系指用于钢筋混凝土结构中的钢筋和预应力混凝土结构中的非预应力钢筋。常用的主要有热轧碳素钢和普通低合金钢两种，二者的区别主要在于化学成分不同。预应力混凝土结构中的非预应力纵向受力普通钢筋宜采用 HRB400、HRB500、HRBF400、HRBF500 钢筋，也可采用 HPB300、RRB400 钢筋；梁、柱纵向受力普通钢筋应采用 HRB400、HRB500、HRBF400、HRBF500 钢筋；箍筋宜采用 HRB400、HRBF400、HPB300、HRB500、HRBF500 钢筋。

鉴于直径 50 mm 以上的热轧带肋钢筋的机械连接或焊接等施工工艺复杂，应用时宜有可靠的工程经验。

国外标准中允许采用绑扎并筋的配筋形式，我国某些行业规范中也有类似的规定。经试验研究并借鉴国内外的成熟做法，给出了利用截面面积相等原则计算并筋等效直径的方法：构件中的钢筋可采用并筋的配置形式，直径 28 mm 及以下的钢筋并筋数量不应超过 3 根；直径 32 mm 的钢筋并筋数量宜为 2 根；直径 36 mm 及以上的钢筋不应采用并筋。并筋应按单根等效钢筋进行计算，等效钢筋的等效直径应按截面面积相等的原则换算确定。

相同直径的二并筋等效直径可取为 1.41 倍单根钢筋直径；三并筋等效直径可取为 1.73 倍单根钢筋直径。二并筋可按纵向或横向的方式布置；三并筋宜按品字形布置，并均以并筋的重心作为等效钢筋的重心。

钢筋代换除应满足等强代换的原则外，尚应综合考虑不同钢筋牌号的性能差异对裂缝宽度验算、最小配筋率、抗震构造要求等的影响，并应满足钢筋间距、保护层厚度、锚固长度、搭接接头面积百分率及搭接长度等的要求。当进行钢筋代换时，除应符合设计要求的构件承载力、最大力下的总伸长率、裂缝宽度验算以及抗震规定以外，尚应满足最小配筋率、钢筋间距、保护层厚度、钢筋锚固长度、接头面积百分率及搭接长度等构造要求。

10.2.2.2 预应力筋的性能要求

预应力混凝土结构对预应力筋材料的主要性能要求包括以下几个。

1. 高强度与低松弛

预应力筋中有效预应力的建立数值取决于预应力筋张拉控制应力，而控制应力又取决于预应力筋的抗拉强度。由于预应力结构在施工以及使用过程中会出现各种预应力损失，只有采用高强度、低松弛材料才有可能建立较高的有效预应力。预应力结构的发展历史也证明了预应力筋必须采用高强材料。

2. 优良的塑性和使用性能

为实现预应力结构的延性破坏，保证预应力筋的弯曲和转向要求，预应力筋必须具有足够的塑性，即预应力筋必须满足一定的总伸长率和弯折次数的要求。预应力筋使用性能方面的要求包括加工制造几何尺寸误差应符合标准，伸直性良好，下料切断后应不松散等。

3. 必要的黏结性能

先张法预应力构件中，预应力筋和混凝土之间必须具有可靠的黏结力，以确保预应力筋的预加力可靠地传递至混凝土中。后张法有黏结预应力结构中，预应力筋与孔道后灌水泥浆之间应有可靠的黏结性能，以使预应力筋与周围的混凝土形成一个整体来共同承受荷载作用。无黏结筋和体外预应力束完全依靠锚固系统来建立和保持预应力，为减少摩擦损失，要求预应力筋表面光滑即可。

4. 防腐蚀等耐久性能

预应力钢材腐蚀造成的后果比普通钢材要严重得多，主要原因是强度等级高的钢材对腐蚀更灵敏及预应力筋的直径相对较小。未经保护的预应力筋如暴露在室外环境中，经过一段时间将可能导致抗拉性能和疲劳强度的下降。预应力钢材通常对两种类型的锈蚀敏感，即电化学腐蚀和应力腐蚀。在电化学腐蚀中，必须有水溶液存在，还需要空气（氧）；应力腐蚀是在一定的应力和环境条件下共同作用，引起钢材脆化的腐蚀。

为了防止预应力钢材腐蚀，先张法构件有混凝土黏结来保护，后张法有黏结预应力构件采用水泥基灌浆保护；特殊环境条件下，采用预应力钢材镀锌、环氧涂层或外包防腐材料等综合措施来保证预应力筋的耐久性。

10.2.2.3　预应力筋的种类

按材料性质分类，预应力筋包括金属预应力筋和非金属预应力筋两类。常用的金属预应力筋按形态可分为预应力钢丝、钢绞线和预应力螺纹钢筋三类；非金属预应力筋主要指纤维增强复合材料预应力筋。

1. 金属预应力筋

碳钢预应力材料中大部分是高碳钢材，这种材料靠高含碳量的组织强化作用及冷拉过程中产生的加工硬化增加强度。在受热到 360 ℃以后，冷加工组织会出现回复现象，强度会下降。低中碳钢材料一般主要靠热处理手段提高强度，热稳定性稍微好些，如果调质状态的材料晶粒度较粗大，其应力腐蚀的敏感性较高。碳钢预应力材料按松弛性能可以分为低松弛预应力钢材和普通松弛预应力钢材，表 10-10 是碳钢预应力材料按照形态的分类。

2. 非金属预应力筋

非金属预应力筋主要是指用纤维增强复合材料（FRP）制成的预应力筋，主要有玻璃纤维增强复合材料（GFRP）、芳纶纤维增强复合材料（AFRP）及碳纤维增强复合材料（CFRP）预应力筋三类。

纤维增强预应力筋的表面形态有光滑的、螺纹或网状的几种，形状包括棒状、绞线形等。不同的纤维化学成分不同，其力学性能差别很大。FRP 预应力筋的基本特点包括：抗拉强度高、抗腐蚀性能良好、质量轻、热膨胀系数与混凝土相近、抗磁性能好、耐疲劳性能优良、弹性模量小、抗剪强度低等。

表 10-10　碳钢预应力材料按形态分类

一级分类	二级分类	三级分类
钢丝	无涂镀层预应力钢丝	光面钢丝
		螺旋肋预应力钢丝
		刻痕预应力钢丝
	有涂镀层预应力钢丝	镀锌预应力钢丝
		涂环氧树脂预应力钢丝
钢绞线	无涂镀层预应力钢绞线	2 丝预应力钢绞线
		3 丝预应力钢绞线
		7 丝预应力钢绞线
		7 丝模拔预应力钢绞线
		19 丝预应力钢绞线
	有涂镀层预应力钢绞线	镀锌预应力钢绞线
		大直径镀锌普通及密封钢绞线
		涂环氧树脂预应力钢绞线
		无黏结或缓黏结的预应力钢绞线
钢棒钢筋	带螺旋槽的预应力钢棒	—
	预应力混凝土用螺纹钢筋	普通螺纹及精轧螺纹钢筋
	光面钢棒	钢拉杆、钢棒

FRP 筋的性能取决于增强纤维和合成树脂的类型，纤维的含量、横断面形状和制造技术也有重要影响。常见 FRP 筋的力学性能如表 10-11 所示。

表 10-11　FRP 筋的力学性能

筋的类型		抗拉强度 /MPa	弹性模量 /GPa	极限伸长率 /%
碳纤维（CFRP）	高强型	3 500~4 800	215~235	1.4~2.0
	超高强型	3 500~6 000	215~235	1.5~2.3
	高模型	2 500~3 100	350~500	0.5~0.9
	超高模型	2 100~2 400	500~700	0.2~0.4
玻璃纤维（GFRP）	E 型	1 900~3 000	70	3.0~4.5
	S 型	3 500~4 800	85~90	4.5~5.5
芳纶纤维（AFRP）	低模型	3 500~4 100	70~80	4.3~5.0
	高模型	3 500~4 000	115~130	2.5~3.5

3. 普通钢筋及预应力筋的基本性能

《混凝土结构设计规范》(GB 50010—2010)中列出的普通钢筋的屈服强度标准值(f_{yk})、极限强度标准值(f_{stk})应按表 10-12 采用;预应力钢丝、钢绞线和预应力螺纹钢筋的屈服强度标准值(f_{pyk})及极限强度标准值(f_{ptk})应按表 10-13 采用。普通钢筋与预应力筋的强度标准值应具有不小于 95% 的保证率。

表 10-12　普通钢筋强度标准值

牌号	符号	公称直径 d/mm	屈服强度标准值 f_{yk}/(N/mm²)	极限强度标准值 f_{stk}/(N/mm²)
HPB300	Φ	6~14	300	420
HRB335	Φ	6~14	335	455
HRB400 HRBF400 RRB400	Φ $Φ^F$ $Φ^R$	6~50	400	540
HRB500 HRBF500	Φ $Φ^F$	6~50	500	630

表 10-13　预应力筋强度标准值

种类		符号	公称直径 d/mm	屈服强度标准值 f_{pyk}/(N/mm²)	极限强度标准值 f_{ptk}/(N/mm²)
中强度预应力钢丝	光面 螺旋肋	$Φ^{PM}$ $Φ^{HM}$	5、7、9	620	800
				780	970
				980	1 270
预应力螺纹钢筋	螺纹	$Φ^T$	18、25、32、40、50	785	980
				930	1 080
				1 080	1 230
消除应力钢丝	光面 螺旋肋	$Φ^P$ $Φ^H$	5	—	1 570
				—	1 860
			7	—	1 570
			9	—	1 470
				—	1 570
钢绞线	1×3 (三股)	$Φ^S$	8.6、10.8、12.9	—	1 570
				—	1 860
				—	1 960
	1×7 (七股)		9.5、12.7、15.2、17.8	—	1 720
				—	1 860
				—	1 960
			21.6	—	1 770
				—	1 860

注:极限强度标准值为 1 960 MPa 的钢绞线作为预应力配筋时,应有可靠的工程经验。

普通钢筋的抗拉强度设计值(f_y)、抗压强度设计值(f'_y)应按表 10-14 采用;预应力筋的抗拉强度设计值(f_{py})、抗压强度设计值(f'_{py})应按表 10-15 采用。当构件中配有不同种类的钢筋时,每种钢筋应采用各自的强度设计值。横向钢筋的抗拉强度设计值(f_{yv})应按表中(f_y)的数值采用;当用作受剪、受扭、受冲切承载力计算时,其数值大于 360 N/mm² 时应取 360 N/mm²。

表 10-14 普通钢筋强度设计值 (N/mm²)

牌号	抗拉强度设计值 f_y	抗压强度设计值 f'_y
HPB300	270	270
HRB335	300	300
HRB400、HRBF400、RRB400	360	360
HRB500、HRBF500	435	435

表 10-15 预应力筋强度设计值 (N/mm²)

种类	极限强度标准值 f_{ptk}	抗拉强度设计值 f_{py}	抗压强度设计值 f'_{py}
中强度预应力钢丝	800	510	410
	970	650	
	1 270	810	
消除应力钢丝	1 470	1 040	410
	1 570	1 110	
	1 860	1 320	
钢绞线	1 570	1 110	390
	1 720	1 220	
	1 860	1 320	
	1 960	1 390	
预应力螺纹钢筋	980	650	400
	1 080	770	
	1 230	900	

注:当预应力筋的强度标准值不符合表 10-15 的规定时,其强度设计值应进行相应的比例换算。

普通钢筋及预应力筋在最大力下的总伸长率 δ_{gt} 应不小于表 10-16 规定的数值。

表 10-16 普通钢筋及预应力筋在最大力下的总伸长率限值

钢筋品种	普通钢筋			预应力筋
	HPB300	HRB335、HRB400、HRBF400、HRB500、HRBF500	RRB400	
δ_{gt}/%	10.0	7.5	5.0	3.5

普通钢筋及预应力筋的弹性模量 E_s 应按表 10-17 采用。

表 10-17　普通钢筋及预应力筋的弹性模量　（$\times 10^5$ N/mm²）

牌号或种类	弹性模量 E_s
HPB300	2.10
HRB335、HRB400、HRB500 HRBF400、HRBF500、RRB400 预应力螺纹钢筋	2.00
消除应力钢丝、中强度预应力钢丝	2.05
钢绞线	1.95

注:必要时可采用实测的弹性模量。

普通钢筋和预应力筋的疲劳应力幅限值 Δf_y^f 和 Δf_{py}^f 应根据钢筋疲劳应力比值 ρ_s^f、ρ_p^f 分别按表 10-18 及表 10-19 线性内插取值。

表 10-18　普通钢筋疲劳应力幅限值　（N/mm²）

疲劳应力比值 ρ_s^f	疲劳应力幅限值 Δf_y^f	
	HRB335	HRB400
0	175	175
0.1	162	162
0.2	154	156
0.3	144	149
0.4	131	137
0.5	115	123
0.6	97	106
0.7	77	85
0.8	54	60
0.9	28	31

注：当纵向受拉钢筋采用闪光接触对焊连接时，其接头处的钢筋疲劳应力幅限值应按表中数值乘以系数 0.8 取用。

表 10-19　预应力筋疲劳应力幅限值　（N/mm²）

疲劳应力比值 ρ_p^f	钢绞线（$f_{ptk}=1\ 570$）	消除应力钢丝（f_{ptk}=1 570）
0.7	144	240
0.8	118	168
0.9	70	88

注:① 当 ρ_p^f 不小于 0.9 时，可不进行预应力筋疲劳验算。

② 当有充分依据时，可对表中规定的疲劳应力幅限值做适当调整。

普通钢筋疲劳应力比值 ρ_s^f 应按下列公式计算：

$$\rho_{\mathrm{s}}^{\mathrm{f}}=\frac{\sigma_{\mathrm{s,min}}^{\mathrm{f}}}{\sigma_{\mathrm{s,max}}^{\mathrm{f}}} \tag{10-3}$$

式中：$\sigma_{\mathrm{s,min}}^{\mathrm{f}}$，$\sigma_{\mathrm{s,max}}^{\mathrm{f}}$——构件疲劳验算时，同一层钢筋的最小应力、最大应力。

预应力筋疲劳应力比值 $\rho_{\mathrm{p}}^{\mathrm{f}}$ 应按下列公式计算：

$$\rho_{\mathrm{p}}^{\mathrm{f}}=\frac{\sigma_{\mathrm{p,min}}^{\mathrm{f}}}{\sigma_{\mathrm{p,max}}^{\mathrm{f}}} \tag{10-4}$$

式中：$\sigma_{\mathrm{p,min}}^{\mathrm{f}}$，$\sigma_{\mathrm{p,max}}^{\mathrm{f}}$——构件疲劳验算时，同一层预应力筋的最小应力、最大应力。

10.2.3 制孔、灌浆与涂层材料

10.2.3.1 预应力制孔材料

后张预应力筋束的孔道可采用钢管抽芯、胶管抽芯和预埋管等方法成形。对孔道成形的基本要求是：孔道的尺寸与位置应正确，孔道线型应平顺，接头不漏浆，端部预埋钢板应垂直于孔道中心等。

预埋制孔用管材有金属螺旋管、塑料波纹管和钢管等类型。梁类构件宜采用圆形金属波纹管，板类构件宜采用扁形金属波纹管，施工周期较长时应选用镀锌金属波纹管。塑料波纹管宜用于曲率半径小、对密封性能以及抗疲劳要求高的孔道。钢管宜用于竖向分段施工的孔道。

塑料波纹管采用的塑料为高密度聚乙烯或聚丙烯。管道外表面的螺旋肋与周围混凝土具有较好的黏结力，从而保证预应力传递到管道外的混凝土。塑料波纹管具有耐腐蚀性好，孔道摩擦损失小，有利于提高后张预应力结构的抗疲劳性能等优点。

塑料波纹管性能应符合现行行业标准《预应力混凝土桥梁用塑料波纹管》（JT/T 529—2016）的有关规定。

圆形塑料波纹管管节规格见表 10-20，管节长度分为 6 m、8 m、10 m 和 12 m，偏差 0~+10 mm。

表 10-20 圆形塑料波纹管管节规格 （mm）

<table>
<tr><th rowspan="2">型号</th><th colspan="2">内径 d</th><th colspan="2">外径 D</th><th colspan="2">壁厚 S_{h}</th><th rowspan="2" colspan="2">配套使用的锚具</th></tr>
<tr><th>标称值</th><th>偏差</th><th>标称值</th><th>偏差</th><th>标称值</th><th>偏差</th></tr>
<tr><td>C-50</td><td>50</td><td rowspan="4">±1.0</td><td>63</td><td rowspan="4">±1.0</td><td>2.5</td><td rowspan="7">+0.5</td><td>YM12—7</td><td>YM15—5</td></tr>
<tr><td>C-60</td><td>60</td><td>73</td><td>2.5</td><td>YM12—12</td><td>YM15—7</td></tr>
<tr><td>C-75</td><td>75</td><td>88</td><td>2.5</td><td>YM12—19</td><td>YM15—12</td></tr>
<tr><td>C-90</td><td>90</td><td>106</td><td>2.5</td><td>YM12—22</td><td>YM15—17</td></tr>
<tr><td>C-100</td><td>100</td><td rowspan="3">±2.0</td><td>116</td><td rowspan="3">±2.0</td><td>3.0</td><td>YM12—31</td><td>YM15—22</td></tr>
<tr><td>C-115</td><td>115</td><td>131</td><td>3.0</td><td>YM12—37</td><td>YM15—27</td></tr>
<tr><td>C-130</td><td>130</td><td>146</td><td>3.0</td><td>YM12—42</td><td>YM15—31</td></tr>
</table>

扁形塑料波纹管管节规格见表 10-21，管节长度分为 6 m、8 m、10 m 和 12 m，偏差

0~+10 mm。

表 10-21　扁形塑料波纹管管节规格　（mm）

<table>
<tr><th rowspan="2">型号</th><th colspan="2">长轴 U_1</th><th colspan="2">短轴 U_2</th><th colspan="2">壁厚 S_h</th><th rowspan="2">配套锚具</th></tr>
<tr><th>标称值</th><th>偏差</th><th>标称值</th><th>偏差</th><th>标称值</th><th>偏差</th></tr>
<tr><td>F-41</td><td>41</td><td rowspan="4">±1.0</td><td>22</td><td rowspan="4">0.5</td><td>2.5</td><td rowspan="4">0.5</td><td>YMB—2</td></tr>
<tr><td>F-55</td><td>55</td><td>22</td><td>2.5</td><td>YMB—3</td></tr>
<tr><td>F-72</td><td>72</td><td>22</td><td>3.0</td><td>YMB—4</td></tr>
<tr><td>F-90</td><td>90</td><td>22</td><td>3.0</td><td>YMB—5</td></tr>
</table>

金属波纹管性能应符合现行行业标准《预应力混凝土用金属波纹管》（JGT 225—2020）的有关规定。

10.2.3.2　预应力灌浆材料

预应力筋张拉后，利用灌浆泵将水泥浆体灌注到预应力筋束孔道中去。灌浆浆体对预应力筋形成有效的耐久性防护层，保护预应力筋不锈蚀，通过浆体的黏结作用也可以有效地传递预应力，从而控制混凝土开裂的情况并保证符合有黏结的受力情况。

灌浆材料应符合现行国家标准《水泥基灌浆材料应用技术规范》（GB/T 50448—2015）的有关规定。用于预应力孔道的水泥基灌浆材料性能应符合表 10-22 的规定。

表 10-22　用于预应力孔道的水泥基灌浆材料性能指标

<table>
<tr><th>序号</th><th colspan="2">项目</th><th>指标</th></tr>
<tr><td rowspan="2">1</td><td rowspan="2">凝结时间 /h</td><td>初凝</td><td>≥ 4</td></tr>
<tr><td>终凝</td><td>≤ 24</td></tr>
<tr><td rowspan="2">2</td><td rowspan="2">流锥流动度 /s</td><td>初始</td><td>10~18</td></tr>
<tr><td>30 min</td><td>12~20</td></tr>
<tr><td rowspan="3">3</td><td rowspan="3">泌水率 /%</td><td>24 h 自由泌水率</td><td>0</td></tr>
<tr><td>压力泌水率，0.22 MPa</td><td>≤ 1</td></tr>
<tr><td>压力泌水率，0.36 MPa</td><td>≤ 2</td></tr>
<tr><td>4</td><td colspan="2">24 h 自由膨胀率 /%</td><td>0~3</td></tr>
<tr><td>5</td><td colspan="2">充盈度</td><td>合格</td></tr>
<tr><td>6</td><td colspan="2">氯离子含量 /%</td><td>≤ 0.06</td></tr>
</table>

10.2.3.3　涂层材料

1. 无黏结用防腐润滑脂

无黏结预应力筋润滑涂料应符合《无黏结预应力筋用防腐润滑脂》（JG/T 430—2014）的要求。无黏结筋的组成包括钢绞线、专用防腐油脂及挤塑 HDPE 外套管。无黏结预应力筋用防腐润滑脂技术要求见表 10-23。

表 10-23　无黏结预应力筋用防腐润滑脂技术要求

项目	质量指标			试验方法
	1 号	2 号	3 号	
工作锥入度 /0.1 mm	296~325	265~295	235~264	GB/T 269
滴点 /℃	≥ 165	≥ 170	≥ 175	GB/T 4929
钢网分油（100 ℃,24 h）（质量分数）/%	≤ 8.0	≤ 5.0	≤ 3.0	NB/SH/T 0324
水分（质量分数）/%	痕迹			GB/T 512
腐蚀（45 号钢片,100 ℃,24 h）	合格			SH/T 0331
蒸发损失（99 ℃,22 h）（质量分数）/%	≤ 2.0			GB/T 7325
低温性能（-40 ℃,30 min）	合格			JG/T 430 附录 A
湿热试验（45 号钢片,30 d）（锈蚀级别）/ 级	≤ B			GB/T 2361
盐雾试验（45 号钢片,30 d）（锈蚀级别）/ 级	≤ B			SH/T 0081
氧化安定性（99 ℃,100 h,758 kPa） 氧化后压力降 /kPa 氧化后酸值 /（mgKOH/g）	 ≤ 70 ≤ 1.0			 SH/T 0325 GB/T 264
相容性（65 ℃,40 d） 护套材料的吸油率 /% 护套材料的拉伸强度变化率 /%	 ≤ 10 ≤ 30			JG/T 430 附录 B
灰分（质量分数）/%	≤ 10			SH/T 0327

注：用户对产品有特殊要求时，可由制造商和用户协商有关性能的要求。

2. 缓黏结预应力筋用缓凝黏合剂

缓黏结预应力筋是用缓凝黏合剂和高密度聚乙烯护套涂敷的预应力筋。张拉适用期内缓凝黏合剂具有一定的流动性，预应力钢绞线在护套内可以滑动；缓凝黏合剂固化后具有一定的强度，可使预应力钢绞线与护套黏结，并通过护套表面横肋与混凝土之间的握裹，实现黏结效果。

缓黏结预应力钢绞线专用黏合剂性能应符合《缓粘结预应力钢绞线专用黏合剂》（JG/T 370—2012）的规定，见表 10-24。

表 10-24　缓凝黏合剂性能指标

项目	指标
外观	质地均匀、无杂质
不挥发物含量 /%	≥ 98
初始黏度 /（mPa·s）	1.0×10^4~1.0×10^5
pH 值	7~8

续表

项目		指标	
标准张拉适用期对应的标准固化时间		标准张拉适用期 /d，容许误差 /d	标准固化时间 /d，容许误差 /d
		60，± 10	180，± 30
		90，± 15	270，± 45
		120，± 20	360，± 60
		240，± 40	720，± 120
固化后力学性能	弯曲强度 /MPa	≥ 20	
	抗拉强度 /MPa	≥ 50	
	拉伸剪切强度 /MPa	≥ 10	
固化后耐久性能	耐湿热老化性能	拉伸剪切强度下降率≤ 15%	
	高低温交变性能	拉伸剪切强度下降率≤ 15%	

注：① 不同温度下固化时间和张拉适用期可以参考厂家产品说明书。
② 可根据用户要求调整固化时间和张拉适用期。

10.2.4　锚固体系

预应力锚固体系可根据需要锚固的预应力筋的种类来划分，包括钢绞线锚固体系、钢丝束锚固体系、高强钢筋和钢棒锚固体系及非金属预应力筋锚固体系等。预应力筋用锚具，可分为夹片锚具、镦头锚具、螺母锚具、钢质锥塞式锚具、挤压锚具、压接锚具、压花锚具、冷铸锚具和热铸锚具等。预应力筋用锚具应根据预应力筋品种、锚固要求和张拉工艺等选用。

对预应力钢绞线，宜采用夹片锚具，也可采用挤压锚具、压接锚具和压花锚具；对预应力钢丝束，宜采用镦头锚具，也可采用冷铸锚具和热铸锚具；对高强钢筋和钢棒，宜采用螺母锚具。预应力施工中，如夹片锚具没有可靠防松脱措施，不得用于预埋在混凝土中的固定端；压花锚具不得用于无黏结预应力钢绞线；承受低应力或动荷载的夹片锚具应具有防松装置。

10.2.4.1　预应力锚固体系性能要求

预应力筋用锚具、夹片和连接器的性能应符合现行国家标准《预应力筋用锚具、夹具和连接器》(GB/T 14370—2015)和《预应力筋用锚具、夹具和连接器应用技术规程》(JGJ 85—2010)的规定。主要技术要求包括以下几点。

1. 锚具的静载锚固性能试验

用预应力筋 - 锚具组装件静载试验测定的锚具效率系数 η_a 和达到实测极限拉力时组装件受力长度的总应变 ε_{apu}，来判定预应力锚具的静载锚固性能是否合格。

锚具效率系数 η_a 按下式计算：

$$\eta_a = \frac{F_{apu}}{\eta_p F_{pm}} \tag{10-5}$$

式中：F_{apu}——预应力筋 - 锚具组装件的实测极限拉力；

F_{pm}——预应力筋的实际平均极限抗拉力，由预应力筋试件实测破断荷载平均值计算得出；

η_p——预应力筋的效率系数。

η_p 的取用：预应力筋 - 锚具组装件中预应力筋为 1~5 根时，$\eta_p=1$；6~12 根时，$\eta_p=0.99$；13~19 根时，$\eta_p=0.98$；20 根及以上时，$\eta_p=0.97$。

预应力锚具的静载锚固性能应同时满足下列两项要求：

$$\eta_a \geqslant 0.95$$

$$\varepsilon_{apu} \geqslant 2.0\%$$

此时，预应力筋 - 锚具组装件的破坏形式应当是预应力筋的断裂（逐根或多根同时断裂），锚具零件的变形不得过大或碎裂，且应按规定确认锚固的可靠性。

2. 疲劳荷载性能试验

预应力筋 - 锚具组装件，除必须满足静载锚固性能外，尚应满足循环次数为 200 万次的疲劳性能试验。

当锚固的预应力筋为钢丝、钢绞线或热处理钢筋时，试验应力上限取预应力筋抗拉强度标准值 f_{ptk} 的 65%，疲劳应力幅度应不小于 80 MPa。工程有特殊需要时，试验应力上限及疲劳应力幅度取值可以另定。

当锚固的预应力筋为有明显屈服台阶的预应力筋时，试验应力上限取预应力筋抗拉强度标准值的 80%，疲劳应力幅度宜取 80 MPa。

试件经受 200 万次循环荷载后，锚具零件不应疲劳破坏。预应力筋因锚具夹持作用产生疲劳破坏的截面面积不应大于试件总截面面积的 5%。

3. 周期荷载性能试验

有抗震要求的结构中使用的锚具，预应力筋 - 锚具组装件还应满足循环次数为 50 万次的周期荷载试验。

当锚固的预应力筋为钢丝、钢绞线或热处理钢筋时，试验应力上限取预应力筋抗拉强度标准值 f_{ptk} 的 80%，下限取预应力筋抗拉强度标准值 f_{ptk} 的 40%。

当锚固的预应力筋为有明显屈服台阶的预应力筋时，试验应力上限取预应力筋抗拉强度标准值的 90%，下限取预应力筋抗拉强度标准值的 40%。

试件经 50 万次循环荷载后预应力筋在锚具夹持区域不应发生破断。

4. 锚固区传力性能试验

锚固区传力性能试验可参照 JGJ 85—2010 的规定。

除此之外，其他技术性能要求的试验还有：锚具低温锚固性能检验；锚具内缩值测定；锚口摩擦损失测定；锚板性能检验；变角张拉摩擦损失测定；张拉锚固工艺试验等。

10.2.4.2 预应力锚固体系选用

国内外主要预应力锚固体系有：OVM、B&S、QM、VSL、Freyssinet 及 Dywidag 等。圆形夹片锚具体系（图 10-1）或扁形夹片锚具体系（图 10-2）的一般规格可参考表 10-25 和表 10-26 选用。

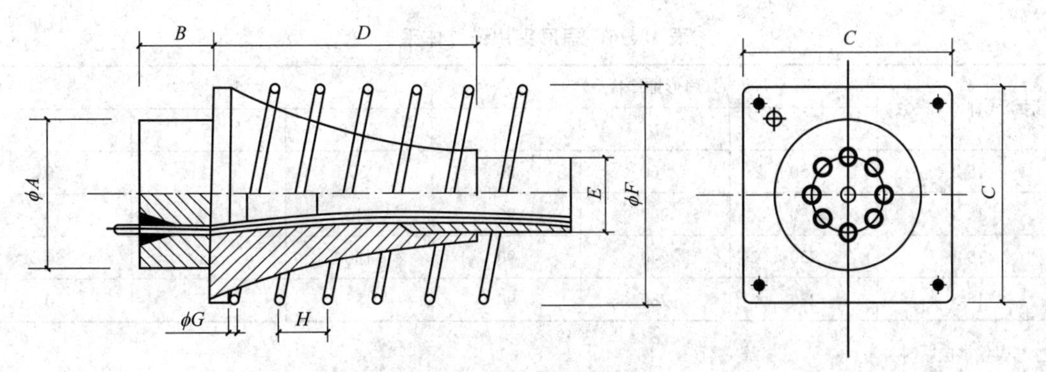

图 10-1　圆形夹片锚具体系

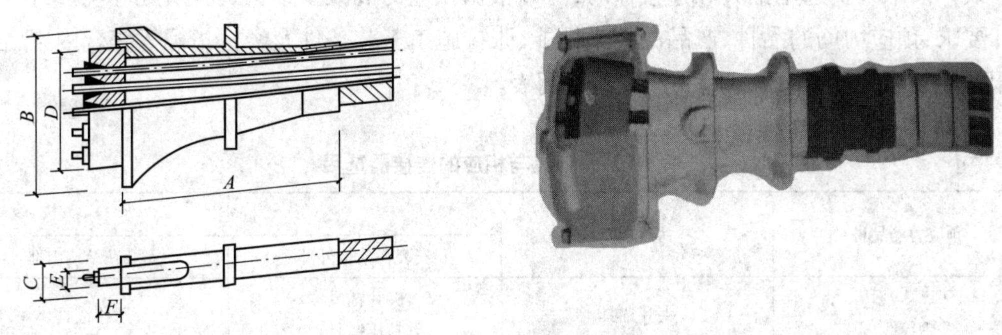

图 10-2　扁形夹片锚具体系

表 10-25　圆形夹片锚具体系　（mm）

钢绞线 直径 - 根数	锚板 $\phi A \times B$	锚垫板 $C \times D$	波纹管内径 E	螺旋筋			
				ϕF	ϕG	H	圈数
15-1	46 × 48	80 × 12	—	70	6	30	4
15-3	85 × 50	135 × 110	ϕ45~ϕ50	140	10	4	4
15-4	100 × 50	160 × 120	ϕ50~ϕ55	160	12	5	4.5
15-5	115 × 51	180 × 130	ϕ55~ϕ60	180	12	5	4.5
15-6、7	128 × 55	210 × 150	ϕ65~ϕ70	210	14	5	5
15-8	143 × 55	240 × 160	ϕ70~ϕ75	230	14	5	5.5
15-9	153 × 60	240 × 170	ϕ75~ϕ80	240	16	5	5.5
15-12	168 × 65	270 × 210	ϕ85~ϕ90	270	16	6	6
15-14	185 × 70	285 × 240	ϕ90~ϕ95	285	18	6	6
15-16	200 × 75	300 × 327	ϕ95~ϕ100	300	18	6	6.5
15-19	210 × 80	320 × 310	ϕ100~ϕ110	320	20	6	7

注：本表数据系综合各锚具厂的产品标准确定，仅供选用时参考；实际使用时应以锚具厂的产品标准为准。

表 10-26 扁形夹片锚具体系 (mm)

钢绞线直径 - 根数	扁形锚垫板			扁形锚板		
	A	*B*	*C*	*D*	*E*	*F*
15-2	150	160	80	80	48	50
15-3	190	200	80	115	48	50
15-4	230	240	90	150	48	50
15-5	270	280	90	185	48	50

注:本表仅供选用时参考。

设计技术人员选用锚具和连接器时,可以根据预应力混凝土结构工程所处环境、结构体系设计要求、预应力筋的品种、产品的技术性能、张拉施工工艺条件及经济指标等综合因素,合理采用。表 10-27 为锚具和相应的连接器选用表。

表 10-27 锚具与相应的连接器选用

预应力筋品种	张拉端	固定端	
		安装在结构外部	安装在结构内部
钢绞线	夹片锚具 压接锚具	夹片锚具 挤压锚具 压接锚具	压花锚具 挤压锚具
单根钢丝	夹片锚具	夹片锚具	镦头锚具
钢丝束	镦头锚具 冷(热)铸锚具	冷(热)铸锚具	镦头锚具
预应力螺纹钢筋	螺母锚具	螺母锚具	螺母锚具

10.2.4.3 预应力特殊锚固体系

1. 无黏结筋全封闭锚具

《无黏结预应力混凝土结构技术规程》(JGJ 92—2004)对处于二类、三类环境条件的无黏结预应力锚固系统,要求采用连续封闭的防腐蚀体系,具体规定包括:

(1)锚固端应为预应力钢材提供全封闭防水设计;

(2)无黏结预应力筋与锚具部件的连接及其他部件间的连接,应采用密封装置或采取封闭措施,使无黏结预应力锚固系统处于全封闭保护状态;

(3)连接部位在 10 kPa 静水压力(约 1.0 m 水头)下应保持不透水;

(4)如设计对无黏结预应力筋与锚具系统有电绝缘防腐蚀要求,可采用塑料等绝缘材料对锚具系统进行表面处理,以形成整体电绝缘。

GTi(General Technology, INC.)无黏结预应力专利产品 ZeroVoid(图 10-3)符合全封闭与电绝缘锚具的严格要求,在北美后张预应力混凝土结构中广泛应用。

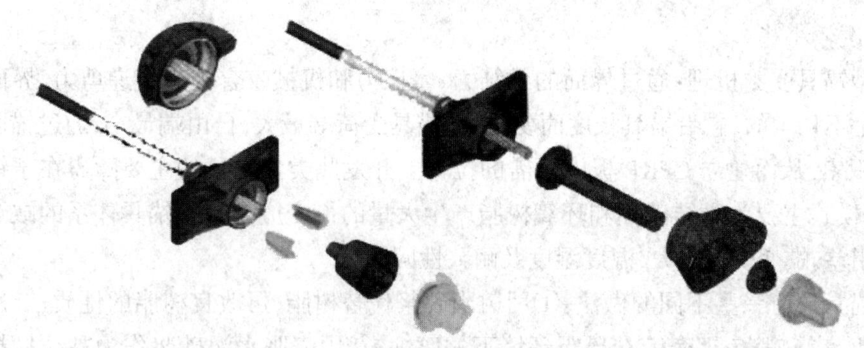

图 10-3　GTi 无黏结预应力专利产品 ZeroVoid

2. 环向预应力筋束 X 形锚具

环向预应力结构的筋束可以采用 X 形锚具(图 10-4),一般为单根无黏结筋或单根有黏结预应力筋。X 形锚具在压力管道、压力容器、环形储物筒仓及地铁管片等结构中应用较多。

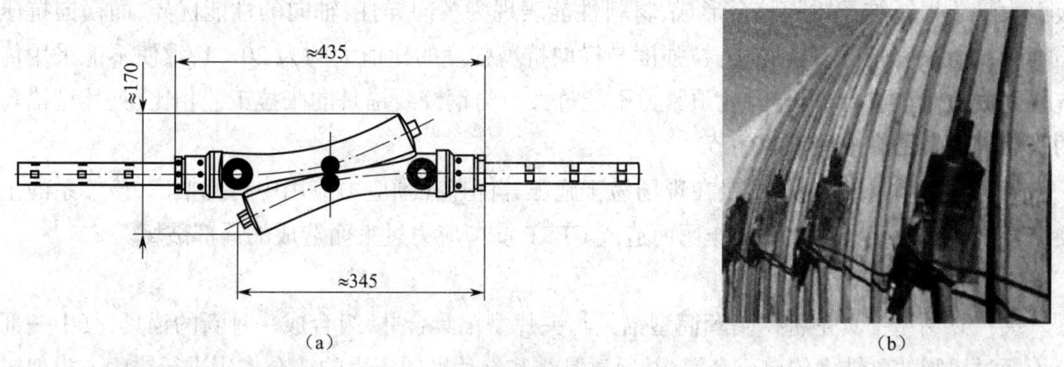

图 10-4　环向预应力筋束 X 形锚具

(a)X 形锚具示意图　(b)X 形锚具工程应用

10.2.4.4　CFRP 预应力筋锚固体系

FRP 预应力筋中 CFRP 预应力筋的应用最为广泛，CFRP 预应力筋加固钢筋混凝土结构的关键问题是对碳纤维筋施加预应力,并且是在构件内长期存在的预应力,而此预应力是靠锚具来建立和保持的。合理可靠的锚具是预应力碳纤维筋加固技术工程应用的前提。

1. CFRP 筋锚具的主要类型

CFRP 筋锚具的类型主要有夹片型锚具、黏结型锚具、夹片黏结型锚具,如图 10-5 所示。

1)黏结型锚具

黏结型锚具一般由套筒和胶体两部分组成,套筒一般为直筒式或内锥式锚具,而胶体则由混合填料组成。直筒式锚具直径相对较小,但锚固长度较大;内锥式锚具直径较大,由于混合填料对碳纤维筋的黏结和握裹及锥形内腔的楔形效

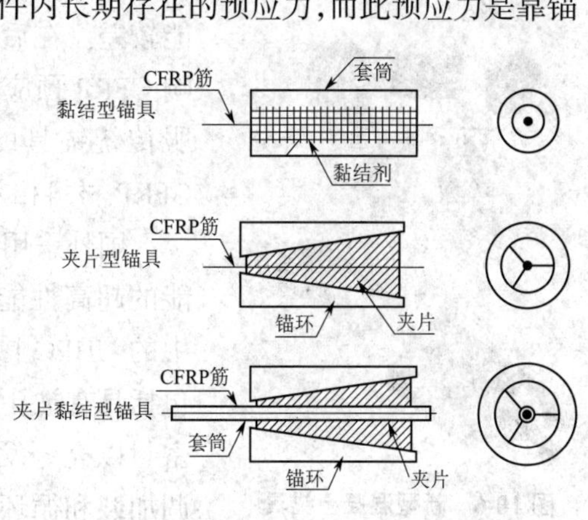

图 10-5　各种类型的 CFRP 筋锚具

应,锚固长度较小些。

黏结型锚具受力机理:通过界面的黏结力、摩擦力和机械咬合力来传递剪力,界面上的剪应力分布是不均匀的,它沿锚具长度而变化,在锚具受荷端最大,自由端最小,通过锚固长度上剪应力的积累,从而建立 CFRP 板中所需的拉力。开发此类型锚具的主要障碍在于锚具的长度,其破坏模式主要为黏结破坏和环氧树脂产生大量的徐变应变。该锚具体系的缺点主要是抗冲击作用差,蠕变变形过大,温度湿度及耐久性问题。

这种锚具还有一些不同的做法:①用树脂砂浆代替树脂,可改良树脂的性质;②用非金属套筒代替钢套筒,避免钢套筒在暴露环境下的腐蚀;③用膨胀水泥砂浆作为黏结材料来黏结 CFRP 筋。

2)夹片型锚具

夹片型锚具一般由套筒和夹片两部分组成,利用楔片锚固原理,把夹片顶进套筒,在强大的横向压力和摩擦力作用下夹紧碳纤维板。夹片型锚具需要在张拉前进行预紧,由于 CFRP 板由大量单根纤维经树脂胶合形成,材料性能表现为各向异性,轴向的性能优异,而横向抗压强度和抗剪强度较低,其轴向抗拉强度与横向抗剪强度的比值大约为 20∶1,致使不能采用传统锚固方式对其进行锚固,因此预紧力不能过大。与钢绞线锚具的张拉工艺相比,夹片型锚具的张拉过程多了一个预紧的环节。

该锚具体系由于易于组装、在现场易于施工等优点在预应力应用中得到推广,该体系的主要破坏模式是由于夹片的咬合作用而造成 CFRP 筋剪应力过大而造成的局部破坏。

3)夹片黏结型锚具

夹片黏结型锚具是将树脂套筒型锚具与夹片型锚具合并,组合成一种新的锚具,其中一部分力通过树脂的黏结力传递至套筒,并通过黏结和夹片横向压力的综合作用进行锚固。类似锚具所采用的黏结材料种类很多,包括环氧基黏结剂、硅酸盐水泥以及低熔点合金等。夹片黏结型锚具兼顾了机械夹持式锚具与黏结型锚具的双重优点,组件加工方便,体积小巧,锚固效果很好。

2. 新型锚具

以上所述锚具大多为金属锚具,其主要缺点是剪切强度较低易于过早破坏并且耐腐蚀性能较差。在后张体系中,缺乏简单可靠、经济耐用的锚具成为影响 CFRP 预应力筋发展的重要技术问题。而非金属锚具可以克服传统锚具的不足,并且具有组装简单、制作经济、耐久性与 CFRP 材料相差不大的优点。

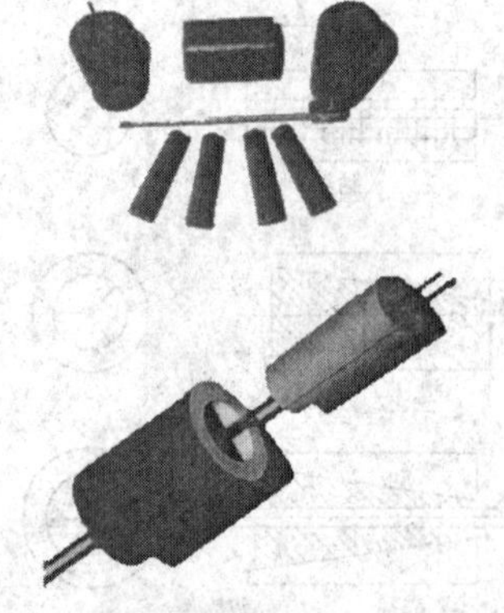

图 10-6 新型混凝土锚具

国外采用抗压强度超过 200 MPa、拥有良好耐久性和抗裂性能的超高性能混凝土(UHPC)研制成 CFRP 预应力筋锚具。其中的 UHPC 掺入了煅烧合成的铝土矿和 3 mm 短碳纤维。锚具包括具有锥孔的外部套筒和四个片式夹片,套筒由碳纤维布包裹密封以充分发挥 UHPC 的强度和韧度,如图 10-6 所示。通过单调加载和循环加载试验检验了新型混凝土锚具的特性。试验证明该锚具显示出良好的机械特性,可以发挥和保持钢筋高强的特点,并且可以抵抗预期疲劳荷载,提高结构的使用性能。

10.3　张拉控制应力与预应力损失

预应力损失是预应力筋张拉过程中和张拉后,由于材料特性、结构状态和张拉工艺等因素引起的预应力筋应力降低的现象。预应力损失包括:摩擦损失、锚固损失、弹性压缩损失、热养护损失、预应力筋应力松弛损失和混凝土收缩徐变损失等。

预应力结构中满足设计要求的预应力筋预拉应力,应是扣除预应力损失后的有效预应力。因此,确定预应力筋张拉时的初始应力(一般称为张拉控制应力)和相应的预应力损失是预应力结构设计计算的两个关键步骤。

精确地计算预应力结构中的预应力损失非常复杂,因为影响预应力损失的因素众多且其中存在不同因素间的相互作用。过高或过低地估计预应力损失都将对预应力结构产生不利影响,如预应力损失估计过高,则会导致有效预应力过大,此时混凝土将承受过高的持续压应力,产生过大的反拱度,严重时还会引起截面反向开裂,降低结构的安全性和耐久性;如预应力损失估计过低,则会使得有效预应力过小而造成结构设计经济性不合理。因此,在进行预应力结构设计时,一方面预应力损失可根据实际情况合理估算,另一方面要依据规范进行仔细计算,必要时还应进行预应力损失工程实测。

10.3.1　张拉控制应力

张拉预应力筋对构件施加预应力时,张拉设备(千斤顶油压表或力值传感器)所控制的总张拉力 $N_{p,con}$ 除以预应力筋面积 A_p 得到的应力称为张拉控制应力。

$$\sigma_{con}=\frac{N_{p,con}}{A_p} \tag{10-6}$$

张拉控制应力 σ_{con} 取值越高,预应力筋对混凝土的预压作用越大,可以使预应力筋充分发挥作用。但 σ_{con} 取值过高,可能会产生一些不良后果。

(1)由于预应力筋强度的离散性、张拉操作中的超张拉等原因,如 σ_{con} 值定得过高,张拉时可能使预应力筋屈服,产生塑性变形,影响有效预应力值预期效果。

(2)增加由于预应力筋松弛产生的应力损失。

《混凝土结构设计规范》(GB 50010—2010)在充分考虑上述因素后,确定的预应力筋的张拉控制应力 σ_{con} 的限值见表 10-28。

表 10-28　张拉控制应力限值

预应力筋种类	σ_{con}
消除应力钢丝、钢绞线	$0.75f_{ptk}$
中强度预应力钢丝	$0.7f_{ptk}$
预应力螺纹钢筋	$0.85f_{pyk}$

在表 10-28 中，f_{ptk} 为钢丝、钢绞线、中强度预应力钢丝的极限强度标准值；f_{pyk} 为预应力螺纹钢筋的屈服强度标准值。

下列情况下，表 10-28 中的张拉控制应力限值可提高 $0.05f_{ptk}$ 或 $0.05f_{pyk}$：

（1）要求提高构件在施工阶段的抗裂性能而在使用阶段受压区内设置的预应力筋；

（2）要求部分抵消由于应力松弛、摩擦、预应力筋分批张拉以及预应力筋与张拉台座之间的温差等因素产生的预应力损失。

为了充分发挥预应力筋的作用，克服预应力损失，消除应力钢丝、钢绞线、中强度预应力钢丝的张拉控制应力值不应小于 $0.4f_{ptk}$；预应力螺纹钢筋的张拉控制应力不宜小于 $0.5f_{pyk}$。

10.3.2 预应力损失值计算

预应力的建立是通过张拉预应力筋实现的，凡是张拉预应力筋后，使预应力筋产生缩短的因素，都将导致预应力的损失。材料方面，主要由于混凝土的收缩和徐变、预应力筋的松弛等；施工方面，主要由于混凝土养护时的温差、锚具变形、预应力筋与孔壁之间的摩擦及张拉工艺等；受力方面，由于构件压缩和压陷变形等。进行预应力筋的应力计算时，一般考虑由下列因素引起的预应力损失：

（1）张拉端锚具变形和预应力筋内缩引起的应力损失 σ_{l1}；

（2）预应力筋的摩擦（与孔道壁之间的摩擦、张拉端锚口摩擦、在转向装置处的摩擦）引起的应力损失 σ_{l2}；

（3）混凝土加热养护时，预应力筋与承受拉力的设备之间的温差引起的应力损失 σ_{l3}；

（4）预应力筋的应力松弛引起的应力损失 σ_{l4}；

（5）混凝土的收缩和徐变引起的应力损失 σ_{l5}；

（6）用螺旋式预应力筋做配筋的环形构件，当直径 $d \leqslant 3$ m 时，由于混凝土的局部挤压引起的应力损失 σ_{l6}；

（7）混凝土弹性压缩引起的应力损失 σ_{l7}。

10.3.2.1 锚固损失

张拉端锚具变形和预应力筋内缩引起的应力损失 σ_{l1}，与锚具和拼接块件接缝的类型有关，存在于先张法构件与后张法构件之中。

1. 直线预应力筋的 σ_{l1}

直线预应力筋是指先张法直线预应力筋或是孔道内无摩擦作用的后张法直线预应力筋。由于锚具变形、预应力筋内缩和分块拼装构件接缝压密引起的直线预应力筋的变化 Δl 沿构件通长是均匀分布的，即直线预应力筋由于锚具变形和预应力筋内缩引起的预应力损失值 σ_{l1} 沿构件通长是均匀分布的。

直线预应力筋的 σ_{l1} 计算公式为

$$\sigma_{l1} = \frac{a}{l} E_s \tag{10-7}$$

式中：a——张拉端锚具变形和预应力筋内缩值，mm，可按表 10-29 采用；

l——张拉端至锚固端之间的距离,mm;

E_s——预应力筋的弹性模量。

表 10-29　锚具变形和预应力筋内缩值 a　（mm）

锚具类别		a
支承式锚具（钢丝束镦头锚具等）	螺帽缝隙	1
	每块后加垫板的缝隙	1
夹片型锚具	有顶压时	5
	无顶压时	6~8

注:①表中的锚具变形和预应力筋内缩值也可根据实测数据确定。

② 其他类型的锚具变形和预应力筋内缩值应根据实测数据确定。块体拼成的结构,其预应力损失尚应计块体间填缝的预压变形。当采用混凝土或砂浆为填缝材料时,每条填缝的预压变形值可取为 1 mm。

σ_{l1} 与构件或台座的长度有关,若长度很短则 σ_{l1} 值很大,故在先张法的长线台座上张拉预应力筋时,σ_{l1} 值就很小,一般情况下,当台座长度超过 100 m 时,常可将 σ_{l1} 忽略。在后张法中应尽量减少使用垫板。另外,σ_{l1} 只考虑张拉端变形。

2. 曲线预应力筋的 σ_{l1}

后张法构件曲线预应力筋或折线预应力筋由于锚具变形和预应力筋内缩引起的预应力损失值 σ_{l1},应根据曲线预应力筋或折线预应力筋与孔道壁之间反向摩擦影响长度 l_f 范围内的预应力筋变形值等于锚具变形和预应力筋内缩值的条件确定,反向摩擦系数可按表 10-30 中的数值采用,并应符合下列规定。

表 10-30　预应力筋与孔道壁的摩擦系数

孔道成型方式	κ	μ	
		钢绞线、钢丝束	预应力螺纹钢筋
预埋金属波纹管	0.001 5	0.25	0.50
预埋塑料波纹管	0.001 5	0.15	—
预埋钢管	0.001 0	0.30	—
抽芯成型	0.001 4	0.55	0.60
无黏结预应力筋	0.004 0	0.09	—

注:表中系数也可根据实测数据确定。

（1）抛物线形预应力筋可按圆弧形曲线预应力筋考虑。当其对应的圆心角 $\theta \leq 30°$ 时（图 10-7）,预应力损失值 σ_{l1} 可按下列公式计算:

$$\sigma_{l1} = 2\sigma_{con} l_f \left(\frac{\mu}{r_c} + \kappa\right)\left(1 - \frac{x}{l_f}\right) \tag{10-8}$$

反向摩擦影响长度 l_f 可按下列公式计算:

$$l_{\mathrm{f}}=\sqrt{\frac{aE_{\mathrm{s}}}{1\,000\sigma_{\mathrm{con}}\left(\frac{\mu}{r_{\mathrm{c}}}+\kappa\right)}} \tag{10-9}$$

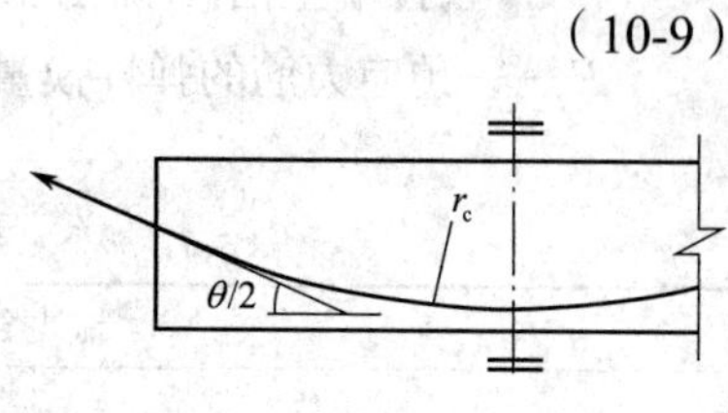

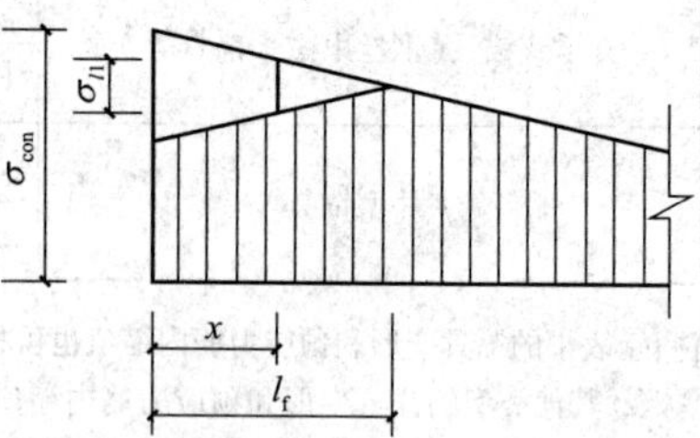

图 10-7　圆弧形曲线预应力筋的预应力损失 σ_{l1}

式中：l_{f}——反向摩擦影响长度，m；

r_{c}——圆弧形曲线预应力筋的曲率半径，m；

x——张拉端至计算截面的距离，m；

a——张拉端锚具变形和钢筋内缩值，mm，按表10-29采用；

κ——考虑孔道每米长度局部偏差的摩擦系数，1/m，可按表10-30采用；

μ——预应力筋与孔道壁之间的摩擦系数，1/rad，可按表10-30采用；

E_{s}——预应力筋弹性模量，MPa。

（2）端部为直线，直线长度为 l_0，而后由两条圆弧形曲线组成的预应力筋（图10-8），当圆弧对应的圆心角 $\theta\leqslant 30°$ 时，由于锚具变形和钢筋内缩，在反向摩擦影响长度 l_{f} 范围内的预应力损失值 σ_{l1} 可按下列公式计算：

当 $x\leqslant l_0$ 时，

$$\sigma_{l1}=2i_1(l_1-l_0)+2i_2(l_{\mathrm{f}}-l_1) \tag{10-10}$$

当 $l_0<x\leqslant l_1$ 时，

$$\sigma_{l1}=2i_1(l_1-x)+2i_2(l_{\mathrm{f}}-l_1) \tag{10-11}$$

当 $l_1<x\leqslant l_{\mathrm{f}}$ 时，

$$\sigma_{l1}=2i_2(l_{\mathrm{f}}-x) \tag{10-12}$$

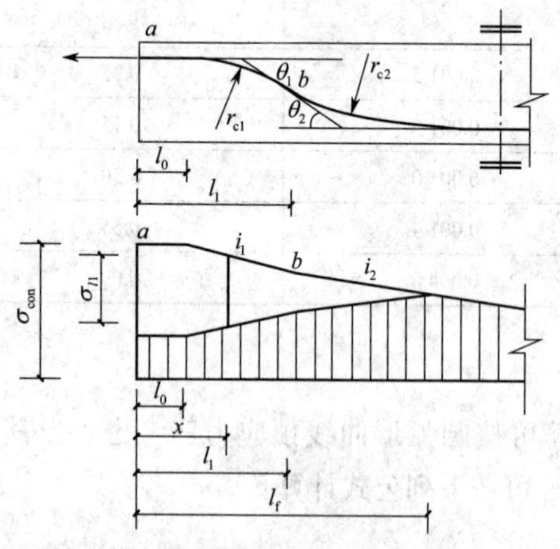

图 10-8　两条圆弧形曲线组成的预应力筋的预应力损失 σ_{l1}

反向摩擦影响长度 l_{f} 可按下列公式计算：

$$l_{\mathrm{f}}=\sqrt{\frac{aE_{\mathrm{s}}}{1\ 000i_{2}}-\frac{i_{1}(l_{1}^{2}-l_{0}^{2})}{i_{2}}+l_{1}^{2}} \tag{10-13}$$

$$i_{1}=\sigma_{\mathrm{a}}\left(\kappa+\frac{\mu}{r_{\mathrm{c1}}}\right) \tag{10-14}$$

$$i_{2}=\sigma_{\mathrm{b}}\left(\kappa+\frac{\mu}{r_{\mathrm{c2}}}\right) \tag{10-15}$$

式中：l_0——预应力筋端部直线段长度，m；

l_1——预应力筋张拉端起点至反弯点的水平投影长度，m；

i_1,i_2——第一、二段圆弧形曲线预应力筋中应力近似直线变化的斜率；

r_{c1},r_{c2}——第一、二段圆弧形曲线预应力筋的曲率半径，m；

σ_a,σ_b——预应力筋在 a、b 点的应力，MPa。

（3）当折线形预应力筋的锚固损失消失于折点 c 之外时（图 10-9），由于锚具变形和钢筋内缩，在反向摩擦影响长度 l_f 范围内的预应力损失值 σ_{l1} 可按下列公式计算：

当 $x\leqslant l_0$ 时，

$$\sigma_{l1}=2\sigma_{1}+2i_{1}(l_{1}-l_{0})+2\sigma_{2}+2i_{2}(l_{\mathrm{f}}-l_{1}) \tag{10-16}$$

当 $l_0<x\leqslant l_1$ 时，

$$\sigma_{l1}=2i_{1}(l_{1}-x)+2\sigma_{2}+2i_{2}(l_{\mathrm{f}}-l_{1}) \tag{10-17}$$

当 $l_1<x\leqslant l_f$ 时，

$$\sigma_{l1}=2i_{2}(l_{\mathrm{f}}-x) \tag{10-18}$$

反向摩擦影响长度 l_f 可按下列公式计算：

$$l_{\mathrm{f}}=\sqrt{\frac{aE_{\mathrm{s}}}{1\ 000i_{2}}-\frac{i_{1}(l_{1}-l_{0})^{2}+2i_{1}l_{0}(l_{1}-l_{0})+2\sigma_{2}l_{1}}{i_{2}}+l_{1}^{2}} \tag{10-19}$$

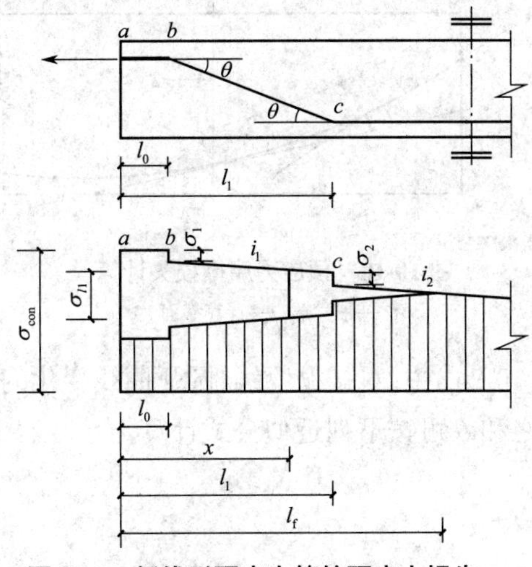

图 10-9　折线形预应力筋的预应力损失 σ_{l1}

$$i_{1}=\sigma_{\mathrm{con}}(1-\mu\theta)\kappa \tag{10-20}$$

$$i_2 = \sigma_{\mathrm{con}}\left[1-\kappa(l_1-l_0)\right](1-\mu\theta)^2\kappa \tag{10-21}$$

$$\sigma_1 = \sigma_{\mathrm{con}}\mu\theta \tag{10-22}$$

$$\sigma_2 = \sigma_{\mathrm{con}}\left[1-\kappa(l_1-l_0)\right](1-\mu\theta)\mu\theta \tag{10-23}$$

式中：i_1——预应力筋在 bc 段中应力近似直线变化的斜率；

i_2——预应力筋在折点 c 以外应力近似直线变化的斜率；

l_1——张拉端起点至预应力筋折点 c 的水平投影长度，m。

10.3.2.2 摩擦损失

预应力筋的摩擦引起的应力损失 σ_{l2}，出现在后张法预应力混凝土构件中。在张拉预应力筋时，由于预留孔道的位置可能有偏差、孔壁不光滑（有混凝土灰浆碎渣之类的杂物）等原因，使预应力筋与孔壁接触引起摩擦力，故离开张拉端后预应力筋的预拉应力 σ_{p} 逐渐减小。

摩擦损失主要由孔道的弯曲和管道的偏差引起。孔道偏差影响引起的摩擦损失，其值较小，主要与预应力筋的长度、接触材料间的摩阻系数及孔道成型的施工质量等有关。因孔道弯曲，张拉预应力筋对孔道内壁的径向垂直挤压力引起的摩擦损失，称为弯曲影响的摩擦损失，其值较大，并随预应力筋弯曲角度之和的增加而增加。

预应力筋与孔道壁之间的摩擦引起的预应力损失值 σ_{l2}（图 10-10），宜按下列公式计算：

$$\sigma_{l2} = \sigma_{\mathrm{con}}\left[1-\frac{1}{\mathrm{e}^{\kappa x+\mu\theta}}\right] \tag{10-24}$$

当 $\kappa x+\mu\theta \leqslant 0.3$ 时，σ_{l2} 可按下列近似公式计算：

$$\sigma_{l2} = (\kappa x+\mu\theta)\sigma_{\mathrm{con}} \tag{10-25}$$

式中：θ——张拉端至计算截面曲线孔道各部分切线的夹角，rad；

κ——考虑孔道每米长度局部偏差的摩擦系数，1/m，可按表 10-30 采用；

μ——预应力筋与孔道壁之间的摩擦系数，1/rad，可按表 10-30 采用。

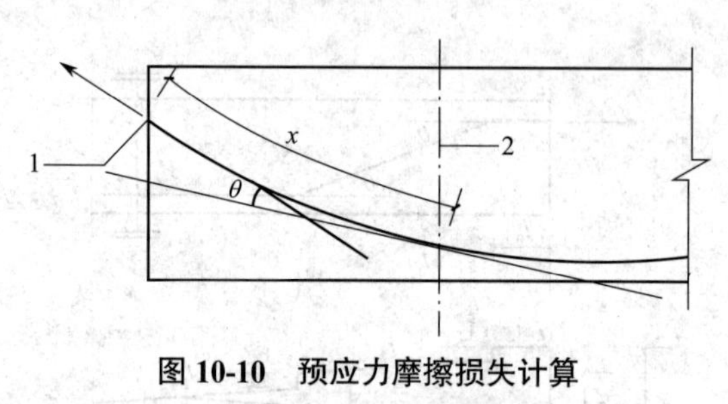

图 10-10 预应力摩擦损失计算

1—张拉端；2—计算截面

（1）在式（10-23）和式（10-24）中，对按抛物线、圆弧曲线变化的空间曲线及可采用分段后叠加的广义空间曲线，夹角之和 θ 可按下列近似公式计算。

抛物线、圆弧曲线：

$$\theta = \sqrt{\alpha_{\mathrm{v}}^2+\alpha_{\mathrm{h}}^2} \tag{10-26}$$

广义空间曲线：

$$\theta=\sum\sqrt{\Delta\alpha_{\mathrm{v}}^{2}+\Delta\alpha_{\mathrm{h}}^{2}} \tag{10-27}$$

式中：$\alpha_{\mathrm{v}},\alpha_{\mathrm{h}}$——按抛物线、圆弧曲线变化的空间曲线预应力筋在竖直向、水平向投影所形成抛物线、圆弧曲线的弯转角，rad；

$\Delta\alpha_{\mathrm{v}},\Delta\alpha_{\mathrm{h}}$——广义空间曲线预应力筋在竖直向、水平向投影所形成分段曲线的弯转角增量，rad。

（2）体外预应力结构中当体外预应力筋与转向块鞍座处接触长度可忽略时，体外预应力筋转向装置处的摩擦损失值 σ_{l2} 可按下式计算：

$$\sigma_{l2}=\mu\theta\sigma_{\mathrm{con}} \tag{10-28}$$

式中：θ——体外束在转向块处的弯折转角，rad；

μ——体外束在转向块处的摩擦系数，1/rad，可按表 10-31 采用。

表 10-31　转向块处的摩擦系数

孔道材料、成品束类型	κ	μ
钢管穿光面钢绞线	0.001	0.30
HDPE 管穿光面钢绞线	0.002	0.13
无黏结预应力筋钢绞线	0.004	0.09

10.3.2.3　温差损失

混凝土加热养护时，预应力筋与承受拉力的设备之间的温差引起的应力损失 σ_{l3}，存在于先张法构件中。为了缩短构件的生产周期，常采用蒸汽养护的方式促使混凝土快硬。当新浇筑的混凝土尚未结硬时，加热升温，预应力筋受热自由伸长，但两端的张拉台座是固定不动的，距离保持不变，故预应力筋的应力降低。降温时，混凝土已结硬并与预应力筋结成一个整体，预应力筋应力不能恢复原值，造成预应力损失。

混凝土加热养护时，预应力筋与承受拉力的设备之间的温差引起的应力损失值，宜按下列公式计算：

$$\sigma_{l3}=2\Delta t \tag{10-29}$$

式中：Δt——混凝土加热养护时，预应力筋与承受拉力的设备之间的温差，℃。

10.3.2.4　松弛损失

预应力筋的应力松弛引起应力损失 σ_{l4}，预应力筋在持久不变的拉力作用下，会产生随持荷时间延长而增加的蠕变变形，此时预应力筋中的应力将随时间而降低，即应力松弛。预应力筋的松弛，在承受拉应力初期发展最快，第一小时内松弛量最大，24 h 内完成约 50% 以上，以后逐渐稳定。

因此计算松弛应力损失时，应根据构件不同受力阶段的持荷时间，采用不同的松弛损失值。如在先张法构件预加应力阶段，考虑其持荷时间短，一般取总松弛损失的一半计算，其余部分在使用阶段完成；后张法构件的松弛损失，则认为全部在使用阶段完成。

应力松弛损失值与钢种有关，钢种不同则损失大小不同。具体计算方法如下。

（1）消除应力钢丝、钢绞线。

①普通松弛：

$$\sigma_{l4}=0.4\left(\frac{\sigma_{\mathrm{con}}}{f_{\mathrm{ptk}}}-0.5\right)\sigma_{\mathrm{con}} \tag{10-30}$$

②低松弛：

当 $\sigma_{\mathrm{con}}\leqslant 0.7f_{\mathrm{ptk}}$ 时，

$$\sigma_{l4}=0.125\left(\frac{\sigma_{\mathrm{con}}}{f_{\mathrm{ptk}}}-0.5\right)\sigma_{\mathrm{con}} \tag{10-31}$$

当 $0.7f_{\mathrm{ptk}}<\sigma_{\mathrm{con}}\leqslant 0.8f_{\mathrm{ptk}}$ 时，

$$\sigma_{l4}=0.2\left(\frac{\sigma_{\mathrm{con}}}{f_{\mathrm{ptk}}}-0.575\right)\sigma_{\mathrm{con}} \tag{10-32}$$

（2）中强度预应力钢丝：$0.08\sigma_{\mathrm{con}}$。

（3）预应力螺纹钢筋：$0.03\sigma_{\mathrm{con}}$。

10.3.2.5 收缩和徐变损失

混凝土结硬时会发生体积收缩，在预应力作用下混凝土沿压力方向发生徐变。两者均使构件的长度缩短，预应力筋随之内缩，产生预应力损失。

由于混凝土收缩和徐变引起的预应力筋应力损失值 σ_{l5}，可按下列公式计算：

（1）一般结构构件。

①先张法构件：

$$\sigma_{l5}=\frac{60+340\dfrac{\sigma_{\mathrm{pc}}}{f'_{\mathrm{cu}}}}{1+15\rho} \tag{10-33}$$

$$\sigma'_{l5}=\frac{60+340\dfrac{\sigma'_{\mathrm{pc}}}{f'_{\mathrm{cu}}}}{1+15\rho'} \tag{10-34}$$

$$\rho=\frac{A_{\mathrm{p}}+A_{\mathrm{s}}}{A_0} \tag{10-35}$$

$$\rho'=\frac{A'_{\mathrm{p}}+A'_{\mathrm{s}}}{A_0} \tag{10-36}$$

②后张法构件：

$$\sigma_{l5}=\frac{55+300\dfrac{\sigma'_{\mathrm{pc}}}{f'_{\mathrm{cu}}}}{1+15\rho} \tag{10-37}$$

$$\sigma'_{l5}=\frac{55+300\dfrac{\sigma'_{\mathrm{pc}}}{f'_{\mathrm{cu}}}}{1+15\rho'} \tag{10-38}$$

$$\rho=\frac{A_{\mathrm{p}}+A_{\mathrm{s}}}{A_{\mathrm{n}}} \tag{10-39}$$

$$\rho' = \frac{A'_p + A'_s}{A_n} \tag{10-40}$$

式中：σ_{pc}，σ'_{pc}——受拉区、受压区预应力筋合力点处的混凝土法向压应力，MPa；

f'_{cu}——施加预应力时的混凝土立方体抗压强度，MPa；

ρ,ρ'——受拉区、受压区预应力筋和普通钢筋的配筋率，对于对称配置预应力筋和普通钢筋的构件，配筋率 ρ、ρ' 应按钢筋总截面面积的一半计算。

当结构处于年平均相对湿度低于 40% 的环境下，σ_{l5} 及 σ'_{l5} 值应增加 30%。

（2）对重要的结构构件，当考虑与时间相关的混凝土收缩、徐变及钢筋应力松弛预应力损失值时，可按现行国家标准《混凝土结构设计规范》（GB 50010—2010）进行计算。

（3）当采用泵送混凝土时，宜根据实际情况考虑混凝土收缩、徐变引起预应力损失值的增大。

10.3.2.6　挤压损失

用螺旋式预应力筋作为配筋的环形构件，当直径 $d \leqslant 3$ m 时，由于混凝土的局部挤压引起应力损失 σ_{l6}、σ_{l6} 存在于后张法构件中。在预应力混凝土环形构件中，配置螺旋式预应力筋，预应力筋对混凝土存在局部挤压作用，环形构件的直径减小，预应力筋的拉应力降低，导致预应力损失。

当 $d \leqslant 3$ m 时，$\sigma_{l6} = 30$ N/mm^2；当 $d > 3$ m 时，$\sigma_{l6} = 0$。

10.3.2.7　弹性压缩损失

预应力混凝土构件受到预压力后，会产生弹性压缩应变，此时已与混凝土黏结的或已张拉并锚固的预应力筋也将产生与相应位置的混凝土一样的压缩应变，从而导致预应力损失，其称为混凝土弹性压缩损失，以 σ_{l7} 表示。

混凝土弹性压缩引起的预应力损失 σ_{l7} 宜按下列方法确定。

（1）先张法构件与一次张拉完成的后张法构件：

$$\sigma_{l7} = 0 \tag{10-41}$$

（2）分批张拉和锚固预应力钢筋的后张法构件：

$$\sigma_{l7} = \frac{m-1}{2m}\alpha_E\sigma_c \tag{10-42}$$

$$\sigma_c = \frac{N_c}{A_n} + \frac{N_p e_p^2}{I_n} \tag{10-43}$$

式中：m——预应力筋张拉的总批数；

α_E——预应力筋弹性模量与混凝土弹性模量之比（E_p/E_c）；

σ_c——在代表截面的全部预应力筋形心处混凝土的预压应力，预应力筋的预拉应力按控制应力扣除相应的预应力损失后算得，MPa；

N_p——后张法构件的预加力，N；

A_n——净截面面积，即扣除孔道、凹槽等削弱部分后混凝土全部截面面积及纵向普通钢筋截面面积换算成混凝土的截面面积之和，对由不同强度等级混凝土组成的截

面,应根据混凝土弹性模量比值换算成同一混凝土强度等级的截面面积,mm²;

I_n—— 净截面惯性矩,mm⁴;

e_p—— 预应力筋截面形心至换算截面形心的距离,mm。

10.3.3 有效预应力值计算

10.3.3.1 有效预应力 σ_{pe} 的计算

各项预应力损失是先后发生的,因此有效预应力值也因不同受力阶段而不同。将预应力损失按各受力阶段进行组合,可计算出不同阶段预应力筋的有效预应力值,进而计算出在混凝土中建立的有效预应力 σ_{pe}。预应力筋的有效预应力 σ_{pe} 可定义为张拉控制应力 σ_{con} 扣除相应应力损失 σ_l,同时扣除混凝土弹性压缩引起的预应力筋应力降低后,在预应力筋内存在的张拉应力。

上述七种预应力损失,它们有的只发生在先张法构件中,有的只发生于后张法构件中,有的两种构件均有,而且是分批产生的。为了便于分析和计算,在实际计算中,以预压为界,把预应力损失分成两批。所谓预压,对先张法构件来说就是指放松预应力筋,开始对混凝土施加预应力的时刻;对后张法构件来说则因为从开始张拉预应力筋就受到预压,从而这里的预压特指从张拉预应力筋至 σ_{con} 并加以锚固的时刻。各阶段的预应力损失值的组合见表 10-32。

在预加应力阶段,预应力筋中的有效预应力为

$$\sigma_{pe}=\sigma_{con}-\sigma_{l\,\mathrm{I}} \tag{10-44}$$

在使用荷载阶段,预应力筋中的有效预应力,即永存预应力为

$$\sigma_{pe}=\sigma_{con}-(\sigma_{l\,\mathrm{I}}+\sigma_{l\,\mathrm{II}}) \tag{10-45}$$

表 10-32 各阶段预应力损失值的组合

预应力损失值的组合	先张法构件	后张法构件
混凝土预压前(第一批)损失	$\sigma_{l1}+\sigma_{l2}+\sigma_{l3}+\sigma_{l4}$	$\sigma_{l1}+\sigma_{l2}$
混凝土预压后(第二批)损失	σ_{l5}	$\sigma_{l4}+\sigma_{l5}+\sigma_{l6}$

注:先张法构件由于预应力筋应力松弛引起的损失值 σ_{l4} 在第一批和第二批损失中所占的比例,如需区分,可根据实际情况确定。

在求得预应力筋中的有效预应力后,即可据此求混凝土的预压应力 σ_c。但须注意,若采用计入配筋影响的公式计算徐变、收缩引起的预应力损失,则计入配筋影响的相应混凝土预压应力 σ_c,可按下式计算:

$$\sigma_c=\sigma_{ci}-\sigma_{c,l5} \tag{10-46}$$

式中:σ_{ci}——扣除各项因素(不包括混凝土收缩、徐变)引起的预应力损失后,在截面计算纤维处的混凝土预压应力;

$\sigma_{c,l5}$—— 由混凝土收缩和徐变引起的截面计算纤维处混凝土预压应力的降低值。

10.3.3.2　减小预应力损失的措施

1. 减少锚具、预应力筋内缩和接缝压密引起的应力损失的措施

(1)选择锚具变形小或使预应力筋内缩小的锚具、夹具。

(2)尽量少用垫板,因每增加一块垫板,a 值就增加 1 mm。

(3)因 σ_{l1} 值与台座长度成反比,故可增加台座长度以减小 σ_{l1} 值。

2. 减少预应力筋与孔道间摩擦引起的应力损失的措施

(1)采用两端张拉,曲线的切线夹角 θ 以及管道计算长度 x 即可减少一半。

(2)进行超张拉。这时端部应力最大,传到跨中截面的预应力也较大。但当张拉端回到控制应力后,由于受到反向摩擦力的影响,这个回松的应力并没有传到跨中截面,仍保持较大的超拉应力。

(3)尽可能避免使用连续弯束及超长束,同时采用超张拉方法克服此项应力损失。

3. 减少预应力筋与台座间温差引起的应力损失

为了减小这项预应力损失,先张法构件在养护时可采用两次升温的措施。其中,初次升温应在混凝土尚未结硬、未与预应力筋黏结时进行,初次升温的温差一般可控制在 20 ℃以内;第二次升温则在混凝土构件具备一定强度(例如 7.5~10 MPa),即混凝土与预应力筋的黏结力足以抵抗温差变形后,再将温度升到 t_2 进行养护,此时,预应力筋将和混凝土一起变形,温差不再引起应力损失。故在采取两次升温的措施后,计算 σ_{l3} 公式中的 Δt 系指混凝土构件尚无强度、预应力筋未与混凝土黏结时的初次升温温度与自然温度的温差。

4. 减少混凝土弹性压缩引起的应力损失的措施

通过张拉程序设计和计算,合理减少后张法构件的分批张拉次数,以减少弹性压缩引起的应力损失。

5. 减少预应力筋松弛引起的应力损失的措施

(1)采用低松弛预应力筋。

(2)进行超张拉。

进行超张拉时,先控制张拉应力达到 $1.05\sigma_{con}$~$1.1\sigma_{con}$,持荷 2~5 min,然后卸荷再施加张拉应力至 σ_{con},这样可以减少松弛引起的预应力损失。因为在高应力下短时间所产生的松弛损失可达到在低应力下需经过较长时间才能完成的松弛数值,所以,经过超张拉部分松弛损失已完成。预应力筋松弛与初始应力有关,当初始应力小于 $0.7f_{ptk}$ 时,松弛与初始应力成线性关系,初始应力高于 $0.7f_{ptk}$ 时,松弛显著增大。

6. 减少混凝土收缩和徐变引起的应力损失的措施

(1)采用高强度等级水泥,减少水泥用量,降低水灰比,采用干硬性混凝土。

(2)采用级配较好的骨料,加强振捣,提高混凝土的密实性。

(3)加强养护,以减少混凝土的收缩。

10.3.4　张拉伸长值计算

预应力筋张拉采用控制张拉力和伸长值的双控工艺,预应力筋张拉伸长值的计算与多项预应力损失值有关。结构设计工程师对此应有一定了解。

(1)一端张拉时,预应力筋张拉伸长值可按下列公式计算。

对一段曲线或直线预应力筋:

$$\Delta l=\frac{\left[\frac{1}{2}\sigma_{\mathrm{con}}\left(1+\mathrm{e}^{-(\mu\theta+\kappa x)}\right)-\sigma_0\right]}{E_{\mathrm{p}}}\times l \tag{10-47}$$

对多曲线段或直线段与曲线段组成的预应力筋,张拉伸长值应分段计算后叠加:

$$\Delta L_{\mathrm{p}}^{\mathrm{c}}=\sum\frac{\left(\sigma_{i1}+\sigma_{i2}\right)L_i}{2E_{\mathrm{p}}} \tag{10-48}$$

(2)两端张拉时,预应力筋张拉伸长值可按下列公式计算:

$$\Delta l=\frac{\frac{\sigma_{\mathrm{con}}}{4}\left(3+\mathrm{e}^{-(\mu\theta+\kappa x)}\right)-\sigma_0}{E_{\mathrm{p}}}\times l \tag{10-49}$$

式中:Δl——预应力筋伸长值;

σ_{con}——张拉控制应力;

σ_0——张拉初始应力($10\%\sigma_{\mathrm{con}}\sim20\%\sigma_{\mathrm{con}}$);

E_{p}——预应力筋弹性模量;

μ——孔道摩擦系数;

κ——孔道偏差系数;

l——预应力筋有效长度;

x——曲线孔道长度,m;

L_i——第 i 线段预应力筋的长度;

σ_{i1},σ_{i2}——第 i 线段两端预应力筋的应力。

(3)预应力筋的张拉伸长值,应在建立初拉力后进行测量。实际伸长值 ΔL_{p}^0 可按下列公式计算:

$$\Delta L_{\mathrm{p}}^0=\Delta L_{\mathrm{p1}}^0+\Delta L_{\mathrm{p2}}^0-a-b-c \tag{10-50}$$

式中:ΔL_{p1}^0——从初始拉力至最大张拉力之间的实测伸长值;

ΔL_{p2}^0——初始拉力以下的推算伸长值,可用图解法或计算法确定;

a——千斤顶体内的预应力筋张拉伸长值;

b——张拉过程中工具锚和固定端工作锚楔紧引起的预应力筋内缩值;

c——张拉阶段构件的弹性压缩值。

10.4　预应力混凝土结构设计原则

10.4.1　一般规定

预应力混凝土结构设计工作可以分为三个阶段,即方案设计与概念设计阶段、初步设计与结构分析阶段、施工图设计与构件设计阶段(包括截面设计与构造设计等)。

方案设计与概念设计阶段主要包括:结构选型、结构方案设计与估算。

初步设计与结构分析阶段主要包括:结构分析、预应力效应分析与计算、抗震设计、防火设计与耐久性设计等。

施工图设计与构件设计阶段主要包括:正常使用极限状态验算、承载能力极限状态计算、施工阶段验算、预应力构件设计与预应力构造设计等。

10.4.1.1　结构选型

结构选型可参考以下原则。

(1)预应力结构构件应根据结构类型及构件部位选择采用有黏结或无黏结预应力。对于主要承重构件(框架梁、门架、转换层大梁等)和抵抗地震作用的构件宜采用有黏结预应力;对于板类构件、扁梁和次梁宜采用无黏结预应力。在水下或高腐蚀环境中的结构构件、人防结构不应采用无黏结预应力结构。结构工程师应该注意,选用有黏结或无黏结预应力体系在很大程度上取决于受锚固体系单元可能的组合,即单束张拉力较大时,常采用大吨位有黏结群锚体系;而单束张拉力较小时,可采用无黏结(或缓黏结)单根或多根组合应用;耐久性方面的性能则取决于锚具防护系统的防腐蚀设计构造和封闭程度,如无黏结预应力全封闭体系具有良好的抗腐蚀能力,可以用于相应防腐等级的结构工程。

(2)预应力混凝土结构可实现的跨度及经济跨度与采用的结构体系、构件截面形式、支座条件及荷载等因素有关,并与预应力度有关。建筑结构中预应力混凝土结构可实现的跨度及经济跨度可参考表 10-33。

表 10-33　预应力混凝土结构可实现的跨度及经济跨度

构件类型	可实现的跨度 /m	经济跨度 /m
梁	15~40	15~30
板	7~20	7~15

注:特殊结构形式中梁板跨度不受此限制。

(3)预应力混凝土板及梁的截面高度选择。预应力板的厚度宜符合表 10-34 的规定。预应力梁的截面高度宜符合表 10-35 的规定。预应力构件截面尺寸的确定,除考虑结构荷载、建筑净高等条件外,还应考虑预应力束及锚具的布置和张拉施工操作空间尺寸的影响等因素。

表 10-34 预应力板的厚度与跨度的比值(h/l)

项次	板的支承情况	板的种类				
		单向板	双向板	悬挑板	无梁楼盖	
					有柱帽或托板	无柱帽
1	简支	1/35~1/40	1/45	—	—	—
2	连续	1/40~1/45	1/50	1/10	1/45~1/50	1/35~1/40

注:① l 为板的短边计算跨度;无梁楼盖中 l 为板的长边计算跨度;
② 双向板指板的长边与短边之比小于 3 的情况;
③ 荷载较大时,板厚应适当增加;
④ 考虑预应力筋的布置及效应,板厚不宜小于 150 mm。

表 10-35 预应力梁的截面高度与跨度的比值(h/l)

分类	梁截面高跨比	分类	梁截面高跨比
简支梁	1/15~1/20	悬挑梁	1/8~1/10
连续梁	1/20~1/25	框架梁	1/20~1/25
单向密肋梁	1/20~1/25	简支扁梁	1/15~1/25
双向井字梁	1/20~1/25	连续扁梁	1/20~1/30
三向井字梁	1/25~1/30	框架扁梁	1/18~1/30

注:① 表中 l 为短跨计算跨度;
② 双向密肋梁的截面高度可适当减小;
③ 梁的荷载较大时,截面高度取较大值,预应力度较大时,可以取较小值;
④ 有特殊要求的梁,截面高度尚可较表列数值减小,但应验算刚度,并采取增强刚度的措施,如增加梁宽,增设受压钢筋等。

(4)平均预压应力系指扣除全部预应力损失后,在混凝土总截面面积上建立的平均预压应力。对无黏结预应力混凝土平板,混凝土平均预压应力不宜小于 1.0 N/mm^2,也不宜大于 3.5 N/mm^2。

注:若施加预应力仅是为了满足构件的允许挠度,可不受平均预压应力最小值的限制;当张拉长度较短,混凝土强度等级较高或采取专门措施时,最大平均预压应力限值可适当提高。

10.4.1.2 结构设计计算与分析

结构设计计算与分析可参考如下原则或规定。

(1)在预应力混凝土结构设计中应进行正常使用极限状态验算、承载能力极限状态计算及施工阶段验算,并满足有关构造设计要求。

①正常使用极限状态应保证结构在使用荷载作用下应力、变形及计算的裂缝宽度不超过规定值。

②承载能力极限状态应保证结构的强度在设计荷载下对破坏及失稳有足够的安全强度。必须使结构不致遭到疲劳破坏或局部损坏,以致缩短预期的寿命或导致过大的维修费用。

③施工阶段的验算应保证构件在制作、运输、安装等阶段的应力、变形及裂缝宽度的计算值不超过规定值,必要时应考虑振动影响。

(2)预应力作用是张拉预应力束对结构或构件产生的作用,所产生的荷载效应值等是预应力结构设计和计算分析时需要的重要参数。根据作用随时间的变异性来分,预应力作用属于恒载,也称永久荷载。因为预应力一旦施加在结构或构件上,尽管有预应力损失发生,但预应力损失在最初阶段完成大部分,因此可以认为预应力施加在工程结构上是基本不变的(或其变化与平均值相比可以忽略不计)。

(3)对所设计的结构,应按各种可能的最不利作用的组合进行总体分析。所采用的方法应能包括全部荷载作用,包括预应力作用、温度作用、收缩徐变作用、约束作用和基础不均匀沉降作用等作用因素。

(4)预应力混凝土结构设计应计入预应力作用效应;对超静定结构,相应的次弯矩、次剪力及次轴力应参与组合计算。

①超静定预应力混凝土结构在预应力等各种内外因素的综合影响下,结构因受到强迫的挠曲变形或轴向伸缩变形,在多余约束处产生多余的约束力,从而引起结构的附加内力,这部分附加内力一般统称为次内力。对于正常使用极限和承载能力极限状态,可考虑次内力的影响。

②次内力并不是不变的。若当结构的延性很好,能够形成变形能力很好的塑性铰,一旦结构进入破坏阶段,由于塑性铰的存在,使得结构的多余约束作用减弱或消失,这时次内力将减少或消失。

③关于是否计及次轴力,一般有如下考虑。通常情况下,结构的分析计算是由计算机软件完成的。目前常用的结构分析软件对楼盖平面内的水平构件(如梁等)是不提供轴力输出的,如不加区分地对所用预应力结构均提出要考虑次轴力的影响,势必对量大面广的预应力工程的应用与推广产生不利影响。因此,在进行正截面受弯承载力计算及抗裂验算时,对预应力产生的次弯矩一般情况下应考虑。对次轴力,应视其实际影响的大小而定。对于一些跨度不大,或结构竖向构件相对较柔,或主要的抗侧力构件位于结构张拉的不动点附近,并在必要时辅以施工措施,如设置后浇带或临时施工缝等,次轴力可以不考虑以提高设计效率。在进行斜截面受剪承载力计算及抗裂验算时,在剪力设计值中次剪力应参与组合。

(5)对承载能力极限状态,当预应力作用效应对结构有利时,预应力作用分项系数 γ_p 应取 1.0,不利时 γ_p 应取 1.2;对正常使用极限状态,预应力作用分项系数 γ_p 应取 1.0。对参与组合的预应力作用效应项,当预应力作用效应对承载力有利时,结构重要性系数 γ_0 应取 1.0;当预应力效应对承载力不利时,结构重要性系数 γ_0 应按 GB 50010—2010 的有关规定确定。

(6)正常使用极限状态内力分析应符合下列规定。

①在确定内力与变形时按弹性理论值分析。由预应力引起的内力和变形可采用约束次内力法计算。当采用等效荷载法计算时,次剪力宜根据结构构件各截面次弯矩分布按结构力学方法计算。次轴力宜按合适的结构力学方法计算。

②构件截面或板单元宽度的几何特征可按毛截面(不计钢筋)计算。

(7)预应力筋的张拉控制应力 σ_{con} 应符合下列规定。

①消除应力钢丝、钢绞线:

$$\sigma_{con} \leqslant 0.75 f_{ptk} \tag{10-51}$$

②中强度预应力钢丝：

$$\sigma_{con} \leqslant 0.70 f_{ptk} \tag{10-52}$$

③预应力螺纹钢筋：

$$\sigma_{con} \leqslant 0.85 f_{pyk} \tag{10-53}$$

式中：f_{ptk}——预应力筋极限强度标准值；

f_{pyk}——预应力螺纹钢筋屈服强度标准值。

消除应力钢丝、钢绞线、中强度预应力钢丝的张拉控制应力值不应小于 $0.4f_{ptk}$；预应力螺纹钢筋的张拉控制应力不宜小于 $0.5f_{pyk}$。

当符合下列情况之一时，上述张拉控制应力限值可相应提高 $0.05f_{ptk}$ 或 $0.05f_{pyk}$：要求提高构件在施工阶段的抗裂性能而在使用阶段受压区内设置的预应力筋；要求部分抵消由于应力松弛、摩擦、分批张拉以及预应力筋与张拉台座之间的温差等因素产生的预应力损失；预应力混凝土构件在各阶段的预应力损失值宜按表 10-32 的规定进行组合。

10.4.1.3 结构抗震设计有关规定

预应力混凝土结构的抗震设计，应使结构体系和构件具备足够的承载力、良好的变形能力和耗能能力。

预应力混凝土结构进行抗震设计时，在基本概念设计方面应注意以下几点。

（1）试验研究和理论分析表明，在地震作用下预应力混凝土结构的最大位移是具有相同设计强度、黏滞阻尼及初始刚度的钢筋混凝土结构的 1.0~1.3 倍。基于设计安全考虑，常将预应力混凝土结构的设计地震作用适当提高，如新西兰规范将预应力混凝土结构的设计地震作用提高 20%。

（2）合理控制结构的耗能机制，优先采用梁铰耗能机制。不应在同一楼层柱上下端同时出现塑性铰。

（3）提高构件的截面延性，合理控制梁端塑性铰区配筋率和预应力度。在预应力混凝土框架梁和预应力柱中，预应力筋的面积在满足抗裂要求之后，为了增加梁端截面延性，可设置一定数量的非预应力钢筋，采用混合配筋方式，即设计成部分预应力混凝土结构；对于地震区的预应力框架，由于部分预应力混凝土框架具有良好的弹性滞回性能，要求按此原则设计。

（4）梁柱节点设计时，后张预应力筋的锚固端不得放在节点核心区内，并在通过节点核心区的柱子纵向钢筋周围应设置横向钢筋加强约束；当采用无黏结预应力混凝土结构时，应考虑锚固区孔洞对节点截面削弱的影响，预应力锚具不宜设置在梁柱节点核心区并应布置在梁端箍筋加密区外。

（5）有黏结及无黏结预应力混凝土梁板结构体系均可用于建筑结构楼面、屋面及桥梁结构桥面体系。

在框架 - 剪力墙结构、剪力墙结构及框架 - 核心筒结构中采用的预应力混凝土板，除结构平面布置应符合现行国家标准《建筑抗震设计规范》（GB 50011—2010）有关规定外，尚应符合下列规定。

（1）柱支承预应力混凝土平板的厚度不宜小于跨度的 1/40~1/45，周边支承预应力混凝土板的厚度不宜小于跨度的 1/45~1/50，且其厚度分别不应小于 200 mm 及 150 mm。

（2）在核心筒四个角部的楼板中，应设置扁梁或暗梁与外柱相连接，其余外框架柱处也宜设置暗梁与内筒相连接。

（3）在预应力混凝土平板凹凸不规则处及开洞处，应设置附加钢筋混凝土暗梁或边梁进行加强。

（4）预应力混凝土平板的板端截面的预应力强度比 λ 可按下式计算，λ 不宜大于 0.75。

$$\lambda = \frac{f_{py} A_p h_p}{f_{py} A_p h_p + f_y A_s h_s} \tag{10-54}$$

注：对无黏结预应力混凝土平板，公式中的 f_{py} 应取用无黏结预应力筋的应力设计值 σ_{pu}；对周边支承在梁、墙上的预应力混凝土平板可不受上述预应力强度比的限制。

（5）对无黏结预应力混凝土单向多跨度连续板，在设计中宜将无黏结预应力筋分段锚固，或增设中间锚固点，并应按国家现行标准《无黏结预应力混凝土结构技术规程》（JGJ 92—2016）中的有关规定，配置相应的普通钢筋。

10.4.2　内力分析方法

结构设计时应将全部荷载作用，包括预应力作用、温度作用、收缩徐变作用、约束作用、基础不均匀沉降作用以及由于荷载偏心引起的扭转和横向均布分布荷载等，按各种可能的最不利组合对结构进行整体分析。

结构类型、构件布置、材料性能、抗震等级和受力特点等对预应力混凝土结构的分析方法影响很大。常采用的方式有：弹性分析方法、考虑塑性内力重分布的分析方法、塑性极限分析方法、非线性分析方法、试验方法等。

10.4.2.1　弹性分析方法

预应力的施加可使混凝土由脆性材料变成弹性材料。试验证明，在使用荷载作用下，构件一般不开裂或微裂，预应力筋和普通钢筋均处于弹性工作范围。由此，预应力筋的作用效应可用一个等效力系代替。此时混凝土受到等效力系与外荷载两个力系作用，由于在弹性范围内工作，这两个力系对混凝土的效应（应力、应变、挠度）可按弹性材料的计算公式分别考虑，在需要时叠加。

结构设计的过程中，可将预应力构件视为弹性材料的阶段有以下几种：

（1）施工阶段的应力计算和抗裂计算；

（2）一级、二级抗裂构件的抗裂验算以及挠度验算；

（3）各个阶段的应力分析；

（4）对一般规则结构进行非抗震和常遇地震组合时构件的内力计算（包括次内力的计算）；

（5）等效荷载的计算。

各阶段构件设计中，截面几何特征的计算，应根据计算内容和张拉方式的不同，分别选用净截面、换算截面和毛截面进行。

10.4.2.2 其他分析方法

承载能力极限状态的内力与变形也可按照塑性理论分析，其计算截面与按弹性理论分析时相同。

对比较重要的结构，或者比较复杂的非常规结构，必要时可以采用 Push-over 等塑性分析方法、几何或材料非线性分析方法及结构试验方法等。

10.4.2.3 超静定结构内力特点与重分布

预应力超静定结构的设计计算比静定结构要复杂得多。由于结构冗余约束的存在，预应力、混凝土收缩徐变、温度变化及支座沉降等作用将在结构内引起次内力（次内力一般比较大，设计时不能忽视）。同时，超静定结构内力受施工方法及预应力施加顺序影响较大，设计时需将施工顺序对结构的影响考虑进去。

当超静定结构所受外荷载超过使用阶段（弹性阶段），某些截面达到极限受弯承载力时，若截面处形成塑性铰，结构内弯矩产生内力重分布，设计计算时应考虑进去。《混凝土结构设计规范》（GB 50010—2010）10.1.8 条规定，对允许出现裂缝的后张法有黏结预应力混凝土框架梁及连续梁，在重力荷载作用下按承载能力极限状态计算时，可考虑内力重分布，并应满足正常使用极限状态验算要求，且调幅幅度不宜超过重力荷载下弯矩设计值的 20%。

对于无黏结部分预应力混凝土梁、体外预应力混凝土梁，其内力重分布所需的延性要求主要取决于普通钢筋的配筋量。由于无黏结预应力筋起着内部多余联系的拉杆作用，其内力重分布规律更加复杂，规范中并未考虑无黏结预应力连续梁、板由于塑性产生的弯矩重分布。

10.4.2.4 徐变对次内力的影响

按弹性理论分析，可计入预加力引起的二次内力，并应考虑混凝土徐变的影响。如果施工中不变换体系，则徐变终了后，由预应力引起的总的二次内力（包括弹性变形和徐变变形影响），可由预加应力（扣除瞬时损失）所引起的弹性变形二次内力乘以预应力筋张拉的平均有效系数 C 求得。平均有效系数按下式进行计算：

$$C=\frac{N_{pe}}{N_{p}} \tag{10-55}$$

式中：N_{pe}——徐变损失全部完成后，预应力筋的平均张拉力；

N_{p}——预应力瞬时损失完成后徐变损失前，预应力筋的平均张拉力。

10.4.3 耐久性设计

10.4.3.1 耐久性基本规定

混凝土结构的耐久性设计可分为传统经验方法和定量计算方法。传统经验方法是将环境作用按其严重程度定性地划分为几个作用等级，在工程经验类比的基础上，对于不同环境作用等级下的混凝土结构构件，由规范直接规定混凝土材料的耐久性质量要求（通常用混凝土的强度、水胶比、胶凝材料用量等指标表示）和钢筋保护层厚度等构造要求。

目前，环境作用下耐久性设计的定量计算方法尚未完全成熟，在各种劣化机理的计算模型中,可供使用的还只是局限于定量估算钢筋开始发生锈蚀的年限。在国内外现行的混凝土结构设计规范中,所采用的耐久性设计方法仍然是传统经验方法。

根据《混凝土结构耐久性设计标准》(GB/T 50476—2019)的规定,混凝土结构的耐久性应根据结构的设计使用年限、结构所处的环境类别及作用等级进行设计。对于氯化物环境下的重要混凝土结构,尚应按规范的规定采用定量方法进行辅助性校核。

混凝土结构的耐久性设计应包括下列内容:

(1)结构的设计使用年限、环境类别及其作用等级;

(2)有利于减轻环境作用的结构形式和布置;

(3)规定结构材料的性能与指标;

(4)确定钢筋的混凝土保护层厚度;

(5)提出混凝土构件裂缝控制与防排水等构造要求;

(6)针对严重环境作用采取合理的防腐蚀附加措施或多重防护措施;

(7)采用保证耐久性的混凝土成型工艺、提出保护层厚度的施工质量验收要求;

(8)提出结构使用阶段的检测、维护与修复要求,包括检测与维护必需的构造与措施;

(9)根据使用阶段的检测必要对结构或构件进行耐久性再设计。

适当的防排水构造措施能够有效地减轻环境作用。混凝土的结构耐久性还取决于混凝土施工期间的养护质量以及混凝土保护层的施工误差。在严重的环境中,仅靠提高混凝土保护层的材料质量与厚度,不能完全保证满足设计使用年限的要求,此时应采取相应措施,如采用一种或多种防腐蚀附加措施组成合理的多重防护。对于一些在使用过程中难以检测和维修的关键部件,例如钢绞线,应采取多重防护的保护措施。

《混凝土结构耐久性设计标准》(GB/T 50476—2019)对环境类别与作用等级规定如下。

(1)结构所处环境按其对钢筋和混凝土材料的腐蚀机理可分为五类,并应按表 10-36 确定。

表 10-36　环境类别

环境类别	名称	腐蚀机理
Ⅰ	一般环境	保护层混凝土碳化引起钢筋锈蚀
Ⅱ	冻融环境	反复冻融导致混凝土损伤
Ⅲ	海洋氯化物环境	氯盐侵入引起钢筋锈蚀
Ⅳ	除冰盐等其他氯化物环境	氯盐侵入引起钢筋锈蚀
Ⅴ	化学腐蚀环境	硫酸盐等化学物质对混凝土的腐蚀

注:一般环境系指无冻融、氯化物和其他化学腐蚀物质作用。

(2)环境对配筋混凝土结构的作用程度应采用环境作用等级表达,并应符合表 10-37 的规定。

表 10-37　环境作用等级

环境类别	环境作用等级					
	A 轻微	B 轻度	C 中度	D 严重	E 非常严重	F 极端严重
一般环境	Ⅰ-A	Ⅰ-B	Ⅰ-C	—	—	—
冻融环境	—	—	Ⅱ-C	Ⅱ-D	Ⅱ-E	—
海洋氯化物环境	—	—	Ⅲ-C	Ⅲ-D	Ⅲ-E	Ⅲ-F
除冰盐等其他氯化物环境	—	—	Ⅳ-C	Ⅳ-D	Ⅳ-E	—
化学腐蚀环境	—	—	Ⅴ-C	Ⅴ-D	Ⅴ-E	—

（3）当结构构件受到多种环境类别共同作用时，应分别满足每种环境类别单独作用下的耐久性要求。

10.4.3.2　预应力混凝土耐久性设计

预应力混凝土结构由混凝土结构和预应力体系两部分组成。耐久性极限状态表现为：钢筋混凝土构件表面出现锈胀裂缝；预应力筋开始锈蚀；结构表面混凝土出现可见的耐久性损伤（酥裂、粉化等）。材料劣化进一步恶化还会引起结构承载力丧失，甚至发生结构垮塌。预应力筋易于受到应力腐蚀与氢脆等作用的影响，且其直径较小，腐蚀破坏后果严重，因此预应力混凝土结构中的预应力筋应根据具体情况采取表面防护、孔道灌浆、加大混凝土保护层厚度等措施；外露的锚固段等容易受到腐蚀的部分应采取封锚和混凝土表面处理等有效的多重保护措施。

《混凝土结构耐久性设计标准》（GB/T 50476—2019）对预应力结构耐久性规定如下。

（1）具有连续密封套管的后张预应力筋，其混凝土保护层厚度可与普通钢筋相同且不应小于孔道直径的 1/2；否则应比普通钢筋增加 10 mm。先张法构件中预应力钢筋在全预应力状态下的保护层厚度可与普通钢筋相同，否则应比普通钢筋增加 10 mm。直径大于 16 mm 的热轧预应力钢筋保护层厚度可与普通钢筋相同。工厂预制的混凝土构件，其普通钢筋和预应力筋的混凝土保护层厚度可比现浇构件减少 5 mm。

（2）在荷载作用下配筋混凝土构件的表面裂缝最大宽度计算值不应超过表 10-38 中的限值。对裂缝宽度无特殊外观要求的，当保护层设计厚度超过 30 mm 时，可将厚度取为 30 mm 计算裂缝的最大宽度。

（3）预应力筋（钢绞线、钢丝）的耐久性能可通过材料表面处理、预应力套管、预应力套管填充、混凝土保护层和结构构造措施等环节提供保证。预应力筋的耐久性防护措施应按表 10-39 的规定选用。

（4）不同环境作用等级下，预应力筋的多重防护措施可根据具体情况按表 10-40 的规定选用。

表 10-38　表面裂缝计算宽度限值　（mm）

环境作用等级	钢筋混凝土构件	有黏结预应力混凝土构件
A	0.40	0.20
B	0.30	0.20（0.15）
C	0.20	0.10
D	0.20	按二级裂缝控制或按部分预应力 A 类构件控制
E、F	0.15	按一级裂缝控制或按全预应力类构件控制

注：① 括号中的宽度适用于采用钢丝或钢绞线的先张预应力构件。
② 裂缝控制等级为二级或一级时，按现行国家标准《混凝土结构设计规范》（GB 50010—2010）计算裂缝宽度；部分预应力 A 类构件或全预应力构件按现行行业标准《公路钢筋混凝土及预应力混凝土桥涵设计规范》（JTG 3362—2018）计算裂缝宽度。
③ 有自防水要求的混凝土构件，其横向弯曲的表面裂缝计算宽度不应超过 0.20 mm。

表 10-39　预应力筋的耐久性防护工艺和措施

编号	防护工艺	防护措施
PS1	预应力筋表面处理	油脂涂层或环氧涂层
PS2	预应力套管内部填充	水泥基浆体、油脂或石蜡
PS2a	预应力套管内部特殊填充	管道填充浆体中加入阻锈成分
PS3	预应力套管	高密度聚乙烯、聚丙烯套管或金属套管
PS3a	预应力套管特殊处理	套管表面涂刷防渗涂层
PS4	混凝土保护层	满足注①的要求
PS5	混凝土表面涂层	耐腐蚀表面涂层和防腐蚀面层

注：① 预应力筋钢材质量需要符合现行国家标准《预应力混凝土用钢丝》（GB/T 5223—2014）、《预应力混凝土用钢绞线》（GB/T 5224—2014）与现行行业标准《预应力钢丝及钢绞线用热轧盘条》（YB/T 146—1998）的技术规定。
② 金属套管仅可用于体内预应力体系，并应符合 GB/T 50476—2019 第 8.4.1 条的规定。

表 10-40　预应力筋的多重防护措施

环境类别与作用等级		预应力体系	
		体内预应力体系	体外预应力体系
Ⅰ 大气环境	Ⅰ-A、Ⅰ-B	PS2，PS4	PS2，PS3
	Ⅰ-C	PS2，PS3，PS4	PS2a，PS3
Ⅱ 冻融环境	Ⅱ-C、Ⅱ-D（无盐）	PS2，PS3，PS4	PS2a，PS3
	Ⅱ-D（有盐）、Ⅱ-E	PS2a，PS3，PS4	PS2a，PS3a
Ⅲ 海洋环境	Ⅲ-C、Ⅲ-D	PS2a，PS3，PS4	PS2a，PS3a
	Ⅲ-E	PS2a，PS3，PS4，PS5	PS1，PS2a，PS3
	Ⅲ-F	PS1，PS2a，PS3，PS4，PS5	PS1，PS2a，PS3a
Ⅳ 除冰盐	Ⅳ-C、Ⅳ-D	PS2a，PS3，PS4	PS2a，PS3a
	Ⅳ-E	PS2a，PS3，PS4，PS5	PS1，PS2a，PS3
Ⅴ 化学腐蚀	Ⅴ-C、Ⅴ-D	PS2a，PS3，PS4	PS2a，PS3a
	Ⅴ-E	PS2a，PS3，PS4，PS5	PS1，PS2a，PS3

（5）预应力锚固端的耐久性应通过锚头组件材料、锚头封罩、封罩填充、锚固区封填和混凝土表面处理等环节提供保证。锚固端的防护工艺和措施应按表 10-41 的规定选用。

表 10-41　预应力锚固端耐久性防护工艺和措施

编号	防护工艺	防护措施
PA1	锚具表面处理	锚具表面镀锌或者镀氧化膜工艺
PS2	锚头封罩内部填充	水泥基浆体、油脂或石蜡
PA2a	锚头封罩内部特殊填充	填充材料中加入阻锈成分
PA3	锚头封罩	高耐磨性材料
PA3a	锚头封罩特殊处理	锚头封罩表面涂刷防渗涂层
PA4	锚固端封端层	细石混凝土材料
PA5	锚固端表面涂层	耐腐蚀表面涂层和防腐蚀面层

注：① 锚具组件材料需要符合国家现行标准《预应力筋用锚具、夹具和连接器》（GB/T 14370—2015）、《预应力筋用锚具、夹具和连接器应用技术规程》（JGJ 85—2010）的技术规定。

② 锚固端封端层的细石混凝土材料应满足 GB/T 50476—2019 第 8.4.4 条的要求。

（6）不同环境作用等级下，预应力锚固端的多重防护措施可根据具体情况按表 10-42 的规定选用。

表 10-42　预应力锚固端的多重防护措施

环境类别与作用等级		锚固端类型	
		埋入式锚头	体外预应力暴露式锚头
Ⅰ大气环境	Ⅰ-A、Ⅰ-B	PA4	PA2，PA3
	Ⅰ-C	PA2，PA3，PA4	PA2a，PA3
Ⅱ冻融环境	Ⅱ-C、Ⅱ-D（无盐）	PA2，PA3，PA4	PA2a，PA3
	Ⅱ-D（有盐）、Ⅱ-E	PA2a，PA3，PA4	PA2a，PA3a
Ⅲ海洋环境	Ⅲ-C、Ⅲ-D	PA2a，PA3，PA4	PA2a，PA3a
	Ⅲ-E	PA2a，PA3，PA4，PA5	不宜使用
	Ⅲ-F	PA1，PA2a，PA3，PA4，PA5	不宜使用
Ⅳ除冰盐	Ⅳ-C、Ⅳ-D	PA2a，PA3，PA4	PA2a，PA3a
	Ⅳ-E	PA2a，PA3，PA4，PA5	不宜使用
Ⅴ化学腐蚀	Ⅴ-C、Ⅴ-D	PA2a，PA3，PA4	PA2a，PA3a
	Ⅴ-E	PA2a，PA3，PA4，PA5	不宜使用

（7）当环境作用等级为 D、E、F 时，后张预应力体系中的管道应采用高密度聚乙烯套管或聚丙烯塑料套管；分节段施工的预应力桥梁结构，节段间的体内预应力套管不应使用金属套管。高密度聚乙烯和聚丙烯预应力套管应能承受不小于 1 N/mm^2 的内压力。采用体内预应力体系时，套管的厚度不应小于 2 mm；采用体外预应力体系时，套管的厚度不应小于 4 mm。

（8）用水泥基浆体填充后张预应力管道时，应控制浆体的流动度、泌水率、体积稳定性和强度等指标。在冬期施工环境中灌浆，灌入的浆料必须在 10~15 ℃环境温度中至少保存 24 h。后张预应力体系的锚固端应采用无收缩高性能细石混凝土封锚，其水胶比不得大于本体混凝土的水胶比，且不应大于 0.4；保护层厚度不应小于 50 mm，且在氯化物环境中不应小于 80 mm。

10.4.4　防火设计

预应力混凝土结构防火设计的目的是避免结构在火灾中倒塌破坏，并有利于人员疏散，减少人员伤亡和财产损失。结构的抗火设计方法一般可以分为两类：第一类是在正常的结构设计完成后，校核结构的抗火能力，并辅以一定的构造措施；第二类是把火灾当成一种作用，参与设计荷载组合，按照极限状态进行设计。国内外的结构防火设计目前以第一类居多，但第二类是未来的发展方向。一般民用建筑的防火等级和耐火极限可参照《建筑设计防火规范》（GB 50016—2014）等的有关规定取值。预应力混凝土防火设计的一般步骤如下：

（1）确定构件的耐火极限；

（2）确定耐火极限时构件截面温度场；

（3）校核构件承载力；

（4）确定构件（火灾）高温下的极限承载力；

（5）校核结构构件在高温下的变形；

（6）满足预应力混凝土防火构造要求。

1. 结构构件的防火要求和火灾极限状态

结构构件的主要防火功能要求如下。

（1）稳定性要求：包括承载力及变形方面的要求（如挠度≤ $L/20$）。

（2）完整性要求：构件在一定时间内封闭火灾在一定空间内的能力要求。

（3）绝热性要求：构件在一定时间内阻止热传导的能力要求。

结构构件的防火设计验算，需考虑的极限状态主要有以下几种。

（1）承载能力极限状态：确定构件（火灾）高温下的极限承载力是否满足要求。

（2）正常使用极限状态：包括变形和裂缝宽度是否满足要求。

（3）完整性极限状态：以构件是否出现穿透性裂缝或穿火空隙为依据。

（4）绝热性极限状态：以构件背火面平均温度达到 140 ℃或某点最高温度达到 180 ℃为依据。

2. 预应力混凝土抗火设计的基本假定

对预应力混凝土进行抗火设计时，一般采用以下基本假定。

（1）平均应变符合平截面假定。

（2）忽略受拉区混凝土的作用。

（3）钢筋的温度在整个长度相等且等于最接近迎火面处钢筋的温度。

（4）整跨受火假定，即假定板的一个区格、梁的一跨在火灾期间受到相同温度作用。

(5)不考虑火灾期间的钢筋及混凝土的高温徐变作用。

3. 无黏结预应力混凝土构件的抗火设计要求

采用校核法对无黏结预应力混凝土构件进行抗火设计时,其主要内容如下。

(1)确定构件耐火极限。

(2)确定达到耐火极限时构件截面温度场。

(3)校核构件绝热性条件。

(4)校核构件承载力。

(5)校核构件的变形。

(6)满足抗火构造要求。

根据建筑的使用功能和类型,确定该建筑的耐火等级,进而确定该结构构件的耐火极限。根据构件的耐火极限可以确定控制截面达到耐火极限时的温度场。利用构件背火面的最高温度即可校核构件的绝热性是否满足要求,若不满足,就需加大截面高度,重新设计。若绝热性条件满足,可以校核构件的承载力,校核构件的变形,最后再进行抗火构造设计。

无黏结预应力混凝土的预应力筋与周围的混凝土没有黏结在一起,预应力筋在两个锚固点之间可以自由滑动,因此,相对于有黏结预应力混凝土结构构件,两端锚固体系的可靠性对无黏结预应力混凝土的预应力筋工作效率有更大影响。而在火灾作用下,结构构件两端的锚具容易发生损坏失效,因此对无黏结预应力混凝土结构构件的抗火承载力设计计算必须在保证锚固体系抗火可靠的前提条件下进行。

10.4.5 次内力计算

现代预应力混凝土结构的一个主要发展趋势是由简支向连续、构件向整体、静定向超静定结构发展。在预应力作用下,预应力作用对超静定结构产生了次内力。

对于平面杆系结构,次内力包含次弯矩、次轴力和次剪力。对于空间结构,还包含次扭矩。由于次内力是由约束作用产生的,所以次内力在预应力构件上的分布具有如下特点:次弯矩和次扭矩沿构件轴线线性分布,次剪力与次轴力沿构件为常数分布。

次内力是影响预应力混凝土结构的整体承载力性能和正常使用性能的一个因素,也是工程中最容易忽视的问题,所以如何准确计算次内力是目前设计人员关注的一个重要问题。

在预应力混凝土超静定结构受力性能的研究中,最常用的计算方式如下:等效荷载法、弯矩面积法、共轭梁法和固端弯矩法等。

10.4.5.1 方法介绍

1. 等效荷载法计算次弯矩

等效荷载法将预应力对超静定结构的作用等效地化为外荷载,由等效荷载计算出各杆端的固端弯矩,再应用力学的方法计算出结构在等效荷载作用下的综合弯矩,最后从综合弯矩中减去主弯矩,得到结构的次弯矩。

对于曲线预应力筋布置情况,根据材料力学方法可知弯矩与分布荷载的关系:

$$q(x)=-\frac{\mathrm{d}^2M}{\mathrm{d}x^2} \tag{10-56}$$

显然,在预应力作用下可等效为外荷载:

$$q(x)=-\frac{\mathrm{d}^2M}{\mathrm{d}x^2}=-\frac{\mathrm{d}^2}{\mathrm{d}x^2}\left[-N_\mathrm{p}(x)y_\mathrm{p}(x)+Ax+B\right]=\frac{\mathrm{d}^2}{\mathrm{d}x^2}\left[N_\mathrm{p}(x)y_\mathrm{p}(x)\right] \tag{10-57}$$

当预应力筋为二次曲线布置时,如图 10-11 所示,则

$$y_\mathrm{p}(x)=-\frac{4f}{L^2}x^2+\frac{4f-e_B+e_A}{L}x-e_A \tag{10-58}$$

式中:f——二次抛物线矢高,$f=y(L/2)+(e_A+e_B)/2$。

显然,如图 10-11 所示,当预应力沿预应力筋不变且为定值 N_p 时,将式(10-58)代入式(10-57),可得

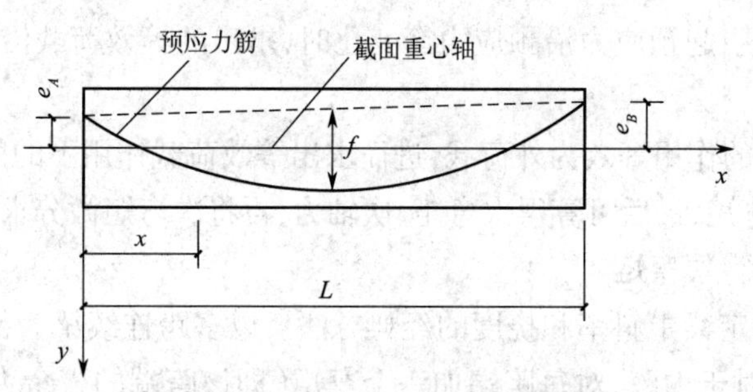

图 10-11　预应力筋二次曲线布置图

$$q(x)=N_\mathrm{p}\frac{\mathrm{d}^2}{\mathrm{d}x^2}(x+a)^n=\left(-\frac{4f}{L^2}x^2+\frac{4f-e_B+e_A}{L}x-e_A\right)=-\frac{8N_\mathrm{p}f}{L^2} \tag{10-59}$$

式子右边的负号表明,当二次曲线向上凸时,等效荷载的方向也向上,反之亦然。

当预应力筋为折线布置时,如图 10-12 所示,预应力筋在 AC 和 BC 两段为线性变化。在 C 点左段的弯矩 M_1 为

$$M_1=-N_\mathrm{p}\cos\theta_1(x\tan\theta_1-e_A)+Ax+B \tag{10-60}$$

C 点右段的弯矩 M_2 为

$$M_2=-N_\mathrm{p}\cos\theta_2\left[(L-x)\tan\theta_2-e_B\right]+Ax+B \tag{10-61}$$

由材料力学可知,集中荷载与剪力的关系为

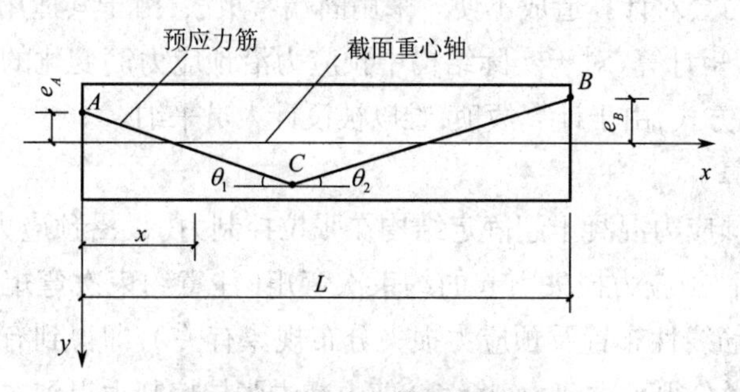

图 10-12　预应力筋折线布置图

$$-P = [V_2]_{x=x_C} - [V_1]_{x=x_C} \qquad (10\text{-}62)$$

式中：V_1, V_2——剪力；

x_C——C 点距端点的距离。

因为

$$V_1 = \frac{\mathrm{d}M_1}{\mathrm{d}x} = -N_\mathrm{p}\cos\theta_1\tan\theta_1 + A = -N_\mathrm{p}\sin\theta_1 + A \qquad (10\text{-}63)$$

$$V_2 = \frac{\mathrm{d}M_2}{\mathrm{d}x} = -N_\mathrm{p}\cos\theta_2\tan\theta_2 + A = -N_\mathrm{p}\sin\theta_2 + A \qquad (10\text{-}64)$$

所以

$$P = -N_\mathrm{p}(\sin\theta_1 - \sin\theta_2) \qquad (10\text{-}65)$$

式中，等号右边的负号表示，当预应力筋折角向下时，等效集中荷载的方向是向上的。

由于摩擦等损失引起预应力沿预应力筋变化时，求出的等效荷载沿构件的分布是非常复杂的多折线分布。

将预应力对结构的作用等效为外荷载，进而求出等效荷载作用下的固端弯矩、结构的综合弯矩、综合轴力和主弯矩，最后可算得次弯矩、次轴力，再将次弯矩微分求得次剪力。

2. 弯矩面积法计算次弯矩

弯矩面积法是确定梁中斜率和挠度的经典方法。以多跨连续梁为例，先求出各跨由预应力作用引起的转动，对于内跨，对每跨端加一个弯矩（即该跨端的赘余力）以转动梁使其回复到斜率为零。逐步求出各梁端赘余力后，即可用结构力学求出各支座上的次弯矩。

当结构有一个或两个赘余力时，使用该方法可以较为便捷地求出结构的次弯矩，但对于高次超静定结构（如框架结构等），该方法就比较困难。此方法可以演变为共轭梁法。

3. 其他计算次弯矩的方法及现有方法的特点

计算预应力混凝土超静定结构的次弯矩除上述两种方法外，还有固端弯矩法，即先求出结构由预应力对构件预应力筋端部连线的“偏心弯矩”所产生的固端弯矩与预应力在构件端部截面处的主弯矩直接产生的固端弯矩之和，再由力学的方法求得预应力在结构中产生的次弯矩。

等效荷载法直观、简洁，但由于等效荷载计算和综合内力计算的复杂性及采用平面杆系结构程序分析计算带来的误差，会影响等效荷载法的计算精度。采用弯矩面积法，如上文提及的，两个以上的赘余力会对计算造成不便。采用固端弯矩法，由于其适用范围仅为预应力沿预应力筋不变时的次弯矩计算，对于实际结构中预应力沿预应力筋变化的精准分析和计算存在较大误差。至于其他方式，由于计算烦琐，难以被设计人员采纳。

10.4.5.2 次剪力计算

通常，用求出的预应力混凝土超静定结构在张拉控制力（设沿预应力筋不变）作用下产生的综合弯矩，减去各种预应力损失引起的约束次弯矩（注意约束次弯矩损失求出后有正负之分，这主要与预应力筋线性布置及预应力损失分布规律有关），即得到有效预应力作用下的约束次弯矩，将次弯矩微分得到次剪力，将综合剪力减去张拉控制力得到次剪力。

下面采用等效荷载法计算次剪力，分别运用两种方式进行推导计算，由次弯矩微分求得次剪力和由综合剪力减去主剪力求得次剪力。

1. 次剪力 V_2 的推导

1)由次弯矩微分求得次剪力

线性的方程为

$$y = ax^2 + bx + c$$

则主弯矩为

$$M_1 = N_p e = N_p (ax^2 + bx + c)$$

从而求得主剪力为

$$V_1(x) = \frac{dM_1}{dx} = \frac{d\left[N_p(ax^2 + bx + c)\right]}{dx} = N_p(2ax + b) \tag{10-66}$$

次剪力为

$$V_2 = V_r - V_1$$

式中:V_r——综合剪力,由主剪力与次剪力叠加或综合弯矩图求导可得。

等效荷载为

$$f(x) = \frac{d^2 M_1}{dx^2} = \frac{d^2\left[N_p(ax^2 + bx + c)\right]}{dx^2} = 2N_p a$$

2)由综合剪力减去主剪力求得次剪力

假设布筋线性的方程为

$$y = ax^2 + bx + c$$

则主弯矩为

$$M_1 = N_p e = N_p (ax^2 + bx + c)$$

求得等效荷载为

$$f(x) = \frac{d^2 M_1}{dx^2} = \frac{d^2\left[N_p(ax^2 + bx + c)\right]}{dx^2} = 2N_p a$$

从而求得主剪力为

$$V_1(x) = \int_0^L f(x)dx = 2N_p ax + d \tag{10-67}$$

次剪力为

$$V_2 = V_r - V_1$$

其中,d 由边界条件确定。

2. 线性变化下的次剪力 V_1

预应力设计中常存在线性变化,连续梁中预应力筋合力作用线在中支座处垂直位置移动,线性本征形状不改变。

布筋线性方程为

$$y = ax^2 + bx + c + kx$$

主弯矩为

$$M_1 = N_p e = N_p(ax^2 + bx + c + kx)$$

从而求得主剪力为

$$V_1(x) = \frac{dM_1}{dx} = \frac{d\left[N_p(ax^2 + bx + c + kx)\right]}{dx} = N_p(2ax + b + k) \qquad (10\text{-}68)$$

次剪力为

$$V_2 = V_r - V_1$$

等效荷载为

$$f(x) = \frac{d^2 M_1}{dx^2} = \frac{d^2\left[N_p(ax^2 + bx + c + kx)\right]}{dx^2} = 2N_p a$$

与线性变化前相比,等效荷载相同。

比较表 10-43 和表 10-44 可知,线性变化前后等效均布荷载不变,由此产生的弯矩图不变,但剪力的分布是变化的;如果采用等效荷载求主剪力,必须考虑边界条件加以调整,才能得到正确的剪力分配。

表 10-43　由次弯矩微分求得次剪力

未线性变化	线性变化
$V_1(x) = N_p(2ax + b)$	$V_1(x) = N_p(2ax + b + k)$
V_r	V_r
$V_2 = V_r - N_p(2ax + b)$	$V_2 = V_r - N_p(2ax + b + k)$

表 10-44　由综合剪力减去主剪力求得次剪力

未线性变化	线性变化
$V_1(x) = 2N_p ax + d$	$V_1(x) = 2N_p ax + d$
V_r	V_r
$V_2 = V_r - 2N_p ax - d$	$V_2 = V_r - 2N_p ax - d$

注:两式中 d 相同。

10.4.5.3　约束次内力法

众所周知,求解超静定结构内力最简便的方法是位移法。位移法的基本原理是先求出结构各杆单元在荷载作用下的固端弯矩,然后根据刚度方程或用弯矩分配法求解结构的内力。由此可知,求解结构在预应力作用下(即主弯矩作用下)产生的次弯矩,关键在于求解结构各杆单元在主弯矩作用下杆端产生的固端次弯矩,这里称之为约束次弯矩。

如果不计预加力的水平分量与 $N_p(x)$之间的差异(误差很小),且不考虑杆单元剪切变形的影响,则图 10-13 所示平面杆单元由约束次内力法可计算出其约束次剪力:

$$V_{ij} = -V_{ji} = \frac{M_{ij} + M_{ji}}{L} \qquad (10\text{-}69)$$

杆件的约束次轴力可由下式计算：

$$N_{ij}=-N_{ji}=-\frac{1}{L}\int_0^L N_{\mathrm{p}}(x)\mathrm{d}x \tag{10-70}$$

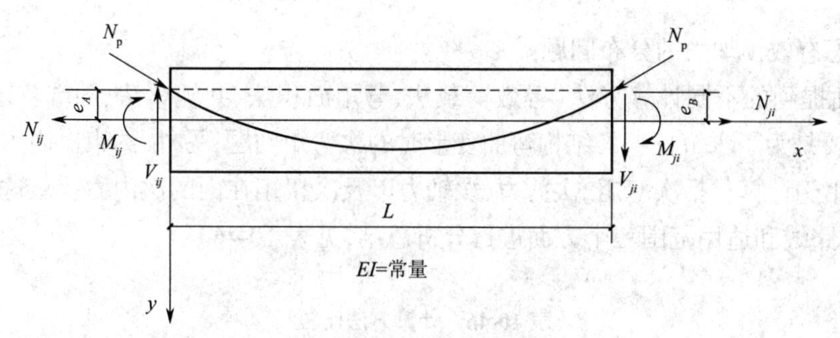

图 10-13　平面杆约束

常见的三种约束情况下的约束次内力见表 10-45。

表 10-45　有效预应力作用下的约束次内力公式

杆件单元约束类型	约束次弯矩		约束次轴力		约束次剪力
	M_{ij}	M_{ji}	N_{ij}	N_{ji}	$V_{ij}=-V_{ji}$
i j	$\frac{A}{L}$	$-\frac{A}{L}$			0
i j	$\frac{4}{L}A-\frac{6}{L^2}S_A$	$\frac{2}{L}A-\frac{6}{L^2}S_A$	$-\frac{1}{L}\int_0^L N_{\mathrm{p}}(x)\mathrm{d}x$	$\frac{1}{L}\int_0^L N_{\mathrm{p}}(x)\mathrm{d}x$	$\frac{6}{L}A-\frac{12}{L^2}S_A$
i j	0	$-\frac{3}{L^2}S_A$			$-\frac{3}{L^3}S_A$

实际工程应用中，为简化次内力的计算，可用杆单元内的有效预加力的平均值来近似计算约束次弯矩。显然当 N_{p} 为定值时，有

$$A=N_{\mathrm{p}}\int_0^L e_{\mathrm{p}}(x)\mathrm{d}x \tag{10-71}$$

$$S_A=N_{\mathrm{p}}\int_0^L e_{\mathrm{p}}(x)x\mathrm{d}x \tag{10-72}$$

即主弯矩图面积 A 可由杆单元内有效预加力平均值乘以预应力筋线形与截面形心线围成的面积求得，主弯矩图面积矩 S_A 可由杆单元内有效预加力平均值乘以预应力筋线形与截面形心线围成的面积对 y 轴的面积矩得到，也就是说，由预应力筋线形就可计算出约束次内力。文献 [18] 中给出各种线性布筋的约束次内力公式。

10.4.5.4　约束次内力法与现有方法的比较

由前述可知，计算次内力的方法有数种，由于等效荷载等方法的繁复及局限性，很难给出简捷、准确的计算方法。为说明约束次内力法的特点，特将其与等效荷载法进行比较。

传统的等效荷载法中，等效荷载是由预应力筋线形求两次微分得到，通常假定有效预加力

N_p 沿梁分布不变,为常数值,即 $q(x)=N_p\dfrac{d^2\left[e_p(x)\right]}{dx^2}$,由此求得内力,这里忽略了 N_p 沿梁分布的变化;而在约束次内力法中,可直接采用 $A=\int_0^L N_p e_p(x)dx$,$S=\int_0^L N_p e_p(x)x dx$ 求解内力,可以很精确地考虑有效预加力的分布问题。

(1)上面提到的不同计算方法(等效荷载法、弯矩面积法、共轭梁法、固端弯矩法、约束次弯矩法),主要是为了求解仅考虑结构弯曲变形时的次弯矩问题;另外,约束次内力法及等效节点荷载法可用于计算包括次弯矩、次剪力、次轴力以及次扭矩在内的次内力。从这些方法的基本原理、计算路线和适用范围三个方面进行分析总结,见表 10-46。

表 10-46 计算方法比较

计算方法	基本原理	计算路线	适用范围
等效荷载法	自平衡原理	将预应力对结构的作用变换为等效的外荷载加于结构上,计算预应力作用下的结构综合内力,然后根据“次内力 = 综合内力 − 主内力”求出次内力	可求解各种结构的次内力,是目前最常用的计算方法
弯矩面积法	力法原理	将多余约束去掉得到原结构的基本体系,根据“基本体系在次反力及主弯矩作用下沿次反力方向的位移与原结构相同”,来建立力法基本方程,计算次反力,进而计算次弯矩和次剪力	可计算连续梁的次弯矩
共轭梁法	共轭梁原理	首先根据实梁确定虚梁,其次将实梁的综合弯矩的正负号改变作为虚梁的虚荷载。由两端固定实梁的两端挠度和转角为 0,可知虚梁两端的虚弯矩和虚剪力为 0,从而求得梁的固端次弯矩,进而求出结构的次弯矩	可计算等截面或阶梯状变截面简单杆系结构的次弯矩
约束次内力法	力法原理	按力法原理直接将预应力作用转化为约束次内力矩阵(即杆端力矩阵),进而利用矩阵位移法等结构力学方法直接求解次内力	可求解各种结构的次内力
等效节点荷载法	虚功原理	根据虚功原理引入构件的形函数,建立预应力作用产生的杆端等效节点荷载的积分表达式(即杆端力矩阵),进而利用矩阵位移法等结构力学方法直接求解次内力	可求解各种结构的次内力

(2)与其他计算预应力结构内力的方法相比,约束次内力法有许多优点:

①直接体现了次弯矩的产生是由于应力对结构的作用引起的结构变形受到超静定约束所致,物理概念明确;

②不需计算等效荷载和综合弯矩,用于整体结构的分析时,比现有的计算方法更简捷明了;

③较容易与现有的平面杆系结构计算程序连接,从而很方便地完成内力计算;

④在利用程序计算约束次内力时,可以较方便地考虑有效预应力沿预应力筋全长变化分布的情况;

⑤可用于直接计算次剪力,而传统的等效荷载法则必须在次弯矩的基础上求解。

10.5　预应力的其他应用

10.5.1　体外预应力加固

体外预应力加固法是通过布置体外预应力束并施加预应力，使既有结构构件的受力得到调整、承载力得到提高、使用性能得到改善的一种主动加固方法。其特点为通过预先施加应力的方法强迫后加拉杆或撑杆承担部分内力，改变原结构内力分布并降低原结构应力水平，可使新加构件应力滞后现象缓解或完全消除，后加部分与原结构能较好地共同工作，从而显著提高结构承载能力，减小结构变形。

10.5.1.1　一般规定

体外预应力加固法可用于下列情况的混凝土构件加固：提高结构与构件的承载能力；减小结构构件正常使用中的变形或裂缝宽度；既有结构处于高应力、应变状态，且难以直接卸除其结构上的荷载；抗震加固及其他特殊要求的加固。

《建筑结构体外预应力加固技术规程》（JGJ/T 279—2012）对体外预应力加固材料规定如下。

（1）既有结构的混凝土强度等级不宜低于 C20。

（2）体外预应力加固采用的混凝土强度等级不应低于 C30。

（3）体外预应力束的选用应根据结构受力特点、环境条件和施工方法等确定，体外预应力束的预应力筋可采用预应力钢绞线、预应力螺纹钢筋，并宜采用涂层预应力筋或二次加工预应力筋。

（4）体外预应力加固用锚具和连接器的性能应符合国家现行标准《预应力筋用锚具、夹具和连接器》（GB/T 14370—2015）和《预应力筋用锚具、夹具和连接器应用技术规程》（JGJ 85—2010）的规定，并宜选用结构紧凑、锚固回缩值小的锚具。锚具应满足分级张拉、补张拉和放松拉力等张拉工艺的要求。

（5）转向块、锚固块的材料性能应符合现行国家标准《碳素结构钢》（GB/T 700—2006）、《低合金高强度结构钢》（GB/T 1591—2018）、《一般工程用铸造碳钢件》（GB/T 11352—2009）的有关规定。转向块、锚固块与既有结构的连接用材料性能应符合现行行业标准《混凝土结构后锚固技术规程》（JGJ 145—2013）的规定。

（6）灌浆用水泥、外加剂、水泥浆水胶比及其性能、专用防腐油脂的技术性能及防火涂料的技术性能均应满足国家及行业相关标准。

10.5.1.2　结构设计

1. 体外预应力束配筋截面面积计算

既有结构为普通混凝土结构时，混凝土板、简支梁、框架梁跨中，计算公式如下。

$$A_{\mathrm{p}} \leqslant 4\frac{f_{\mathrm{y}} h_{\mathrm{s}}}{\sigma_{\mathrm{pu}} h_{\mathrm{p}}} A_{\mathrm{s}} \tag{10-73}$$

框架梁梁端，计算公式如下。

一级抗震等级：

$$A_p \leqslant 2\frac{f_y h_s}{\sigma_{pu} h_p} A_s \tag{10-74}$$

二、三级抗震等级：

$$A_p \leqslant 3\frac{f_y h_s}{\sigma_{pu} h_p} A_s \tag{10-75}$$

式中：σ_{pu}——体外预应力筋的应力设计值，N/mm^2；

f_y——非预应力筋的抗拉强度设计值，N/mm^2；

h_s，h_p——非预应力筋合力点、预应力筋合力点至受压区边缘的距离，mm；

A_s，A_p——构件受拉区非预应力筋截面面积、体外预应力筋截面面积，mm^2。

2. 一般规定

体外预应力加固超静定混凝土结构，在进行承载能力极限状态计算和正常使用极限状态验算时，应考虑预应力次弯矩、次剪力、次轴力的影响。对于承载能力极限状态，当预应力作用效应对结构有利时，预应力作用分项系数应取 1.0，不利时应取 1.2；对正常使用极限状态，预应力作用分项系数应取 1.0。

体外预应力加固超静定混凝土结构，计算截面的次弯矩（M_2）和次轴力（N_2）宜按下列公式计算：

$$M_2 = M_r - M_1 \tag{10-76}$$

$$N_2 = N_r - N_1 \tag{10-77}$$

$$M_1 = N_1 e_{pl} \tag{10-78}$$

式中：M_r，N_r——由预加力的等效荷载在结构构件截面上产生的综合弯矩值（N·mm）和综合轴力值（N）；

M_1——主弯矩值，即预加力对计算截面重心偏心引起的弯矩值，N·mm；

N_1——主轴力值，即计算截面预加力在构件轴线上的分力，N，当预应力筋弯起角度很小时，可近似取 $\sigma_{pe}A_p$；

e_{pl}——截面重心至预加力合力点距离，mm。

次剪力宜根据构件各截面次弯矩的分布按结构力学方法计算。

体外预应力筋的应力设计值计算公式如下：

$$\sigma_{pu} = \sigma_{pe} + \Delta\sigma_p \tag{10-79}$$

式中：σ_{pe}——有效预应力值，N/mm^2；

$\Delta\sigma_p$——预应力增量，正截面受弯承载力计算时，对于简支受弯构件 $\Delta\sigma_p$ 取为 100 N/mm^2，连续、悬臂受弯构件 $\Delta\sigma_p$ 取为 50 N/mm^2，斜截面受剪承载力计算时 $\Delta\sigma_p$ 取为 50 N/mm^2。

3. 承载能力极限状态计算

1)矩形截面或翼缘位于受拉边的倒 T 形截面受弯构件(图 10-14)

正截面受弯承载力公式:

$$M \leqslant \sigma_{\mathrm{pu}} A_{\mathrm{p}} \left(h_{\mathrm{p}} - \frac{x}{2} \right) + f_{\mathrm{y}} A_{\mathrm{s}} \left(h - a_{\mathrm{s}} - \frac{x}{2} \right) + f_{\mathrm{y}}' A_{\mathrm{s}}' \left(\frac{x}{2} - a_{\mathrm{s}}' \right) \tag{10-80}$$

混凝土受压区高度计算公式:

$$\alpha_1 f_{\mathrm{c}} b x = f_{\mathrm{y}} A_{\mathrm{s}} - f_{\mathrm{y}}' A_{\mathrm{s}}' + \sigma_{\mathrm{pu}} A_{\mathrm{p}} \tag{10-81}$$

混凝土受压区高度(x)应符合下列条件:

$$x \leqslant \xi_{\mathrm{b}} h_0 \tag{10-82}$$

$$x \geqslant 2a_{\mathrm{s}}' \tag{10-83}$$

式中:M——弯矩设计值,N·mm;

α_1——系数,当混凝土强度等级不超过 C50 时取为 1.0,当混凝土强度等级为 C80 时取为 0.94,其间按线性内插法确定;

A_{s},A_{s}'——既有结构受拉区、受压区纵向非预应力筋的截面面积,mm²;

A_{p}——体外预应力筋的截面面积,mm²;

x——等效矩形应力图形的混凝土受压区高度,mm;

σ_{pu}——体外预应力筋预应力设计值,N/mm²;

f_{c}——既有结构混凝土轴心抗压强度设计值,N/mm²;

f_{y},f_{y}'——非预应力筋的抗拉、抗压强度设计值,N/mm²;

b——矩形截面的宽度或倒 T 形截面的腹板宽度,mm;

a_{s}——受拉区纵向非预应力筋合力点至受拉边缘的距离,mm;

a_{s}'——受压区纵向非预应力筋合力点至截面受压边缘的距离,mm;

h_0——受拉区纵向非预应力筋和体外预应力筋合力点至受压边缘的距离,mm;

ξ_{b}——相对界限受压区高度,可取 0.4;

h_{p}——体外预应力筋合力点至截面受压区边缘的距离,mm。

当跨中预应力筋转向块固定点之间的距离小于 12 倍梁高时,可忽略二次效应的影响;当跨中预应力筋转向块固定点之间的距离不小于 12 倍梁高时,可根据构件变形确定二次效应的影响。

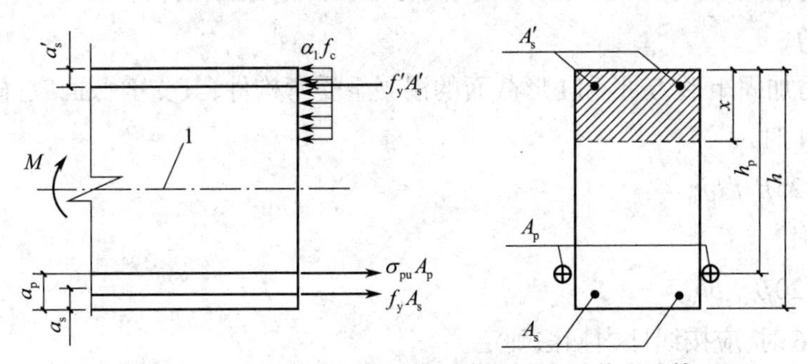

图 10-14　矩形截面受弯构件正截面受弯承载力计算

1—截面重心轴

2)翼缘位于受压区的T形(图10-15)、I形截面受弯构件

正截面受弯承载力规定如下:当满足式(10-84)时,截面应按宽度为 b_f' 的矩形截面按1)计算。

$$\alpha_1 f_c b_f' h_f' \geqslant f_y A_s + \sigma_{pu} A_p - f_y' A_s' \tag{10-84}$$

当不满足式(10-84)时,正截面受弯承载力应按下式确定:

$$M \leqslant \sigma_{pu} A_p \left(h_p - \frac{x}{2} \right) + f_y A_s \left(h - a_s - \frac{x}{2} \right) + f_y' A_s' \left(\frac{x}{2} - a_s' \right) + \alpha_1 f_c \left(b_f' - b \right) h_f' \left(\frac{x}{2} - \frac{h_f'}{2} \right) \tag{10-85}$$

混凝土受压区高度(x)应按下式确定:

$$\alpha_1 f_c \left[bx + \left(b_f' - b \right) h_f' \right] = f_y A_s + \sigma_{pu} A_p - f_y' A_s' \tag{10-86}$$

式中:b——T形、I形截面的腹板宽度,mm;

h_f'——T形、I形截面受压区翼缘高度,mm;

b_f'——T形、I形截面受压区翼缘计算宽度,mm。

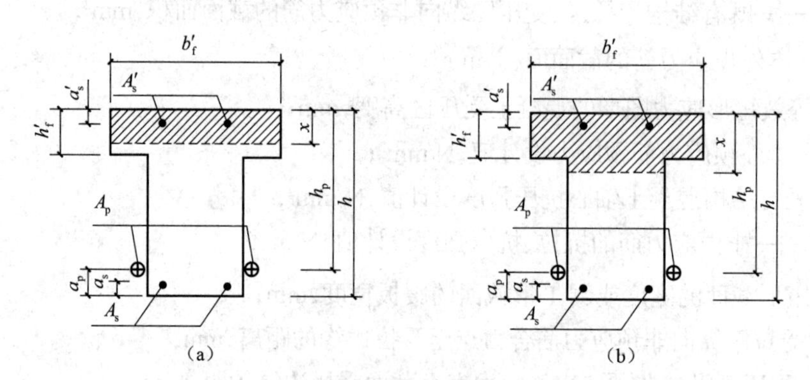

图10-15 T形截面受弯构件受压区高度位置

(a) $x \leqslant h_f'$ (b) $x > h_f'$

计算T形、I形截面受弯构件时,混凝土受压区高度尚应符合式(10-82)、式(10-83)的规定。

当混凝土受压区高度(x)大于 $\xi_b h_0$ 时,加固构件正截面承载力计算应按现行国家标准《混凝土结构设计规范》(GB 50010—2010)的规定,按小偏心受压构件计算。

3)受剪计算

体外预应力加固矩形、T形和I形截面的混凝土受弯构件,其受剪截面应符合下列规定。

当 $h_w/b \leqslant 4$ 时,

$$V \leqslant 0.25 \beta_c f_c b h_0 \tag{10-87}$$

当 $h_w/b > 6$ 时,

$$V \leqslant 0.20 \beta_c f_c b h_0 \tag{10-88}$$

当 $4 < h_w/b < 6$ 时,应按线性内插法确定。

式中:V——考虑预应力次剪力组合的构件斜截面最大剪力设计值,N;

β_c——混凝土强度影响系数,当混凝土强度等级不超过 C50 时,取 β_c 等于 1.0,当混凝土强度等级为 C80 时,取 β_c 等于 0.8,其间按线性内插法确定;

b——矩形截面的宽度,T 形截面或 I 形截面的腹板宽度,mm;

h_0——原截面的有效高度,mm;

h_w——截面的腹板高度, mm,对矩形截面,取有效高度,对 T 形截面,取有效高度减去翼缘高度,对 I 形截面,取腹板净高。

当既有结构受剪截面不符合时,应先采用加大受剪截面、粘钢等加固方式加强截面,再进行体外预应力加固。

在计算斜截面的受剪承载力时,其剪力设计值的计算截面应考虑体外预应力筋锚固处、转向块处、支座边缘处、受拉区弯起钢筋弯起点处、箍筋截面面积或间距改变处以及腹板宽度改变处的截面。对受拉边倾斜的受弯构件,尚应包括梁的高度开始变化处,集中荷载作用处和其他不利的截面。

体外预应力加固矩形、T 形和 I 形截面的受弯构件,其斜截面的受剪承载力应按下列公式计算:

$$V=V_{cs}+V_p+0.8f_{yv}A_{sb}\sin\alpha_s+0.8\sigma_{pu}A_{pb}\sin\alpha_p \tag{10-89}$$

$$V_{cs}=\alpha_{cv}f_tbh_0+f_{yv}\frac{A_{sv}}{s}h_0 \tag{10-90}$$

$$V_p=0.05\left(N_{p0}+N_2\right) \tag{10-91}$$

式中:V——考虑次剪力组合的斜截面最大剪力设计值,N;

V_{cs}——构件斜截面上混凝土和箍筋的受剪承载力设计值,N;

V_p——由预加力所提高的构件受剪承载力设计值,N;

A_{sv}——配置在同一截面内箍筋各肢的全部截面面积, mm², $A_{sv}=nA_{sv1}$,此处,n 为在同一截面内箍筋的肢数,A_{sv1} 为单肢箍筋的截面面积;

s——沿构件长度方向的箍筋间距,mm;

h_0——原截面的有效高度,mm;

f_{yv}——受剪计算非预应力筋抗拉强度设计值,N/mm²;

A_{sb},A_{pb}——同一平面内的弯起非预应力筋、弯起预应力筋的截面面积,mm²;

α_s,α_p——斜截面弯起非预应力筋、弯起预应力筋的切线与构件纵轴线的夹角;

α_{cv}——斜截面混凝土受剪承载力系数,对一般受弯构件取 0.7,对集中荷载作用下(包括作用有多种荷载,其中集中荷载对支座截面或节点边缘所产生的剪力值占总剪力值的 75% 以上的情况)的独立梁, α_{cv} 为 1.75/(λ+1.75), λ 为计算截面的剪跨比,可取 λ 等于 a/h_0,当 $\lambda<1.5$ 时,取 λ 为 1.5,当 $\lambda>3$ 时,取 λ 为 3, a 为集中荷载作用点至支座或节点边缘的距离;

N_{p0}——计算截面上混凝土法向预应力等于零时的纵向预应力筋及非预应力筋合力, N,当 $N_{p0}+N_2>0.3f_cA_0$ 时,取 $N_{p0}+N_2=0.3f_cA_0$,此时,A_0 为构件的换算截面面积。

注:对合力 N_{p0} 引起的截面弯矩与外弯矩方向相同的情况,以及体外预应力加固连续梁和

加固后允许出现裂缝的混凝土简支梁，均应取 V_{p} 为 0。

4. 正常使用极限状态验算

体外预应力加固已开裂的混凝土梁，裂缝完全闭合时所需的体外预加力（N_{clo}）按以下公式计算：

$$N_{clo}=\frac{\sigma_{clo}+\dfrac{M_{i}}{W}}{\dfrac{e_{p0}}{W}+\dfrac{1}{A}} \tag{10-92}$$

式中：M_{i}——加固前构件所承受的荷载弯矩标准值，N·mm；

e_{p0}——体外预应力筋合力中心相对截面形心的距离，mm；

W——原截面受拉边缘的弹性抵抗矩，可取毛截面，mm^3；

A——原截面面积，可取毛截面，mm^2；

σ_{clo}——与构件加固前最大裂缝宽度相对应的混凝土名义压应力，N/mm^2，可按表 10-47 采用。

表 10-47 混凝土名义压应力

加固前裂缝宽度 /mm	0.10	0.20	0.30
σ_{clo}/（N/mm^2）	0.50	0.75	1.25

注：中间按线性内插法确定。

体外预应力加固钢筋混凝土矩形、T 形、I 形截面的受弯构件，可按下列公式计算加固后的正截面开裂弯矩值（M_{cr}）。

加固前未开裂：

$$M_{cr}=(\sigma_{pc}+\gamma f_{tk})W \tag{10-93}$$

加固前已开裂：

$$M_{cr}=\sigma_{pc}W \tag{10-94}$$

式中：σ_{pc}——扣除全部预应力损失后，由预加力在抗裂验算边缘产生的混凝土法向预压应力；

γ——加固混凝土构件截面抵抗矩塑性影响系数，应按现行国家标准《混凝土结构设计规范》（GB 50010—2010）的规定确定；

f_{tk}——混凝土抗拉强度标准值，N/mm^2。

体外预应力加固矩形、T 形、倒 T 形和 I 形截面的混凝土受弯构件中，按荷载效应的标准组合并考虑长期作用影响的最大裂缝宽度（mm）可按下列公式计算：

$$w_{max}=\alpha_{cr}\psi\frac{\sigma_{sk}}{E_{s}}\left(1.9c+0.08\frac{d_{eq}}{\rho_{te}}\right) \tag{10-95}$$

$$\psi=1.1-0.65\frac{f_{tk}}{\rho_{te}\sigma_{sk}} \tag{10-96}$$

$$d_{eq}=\frac{\sum n_{i}\mathrm{d}_{i}^{2}}{\sum n_{i}\upsilon_{i}\mathrm{d}_{i}} \tag{10-97}$$

$$\rho_{te}=\frac{A_s}{A_{te}} \tag{10-98}$$

式中：α_{cr}——构件受力特征系数，对预应力混凝土构件取 $\alpha_{cr}=1.5$；

ψ——裂缝间纵向受拉钢筋应变不均匀系数，当 $\psi<0.2$ 时，取 ψ =0.2，当 $\psi>1$ 时，取 ψ =1，对直接承受重复荷载的构件，取 ψ =1；

σ_{sk}——按荷载效应的标准组合计算的构件纵向受拉钢筋的等效应力，N/mm²；

E_s——既有结构钢筋的弹性模量，N/mm²；

c——最外层纵向受拉钢筋外边缘至受拉区底边的距离，mm，当 $c<20$ 时，取 c =20，当 $c>65$ 时，取 c =65；

ρ_{te}——按有效受拉混凝土截面面积计算的纵向受拉非预应力筋配筋率，当 $\rho_{te}<0.01$ 时，取 ρ_{te} =0.01；

A_{te}——有效受拉混凝土截面面积，mm²，对受弯、偏心受压和偏心受拉构件，取 $A_{te}=0.5bh+(b_f-b)h_f$，此处 b_f、h_f 为受拉翼缘的宽度、高度；

d_{eq}——受拉区纵向非预应力筋的等效直径，mm；

d_i——受拉区第 i 种纵向非预应力筋的公称直径，mm；

n_i——受拉区第 i 种纵向非预应力筋的根数；

υ_i——受拉区第 i 种纵向非预应力筋的相对黏结特性系数，按现行国家标准《混凝土结构设计规范》（GB 50010—2010）取值。

在荷载效应的标准组合下，考虑次内力影响的体外预应力加固混凝土构件受拉区纵向钢筋的等效应力按下列公式计算：

$$\sigma_{sk}=\frac{M_k-N_{p0}(z-e_p)}{(0.30A_p+A_s)z} \tag{10-99}$$

$$z=\left[0.87-0.12\left(1-\gamma_f'\right)\left(\frac{h_0}{e}\right)^2\right]h_0 \tag{10-100}$$

$$e=e_p+\frac{M_k}{N_{p0}} \tag{10-101}$$

$$\gamma_f'=\frac{(b_f'-b)h_f'}{bh_0} \tag{10-102}$$

$$e_p=y_{ps}-e_{p0} \tag{10-103}$$

式中：M_k——按荷载效应的标准组合计算的弯矩，N·mm，取计算区段内最大弯矩值；

A_p——受拉区体外预应力筋截面面积，mm²；

z——受拉区纵向非预应力筋和预应力筋合力点至截面受压区合力点的距离，mm；

h_0——受拉区纵向非预应力筋和预应力筋合力点至截面受压区边缘的距离，mm；

e_p——混凝土法向预应力等于零时预加力 N_{p0} 的作用点至受拉区纵向预应力筋和非预应力筋合力点的距离，mm；

y_{ps}——受拉区纵向预应力筋和非预应力筋合力点的偏心距,mm;

e_{p0}——混凝土法向预应力等于零时预加力 N_{p0} 作用点的偏心距,mm;

γ_f'——受压翼缘截面面积与腹板有效截面面积的比值;

b_f', h_f'——受压翼缘的宽度、高度,mm,在公式(10-102)中,当 $h_f' > 0.2h_0$ 时,取 $h_f' = 0.2h_0$。

矩形、T 形、倒 T 形和 I 形截面受弯构件考虑荷载长期作用影响的刚度(B),按下式计算:

$$B = \frac{M_k}{M_q(\theta-1)+M_k}B_s \tag{10-104}$$

式中:M_q——按荷载效应的准永久组合计算的弯矩值,N·mm,取计算区段内的最大弯矩值;

B_s——荷载效应的标准组合作用下受弯构件的短期刚度,N·mm²;

θ——考虑荷载长期作用对挠度增大的影响系数,取 1.5。

在荷载效应的标准组合作用下,体外预应力加固混凝土受弯构件的短期刚度(B_s)按下列公式计算。

(1)对于要求不出现裂缝的构件以及加固后裂缝完全闭合未重新开裂的构件:

$$B_s = 0.85E_cI_0 \tag{10-105}$$

(2)允许出现裂缝的构件以及加固后裂缝闭合又重新开裂的构件:

$$B_s = \frac{0.85E_cI_0}{\kappa_{cr}+(1-\kappa_{cr})\omega} \tag{10-106}$$

$$\kappa_{cr} = \frac{M_{cr}}{M_k} \tag{10-107}$$

$$\omega = \left(1.0+\frac{0.21}{\alpha_E\rho}\right)(1+0.45\gamma_f)-0.7 \tag{10-108}$$

$$\gamma_f = \frac{(b_f-b)h_f}{bh_0} \tag{10-109}$$

式中:α_E——钢筋弹性模量与混凝土弹性模量的比值;

ρ——纵向受拉非预应力筋和预应力筋换算配筋率,取 $\rho = (A_s+0.30A_p)/bh_0$;

I_0——构件换算截面惯性矩,mm⁴;

M_{cr}——构件正截面开裂弯矩,N·mm;

γ_f——受拉翼缘截面面积与腹板有效截面面积的比值;

b_f, h_f——受拉翼缘的宽度、高度,mm;

κ_{cr}——预应力加固混凝土受弯构件正截面的开裂弯矩 M_{cr} 与弯矩 M_k 的比值,当 $\kappa_{cr}>1.0$ 时,取 $\kappa_{cr}=1.0$。

注:对预压时预拉区出现裂缝的构件,B_s 应降低 10%。

10.5.1.3 构造规定

体外预应力加固设计时,体外束可采用直线、双折线或多折线的布置形式,其布置原则为使结构对称受力,对矩形、T 形或 I 形截面梁,体外束宜布置在梁腹板的两侧。

体外束转向块和锚固块的设置宜根据体外束的设计线形来确定,对多折线体外束,转向块宜布置在距梁端 1/4~1/3 跨度范围内，当转向块间距大于 12 倍的梁高时，可增设中间定位用转向块；对多跨连续梁、板，当采用多折线体外束时，可在中间支座或其他部位增设锚固块，当大于 3 跨时，宜采用分段锚固方法。

体外束的锚固块与转向块之间或两个转向块之间的自由段长度不宜大于 8 m；超过 8 m 时，宜设置固定节点或防振动装置。且体外束在每个转向块处的弯曲角不宜大于 15°，当弯曲角大于 15° 时，应按现行国家标准《预应力混凝土用钢绞线》（GB/T 5224—2014）确定其力学性能指标，或依据可靠的理论、试验数据对体外预应力筋的强度值进行折减。体外束与转向块的接触长度应由弯曲角度和曲率半径计算确定。

体外预应力束的锚固体系节点构造规定如下：对于有整体调束要求的钢绞线夹片锚固体系，可采用外螺母支撑承力方式调束；对处于低应力状态下的体外束，锚具夹片应设防松装置；对可更换的体外束，应采用体外束专用锚固体系，且应在锚具外预留钢绞线的张拉工作长度。

转向块宜布置于被加固梁的底部、顶部或次梁与被加固梁交接处，锚固块宜布置在被加固梁的端部。转向块与锚固块应符合规范的要求，必要时依据规范进行设计计算，做到传力可靠、构造合理。

10.5.1.4　防腐要求

体外束张拉锚固后，应对锚具及外露预应力筋进行防腐处理。当处于腐蚀环境时，应设置全密封防护罩，对不要求更换的体外束，可在防护罩内灌注环氧砂浆或其他防腐蚀材料；对可更换的体外束，应保留满足张拉要求的预应力筋长度，并在防护罩内灌注专用防腐油脂或其他可清洗的防腐材料。

体外束的外套管应能抵抗运输、安装和使用过程中的各种作用力，不至于损坏；采用水泥基灌浆料时，套管应能承受 1.0 N/mm^2 的内压，孔道的内径宜比预应力束外径大 6~15 mm，且孔道的截面面积宜为穿入预应力筋截面面积的 3~4 倍；采用防腐化合物填充管道时，除应满足温度和内压的要求外，管道和防腐化合物之间，不得因温度变化效应对钢绞线产生腐蚀作用，镀锌钢管的壁厚不宜小于管径的 1/40，且不应小于 2 mm；高密度聚乙烯管的壁厚宜为 2~5 mm，且应具有抗紫外线功能和耐老化性能，并应在有需要时能够更换；普通钢套管应具有可靠的防腐蚀措施，在使用一定时期后应重新涂刷防腐蚀涂层。

体外束的防腐蚀材料，采用水泥基灌浆料、专用防腐油脂应能填满外套管和连续包裹预应力筋的全长，并不得产生气泡；体外束采用工厂预制时，其防腐蚀材料在加工、运输、安装及张拉过程中，应具有稳定性、柔性，不应产生裂缝，并应在所要求的温度范围内不流淌；同时，防腐蚀材料的耐久性能应与体外束所属的环境类别和设计使用年限的要求相一致。

钢制转向块和钢制锚固块应采取防锈措施，并应按防腐蚀年限进行定期维护。钢材的防锈和防腐蚀采用的涂料、钢材表面的除锈等级以及防腐蚀对钢材的构造要求等，应满足相应的现行国家标准。

10.5.1.5　防火要求

体外预应力加固体系的耐火等级，应不低于既有结构构件的耐火等级。用于加固受弯构件的体外预应力体系耐火极限应按表 10-48 采用。

表 10-48 体外预应力体系耐火极限 (h)

耐火等级	单、多层建筑				高层建筑	
	一级	二级	三级	四级	一级	二级
耐火极限	2.00	1.50	1.00	0.50	2.00	1.50

在要求的耐火极限内,应有效保护体外预应力筋、转向块、锚固块及锚具等;防火材料应易与体外预应力体系结合,并不应产生对体外预应力体系有害的影响;当钢构件受火产生允许变形时,防火保护材料不应发生结构性破坏,应仍能保持原有的保护作用直至规定的耐火时间;当防火措施达不到耐火极限要求时,体外预应力筋应按可更换设计,并应验算体外预应力筋失效后结构不会塌落;防火保护材料不应对人体有毒害;应选用施工方便、易于保障施工质量的防火措施。

当体外预应力体系采用防火涂料防火时,耐火极限大于 1.5 h 的,应选用非膨胀型钢结构防火涂料;耐火极限不大于 1.5 h 的,可选用膨胀型钢结构防火涂料。防火涂料保护层厚度应按国家现行有关标准确定。

10.5.2 预应力 FRP 筋混凝土

10.5.2.1 概述

桥梁工程、水利工程、海港码头等混凝土结构中预应力筋和普通钢筋的锈蚀问题一直是国内外土木工程结构安全面临的挑战。如何解决钢筋混凝土结构中钢筋的锈蚀问题,提高钢筋混凝土结构的耐久性,延长结构的使用寿命是土木工程面临的重大问题。为此,工程技术研究人员进行了多种尝试,提出了多种对策。实践证明,采用纤维增强聚合物筋(Fiber- Reinforced Polymer Rebar,简称 FRP 筋)是解决钢筋锈蚀问题的行之有效的方法之一。FRP 材料具有高强、轻质、耐腐蚀、低磁感应性及热膨胀系数小等突出优势,在土木建筑工程领域得到了广泛的研究和应用,在新建预应力混凝土结构中也进行了探索性的研究及应用。

10.5.2.2 FRP 筋的基本特性

FRP 材料,即纤维增强聚合物,是一种复合材料。复合材料是由增强材料和基体构成的,根据复合材料中增强材料的形状,可以分为颗粒增强复合材料、层合复合材料和纤维增强复合材料。FRP 筋是 FRP 材料的一种产品形式。

1. 纤维

商业上用的纤维有碳纤维、芳纶纤维、玻璃纤维、聚丙烯纤维、尼龙纤维、聚乙烯纤维、丙烯酸系纤维和聚酯纤维等。在这些纤维中,碳纤维、芳纶纤维、玻璃纤维可用来生产 FRP 增强材料,因为它们与钢筋相比具有很高的强度和相近的刚度,例如:碳纤维具有高强、高弹模、耐腐蚀、耐高温、耐疲劳和绝热好等特点;芳纶纤维密度比碳纤维小,韧性与玻璃纤维相近,弹性模量约为钢筋的一半;玻璃纤维抗碱性能差,在碱性环境中,会因腐蚀而强度降低,但玻璃纤维韧性很好。不同纤维化学成分不同,其力学性能差别很大,相应的 FRP 的物理力学性质也表现出较大差别。

2. 树脂基体

FRP 中常用的树脂基底材料有环氧树脂、聚酯和乙烯基酯。基体作为胶结材料的主要作用是将纤维束黏结在一起并使其具有固定的形状，同时保证纤维的共同工作，避免纤维束之间发生剪切破坏，保护纤维免受周围环境的物理和化学腐蚀。基体也可用来改变 FRP 的物理性能。

3. 拉挤成型工艺

拉挤成型工艺为生产 FRP 筋的一种常见工艺。拉挤成型工艺流程为：先将纤维固定在一起，然后穿过基体浸胶槽，接着由成型模拉出，出来后的束状产品最后再经过固化室，让树脂在室内发生硬化。拉挤成型工艺适用于所有高弹性模量的纤维和多种类型的基体材料，它可生产出多种结构形状的产品。通常，FRP 筋中纤维含量为 70%~80%，树脂占 20%~30%，合成树脂对筋束的抗拉强度没有明显作用。纤维含量愈高，FRP 强度愈高，但拉挤成型时愈困难。

FRP 束在生产时，表面多做成条纹状或砂粒状，因为这些表面形状有助于提高 FRP 与环境介质之间的黏结特性。此外，在生产 FRP 时可以很方便地将纤维组合成各种形式，因而通过这种工艺可生产出多种组合形式的 FRP。通过不同的加工方法，FRP 筋可加工成不同的种类，主要有以下几种：表面进行砂化处理的 GFRP 筋；与钢绞线相似并在 7 股之间用环氧黏结的 CFRP 筋；为加强与混凝土的黏结，表面进行刻痕处理的 FRP 筋；表面进行滚花处理并把截面制成矩形的 FRP 筋等。

4. FRP 筋的特点

FRP 筋的性能取决于增强纤维和合成树脂的类型，纤维的含量、横断面形状和制造技术也有重要影响。一般来说与钢筋相比，FRP 筋主要有以下优点和缺点。

优点：

(1)抗拉强度高；

(2)密度小，仅为钢筋密度的 1/5 左右，利于施工；

(3)强度质量比高，有利于结构减轻自重，可以应用于大跨空间体系；

(4)抗腐蚀性和耐久性好；

(5)CFRP 和 AFRP 筋的抗疲劳性能较好；

(6)防磁性能优异，可用于有特殊要求的雷达站、电台和国防建筑等混凝土结构中；

(7)轴向热膨胀系数低，尤其是 CFRP 合成材料，能够适应较大的气候变化；

(8)具有良好的可设计性，能够根据工程需求生产指定的产品类型。

缺点：

(1)抗剪强度低，一般是其抗拉强度的 10% 左右，在用作预应力筋以及进行材性试验时，需要专门的锚具或夹具；

(2)线弹性脆性材料，破坏前没有明显的屈服平台；

(3)长期强度比短期静荷强度低，且受紫外线伤害较大；

(4)GFRP 筋在潮湿环境下抗腐蚀能力降低；

(5)GFRP 筋和 AFRP 筋在碱环境作用下耐久性较低；

（6）生产工艺较复杂，成本较高。

5. 力学性能指标

碳纤维、玻璃纤维和芳纶纤维三种纤维均为线弹性材料，应力 - 应变曲线没有类似钢筋的屈服点，在结构设计中应充分认识到高性能纤维这一不同于传统建材的材性特点。国际结构混凝土协会（FIB）提供了三种纤维的主要力学性能指标，见表 10-49。

表 10-49 纤维的力学性能指标

类型		抗拉强度 /MPa	弹性模量 /GPa	极限伸长率 /%
碳纤维	高强型	3 500~4 800	215~235	1.4~2.0
	超高强型	3 500~6 000	215~235	1.5~2.3
碳纤维	高模型	2 500~3 100	350~500	0.5~0.9
	超高模型	2 100~2 400	500~700	0.2~0.4
玻璃纤维	E 型	1 900~3 000	70	3.0~4.5
	S 型	3 500~4 800	85~90	4.5~5.5
芳纶纤维	低模型	3 500~4 100	70~80	4.3~5.0
	高模型	3 500~4 000	115~130	2.5~3.5

6. FRP 筋材（棒材）

1）产品类型及应用范围

FRP 筋是由若干股连续纤维束按特定的工艺经配套树脂浸渍固化而成的，主要生产工艺包括编织成型、绞线成型、拉挤成型。其中拉挤成型是较为普遍的方法。按形状来划分，通过拉挤成型的条棒状直线型 FRP 筋一般称为筋材或棒材，包括表面光圆筋和表面变形筋，此类筋刚度较大，不易弯曲；将纤维束扭成绞状呈复合绳形式的 FRP 筋称为索或绞线，为单股或多股，可以弯曲绕成卷。

目前，FRP 筋的生产厂家主要集中在欧美和日本。为了提高筋材与混凝土间的黏结性能，不同的厂家采用以下方法对拉挤筋材进行表面加工：①固化前在筋上螺旋形缠绕纤维条带；②表面喷砂或覆以短纤维；③让筋材通过具有凹凸内表面的模具，形成凹凸表面；④用机械法直接对筋材外表面进行加工。

FRP 筋最大的优点是具有很强的耐腐蚀性能，可以替代钢筋用于一些处于特殊环境中的建（构）筑物，形成 FRP 筋混凝土结构或预应力 FRP 筋混凝土结构。FRP 筋混凝土结构中，由于高强度 FRP 筋的极限强度不易充分发挥，同时考虑到 GFRP 筋具有相对的价格优势，建议 FRP 筋的选择依次为耐碱 GFRP 筋、AFRP 筋、CFRP 筋。预应力 FRP 筋应选用 CFRP 筋或 AFRP 筋，由于 GFRP 筋强度不是特别高且易产生徐变断裂，不宜用作预应力筋。

FRP 筋还可用于表面嵌入式（NSM）加固。此外，应用碳纤维绞线、配套锚夹具及辅助材料，可以进行体外预应力混凝土结构设计，免除了钢索要定期进行维护、保养的麻烦。

2）主要性能指标

FRP 筋的抗拉强度按筋材的截面面积（含树脂）计算，截面面积按名义直径计算。美国混凝土学会（ACI）提供了三种 FRP 筋与钢筋的主要性能指标对比，见表 10-50。FRP 筋的性能与钢筋不同，它不是一种各向同性的材料，由于剪切滞后现象，一般 FRP 筋随直径的增大，其强度降低，力学性能检测时应采用不经过表面处理的筋材进行测试。

表 10-50　FRP 筋的物理、力学性能指标

性能指标		钢筋	GFRP 筋	CFRP 筋	AFRP 筋
密度 /（g/cm²）		7.9	1.25~2.10	1.50~1.60	1.25~1.40
热膨胀系数 /（×10⁻⁶/℃）	纵向 a_T	11.7	6.0~10.0	−9.0~0.0	−6~−2
	横向 a_L	11.7	21.0~23.0	74.0~104.0	60.0~80.0
屈服强度 /MPa		276~517	—	—	—
抗拉强度 /MPa		483~690	483~1 600	600~3690	1 720~2 540
弹性模量 /GPa		200	35.0~51.0	120.0~580.0	41.0~125.0
极限伸长率 /%		6.0~12.0	1.2~3.1	0.5~1.7	1.9~4.4

注：纤维体积含量为 50%~70%。

当 FRP 筋作为结构受力筋使用时，除考虑 FRP 筋的拉伸强度、弹性模量和伸长率以外，还应考虑其剪切强度、握裹力、在碱性环境中的耐久性以及在新建结构中的耐火性能要求。当 FRP 筋作为桥面板等承受动荷载构件的受力筋时，还应进行疲劳测试和长期健康监测等检测与试验。

10.5.2.3　FRP 筋混凝土结构研究进展

国外对 FRP 筋混凝土结构的研究起步较早。美国人 Jackson 于 1941 年最先申请了用玻璃纤维（GFRP）筋增强混凝土结构的专利，并首次将 FRP 筋应用于混凝土结构中。1974 年，斯图加特大学的 Rehm 等首次开展了有黏结预应力 GFRP 筋混凝土梁的试验研究工作。目前，日本、加拿大、美国等已相继颁布了 FRP 筋混凝土结构设计规范。

同济大学进行了 FRP 筋混凝土梁的试验研究，主要研究内容包括：

（1）研制了适用于 CFRP 筋以及 AFRP 筋的预应力锚具；

（2）共进行了 750 个黏结试验，对 GFRP 筋、CFRP 筋以及 AFRP 筋的黏结性能进行了较系统的研究；

（3）通过 23 根梁的单调静力试验，对有黏结预应力 CFRP 筋混凝土梁、部分黏结预应力 CFRP 筋混凝土梁以及体外预应力 CFRP 筋混凝土梁的受力性能与设计方法进行了研究；

（4）完成了 15 根梁的低周反复荷载试验，对预应力 CFRP 筋混凝土梁的抗震性能进行了研究；

（5）开展了 300 万次重复荷载作用下预应力 CFRP 筋混凝土梁疲劳性能及设计方法的研究。

郑州大学、东南大学、中国建筑科学研究院和哈尔滨工业大学等单位也开展了有关 FRP

筋混凝土结构的研究工作。

参考文献

[1] 中华人民共和国住房和城乡建设部. 预应力混凝土结构设计规范：JGJ 369—2016[S]. 北京：中国建筑工业出版社，2016.

[2] 中华人民共和国住房和城乡建设部. 混凝土结构设计规范：GB 50010—2010[S]. 北京：中国建筑工业出版社，2010.

[3] 中国工程建设标准化协会. 高性能混凝土应用技术规程：CECS 207—2006[S]. 北京：中国计划出版社，2006.

[4] 中华人民共和国交通运输部. 预应力混凝土桥梁用塑料波纹管：JT/T 529—2016[S]. 北京：人民交通出版社，2016.

[5] 中华人民共和国住房和城乡建设部. 预应力混凝土用金属波纹管：JG 225—2020[S]. 北京：中国标准出版社，2020.

[6] 中华人民共和国住房和城乡建设部. 水泥基灌浆材料应用技术规范：GB/T 50448—2015[S]. 北京：中国建筑工业出版社，2015.

[7] 中华人民共和国住房和城乡建设部. 无黏结预应力筋用防腐润滑脂：JG/T 430—2014[S]. 北京：中国标准出版社，2014.

[8] 中华人民共和国住房和城乡建设部. 缓黏结预应力钢绞线专用黏合剂：JG/T 370—2012[S]. 北京：中国标准出版社，2012.

[9] 中华人民共和国国家质量监督检验检疫总局. 预应力筋用锚具、夹具和连接器：GB/T 14370—2015[S]. 北京：中国标准出版社，2016.

[10] 中华人民共和国住房和城乡建设部. 预应力筋用锚具、夹具和连接器应用技术规程：JGJ 85—2010[S]. 北京：中国建筑工业出版社，2010.

[11] 中华人民共和国住房和城乡建设部. 无黏结预应力混凝土结构技术规程：JGJ 92—2004[S]. 北京：中国建筑工业出版社，2016.

[12] 中华人民共和国住房和城乡建设部. 建筑抗震设计规范：GB 50011—2010[S]. 北京：中国建筑工业出版社，2010.

[13] 中华人民共和国住房和城乡建设部. 混凝土结构耐久性设计标准：GB/T 50476—2019[S]. 北京：中国建筑工业出版社，2019.

[14] 中华人民共和国住房和城乡建设部. 建筑设计防火规范：GB 50016—2014[S]. 北京：中国计划出版社，2014.

[15] 中华人民共和国住房和城乡建设部. 建筑结构体外预应力加固技术规程：JGJ/T 279—2012[S]. 北京：中国建筑工业出版社，2012.

[16] 中华人民共和国国家质量监督检验检疫总局. 碳素结构钢：GB/T 700—2006[S]. 北京：中国标准出版社，2007.

[17] 国家市场监督管理总局. 低合金高强度结构钢：GB/T 1591—2018[S]. 北京：中国质检出

版社,2018.
[18] 中华人民共和国国家质量监督检验检疫总局. 一般工程用铸造碳钢件: GB/T 11352—2009[S]. 北京:中国标准出版社,2009.
[19] 中华人民共和国住房和城乡建设部. 混凝土结构后锚固技术规程: JGJ 145—2013[S]. 北京:中国建筑工业出版社,2013.
[20] 中华人民共和国国家质量监督检验检疫总局. 预应力混凝土用钢绞线: GB/T 5224—2014[S]. 北京:中国标准出版社,2015.
[21] 曾德光. FRP 筋混凝土梁的受弯性能试验研究和理论分析 [D]. 南京:东南大学,2005.

第11章 钢筋混凝土结构的抗震性能与延性

11.1 钢筋混凝土结构的震害特点

我国是世界上地震活动最强烈的国家之一，地震作为中国第一大自然灾害，带来的损失是极大的。钢筋混凝土结构在土木工程中的应用范围极其广泛，各种工程结构都可以采用钢筋混凝土结构建造，因而在不同工程结构中钢筋混凝土结构的震害不尽相同。下面具体介绍不同钢筋混凝土结构的震害特点。

11.1.1 钢筋混凝土结构的破坏形式

根据地震震害统计分析以及结构模型的振动台试验结果，归纳出地震作用下钢筋混凝土结构的破坏形式大致如下。

1. 底层破坏

这是一种较普遍的破坏形式。底层大空间的高层建筑底层相对较弱，多层建筑底层承受的地震剪力最大，因此一般发生此类破坏。1995 年阪神地震后，据西宫、民崎、伊丹和宝家市的调查，在 34 栋倒塌、严重破坏的钢筋混凝土结构中，有 30 栋是底层破坏。

2. 中间层的破坏

有刚度突变、软弱层或结构布置不合理的结构会发生这种破坏。刚度和质量分布较均匀的结构，在高阶振型的作用下也会发生此种破坏。阪神大地震时，神户市中央三宫附近至少有 10 幢房屋属于这种破坏，这些房屋多为 6~10 层写字楼，破坏的楼层为 3~6 层。

3. 叠饼式的坍塌

柱子或墙体较弱，破坏后各层楼板重叠坍塌，当柱子的截面尺寸沿房屋高度逐渐减小时，结构很容易发生叠饼式坍塌。1985 年墨西哥地震时出现过多起这种形式的破坏。

4. 底层或中间层破坏引起的整体倒塌

由于底层或中间层某些重要构件破坏而使上部结构倒塌。1976 年唐山地震时，天津碱厂蒸吸塔工程 13 层高的钢筋混凝土框架结构 7 层以上全部倒塌。

5. 整体坍塌

框架结构产生足够的梁铰后，形成侧移机构而引起倒塌。虽然这种破坏的程度较重，但是结构坍塌以前要经历较大的塑性变形，结构具有良好的延性和耗能能力。设计时一般都希望结构出现此类破坏。

11.1.2　钢筋混凝土框架结构的震害特点

钢筋混凝土框架房屋层数多为 5、6 层，未经抗震设防的钢筋混凝土框架房屋存在不少薄弱环节，在 8 度和 8 度以上的地震作用下有一定数量的这类房屋产生中等或严重破坏，极少数甚至倒塌。

1. 结构在强烈地震作用下整体倒塌破坏

钢筋混凝土框架结构的侧向刚度较小，使得这类结构的层间变形相对较大。在强烈地震作用下，结构在弹性阶段因刚度比较小会产生较大的弹性变形，同时，结构会因承载力不足而过早进入弹塑性状态，其结构薄弱楼层会产生弹塑性变形集中的现象，使得结构产生较大的弹塑性变形；当结构或楼层的变形超过建筑结构或楼层的变形能力时，就会导致结构薄弱楼层破坏严重甚至造成整体结构倒塌，如图 11-1、图 11-2 所示。

图 11-1　映秀镇某中学的两栋钢筋混凝土框架结构整体倒塌

图 11-2　北川县城及都江堰市框架结构房屋整体倒塌

2. 结构层间屈服强度有明显薄弱楼层的破坏

钢筋混凝土框架结构在侧向刚度和楼层承载力上存在较大的不均匀性，使得这些结构存在着层间屈服强度特别弱的楼层。在强烈地震作用下，结构的薄弱楼层率先屈服，产生弹塑性变形并形成弹塑性变形集中的现象。如图 11-3 所示，都江堰市华夏广场 5 层框架结构，底部 2 层整体坍塌，5 层变成 3 层。

图 11-3 都江堰市华夏广场底部 2 层整体坍塌

3. 框架结构构件的震害

1)框架梁的破坏

框架结构中的现浇楼板实际上提高了框架梁的刚度和承载力,但在抗震计算分析中一般不考虑现浇楼板对梁承载力的提高,以致钢筋混凝土框架结构的梁柱破坏主要集中在框架柱和节点附近,但对于未设置楼板的架空层以及取消第一层顶板门厅的框架梁柱,其破坏会出现在框架梁上,如图 11-4、图 11-5 所示。

图 11-4 都江堰建设大厦门厅框架梁的梁端弯曲破坏

图 11-5 都江堰地税局办公楼门厅框架梁的梁端破坏

2)框架柱的破坏

(1)柱端弯剪破坏。一般抗剪长柱的破坏多发生在柱上下两端,尤其是柱顶。通常会产生水平裂缝或交叉斜裂缝,严重时会发生混凝土压溃,如图 11-6 所示。

(2)角柱破坏。角柱处于双向偏压状态,受结构整体扭转影响大,受力状态复杂,同时受周边横梁的约束相对较弱,其震害一般较为严重,如图 11-7 所示。

(3)短柱破坏。短柱由于刚度较大,分担的地震剪力大而剪跨比又小,容易在柱子范围内产生斜裂缝或交叉裂缝,导致脆性剪切破坏,如图 11-8 所示。

图 11-6　柱头混凝土压碎

图 11-7　角柱破坏

3)框架梁柱节点的破坏

在地震反复荷载作用下,节点核心区混凝土处于剪压复合应力状态。当节点配筋偏少时,会出现交叉斜裂缝,导致剪切破坏,严重时混凝土剪碎剥落,柱纵筋屈服外鼓,如图 11-9 所示。当节点区剪压比较大时,箍筋可能尚未屈服,而是混凝土被压碎而破坏。当节点构造不当时,常表现为节点箍筋过稀而产生脆性破坏,或由于节点核心区钢筋过密而影响混凝土浇筑质量引起破坏。另外,由于梁柱主筋通过节点时搭接不合理,结构的连续性难以保证而引起震害。

图 11-8　短柱破坏

图 11-9　框架梁柱节点破坏

4. 单跨钢筋混凝土框架结构体系破坏

单跨钢筋混凝土框架侧向刚度小,结构超静定次数较少,一旦某根柱子出现开裂,则该柱的刚度会降低而产生内力重分布,使周围的框架柱也相继开裂;当某根柱柱顶出现塑性铰后,则相关联的该榀框架柱由于内力重分布也会相继出现塑性铰,则框架局部连续倒塌的可能性很大,如图 11-10 所示。

图 11-10 汶川地震中 6 层单跨框架破坏严重，局部倒塌；3 层单跨框架结构破坏较轻

11.1.3 高层钢筋混凝土剪力墙结构和高层钢筋混凝土框架－剪力墙结构房屋的震害

历次地震震害表明，高层钢筋混凝土剪力墙结构和高层钢筋混凝土框架 - 剪力墙结构房屋具有较好的抗震性能，其震害一般比较轻，其震害有以下特点。

1. 设有剪力墙的钢筋混凝土结构的震害

在汶川地震中，具有剪力墙的钢筋混凝土结构房屋无一例倒塌，绝大部分结构主体基本完好或轻微损坏，小部分中等程度破坏。如图 11-11 所示，建于 1995 年的都江堰某办公大楼，为 11 层框架 - 剪力墙结构建筑，在汶川地震中，剪力墙连梁部位出现较为严重的“X”形剪切裂缝，其他结构构件基本完好。

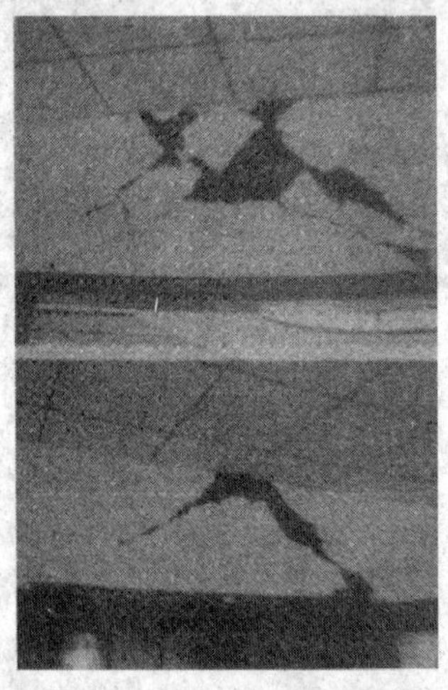

图 11-11 都江堰某办公大楼剪力墙连梁跨高比小，剪切破坏

2. 连梁和墙肢底层的破坏是剪力墙的主要震害

在开洞剪力墙中，由于洞口应力集中，连系梁端部极为敏感，在约束弯矩作用下，很容易在连系梁端部形成垂直方向的弯曲裂缝。当连系梁跨高比较大时，梁以受弯为主，可能出现弯曲破坏。

剪力墙具有剪跨比较小的高梁（$l/d \leqslant 2$），除了端部很容易出现垂直的弯曲裂缝外，还很容易出现斜向的剪切裂缝。当抗剪箍筋不足或剪应力过大时，可能很早就出现剪切破坏，使墙肢间丧失联系，剪力墙承载能力降低。

当剪力墙的总高度与总宽度之比较小，而总剪跨比较小时，墙肢中的斜向裂缝可能贯通成大的斜向裂缝而出现剪切破坏。如果某个剪力墙局部墙肢的剪跨比较小，也可能出现局部墙肢的剪坏。

当剪跨比较大，并采取措施加强墙肢的抗剪能力时，剪力墙以弯曲变形为主，墙肢发生弯曲破坏，通常导致底部受压区混凝土压碎剥落、钢筋压屈等，如图 11-12 所示。

图 11-12　剪力墙墙肢弯曲破坏导致墙体水平裂缝，混凝土局部压酥

在地震作用下，底层剪力墙承担的地震弯矩比其他楼层大，对于没有进行底部加强区调整的剪力墙结构，其底层的破坏较其他楼层要严重。

11.1.4　单层钢筋混凝土柱厂房的震害特点

单层钢筋混凝土柱厂房在多次地震中反映的震害概貌是：在 7 度地震区，厂房的主体结构完好，支撑系统基本完好，主要震害是砖围护墙体的局部开裂或外闪。在 8 度地震区，主体结构（排架柱）开始出现开裂损坏；天窗架立柱开裂；屋盖与柱间支撑有相当大数量出现杆件压曲或节点拉脱；砖围护墙产生较重开裂，部分墙体局部倒塌，山墙顶部多数外闪倒塌。在 9 度地震区，震害显著加重，主体结构严重开裂破坏；屋盖破坏和局部倒塌；支撑系统大部分压曲，节点拉脱破坏；砖围护墙大面积倒塌；有的厂房整体严重破坏。其主要结构构件的震害特征如下。

1. 柱头及柱肩

柱头在地震作用和重力荷载的共同作用下，当屋架与柱头采取焊接连接，而焊缝强度不足时,可能引起焊缝切断,或者因预埋锚固钢筋锚固强度不足而被拔出,使连接破坏,屋架由柱顶塌落;当节点连接强度足够时,柱头在反复水平地震作用下,处于剪压复合受力状态,加上屋架与柱顶之间由于角变形引起柱头混凝土受挤压,因此柱头混凝土被剪压而出现裂缝,被挤压而酥落,锚筋拔出,钢筋弯折使柱头失去承载力,屋架下落,如图 11-13 所示。

高低跨厂房的中柱,常用柱肩或牛腿支承低跨屋架,地震时由于高振型影响,高低两层屋盖产生相反方向的运动,柱肩或牛腿所受的水平地震作用将增大许多,如果没有配置足够数量的水平钢筋,柱肩或牛腿就会被拉裂,产生竖向裂缝。

2. 柱身

上柱截面较弱,在横向地震作用下柱子处于压弯剪复合受力状态,在柱子的变截面处因刚度突变而产生应力集中,在吊车梁顶面附近易产生拉裂甚至折断。下柱产生水平裂缝,一般发生在地坪以上窗台以下的一段,严重时可使混凝土剥落、纵筋压屈、柱根折断,如图 11-14 所示。

图 11-13 柱头破坏

图 11-14 下柱震害

3. 门型天窗架

由于门型天窗架屋盖质量大、重心高,在刚度突变,横向地震作用下,受高振型影响,使地震作用明显增大,造成天窗架立柱折断或使天窗架与屋架的连接节点破坏,天窗架下塌。同时,在纵向地震作用下,由于屋面板与天窗架之间连接破坏,纵向支撑杆件的压屈失稳或支撑与天窗架之间连接失效而引起天窗架的倾倒,如图 11-15 所示;但如果纵向支撑过强或者天窗架的下部侧向挡板与天窗架焊接,则将造成应力集中而使柱在平面外折断。

4. 屋架

在纵向地震作用下,屋架两端的剪力最大,而屋架端节间经常是零杆,设计的截面较弱,承载力在大地震作用下不足,常出现屋架端部支承大型屋面板的支墩被切断,屋架端节间上弦被剪断。此外,屋架的平面外支撑失效时,也可能引起屋架倾斜倒塌,如图 11-16 所示。

图 11-15　天窗架倒塌

图 11-16　屋架倾斜倒塌

5. 屋面板及檩条

在无檩体系中，大型屋面板屋盖由于屋面板与天窗架焊接不牢，或者屋面板大肋上预埋件锚固强度不足而被拔出，都会引起屋面板与屋架的拉脱、错动以致坠落，如图 11-17 所示。有檩体系的震害比无檩体系轻，主要是当屋架与檩条之间连接不好时，容易造成檩条的移位、下滑和塌落，如图 11-18 所示。

图 11-17　屋面板从屋架坠落

图 11-18　檩条从屋架下滑

6. 围护墙

单层钢筋混凝土柱厂房的围护墙是出现震害较多的部位，常发生开裂或外闪、局部或大面积倒塌。其中，高悬墙、女儿墙受鞭端效应影响，破坏最为严重。同时，山墙、山尖在纵向地震作用下有可能发生外闪或局部塌落，如图 11-19 所示。

图 11-19　围护墙的破坏

11.1.5 其他结构构件的震害

1. 楼梯的震害

在钢筋混凝土结构中，剪力墙(筒体)结构带斜向支撑的筒体楼梯对结构整体刚度的影响相对较小，所以高层钢筋混凝土剪力墙结构中楼梯的破坏相对较轻；而对于侧向刚度比较小的框架结构，其带斜向支撑的框架楼梯对结构整体刚度的影响相对较大，不仅对结构的刚度分布产生影响，而且因楼梯间斜梁的作用使得其刚度较大且承担了较多的地震作用，楼梯间梁板和柱破坏严重；当楼梯不对称设置在端部时，在地震作用下会产生较大的扭转而加重破坏。对于框架 - 剪力墙结构，虽然这类结构的侧向刚度也较大，但若采用框架填充墙楼梯，在强烈地震作用下，也会出现楼梯和填充墙的破坏，如图 11-20 所示。

图 11-20 都江堰市规划局办公楼楼梯破坏

2. 防震缝的震害

防震缝的设置主要是为了避免在地震作用下体形复杂的结构产生过大的扭转、产生应力过于集中以及局部严重破坏等。为防止建筑物在地震中相碰，防震缝必须留有足够的宽度。在实际房屋建筑中，由于防震缝的宽度受到建筑装饰等要求限制，往往难以满足强烈地震时的实际侧移量，从而造成相邻单元间碰撞而产生震害。如图 11-21 所示，汶川地震中，绵竹市汉旺镇某两栋贴建的建筑物，由于防震缝宽度过小，发生碰撞，导致左侧建筑物竖向受力构件破坏，修复困难。

3. 抗震墙的震害

抗震墙的震害主要表现在抗震墙墙肢之间的连梁由于剪跨比较小而产生交叉斜裂缝导致的剪切破坏，尤其是在房屋 1/3 高度处的连梁破坏更为明显。狭窄而高的墙肢，受力性能类似于竖向悬臂构件，墙肢底层在竖向和水平地震作用下处于剪压受力状态，墙体往往产生斜裂缝或交叉裂缝等，如图 11-22 所示。

图 11-21　汶川地震中相邻两栋贴建建筑物碰撞损毁

图 11-22　底层抗震墙震害

11.2　钢筋混凝土结构构件的延性

11.2.1　延性的概念

所谓延性,是指结构物达到其弹性极限之后仍能在更大的变形下保持其承载力的变形能力。通常将结构保有一定承载力的最大变形与其弹性极限变形之比称为延性系数,通过它对延性进行定量的评价。

图 11-23 是结构物的力 - 变形曲线,可根据分析对象的不同,赋予其各自具体的物理概念和相应的曲线形状。试验结果表明,力 - 变形曲线按形状可分为两种典型的形状,如图 11-23 所示,第一类有明显的尖峰,达到最大承载力后突然下降;第二类曲线在达到最大承载力的前后有较大平台,表明在保有一定承载力时能够承受很大的变形。一般称第一类为脆性,第二类为延性。

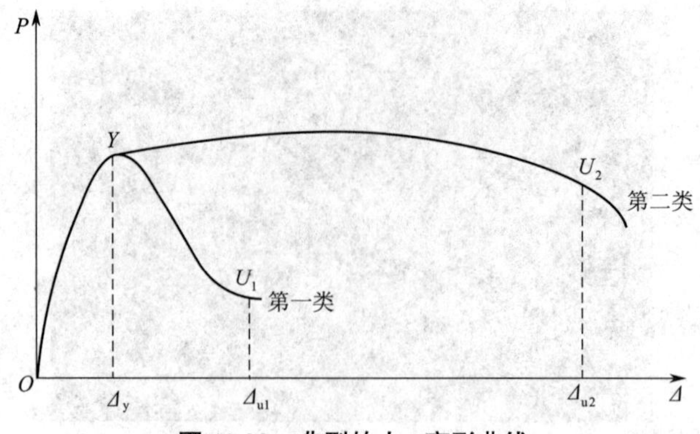

图 11-23 典型的力 - 变形曲线

结构、构件或截面的延性是指它们进入破坏阶段以后,在承载力没有显著下降的情况下承受变形的能力,即结构、构件或截面的延性反映它们后期变形的能力。“后期”则是指钢筋开始屈服进入破坏阶段直至达到最大承载力(或下降到最大承载力的85%)时的整个过程。

根据延性系数的定义,有

$$\mu_\Delta = \frac{\Delta_u}{\Delta_y} \tag{11-1}$$

当变形 Δ 有具体的物理量时,就有相应的延性系数,如截面曲率延性系数 $\mu_\phi = \phi_u / \phi_y$,结构或构件的位移(挠度)延性系数 $\mu_w = w_u / w_y$。

延性差的结构、构件或构件截面,其后期变形能力小,在达到其最大承载力后突然发生脆性破坏,这在实际工程中是要避免的。

要求结构构件或构件截面具有一定的延性,是因为延性结构具有如下的优点:

(1)破坏过程缓慢,破坏前有较大的变形预兆来保证生命和财产安全,因此可采用偏小的可靠度指标;

(2)出现地基不均匀沉降、温度变化、偶然荷载等非预计荷载作用时,有较强的适应和承受能力;

(3)有利于超静定结构实现充分的内力重分配,避免各部位配筋差异过大,为施工提供方便,材料分配得当,使设计的结构与实际受力情况接近;

(4)承受地震、爆炸和振动时,有利于结构吸收和耗散地震能量,减小惯性力,减轻破坏程度,满足抗震方面的要求,提高抗震可靠性,有利于修复。

混凝土结构在满足承载能力极限状态和正常使用极限状态要求的条件下,让结构、构件或截面具有一定的延性,具有非常重要的作用。本节主要讲述混凝土结构构件的延性问题。

11.2.2 受弯构件的延性

1. 受弯构件截面曲率延性系数

表示适筋梁截面受拉钢筋开始屈服后达到截面最大承载力的截面应变和应力图形如图11-24所示。截面曲率延性系数按如下方法确定。

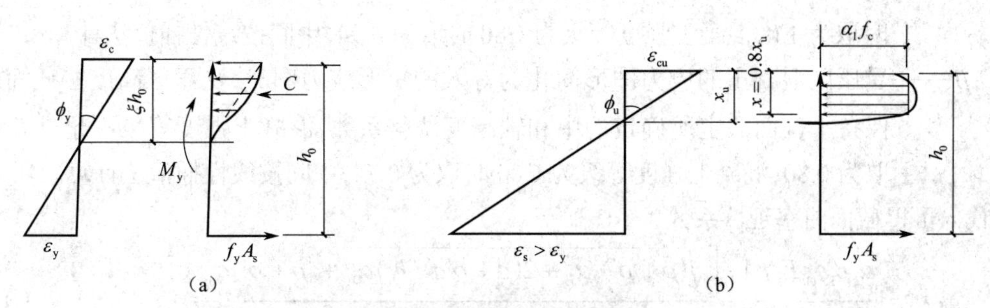

图 11-24　适筋梁截面开始屈服及达到最大承载力时的应变、应力

(a)开始屈服时　(b)最大承载力时

由截面应变图知对应的截面曲率

$$\phi_y = \frac{\varepsilon_y}{h_0 - x_y} = \frac{f_y}{(1-\xi_y)E_s h_0} \tag{11-2}$$

$$\phi_u = \frac{\varepsilon_{cu}}{x_u} = \frac{\varepsilon_{cu}}{\xi_u h_0} \tag{11-3}$$

截面的曲率延性系数

$$\mu_\varphi = \frac{\phi_u}{\phi_y} = \frac{\varepsilon_{cu}}{\xi_u h_0} \times \frac{(1-\xi_y)E_s h_0}{f_y} = \frac{\varepsilon_{cu} E_s}{f_y} \frac{1-\xi_y}{\xi_u} \tag{11-4}$$

式中：μ_ϕ——截面的曲率延性系数；

ε_{cu}——受压区边缘混凝土极限压应变；

ε_y——钢筋开始屈服时的钢筋应变；

ξ_y——钢筋开始屈服时的混凝土受压区相对高度；

ξ_u——达到截面最大承载力时混凝土受压区的相对高度。

钢筋开始屈服时的混凝土受压区高度系数可以按照图 11-24 虚线所示的受压区压应力三角形，由平衡条件求得。

对单筋截面

$$\xi_y = \sqrt{(\rho\alpha_E)^2 + 2\rho\alpha_E} - \rho\alpha_E \tag{11-5}$$

对双筋截面

$$\xi_y = \sqrt{(\rho+\rho')^2\alpha_E^2 + 2(\rho+\rho' a'/h_0)\alpha_E} - (\rho+\rho')\alpha_E \tag{11-6}$$

式中：ρ，ρ'——受拉和受压钢筋的配筋率；

α_E——钢筋与混凝土弹性模量之比。

达到最大承载力时混凝土受压区的相对高度，按等效矩形应力图，由受弯承载力计算公式可推出：

$$\xi_u = \frac{(\rho-\rho')f_y}{\alpha_1 \beta_1 f_c} \tag{11-7}$$

式中：α_1——矩形应力图形中混凝土轴心抗压强度的调整系数，混凝土强度等级不超过 C50

时取为 1.0，混凝土强度等级为 C80 时取为 0.94，中间按线性插值法计算；

β_1——受压区混凝土的应力图形简化为等效的矩形应力图时，受压区高度按截面应变保持平截面假定所确定的中和轴高度调整系数，混凝土强度等级不超过 C50 时取为 0.80，混凝土强度等级为 C80 时取为 0.74，中间按线性插值法计算。

代入可得截面曲率延性系数

$$\mu_\phi=\frac{\alpha_1\beta_1\varepsilon_{cu}E_s f_c 1-\left[\sqrt{(\rho+\rho')^2\alpha_E^2+2(\rho+\rho' a'/h_0)\alpha_E}+(\rho+\rho')\alpha_E\right]}{(\rho-\rho')f_y^2} \tag{11-8}$$

梁的截面曲率延性系数用于衡量截面保持一定承载力时截面的转动能力，截面延性直接影响梁构件及结构整体的延性。衡量梁的延性一般采用梁的位移（挠度）曲率系数，当确定了梁的荷载及内力图，并建立了截面的弯矩 - 曲率关系后，可利用结构力学中的虚功原理计算梁在钢筋屈服和达到承载力极限时的挠度，就可计算出梁的位移（挠度）曲率系数。截面曲率延性系数与位移（挠度）曲率系数有紧密联系，一般截面曲率延性系数越大，位移（挠度）曲率系数也越大，梁的延性越好。

2. 截面曲率延性系数的影响因素

影响梁的截面曲率延性系数的主要因素有纵向配筋率、混凝土极限压应变、钢筋屈服强度以及混凝土强度等。其影响规律如下。

（1）纵向受拉钢筋配筋率 ρ 增大，使 ξ_u 增大，导致 ϕ_y 增大、ϕ_u 减小，从而延性系数减小，如图 11-25 所示。

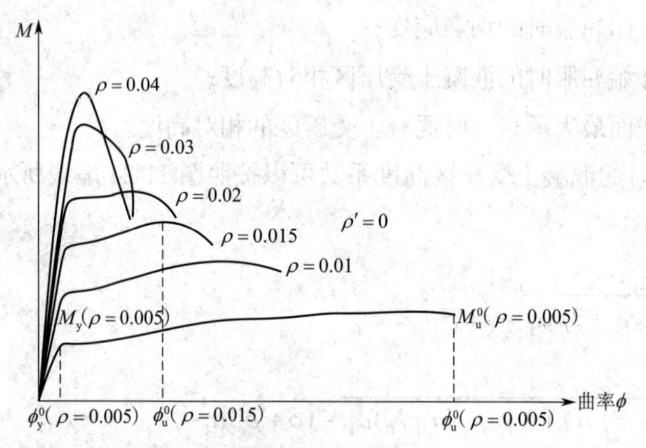

图 11-25 不同配筋率的矩形截面 M-ϕ 关系曲线

（2）受压钢筋配筋率 ρ' 增大，使 ξ_u 减小，导致 ϕ_y 减小、ϕ_u 增大，因此延性系数增大。

（3）混凝土极限压应变 ε_{cu} 增大，则延性系数提高。大量试验表明，采用密排箍筋能增加对受压混凝土的约束，使极限压应变得到提高从而提高延性系数。

（4）混凝土强度等级提高，而钢筋屈服强度适当降低，使 ξ_u 略有减小，$E_s f_c / f_y^2$ 略有提高，ϕ_u 增大，ϕ_y 减小，从而使增大延性系数 μ_ϕ 有所提高。

3. 提高受弯构件延性的措施

(1)控制纵向受拉钢筋配筋率不大于 2.5% 可以保证梁具有足够的延性。

(2)《混凝土结构设计规范》(GB 50010—2010)规定框架梁进行抗震设计时,两端截面受压区高度应符合以下要求:一级抗震等级的框架梁,$x/h_0 \leqslant 0.25$;二、三级抗震等级的框架梁:$x/h_0 \leqslant 0.35$。

(3)控制截面上部钢筋与下部钢筋的比值。由于受压钢筋会增加梁的延性,受拉钢筋配筋率增大会降低延性,因此,受压钢筋和受拉钢筋的比值对梁的延性有较大的影响。考虑地震的随机性,可能出现偏大的正弯矩和改善梁端塑性铰区在负弯矩作用下的延性,对底部纵向钢筋的最低用量进行控制,《混凝土结构设计规范》(GB 50010—2010)规定,抗震设计要求框架梁梁端截面的底部和顶部纵向受力钢筋截面面积的比值,除按计算确定外,还应符合下列要求:一级抗震等级的框架梁,$A_s/A_s' \geqslant 0.5$;二、三级抗震等级的框架梁,$A_s/A_s' \geqslant 0.3$。

(4)控制箍筋的配箍率。箍筋可以约束框架梁塑性铰区的受压混凝土和纵向受压钢筋,防止保护层混凝土剥落等。《混凝土结构设计规范》(GB 50010—2010)对框架梁梁端的箍筋加密长度、箍筋最大间距以及箍筋最小直径做了相关规定。此外,应控制剪跨比和剪力设计值保证梁在弯曲延性破坏前不发生剪切脆性破坏。

11.2.3　偏心受压构件的延性

1. 延性系数

偏心受压构件截面上除了弯矩外还作用有轴向压力,因此也称为压弯构件。压弯构件受拉钢筋初始屈服和达到截面极限变形(最大承载力)时的应变分布如图 11-26 所示。众所周知,大偏心受压构件的截面极限状态与受弯构件的截面极限状态相同,因此,对比图 11-24 和图 11-26 可以看出,轴力会影响截面曲率延性及构件的位移延性等。

根据压弯构件的延性试验结果(图 11-27 和图 11-28),截面曲率延性系数和构件位移(挠度)、转角延性系数的回归公式如下:

$$\mu_{cu} = \frac{1}{0.04+\xi} \quad (\xi \leqslant 0.8) \tag{11-9}$$

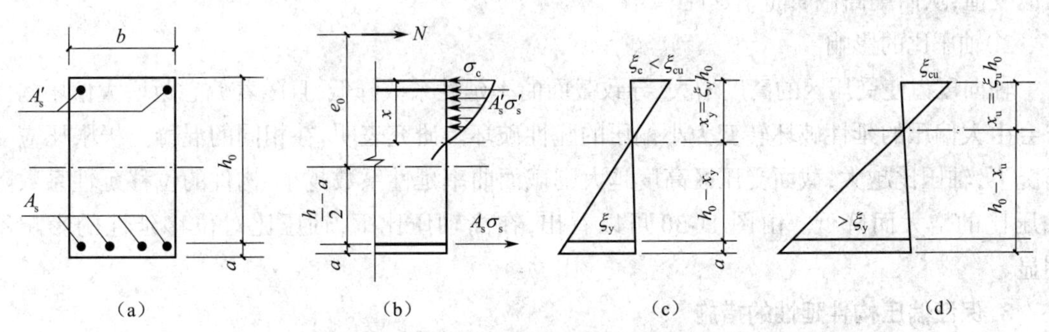

图 11-26　偏心受压构件截面曲率延性系数计算简图

(a)截面　(b)荷载与应力　(c)屈服时的应变　(d)极限变形时的应变

$$\mu_w = \mu_\theta = \frac{1}{0.045 + 1.75\xi} \quad (\xi \leqslant 0.5) \tag{11-10}$$

$$\mu_w = \mu_\theta = 1.1 \quad (\xi > 0.5) \tag{11-11}$$

式中：μ_{cu}——偏心受压构件截面曲率延性系数；

μ_w——偏心受压构件位移（挠度）延性系数；

μ_θ——偏心受压构件转角延性系数；

ξ——截面受压区相对高度。

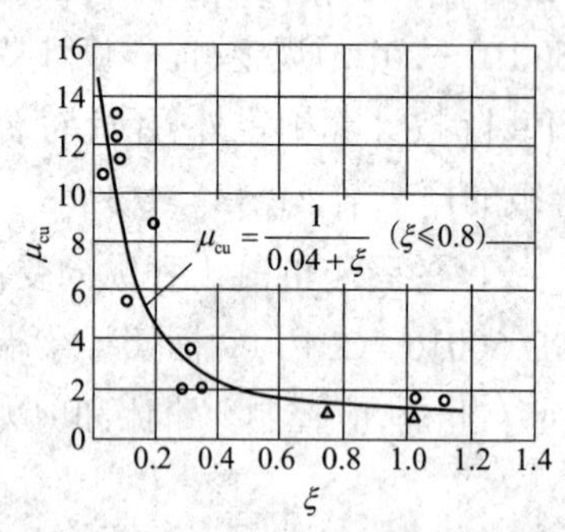

图 11-27 偏心受压构件截面曲率延性系数回归分析

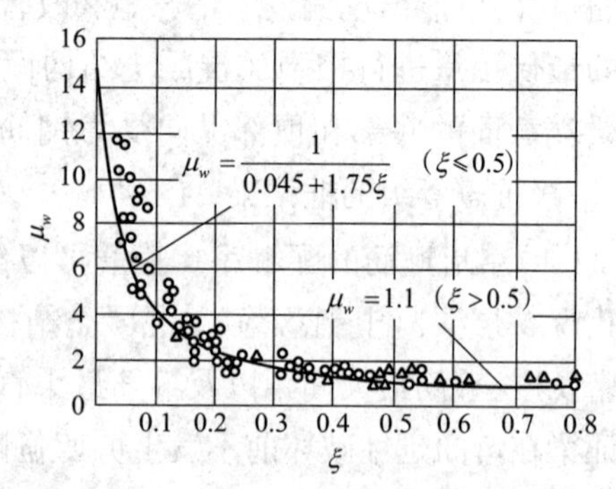

图 11-28 偏心受压构件位移延性系数回归分析

2. 影响偏心受压构件延性的因素

影响偏心受压构件截面曲率延性系数的因素主要是极限压应变 ε_{cu} 以及受压区相对高度 ξ，还有构件配箍率和轴向压力。

1）构件配箍率的影响

配箍率对截面的曲率延性系数影响较大。不同配箍率的应力-应变关系曲线如图 11-29 所示。配箍率用配箍特征值 $\lambda_s = \rho_s f_y / f_c$ 表示，可见配箍特征值对承载力的提高作用不显著，但对破坏阶段的应变影响较大。当 λ_s 较高时，下降段平缓，混凝土极限压应变增大，使截面曲率延性系数提高。研究还表明，采用密排的封闭箍筋或在矩形、方形箍内附加其他形式的箍筋（如螺旋形、井字形等构成复式箍筋）以及采用螺旋箍筋，能有效地提高受压区混凝土的极限压应变值，从而提高截面曲率延性。

2）轴压比的影响

轴向压力使受压区的高度增大，导致截面曲率延性系数降低，且随着偏心距增大偏压构件将会由大偏压的延性破坏转变为小偏压的脆性破坏。研究表明，在相同的混凝土极限压应变情况下，轴压比越大，截面受压区高度越大则截面曲率延性系数越小，构件的位移延性系数随轴压比的增大而降低。由图 11-30 可以看出，在高轴压比下，轴压比对位移延性的影响不明显。

3. 保证偏压构件延性的措施

1）控制轴压比

偏心受压构件截面曲率延性系数和受弯构件的差别，主要是偏心受压构件存在轴向压力，致使受压区的高度增大，截面曲率延性系数降低较多。进行框架的抗震设计时，为了保证框架柱具有一定的延性，一般限制柱在大偏心受压破坏范围内。

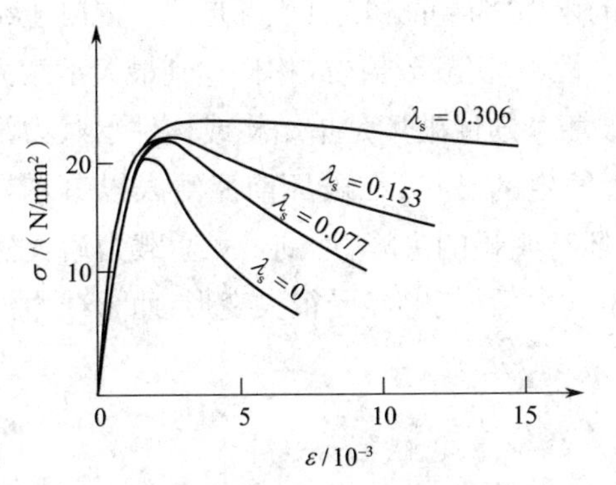

图 11-29　配箍率对棱柱体试件 σ-ε 曲线的影响

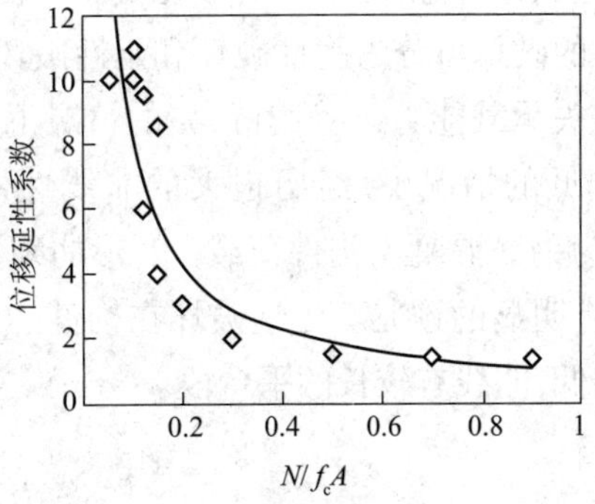

图 11-30　柱的位移延性与轴压比的关系

在大小偏心界限状态下，当截面对称配筋时，其轴力 $N \approx 1.2bx_b f_c$，则界限状态时的轴压比

$$\frac{N}{bhf_c} = 1.2\frac{x_b}{h} \approx 1.1\frac{x_b}{h_0} = 1.1\xi_b \tag{11-12}$$

抗震设计时，为了简化，不考虑钢筋种类，《混凝土结构设计规范》（GB 50010—2010）规定框架结构柱的轴压比应满足下列要求。

（1）一级抗震等级的框架柱：轴压比 $n = N / f_c A \leqslant 0.65$。

（2）二级抗震等级的框架柱：轴压比 $n = N / f_c A \leqslant 0.75$。

（3）三级抗震等级的框架柱：轴压比 $n = N / f_c A \leqslant 0.85$。

（4）四级抗震等级的框架柱：轴压比 $n = N / f_c A \leqslant 0.90$。

2）控制箍筋的配箍率

偏心受压构件配箍率对截面的曲率延性系数的影响较大。采用密排的封闭箍筋或在矩形、方形箍内附加其他形式的箍筋（如螺旋形、井字形等构成复式箍筋）以及采用螺旋箍筋，都能有效地提高受压区混凝土的极限压应变值，从而提高截面曲率延性。

此外，应控制剪压比和剪力设计值以保证柱发生弯曲延性破坏前不发生脆性破坏。

11.3　钢筋混凝土结构的延性

11.3.1　概述

钢筋混凝土框架结构是最常用的结构形式。结构抗震的本质就是延性，提高延性可以增强结构的抗震潜力和抗倒塌能力。为了利用结构的弹塑性变形能力耗散地震能量，减轻地震作用下结构的反应，应将钢筋混凝土框架结构设计成延性框架结构。

钢筋混凝土结构的各类构件应具有必要的强度和刚度，并具有良好的延性性能，避免构件的脆性破坏，从而导致主体结构受力不合理，地震时出现过早破坏。因此，可以采取措施，做好延性设计,防止构件在地震作用下提前破坏,并避免结构体系出现不应有的破坏。

所谓延性是指材料、构件和结构在荷载作用或其他直接作用下进入非线性状态后,在承载力没有显著降低情况下的变形能力。结构或构件的延性将严重影响其破坏形式。混凝土结构或构件的破坏可分为脆性破坏和延性破坏两类。脆性破坏是指结构或构件达到最大承载力后突然丧失承载能力,在没有预兆的情况下发生的破坏。延性破坏是指结构或构件承载力没有显著降低的情况下,经历很大的非线性变形后所发生的破坏,在破坏前能给人以警示。图11-31为钢筋混凝土构件荷载-变形曲线,脆性破坏有明显的尖峰,达到最大承载力后突然下降,没有明显的预兆。延性破坏在构件达到最大承载力后,能够经受很大变形,而承载力没有明显降低,曲线有较长的平台段。

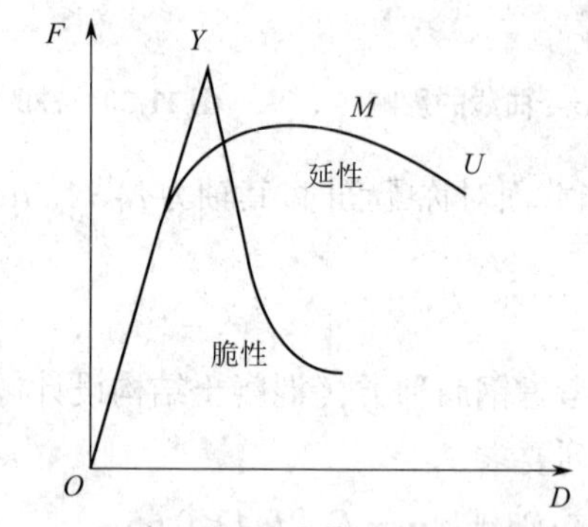

图 11-31 钢筋混凝土构件荷载-变形曲线

延性概念具有丰富的内涵,从延性的本质来看,它反映了一种非弹性变形的能力,这种能力能保证强度不会因为发生非弹性变形而急剧下降。按照这个概念,可以定义延性的不同内涵:对材料而言,延性材料是指在发生较大的非弹性变形时强度仍没有明显下降的材料;与之相对应的脆性材料,则指一出现非弹性变形或者在非弹性变形极小的情况下立即破坏的材料。对结构构件或者结构而言,如果结构构件或者结构在发生较大的非弹性变形时,其承载能力仍没有明显下降,则这类构件或者结构称为延性构件或延性结构;如果构件或者结构在达到最大承载力后,承载能力突然下降,构件或者结构突然破坏,后期的变形能力很小,这类构件或者结构称为脆性构件或者脆性结构。

结构体系(或材料)的延性对于建筑物的抗震性有着至关重要的意义。可从延性结构的优越性加以说明:

(1)破坏前有明显预兆,破坏过程缓慢,因而可采用偏小的计算安全系数或可靠度;

(2)出现非预计荷载,例如在偶然荷载、荷载反向、温度升高或基础沉降等引起附加内力的情况下,有较强的承受和抗衡能力;

(3)有利于实现超静定结构的内力充分重分布,提高结构承载力,充分利用材料耗能;

(4)承受动力作用(如振动、地震、爆炸等)情况下,减小惯性力,吸收更大动能,减轻破坏程度,有利于修复。

各国规范均对构件的延性做了规定。对于发生脆性破坏的结构,如素混凝土构件,由于破坏预兆不明显,破坏造成的危害严重,在设计中采用较高的可靠指标。我国《建筑结构可靠度设计统一标准》中规定,对于脆性破坏的构件,可靠指标应比延性破坏构件高 0.5。同时在结构设计中,为了保证构件不发生脆性破坏,常要求满足某些构造规定。比如,构件的设计原则中要求做到"强柱弱梁""强剪弱弯"和"强节点弱构件",钢筋混凝土梁的设计必须满足最大配筋率和最小配筋率的要求,在柱的抗震设计中限制轴压比,满足箍筋的构造规定等。美国 ACI 318-71 规范中对梁曲率延性进行了如下的规定。

(1)在受弯构件中,如受压钢筋达到屈服强度,任何时候都要求:

$$\rho-0.75\rho' \leqslant 0.75\frac{0.85f_c'\beta_1}{f_y}\frac{0.003E_s}{0.003E_s+f_y} \tag{11-13}$$

(2)在对弹性理论弯矩做了调整以便考虑弯矩重分布的超静定结构受弯构件中,要求:

$$\rho-\rho' \leqslant 0.5\frac{0.85f_c'\beta_1}{f_y}\frac{0.003E_s}{0.003E_s+f_y} \tag{11-14}$$

(3)在地震区延性框架的受弯构件中,若受压钢筋达到屈服,要求:

$$\rho-0.5\rho' \leqslant 0.5\frac{0.85f_c'\beta_1}{f_y}\frac{0.003E_s}{0.003E_s+f_y} \tag{11-15}$$

式中:ρ',ρ——构件拉、压区钢筋配筋率;

E_s——钢筋弹性模量;

f_y——钢筋屈服强度;

f_c'——混凝土圆柱体抗压强度;

β_1——等效矩形应力图高度与中和轴高度之比。

同时规范中还给出了对不同的钢筋和混凝土强度所容许的最大钢筋含量。

受腐蚀钢筋混凝土梁延性逐步退化,脆性提高,破坏形式由有明显预兆的延性破坏转变为突然的脆性破坏,严重地影响构件及整个结构的受力性能。处于海洋、化工等恶劣环境下的大量钢筋混凝土结构由于长期受到腐蚀作用,导致构件延性退化,常在没有任何征兆的情况下发生突然破坏,引发工程事故。国内外工程调查表明,众多服役仅十几到二十几年的钢筋混凝土结构,在没有遭受地震等破坏性自然灾害的情况下,已经出现了严重破坏现象,有的结构由于腐蚀严重突然倒塌,造成人员伤亡、财产损失。目前国内外学者对钢筋混凝土构件及结构的延性进行了广泛的研究,但其中针对损伤钢筋混凝土构件延性特性的研究较少。因此,受腐蚀钢筋混凝土构件延性特性演化规律的研究是一个十分重要、迫切需要研究的课题。

11.3.2　延性的分类

根据 11.3.1 节对延性的定义,延性可以做如下的分类。

(1)按研究对象分为:材料延性、截面延性、构件延性、结构延性。材料延性是指混凝土和钢筋的后期变形特征(包括材料的塑性、应变硬化和应变软化),变形特征常用应力 - 应变曲线来表示。材料延性可用应变比 $\varepsilon_u/\varepsilon_y$ 表示,材料的延性是一切延性计算的基础。截面延性常用曲率延性表示,构件或结构延性是指整个构件或整个结构的后期变形能力,通常用转角延性或位移延性表示。结构延性可以反映结构的总体变形性质,对抗震设计很重要,但是一般很难计算,有时以简单的截面曲率延性或构件的转角延性及位移延性来间接地加以反映。应当区分材料延性和截面延性两个概念,对于钢筋混凝土构件而言,只有在配筋率合适的条件下才能利用塑性良好的钢筋设计出具有足够延性的截面。结构延性和构件延性密切相关,但是这并不意味着结构中有一些延性高的构件,结构延性就高。实际上,如果设计不合理,即使个别构件的延性很高,但结构延性却有可能相当低,所以也要区分构件延性和结构延性两个概念。

(2)按结构所承受外部作用的性质,延性可分为静力延性和滞回延性。静力延性是截面、构件或者结构在单调荷载作用下的延性,是指它们进入破坏阶段以后,在承载力没有显著下降的情况下承受变形的能力,即截面、构件或者结构的延性反映它们后期变形的能力。“后期”则是指钢筋开始屈服进入破坏阶段直至达到最大承载力(或下降到最大承载力的 85%)时的整个过程。“后期变形”包括材料的塑性、应变硬化和应变软化阶段。滞回延性是结构在周期荷载(反复交变荷载和单向重复荷载)作用下的延性,是指在承载能力始终没有明显下降的情况下,结构或者构件所能够承受的反复弹塑性变形循环的能力。对位于强震区的抗震结构而言,后者有特别重要的意义。鲍雷和 M. J. N. Priesuey 提出了滞回延性的特性:①结构或构件至少能够经受住 5 次反复的弹塑性变形循环,且最大幅值可达设计容许变形值;②结构或构件在经历反复弹塑性变形循环时,抗力的下降量始终不超过初始抗力的 20%。结构或者构件在地震作用下的滞回延性,一般很难精确确定,因为地震是一个完全随机事件,无法预知结构或者构件在未来地震作用下经历的反复变形循环情况。所以在实际应用中一般由静力延性或者周期反复荷载试验得到的滞回延性来近似代替。钢筋混凝土结构和构件在周期反复荷载作用下存在低周疲劳现象,其滞回延性低于单调荷载作用下的静力延性,所以用静力延性来代替滞回延性时要对静力延性进行折减。

11.3.3 延性的度量

描述延性常用的变量有材料的韧性、截面的曲率延性系数、构件或结构的位移延性系数、塑性铰转角能力、滞回曲线、耗能能力等。

最常用的衡量延性的量化指标为曲率延性系数和位移延性系数。前者用于反映延性结构构件临界截面的相对延性,后者用于反映延性结构构件局部以及延性结构整体的相对延性。

11.3.3.1 曲率延性系数

混凝土构件非弹性变形能力,通常来自其塑性铰区截面的塑性转动,而塑性铰区截面的塑性转动能力,可通过截面的曲率延性系数来反映。截面的曲率延性系数是指受弯或弯压破坏的构件临界截面上极限曲率对屈服曲率的比值,记作:

$$\mu_\varphi = \phi_u / \phi_y \tag{11-16}$$

式中:ϕ_u——截面极限曲率,即混凝土边缘受压纤维应变达到极限压应变时的截面曲率;

ϕ_y——截面屈服曲率,即纵向受拉钢筋应变首次达到屈服应变时的曲率。

极限曲率通常定义为一旦满足以下四个条件之一,即达到极限曲率状态。

(1)核心混凝土达到极限压应变值。对混凝土构件而言,通常运用箍筋约束,使其具有一定的延性。因此,被箍筋约束的核心混凝土的极限压应变值,一般远远大于保护层混凝土的极限压应变值，在保护层混凝土剥落以后，核心混凝土仍具有相当大的承载能力。因此，不能采用无约束的最外层混凝土的极限压应变作为达到极限曲率状态的标志。

（2）临界截面的抗弯能力下降到最大弯矩值的 85%。

（3）受拉纵筋应变达到极限拉应变值。

（4）受拉纵筋应变达到屈服应变值。

以上四个条件中，第三个条件一般不会满足，除非是少筋构件。第四个条件在横向约束箍筋间距较小时不会起控制作用。因此，临界截面的极限曲率通常由前两个条件控制。

11.3.3.2　位移延性系数

位移延性系数定义为结构或构件达到极限状态时的总位移与刚开始屈服时的位移之比：

$$\mu_\Delta = \Delta_u / \Delta_y \tag{11-17}$$

式中：Δ_u——屈服位移，即受拉钢筋开始屈服时的位移；

Δ_y——极限位移，通常取荷载峰值后降低至 85% 峰值荷载时对应的位移。

本书采用位移延性系数对损伤钢筋混凝土梁的延性随钢筋锈蚀和混凝土碳化的变化规律进行分析研究。

11.3.3.3　极限点确定方法

无论采用哪种指标来度量构件或结构的延性，都必须确定相应的极限点 U 和初始屈服点 Y。对于理想的 F-D 曲线，极限点 U 和初始屈服点 Y 有准确值。但在钢筋混凝土构件和结构的一般 F-D 曲线上，没有确凿无疑的 Y 和 U 点。而对初始屈服点（均和极限点）至今尚无统一认可的定值方法。确定初始屈服点的现有方法如下。

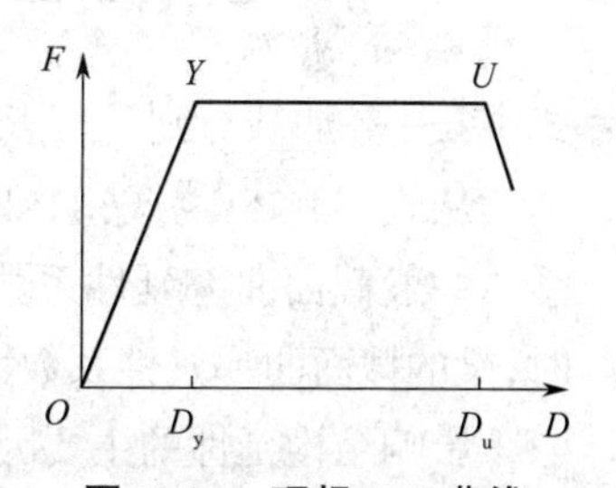

图 11-32　理想 F-D 曲线

（1）能量等值法，作二折线 OY-YU 替代原 F-D 曲线，条件是曲线下的总面积相等，或图中面积 OAB= 面积 YUB（图 11-33）。

（2）几何作图法（图 11-34），作直线 OA 与曲线初始段相切，与过最大承载力点（U 点）的水平线交于 A 点；作垂线 AB 与曲线交于 B 点，连 OB 并延伸与水平线交于 C 点，作垂线得 Y 点（D_y）。

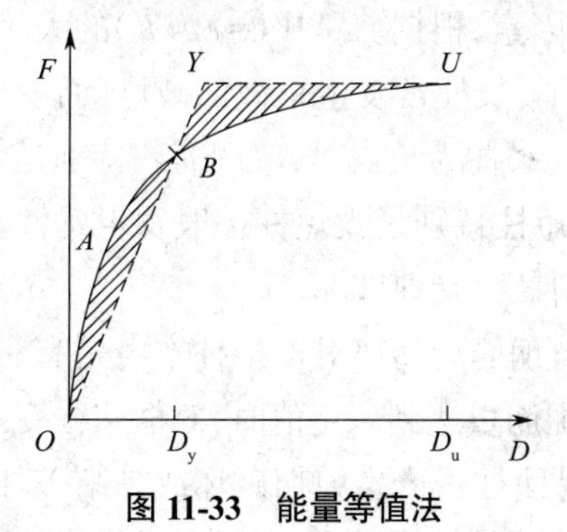

图 11-33　能量等值法

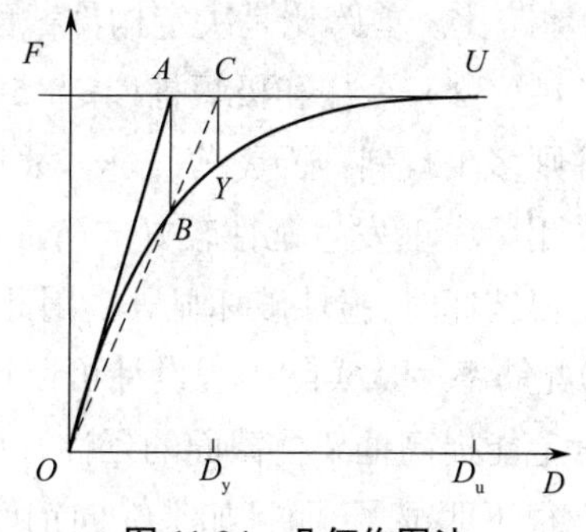

图 11-34　几何作图法

确定极限点的现有方法有：①取最大承载力下降 15%，即 $F_u = 0.85F_M$；②取混凝土达极限（压）应变值。

初始屈服点和极限点（或初始屈服变形 D_y 和极限变形 D_u）的其他定值方法还有：根据曲

线形状目估定值;计算变形增量 ΔD 的增长率定值等。不同的定值方法对同一 F-D 曲线给出的延性系数必有出入,应区别对待。

11.3.3.4 位移延性系数的计算公式及与曲率延性系数之间的关系

对于一般的钢筋混凝土简支梁,张伟红分析了构件位移延性系数 β_Δ 与曲率延性系数 β_ϕ 之间的关系如下:

$$\beta_\Delta = 1 + \frac{1}{2\alpha}\frac{l_p}{l_0}(\beta_\phi - 1) \tag{11-18}$$

式中:α——与荷载边界条件有关的系数,对于钢筋混凝土简支梁,均布荷载 α =5/48,三分点加载 α =23/216,集中荷载 α =1/12,七分点加载 α =0.105;

l_p——等效塑性铰长度;

l_0——构件的计算长度。

文献中推导了只在端部受集中荷载作用的悬臂梁的位移延性系数与曲率延性系数的关系:

$$\beta_\Delta = \frac{\Delta_y + \Delta_p}{\Delta_y} = 1 + \frac{\phi_u - \phi_y}{\phi_y}\frac{l_p(l - 0.5l_p)}{z^2/3} = 1 + 3(\beta_\phi - 1)\frac{l_p}{z}\left(1 - 0.5\frac{l_p}{z}\right) \tag{11-19}$$

$$\beta_\phi = \frac{\phi_u}{\phi_y} = 1 + \frac{(\beta_\Delta - 1)}{3(l_p/z)[1 - 0.5(l_p/z)]} \tag{11-20}$$

式中:z——加载点到反弯点的距离。

从式(11-18)~式(11-20)可以看出,曲率延性系数和位移延性系数之间存在着紧密的关系。一般截面曲率延性系数越大,位移延性系数也越大,梁的延性越好,同时当其他条件相同时,梁的截面曲率延性系数大于位移延性系数。

影响结构延性的主要因素如下。

(1)柱截面形状和尺寸。框架柱的截面形状将直接影响框架柱截面界限破坏时钢筋和混凝土内应力、应变的分布,还将严重影响混凝土受压边缘的极限压应变。为了保证框架柱有足够的延性,框架柱截面尺寸在两个主轴方向的刚度相差不宜太大,矩形柱截面长宽比不宜超过1∶1.5,柱的净高与截面高度之比不宜小于4。

(2)剪跨比。剪跨比是决定构件截面特性的主要因素,根据剪跨比(=M/Vh)的大小,可将柱分为长柱(>2)、短柱和极短柱(≤1.5)。一般情况下,长柱常发生正截面破坏,而短柱特别是极短柱则多出现斜截面受剪破坏。大量试验研究表明,柱为长柱时,单调荷载特别是低周反复荷载作用下一般发生延性较好的弯曲破坏,而若为短柱特别是极短柱一般发生延性较差的斜截面受剪破坏时,脆性破坏显著。因此应避免出现斜截面受剪破坏。

(3)配筋率。从实际工程设计可以得知,增大纵向钢筋配筋率对框架柱本身是有利的,在一定程度上能提高框架柱截面的延性。但是,当纵向配筋量达到一定值时,对框架柱变形能力的提高就很不明显了,而且如果纵向钢筋量过大,容易使柱子产生剪切破坏或黏结破坏,使延性变差。由于箍筋能改善混凝土的受力性能,特别是能有效提高混凝土受压边缘的最大应变,因此,箍筋含量特征值越高,柱子的延性提高就越大。

(4)梁截面尺寸。在地震作用下,梁端塑性铰区混凝土保护层容易剥落,故梁截面宽度过